ALL NEW

임신 출산 육아 대백과

산부인과 박사 엄마가 직접 알려주는

ALL 임신 출산 육아 NEW

대백과

류지원 지음

저는 이 책을 통해 임신을 해서 부모가 되는 분들을 격하게 축하해주고 위로해주며 지지해주고 싶습니다. 두 아이의 엄마이자 산부인과 의사, 여자로서 공감하고 나누고 싶은 이야기를 이 책에 모두 털어놓았습니다. 이런저런 속설에 현혹되어 불안해하며 보내는 10개월이 아닌, 내 몸에 대해 누구보다 나 자신이 잘 알 수 있도록 도움을 주는 책을 쓰고 싶었습니다.

초판 프롤로그에서도 이야기했지만 이 책이 임신을 확인한 그 순간에만 들춰보는 책이 아닌 10개월여에 걸친 임신과 출산, 그리고 산욕기를 함께 하는 동반자와 같은 책이 되길, 또한 임신과 출산에 대한 추억의 한 페이지를 장식할 수 있는 소중한 책으로 남길 바랍니다.

2024년 7월

산부인과 박사 류지원

인터넷 포털사이트나 각종 커뮤니티, 기존의 도서 등 유난히 임신 출산의 정보는 마음만 먹으면 쉽게 얻을 수 있습니다. 이렇게 넘쳐나는 정보의 홍수 속에서 과연, 임신 출산에 대한 책을 쓴다는 것이 어떤 의미가 있을까 고민이 많이 되었습니다. 내가 책을 쓴다면 '무엇을 담아야 할까?' '어떤 것을 알려줘야 할까?' 쓰는 내내 잊지 않으려고 노력했던 부분입니다.

임신과 출산은 대부분의 여성들이 예전부터 자연스럽게 해냈던 일들이었습니다. 기본적으로 본능에 가까운 삶의 한 형태로 이루어졌지요. 그래서 임신을 했다거나 출산을 앞두고 있다고 하면 대수롭지 않게 생각하는 사람들이 참 많습니다. 엄마도 했고, 이모도 했고, 친구도 별 탈 없이 해냈던 임신 출산이었기에 그저 "나는 이랬어" 하는 개인적인 경험담이 실제 정보인 듯이 많이 알려져 있기도 합니다. 그래서인지 임신이라는 것 자체를 너무 간단하게 보는 경향도 있지요. 산부인과 전문의로서 이런 현실이 조금 안타까웠습니다.

여성의 몸에서 또 다른 생명을 키워내어 출산까지 한다는 것은 굉장히 큰 모험이고 힘든 고비를 수시로 넘어야 하는 일입니다. 임신 기간 내내 예상하지 못한 변수에 계속 부딪치게 되고 홑몸일 때와는 다른 희생이 요구되기도 합니다. 임신 기간을 너무 초조하거나 불안해하며 보낼 필요는 없지만 방관하듯 안이하게 생각하며 보내서도 안 됩니다.

그런데 내 몸에서 일어나는 변화에 대해 잘 알고 있으면 막연한 두려움과 불안감이 어느 정도 없어질 것입니다. 변화를 기쁘게 받아들이고 그 순간순간을 즐길 수 있게 되겠지요. 저는 이 책이 즐겁고 안전한 임신 기간을 보낼 수 있게 돕는 매개체이길 원합니다. 아기 입장에서만 임신을 바라보기보다 임신의 주체인 엄마의 입장을 충분히 배려하고, 남편을 비롯한 주변인들의 도움 또한 필요하다는 것을 알려드리고 싶습니다.

동시대를 살아가는 여성으로서, 공감하고 나누고픈 이야기를 이 책에 모두 털어놓았습니다. 그리하여 허황된 이야기나 가십거리로 채우기보다 진료를 보러 온 산모들이 가장 많이 질문하는 것들을 토대로 구성하였습니다. 이런저런 속설에 현혹되어 불안해하며 보내는 10개월이 아닌, 내 몸에 대해 누구보다 나 자신이 잘 알고 있도록 도움을 주는 책을 쓰고 싶었습니다.

임신을 확인한 그 순간에만 들춰보는 책이 아닌 10개월여에 걸친 임신과 출산, 그리고 산욕기를 함께 하는 동반자와 같은 책이 되길, 또한 임신과 출산에 대한 추억 한 페이지를 장식할 수 있는 소중한 책으로 남길 바랍니다.

류지원

차례

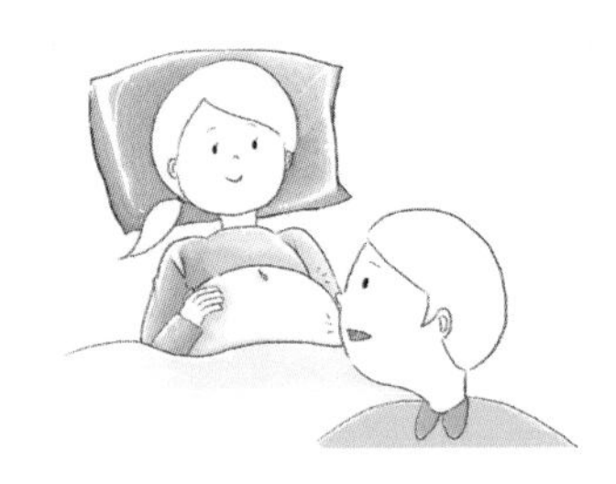

• PART •

1 임신, 건강하고 현명하게 준비하기

• PART •

2

40주의 임신 기간

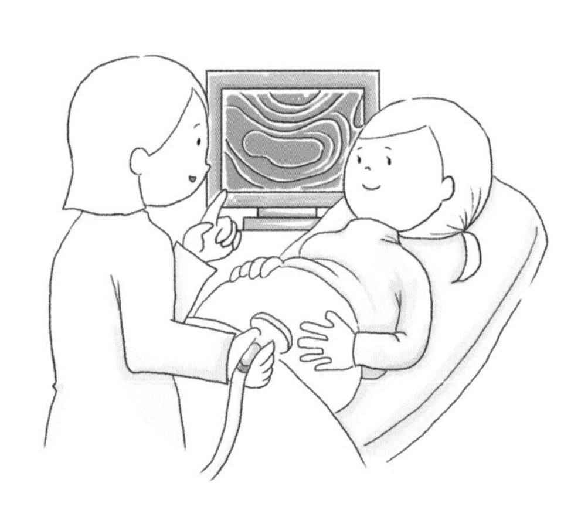

• PART •

3

출산과 육아

1 출산 임박

01 출산준비물 체크리스트

02 출산 과정 미리보기

03 자연분만

04 제왕절개 분만

05 다양한 분만법

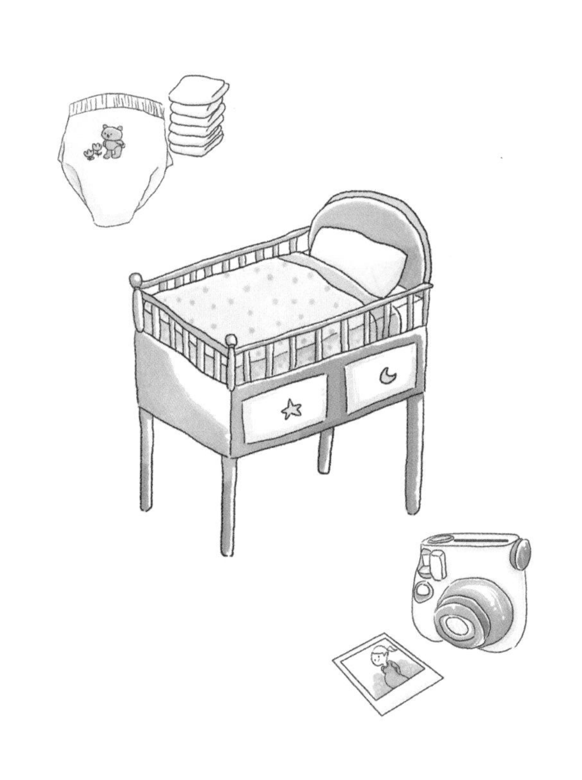

• PART •

1

임신,
건강하고 현명하게
준비하기

알아두면 좋은 계획 임신

Dr.류's Talk Talk

"임신인 줄 모르고 술을 마셨어요." "임신인 줄 모르고 감기약을 먹었어요."
병원에서 임신을 확인하는 순간, 기쁨의 탄성 다음으로 많이 듣는 말들입니다.
임신인 줄 모르고 무심코 한 행동이 혹시나 아기에게
어떤 영향을 주지는 않았을까 순간 걱정에 휩싸이는 것이지요.
예기치 못한 임신은 무방비 상태로 태아가 유해물질에 노출될 수 있어요.
따라서 계획 임신을 하는 게 정말 중요하답니다.

임신을 계획하라고요?

철저하게 임신 준비하기

임신을 계획한다는 것은 단순히 임신 시기만을 결정하는 것이 아닙니다. 임신 시기에 따른 준비를 한다는 뜻도 되지요. 최근 고령임신이 늘고 있는데, 고령임신의 경우 임신 초기 자연유산의 비율이 상대적으로 높기 때문에 철저한 임신 준비가 필요합니다.

임신 준비 필수 섭취 영양제

종합비타민제
착상이 잘 되는 환경을 만들어준다.

엽산제
신경관 결손증과 같은
선천성기형 발생을 예방한다.

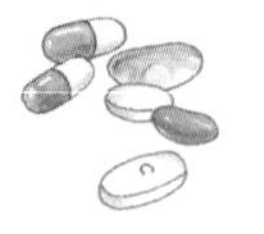

임신이 잘 되도록 영양제 복용하기

복합비타민제는 착상이 잘 되는 환경으로 만들어주기 때문에 착상 전후로 복용하면 좋아요. 그리고 신경관 결손증과 같은 선천성기형을 예방하기 위해 복용하는 엽산제 또한 임신 4~5주기의 착상 전후기에 큰 역할을 해요. 따라서 좀 더 안정적인 임신을 위해서는 임신 시기를 부부가 상의하고 그에 맞는 준비를 하도록 합니다.

계획 임신을 방해하는 변수요인 찾기

임신 시기가 결정되었다면 출산휴가나 육아 문제에 대한 대책도 고려해야 해요. 물론 임신을 계획하고 시도를 한다고 해도 금방 임신이 안 될 수 있습니다. 실제로 건강한 남녀가 배란일에 관계를 가질 때 임신이 되는 확률은 20~30% 내외예요. 한두 번의 실패로 너무 초조해하거나 불안해할 필요가 없습니다. 배란은 여러 가지 상황에 의해서 바뀔 수 있으며 그 외에도 임신으로 이르는 길에는 수많은 변수가 존재하기 때문이에요.

임신을 방해할 수 있는 변수요인에는 무엇이 있는지, 현재 내가 가지고 있는 변수요인은 몇 가지가 되는지 전체적으로 점검해보세요(27쪽 변수요인 체크).

분류	종류	영향	노출 원인, 장소
중금속	납	비정상 정자 형성, 생리불순, 유산, 사산, 정신지체	납땜, 납배관, 배터리, 페인트, 요업(도자기), 용광로(제련소), 배기물emissions
	수은	태아의 운동 및 정신발달 장애	온도계, 거울제조, 염료, 염색, 잉크, 살균, 살충, 살서, 제초제, 생선
용제	트리클로로에틸렌, 클로로포름, 벤젠, 톨루엔	선천결함	드라이크리닝 용제, 페인트 벗기기, 기름제거제, 약품 및 전자산업
플라스틱	비닐 클로라이드	임신율 감소, 염색체 이상, 유산, 사산, 선천결함	플라스틱 제조공장
오염물질	비페닐(연소화, 브롬화)	저체중아, 사산	살충, 살균제, 비카본 복사지, 고무, 화학제품, 전자산업, 방화제
살충, 살균제	2,4,5-T와 2,4-D, 유기인산염	선천결함, 유산, 저체중아	농장, 농사, 가정, 정원 살충제
가스	일산화탄소	저체중아, 사산	배기가스, 난방로, 흡연, 등유난로
	마취용제	임신율 감소, 유산, 선천결함	치과, 수술실, 화공업
방사선	방사선 사진, 방사선 물질	불임, 선천결함	병원, 치과, 전자산업

※ 출처 : 『산과학』, 제4판, 대한산부인과학회

임신을 위한 몸 상태 알아보기

임신을 계획하고 있고, 준비 중이라면 미리 산부인과에 들러 현재 내 몸 상태가 어떤지 미리 점검을 해보는 것이 좋아요. 26쪽 질문들을 보면서 평소 생활 및 건강상태를 체크해보세요.

유해물질에서 나를 보호하기

계획 임신이 중요하다고 강조하는 가장 큰 이유는 무방비 상태로 유해물질에 노출되는 일을 막을 수 있다는 장점 때문인데요. 현대사회를 살아가는 우리에게 유해물질에 대한 노출은 불가피하기도 하지만, 유해물질들은 그 특성에 따라서 임신에 큰 영향을 주기도 한답니다(위 표를 참고해주세요). 그러므로 계획 임신을 통해 유해물질을 차단하고 건강한 몸을 만들어나가는 게 좋습니다.

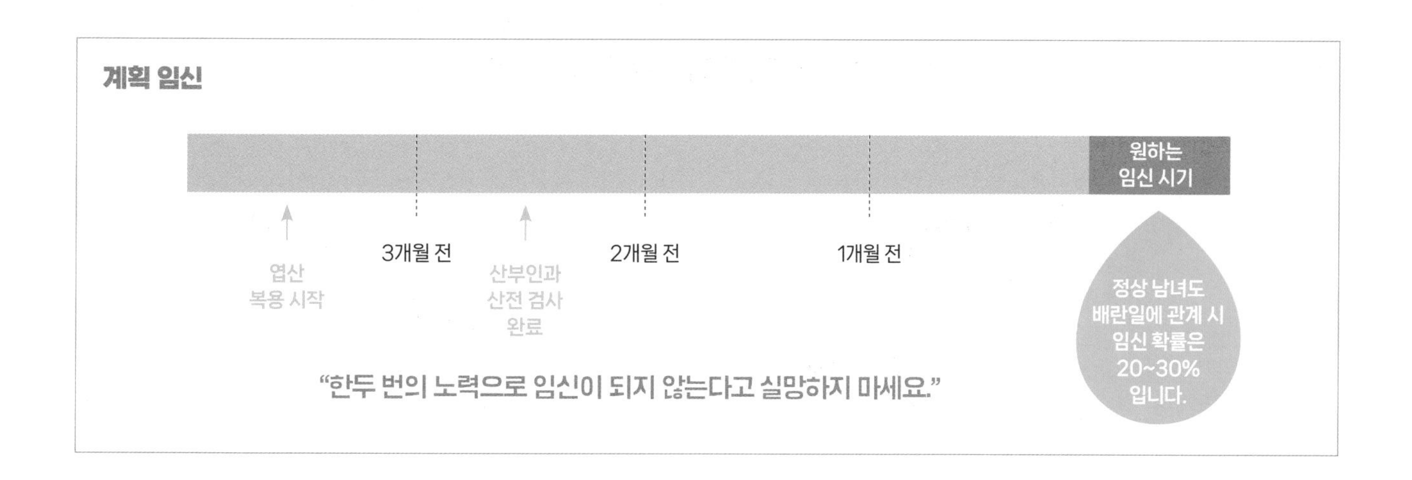

계획 임신 관리를 위한 산부인과 문진 예시

※ 6개월 이내 임신할 계획이 있으시면 다음의 질문을 읽어보시고 질문 앞에 표시(V)해주시고 다른 정보사항들은 표시하거나 기입하여 주십시오.

1. 기본 질병력 확인

□ 혈압, 당뇨, B형간염 보균자 등 내과적으로 진단받은 질병이 있습니까?
□ 현재 병원을 다니며 치료를 받고 있거나 복용 중인 약이 있나요?
□ 맹장 수술 등 복부 수술을 받은 적이 있나요?
□ 자궁이나 난소 부속기에 관련된 수술을 받은 적이 있나요?

2. 가족력 확인

□ 부모님 중 고혈압, 당뇨, 암인 분이 있나요?
□ 형제, 자매 중 고혈압, 당뇨, 암인 분이 있나요?

3. 생리력 확인

□ 초경 나이는 언제인가요?
□ 월경주기는 규칙적인가요?
□ 생리통이 심합니까?
□ 생리양이 많거나 적지는 않습니까?
□ 난임으로 진단받거나 치료받은 적이 있습니까?

4. 임신력 확인

□ 과거 임신한 경험이 있나요?
□ 분만을 했다면 분만년도와 분만법은 무엇이었나요?
□ 임신했을 때 문제가 있었던 게 있나요?

5. 피임

□ 피임을 하고 있습니까?
□ 피임을 하고 있다면 어떤 방법으로 하나요?

6. 생활습관

□ 운동을 하고 있나요?
□ 채식이나 당뇨식 등 특이식단으로 식사하나요?
□ 애완동물을 기르고 있나요?
□ 흡연을 하나요? (하루 　　　　개비)
□ 음주를 하나요?

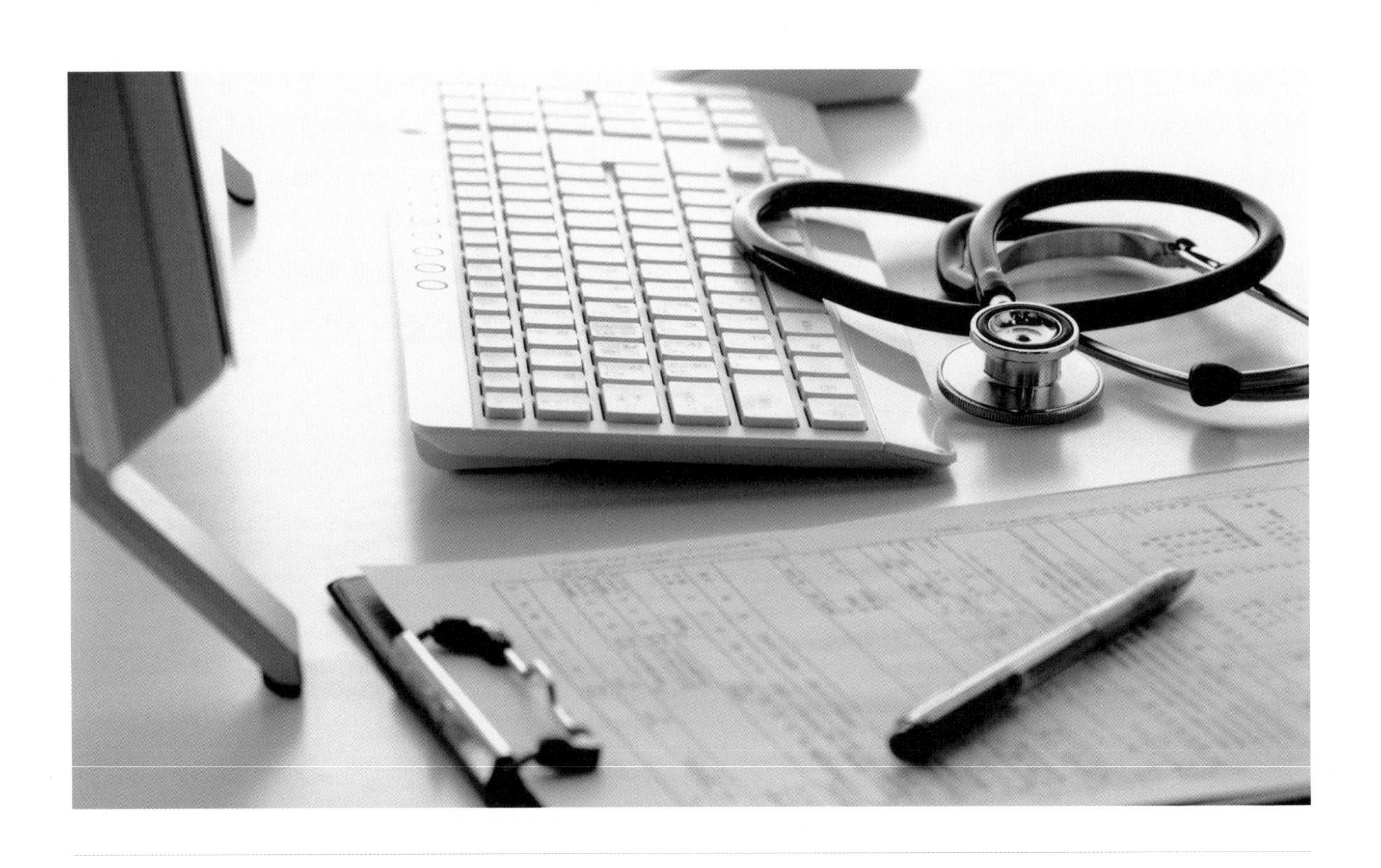

기본적인 문진을 해요

산부인과 문진의 역할

문진은 말 그대로 환자에 대한 기본적인 정보를 얻기 위해 작성하는 것입니다. 따라서 문진표의 정해진 형식이나 항목은 없습니다. 그저 의학적인 접근을 위해 여러 가지를 물어보게 되는 항목표인 셈이지요.

문진을 통해 확인이 필요한 것들

일단 기본적인 과거 병력과 현재 병력, 특이사항 등을 물어보게 됩니다. 또한 가족력도 의학적 평가의 근거가 될 수 있기 때문에 같이 확인합니다. 그리고 현재의 생활습관, 특히나 임신을 준비한다면 음주력과 흡연력을 꼭 확인해야 합니다. 그리고 산부인과에서는 다른 과에서 하지 않는 생리력에 대한 질문을 하게 됩니다. 기본적인 생리패턴, 생리 시 통증이나 양이 과하지는 않은지 물어보며 과거 임신 경험 여부도 반드시 확인합니다. 산부인과에서 과거 임신력과 생리력에 대한 질문은 가장 중요한 의학적인 접근자료가 됩니다.

임신을 방해하는 변수요인

비만

체지방률이 높아지면 지방 자체에서 염증성물질 분비가 증가하게 되고, 동시에 인슐린에 대한 저항성이 높아진다. 즉 비만 자체가 배란과 착상을 방해하는 요인이 된다.

케이크, 쿠키 등을 자주 먹는 식습관

케이크, 쿠키 등의 음식이 특히 안 좋은 이유는 바로, 단순당인 설탕 함량이 높아서이다. 가공된 단순당은 우리 몸에 들어갔을 때 빠르게 혈당을 상승시키며 인슐린 분비를 증가시킨다. 증가된 인슐린은 결국 배란장애를 일으킬 수 있다. 설탕이 많이 들어 있는 케이크, 쿠키 등을 자주 먹는다면 단순히 이가 썩어서, 비만이 되어서의 문제가 아니라, 그 안에 들어 있는 단순당이 우리 몸의 중요한 마법열쇠와 같은 인슐린의 과잉을 초래하여 임신을 방해할 수 있기 때문이다.

폭음을 즐기는 습관

일정량의 알코올이 몸에 들어오면 우리 몸에서는 그 알코올을 분해한다. 알코올을 분해하는 일부 성분은 혈행 개선과 같은 긍정적인 역할을 한다. 하지만 갑자기 많은 양의 알코올이 들어오면 우리 몸은 그 많은 양의 알코올을 적절하게 분해하지 못한다. 따라서 알코올 자체가 건강한 임신과 착상을 방해하는 요인이 된다. 실제로 정자와 난자가 만나서 수정이 되었다 하더라도 과도한 양의 알코올이 들어오면 수정된 세포에 손상을 주게 되고 어느 수준 이상의 많은 손상은 결국 자연유산으로 이어진다. 폭음하는 습관은 나에게 찾아온 소중한 아기천사를 앗아가게 만들 수도 있다.

낮과 밤이 일정하지 않은 생활습관

아침에 눈을 떠 해를 보고 나면 우리 몸의 생체시계는 활동하기 시작한다. 생체시계에 따라 다양한 호르몬과 신경전달물질이 분비가 된다. 낮과 밤이 일정하지 않은 생활을 하게 되면 이러한 호르몬들 중 하나가 혼란을 겪고 이는 곧 도미노처럼 여러 호르몬과 신경전달물질에 영향을 주게 된다. 단순하게는 식욕조절물질의 이상도 찾아오고, 장기적으로는 결국 배란과 관련된 호르몬에도 교란을 주게 되어 배란장애로 이어질 수 있다.

영양상태가 불량한 경우

체지방률이 너무 낮거나 전신적인 영양상태가 불량하다면 우리 몸은 신호를 보낸다. 몸에서 건강한 아기를 탄생시키기에 몸 전체적인 영양상태가 나쁘면 우리 몸은 우선 내 몸을 잘 지키고 유지하기 위해 임신을 멀리하려 든다. 즉, 내 몸의 영양상태와 전신적인 건강이 좋아야 임신과 출산이라는 큰 고비를 넘길 준비가 된다.

체크리스트

1. 비만	☐	4. 불규칙한 생활습관	☐
2. 당분섭취	☐	5. 영양상태 불균형	☐
3. 폭음	☐		

결과 3개 이상 : 주의 필요 2개 이하 : 노력 필요 0개 : 우수

임신을 위한 일상생활 점검

Dr.류's Talk Talk

임신을 위해서는 실질적으로 어떤 준비를 해야 할까요?
일단, 아기를 잘 갖기 위해서 그리고 건강한 임신과 출산을 이어갈 수 있도록
기본적인 생활습관의 개선이 필요하겠죠? 알고는 있지만 실천하기 어려운
소소한 습관들은 하루아침에 바꿀 수 없습니다.
그러나 임신을 계획 중이라면 내 아이가 건강하게 자라도록,
또 건강한 임신과 출산을 할 수 있도록 천천히 조금씩 노력해보세요.

어떤 생활습관을 가지면 되나요?

올바른 식생활 유지하기

5가지 적절한 영양소를 섭취할 수 있도록 식생활을 개선해야 해요. 필요에 따라서는 복합비타민제의 복용도 권장하고 있습니다. 특히 임신 기간 동안에는 엽산제의 복용이 큰 도움이 됩니다. 엽산제 및 비타민제는 안정적인 수정과 착상을 도와줍니다. 평소 균형 잡힌 식생활로 비타민과 무기질의 공급이 충분히 이루어질 수 있도록 하면 좋습니다. 다시 말해 임신을 계획하면서부터는 비타민과 무기질이 충분히 공급될 수 있도록 균형 잡힌 식생활을 하고, 필요하다면 비타민제와 무기질제 등의 보충제를 복용하세요.

덴마크에서 착상 전후기의 멀티 비타민제 섭취 유무가 저출생체중아(출생체중이 2.5kg 미만의 신생아)나 조산에 영향을 준다는 연구결과가 발표되었다. 또한 비타민제와 저출생체중아 및 조산 간의 상관관계는 비타민 공급이 이루어지는 시기 및 체중과 관련이 있다고 밝혀지고 있다. 임신 전부터 충분한 비타민과 무기질의 공급이 이루어진 임산부에 비해 좀 더 늦게 이루어진 임산부는 저출생체중아와 조산아의 비율이 높았다. 이는 비타민과 무기질의 공급 시기가 빠르면 빠를수록 임신에 긍정적인 효과를 가져온다는 뜻이다.

주 3회, 30분 이상의 유산소 운동하기

아내와 남편이 함께하는 유산소 운동은 혈액순환 개선과 우리 몸의 내분비 흐름을 원활하게 해줍니다. 또한 남편의 정자 생성 능력이나 여성의 배란과 착상 능력을 향상시켜주지요.
임신을 하게 되면 우리 몸의 혈액량이 급격히 증가하고 폐 기능에도 변화가 일어납니다. 임신하기 전 유산소 운동을 통하여 심혈관과 심폐 기능을 튼튼하게 단련하면 이러한 변화에 좀 더 의연하게 대처할 수 있어요. 또한 적절한 운동은 체중 조절에도 도움을 주며, 근육량을 증가시키기 때문에 임신 중 급격히 살이 찌는 것도 예방할 수 있어요. 임신을 계획하고 있다면 주 3회, 30분 이상의 유산소 운동을 시작해보세요.

독성물질에 대한 노출 피하기

계획 임신을 하게 되면 임신 전에 술, 담배, 항생제 및 소염제 같은 약물에 무분별하게 노출되는 것을 피할 수 있어요. 태아는 수정 후 약 17일, 즉 임신 4주 중반 이후부터 각 기관이 분화합니다. 사실 계획한 임신이 아니고서야 이 시기에 임신 유무를 확인하기는 어려운 일이에요. 보통 우리는 생리예정일 1~2주가 지나 생리가 없을 때 임신테스트를 해보기 때문이지요. 따라서 이때 임신을 확인하면 이미 그 시기는 임신 5~6주가 됩니다. 그러므로 미리 임신을 계획했다면 적어도 배란기 전후에는 술, 담배, 항생제 및 다양한 약물 등은 피하는 게 좋습니다.

적정한 체중을 만들기

임신 전 체중이 많이 나갔던 여성이 정상체중의 임산부에 비해 임신중독증, 임신성당뇨 등과 같은 임신 중 합병증의 발생비율이 높습니다. 또한, 임신 중에는 무리한 다이어트를 할 수 없을 뿐더러 호르몬 변화로 인하여 체중관리가 더 어려워져요. 즉, 조금만 먹어도 살이 급격히 찔 수 있고 운동을 하려고 해도 배가 뭉치거나 하복부가 불편해서 상대적으로 적극적인 운동이 힘들어집니다. 또한, 임신 중 과체중이었던 임산부들은 이러한 몸의 변화가 더 쉽게 오기 때문에 행복해야 할 임신 기간이 너무 큰 고통으로 다가올 수 있어요. 임신하기 전 내 몸이 온전히 나의 것이었을 때 좀 더 적극적으로 식이요법과 운동을 시행하세요. 임신을 하게 되면 나의 몸이 나만을 위한 것이 아니며 나와 동시에 배 속의 아이를 위해 작동하게 됩니다. 행복한 임신과 건강한 출산을 위해서, 정상체중을 갖는 노력을 해야 합니다.

※ 출처 : 『산과학』, 제4판, 대한산부인과학회

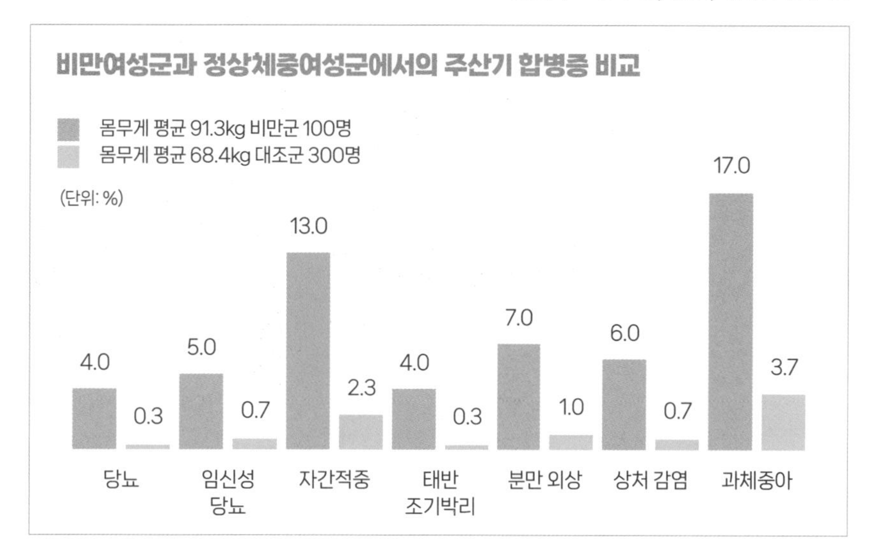

무엇을 먹고 무엇을 먹지 말아야 하나요?

커피를 줄이기

커피는 자궁 혈류를 감소시켜 착상을 방해할 수 있습니다. 또한 임신 중 커피는 적게 먹으면 적게 먹을수록 좋아요. 커피를 습관처럼 마셨다면 이제 커피 대신 차나 생수를 마시는 습관으로 바꿔보세요.

견과류와 채소 섭취하기

견과류에는 생식호르몬과 관련된 지용성 비타민과 불포화지방이 풍부하기 때문에 남편과 아내 모두의 생식능력을 키워줍니다. 견과류와 채소 섭취를 늘리는 건강한 식생활을 시작하세요.

엽산제 복용하기

엽산은 신경관 결손증과 같은 치명적인 기형아 발생을 예방합니다. 이뿐만 아니라 좀 더 안정적인 착상에도 도움을 주지요. 따라서 임신을 계획하고 노력 중이라면 엽산제 복용은 필수입니다. 임신 3개월 전부터 하루에 엽산 400μg을 복용하는 것이 좋습니다.

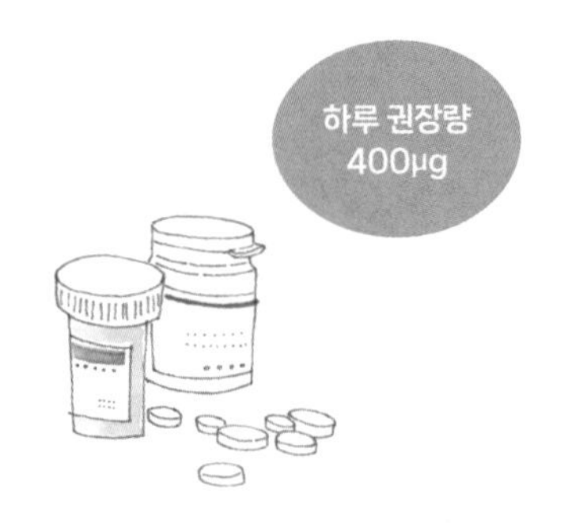

인스턴트 음식, 군것질을 줄이기

임신 초반에는 입덧으로 고생을 많이 하게 됩니다. 그러다 임신 16주 이후에는 늘어나는 식욕과 호르몬 영향으로 빠르게 체중이 증가하기도 하지요. 임신 전 인스턴트 위주의 잘못된 식습관이나 단 음식 위주의 군것질, 야식을 먹는 습관은 건강한 임신을 해칠 수 있습니다. 임신하기 전 스스로의 식습관을 점검하고 건강한 임신을 유지하도록 노력하세요.

TIP **엽산**

Q. 엽산이 기형아를 예방하나요?

A. 엽산은 세포 내에서 DNA 합성과 복구에 이용되는 물질뿐만 아니라, 우리 몸에서 일어나는 다양한 생물학적 반응에 보조인자로 작용한다. 임신 기간 동안에는 적혈구 생산이 증가되고 태아 조직이 성장하면서 엽산 요구량도 증가한다. 이러한 변화로 인해 혈액 내 엽산 수치가 감소하는데, 신경관 형성은 수정 후 28일(임신 6주) 이내에 완료되기 때문에 임신 사실을 알기 전에 이미 신경관 결손이 발생되는 경우가 있다. 신경관 결손은 혈중 엽산의 농도가 200μg 미만인 경우 급증하며, 무뇌증과 척추갈림증 등을 유발할 수 있다. 엽산 부족은 신경관 결손 외에도 심장기형, 안면기형, 태반조기박리, 반복 자연유산과도 관련이 있다. 또한 임산부의 적혈구 생성을 제한할 수 있어 거대적아구성빈혈을 일으킬 수도 있다.

Q. 엽산을 식품으로 먹을 수는 없나요?

A. 엽산은 푸른잎 채소, 순무잎, 감자, 누룩, 말린 콩, 오렌지, 간과 같은 식품에 풍부하지만, 체내흡수율이 약 50%에 불과하다. 또한 열에 매우 약해서 오랫동안 끓이거나 가공하여 요리, 저장하면 그 과정에서 50% 이상 파괴된다. 이처럼 식품에 들어 있는 엽산은 쉽게 파괴되고 흡수율이 낮기 때문에 가임기 여성이 식사만으로 엽산을 섭취하기에는 부족할 수밖에 없다. 따라서 엽산제의 추가적인 복용이 필요하다.

식품에 들어 있는 엽산(μg/100g)

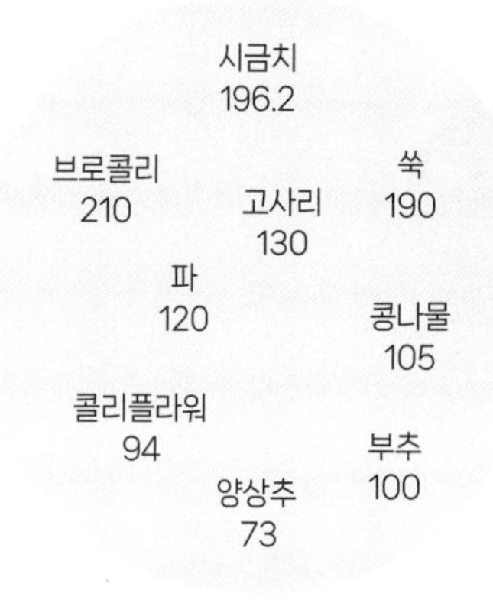

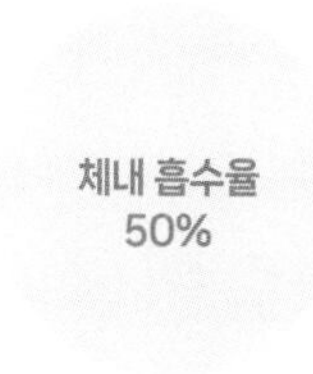

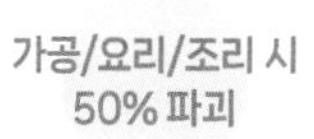

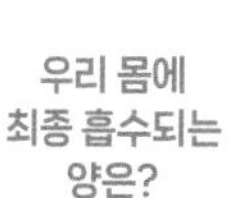

생활습관

- 올바른 식생활 유지하기
- 주 3회, 30분 이상의 유산소 운동하기
- 독성물질에 대한 노출 피하기
- 적정한 체중을 만들기

식습관

- 커피를 줄이기
- 견과류와 채소 섭취하기
- 엽산제 복용하기
- 인스턴트 음식, 군것질을 줄이기

임신을 위한 산전 검사

Dr.류's Talk Talk

혹시 '웨딩 검사'라는 말을 들어본 적이 있나요?
산전 검사 혹은 임신 전 검사를 요즘에는 흔히 웨딩 검사라고 하더군요.
산전에 이루어지는 여러 검사들은 현재 내가 임신을 해도 문제가 되지 않는지
전반적으로 점검을 받는 거예요. 실제로 아이를 가지게 되었을 때
결정적으로 문제가 되는 몇몇 질병들이 있는데, 그런 것들을 미리 확인해보면
임산부 자신이나 태아를 질병으로부터 지킬 수 있겠지요.

산전 검사 종류가 왜 이렇게 많아요?

자궁경부암 검사

자궁경부란 자궁의 시작이자 입구이며 질벽 끝에 자궁으로 시작되는 부분에 위치한 곳을 말합니다. 자궁안과 바깥의 경계로 항상 새로운 세포가 활발하게 생기고 탈락하는 곳이며 외부 접촉이나 호르몬, 질염 등에 의해 영향을 받을 수 있어요. 따라서 만 20세가 넘으면 1년에 한 번 정도 정기적으로 체크하는 것이 좋습니다. 임신을 계획하기 전 최근 1년 이내에 자궁경부암 검사를 받은 적이 없다면 검사 시행을 권고하고 있습니다.

자궁초음파 검사

초음파 검사는 자궁과 난소의 형태를 보는 검사입니다. 즉, 자궁의 형태가

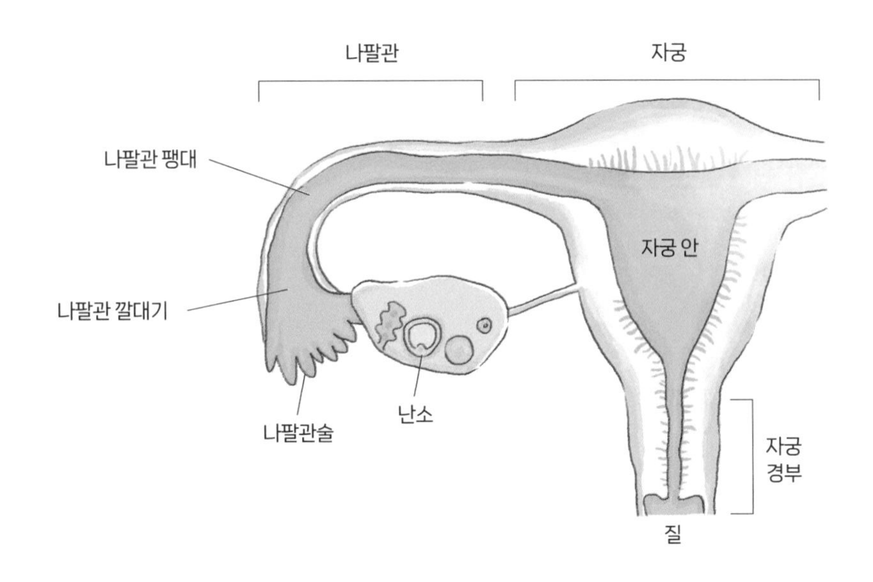

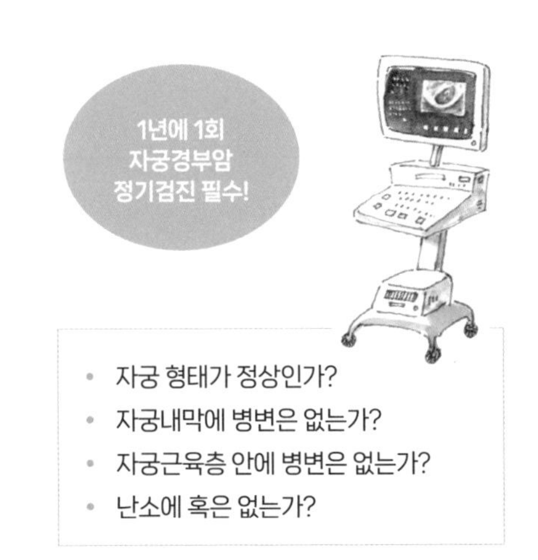

- 자궁 형태가 정상인가?
- 자궁내막에 병변은 없는가?
- 자궁근육층 안에 병변은 없는가?
- 난소에 혹은 없는가?

TIP 자궁경부암 예방주사

Q. 자궁경부암 예방주사 부작용이 있나요?

A. 어떠한 백신이든지 부작용이 있다. 사실 다른 백신에 비해 자궁경부암 예방주사 백신은 부작용이 현저히 낮은 편이다. 최근 방송에서 이슈를 만들고 있지만, 실제로는 걱정할 수준이 아니다. 부작용보다 백신의 예방 효과가 더 뛰어나므로 산부인과 전문의로서 맞지 않는 것보다 접종하는 것을 추천한다.

Q. 백신을 맞으면 자궁경부암이 100% 예방이 되나요?

A. 인유두종바이러스HPV는 자궁경부암을 일으키는 원인 중 하나다. 현재 시판되는 백신은 이론적으로 자궁경부암을 일으키는 바이러스 중 70% 정도를 막아주도록 개발됐다. 일각에서는 실제 접종 후 이보다 높은 예방률을 보이고 있다는 발표도 종종 있다. 즉, 자궁경부암을 예방하기 위해서 인유두종바이러스 백신접종은 하는 것이 좋으며 첫 성관계가 있기 전, 다시 말해 비교적 어린 나이에 맞을 것을 권고하고 있다. 단, 경부암 자체를 100% 예방하는 것은 아니기 때문에 인유두종바이러스 백신을 맞은 후에도 자궁경부암 정기검진은 꾸준히 받아야 한다.

Q. 자궁경부암 백신, 걱정할 필요가 없나요?

A. 2013년 가을 뉴스에서 자궁경부암 백신 부작용 사례가 보고되어 세상이 떠들썩했다. 일본은 몇 해 전부터 자궁경부암 백신을 '국가필수예방접종 지원사업NIP'에 포함시켜 13~16세 여성에게 백신접종을 지원해왔다. 이로 인해 일본에서 자궁경부암 백신을 접종한 사례는 550만 건이나 된다. 이중 350여 건에서 팔·다리 마비, 간질 등 심각한 증세를 보였고 문제가 됐던 부작용은 '급성파종성뇌척수염' '길랑바레증후군' '복합부위통증증후군' 등 3가지였다. 즉 백신과의 인과 관계에 대한 조사가 필요하다는 발표와 함께 백신의 안정성에 대한 문제가 제기된 것이다. 이와 관련된 보도로 인해 국내는 물론 전 세계적으로 자궁경부암 백신의 안정성에 대해 많은 논의가 일어났다. 그리고 2013년 7월 세계보건기구WHO 산하 단체인 국제백신안정성자문위원회GACVS에서는 HPV 백신의 안정성에 문제가 없음을 밝혔다. 또한 2014년 세계산부인과불임학회COGI에서는 HPV 백신에 현재까지 보고된 모든 의심사례를 독립적으로 검토해 평가하였다. 그 결과 백신접종을 지속하는 것이 유리하다는 결론을 도출하였고, 보고된 이상 반응 의심사례 중 백신과 인과관계가 있는 것은 없었다고 밝혀냈다. 한편 일본에서도 일련의 백신 부작용 관련 증상을 '자궁경부암 백신 관련 신경면역이상증후군HANS'로 명명, 부작용의 원인이 백신 자체의 성분과는 연관성이 없으며 접종 시 생기는 통증이나 불안에 따른 것으로 결론을 냈다. 현재 우리나라 산부인과학회에서는 HPV 백신접종을 권고하고 있다. 백신을 맞았을 때 얻는 이득이 훨씬 크며 아직까지 보고된 명확하고 치명적인 부작용 사례는 없었다고 받아들여지기 때문이다.

Q. 임신을 계획하고 있는데 맞아도 될까요?

A. 인유두종바이러스 백신은 현재에도 그 안정성에 대해 꾸준히 다각도적인 연구조사가 진행 중이다. 그러나 임신 중 인유두종바이러스 백신접종은 그 안정성이 확립이 되지 않은 상태이므로 임신 중에는 백신접종을 하지 않는다. 따라서 임신 계획이 백신접종 완료기간(6개월) 이상이라면 주사를 맞아도 되지만 바로 임신을 원하는 경우 분만 후 맞을 것을 권한다.

Q. 약의 종류도 여러 가지인데 그 차이점은 무엇인가요?

A. 국내에 들어와 있는 백신은 글락소스미스클라인GSK의 '서바릭스'(2008년)와 한국엠에스디의 '가다실'(2007년), 그리고 '가다실9'(2016) 3가지 종류다. 이 백신들은 자궁경부암의 주요 원인이 되는 16, 18번 바이러스에 강한 면역 효과를 제공해 자궁경부암을 약 80~90% 예방하는 것으로 알려져 있다. 백신의 효과는 최소 20년 이상 지속된다고 한다. 6개월에 걸쳐 총 3회를 접종하는데, 서바릭스 백신은 0, 1, 6개월에 접종하며 2가 백신으로 인유두종바이러스 16, 18번의 예방 효과가 있다. 이외에 45, 33, 31번 등의 자궁경부암 고위험군 인유두종바이러스의 예방 효과도 부수적으로 있다. 가다실 백신은 0, 2, 6개월에 접종하며 4가 백신으로 인유두종바이러스 16, 18번 외에도 6, 11번의 인유두종바이러스 예방 효과가 있다. 이는 자궁경부암뿐만 아니라 외음부암, 질암, 생식기사마귀 등의 예방 효과도 있다. 가다실9 백신은 0, 2, 6개월에 접종하며 6, 11, 16, 18, 31, 33, 45, 52, 58번 예방 효과가 있다. 3가지 모두 자궁경부암과 밀접한 16, 18번 인유두종바이러스 예방 효과가 탁월하며 항체유지 기간도 비슷하므로 본인의 성향에 맞게 하나를 선택해서 맞으면 된다.

※ 자궁경부암 백신을 맞았어도 암 검사는 정기적으로 받아야 한다.

서바릭스 백신	가다실 백신	가다실9 백신
0, 1, 6개월에 접종	0, 2, 6개월에 접종	0, 2, 6개월에 접종
2가 백신	4가 백신	9가 백신
16, 18번 인유두종바이러스 예방 효과	16, 18, 6, 11번 인유두종바이러스 예방 효과	6, 11, 16, 18, 31, 33, 45, 52, 58번 인유두종바이러스 예방 효과

정상인지, 자궁내막이나 자궁근육층 안에 병변은 없는지, 난소에 혹은 없는지 등을 초음파를 통해 눈으로 보며 비정상적인 구조가 있는지 확인합니다.

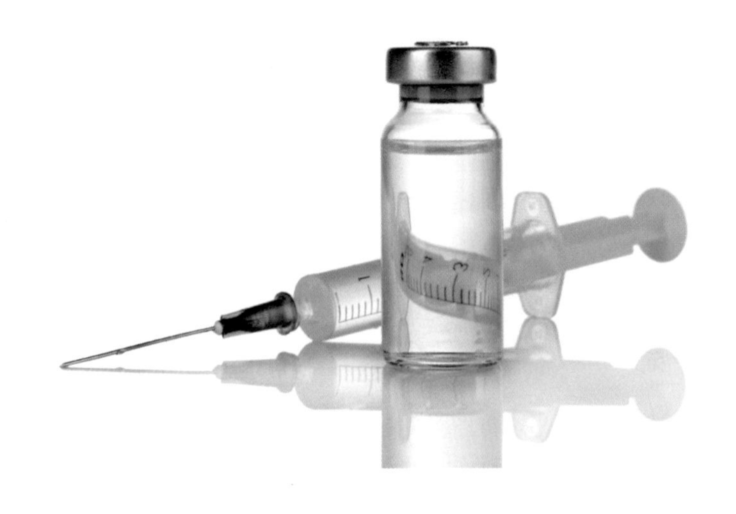

풍진항체 검사

임신과 풍진은 큰 관련이 있어요. 임산부의 풍진감염은 선천성풍진증후군이라는 무서운 합병증을 야기할 수 있습니다. 임신을 계획하면 적어도 임신 시도 1~3개월 전 시행하는 것이 좋아요. 만약 풍진항체가 없다면 임신 전 풍진항체 예방접종을 하고 이후 1개월의 피임 기간을 가지세요.

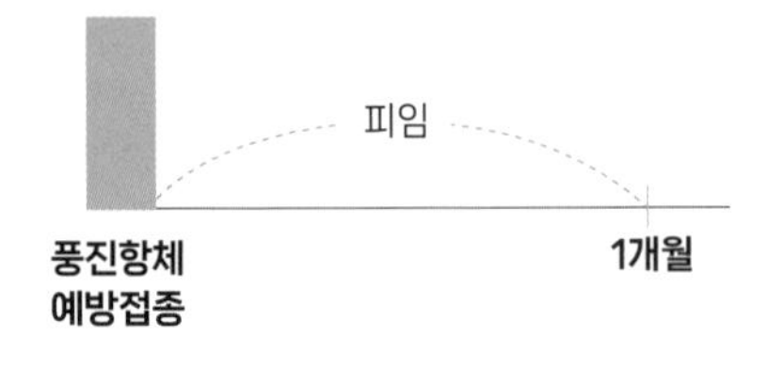

A형간염항체 검사

A형간염은 주로 음식물이나 물 등을 통해 전염됩니다. 따라서 오염된 식수나 음식을 통해 집단 감염을 일으키기도 하지요. 주로 경제적으로 낙후되어 있거나 위생 상태가 좋지 못한 국가에서 많이 발생합니다. 가난했던 우리나라도 예전에는 위생 상태가 좋지 않아 A형간염의 발병이 종종 있었고, 집단면역을 통해 많은 사람들이 본인도 모르는 사이 A형간염에 대한 항체를 가지고 있는 경우가 많았습니다. 하지만 최근 위생적인 환경에서 자라온 20~30대 젊은이들은 대부분 A형간염에 대한 항체가 없어요. 이는 A형간염에 노출되었을 때 바로 A형간염에 걸릴 수 있다는 이야기입니다.

A형간염은 다른 B형간염, C형간염과는 다르게 감염 후 급성간염을 일으키기도 하고 심하면 간부전으로 이어지기도 합니다. 임신 중에는 면역력이 저하되어 있는 상태로 A형간염 감염에 더 주의해야 합니다. A형간염은 약 4주 간의 잠복기를 가지며 걸렸을 때 특별한 증상이 없는 경우가 많습니다. 임신 중 A형간염은 태아에게 기형 발생 같은 직접적인 문제를 일으키지는 않습니다. 다만, 일부 조기진통, 태아 담즙 정체증 등을 일으킬 수 있다는 보고가 있어요. 행복한 임신 기간을 보내기 위해서 A형간염에 대한 항체가 있는지 확인해보세요. 항체가 없다면 A형간염 백신을 맞는 것이 좋습니다.

	A형간염	B형간염
전염 경로	경구감염 (음식물이나 물 등을 통해 전염)	체액과 혈액, 수직감염 (분만 과정에서 전염) 등
만성화 여부	비만성화 (단 급성간염으로 이어질 수 있음)	만성화 (감염되면 평생 바이러스 보균자임)

B형간염항체 검사

B형간염은 산모의 감염 여부에 따라 신생아의 감염과 큰 연관성이 있습니다. 임신 전 B형간염력은 없는지 B형간염항체는 가지고 있는지 확인해야 합니다. 만약 검사 결과에서 B형간염 항체가 없다면, 세 번에 걸친 백신접종을 시작하세요. B형간염 백신주사는 임신 중에도 접종할 수 있습니다. 임신 전 검사에서 없다는 결과가 나왔다면 백신주사를 맞도록 합니다.

TIP 풍진

Q. 풍진이 그렇게 위험한 거예요?

A. 풍진 바이러스는 RNA 바이러스의 일종으로 호흡기를 통해 감염된다. 임산부들에게는 미열, 가벼운 두통, 발진, 눈 충혈, 관절통, 콧물 등의 증상이 나타나며, 풍진에 걸렸을 때는 이 자체를 치료할 치료약이 사실 없다. 다시 말해 풍진은 바이러스질환이기 때문에 항생제나 약으로 한 번에 치료할 수 있는 질병이 아니라는 이야기다. 수액 또는 대증적 치료(면역력을 높여 스스로 낫는 것을 말하는데, 경과를 관찰하면서 저절로 호전되길 기다린다)를 기대할 수밖에 없다. 다만, 일부 증상을 완화시켜주는 소염제나 항히스타민제가 사용될 수 있다.

임신 중 풍진은 태아에게 청각소실, 백내장, 심장 기형, 소두증, 정신지체, 골격계 이상, 간·비장 손상 등의 다양하고 심각한 장애를 일으키는 선천성풍진증후군을 일으킬 수 있다.

현재 우리나라는 국가적으로 예방접종 사업을 시행하기 때문에 실제로 풍진감염이 흔하지는 않다. 하지만 임신 중 풍진감염은 그만큼 치명적인 결과를 가지고 오므로 간과해서는 안 되는 감염성질환이다.

따라서 임신하기 전에 풍진항체를 가지고 있는지 미리 확인하는 것이 좋다. 항체가 없다면 풍진항체주사를 맞아야 하며, 풍진항체주사는 살아 있는 바이러스를 이용한 예방백신으로 접종 후 최소 1개월간의 피임을 해야 한다.

Q. 풍진주사를 맞으면 3개월 피임을 해야 하나요?

A. 풍진 백신주사는 살아 있는 풍진균을 옅은 농도로 몸에 주사하여 풍진에 대한 면역력이 생기기를 유도하는 것이다. 따라서 드물지만 주사를 맞고 이 풍진균 때문에 몸 안의 면역력이 급격히 저하되어 풍진감염이 생길 수 있다. 만약 임신이 아닌 경우에는 이러한 풍진 예방주사를 맞아도 미열을 동반한 감기와 같은 부작용 정도만 나타나겠지만, 임신 중이라면 몸으로 들어온 풍진균이 태아에게도 영향을 끼칠 수 있다.

그러므로 우리 몸에서 풍진균을 이겨내고 면역력을 키워놓을 수 있는 최소한의 기간이 필요한데, 직접적인 풍진감염의 위험성을 피하기 위한 피임 기간은 한 달 정도면 충분하다. 과거 풍진 백신접종 후에는 6개월의 피임기간을 권고했었지만 이후 3개월에서 최근에는 1개월로 그 피임기간을 제한하고 있다.

Q. 임신하기 전 무조건 풍진 예방주사를 맞아야 하나요?

A. 풍진은 우리나라에서 법정전염병으로 분류하여 초 · 중 · 고를 걸쳐서 예방접종을 시행하고 있다. 단, 예방접종주사를 맞았어도 간혹 풍진항체가 안 생기는 경우가 있다. 따라서 본인이 풍진에 대한 면역항체를 가지고 있는지 확인하는 것이 먼저이다. 혈액 검사를 통해서 풍진에 대한 면역항체가 충분히 있다면 임신 중 풍진바이러스가 다가와도 내 몸을 침투할 확률은 거의 없다. 단, 혈액 검사상 풍진항체가 없다면 풍진 예방 백신주사를 맞아서 임신하기 전에 풍진에 대한 면역항체를 만들어놓는 것이 필요하다.

Q. 풍진항체 검사와 백신접종은 어디에서 하나요?

A. 풍진항체가 있는지 없는지는 산부인과나 내과 등 혈액 검사를 시행하는 병원에서 확인해볼 수 있다. 또한 보건소에서는 풍진항체 유무를 판단하는 검사를 산전 검사 항목으로 넣어 무료로 시행해주고 있다. 가까운 산부인과나 내과, 보건소를 찾으면 된다. 만약 항체가 없다면 가까운 산부인과 병원을 찾아간다.

Q. 임신인 것을 확인했는데, 몸에 풍진항체가 없다면?

A. 임신 중 풍진감염은 예로부터 가장 무서운 감염성질환의 하나로 여겨져 왔다. 임산부에게는 단순 감기 형태로 지나가지만 태아에게는 다양하고 심각한 장애를 일으키는 선천성풍진증후군을 불러오기 때문이다. 하지만 임신 중에 풍진에 감염되었다고 해서 무조건 그러한 건 아니다. 임신 중 풍진감염은 그 시기에 따라 예후가 많이 달라지기 때문이다. 임신 12주 이전에 임산부가 풍진에 감염되면 태아에게 선천성풍진증후군을 발생시킬 확률은 80~90% 이상이지만, 임신 13~16주 사이 임산부의 풍진감염은 50%, 임신 18~20주 이상에서는 태아에게 거의 아무런 영향을 주지 않는다. 풍진감염은 발진 등과 같은 임상적인 증상으로 진단하기 어려우며 무증상인 경우가 많다. 따라서 풍진이 걸렸다는 것은 결국 혈청 검사를 통해 확인할 수 있다. 실제로 소변이나 혈액, 호흡기 비말 분비물에서 바이러스 자체를 찾기 어렵기 때문에 진단은 풍진감염 시 증가되는 면역글로불린에 대한 역가치 검사를 통해 가능하다. 즉, 임신을 했는데 풍진항체가 없는 임산부라면 혹시 풍진에 취약하고 치명적인 시기에 나에게 풍진감염이 있었는지를 임신 중반기에 혈액 검사를 통해 그 유무를 확인받으면 된다.

임신 중 선천성풍진증후군 발생할 확률

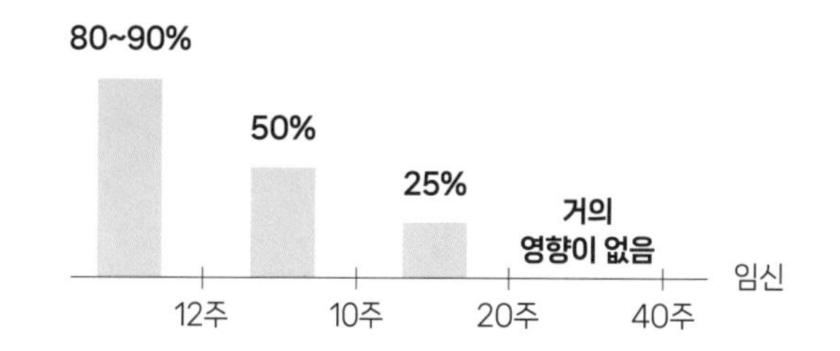

빈혈 검사

기본 혈색소치 검사를 통해서 빈혈 유무, 혈소판감소증 유무 등을 확인합니다. 빈혈은 결국 전반적인 몸의 건강상태를 반영하는 지표입니다. 빈혈이 있다면 일단 기본적인 건강상태를 의심해볼 필요가 있어요. 또한, 임신 중 빈혈은 태아 성장지연을 일으킬 수 있으며 다양한 임신합병증과 관련이 있습니다.

소변 검사

임신 중 큰 영향을 끼칠 수 있는 신장 질환이나 전신적인 요인은 없는지 소변 검사를 통해 요당, 단백뇨 유무를 확인합니다. 신장은 임신 중 늘어나는 혈액량을 적절하게 여과하고 소변으로 배출시키는 기관입니다. 늘어난 혈액량은 신장의 부담을 줄 수 있으므로 신장에 문제가 있던 사람들은 임신 중에 더욱 각별한 주의가 필요합니다. 신장 질환은 대부분 혈압상승과 연결되며, 임신중독증 발생과도 관련이 있어요.

에이즈 · 매독 검사

성적인 접촉을 통한 대표적인 감염병의 일종으로, 에이즈와 매독은 임신 중 태아에게 치명적인 결과를 가져오기 때문에 임신하기 전 반드시 그 유무를 확인해야 합니다. 임산부의 에이즈 감염은 출산 중 태아에게 전염되어, 선천성에이즈증후군을 일으킬 수 있어요. 임신 중 매독 역시 태반을 통해 넘어가 태아도 매독에 감염되게 만듭니다. 선천성매독증후군은 임신 중 노출되는 시기에 따라 그 예후가 매우 다양하나 유산과 사산에 이를 수 있고 조산 발생의 확률을 높입니다. 또한 발육지연, 청력장애, 시력장애, 지능저하, 간 비대 등 전신적인 많은 합병증을 동반하기 때문에 임신 전 미리 치료해야 합니다.

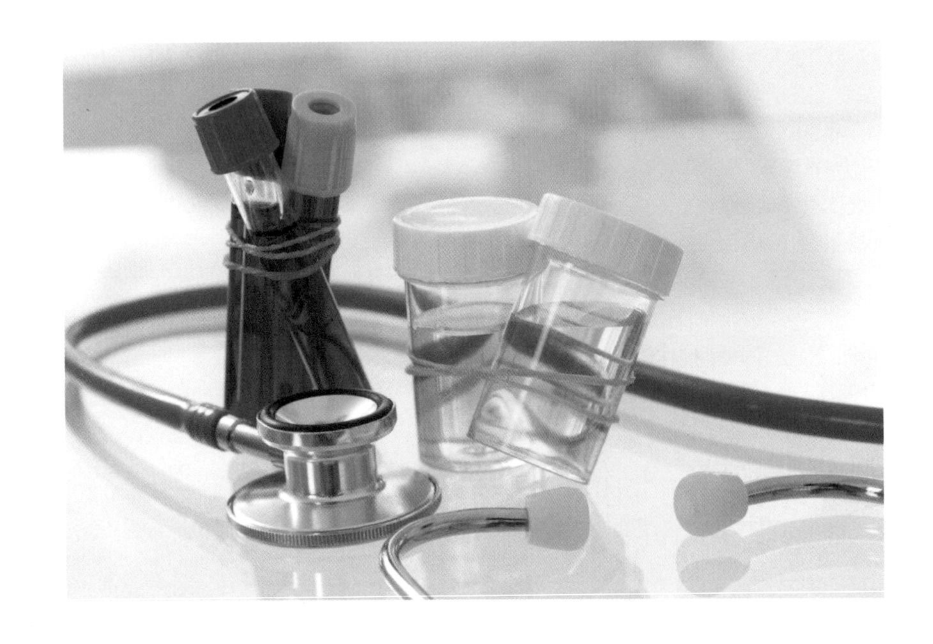

성인성질환 검사

골반 내 성인성질환이 있는 경우, 나팔관과 자궁체부, 난소의 염증은 골반 내 유착으로 이어질 수 있어요. 이는 결국 나팔관 운동을 저해하므로 임신과 착상을 방해하는 요소가 됩니다. 또한, 일부 성인성질환은 초기 자연유산과 관계가 있습니다. 따라서 평소 잦은 질염과 분비물 이상으로 불편감이 있다면 임신을 준비하기 전 좀 더 자세하고 철저한 검사를 받아볼 필요가 있습니다.

갑상선기능 검사

갑상선호르몬은 여성의 배란, 생리와 많은 관련이 있는 호르몬입니다. 갑상선기능저하증은 배란장애를 일으켜 난임의 원인이 되며 갑상선기능항진증은 임신오조(임신 중 과한 입덧), 자연유산 등과 관련이 있어요. 또한, 갑상선호르몬 이상은 임신 중 태아 발달에도 영향을 주기 때문에 임신을 준비하기 전 갑상선기능 검사를 하는 것이 좋습니다.

수두항체 검사

흔히 수두Chicken pox는 어릴 때 한 번씩 앓고 지나가는 병으로 알려져 있습니다. 헤르페스 바이러스varicella-herpes zoster에 의한 감염으로 첫 감염 시 발진과 감기 증상으로 발현됩니다. 수두를 앓고 나면 저절로 우리 몸에는 수두에 대한 면역력이 생기고, 이 이후부터는 수두에 감염되지 않습니다. 다만, 수두를 일으킨 바이러스 자체는

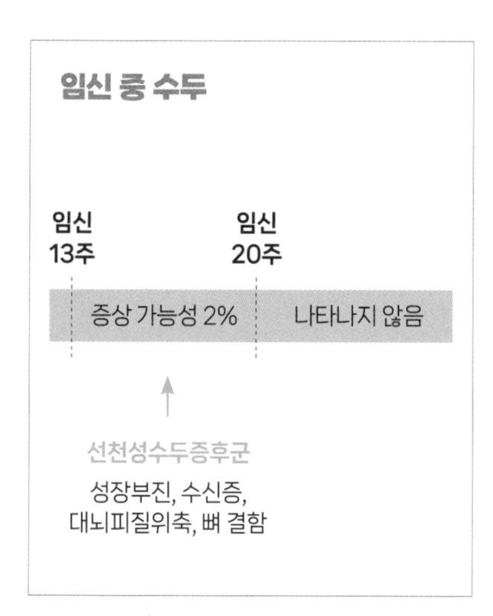

우리 몸 신경절에 숨어 있다가 대상포진이라는 통증을 동반한 수포 형태의 피부병변으로 나타나게 된답니다.

수두와 임산부

임산부가 수두에 감염되는 경우는 드물어요. 대부분 성인들은 어린 시절 수두를 경험하였고, 또 수두를 경험한 사람의 대부분이 수두에 대한 면역력을 가지고 있기 때문이지요. 따라서 일부러 수두항체가 있는지 검사할 필요는 없습니다. 다만, 어린 시절 수두를 경험하지 않은 사람이라면 임신 중에 면역력이 극심하게 떨어지므로 주의가 필요합니다. 임신 중 수두에 걸리면 태아에게도 영향을 미치게 됩니다. 임신 13~20주 사이에 발생하는 경우에 선천성수두 증상이 일어날 가능성이 2%로 가장 높습니다. 그리고 20주 이후에는 임산부가 감염된다 하더라도 태아에게 선천성수두 증상이 나타나지 않습니다.

태아가 선천성수두증후군을 앓게 되는 경우 성장부진, 수신증, 대뇌피질위축, 뼈 결함 등이 나타날 수 있어요. 또한 신생아수두증후군의 태아는 사산의 위험이 높습니다.

수두 예방접종

수두항체 검사에서 수두에 대한 항체가 없다면 수두 예방접종을 해야 합니다. 수두 예방접종은 총 2회에 걸쳐서 진행이 됩니다. 1차 예방접종 후 한 달이 지나고 2차 접종을 시행하면 접종은 끝납니다. 수두 예방 백신은 살아 있는 바이러스를 넣어주는 것이기 때문에 백신주사 후 한 달(약 4주) 간의 피임이 필요합니다.

이외 검사

이외 혈액 검사를 통하여 간 기능 검사, 콩팥 기능 검사, 당 검사 등을 시행하여 전반적인 몸의 상태를 확인해보는 게 좋아요. 이러한 검사는 꼭 임신을 위해서만 한다기보다 본인의 몸 상태를 전반적으로 체크해볼 수 있는 계기가 되기 때문이지요. 내 몸이 건강해야 건강한 아기가 태어난답니다.

검사명	검사중요도
자궁경부암 검사	★★★★★
자궁초음파 검사	★★★★★
풍진항체 검사	★★★★★
B형간염항체 검사	★★★★★
A형간염항체 검사	★★★★
빈혈 검사	★★★★★
소변 검사	★★★★★
에이즈매독 검사	★★★★★
성인성질환 검사	★★☆
갑상선기능 검사	★★★★☆
수두항체 검사	★★★

TIP 임신 준비 전 맞아야 하는 백신

풍진, 수두 백신	항체가 없다면 접종	접종 후 1개월의 피임이 필요함
A형간염, B형간염 백신	항체가 없다면 접종	접종 후 피임이 필요 없음
자궁경부암 백신	6개월에 걸쳐 총 3회 접종을 받게 됨, 임신 준비까지 6개월 정도 여유가 있을 때 주사를 맞을 것을 권고	임신 준비를 바로 한다면 아이를 낳고 맞을 것을 권고, 임신 중에는 맞을 수 없음

자궁경부암 백신을 맞는 중 임신이 되었다면, 스케줄을 미뤄서 아이를 낳고 주사를 맞으면 된다. 간혹 임신인지 모르고 자궁경부암 백신을 맞는 경우가 있지만 이 때에도 태아에게 직접적으로 알려져 있는 위해성은 없으므로 큰 걱정없이 임신을 유지하면 된다. 또한 모유수유 중이어도 자궁경부암 백신접종이 가능하다.

임신을 위한 아빠의 노력

Dr.류's Talk Talk

1940년도에 비해 정자가 1990년도 평균 6천만 마리로 절반가량 줄어들었다는 충격적인 연구결과가 있었습니다. 이는 환경오염과 같은자연 생태계의 변화와 현대인의 정신적인 스트레스 증가가 원인인 것으로 보입니다.
특히 이러한 스트레스를 술, 담배로 푸는 남성은 상대적으로 정자수와 활동성이 더 떨어지게 됩니다.
계획 임신이라는 것은 여성에게만 해당되는 것이 아닙니다.
슈퍼정자로 성공적인 임신을 하기 위해서는 아빠의 노력이 필요합니다.

슈퍼정자를 만들 수 있다고요?

술 자제하기

과도한 알코올 섭취는 고환의 기능이상과 위축을 유발하고, 정자수와 정자의 운동성을 감소시킵니다. 또한, 비정상적인 형태를 띠는 정자가 많아지게 되며 이는 기형아 출산의 가능성으로도 이어질 수 있어요.

담배 줄이기

담배는 머리가 나쁜 정자를 만들어요. 흡연을 하는 남자들의 정자는 담배를 피지 않는 남자들의 정자에 비해 정자 머리 부분이 조밀하지 못하고 구멍이 뚫린 듯한 모습을 하고 있습니다. 정자의 머리 모양이 이상하다는 것은 머리 즉, DNA 손상을 받았다는 것이에요. 이러한 손상 정자는 바로 앞에 자신이 도달해야 하는 난자가 있어도 그 난자를 제대로 인식하지 못하고 이리저리 방향을 잃고 헤매기 일쑤입니다. 손상 정자의 비율이 커지면 결국 수정 능력이 떨어지고 부부의 난임으로 이어질 수 있어요.

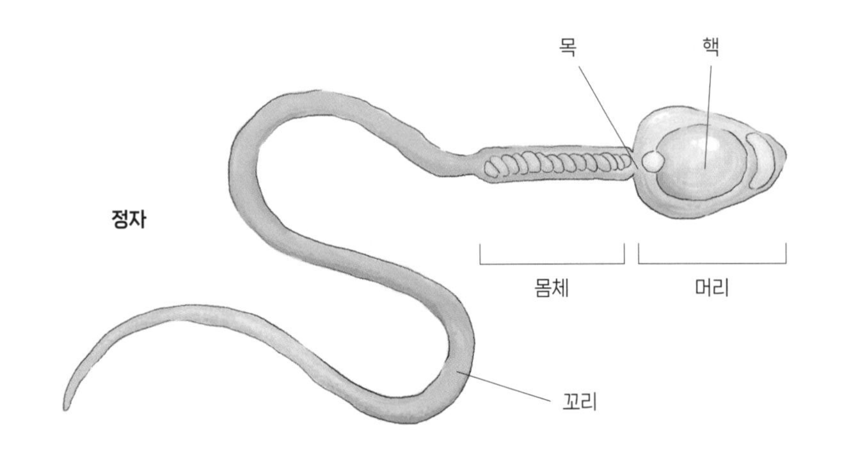

체중을 관리하기

남자의 비만은 정자 생성을 억제합니다. 유럽생식학회에서는 스코틀랜드 남성 500명을 대상으로 조사를 실시하였어요. 비만남성의 60%는 정액의 양이 적었으며, 40%는 비정상 정자의 빈도가 정상보다 조금 높았다고 발

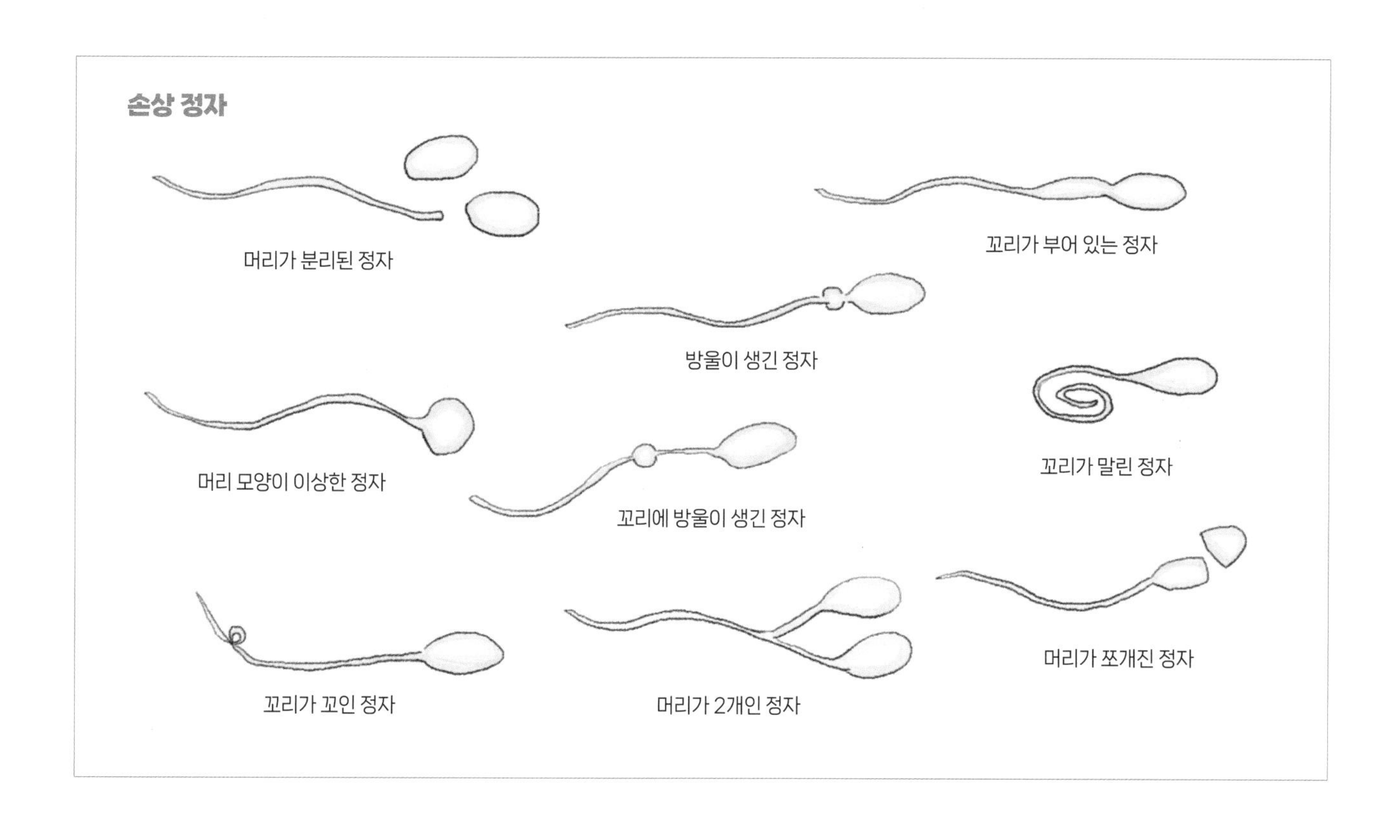

표하였습니다. 즉, 과도한 지방조직은 남성호르몬의 정상적인 대사작용에 문제를 일으켜 결국 정자 생성을 방해하게 됩니다.

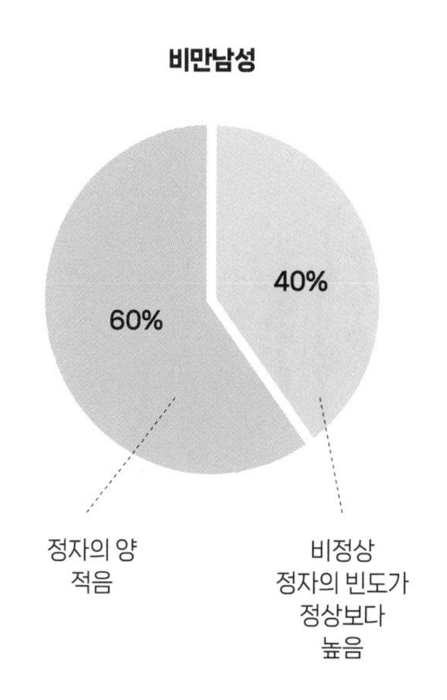

다리 꼬지 않기

고환은 체온보다 조금 낮은 33~35도 정도의 온도를 유지해야 합니다. 고환이 36도 이상이 되면 남성호르몬 생성과 대사 과정이 제대로 작동하지 않습니다. 따라서 다리를 계속 꼬고 앉는 자세, 삼각팬티나 스키니진 같이 몸에 꽉 조이는 옷을 즐겨 입는 습관은 고환 건강에 좋지 않아요. 사우나를 너무 자주 가는 것도 좋은 습관이 아닙니다.

스트레스 줄이기

스트레스를 많이 받는 상황이 되면 우리 몸에서 스트레스 호르몬의 분비가 상승하게 됩니다. 이 호르몬은 성호르몬의 균형을 깨뜨리기 때문에 정자 생성을 방해합니다. 그뿐만 아니라 스트레스는 그 자체만으로도 정자의 수와 운동성을 떨어뜨리게 됩니다.

6개월 전부터 시작하기

앞에서 말한 다섯 가지 지침은 계획하는 임신 시기 6개월 전부터 시작합니다. 이제 아빠가 되고자 결심을 했다면 적어도 6개월 정도의 생활습관 개선이 필요해요. 정자는 약 90일, 즉 3개월에 걸쳐서 만들어지게 됩니다. 따라서 6개월 이전부터 서서히 노력을 하여 3개월간의 회복과정을 거치고, 건강한 슈퍼정자를 만드는 것이 이상적이지요.

배란과 임신

Dr.류's Talk Talk

불임은 없습니다. 단지 난임만 있을 뿐이지요. 원인 없는 결과는 없습니다.
따라서 몇 차례의 임신 시도가 실패했다고 해서 좌절하지 마세요.
배란 날짜를 정확하게 체크하는 것도 중요하지만
무엇보다 배란이 가능한 시기에 활발한 부부관계를 가지는 게 중요합니다.
그저 아기를 갖기 위한 기계적인 부부관계가 아닌,
진정으로 서로를 느끼고 소중히 여기며 이루어지는 부부관계가 필요합니다.

배란일을 알아야 임신이 가능해요

배란 제대로 알기

배란이란 말 그대로 난자를 포함하고 있는 난포라는 주머니에서 알이 터지듯 난자가 밖으로 터져 나와 난관으로 이동하는 현상을 말합니다. 난자를 포함하고 있는 난포는 난소에서 잠을 자고 있으면서 신호를 기다립니다. 머리에서 배란신호가 오면 한 달에 하나씩

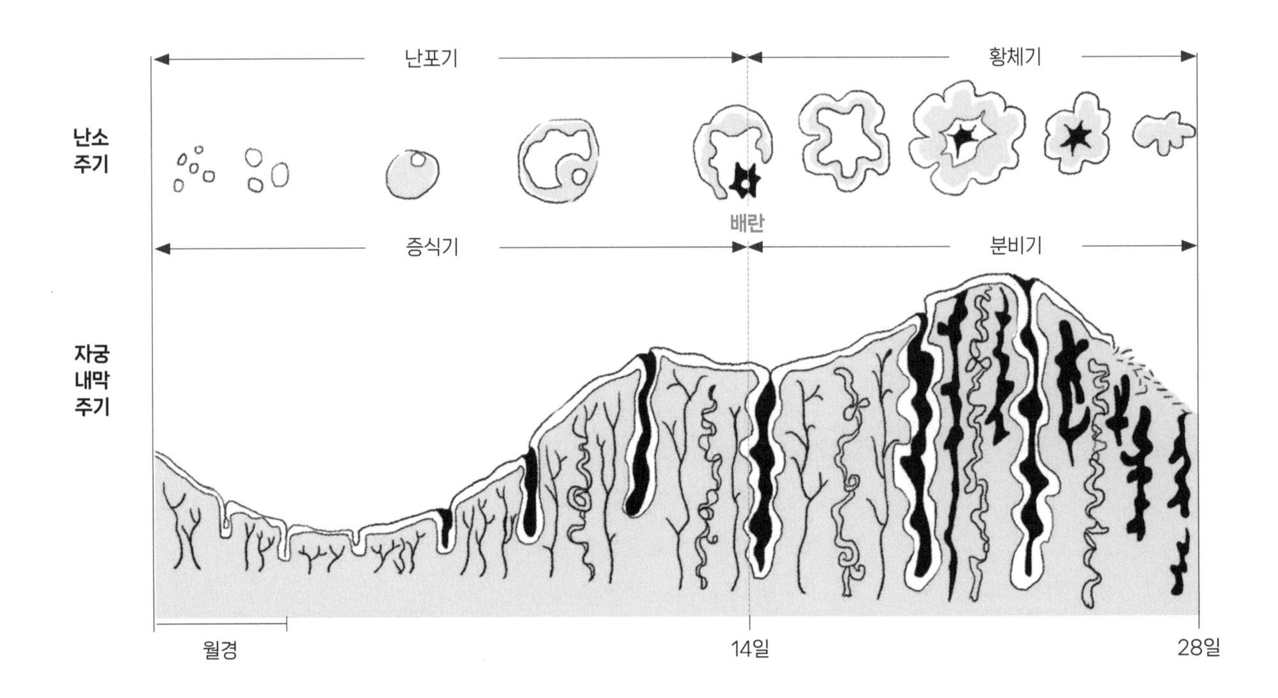

28일 생리주기

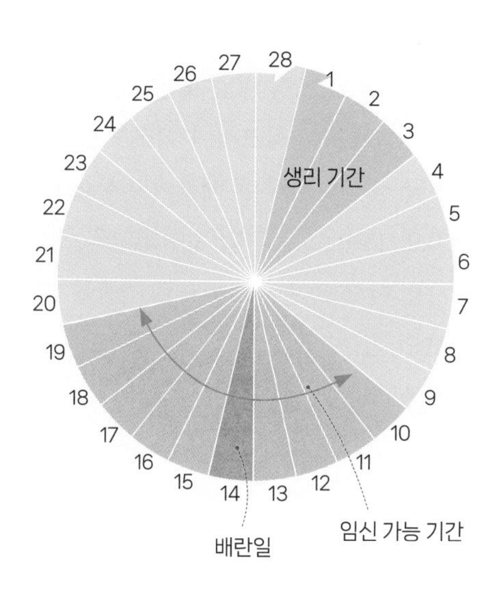

체온변화로 본 배란일

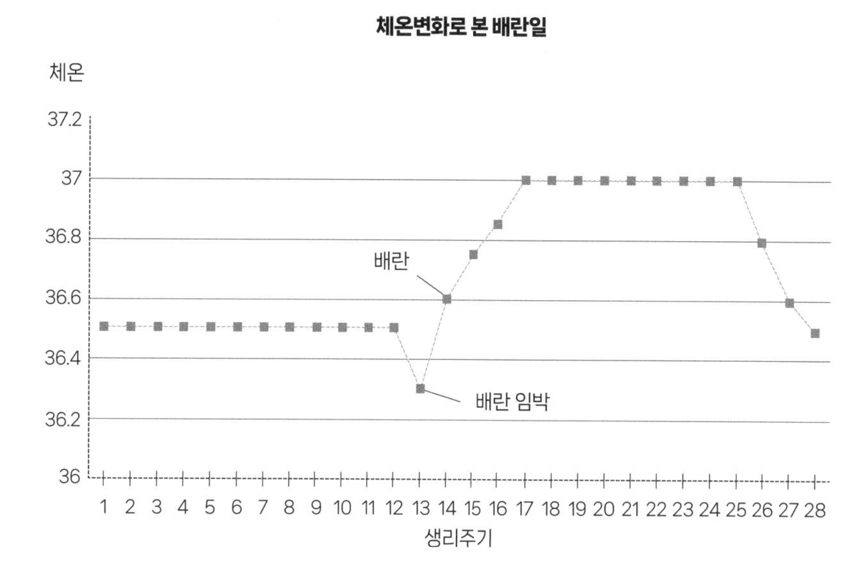

신호를 받아 준비합니다. 선택받은 난포는 점점 커지게 되고 어느 적정 크기 이상 커진 난포는 배란을 하게 되는 것이에요.

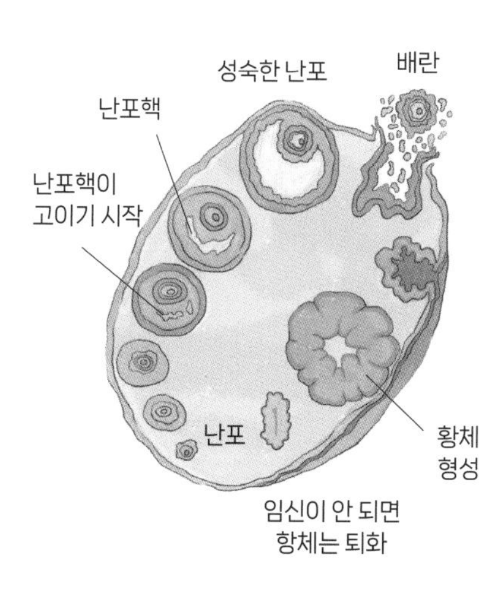

생리주기 이해하기

배란 후 임신이 되지 않으면 약 2주(약 14일)가 지나 생리가 시작됩니다. 배란 후에 생리가 시작하기까지의 14일은 비교적 일정한 편이지만 배란이 되기까지의 기간은 개인마다 차이가 나요. 생리주기가 28일로 규칙적인 사람은 보통 생리 시작 14일 즈음해서 항상 배란이 잘 이루어집니다. 반면 생리주기가 불규칙한 사람은 생리를 시작하고 배란이 되기까지의 기간이 매우 불규칙하지요. 생리가 시작되고 바로 배란이 되면 생리주기가 짧아지고, 생리 시작 후 배란이 느리게 일어나면 생리주기가 길어지게 되는 원리입니다.

산부인과 진료가 필요한 경우

정상적인 생리주기는 21~45일이에요. 만약, 최근 생리주기가 너무 짧거나 45일 이상으로 지연되는 등 불규칙하다면, 배란에 문제는 없는지 한번 점검을 해볼 필요가 있습니다. 배란을 준비하는 신호는 머리에서 보내는데, 보내는 신호 체계에 문제가 있는지 아니면 정상적으로 오는 신호에 난소가 반응을 못하는 건 아닌지, 혹은 난소의 기능이 많이 감소되었는지 산부인과의 상담과 검사가 필요합니다.

배란을 확인할 수 있는 방법이에요

체온 측정하기

난포에서 난자가 배란이 되고 나면 남은 난포 껍데기에서는 황체호르몬을 분비하게 됩니다. 수정이 될 경우 이러한 황체호르몬은 임신을 유지하고 태아 성장을 돕습니다. 황체호르몬은 기본적으로 체온을 높이는 역할을 해요. 즉, 배란이 되고 나면 배란 후 분비되는 이 호르몬 때문에 평균 0.5도 정도 체온상승이 있습니다. 예상된 배란기일 때 갑자기 0.3도 이상 체온이 떨어지면 배란이 임박하다는 뜻입니다. 보통 배란이 되고 2일 정도 후부터는 다시 체온이 평소보다 0.35도 이상 체온이 오르게 되지요. 황체호르몬은 평균 14일 동안 계속적으로 분비되며 임신을 준비하게 되고, 임신이 안 되면 황체호르몬이 감소하며 생리가 시작하게 되고 동시에 체온이 내려갑니다.

생리주기가 불규칙하다면 체온이 상승된 이후에도 체온상승기가 며칠 정도 유지되는지 한번 체크해보세요. 평균 14일인 황체기가 10일 이내로 짧은 경우, 정상적인 착상이 어려워 난임의 원인이 되기도 합니다.

장점 스스로 측정할 수 있어서 편리하다.

단점 개인 컨디션에 따라 체온이 다르게 나올 수 있다. 따라서 단독요법만으로 추천되지는 않는다. 기본적인 날짜 계산과 다른 배란측정법과 함께 6시간의 충분한 수면 후 매일 아침 일어나자마자 본인의 체온을 측정해야 한다. 배란이 예상되는 시점에서 체온이 떨어진다면 배란 임박, 즉 배란을 의미하며 다시 체온이 상승되면 배란이 잘 끝났다는 뜻이다.

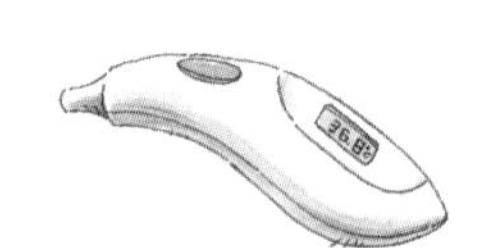

혈액 검사하기

혈액 검사를 통해 혈중 에스트로겐 농도를 확인해보는 검사입니다. 난포가 배란을 준비하여 커지면 그 크기에 비례하여 혈중 에스트로겐 농도가 증가합니다. 즉, 혈중 상승되어 있는 에스트로겐 농도를 통해 배란 준비 정도와 시기를 가늠하는 검사이지요.

단점 자주 피를 뽑아야 한다. 배란에 관여하는 다른 요소들로 인해 배란과 100% 맞아떨어지지 않을 수 있다. 초음파 검사와 함께 보조적인 방법으로 이용된다.

자궁내막조직 검사하기

배란 후 정상적인 황체기의 자궁내막인지 확인해보는 검사입니다. 황체기 중간 시기, 즉 체온이 올라간 고온기 7일을 전후하여 시행합니다. 배란의 시기를 결정한다기보다 무배란성기능성자궁출혈 유무를 확인하기 위하여 하는 검사입니다.

배란테스트기 활용하기

머리에서는 배란과 관련된 두 가지 호르몬을 분비합니다. 하나는 배란되기까지 난포를 키워주는 호르몬이며 다른 하나는 커진 난포에 직접적인 자극을 주어서 배란을 터뜨리는 호르몬이지요. 이 배란을 터뜨리는 황체자극호르몬은 반감기가 매우 짧고 불안정한 호르몬으로 혈액 내 존재합니다. 황체자극호르몬이 최고점에 이르고 나서 평균 36~48시간 후 배란이 이루어지지요. 소변으로 측정하는 배란테스트기는 이 호르몬이 소변으로 검출되는지 안 되는지 여부를 체크하는 것으로 배란의 시기를 간접적으로 추측할 수 있습니다. 즉, 배란테스트기에서 양성이 나왔다는 것은 소변 중으로 황체자극호르몬이 검출되었다는 뜻이고, 이 호르몬이 검출되고 나면 평균 36~48시간이 있다가 배란이 된다는 것이에요.

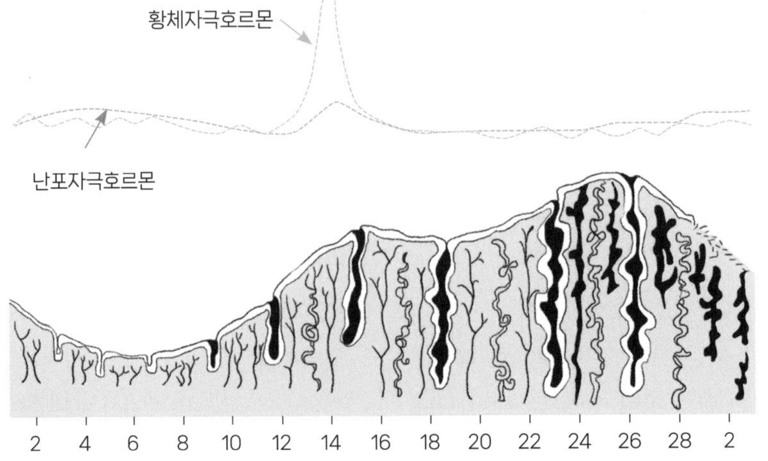

양성반응
(배란 임박)

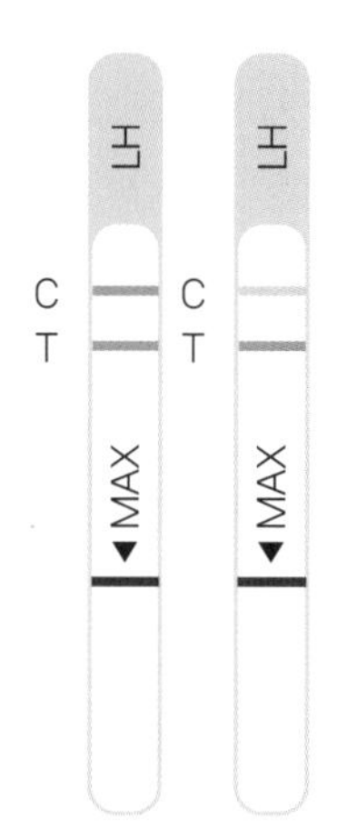

음성반응
(배란 전후)

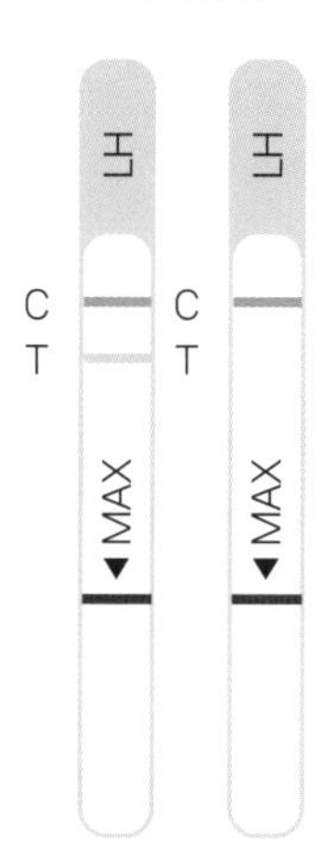

무효
(재시험)

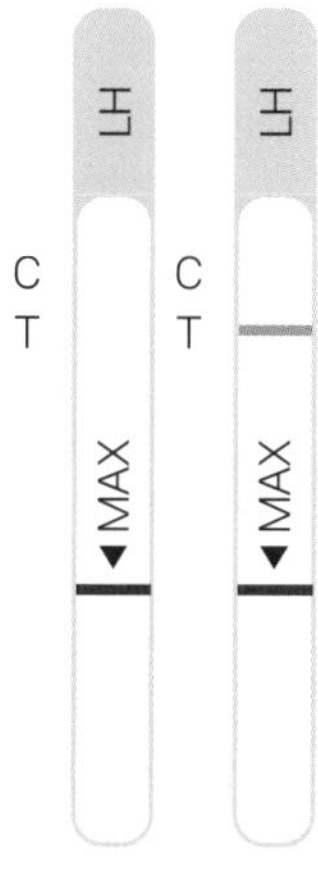

장점 소변으로 간단하게 측정할 수 있다.

단점 배란 시기를 잡는 방법이나 언제 처음이 호르몬이 검출되기 시작하였는지 정확한 예측은 불가하며 간혹 황체자극호르몬 분비 후에 배란이 잘 되지 않거나 예상보다 늦게 되는 경우도 종종 있을 수 있다.

참고 배란테스트기를 이용하려면 배란이 예상되는 기간에 매일 아침 첫 소변으로 테스트를 반복해야 한다. 음성이었다 양성이 되면 그 시점에서 36~48시간 정도 후에 배란이 될 것을 추측할 수 있다.

초음파를 통해 직접 확인하기

산부인과에 내원해서 배란을 준비하는 난포가 커져가는 과정을 지켜봅니다. 평균 20~22mm 정도로 커진 난포는 배란을 하며 배란 후에는 그 커졌던 난포가 찌그러져 있고 상대적으로 골반강내 액체가 고여 있는 초음파적인 특징이 나타나게 됩니다.

장점 직접 눈으로 난포가 커가는 모습, 배란 후의 모습을 확인할 수 있어 정확하다.

단점 직접 병원을 내원해서 매번 초음파를 해야 한다.

TIP **무배란성기능성자궁출혈**

자궁내막은 배란되기 전까지 에스트로겐이란 호르몬의 영향으로 점차 두꺼워지게 된다. 일정 이상의 두께가 되면 배란이 된다. 배란이 되고 나면 황체호르몬이 나와 임신 착상이 잘 되도록 두꺼워진 자궁내막을 안정적이고 견고한 구조로 잡아주게 된다. 그런데 임신이 안 되면 황체호르몬의 분비가 급격히 감소하게 된다. 그러면 자궁내막을 지켜주던 황체호르몬의 감소에 자궁내막도 와르르 무너져 내리게 된다.

만약, 에스트로겐 영향으로 내막은 점차 두꺼워졌는데 배란이 되지 않아 두꺼워진 자궁내막을 잡아주는 호르몬인 황체호르몬 분비가 제대로 되지 않는다면 자궁내막이 불안정해져서 일부가 떨어져 나간다. 이를 무배란성기능성자궁출혈이라고 한다.

Q. 어떤 과정을 통해 난임을 진단할 수 있나요?
A. 난임의 원인은 다양하다. 특별한 원인 없이도 임신이 안 되는 경우도 있다. 따라서 정상적인 부부생활을 1년간 유지했음에도 임신이 안 되면 난임이라 진단한다.

Q. 난임일 때 어느 병원을 가야 하나요?
A. 흔히 산부인과와 불임클리닉이 다르다고 생각하는데, 다르지 않다. 산부인과 안에서 불임을 특화시킨 것이 '불임클리닉'으로 불리고 있다. 기본적으로 산부인과에서는 불임환자를 진료할 수 있다.

Q. 치료법이 있나요?
A. 일단 임신이 되지 않는다면 산부인과에서 할 수 있는 기본적인 검사를 모두 시행한다. 임신을 방해할 만한 문제가 있었다면 문제를 해결하는 게 먼저다. 그리고 문제가 다 해결된 후에도 자연스럽게 임신이 안 된다면 배란유도제를 이용하여 배란을 도와줄 수 있다. 배란유도 후에도 임신이 잘 안되면 인공수정을 시도해보고, 그래도 되지 않으면 시험관 아기를 시도하게 된다.

불임의 원인
일반적으로 불임의 책임을 여성 탓으로 돌려왔지만 실제로 남성이 원인인 경우도 40%이다. 심지어 원인을 모르는 경우도 10% 정도이다.

여성의 원인
- 호르몬 이상 : 배란장애, 생리불순
- 나팔관 이상 : 폐쇄, 주변과의 유착
- 자궁 이상 : 자궁유착, 기형
- 복강 내 이상 : 자궁내막증, 골반염에 의한 유착

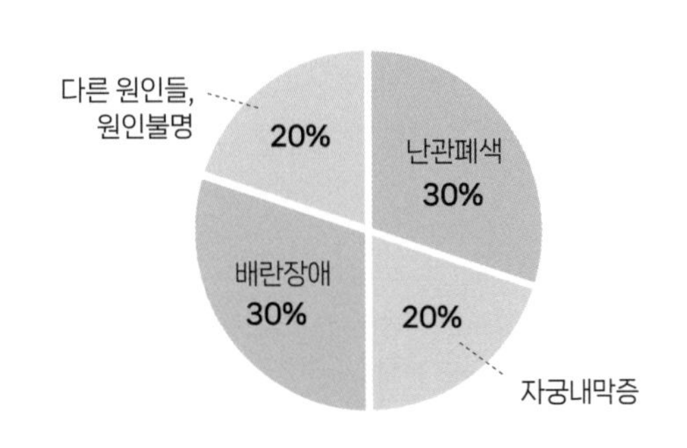

남성의 원인
- 정자 이상 : 무정자증, 운동성 저하, 정자수 부족, 형태 이상
- 그외 : 정계정맥류, 성기능장애, 성기기형, 정관 폐쇄

불임의 진단
정확한 불임진단을 위해서 체계적인 검사가 꼭 필요하다. 검사에 앞서 전문의와 상담을 먼저 진행한다.

여성 측 검사

1. 호르몬 검사
난소의 기능과 배란에 관여하는 호르몬 상태를 알아보는 검사다. 생리 시작 1~5일째 혈액 채취로 검사를 시행한다.

2. 자궁-나팔관 조영술
자궁 내에 조영제를 투여하여 나팔관 폐쇄, 자궁기형, 자궁 내 유착 등을 확인하는 검사이다.

3. 진단적 복강경
나팔관병변이 의심되거나 복강 내 병변이 의심되는 경우 복강경 시술로 정밀하게 관찰되는데 유착이나 나팔관 폐쇄가 된 경우 레이저를 사용하여 진단과 치료를 동시에 시행한다.

남성 측 검사

1. 정액 검사
2~3일의 금욕 기간이 필요하다. 병원에서 주는 용기에 수음법을 이용하여 정액을 받아오면 된다. 결과는 30분 이내 즉시 통보된다.

2. 특수 검사
1차 정액 검사의 결과가 나쁜 경우에 시행한다. 시험관 아기 특수정액 검사, 호르몬 검사, 고환조기생검 검사, 항정자항체 검사 등이 있다.

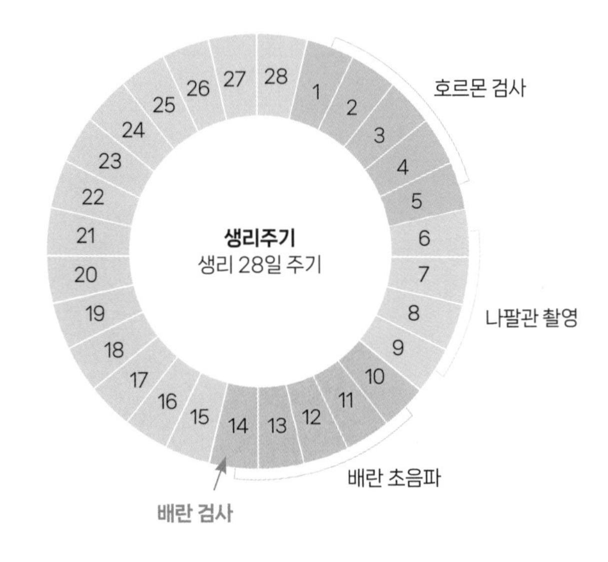

TIP 인공수정과 시험관 아기

인공수정

인공수정, 즉 IUIntrauterine Insemination는 여성이 배란이 될 때에 맞추어 남성의 정자를 수정 가능한 상태로 가공하여 직접 자궁 안으로 넣어주는 시술이다. 이렇게 되면 자궁경부에서 정자의 이동을 방해하는 요소를 배제할 수 있고, 정확하게 자궁 안으로 정자를 넣어주기 때문에 아무래도 임신 확률이 높아질 수밖에 없다. 하지만 실제로 인공수정은 자연적인 부부관계에 비해 임신률이 크게 높지는 않다. 따라서 보조 생식요법의 범주에는 들어가지 않는다. 조금 도와주는 정도라고 생각하면 된다.

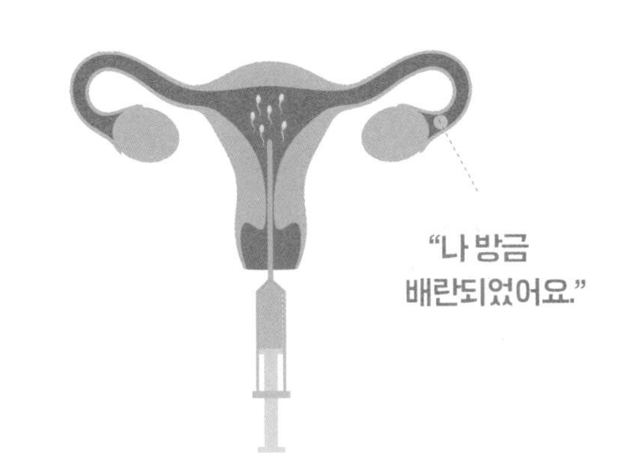

시험관 아기

시험관 아기는 IVF-ETIn Vitro Fertilization and Embryo Transfer로, 여성의 난자와 남성의 정자를 채취해서 시험관 안에서 수정을 시키는 것이다. 수정된 수정란을 3일 정도 배아로 만든 상태에서 배아 자체를 엄마의 자궁 안으로 이식을 한다. 배아가 엄마 자궁 안에서 잘 생착되면 임신이 성공적으로 된 것이고 생착이 잘 되지 않으면 임신이 되지 않은 것이다. 나팔관에 문제가 있는 경우 바로 시험관 아기를 시도하고 여러 가지 노력 후에도 임신이 잘 되지 않으면 시험관 아기를 시행한다.

시험관 아기는 비교적 성공률이 높다. 하지만 시험관 아기, 즉 시험관 안에서 난자와 정자를 결합시키기 위해 여성의 몸에서 난자를 채취하는 과정은 많은 노력이 필요하다. 따라서 일단 자연스럽게 좀 더 수월한 방법을 시도해보고, 임신이 성공되지 않으면 다음으로 시도해본다.

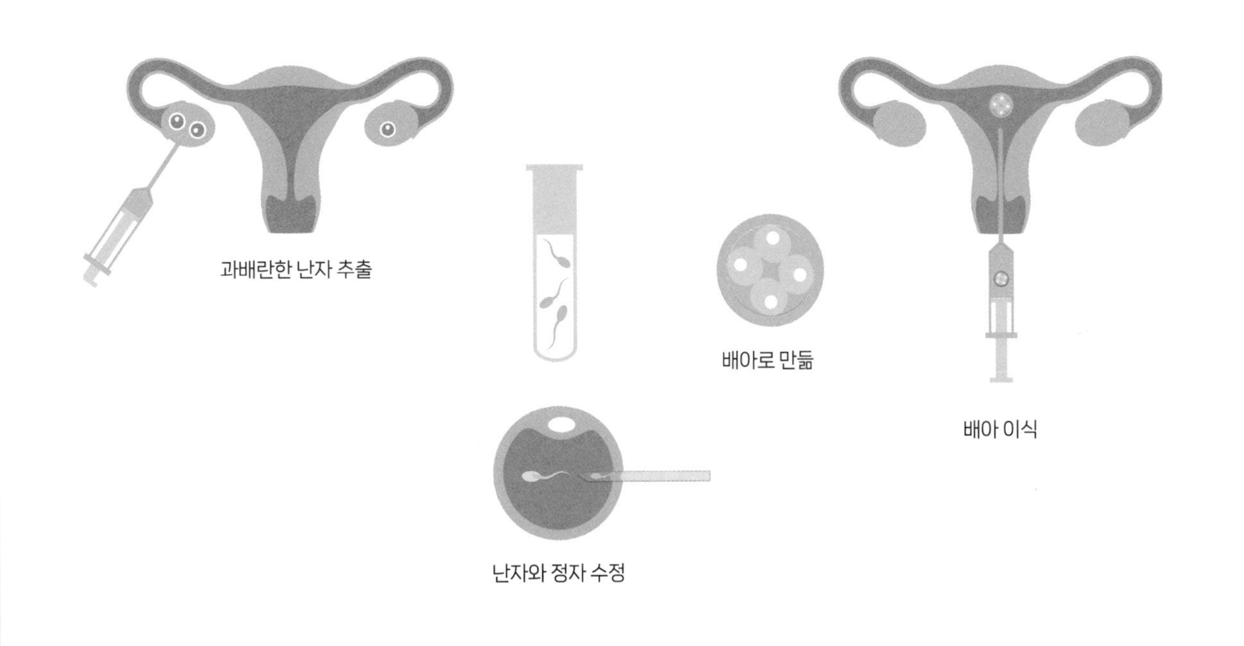

임신과 약 복용

Dr.류's Talk Talk

의학이 크게 발달하지 못했던 1980년대 이전에는 임신 중 약물 복용으로 인한 태아의 기형아 사례가 많이 보고되었습니다.
하지만 최근에는 가임기 여성에게 치명적인 약, 즉 태아에게 악영향을 줄 수 있는 약 자체는 거의 만들어지지도 판매하지도 않아요.
의학 발달로 인해 보다 안전하며 효과적인 약들로 대부분 대체되었으니 무조건 거부하는 것이 아니라 전문의의 상담을 거쳐 복용할 약은 복용하도록 합니다.

약은 태아에 영향을 미치나요?

임신 중 약 복용

대다수의 약물은 태아에게 직접적으로 영향을 끼치지 않습니다. 실제로 기형이나 다른 합병증을 끼친 예는 소수에 불과하지요. 즉, 임신 중 약물 복용으로 치명적인 결과를 가져오는 경우는 적으며 대부분의 약이 태아에게 직접적인 큰 영향은 끼치지 않지만 100% 안정성에 대한 확증이 어려운 것뿐입니다.

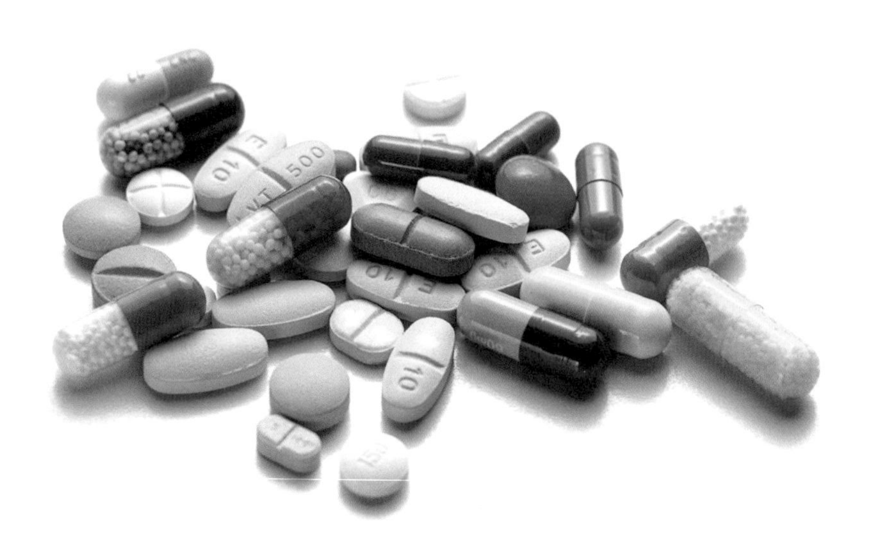

보통 대다수의 약이 분류기준 C에 속해 있습니다(47쪽 도표 참고). 임신 중 약물치료가 필요한 경우 분류기준 B, C 약을 사용합니다. 또한 간질과 같은 질병이 있는 임산부는 간질약을 먹었을 때 기형아 유발 가능성이 있지만, 한편 약을 안 먹었을 때 발생되는 상황이 태아에게 더 위험하기 때문에 최소한의 약을 최소한의 용량으로 먹게 됩니다. 약을 먹었다고 반드시 기형아가 생기는 것은 아니며 오히려 여러 가지 질병을 방치했을 때 더 위험할 수도 있으므로 임신 중 여러 가지 질병은 산부인과에 내원하여 전문의와 상담한 뒤 치료받으세요.

금기약 파악하기

임신 중 복용하면 안 되는 약은 소수입니다. 이런 약의 경우 임산부가 복

미국식품의약청 분류기준

A	B	C	D	X
철분제 등 태아에게 아무런 해가 없는 약	일반적인 소화제, 타이레놀과 같은 진통 해열제, 속쓰림 등에 쓰이는 위산제제 등 동물실험을 통해 아무런 해가 없는 것이 확인이 되었지만 인체실험 결과에서 그 안정성이 확정되지 않은 약	기침, 콧물 감기약, 소염진통제 등 동물실험에서 일부 악영향이 보고된 적이 있지만, 인체실험 결과에서 명백한 유해성이 알려지지 않은 약	간질약 등 태아에게 일부 위험하다는 증거가 있지만, 약물 사용을 안 했을 경우 임산부의 생명이나 임신 유지가 더 어렵다고 판단이 내려질 때 사용될 수 있는 약	항암제, 항응고제 쿠마린 등 명백한 태아 유해성이 입증된 약제로 임신 중 절대 복용해서는 안 되는 약

용함으로써 태아에게 악영향을 끼쳤던 사례가 있었기 때문에 '임신 중 금기약'으로 분류됩니다. 하지만 이렇게 악영향과 부작용 사례가 밝혀진 약보다 특별히 문제가 보고된 적은 없지만 100% 안전하다고 말할 만한 임상적인 연구결과가 없는 약이 대부분이에요. 이러한 경우 동물실험을 통해 그 안전성은 보장이 되었지만, 직접적으로 임산부를 대상으로 한 확실한 데이터는 아니라서 임신 시에는 필요에 의해 조심스럽게 사용될 수 있습니다. 단, 비정상 발달에 가장 예민한 시기인 임신 제1분기(수정 3~8주) 사이에는 가능하면 약물 사용을 제한하는 것이 좋아요. 만약 필요하다면 약리학적 작용 및 부작용에 대한 정보가 확실한 약물을 선택하여 최소 용량으로 최단기간 사용하는 것이 좋습니다.

주의해야 할 약이 있나요?

감기약 제대로 알기

감기는 바이러스로 인한 질환이에요. 사실 약으로 바이러스를 제거할 수 없습니다. 결국 내 몸의 면역력이 스스로 감기 바이러스를 이겨내야만 회복이 돼요. 따라서 우리가 흔히 먹는 감기약은 감기로 인한 기침, 코막힘, 가래 등의 증상에 대한 보조적인 치료제이므로 무조건적으로 약을 복용하기보다는 보존적인 요법을 먼저 시도해 보는 것이 좋아요. 하지만 고열과 몸살이 너무 심하다면 감기 바이러스로 인한 몸의 염증 상태가 증가한 것이므로 적절한 약을 사용하여 치료를 받아야 합니다. 기침이 계속되고 콧물도 심하다면 임신 중에도 안전하게 쓰일 수 있는 약이 있으니 산부인과에 내원해서 상의 후 적절한 약을 처방받아 복용하세요. 일반적으로 시중에 나와 있는 감기약은 종합감기약제로 항히스타민제, 항울혈제, 진해제, 거담제, 해열제, 그외 알코올, 카페인 등 여러 가지 첨가제로 이루어져 있습니다.

콧물, 재채기 : 항히스타민제

콧물, 재채기에 쓰이는 항히스타민제는 임신 중 비교적 안전하게 사용이 가능합니다. 기침약으로 사용되는 약은 대부분 안전한 제제이지만 분류기준 C로 임산부를 대상으로 정확한 연구가 충분히 밝혀진 바는 없습니다.

가래 : 진해거담제

진해거담제도 임신 중 크게 위해성이

알려져 있지 않지만 이도 역시 대부분 분류기준 C에 속하므로 조심스럽게 사용해야 합니다.

코막힘 : 항울혈제

코막힘 등에 쓰이는 항울혈제는 현재까지 인간에게 기형이 보고된 적은 없지만 동물실험에서는 있습니다. 또한 항울혈제 자체가 혈관 수축을 유도하여 코 안에 늘어나 있던 점막을 축소시키며 증상을 해소해주기 때문에 장기적으로 사용하였을 때 태아에게로 가는 중요한 혈관의 수축을 일으켜 태아 성장에 방해가 될 수 있어요. 따라서 임신 중에는 가급적 사용을 자제하는 것이 좋습니다. 일주일 이내에 짧은 코막힘 약의 복용은 현재까지 태아에게 직접적인 기형아 발생이 보고된 적이 없어요.
즉, 임신 중에도 쓸 수 있는 감기약이 많으며, 임신인 줄 모르고 먹은 감기약도 대부분 괜찮습니다.

아스피린 제대로 알기

아스피린aspirin은 강력한 소염진통제로 임신 초기 사용으로 기형을 유발시키지 않습니다. 그러나 임신 28주 이후의 사용은 태아 동맥관의 조기폐쇄 가능성이 있어요. 또 신생아 응고작용에 영향을 줄 수 있기 때문에 사용을 자제해야 해요. 하지만 아스피린은 임신 초기 하루 80mg의 저용량용법으로 자가면역과 관련된 태아의 유산방지에 치료로 이용되기도 하므로 무조건 복용을 금지하는 건 아니에요.

타이레놀 제대로 알기

아세트아미노펜acetaminophen 단일성분으로 이뤄진 타이레놀은 임신 중 사용으로 기형을 유발하지 않고, 아스피린 사용 시 보이는 부작용 또한 나타나지 않기 때문에 임신 중에 가장 널리 안전하게 사용되고 있는 해열진통제입니다.

염증약 제대로 알기

비스테로이드성 항염증 약물 이부프로펜ibuprofen, 나프록센naproxen, 케토프로펜ketoprofen 등은 염증을 완화시키며 강한 진통 효과가 있는 약제로 흔히 쓰입니다. 임신 중기에는 태아와 직접적인 관계가 없으나 임신 28주 이상의 임신 제3분기에서는 태아 동맥관의 조기 폐쇄와 관련이 될 수 있기 때문에 사용을 제한하세요.

피임약 제대로 알기

과거 피임약을 임신 초기에 사용한 경우 출생 시 결함을 일으킨다고 알려져 왔습니다. 그러나 최근의 연구에서는 선천성기형과 관계가 없다고 밝혀지고 있습니다. 다만 태아의 성기가 분화되는 12~14주 사이의 피임약 사용은 외부 성기가 모호해져서 남성인지 여성인지 제대로 구분되지 않는 기형과 관련이 될 수 있어요. 임신인 줄 모르고 무심코 먹었다면 크게 문제가 되지 않으나 임신인 것을 확인했다면 피임약 복용을 중단해야 합니다.

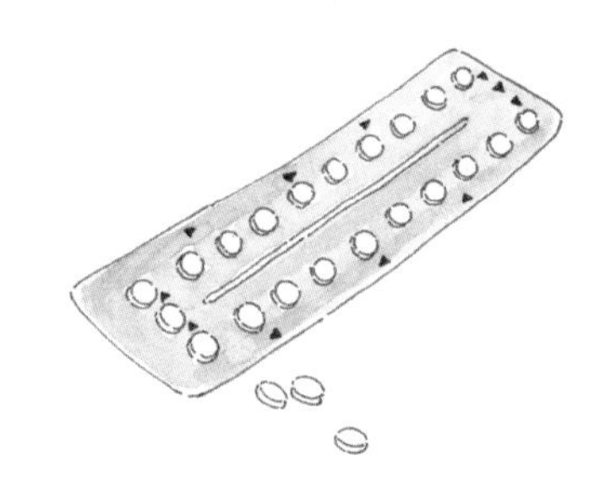

태아기형을 일으킨다고 알려져 있는 약제

ACE 억제제ACE inhibitor	리튬Lithium
안드로겐Androgen	메티마졸Methimazole
부설팬Busulfan	메토트렉세이트Methotrexate
카르바마제핀Carbamazepine	미소프로스톨Misoprostol
코카인Cocaine	페니토인Phenytoin
쿠마린Coumarin	방사성Radioactive
시클로포스파미드Cyclophosphamide	요오드Iodine
다나졸Danazol	스트렙토마이신Streptomycin
디에틸스틸베스트롤DES(Diethylstilbestrol)	타목시펜Tamoxifen
에탄올Ethanol	탈리도마이드Thalidomide
에트레티네이트Etretinate	트레티노인Tretinoin
이소트레티노인Isotretinoin	트리메타디온Trimethadione
카나마이신Kanamycin	밸프로산Valproic acid

항우울제 제대로 알기

최근에 가장 많이 사용되는 플루옥세틴fluoxetine, 파록세틴paroxetine, 설트랄린sertraline등의 SSRI선택적 세로토닌 재흡수억제제selective serotonin reuptake inhibitors의 약자는 심각한 기형을 초래하지는 않습니다. 하지만 장기 복용을 할 때 행동적인 기형 발생 가능성을 배제할 수 없습니다. 따라서 항우울제 복용이 꼭 필요하다면 정신과, 산부인과의 협진 하에 이루어져야 합니다.

행동적인 기형이란 Behavioral teratology를 말하는데 구조적인 기형을 일으킨다기보다 신경정신과적인 문제행동 발달 양상을 보일 수 있다는 것을 의미한다.

구토억제제 제대로 알기

임신 초기 구토에 많이 쓰이는 메토클로프라미드metoclopramide는 기형을 유발하지 않는 분류기준 B인 약물입니다. 비타민B6도 임신 중 구토에 효과적인 치료제이며 임신 중 복용으로 기형을 유발시키지 않습니다.

제산제 제대로 알기

속쓰림에 흔히 사용하는 제산제인 알루미늄, 마그네슘제제(겔포스, 얼써라민 등)는 기형 유발의 위험성이 없어 안전하게 사용할 수 있는 B 등급의 약물입니다. 또한 위산억제제Histamine H2 receptor antagonist인 시메티딘Cimetidine, 라니티딘ranitidine 등도 B 등급으로 안전하게 사용할 수 있습니다.

항생제 제대로 알기

항생제는 세균성감염에 쓰이는 치료 약제로 여러 가지 종류가 있어요. 가장 널리 이용되는 페니실린penicillins, 세파로스폴린cephalosporins은 태아의 기형아 발생 위험성이 없는 것으로 임신 중에 사용해도 됩니다. 이외 아미노글리코사이드aminoglycoside 계열은 이독성이 있어 임신 중 사용이 제한됩니다. 또한 테트라사이클린tetracycline 계열은 태아의 치아 변색과 관계될 수 있어 임신 중 사용을 제한해야 해요. 하지만 태아의 치아가 발달되기 이전인 임신 제1분기의 사용은 태아에게 악영향을 끼치지 않습니다. 즉 태아에게 독성이 있는 약도 그 사용 시기와 사용량에 따라 결과가 달라질 수 있으므로 항생제 처방 시에는 임신 중임을 알리고 상황에 따른 적절한 처방을 받아야 해요.

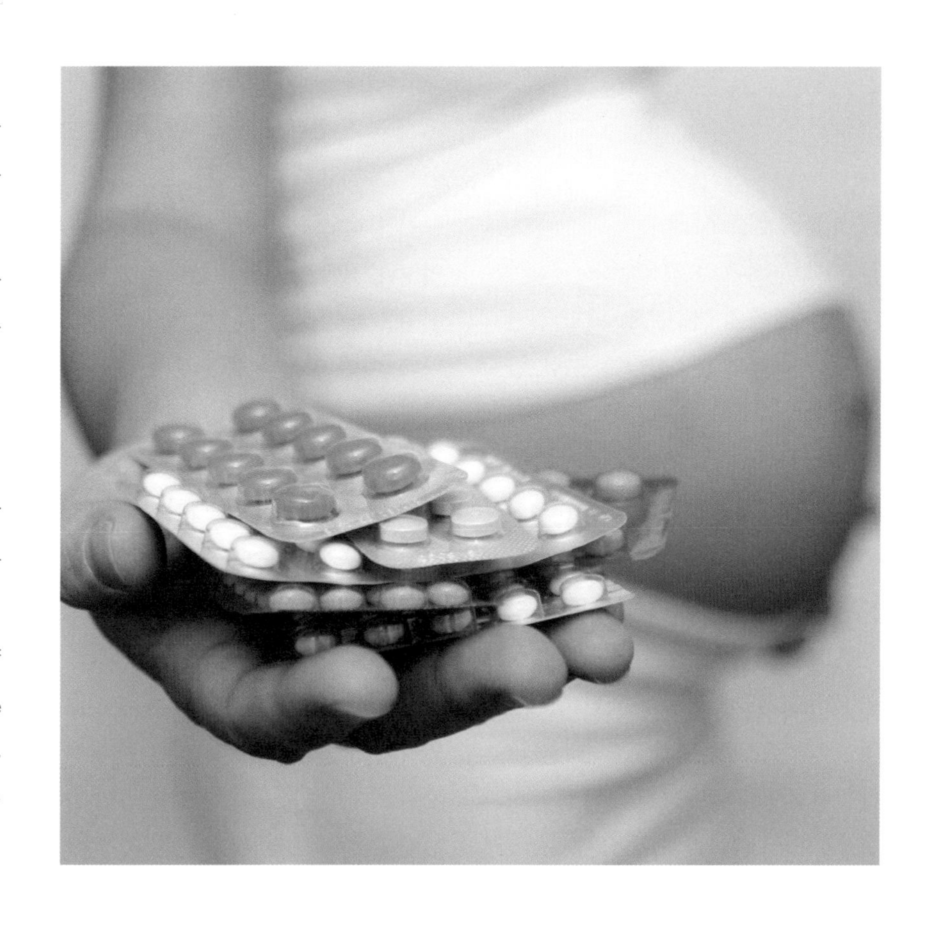

지사제

지사제는 분류기준 C에 속하는 약물이다. 설사가 심할 때는 복용해도 된다.

변비약

변비약은 변 완화제와 장운동 촉진제로 구성이 된다. 대부분 변 완화제는 분류기준 B에 속하기 때문에 임신 중에 안전하게 사용할 수 있다. 장관운동을 촉진하는 변비약은 분류기준 C에 속하고 임신 중 사용이 가능하지만 무리하게 사용하면 조기진통의 위험이 있을 수 있으므로 산부인과 의사와 상의 하에 사용한다.

30·40대 임신과 출산

Dr.류's Talk Talk

박중신 서울대병원 교수팀이 2016년에서 2020년까지의
산모를 조사해 본 결과 51.6%가 35세 이상의 고령산모였고,
그중 40세 이상의 초고령산모는 9.2%로 높은 비율을 차지하였습니다.
이제 40대 고령출산은 더 이상 특별하지 않은 이야기입니다.
그러나 흔해졌다고 해서 쉬워진 것은 아니죠.
30·40대의 임신과 출산은 무엇이 다르고, 어떻게 준비해야 할까요?

초고령산모에게는 철저한 계획과 준비가 필요하다

임신을 결정한 순간, 병원에 내원하기

여성은 35세를 기점으로 난소의 난포 수가 급격히 감소합니다. 또한, 난소 자체의 수정능력이 급감되는 시기도 같이 옵니다. 수치적으로 봤을 때 실질적으로 배란일에 성관계 시 임신 성공의 확률이 26~34세에는 40%, 35세에서 39세는 30%, 40~45세 이상은 5~10% 정도입니다. 또한 남성의 경우도 40대 이상이 되면 생식능력이 감소하면서 정자수도 줄어들고 운동성도 많이 떨어지게 되어 임신 성공률은 더욱 떨어지게 됩니다.

따라서 40세 이상의 부부가 임신을 준비한다면 난임의 가능성을 염두에 두고 미리 난소의 기능과 상태, 그리고 정자의 상태를 체크하여 계획 임신을 할 필요가 있습니다. 자연스러운 임신이 누구나 바라는 이상적인 모습이지만, 진짜 아이를 원한다면 현실적인 대안을 가지고 접근할 필요가 있습니다. 이미 임신과 출산을 했다 해도 예외는 아닙니다. 난임이란 단어가 어색하겠지만, 신체나이가 젊고 건강관리를 잘 했다 하더라도 나이가 난임의 가장 큰 위험인자라는 사실은 부정할 수 없는 부분입니다. 저도 34살에 첫 아이를 낳고 38살부터 둘째를 가지려고 노력했지만 거짓말처럼 잘되지 않았습니다. 인공수정과 시험관 등도 시도하였지만 실패를 하다 결국 몸의 컨디션을 회복한 뒤 부단한 노력 끝에

태어날 당시
난자
30만 개

▼

평생 배란을
하게 되는 난자
400여 개

▼

젊은 나이에
배란이 되는 난자
VS
오랫동안
휴지기에 있던 난자

자연임신할 수 있었습니다.
산부인과에 내원하여 난소의 배란할 수 있는 예비력이 얼마나 충분한지, 자궁과 나팔관 등의 형태학적인 문제는 없는지, 지금 당장 임신을 해도 문제를 일으킬 질염이나 성병균은 없는지 확인해보아야 합니다.

임신 대비용 몸 만들기

임신은 내 몸에 다른 생명체를 키워내는 과정입니다. 그 생명체를 키우기 위해서는 내 몸을 순환하는 혈액의 양이 많이 증가해야 합니다. 거기에 많아진 혈액을 감당해낼 심장과 콩팥, 그리고 혈관의 건강까지 미리 챙겨놓아야 합니다. 또한, 아이에게 영양을 전달하기 위하여 혼자 먹어도 두 명 이상의 영양을 공급해주어야 하기 때문에 당대사 조절 시스템에도 문제가 없어야 합니다. 거기에 아이의 무게로 인한 무릎과 척추관절의 압박도 감당할 수 있는 몸이어야 하죠. 임신을 준비한다면 다음과 같은 부분을 미리 체크해보길 바랍니다.
첫째, 충분한 운동으로 허리와 다리 근육량을 늘려 임신 기간을 버틸 수 있는 체력을 만들어놓아야 합니다.
둘째, 적정 체중 범주로 몸을 만들어야 합니다. 과체중 자체가 몸의 염증 상태로 임신 성공률을 낮출뿐더러 임신 시 당대사의 이상을 일으킬 가능성이 큽니다. 저체중 또한, 당대사 이상이 오거나 임신 성공률을 떨어트립니다.
셋째, 콩팥이나 혈관 건강에 문제가 없는지 체크하고, 이상이 있을 때는 조절하도록 노력해야 합니다. 혈압, 소변검사, 간단한 혈액 검사로 확인해볼 수 있습니다. 이는 산모와 아이의 건강을 위협하는 요소이니 꼭 확인해야 합니다.

임신 대비용 영양제 챙기기

임신을 준비한다면 엽산을 챙겨 먹어야 합니다. 임신 초기 4~5주부터 엽산이 부족한 경우 신경관 결손, 무뇌증이 나타날 확률이 높아지기 때문입니다. 그래서 보통 임신 3개월 전부터 충분한 양의 엽산을 먹을 것을 권고하고 있습니다.
비타민D는 가장 부족하기 쉬운 영양소로, 햇빛이 적은 공간에서 생활하는 사람들 대부분이 부족합니다. 비타민D의 보충은 배란장애를 개선해주는 효과가 있고, 임신 시 임신성당뇨 예방, 알레르기 비염 예방 효과 등을 가지고 있습니다. 비타민D의 복용은 건강한 임신을 위한 필수라 할 수 있죠.
또한, 평소 식습관이 불안정하고 잘 챙겨 먹지 못하는 편이라면 당연히 건강한 식습관을 위해 노력해야 합니다. 그럼에도 개선이 잘 안된다면 종합영양제를 먹는 것을 추천합니다. 초기 영양 불균형(특히 비타민B, C, 엽산)은 태아 구순구개열의 발생과 관계될 수 있습니다. 따라서, 그 어느 때보다도 균형 잡힌 영양 섭취가 필요합니다.
생선과 견과류를 섭취해 불포화지방산을 적절히 먹을 것을 권하지만, 여의치 않다면 오메가3의 복용을 권합니다. 장 건강이 여의치 않다면 적절한 유산균을 꾸준히 복용하는 것도 건강한 임신을 대비하는 데 도움이 될 수 있습니다.

고령산모 아기에게는 어떤 위험이 있을까?

유산

일반적으로 국민건강보험공단이 발표한 우리나라 자연유산율은 2008년도 기준으로 약 20.1%입니다. 그런데 40대 이상의 여성에서의 자연유산율은 57.9%로 20~30대 산모에 비해 발생률이 약 2배 이상 올라갑니다. 이는 고령임신 시 염색체 이상의 발생비율이 높아지는 것과 관계가 깊습니다. 염색체 이상이 동반된 경우 태아가 정상적인 성장을 하지 못하고 초기에 유산되는 비율이 상대적으로 높아지기 때문입니다. 실제로, 12주 이내에 유산되는 사례의 절반 이상이 염색체 이상과 관계가 있습니다.

조산

상대적으로 40세가 넘는 산모에게서 조산아 발생비율이 높습니다. 다양한 이유가 존재하겠지만, 고령산모에서 동반되는 임신성고혈압과 임신성당뇨 등의 유병률, 보조생식술로 인한 다태아의 증가와 같은 것이 원인으로 꼽힙니다. 조산은 아이가 엄마 배 속에서 충분히 성장하지 못한 상태로 세상에 나오게 되는 것으로, 영아 사망

산모의 나이와 37주 이전 조산의 상관 관계

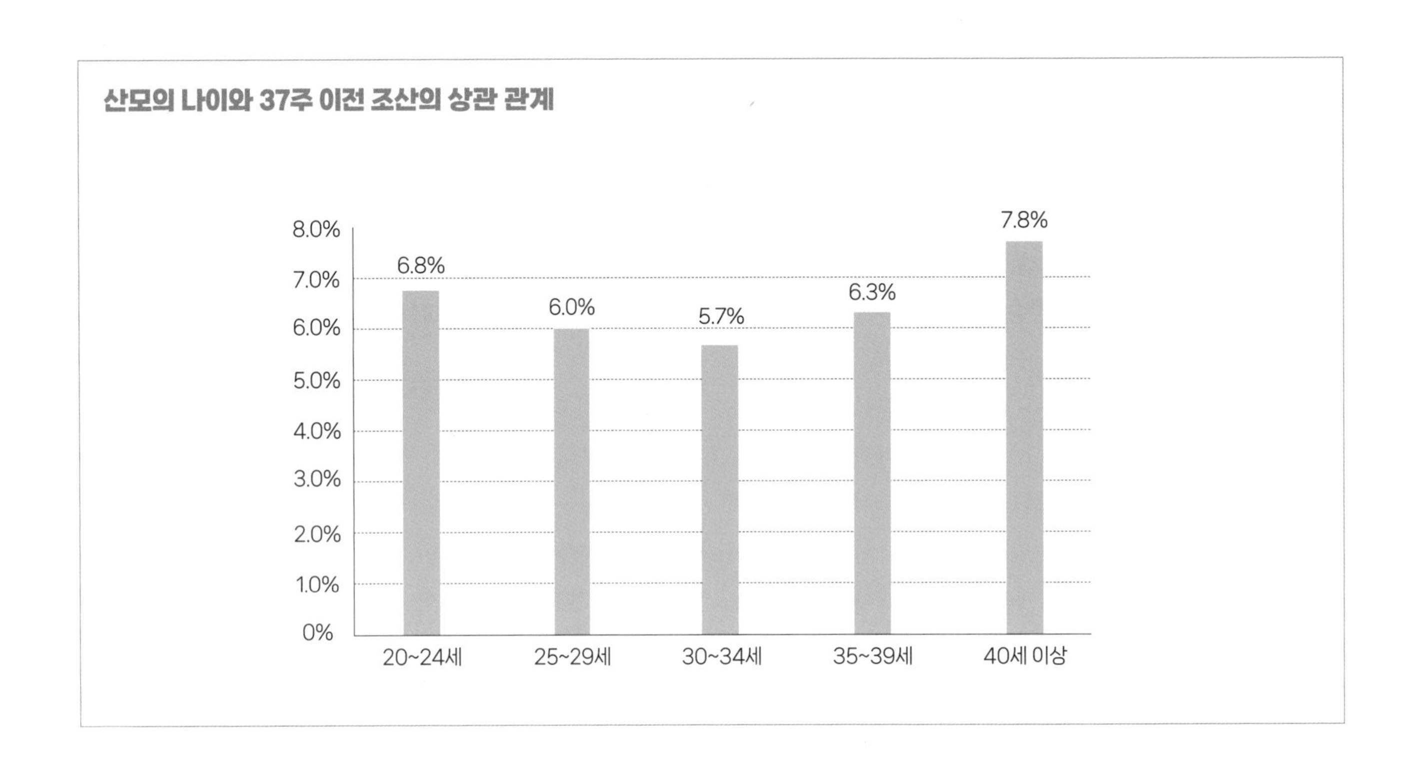

의 주요한 원인입니다. 또한, 조산으로 인하여 동반되는 초기 합병증은 신경학적 손상을 초래할 수 있습니다.

선천적 기형

산모의 연령이 증가하면서 많이 동반되는 이상은 바로 염색체 이수성질환인 다운증후군입니다. 그 외에도 에드워드증후군, 파타우증후군 등의 염색체 이상 발생비율이 높아집니다. 염색체 이수성질환 유무는 산전 검사 시 스크리닝해볼 수 있습니다. 그렇다면 염색체 이상이 동반되지 않은 단순 발생학적인 기형은 어떨까요?

산모 나이가 많으면 염색체 이상을 동반하지 않아도 태아의 심장기형의 발생 빈도가 증가하고, 전반적인 선천성 기형의 발생비율이 높아진다는 연구 결과도 있습니다. 하지만 그 과정에 대한 이해와 설명이 부족하고 아직 많은 이견이 존재하고 있습니다.

고령산모는 임신 중 어떤 문제가 생길 수 있을까?

임신성당뇨

영국에서 임산부를 대상으로 한 연구에 따르면 34세 이하에서는 임신성당뇨가 나타날 확률이 1%인데 비해 35~40세의 경우엔 2.85%, 40세 이상은 4.56%로 높아진다고 합니다. 그 외 연구에서도 40세 이상의 초고령 임산부의 임신성당뇨 발생은 높게 나타나고 있는데, 이는 임신이라는 상황과 별개로 나이가 들면서 우리에게 당뇨와 같은 만성대사성질환이 늘어나는 것과 같은 맥락입니다.

나이가 들어감에 따라 우리 몸에서 정교하게 작동되던 당 조절 기능이 점점 쇠퇴하게 됩니다. 이때 임신이라는 큰 부하가 걸리는 상황이 되면 약했던 당 조절 기능이 정상 범주를 벗어나게 되는 것입니다.

임신성고혈압

젊은 시절부터 동반된 유전성고혈압 질환을 제외하고 대부분의 고혈압은 나이가 들고 체중이 늘어남에 따라 점점 유병률이 높아집니다. 혈관은 몸의 혈액을 이동시키는 중요한 통로로 혈액의 분포와 배치에 중요한 역할을 하

나이에 따른 염색체 이상 위험도 및 산과적 합병증

분만 시 산모 연령	20	25	30	35	40	45
다운증후군 위험도	0.06%	0.08%	0.11%	0.26%	0.94%	3.33%
기타 염색체 이상 위험도	0.19%	0.21%	0.26%	0.52%	1.52%	4.76%

	34세 이하(4,331명)	빈도(%)	35세 이상(1,741명)	빈도(%)
임신중독증	80	1.85	36	2.07
임신성당뇨	155	3.58	135	7.78
전치태반	80	1.85	48	2.76
유착태반	31	0.72	21	1.21
태반조기박리	11	0.25	3	0.17
자궁수축부전	24	0.55	22	1.26
조산	280	6.47	112	6.43
자궁 내 태아 사망	23	0.53	12	0.69

며 끊임없이 일을 하고 있습니다. 혈관에 노폐물이 쌓이고 혈관을 통과하는 혈액의 양이 많아지며 혈관 자체가 노화가 되기 시작하면 혈관의 탄력성과 상황에 대한 적응력은 떨어질 수밖에 없죠.

임신이라는 특수한 상황에서 혈관벽은 적절한 이완과 수축을 하며 본인의 역할을 수행해야 하는데, 임신으로 인해 혈류량이 많아지면 혈관이 지쳐버린 나머지 제대로 된 역할을 해내지 못합니다. 혈관에 압력이 과하게 걸리기 시작하면서 아이에게 보내야 할 혈액을 태반으로 제대로 이동시키지 못하는 상황이 발생하죠. 결국 산모의 나이가 많아질수록 자연스럽게 임신성고혈압의 발생비율은 높아질 수밖에 없는 것입니다.

임신중독증

아직 명확한 원인은 밝혀지지 않았지만, 기저질환인 고혈압, 임신 시 과한 체중 증가, 극심한 스트레스, 고령산모, 다태아, 임신성당뇨 등이 임신중독증의 위험 요인으로 뽑히고 있습니다. 임신중독증은 혈관이 제대로 된 일을 하지 못하고 혈관벽으로 단백질을 비롯한 중요한 체액이 빠져나가는 상태입니다. 혈관 안을 이동해야 하는 혈액의 혈장이 몸 안의 모든 조직으로 빠지면서 실제 혈관 안을 순환하는 혈액량은 감소하게 되고, 상대적으로 몸이 퉁퉁 붓는 상태가 됩니다. 또한 소변에서 검출되지 않는 단백질이 나타나기도 합니다. 이는 임신을 유지할 수 없다는 신호로 임신이 종결되어야 치료가 됩니다.

고령산모도 자연분만할 수 있을까?

만삭 시 고려해야 할 위험

고령산모의 경우, 사산의 위험이 높습니다. 초고령산모는 만삭 시 태아가 엄마 배 속에 잘 있는지 확인을 잘해야 합니다. 배 속 환경이 생각보다 빨리 안 좋아져 엄마 배 속이 밖으로 나오는 것보다 안전하다는 보장이 없는 시기인 것입니다. 아직 명확한 원인이 밝혀진 것은 아니지만, 자궁태반기능부전이 관련되었을 가능성이 높습니다. 즉, 열 달이라는 긴 기간 동안 아이에게 영양과 산소를 공급했던 태반의 기능이 빨리 쇠퇴해버려, 임신 유지가 힘들 수 있다는 것입니다.

또한, 산모도 임신 기간이 길어지면 길어질수록, 혈압이 올라가거나 임신중독증 증상이 나타날 가능성이 높아집니다. 오랜 기간 열심히 일한 산모의 몸이 점차 크는 아이를 감당하지 못하고 그만 지쳐서 기능을 못 하게 되는 상황으로 이해하면 좋을 것 같습니다. 따라서, 40세가 넘는 초고령산모는 36주부터는 더욱 각별한 주의가 필요합니다. 36주 이후부터 매주 초음파 검사를 시행해 양수의 감소 여부와 태아의 체중 증가를 확인하고, 비수축 검사나 생물리학적 검사 등도 병행해야 합니다. 또한, 분만 시기도 39주를 넘기지 않는 것이 좋습니다.

고령 초산모의 자연 분만

자연스러운 분만은 정말 감사한 일입니다. 사람이 참기 힘든 고통 중 대표적인 것이 산고라고 하지만, 자연스러운 진통이 오고 그에 따른 산모의 몸에 변화가 맞물려 자궁문이 잘 열리면 그 고통은 훨씬 덜할 수 있습니다. 그러나 이러한 자연스러운 진통과 산모 몸의 변화가 언제 올지는 개인마다 다르기 때문에 쉽게 예측하기 어려운 것이 사실입니다. 기다리며 지켜보는 것이 가장 좋은 방법이지만 초고령산모의 기다림은 많은 위험을 안고 있습니다. 태아와 산모의 안전을 보장할 수 있는 시간이 조금 더 짧기 때문입니다. 따라서 보통 39주 전후에는 임신을 끝내는 것을 추천합니다.

임신을 끝내기 위해 유도분만을 시도해볼 수 있는데, 아무래도 자연스러운 변화가 없는 상태로 인위적인 진통유도이기에 실패할 확률이 상대적으로 높습니다. 상대적으로 굳어 있는 자궁경부 또한 고령산모의 질식자연분만의 실패 원인입니다. 또한, 효과적인 분만을 위해 산모의 체력이 뒷받침이 되어야 하는데 약한 산모의 체력이 질식자연분만의 실패율을 높이기도 합니다.

분만은 중요한 관문이고 과정이지 결과나 끝이 아닙니다. 우리는 분만에 있어서 태아와 산모의 안전, 그리고 안녕을 가장 중요시 여겨야 합니다. 필요하다면 제왕절개도 고려하는 것이 좋습니다.

그럼에도 초고령산모는 행복하다

나이가 들어서 임신하는 것이 어렵고 위험하다는 것은 누구나 알고 있는 사실이지만 자세히 파고들면 생각보다 더 어렵고 힘든 길이란 걸 느낄 수 있습니다. 그러나 이런 위험과 어려움은 충분히 사전에 예방하고 해결할 수 있습니다. 임신 전부터 철저한 운동 및 식생활 관리로 안정적인 상태에서 임신을 하며, 임신하고 나서도 식습관 및 생활 관리를 소홀히 하지 않는 것이 첫째입니다. 그리고 임신을 준비하며 내가 가지고 있는 가족력 및 나의 몸 상태에 대해 정확히 인지하고, 나에게 나타날 수 있는 임신 중 문제점에 대해 미리 예상 후 초기에 증상을 확인하면, 특별한 부작용 없이 잘 지나갈 수 있습니다. 다만 '남들이 다 잘 해냈으니까 나도 괜찮을 거야'라는 안일한 생각은 돌이킬 수 없는 상황으로 이어질 수 있으니 주의해야 합니다.

고령산모는 비록 육체적인 건강에서는 떨어지는 부분이 있을지라도, 정서적인 안정을 바탕으로 힘든 상황을 헤쳐나갈 수 있는 힘과 지혜가 있습니다. 그리고 아이와 한 몸에서 숨 쉬고 공유하는 그 시간들을 감사히, 그리고 행복하게 보낼 수 있는 힘 또한 있다고 생각합니다.

임산부의 체중관리

Dr.류's Talk Talk

임신을 하면 홑몸일 때보다 살이 더 쉽게 쪄요.
별로 많이 먹지도 않았는데도 금방 살이 차오릅니다.
임신 중에는 배 속 태아가 가장 중요하니까 통통해지는 엄마의 몸은
그냥 지켜보면 될까요? 임산부가 살이 찌는 건 괜찮은 걸까요?
어느 정도 살이 붙는 건 자연스럽고 아름다운 변화이지만 체중 증가가 과하면
배 속 태아에게도, 그리고 나 자신에게도 해로울 수 있어요.
임신 중 체중관리는 어떻게 해야 할까요?

체중관리는 어떻게 해야 할까요?

점점 바뀌는 엄마의 몸

태아의 몸무게가 증가할 수 있게 해주는 데에는 신비로운 시스템이 존재합니다. 바로 태아가 커지고 태반도 자라면서 태반에서 나오는 호르몬이 증가하기 때문이에요. 이 호르몬은 태아가 커진 것을 인지하여 아이에게 좀 더 많은 에너지를 보내줘야 한다고 생각을 하고 엄마의 몸을 바꾸기 시작합니다. 왜냐하면 태아의 유일한 에너지원이 당이기 때문입니다.

엄마 몸은 태아를 잘 키우기 위해 조금만 먹어도 혈당이 높아지게 됩니다. 또 만약을 대비해서 당을 저장하려는 경향도 강해집니다. 즉 엄마의 몸은 혈액 속에 높은 당을 유지시켜 태아에게 그만큼 당을 많이 전달하고자 하는 상태인 것입니다.

TIP 임신 초기와 후기 자궁 크기 비교

임신 초기에 비해 후기로 갈수록 배가 점점 커진다. 자궁의 크기는 얼마나 커지고 무거워지는 것일까?

	크기	무게	용량
임신 초기	약 7cm	약 60~70g	약 10mL
임신 후기	약 36cm	약 1000g	약 5L
	5배	15배	500~1000배

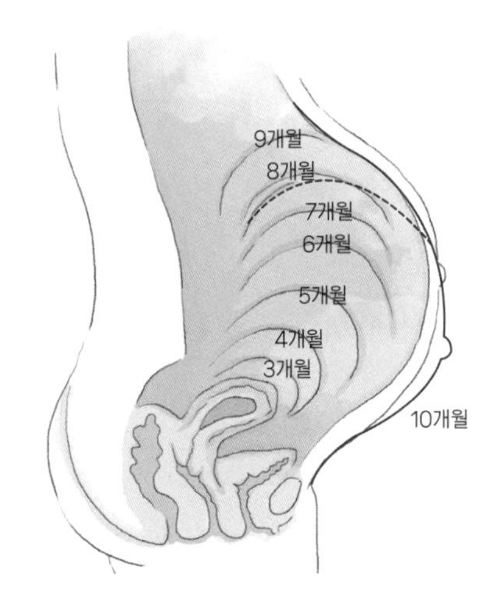

필요 이상의 영양 과잉

예전에는 먹을 것이 없고 임신을 해도 충분한 영양보충을 하기 힘든 시대였어요. 그래서 식후 혈당이 급격히 상승하는 몸의 변화가 임산부에게 참 적합하고 아기를 보호하기 좋은 시스템이었어요. 하지만 지금은 상황이 달라졌어요. 먹을 게 너무 많은 요즘에는 이러한 변화가 오히려 과도한 수준입니다. 즉 필요 이상으로 먹기 때문에 혈당이 과도하게 계속 높아져 있게 되고 이는 곧 태반을 타고 태아에게도 과하게 전달이 됩니다.

임신성당뇨 주의

임신성당뇨란 뚱뚱하거나 가족력이 있어서 당뇨가 오는 것이 아니에요. 임신 중 태반에서 나오는 호르몬의 영향으로 엄마 몸이 변해 있어서 그 호르몬으로 인하여 마치 당뇨 환자처럼 혈당이 올라가며 당 조절이 안 되는 상태를 말하는 거예요. 꼭 임신성당뇨가 아니어도 누구나 임신 20주가 넘어가기 시작하면 몸이 당에 예민해져 있기 때문에 당을 조심해야 해요. 임산부는 먹으면 혈당이 평소보다 높게 올라가고, 그 혈당 중 필요한 만큼 이용되고 남은 혈당은 다 지방으로 갑니다. 따라서 임신 중에는 특별히 많이 먹지 않아도 살이 급격히 찌는 것입니다.

효과적으로 체중 조절을 하는 방법이에요

탄수화물 조심하기

혈당을 높이기 위해 대기 중인 몸에 단순탄수화물이 들어오면 불난 집에 기름을 붓는 것과 마찬가지의 반응이 나옵니다. 단순탄수화물은 대사 과정이 단순하기 때문에 순식간에 혈당이 올라가고 바로 지방으로 축적돼요. 설탕, 혹은 가공되어 있는 탄수화물이 이러한 경향이 있으므로 조심해야 합니다.

단 음식을 주의하기

식사 사이 단 과자, 빵, 초콜릿, 쿠키 등은 먹지 않는 게 좋아요. 임신했으니까, 혹은 아기가 배고플까봐 친구들이 건네주는 빵과 쿠키는 오히려 아기에게 불필요한 당만 전달하게 됩니다.

식생활 관리하기

쌀밥보다는 현미밥이나 잡곡밥, 달콤한 과일보다는 채소를 간식으로 먹습니다. 양질의 단백질을 섭취하며 비타민이 풍부한 채소 위주로 식사하세요. 배 속의 아이를 위해서도 산모의 산후 관리를 위해서도 밀가루 음식 등은 최대한 자제하고 간식도 채소로 바꿔야 합니다.

마음가짐 바로 잡기

임신 중에는 임신 전보다 식사조절, 식욕조절이 더 힘들며 먹는 양에 비해 쉽게 살이 찝니다. 임신 전에 다이어트를 할 때보다 조금은 더 혹독할 수 있어요. 이 시기 나의 노력이 출산 후 회복과 관계가 되며 건강한 임신과 출산과도 관계가 있습니다. 현명하게 마음을 다잡고 건강하고 날씬한 식단을 유지하세요.

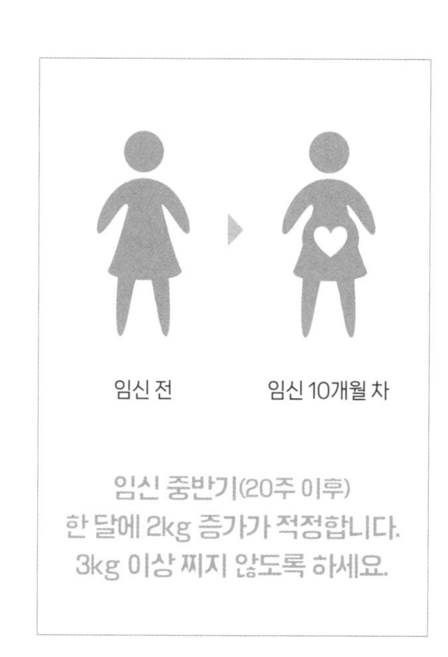

임신 중반기(20주 이후)
한 달에 2kg 증가가 적정합니다.
3kg 이상 찌지 않도록 하세요.

임신과 음식

Dr.류's Talk Talk

임신 중에는 사과 하나를 먹어도 예쁘게 생긴 사과를 먹어야 하고,
혼자 먹는 게 아니므로 조심하란 이야기를 많이 듣지요?
매운 음식을 많이 좋아하는 분들은 태아에게 매운맛이 전달이 되는지도,
피자, 햄버거를 좋아하는데 배 속 태아도 피자, 햄버거를 좋아할지 궁금하다는 분들도
진료를 하다 보면 많이 만날 수 있어요. 임신 중 먹거리, 왜 중요할까요?
배 속 태아에게 어떤 영향을 끼치는 걸까요?

음식은 태아에게 어떤 영향을 끼치나요?

커피

임신을 하게 되면 입덧과 함께 임신오조로 커피에 대한 유혹이 더 강해지게 됩니다. 임신 시 카페인 섭취가 태아에게 기형을 일으킨다는 보고는 없습니다. 하지만 과도한 양의 카페인은 태아발육지연, 유산과 관련이 있어요. 하루 카페인 허용치는 적게는 200mg에서 많게는 500mg까지 다양한 의견이 있습니다. 이 이상의 카페인 섭취는 태아 중추신경계 발달 이상, 심혈관질환, 자연유산 등과 관계가 있을 수 있습니다. 일반적인 인스턴트 믹스 커피 한 잔에 카페인은 약 60~70mg이며, 원두커피에는 70mg이 들어 있습니다. 또한 커피뿐 아니라 녹차, 초콜릿, 콜라 등에도 카페인이 들어 있으니 그 함량에 주의해서 먹어야 합니다. 커피 등 음식물을 통한 하루 200mg 이하의 카페인 섭취가 괜찮다고 방심해서 많이 먹으면 안 됩니다. 엄마가 먹은 카페인은 태반을 타고 아기에게 전달됩니다. 성인의 뇌는 뇌혈관장벽이란 방어막이 있어 뇌세포가 독성물질에 노출되어도 쉽게

식품별 카페인 함량

식품	용량	카페인
캔커피 1개	(175ml)	74mg
아메리카노 1잔	(355ml)	150mg
에너지음료 1캔	(250ml)	63mg
커피우유 1개	(200ml)	47mg
커피맛 아이스크림	(150ml)	29mg
콜라 1캔	(250ml)	23mg
녹차 1잔	(티백 1개)	15mg
초콜릿 1개	(30g)	16mg

우리나라 식품의약품안전처 기준 카페인 일일 섭취기준량

성인	임산부	어린이
400mg 이하	200mg 이하	체중 1kg 당 카페인 2.5mg 이하

손상받는 것을 막아줍니다. 하지만 태아는 아직 뇌혈관장벽이란 구조물이 완성되지 않아 독성물질에 쉽게 손상을 받아요. 따라서 엄마를 통해 카페인에 많이 노출될수록 태아의 뇌세포는 좀 더 많이 손상을 받게 되겠지요. 가급적이면 카페인에 노출이 안 되도록 하루 한 잔보다는 반 잔, 반 잔보다는 한두 모금의 커피로 조금씩 줄여나가도록 하세요.

인공조미료

최근 인공조미료에 대한 관심이 급증하고 있습니다. 사실 인공조미료의 사용이 선천성기형을 증가시킨다는 증거는 없습니다.

단, 단맛을 내기 때문에 사이다, 콜라 등에 많이 포함되는 아스파탐의 경우 미국식품의약국FDA에서는 임신 및 수유 중인 여성에게 하루 50mg/kg 이하만 섭취할 것을 권고하고 있어요. 또한 사카린의 경우 발암물질로 임신 시 많이 노출되면 태아에게 위험할 수 있으므로 임산부들은 주의해서 섭취해야 하지요. 아직까지 명확하게 알려져 있는 독성은 없지만 인공조미료는 나트륨 섭취를 증가시키며, 확실한 안정성이 확보되지 않았으므로 사용을 자제하는 것이 좋습니다.

피해야 되는 음식들의 진실은 무엇인가요?

생선과 생선회

"회를 먹어도 되나요?" "뷔페에 가서 회를 몇 점 먹었는데 괜찮을까요?" 병원에서 가장 많이 듣는 질문 중 하나랍니다. 임신 중 생선회를 먹어도 될까요? 저의 대답은 "때에 따라 달라요"입니다. 먹어도 되지만, 철저히 주의사항을 지켜서 먹어야 합니다.

생선회

실제로 생선회는 식중독과 기생충 감염의 주원인 중 하나입니다. 식중독이란 말 그대로 음식을 통해 미생물과 미생물에 의한 유독물질로 발생되는 감염성 독소형질환을 말합니다. 식중독균은 온도가 올라가는 여름철에 쉽게 증식할 수 있기 때문에 여름철에는 생선회를 먹지 않는 것이 좋습니다. 또한 조개 같은 갑각류는 여름철같이 온도가 상승되는 상황에서 부패하기 쉽기 때문에 상하지 않은 것을 꼭 익혀서 먹어야 합니다. 대부분의 식중독균이나 독성은 40도 이상 가열하면 소멸되기 때문입니다. 특히 민물생선에는 간디스토마 등의 기생충 감염의 위험이 있기 때문에 임신 중 민물생선회는 피해야 합니다.

먹는 방법 및 관리

그럼 서늘한 가을, 겨울철에는 생선회를 먹어도 괜찮을까요? 생선에는 많은 기생충이 살고 있지만 대부분 내장이나 비늘, 아가미 등에 존재합니다. 우리가 먹는 생선의 근육 부분에는 기생충이 거의 존재하지 않습니다. 보통 비늘과 내장을 손질한 칼과 도마를 통해 대부분 세균과 기생충 등의 감염이 이루어지게 됩니다. 따라서 비늘과 내장을 손질한 칼과 도마는 따로 쓰고 평소 소독관리를 철저히 해야 하지요.

이러한 위생관리가 제대로 이루어지지 않으면 식중독균과 기생충이 우리가 먹는 회에 옮겨지기 쉽습니다. 즉 위생관리가 철저한 식당을 이용해야 합니다. 내장에 존재하던 기생충은 생선이 죽고 나면(즉 생선의 신선도가 떨어지면) 근육 쪽으로 옮겨가는 성질이 있습니다. 따라서 신선한 회를 먹어야 해요.

참치회

참치 등의 대형생선은 먹이 사슬의 상부에 존재하게 됩니다. 그만큼 수은 축적량이 증가하게 되는 것을 의미하지요. 임신 중 참치류의 회는 일주일에 한 번 미만으로 먹을 것을 권유합니다.

초밥

임신을 한 뒤 초밥을 먹는 것 또한 꺼리는 사람들이 많습니다. 초밥도 생선과 마찬가지로 위생관리가 잘 이루어지는 곳에서는 크게 문제가 되지 않습니다.

율무

율무는 곡식의 하나로 남녀노소 불문하고 누구나 거리낌 없이 먹을 수 있는 고소한 식품이에요. 율무에는 단백질, 철, 칼륨, 칼슘, 비타민A, 비타민B, 게르마늄 등 다양한 영양소가 골고루 들어 있습니다.

하지만 예로부터 임신 시에는 율무를 먹으면 안 된다는 말이 전해지고 있는데, 왜 그런 것일까요?

식욕 저하

율무는 포만감을 주어 식욕을 떨어뜨립니다.

임신 초기 입덧으로 영양장애가 올 수 있기 때문에 식욕억제 효과가 있는 음식은 임신 시에는 좋지 않습니다.

변비 발생

율무는 장이 안 좋은 사람에게 장 불편감을 촉진시키며 변비를 야기할 수 있어요. 임신을 하면 장운동의 저하와 철분제 복용 등으로 변비에 걸리기 쉽습니다. 율무는 변비를 더욱 가속화할 수 있기 때문에 주의하는 것이 좋아요.

이뇨작용

율무는 이뇨작용을 활발하게 만듭니

다. 임신 시 이뇨제는 태반순환에 악영향을 줄 수 있기 때문에 굉장히 신중하게 사용해야 합니다. 율무의 이뇨작용이 태아에게 가는 혈액량의 감소를 초래하여 태아에게 안 좋은 영향을 줄 수 있어요.

하지만 임신 시에 절대적인 금기를 가지는 음식은 없습니다. 율무의 이러한 특징 때문에 예로부터 율무는 임신 시에 좋지 않다는 속설이 있을 뿐이에요. 가끔씩 먹는 소량의 율무는 크게 문제가 되지 않습니다.

파인애플

열대지방인 동남아나 남미 일부 국가에서는 파인애플을 많이 먹으면 유산이 되기도 한다는 속설이 있습니다. 파인애플은 대표적인 열대과일로 덜 익은 상태에서 수확하여 저장해놓고 서서히 익혀서 먹습니다. 덜 익은 파인애플에는 많은 양의 산과 수산석회칼슘 등이 들어 있어요. 이는 구강점막과 치아에 많은 손상을 줄 수 있습니다. 또한 단백질분해효소인 브로멜린이 들어 있어 빈속에 먹으면 위벽을 자극하기도 합니다. 임신 중에는 치아가 약해지며 치은치주염에 자주 노출이 되고 소화관장애가 생기기 쉽습니다. 따라서 파인애플만 거의 매일 먹는다면 당연히 문제가 될 수밖에 없어요. 하지만 적은 양이라면 문제가 되지 않으므로 파인애플이 금기음식이라는 건 어불성설입니다.

> **TIP 먹어서는 안 될 과일은 없다**
>
> 임신 중 먹어서는 안 될 절대적인 과일은 없다. 하지만 임신 중 과일을 많이 먹는 것은 조심해야 한다. 흔히 우리는 과일은 절대적으로 몸에 좋고 살도 안 찌는 좋은 식품이라 생각한다. 그래서 밤늦은 시간에도 과일은 비교적 부담 없이 많이 먹게 된다. 하지만 단 과일은 당도가 상당히 높다. 임신 중 우리가 가장 조심해야 할 부분이 단순당, 탄수화물이다. 또한 과일의 신맛은 산성으로 구강과 치아 건강에도 안 좋은 영향을 끼칠 수 있기 때문에 임신 중에는 과일 섭취를 주의해야 한다. 여러 가지 과일을 적당량 먹는 것이 좋으며, 태아를 위해 늘려야 하는 비타민 섭취는 과일이 아닌 채소로 하길 추천한다. 채소는 칼로리도 적고 섬유질도 풍부하면서 오히려 더 많은 비타민을 가지고 있기 때문이다.

감

감에는 타닌이라는 성분이 들어 있어요. 주로 떫은맛을 내는 이 성분은 홍차, 녹차 등에도 포함되어 있는데, 철분 흡수를 방해하는 대표적인 물질입니다. 임신 중에는 철분 흡수가 가장 중요한데, 감은 철분 흡수를 막기 때문에 임신 중 감을 먹으면 안 좋다는 이야기가 구전되어옵니다. 그러나 많은 양을 먹는 게 아니라면 크게 문제가 되지 않아요.

팥

팥은 예로부터 찬 음식으로 알려져 있습니다. 임산부라면 어른들이 팥을 먹지 말라고 하는 것을 종종 듣게 될 거예요. 그런데 정말 팥을 먹으면 안 될까요? 팥은 우리 몸의 이뇨작용을 촉진합니다. 즉, 팥으로 인해 소변으로 배출되는 체액량이 증가하게 되지요. 그러면 혈관 안을 돌아다니는 혈관량이 상대적으로 감소할 수 있습니다. 이는 곧 태아에게로 가는 혈액량의 감소로 이어져요. 즉 팥과 같이 이뇨작용이 강한 음식을 너무 많이 먹는 건 피하는 것이 좋아요. 하지만 적정량을 조금 먹는다고 해서 당장 심각한 문제가 생기는 것은 아니니 먹고 싶다면 적당히 먹도록 합니다.

10

임신과 영양제

Dr.류's Talk Talk

임신 중 배 속에 있는 태아를 건강하게 키우기 위한 가장 최고의 비법은
영양제나 보충제보다는 올바른 식습관을 가지는 것입니다.
아무리 좋은 영양제와 보충제를 먹어도 인스턴트 음식이나 가공되고 정제된
당 위주의 식습관을 유지하고 있으면 건강한 임신 기간을 보내기 어려워집니다.
영양제, 보충제 섭취뿐만이 아니라 건강한 음식을 섭취하는 일도
좀 더 주의를 기울이도록 하세요.

어떤 영양제를 먹어야 하나요?

엽산 섭취하기

임신 초부터 임신 3개월까지는 엽산의 적절한 보충이 필요합니다. 엽산은 수용성 비타민의 일종으로 핵산과 적혈구를 생성하고, 태아와 태반의 성장에 관여합니다. 착상 전후기에서 임신 3개월까지 기간 중 엽산 결핍은 태아의 신경관 결손 등의 선천성질환과 관계가 있습니다. 하루 엽산의 요구량은 600㎍입니다. 보통 우리가 흔히 먹는 쌀, 밀가루 등의 곡물, 푸른잎 채소에 엽산이 풍부히 들어 있어 평균적으로 200㎍은 식품을 통해 섭취가 됩니다. 따라서 임신을 준비하거나 임신 초기라면 하루에 엽산 400㎍을 섭취할 것을 권고하고 있습니다. 만약 이전에 신경관 결손의 아기를 분만한 적이 있다면 이보다 10배 많은 4mg의 섭취를 해야 합니다. 임신 초기 혹은 임신을 계획한다면 엽산단일제제 혹은 엽산이 포함되어 있는 종합비타민제를 이용해보세요. 단, 400㎍ 이상의 엽산 포함 함량을 반드시 확인해야 합니다.

하루 엽산 요구량 600μg

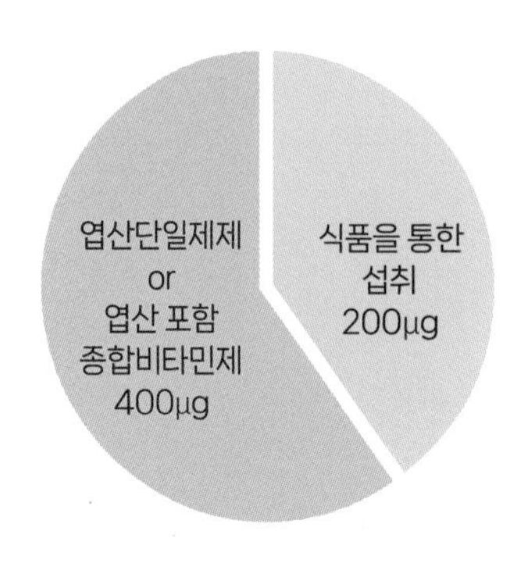

착상 전후기~임신 3개월까지
필요한 엽산량

철분제 섭취하기

임신 4개월 이후부터는 철분제를 먹어야 합니다. 철분은 임신 중 가장 중요한 영양소로 섭취가 필수적이지요. 임신 중기 이후 총 필요한 철분의 양은 1000mg입니다. 임산부 혈액량 증가에 필요한 양이 500mg, 태아와 태반형성에 300mg, 나머지는 배출되는 부분입니다. 보통 철분제 복용은 오심, 구토, 변비와 같은 위장장애를 동반하기 때문에 임신 초기부터 권고되지는 않습니다. 실제로 혈장량의 증가가 많이 이루어지므로 임신 16주, 즉 4개월 이후부터 철분제의 복용이 권고되지요. 임신 4개월 이후부터 총 1000mg이 필요하다면 하루에 적어도 철분이 6~7mg 정도 임산부 몸으로 보충이 되어야 합니다. 따라서 음식 섭취만으로 해결하기 힘듭니다.

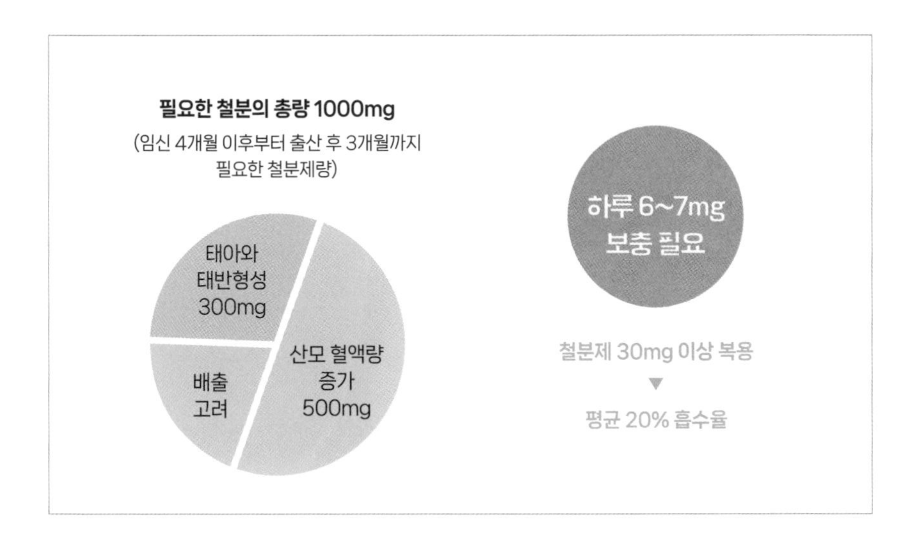

철분은 흡수율이 매우 떨어지는 제제로 평균 20% 정도의 흡수율을 가지고 있습니다. 그러므로 임신 중 철분제 복용은 '철 30mg 이상'이 포함되어 있는 것이 좋아요.

철분제는 철분이 단독으로 구성된 제제와 다른 영양소와 복합적으로 구성된 제제가 있는데, 비타민C는 철분의 흡수를 도와주고 칼슘은 철분의 흡수를 방해하므로 함께 먹는 영양제도 고려해봐야 합니다.

철분제 복용은 임신 4개월 전후로 시작되어 출산 후 3개월까지 먹도록 합니다. 알약 혹은 액상타입 등 형태가 다양하므로 가장 먹기 쉽고 편안한 철분제를 찾아 복용하세요. 특히 철분제에 따라 개인적인 부작용(오심, 구토, 변비) 정도가 다르기 때문에 임산부에게 편안하고 먹기 좋은 철분제를 선택하여 장기적으로 복용합니다.

비타민D 공급받기

비타민D는 햇빛을 통해 자연 합성되고, 칼슘이 뼈에 흡수되는 것을 도와주는 지용성 비타민입니다. 그러나 햇빛에 노출이 되어도 개인의 피부 타입과 상태, 계절적인 태양의 위도 등에 의해 충분한 공급을 받지 못하는 경우가 대부분입니다. 임신 중 비타민D 부족은 태아 뼈 형성, 근골격 발달에 안 좋은 영향을 주고 임신중독증, 조산과도 관련이 있습니다. 또한 모유에 포함되어 있는 비타민D는 25IU/L 이하로 매우 낮으며 100% 모유수유만

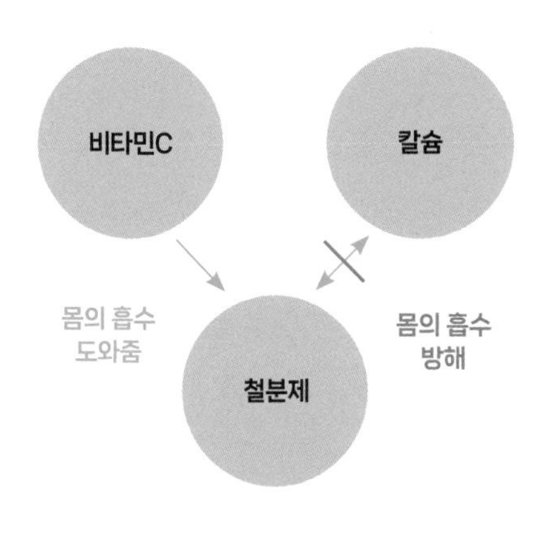

TIP 비타민D

비타민D의 주요 기능
- 인체의 뼈 건강에 필수적인 역할
- 혈중 칼슘 농도 조절
- 상피세포, 면역세포, 악성세포 등의 증식과 분화의 조절
- 근골격계 관여
- 호르몬 합성 및 인슐린 분비
- 혈압 조절에 관여

비타민D 검사 시기
- 임신 전 또는 임신 초기 혈액 검사 시
- 임신 중 기형아 혈액 검사 시

혈중 비타민D 농도 (ng/mL)	권장섭취량 (IU)
20 이하(결핍)	2000
20~30(부족)	1000
30~100(충분)	800

하는 경우 신생아에게 추가적인 비타민D의 공급이 필요하답니다. 비타민D 혈중 농도는 30IU/L이 정상입니다. 임신 중 혹은 임신을 준비하고 있다면 본인의 비타민D 혈중 농도를 확인해서 필요한 만큼의 비타민D 복용을 하는 것이 좋습니다. 부족하다면 비타민D 단일제제나 복합제제 복용이 권고됩니다.

오메가3 섭취하기

높은 DHA 함량을 가지고 있는 오메가3는 태아 뇌 발달에 좋아요. 오메가3는 다중불포화지방산을 총칭하는 말로 리놀산**Linoleic Aicd**, DHA, EPA 3가지로 구성됩니다. 이중 DHA는 임신 중 태아 지능 발달에 도움을 주고 임신중독증, 조산 예방에도 효과적이에요. 특히 임신 제3분기(임신 28주)부터 생후 24개월까지 뇌의 발달이 가장 활발히 이루어지는데 뇌 발달에 필요한 DHA는 섭취량에 의존하게 되므로, 이 시기에 적절한 DHA 공급이 필요합니다. 미국영양학회에서는 1999년 임신 및 수유 기간 동안 최소 하루 300mg의 DHA가 필요하다고 하였습니다.

DHA는 육류, 유제품, 식물에는 매우 적으며 지방이 많은 생선류에 다량으로 존재합니다. 평균 주 2회 정도의 생선 섭취를 하는 임산부를 대상으로 한 실험에서 하루 평균 DHA 섭취량은 500mg 이상이었어요. 즉, 추가적인 오메가3를 복용하는 것도 괜찮지만, 주 2회 정도의 생선을 먹는 건강한 식습관을 가지면 충분한 양의 DHA를 공급받을 수 있습니다. 단, 원양해협에서 잡아오는 대형생선은 수은 오염도가 높기 때문에 주 2회 정도만 섭취할 것을 권고하고 있습니다.

오메가3의 EPA는 지혈억제작용을 하기 때문에 하루 4g 이상의 EPA와 DHA 복용은 주의해야 하며 분만이 임박한 36주 전후로는 복용을 중단하는 것이 좋습니다.

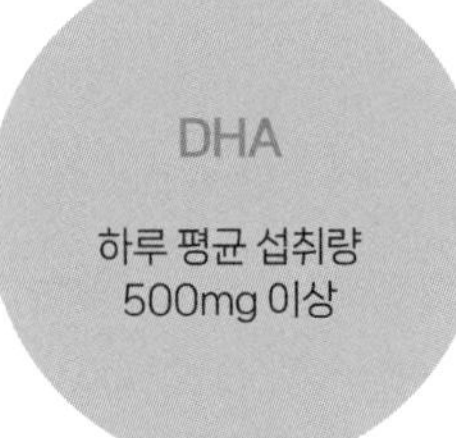

=

주 2회 생선 섭취

영양제 올바른 섭취 시간

- 아침 공복 : 철분제, 비타민C, 엽산
- 철분제와 함께 먹으면 좋은 영양제 : 비타민C
- 철분제와 시간차를 두고 먹어야 하는 영양제 : 칼슘제(6시간 이상 시간차 필요)
- 칼슘제와 같이 먹으면 좋은 영양제 : 비타민D

철분제  비타민 C

칼슘제 ♥ 비타민 D

철분제 ◀——▶ 칼슘제

6시간 간격

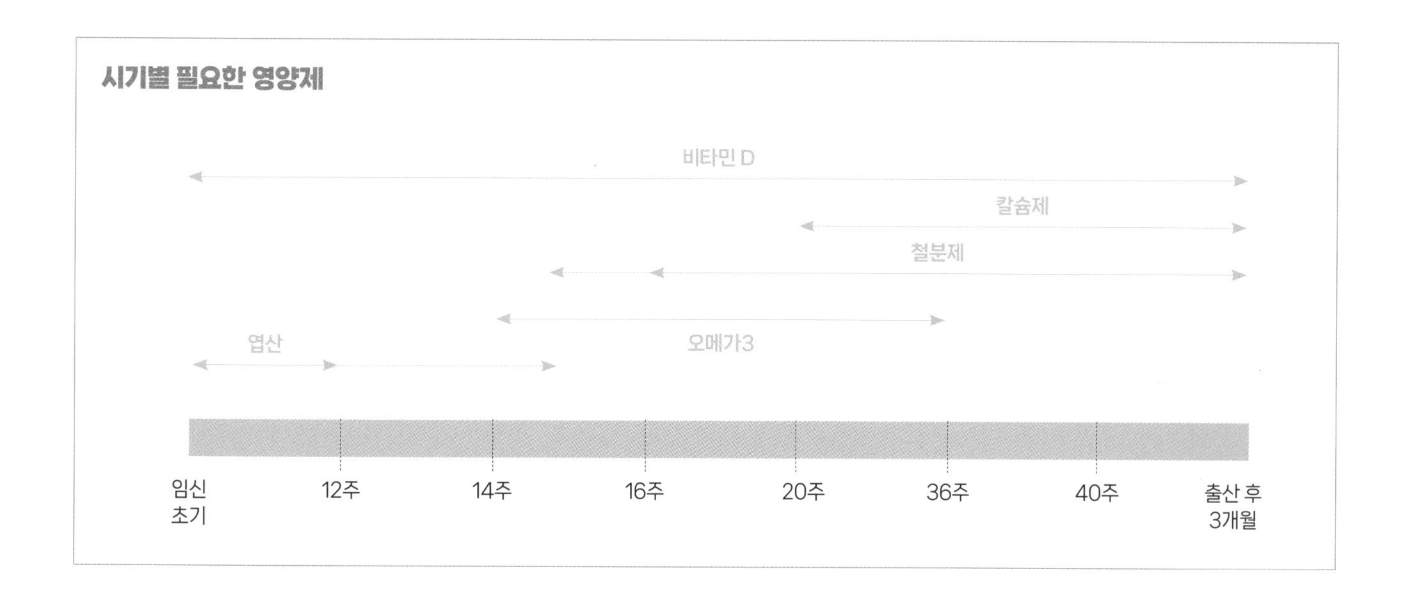

종합비타민 섭취하기

균형 잡힌 식생활이 힘들다면 종합영양제를 꼭 챙겨서 먹어야 합니다. 임신을 하면 그만큼 필요로 하게 되는 영양소 및 비타민의 양도 많아져요. 다양한 임산부용 종합비타민제제가 판매가 되고 있는데, 엽산이나 철분제와 달리 종합비타민제제에 대해서는 그 효용과 이득에 대해서 아직까지 명확히 알려져 있는 사실은 없습니다. 따라서 모든 임산부에게 종합비타민제 복용은 권고사항이 아니며, 식이섭취가 불충분한 임산부나 흡연 임산부, 채식주의자, 약물 복용자 등의 고위험군 임산부에게만 복용을 권고합니다. 특히 멀티비타민 안에 들어 있는 지용성 비타민은 각별한 주의가 필요합니다. 지용성 비타민인 비타민A, 비타민E, 비타민D, 비타민K를 과복용하면 부작용이 생길 수 있어요. 특히 비타민A는 하루 10000IU 이상 복용 시 잠재적 기형 발생의 위험이 있으므로 그 이하의 용량으로 복용해야 합니다.

칼슘제 섭취하기

임신을 했다고 해서 칼슘의 하루 요구량이 증가하는 것은 아닙니다. 하루 요구량 1000mg을 충분히 섭취하고 있다면 임신을 했다고 해서 따로 보충제를 먹을 필요가 없어요. 하지만 기본 섭취량이 부족한 임산부에게는 임신 중 칼슘 섭취가 도움이 됩니다. 임산부들에게 칼슘제를 복용시킨 후 비교 분석해본 한 연구결과, 칼슘제 보충을 하지 않은 임산부들에 비해 임신중독증이 경증으로만 발생하거나 발병 시기도 늦어지는 경향이 나타났어요. 또한 심각한 경련을 일으키는 자간증으로 넘어가는 일도 적었습니다. 임신중독증과 고혈압 예방에는 칼슘제가 좋아요. 칼슘제 복용이 힘들다면 칼슘이 풍부한 우유, 치즈, 멸치, 두부 등의 음식을 열심히 먹도록 합니다

임신과 목욕탕

Dr.류's Talk Talk

'뜨끈하게 몸을 지진다'라는 표현은 전 세계에서 우리나라에만 있는 독특한 표현입니다. 우리는 온돌이라는 문화를 가지고 있지요? 온돌을 통한 '찜질'은 체온을 직접적으로 상승시키고 뭉친 근육을 풀어주면서 혈액순환을 촉진시킴으로써 혈색을 밝게 만들어주는 건강요법으로 예로부터 많은 사랑을 받아왔습니다. 피로회복과 피부미용을 위해 즐겨 다녔던 찜질방, 사우나, 목욕탕은 과연 임신 중에 가도 될까요?

임산부가 사우나를 즐겨도 되나요?

고온을 피하기

태아는 외부열이든 내부열이든, 열에 의해 손상을 받을 수 있습니다. 열과 임신의 관계에 대한 기니피그 동물 실험에서, 임신 중인 기니피그의 체온을 1.5도 정도 상승시키자 배 속 기니피그의 중추신경계와 팔다리에 기형이 발생하였습니다. 아직까지 정확하게 사람을 대상으로 한 실험연구 결과는 없지만 임신 중 태아에게 가해지는 열은 중추신경계의 손상을 줄 수 있다고 합니다. 특히 임신 초기에 엄마 체온이 38.9도 이상으로 상승하게 될 경우 태아 중추신경계 발달에 영향을 주어 신경관 결손이나 심장기형 등이 발생할 수 있다는 보고가 있어요. 따라서 임신 중 목욕탕에 들어갈 때 목욕탕 온도가 39도 정도면 15분 이내, 목욕탕 온도가 40도 정도면 10분 이내가 적당하며 고온의 사우나는 피하는 것이 좋습니다.

위생에 신경 쓰기

공중목욕탕은 말 그대로 누구든 와서 씻을 수 있는 공간입니다. 임신 중에는 호르몬 분비가 증가하고 면역력이 약화되기 때문에 세균성 질염의 발생률 또한 증가될 수 있어요. 따라서 공중목욕탕에서 다 같이 사용하는 물품을 쓸 때는 각별한 주의가 필요합니다.

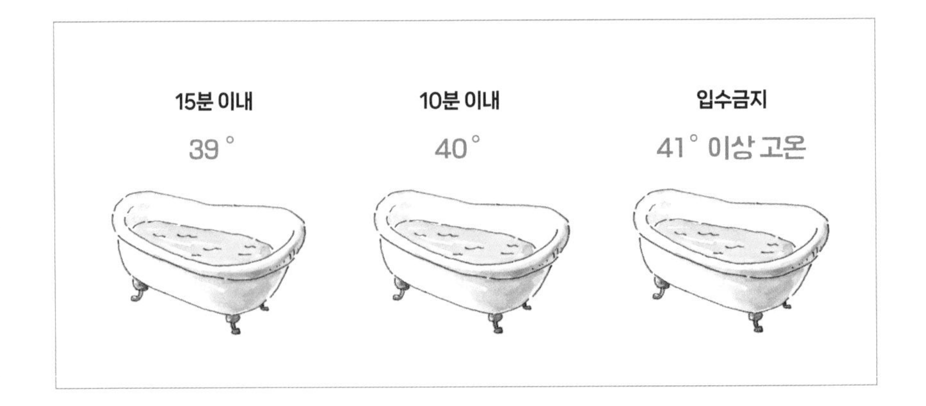

장시간 있지 않기

임신 중반기 이후에는 태아 크기가 증가하며 자궁이 대혈관을 눌러 혈액순환이 잘되지 않습니다.
사우나나 탕을 장시간 이용하게 되면 다리로 가는 혈관이 이완되면서 혈압이 낮아질 수 있어요. 이로 인해 어지러움과 구토, 메스꺼움이 유발될 수 있고 태반의 혈류에도 악영향을 줄 수 있습니다. 따라서 임산부는 사우나나 탕을 너무 장시간 이용하지 않는 게 좋아요.

사우나 이용 5가지 주의사항

1. 임신 34주 이후에는 가급적 사우나나 목욕탕을 이용하지 않는다.
2. 41도 이상의 열탕에는 들어가지 않는다.
3. 사우나 안에 5분 이상 있지 않는다.
4. 공중목욕탕의 물품을 쓸 때는 비누로 한 번 씻은 뒤 사용한다.
5. 식사 후 바로 가거나 배가 많이 고픈 상태에서 가지 않는다.

TIP 출산 후 목욕

Q. 아기 낳고 얼마 뒤에 씻을 수 있나요?
A. 자연분만의 경우 특별한 문제가 없다면 분만 후 다음날부터 가벼운 샤워는 가능하다. 제왕절개 수술을 받은 경우 상처가 아무는 5~7일 이후 샤워할 것을 권장한다.
출산 후에는 공중목욕탕에도 갈 수 있다. 그런데 탕 속에 들어갈 때는 두 가지를 생각해야 한다.
첫째, 회음부나 제왕절개 상처 부위가 깨끗하게 잘 아물었는가. 보통 2주 정도 지나야 완벽하게 상처가 치유되었다고 볼 수 있다. 이 이전에 탕 목욕은 상처회복에 해롭다.
둘째, 오로가 나오기 때문에 주의해야 한다. 산후 4주에서 길게는 6주까지도 노란색의 오로가 많이 나온다. 만약 오로가 나온다면 위생관리 차원에서 공중목욕탕에서의 목욕, 특히 탕 목욕은 피하는 게 좋다.

12

임신과 충치치료

Dr.류's Talk Talk

임신 중 종종 잇몸질환이나 치은치주염, 충치 등의
치과질환이 발생되는 경우가 많이 있습니다. 태아가 엄마 몸속에서
칼슘을 빼어가서 자주 생긴다는 속설과 다르게 실제로는 임신으로 인한
여성호르몬의 증가로 구강 내 환경이 변화하는 거랍니다. 하지만 임신 시 발생되는
충치나 치주질환은 그 자체로 몸 안에 염증물질 분비를 증가시킵니다.
몸의 염증성 변화 자체가 태아에게 해로울 수 있으므로
충치가 생기면 반드시 빨리 치료를 받도록 하세요.

임산부가 자주 걸리는 질환이에요

임신성 치은염

주로 잇몸이 붓는 임신성 치은염은 임신 중 가장 흔한 질환으로 절반 이상의 임산부가 경험을 하게 됩니다. 임신 2~3개월부터 시작되어 임신 8개월 때쯤 가장 심한 양상을 보이지요. 출산 후 2~3개월 후에 다시 호전되긴 하지만 임신성 치은염을 방치하면 치주염으로 진행될 수 있으므로 치과에 가서 치료를 받아야 합니다. 임신 중에 치주염이 자주 발생하는 원인은 구강 내 정상세균들의 분포가 변해서 혈관벽이 약해지고 작은 자극에도 잇몸이 쉽게 붓고 염증이 잘 발생하기 때문이에요.

치아부식

임산부는 만성피로에 시달리기 때문에 그만큼 구강관리에도 소홀해질 수가 있고 임신 초 입덧으로 인한 구토는 치아부식을 가속화하기도 합니다. 입덧으로 음식물을 자주 토하면 구강이 많은 양의 위산에 노출됩니다. 그

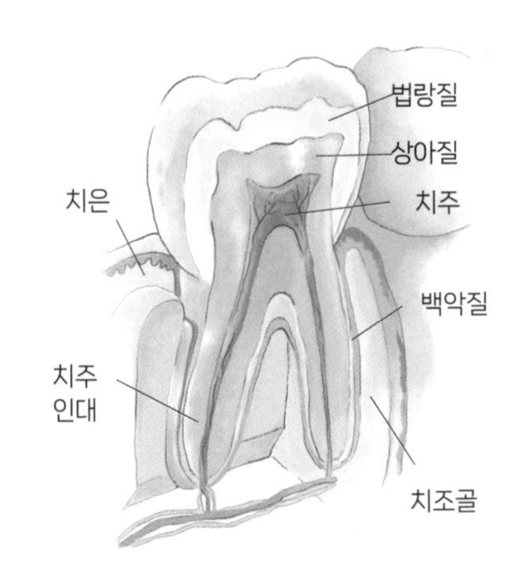

TIP 임산부 구강관리 원칙 7가지

1. 합성계면활성제가 없고 마모도가 낮은 치약을 사용한다. 잇몸 충혈이 가속화되고 약해져 있는 상태이므로 칫솔모가 부드러운 것으로 바꾸는 것이 좋다.
2. 정기적인 스케일링으로 치석관리를 한다.
3. 하루 3번, 식후 3분 이내, 3분간 양치질을 한다. 무엇보다도 치아와 치아 사이의 치석제거에 신경을 쓰며 수면 중 치아부식이 가장 많으므로 잠자기 전 칫솔질에 특히 신경을 쓴다.
4. 치실 사용을 권장한다.
5. 생활의 긴장을 최소화한다.
6. 녹황색 채소, 현미, 과일 등을 권장한다.
7. 자극성 음식을 피한다.

결과 구강 안이 급격히 산성화되어 치아부식증이 발생되며 초콜릿과 당분을 선호하는 경우 충치발생률도 급증합니다.

구강건조와 구취

임신으로 인한 호르몬 변화와 피로, 스트레스 등으로 입안이 건조해지고 구취가 발생합니다. 임산부의 약 44%에서 나타날 정도입니다. 플라그의 증가 및 치태, 백태, 설태 증가와 관련이 되며 평소 구강관리가 중요합니다. 임신 중에도 스케일링은 꼭 1년에 한 번씩 하세요.

출산 후 이가 시리다고요?

시린 이 발생

예전 어른들은 출산 직후에 이를 닦지 못하게 했습니다. 샤워나 머리감는 것 외에 양치까지 하지 말라니, 너무하는 것 아닐까 생각할 수 있겠지요. 그러다 무심코 평소처럼 양치를 하다 '앗! 정말 이가 시리구나' 하고 화들짝 놀라는 경우가 종종 있을 거예요. 출산 후에 이는 왜 시릴까요? 정말 출산 후에는 양치질을 해서는 안 되는 것일까요?

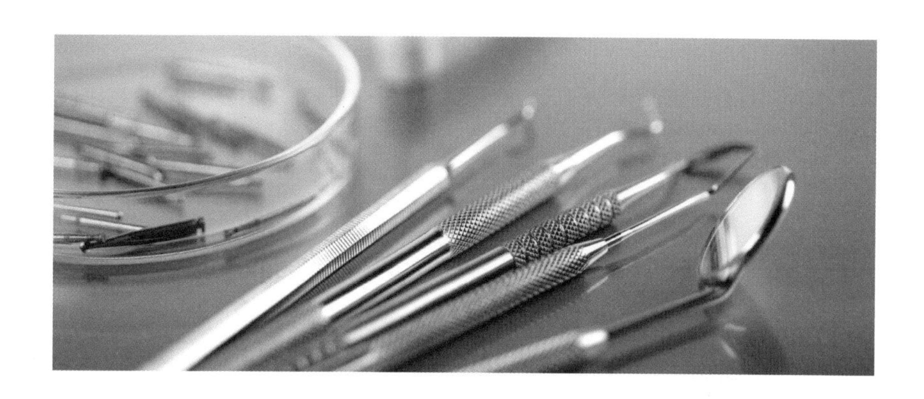

치아의 구조로 생기는 문제

이는 가장 바깥쪽의 딱딱한 법랑질로 둘러싸여 있습니다. 그 안에 상아질이 있고, 뿌리 부분은 백악질로 덮여 잇몸 뼈와 연결되어 있습니다. 임신 중에는 호르몬의 영향으로 잇몸이 붓거나 들뜨기 쉽습니다. 출산 직후에도 지속되지요. 치아와 잇몸이 닿는 경계 부위가 노출이 되면서 치아 뿌리까지 노출되면 지각과민 증상, 즉 바람이 불거나 찬물을 마실 때 혹은 양치질을 할 때 시린 느낌이 들게 되는 것입니다. 이는 임신 중 옆으로 칫솔질을 하는 잘못된 양치습관, 과도한 교합력에 의한 치아의 미세파절, 혹은 입덧으로 인한 구토로 구강 내 산성 음식에 대한 노출이 심해지는 경우 더욱 악화될 수 있습니다. 따라서 이런 시린 증상을 피하기 위해 양치를 하지 않는다면 오히려 충치나 염증을 악화시켜 치아 손상을 가속화할 수 있습니다. 잇몸이 들뜨기 쉽고, 이로 인해 지각과민 증상이 심해질 수 있는 시기이므로 무엇보다 올바른 양치질과 구강관리가 중요합니다.

시린 이의 원인 3가지

1. 충치로 인한 치아 손상
2. 잇몸의 염증
3. 치아의 과다한 뿌리 노출

TIP 임신 중 치아관리

1. 시린 이에 효과적인 마모제가 적게 들어 있는 치약을 선택한다.
2. 부드러운 실리콘 재질의 산모용 칫솔로 양치한다.
3. 좌우로 닦는 게 아니라 위에서 아래로 쓸어내리듯이 양치하는 습관을 꼭 숙지한다.
4. 식사 후 반드시 이를 닦는다.
5. 단단하고 질긴 음식물은 치아 미세파절을 더욱 악화시킬 수 있으므로, 출산 직후에는 피하는 것이 좋다.
6. 탄산음료처럼 강한 산성을 가지고 있는 음식을 먹은 직후에는 물로만 가볍게 헹궈내고 한 시간 정도 지난 다음에 양치를 한다.
7. 이를 악 무는 습관이나 이를 가는 습관은 고치는 것이 좋다.

13

임신과 담배

Dr.류's Talk Talk

임신 중 담배는 엄마나 태아에게 어떤 영향을 끼칠까요?
사실 담배가 우리 몸에 백해무익하다는 것은 누구나 다 알고 있을 거예요.
하지만 실제 흡연자의 경우, 단번에 끊어버리기가 매우 어렵겠지요?
만약, 임신 전 흡연자였다면 앞으로 어떤 점을 주의하면 좋을지,
태아나 자신의 몸을 위해서
담배를 효과적으로 끊을 수 있는 방법은 없는지 알아봅시다.

담배를 절대 피우면 안 되나요?

유해한 담배 속 성분

담배 안에는 살충제, 제초제, 마약제조 등에 쓰이는 니코틴, 방부제에 쓰이는 나프틸아민, 독극물의 일종인 청산가리, 산업용 용제인 우레탄, 건전지에 사용되는 카드뮴, 발암물질인 벤조피렌, 페인트제거제인 아세톤, 로켓원료인 메탄올, 석탄소독제인 페놀, 라이터 원료인 부탄, 살충제 원료인 디디티, 최루탄에 쓰이는 포름알데이드, 연탄가스 중독의 주원인인 일산화탄소, 콘크리트원료인 타르가 들어 있습니다. 임산부가 담배를 피우면 담배 속 물질이 배 속의 태아에게도 전달이 됩니다. 그나마 다행인 것은 담배

- 일산화탄소Carbon monoxide : 연탄가스 중독 주요인
- 아세톤Acetone : 페인트 제거제
- 포름알데이드Formaldehyde : 매운맛, 최루탄에 사용
- 나프틸아민Naphthylamine : 방부제
- 메탄올Methanol : 로켓연료
- 피렌Pyrene : 발암물질
- 디메틸니트로사민Dimethylnitrosamine : 발암물질
- 나프탈렌Naphthalene : 좀약
- 니코틴Nicotine : 살충제, 제초제, 마약
- 카드뮴Cadmium : 자동차 밧데리 사용
- 벤조피렌Benzopyrene : 강력한 발암물질
- 염화비닐Vinyl Chloride : PVC 원료
- 청산가리Hydrogen Cyanide : 사형가스실에서 사용되는 독극물
- 톨루이딘Toluidine : 물감 제조용
- 암모니아Ammonia : 바닥 청소제
- 우레탄Urethane : 산업용 용제
- 아세닉Arsenic : 비소, 흰개미의 독
- 디벤조아크리딘dibenzacridine : 페인트 제거제
- 페놀Phenol : 석탄산, 소독제
- 부탄Butane : 라이터 원료
- 폴로늄210Polonium 210 : 방사선
- 디디티DDT : 살충제
- 타르Tar : 아스팔트 원료

가 태아기형 발달을 일으키지 않는다는 것입니다. 하지만 담배의 유해물질은 고스란히 태아에게 전달됩니다. 따라서 배 속에 있는 태아가 담배 연기에 노출이 되지 않게 해야 합니다. 주변 사람들에 의한 간접흡연도 엄마 호흡기를 통해 태아에게 전달되므로 주의가 필요합니다.

담배가 태아에 미치는 영향

임신 중 담배는 태반의 혈류를 감소시켜 태아발육부전, 저출생체중아를 일으킵니다. 또한 태반이 아래쪽에 생기는 전치태반, 태아가 나오기도 전에 태반에 먼저 떨어져버리는 태반조기박리, 자연유산, 난임 등과 관련이 있어요.

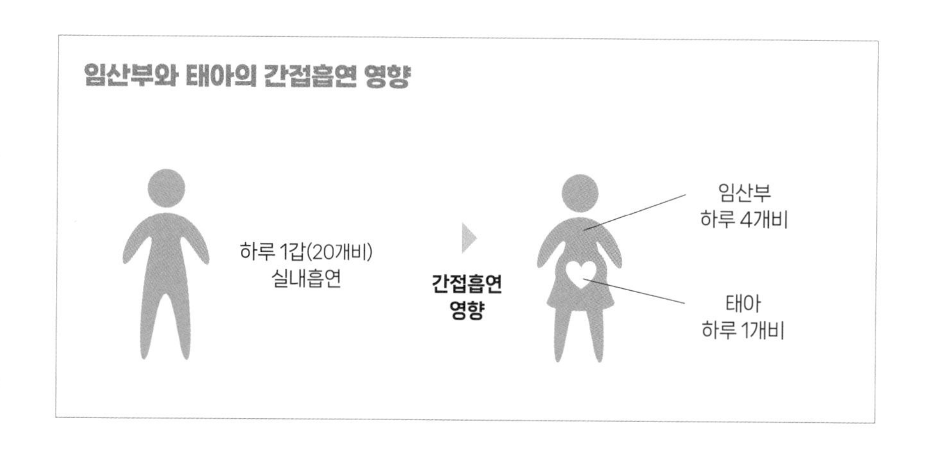

담배의 노출에서 벗어나기

임신을 했다고 해서 하루아침에 담배를 끊기 힘들다면 담배에 노출되는 양이 최소가 되도록 노력해보세요. 담배를 피는 만큼 담배 속 발암물질을 비롯한 여러 유해물질이 태아에게 전달되어 축적됩니다. 하루 2개비의 담배는 하루 1개비의 담배보다 1개비 핀 것만큼의 해로움을 주겠지요. 전자담배에도 소량의 니코틴이 첨가되어 있어요. 전자담배라도 최소한으로 피는 노력이 필요하고, 끊을 수 있다면 강한 의지로 끊는 것이 가장 좋아요.

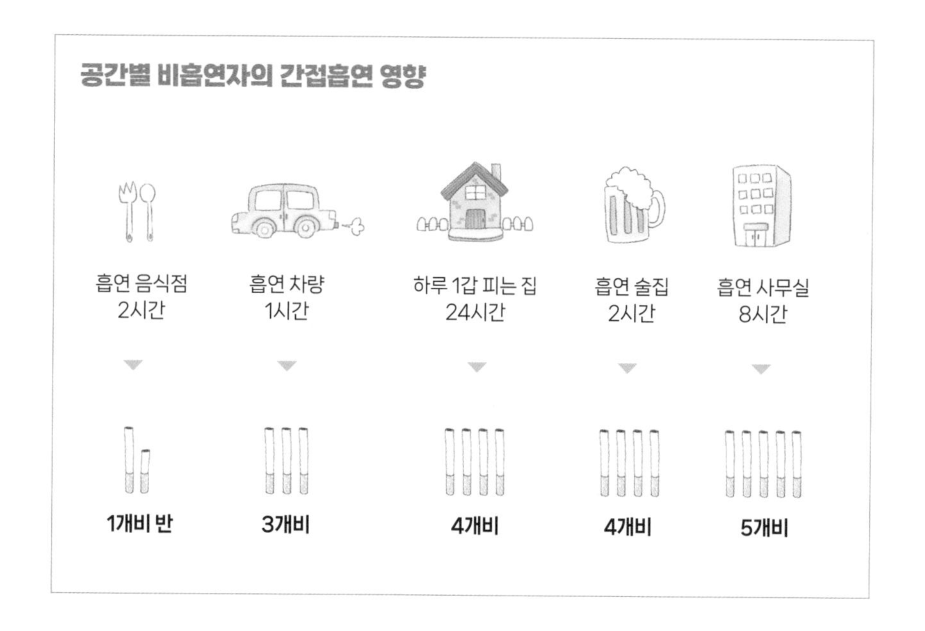

임신과 반려동물

Dr.류's Talk Talk

반려견과 반려묘가 엄연한 가족의 구성원이 되는 시대입니다.
임신을 했다 해서 반려동물이 임신 중 태아에게 문제를 일으키는 경우는 많지 않습니다.
간혹 톡소플라즈마를 걱정하는데 강아지를 통한 감염은 드물어요. 주로 고양이에게
기생하는데, 평소 위생관리를 철저히 했다면 임신 중에 전혀 걱정할 필요가 없습니다.
오히려 반려동물로 인해 긴장된 마음이 풀어지고 사랑하는 마음을 북돋을 수 있기에
굳이 다른 곳에 맡기거나 파양시키지 않아도 됩니다.

톡소플라즈마는 무엇인가요?

톡소플라즈마 감염

톡소플라즈마는 임산부가 날고기나 설익힌 육류를 섭취할 때 감염될 수 있고, 고양이를 통해서도 감염될 수도 있어요. 임산부가 감염이 되면 50%는 태아에게도 감염이 되고, 그렇게 감염된 태아의 25% 정도가 출생 당시 증상을 나타내게 됩니다.

태아의 자궁 내 감염률은 임신주수에 따라 다른데, 임신 5주경에는 5% 미만, 임신 말기에는 80% 이상 감염률이 높아져요. 하지만 임신 제3분기에 감염된 태아는 대부분 후유증이 없는 것에 반해 임신 제1분기에 감염된 태아의 경우 심한 후유증이 오게 됩니

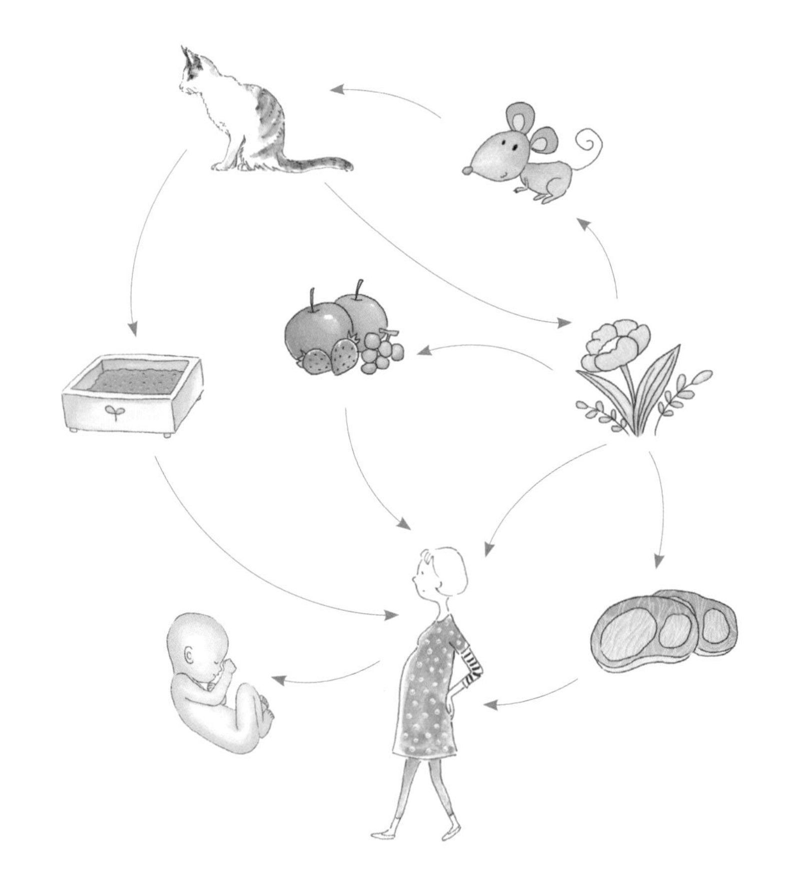

톡소플라즈마 감염 경로

다. 즉, 임신 초기 임산부가 톡소플라즈마에 걸렸을 때 태아에겐 더 치명적인 영향을 끼치게 됩니다. 톡소플라즈마는 특이 항체를 생성함으로써 평생 면역이 될 수 있습니다. 하지만 임신 중 처음 감염이 된 경우에는 태아에게 선천성기형을 유발할 수 있어 문제가 되는 것입니다.

고양이 예방접종과 위생관리 필요

톡소플라즈마는 특히 고양이와 많은 관련이 있다고 알려져 있습니다. 대개 고양이 배설물에 오염된 물, 흙 등을 통해 감염될 수 있는데, 요리되지 않은 날육류를 통한 감염도 있으므로 주의가 필요합니다. 톡소플라즈마에 감염이 되었다는 것은 쉽게 말해 기생충에 감염이 되었다는 것인데, 임산부가 만약 임신 중 톡소플라즈마에 걸린다면 태아에게도 선천성 감염을 일으킬 수 있습니다. 태아가 감염이 되면 저체중, 간비종대, 빈혈, 소두증, 대뇌석회화 등이 발생될 수 있고, 뇌의 학습능력장애 혹은 경련 등의 장기적인 후유증이 생길 수도 있습니다.

유럽 등에서는 톡소플라즈마에 대한 면역력이 있는지 기본 산전 검사로 이를 시행하고 있어요. 하지만 유병률이 높지 않은 미국과 우리나라 등에서는 면역력이 심하게 저하된 에이즈 환자를 제외하고는 필수 검사 항목에 포함되지 않습니다. 다만, 고양이를 키우거나 그럴 확률이 있는 분들은 톡소플라즈마에 대한 항체 검사를 해보는 것을 추천합니다. 만약 항체가 있다면 임신 중 톡소플라즈마 감염에 대해 걱정할 필요가 없어요. 따라서 고양이를 키우고 있는 상태에서 임신 준비 중이라면 고양이 예방접종과 위생관리를 철저히 하고 본인에게 톡소플라즈마 항체가 있는지 확인해보는 것이 좋습니다.

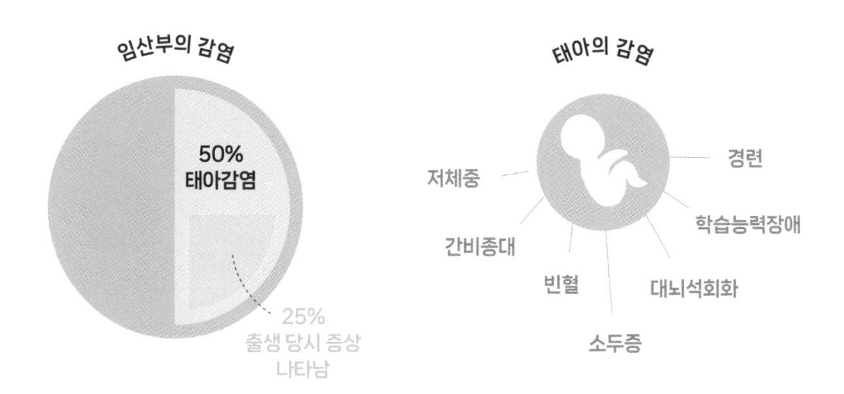

임신 중 톡소플라즈마 예방법

1. 과일이나 채소는 깨끗이 씻고 껍질을 벗겨 먹는다.
2. 조리되지 않은 육류 섭취는 피한다.
3. 고양이 배설물 처리 시 꼭 장갑을 착용한다.
4. 고양이에게도 날음식을 먹이지 않는다.
5. 고양이 예방접종을 철저히 시킨다.

15

임신 중 스타일링

Dr.류's Talk Talk

아름다움은 단순한 자기과시나 비교하는 마음이 아닌 인간 본연에 자리 잡은 원초적인 욕구입니다. 진료실에 있으면 이런 고민을 털어놓는 임산부들이 많아요. "임신을 해서 몸이 너무 힘든데 얼굴도 푸석하고 머리도 정리가 안 되고 스트레스 받아요. 파마를 해도 될까요?" 아름다움을 추구하고 싶은 마음은 당연한 것이고 그 어느 때보다 임산부들은 아름다워질 권리가 있습니다. 단 태아에게 해롭지 않은 방법을 선택해야겠지요?

헤어 관리법을 알아보아요

파마

파마의 종류에는 여러 가지가 있습니다. 약만 가지고 하는 기본 파마부터 열을 이용한 세팅파마, 열과 약을 동시에 이용하는 파마 등 날이 갈수록 파마 종류는 많아지고 있습니다. 임신 중에는 두피 쪽으로 너무 많은 자극이 가는 파마는 자제하는 것이 좋습니다.

그리고 모발 중간부터 하는 파마는 태아에게 큰 영향이 없습니다. 단, 임신 중 모발은 약해져 있기 때문에 평소보다 손상받기 쉬우며 원했던 컬이 잘 안 나올 수도 있어요. 그 부분을 감안해서 머리를 해야 합니다.

염색

염색은 염색법에 따라 쓰이는 약과 시술과정이 달라질 수 있지만 기본적으로 염색약에는 머리카락의 색소성분을 변화시키는 '파라벤'이라는 물질이 많이 포함되기 때문에 주의가 필요해요. 이 파라벤은 기형유발 독성물질 중 하나입니다. 따라서 두피염색은 염색약물의 피부흡수를 통해 배 속 태아에게 영향을 끼칠 수 있으므로 권하지 않습니다. 그렇다면 두피에 닿지 않고 머리 끝 부분만 염색하는 것은 괜찮을까요? 두피염색보다는 피부에 흡수되는 양이 적기 때문에 나을 수는 있으나 파마와 마찬가지로 임신 중 염색은 머리카락 손상을 가속화하는 원인이 됩니다. 또한 원하는 색상이 잘 나오지 않으므로 임신 중 염색은 가급적 피하는 것이 좋아요.

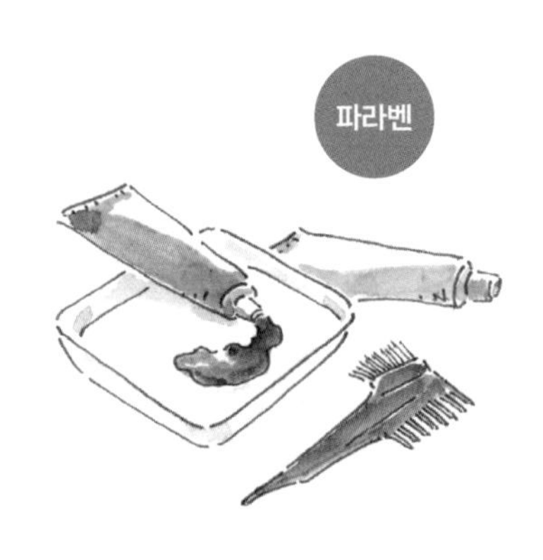

내분비교란을 일으킬 수 있는 유해물질

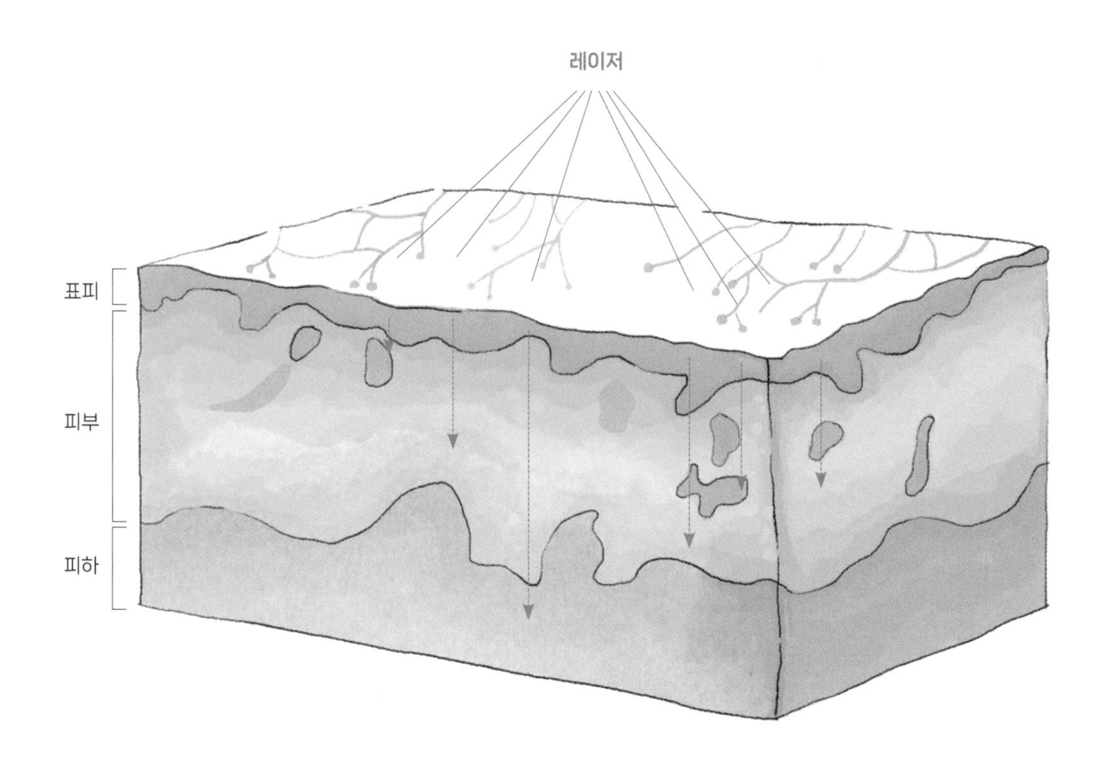

피부 관리법을 알아보아요

보톡스주사

보톡스주사는 보툴리누스균Clostridium botulinum이라는 혐기성 세균에서 분비되는 독성 중 일부를 의학적으로 정제하여 사용합니다. 대개 운동신경 말단 부위의 신경전달물질인 아세틸콜린 분비를 억제해서 근육 마비를 일으키는 원리입니다. 과거 뇌성마비 치료에서 많이 쓰였으나 최근에는 주름, 사각턱, 종아리 등의 미용적인 목적으로 사용되고 있어요. 보톡스의 경우 영구적으로 잔존하지 않고 혈관 주입을 통해 이루어지지 않기 때문에 전신적인 부작용은 크지 않습니다. 또한 동물실험에서 보톡스는 태반 통과를 보이지 않았습니다. 하지만 현재까지 임신과 수유 기간 중 보톡스 사용에 대한 정확한 연구결과가 없으므로 태아에게 어떠한 치명적인 결과가 나올지 예측할 수 없어요. 즉 눈에 띄지 않는 작은 부작용도 얼마든지 나올 수 있으니 임신이나 수유 중에는 보톡스 주사를 잠시 미루어두는 것이 좋아요.

피부 레이저 시술

피부 레이저의 목적과 효능에 따라 시술 종류는 굉장히 다양합니다. 일반적으로 열에너지를 피부에 투과시켜 피부 안의 색소세포와 반응하여 잡티를 제거하는 형태입니다. 혹은 열에너지로 상처를 일으켜서 오히려 피부 재생을 촉진시키기도 하지요. 임신 중에는 호르몬의 영향으로 피부 및 세포가 예민해져 있기 때문에 임신 전에 비해 멜라닌 세포가 과한 반응을 보일 수 있습니다. 오히려 기미 등의 피부 트러블이 잘 생기지요. 또한 피지 분비의 증가, 피부 면역반응의 이상으로 예상하지 못한 결과가 발생하기도 합니다. 따라서 꼭 필요한 레이저 시술이 아니라면 출산 후로 잠시 미루는 것이 좋습니다.

필러 시술

필러는 인체에 무해한 결합조직과 같은 피부 충전재를 넣어서 볼륨을 살려주는 시술입니다. 피부 바로 밑으로 주입이 되고, 대부분 흡수되지 않아 전신적인 영향은 없기 때문에, 사실 임신 중 그 위험성이 크지 않을 거라 생각하는 분들이 종종 있습니다. 하지만 아직까지 보톡스와 마찬가지로 임산부가 필러 시술을 받았을 때 태아에게 어떠한 영향이 나타날 수 있는지, 임산부에게는 어떠한 영향이 나타날 수 있는지 정확하게 이루어진 실험과 결과 보고는 없습니다. 산부인과 전문의로서 저는 임신 중 필러 시술에 반대합니다. 임신 중 몸은 굉장히 다양한 증상이 나타나는 등 예측 불가능한 상태입니다. 필러라는 충전재를 피부 밑으로 주입했을 때 예상치 못한 알레르기나 색소침착, 염증, 면역 반응 등이 발생할 수 있습니다. 임신이라는 특수상태가 끝나고 나서, 충분히 몸이 회복되고 나서 시술할 것을 권유합니다.

 **임신 중에 생긴 기미**

Q. 피부가 왜 검어지는 거지요?

A. 임산부의 90% 이상 임신 중 피부가 검어지는 경험을 하게 된다. 이는 임신과 관련된 호르몬의 작용으로 멜라닌 세포 합성이 촉진되며, 피부 밑에 급속도로 멜라닌 세포 축적이 증가가 되며 발생한다. 보통 이러한 착색은 임신 초기부터 진행이 되며, 주로 배꼽, 회음부, 유륜 부분을 중심으로 발견된다. 이외에도 겨드랑이, 안쪽 허벅지, 흉터 부분도 착색이 진행되고, 간지러움이나 불편함 등으로 긁거나 자극을 가한 부위에도 색이 검어진다.

Q. 임신 중에는 왜 기미가 생기나요?

A. 임신 중 착색화가 얼굴에 집중적으로 발생하는 경우도 있는데, 임산부의 절반 가량이 이러한 기미를 경험하게 된다. 강한 자외선에 노출이 되면 멜라닌 세포 합성을 촉진시켜 이러한 기미 발생은 더욱 가속화된다. 대부분 자연적으로 호전되기도 하지만, 피부 가까이에 발생한 착색화는 10년 넘게 지속될 수도 있다. 즉 예방만이 최선의 방법이다. 직접적인 자외선 노출을 최소화하고 외출 시에는 꼭 자외선 차단제를 꼼꼼히 잘 발라야 한다.

기타 관리는 어떻게 하면 좋을까요?

마사지

마사지는 혈액순환을 촉진시켜주고 임신으로 인한 긴장과 스트레스를 완화시켜주는 효과가 있습니다. 하지만 잘못된 마사지는 자궁수축을 유발할 수 있기 때문에 마사지를 해주는 분에게 임신임을 충분히 알려야 합니다. 또한 임신과 여성의 몸에 대해 정확히 이해를 하고 있는 전문 교육을 받은 정식 마사지사에게 받는 것이 좋습니다. 임신 초기에는 아로마 향기가 강한 구토와 메스꺼움을 유발할 수 있기 때문에 신중히 사용하고, 임신 중반기 이후에는 장시간 마사지를 받기 위해 똑바로 누워 있다 보면 숨이 가쁘고 호흡곤란이 올 수 있기 때문에 30분 내외의 긴장을 이완시켜주는 마사지를 받도록 합니다.

임신 중 마사지

- 임신 중임을 알리기
- 전문 마사지사에게 받기
- 아로마 향기 주의해서 사용하기
- 30분 내외로 받기

치아미백

임신 초기 입덧은 잦은 구토를 야기해서 치아 부식을 가속화시킵니다. 또한, 여성호르몬의 영향으로 침 성분 자체가 변화하여 치은치주염이 유발되기도 합니다. 치아미백은 변색된 치아를 하얗게 만드는 시술로 주로 15%의 고농도 과산화수소를 사용합니다. 즉 치아의 법랑질에 있는 착색제 구조를 단순화시킴으로써 미백 효과를 불러오는 원리입니다. 임신 중에는 치아 부식 정도가 가속화되어 있는 상태이므로 치아미백을 할 경우, 심한 이 시림 증상과 법랑질 손실이 생길 수 있어요. 또한, 입에 머물고 있는 치아미백 약이 목 뒤로 넘어갈 수 있기 때문에 임신 중에는 치아미백을 안 하는 것을 권합니다.

네일아트

손톱이나 발톱에 바르는 매니큐어는 체내로 흡수되지 않습니다. 네일아트나 페디큐어는 임신 중 특별히 문제가 되지 않아요. 다만, 임신 중 증가되어 있는 호르몬의 영향으로 손톱과 발톱이 빨리 자라는 경향이 있다는 것을 감안해야 합니다. 그리고 네일아트 기구는 다 같이 이용하는 것이기 때문에 잘못된 세균 감염이나 원충 감염이 되지 않도록 위생관리가 철저한 숍을 이용하세요.

TIP

임신 중 무좀

무좀이 원래 있었던 경우도 있고, 우연히 임신 중에 무좀이 생기는 경우도 종종 볼 수 있다. 무좀약이 간에 안 좋다, 무좀약이 독하다는 등 이런저런 말들이 많은데 과연 임신 중 무좀 치료는 어떻게 해야 할까?

무좀은 발바닥 무좀, 손톱이나 발톱 무좀, 사타구니 피부 무좀 등으로 크게 분류된다. 주된 증상과 부위에 따라 먹는 약의 종류, 먹는 양과 기간, 보조적인 도포제의 사용 등이 조금씩 달라진다. 무좀을 일으키는 주 무좀균인 적색 백선균Trichophyton rubrum 등을 치료하는 항진균제는 그리세오풀빈griseofulvin, 케토코나졸ketoconazole, 이트라코나졸itraconazole, 테르비나핀terbinafine 등이 있다. 이들 진균제 중 테르비나핀은 분류기준 B, 나머지 약제들은 C에 해당한다(47쪽 참고).

임신 중 무좀약 복용으로 기형을 만들거나 임산부나 태아에게 크게 위해하다고 알려져 있는 바는 없다. 하지만 임신 중 사용이 절대적으로 안전하다고도 말할 수 없으며, 플루코나졸fluconazole 등의 항진균제는 임신 1분기에 장기적으로 복용했을 때 기형 발생의 위험이 있을 수 있다는 보고가 있다. 나머지 약제들도 정확하게 어느 정도의 약을 어느 기간 이상 복용 시 태아에게 영향을 줄 수 있는지 밝혀지지는 않았지만, 모든 항진균제는 임신 중 사용 특히 임신 1분기 사용은 안 하는 것이 좋다. 하지만 바르는 피부 도포제는 그 흡수되는 정도와 양이 굉장히 미세하기 때문에 임신 중 안심하고 사용해도 된다. 무좀이 발생하면 가까운 피부과에 내원해서 바르는 약과 그 외 다른 보조적인 치료법으로 관리하길 권한다.

16

임신과 예방접종

Dr.류's Talk Talk

임신 중에는 엄마의 면역력이 많이 떨어집니다. 즉, 임신 전에는 잠깐 스쳐가는 감기도 임신 중에는 폐렴으로 이어져 크게 고생할 수 있어요. 예전에 신종플루가 유행했을 때도 임산부를 특별 관리했던 것은 배 속 태아에게 미칠 영향 때문이기도 했지만, 그보다 면역력이 떨어져 있는 임산부가 자칫 폐렴이나 전신적인 패혈증으로 이어질까봐 그랬던 것이지요. 임신 중 몸 상태에 따른 적절한 예방백신은 오히려 임산부와 아기를 건강하게 지켜주는 방어막이 됩니다.

임신 중 예방접종은 어떻게 해야 할까요?

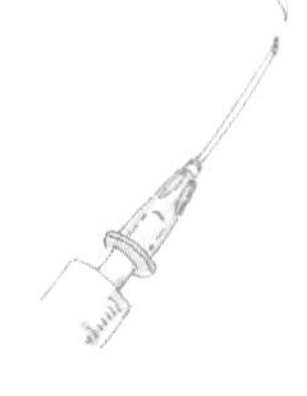

독감 백신(인플루엔자 백신)

일반인에 비해 임산부는 면역력이 떨어져 있는 상태입니다. 그래서 독감에 노출되면 일반인보다 폐렴으로 발전할 가능성이 더 큽니다. 또한 회복력도 약하기 때문에 쉽게 호전되지 않습니다. 임신 중 독감감염은 배 속 태아에게도 영향을 끼칩니다. 조기진통, 조산, 저출생체중아, 태아 사망 등의 합병증이 일어날 수 있습니다. 따라서 임신을 했다면 독감 백신은 임신주수와 관계없이 꼭 맞아야 하는 주사입니다. 독감 백신은 생백신과 사백신 두 가지 종류 모두 존재합니다. 사백신 독감주사를 맞으면 임신 중 태아와 임산부에게 영향을 끼치지 않습니다. 독감 백신은 독감으로부터 임산부를 보호하는 동시에 백신주사 후 임산부 몸에 생긴 항체가 태반을 통해 태아에게 전달되어 신생아와 6개월 이하 영아의 면역력 유지에도 도움을 줍니다.

> **TIP 사백신과 생백신**
>
> 예방접종에는 진짜 살아 있는 바이러스를 넣는 주사도 있지만, 살아 있는 바이러스가 아닌 바이러스의 일부 성분을 넣는 백신도 있다. 살아 있는 바이러스의 예방접종의 경우, 임신 중에는 면역력이 떨어져 있는 상태이므로 그 바이러스에 감염이 되어 오히려 태아에게 영향을 줄 수 있다. 따라서 임신 중에는 살아 있는 균주를 넣는 예방접종은 금기다. 그 대표적인 예가 풍진 백신이나 수두 백신이다. 반면 사백신, 즉 균주의 일부 성분을 몸에 넣어주어 오히려 면역력을 증강시켜주는 예방백신은 태아에게 악영향을 끼치지 않는다. 그러므로 임신 중 몸 상태에 따른 적절한 예방백신은 오히려 엄마와 아기를 건강하게 지켜주는 방어막이 된다. 안정성이 확보된 예방백신을 주치의와 상의하여 접종하자. 특히나 독감 예방주사는 임산부이기 때문에 꼭 챙겨맞아야 하는 백신이다.

백일해 백신

백일해는 보르데텔라 백일해균 **Bordetella pertussis**에 의한 감염으로 발생되는 호흡기 질환입니다. 강아지 울음소리같은 '흡' 하는 특징적인 기침소리가 나며 기침과 함께 발작, 구토 등이 동반됩니다. 어른들에게는 대개 미열, 상기도염 증상이 나타나기 때문에 일반적인 감기로 지나치는 경우가 많이 있습니다. 하지만 1세 미만의 영아에서의 백일해는 순간적인 기도협착, 호흡곤란, 이로 인한 뇌손상을 일으키고 심하면 사망에도 이르게 할 수 있는 무서운 질병입니다.

백일해 전염 경로

직접적인 접촉에 의하여 전파되거나 기침 시 나오는 비말액 등을 통해서 전염이 됩니다. 특징적인 백일해 소견이 없는 성인이 주요 감염원 역할을 합니다. 실제로 1세 미만 영아의 백일해 감염 중 상당수가 영아와 함께 생활을 하는 성인으로부터 감염된 것입니다. 따라서 영아와 함께 생활을 하게 될 부모, 조부모, 베이비시터 등은 백일해 예방주사를 맞는 것이 좋습니다. 백일해 예방접종 후 항체가 생기기까지 약 4주간의 시간이 필요하므로, 주변인들은 아기 태어나기 한 달 전에 백일해 백신을 맞도록 합니다.

임신과 백일해 백신

신생아 파상풍을 방지하기 위해 임신한 여성에게 파상풍 백신접종은 이전부터 널리 권장되어 왔습니다. 최근에는 파상풍, 디프테리아와 함께 백일해를 함께 예방해주는 백신이 나와 임신한 여성 모두에게 권장하고 있습니다. 백일해의 유병률이 높지 않았던 과거, 백일해 백신은 단순 권고사항이었습니다. 하지만 2009년도 미국에서 백일해 환자가 폭발적으로 증가하였고 2011년도 우리나라의 부산에서도 백일해 환자가 급격히 증가했습니다. 그리고 미국산부인과학회에서는 백일해 예방주사에 대해 다음과 같은 권고사항을 제시하였습니다. "과거 파상풍주사**Td**, 백일해**Tdap** 접종 여부와는 관계없이, 임신을 할 때마다 매번 임신 27주에서 36주에 접종하는 것을 추천한다."

임산부가 백일해 백신을 맞으면 백일해에 대한 강한 항체가 생기고, 이는 곧 태반을 타고 태아에게 전달되어 생후 6개월까지의 백일해 노출을 대비하여 강한 보호막을 만들어놓을 수 있습니다.

현재 우리나라에서는 백일해 백신에 대한 확실한 가이드라인이 없습니다. 미국산부인과학에서 권고한 내용을 참고하여 27~36주의 임산부에게 백일해 백신을 권고하고 있습니다.

임신 중 대상포진

임신 중 대상포진은 태아에게 괜찮을까? 물론 괜찮다. 대상포진은 이전 바이러스 감염에 의한 재발 증상으로 태아에게 영향을 주지 않는다.

TIP 임신 중 백신

	권고사항	시기
독감 백신	독감감염은 조기진통, 조산과 관련될 수 있습니다. 또한 면역력이 떨어져 있는 임산부는 독감으로 인한 폐렴 등의 합병증의 발생확률이 높아집니다.	임신이라면 꼭 독감 백신을 맞아야 함
백일해 백신	2009년 미국에서의 백일해 발생증가에 이어 2011년 부산에서의 백일해 증가가 있었습니다. 이에 2013년 미국산부인과학회에서는 임신 중 백일해 예방접종에 대한 권고안을 내놓았습니다.	임신 중 엄마가 맞아서 태아에게 수동 면역력이 생길 수 있게 매 임신 27~36주 사이에 맞아야 함

17

임신과 운동

Dr.류's Talk Talk

임신을 하게 되면 몸무게가 느는 것 외에도 우리 몸에 다양한 변화가 발생하게 됩니다.
또 그에 따라 행동 하나하나에 주의와 변화가 요구되지요.
운동은 건강한 생활을 위한 필수조건입니다. 평소 건강을 유지하기 위해
매일 열심히 운동을 했는데, 임신을 했다고 해서 이 운동을 그만둬야 할까요?
임산부에게도 운동은 필요합니다. 다만 시기별로 주의해야 할 사항이 있으므로
그에 따라서 강도를 조절하여 운동을 하면 건강한 임신 기간을 보낼 수 있습니다.

임산부는 어떻게 운동해야 할까요?

평소 운동의 강도 낮추기

임신 중에는 태아 발달과 관련된 다양한 혈역학적 변화가 일어나고 있습니다. 격한 강도의 운동은 순간적으로 자궁수축을 일으킬 수도 있고, 그렇지 않아도 부담이 더해진 임산부의 심장에 큰 부담을 줄 수 있어요. 따라서 임신 중에는 운동 강도를 낮추어 힘들지 않을 정도의 운동을 해야 합니다.

준비 운동과 마무리 운동을 철저히 하기

엄마의 심장은 하나이지만 자신과 태아 두 사람에게 혈액을 공급해주기 위해 분주히 일하고 있습니다. 갑작스런 운동은 심장에 무리가 갈 수 있습니다. 따라서 임신 중에는 준비 운동을 좀 더 철저히 해서 순환계에 무리가 되지 않도록 합니다. 또한, 마무리 운동으로 단단하게 굳어지고 활성화된 근육이 천천히 풀리면서 정리가 되도록 스트레칭을 해줍니다.

시작 전 준비운동 + 마무리 스트레칭

조금씩 나누어 여러 번 하기

30분 이상의 운동은 근육 피로도를 증가시키고 자궁태반혈류장애로 자궁수축을 일으킵니다. 운동 중간중간 반드시 충분한 휴식시간을 갖는 것이 필요해요.

물을 충분히 먹기

운동 전후로 빠져나간 수분을 충분히 보충합니다. 물은 신진대사를 더욱 원활히 해주며 혈류량을 증가시켜줍니다. 운동 직후 갑자기 너무 많은 양의 물을 마시기보다는 조금씩 천천히 운동 중간중간 수분 섭취를 합니다.

배가 아프면 중단하기

임신 중에 운동을 할 때 가장 중요한 주의사항이 바로 배가 아프면 운동을 멈추는 것입니다. 배가 아프다는 것은 자궁수축과 관계될 수가 있습니다. 다시 말해 운동이 자궁 태반 순환에 안 좋은 영향을 끼치면서 무리가 되고 있음을 말해주는 것이지요. 배가 아프면 바로 중단하도록 합니다.

넘어지지 않게 조심하기

배가 많이 나오는 임신 중반기 이후부터는 균형 감각의 저하가 나타날 수 있어요. 또한 주의집중력 감소도 나타나기 때문에 운동 중 균형을 잃고 넘어져 다치거나 발목 부상이 생길 수 있습니다. 또한 임신 후반기 이후부터는 몸 전체의 관절이 느슨해지는 변화가 나타납니다. 관절에 무리가 가지 않도록 강도를 조절하세요.

적절한 신발과 의상을 착용하기

너무 꽉 끼는 운동복보다는 통풍이 잘 되는 편안한 상하의를 입도록 합니다. 또한 무거워진 배를 지탱하고 있는 무릎과 발목 관절에 무리가 안 되도록 충분한 완충제 역할을 해주는 신발을 선택합니다.

임산부용 운동 강좌를 선택하기

임산부용 운동 강좌는 임신 시 여성에게 일어나는 혈역학적 변화와 체력적인 고갈에 대해 좀 더 주의를 기울이고 이해하며 진행됩니다. 임산부용 요가, 임산부용 수영, 임산부용 아쿠아로빅 같은 임산부 전용의 운동 강좌를 듣는 것이 좋습니다. 임신 중 적절한 운동방법을 알려주며 또 다른 산모들과 함께 운동을 하며 동질감을 가질 수 있고 임신 상태에 대한 이해와 배려를 더욱 잘 받을 수 있습니다.

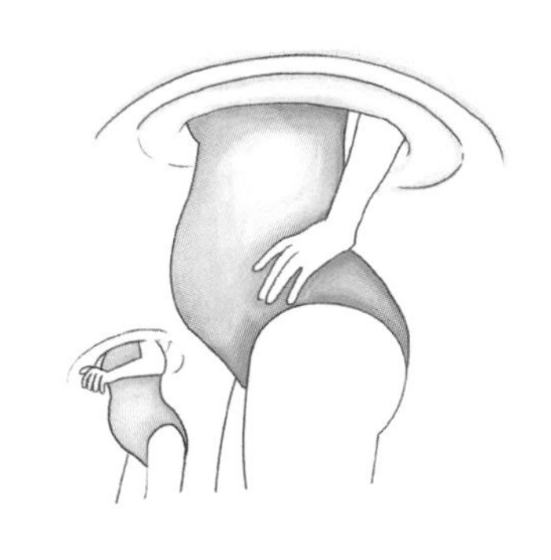

TIP 내 몸에 맞는 적절한 운동의 효과

1. 체중 조절에 도움을 준다.
2. 임신성당뇨를 예방한다.
3. 태아의 과도한 체중 증가를 예방한다.
4. 허리근육강화로 요통을 완화시켜 준다.
5. 숙면에 도움을 준다.
6. 스트레스를 해소해주며 기분을 환기시켜준다.
7. 부종을 완화시켜준다.
8. 분만 시 근력강화로 순산에 도움을 준다.
9. 변비해소에 도움을 준다.
10. 산후 빠른 회복에 도움을 준다.

운동은 태아에게 어떤 영향을 끼칠까요?

운동이 태아에 미치는 영향

임상 연구에 따르면 임신 중 유산소 운동을 주 3회 이상 한 임산부에게서 태어난 신생아가 운동을 하지 않은 임산부에게서 태어난 신생아보다 출산 후 호흡적응력이 더 좋았어요. 그뿐만 아니라 영아돌연사증후군의 발생 비율도 더 낮은 것으로 보고되었습니다. 임신 중 운동은 엄마와 태아를 더

욱 건강하게 해주고 순산을 할 수 있게 돕는 최고의 영양제입니다. 반드시 모든 것이 갖추어진 상태에서 운동을 해야만 하는 것은 아니에요. 일상생활 중에 수시로 스트레칭을 시행하고, 조금 더 걷기, 조금 더 움직이는 노력을 하고 틈틈이 운동을 하면 무거워진 몸에 이끌려가는 임신이 아닌 내 몸을 내가 컨트롤하고 이끌 수 있는 임신 기간을 보낼 수 있을 거예요.

상황에 따라 운동하기

개개인의 임신 상황에 따라 임산부들은 다양한 변수를 가지고 있습니다. 담당 산부인과 의사에게 자신에게 맞는 적절한 운동을 상담하고 권유받아 시행하는 것이 좋습니다. 왜냐하면 임신 중 운동이 오히려 해가 될 수 있어 제한해야 하는 임산부들도 있기 때문입니다. 특히 태반이 불안정한 상태이거나 임산부의 혈역학적인 변동이 운동을 견디기 힘들 경우에는 운동이 제한됩니다.

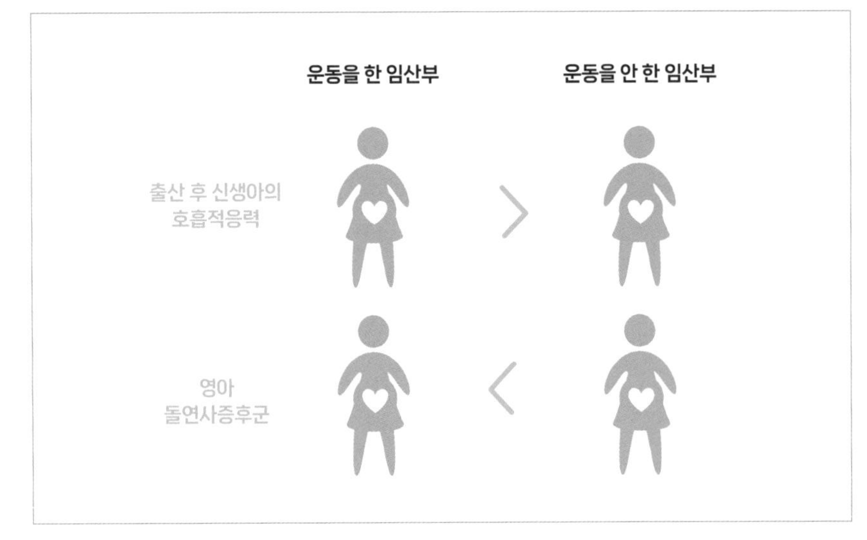

운동을 하면 안 되는 임산부도 있어요

임신중독증 임산부

임신중독증은 비정상적인 혈압 상승과 함께 전신적인 혈관내피세포의 이상반응을 나타내고 있는 상태입니다. 운동은 심혈관계에 부담을 줄 수 있습니다. 따라서 임신중독증이 발생했다면 오히려 운동을 하지 않는 것이 태아와 임산부에게 예후가 좋아요.

다태아 임산부

단태아에 비해 다태아는 태반과 태아에게로 요구되는 혈액량이 많기 때문에 임산부의 심혈관계에 부담이 매우 큰 상태입니다. 유산소 운동이 임산부의 심혈관계에 부담이 될 수 있어요.

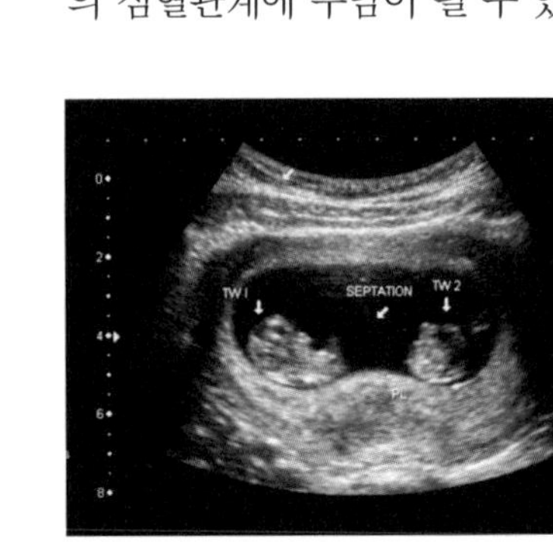

다태아 임산부는 적극적인 운동보다는 본인의 상태에 맞는 운동을 산부인과 전문의와 상의해서 하세요.

태아발육지연이 의심되는 임산부

태아발육지연의 원인은 다양하나 발육지연이 의심되는 상태라면 유산소 운동은 발육지연을 더욱 악화시킬 수 있습니다. 꼭 주치의와 운동에 대해 상의하고 시행해야 합니다.

심각한 심장질환을 가지고 있는 임산부

심각한 심장질환이 있는 경우 임신 자체만으로도 이미 심장은 큰 부담을 안고 있는 셈입니다. 운동으로 인한 급격한 혈역학적 변동이 심장에 안 좋은 영향을 줄 수 있어요.

전치태반 임산부

전치태반은 태반이 안정적인 위치가 불안정한 상태로, 운동으로 인한 자궁 수축이 태반을 더욱 불안정하게 만들 수 있어요. 전치태반의 경우 운동을 제한하는 것이 좋습니다.

질 출혈이 있는 임산부

임신 초기 착상 출혈이 있거나 절박유산이 의심되는 경우, 혹은 임신 중반기 이후에도 질 출혈이 있는 경우는 운동을 제한하는 것이 좋습니다. 질 출혈의 원인은 다양하지만 운동은 질 출혈에 악영향을 끼칠 수 있으므로 질 출혈 증상이 완화될 때까지 무리한 운동은 제한하세요.

조기진통, 짧은 자궁경부로 병원 치료를 받는 임산부

조기진통이나 자궁경부길이가 짧아져 병원 치료를 받는 임산부 역시 운동을 제한하는 게 좋아요. 운동으로 인해 자궁경부에 자극이 가해져 병의 경과를 악화시킬 수 있기 때문입니다.

TIP 임신 기간별 운동

임신 1분기

입덧, 불안감, 피로감, 기분 변화에 예민한 시기이기 때문에 적극적인 운동보다는 마음의 안정과 기분 좋은 회복감을 줄 수 있는 가벼운 운동을 권한다.

- 낮은 강도의 맨손체조
- 천천히 15~30분 정도 걷기

임신 2분기

배가 살짝 나왔지만 전반적인 컨디션은 좋을 때이다. 갑작스레 늘어나는 체중만 아니라면 좀 더 가뿐한 운동을 하면서 기분 좋은 나날을 보낼 수 있도록 한다. 엄마의 심장과 폐가 튼튼해지면 배 속에 있는 태아도 더욱 건강해진다.

- 배가 당기거나 뭉치지 않을 정도의 유산소 운동
- 아쿠아로빅
- 빠르게 걷기를 30~40분 정도

임신 3분기

커진 배로 조금만 무리해도 배가 뭉치고, 아래로 빠질 것 같은 통증도 있다. 아침저녁으로 손발이 많이 붓고, 허리가 많이 아프고 골반뼈가 어긋나는 불편감도 있다. 뻣뻣해진 몸을 풀어주고 혈액순환을 개선시켜 부종에도 도움이 되는 운동을 권한다.

- 요가
- 천천히 걷기를 30~40분 정도바르는 약과 그 외 다른 보조적인 치료법으로 관리하길 권한다.

계단 오르기에 대한 진실

만삭이 되서 빠른 분만을 유도하기 위해 계단 오르기를 하는 경우가 있는데, 이는 발목에 부담이 많이 된다. 잘못하면 발목, 무릎, 허리 등을 다칠 수 있다. 한두 개 층 정도 천천히 오르는 노력은 괜찮지만, 한 번에 4층 이상을 무리하게 오르지 않도록 한다. 그리고 계단을 내려올 때는 특히 더 조심한다. 계단은 올라가는 것보다 내려가는 게 더 힘이 들기 때문이다.

18

임신과 유산

Dr.류's Talk Talk

임신이란 기쁨과 행복감을 주며, 이제 새로운 인생이 시작된다는
막연한 설렘을 느끼게 해줍니다. 이러한 감정들이 머리부터 발끝까지
가득 차 있게 되지요. 이런 중에 갑작스러운 소식이 들려올 수 있습니다.
'더 이상 임신이 유지되지 않는다?'
'아기가 정상적인 성장을 멈추어버렸다?' '아기집이 무너져버렸다?'
도대체 왜 이런 일이 생기는 걸까요?

유산이 왜 발생하나요?

유산의 이유

임신 초기의 유산은 임신 당사자와 가족에게 큰 상처가 됩니다. 혹시라도 내가 무엇을 잘못한 것은 아닌지, 내 몸이 어딘가 이상한 것은 아닌지, 무엇을 못 챙긴 것인지, 왜 나에게 이런 일이 생긴 것인지 깊은 슬픔이 찾아오게 되지요. 임신 초기의 자연유산은 그 누구의 잘못도 아닙니다. 자연유산의 80% 이상은 임신 12주 이내, 임신 초기에 발생하는데 대개 자연유산의 원인은 염색체 이상이에요. 즉, 약한 정자와 약한 난자의 결합으로 이루어진 수정체이기 때문에 낯선 세상에 적응하지 못한 것입니다.

80% 20%
임신 12주

자연유산
▼
염색체 이상

자연유산

수정란은 세포분열을 거듭하여 자기가 있을 아기집을 만들고 영양을 보충해줄 난황낭과 자기 몸을 만들 체부를 형성하게 됩니다. 이어 심장이 만들어지고, 자궁내막으로 아기집이 파고들어가며 태반이 만들어져요. 한 단계 한 단계 앞으로 나아가야 하는 과정이기 때문에 그러한 과정에서 문제가 생길 수 있습니다. 먹지 말아야 할 금기 음식을 먹었다든지, 어떤 행동이나 사

자연유산의 위험인자

1. 부모의 연령 증가
2. 음주
3. 카페인 과다 복용
4. 흡연
5. 임산부의 질환 : 조절이 잘 되지 않는 당뇨, 세균성 질증
6. 감염 : 유레아플라즈마Ureaplasmaurealyticum, 마이코플라즈마 호미니스mycoplasma hominis, 클라미디아 트라코마티스chlamydia trachomatis 등에 의한 자궁경부염, 풍진, 매독, 임질, 거대세포바이러스 등
7. 여러 번의 인공 임신중절술 경험
8. 이전의 자연유산 경험
9. 자궁기형 : 자궁의 선천적 기형, 자궁내유착, 점막하자궁근종
10. 독성물질 노출 : 과량의 방사선 조사, 마취가스

건 하나로 자연유산이 되는 경우는 흔하지 않습니다.
한 번의 자연유산이 대부분 반복적인 자연유산으로 이어지지 않습니다. 다만, 3번 이상의 계속적인 초기 자연유산이 있다면, 임산부의 자궁 환경이 임신과 맞지 않는 요인이 있는 것은 아닌지 정밀검사를 받아보는 것이 좋습니다. 또한, 12주 이후에 발생한 자연유산에 대해서는 좀 더 다양한 시각으로 유산의 원인에 대해 생각해보도록 합니다.

유산의 종류를 알아보아요

고사난자

아기집은 있지만 태아 체부가 없는 것입니다. 수정단계에서 잘못된 정자와 난자의 염색체 결합으로 인해 제대로 된 태아 체부가 만들어지지 않은 상황을 말합니다.

계류유산

태아 체부는 만들어졌지만 거기로 이어지는 심장이 형성되다 멈추어버린 상태를 계류유산이라고 합니다. 태아 체부는 형성되었지만 심장박동이 형성되지 않는 경우, 혹은 심장소리를 들은 이후 갑자기 심장박동이 멈추어 있는 경우 등이 있습니다.

불완전유산

아기집과 태아 체부가 대부분 밖으로 무너져 나와버렸지만 태반조직 등의 임신과 관련된 부산물의 일부가 자궁 안에 남아 계속적인 출혈을 일으키는 상태를 말합니다.

절박유산

아기집을 받쳐주고 있던 자궁내막이 불안정해져서 내막의 일부가 무너져 내리는 경우, 즉 임신 중 질 출혈이 있는 경우 절박유산이라 말합니다. 이러한 경우 자궁내막의 불안정성이 더 커지다가 결국 임신 종결로 이어지는 경우가 50% 정도이며, 내막이 안정화되어 다음 단계로 이어져 유산 위기를 극복하고 임신을 잘 유지하는 경우가 50% 정도 됩니다.

불가피유산

양막이 파수되며 동시의 자궁경부가 열리고 있는 상태로 더 이상의 임신 유지가 힘든 상태를 말합니다. 이렇게 자연유산은 여러 가지 형태로, 또 임신 초기 혹은 이후에도 어느 시기든 일어날 수 있어요.

습관성 자연유산

임신 20주 이전의 자연유산이 3회 이상 반복되는 경우를 말하나 최근 20주 이전 2회 이상의 자연유산이 연속되는 경우도 넓은 범주의 습관성 자연유산으로 간주하고 있습니다. 습관성 자연유산의 원인으로는 해부학적 이상, 유전적 이상, 면역학적 이상 등이 알려져 있으나 이유를 알 수 없는 경우도 존재합니다.
습관성 자연유산의 원인을 규명하기 위해 부부는 염색체 검사를 시행하며, 임산부의 자가면역 검사로 루푸스항응고인자 검사 및 항카디오리핀항체 검사를 시행합니다. 원인에 따라 면역요법, 항응고요법 등을 받을 수 있고 임신 초기에 적절한 치료를 받는다면 대개 80% 이상에서 정상적인 임신과 출산을 하게 됩니다.

자연유산에 대처하는 우리의 자세

나의 잘못도, 남편의 잘못도, 누구의 잘못이 아니다. 우연히 나에게 찾아온 아기씨가 약한 상태였고 세상으로 나오기에는 역부족이었기 때문에 이번에는 무너졌지만, 다음번에는 건강한 아기씨가 부부에게 와 잘 버텨낼 것이다. 한 번의 자연유산 경험으로 불안해하는 부부, 혹여나 나에게 이런 일이 생기지 않을까 불안해하는 부부 등이 많은데 아기가 세상으로 나오는 과정은 어쩌면 아기의 몫이라고 생각해보자. 엄마와 아빠는 그런 아기를 응원해주고 잘 지켜봐주면 된다. 정서적인 안정감과 건강한 식습관, 규칙적인 일상생활을 하며 한 단계씩 뛰어넘으며 힘들게 자라나는 아기를 따뜻하고 굳건하게 기다려주자. 긍정적인 마음으로 좀 더 의연하게 부모가 될 준비를 해본다.

19

다태아의 임신

Dr.류's Talk Talk

최근 고령임신의 증가와 보조생식술의 증가로 다태아가 많아지고 있습니다.
쌍둥이, 세쌍둥이, 그리고 네쌍둥이까지도 종종 보입니다.
귀여운 아기들을 한꺼번에 얻는 것이니 매우 축복스럽고 기쁜 일이지만,
기쁨이 큰 만큼 그 과정은 힘이 듭니다.
다태아 임신, 큰 기쁨을 위한 힘든 과정을 한번 알아봅시다.

쌍둥이를 임신했어요

일란성 쌍둥이

일란성 쌍둥이는 말 그대로 한 개의 난자에서 두 개의 배아가 생겨나는 것입니다. 일란성 쌍둥이는 나팔관 내에서 난자의 이동이 지연되면서 생기게 됩니다. 혹은 보조생식술 과정에서 상처가 생긴 수정란이 자연스럽게 두 개로 분화되면서도 만들어집니다. 일란성 쌍둥이는 한 개의 수정란에서 두 개로 분할되는 시기에 따라서 다음과 같은 형태적 차이를 가지게 됩니다. 일란성 쌍둥이의 2/3는 한 개의 융모막에 두 개의 양막을 가진 형태이며 1/3은 두 개의 융모막과 두 개의 양막을 가집니다. 1~3% 정도 소수 한 개의 융모막과 한 개의 양막을 가진 쌍둥이가 있습니다.

일란성 쌍둥이와 이란성 쌍둥이

일란성 쌍둥이

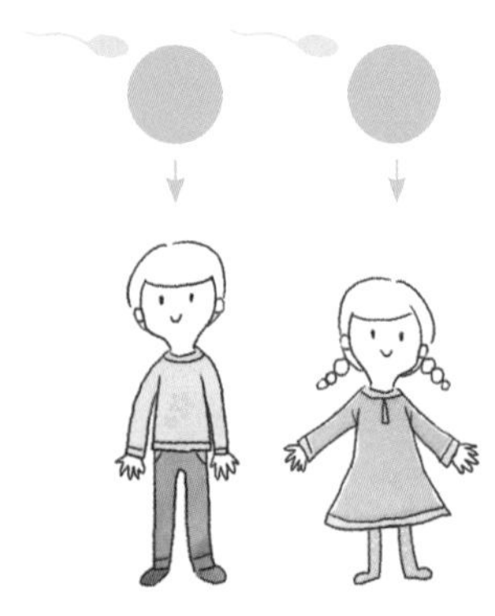

이란성 쌍둥이

이란성 쌍둥이

이란성 쌍둥이는 말 그대로 두 개의 다른 난자에 두 개의 다른 정자가 들어가서 각각 두 개의 수정란이 만들어진 다태아를 말합니다. 동시에 수정이 되어 자라는 건 맞지만 유전형질은 형제, 자매처럼 각각 별개의 객체라는 특징이 있습니다. 대개 이란성 쌍둥이는 유전적인 특성, 인종별 특성을 보입니다. 최근 시험관 시술을 통해 동

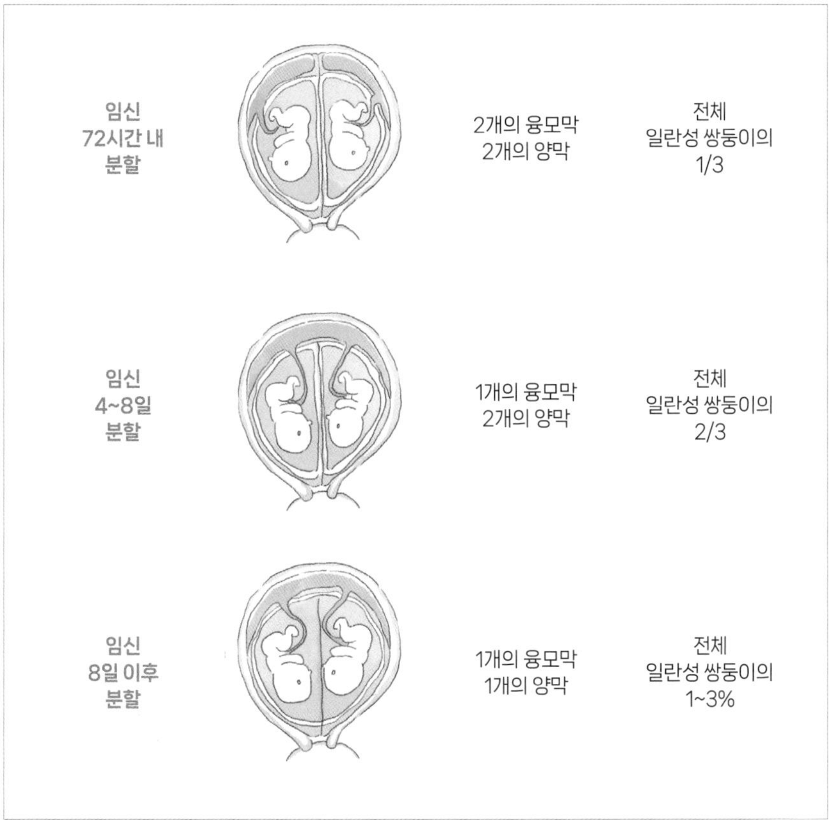

임신
72시간 내
분할

2개의 융모막
2개의 양막

전체
일란성 쌍둥이의
1/3

임신
4~8일
분할

1개의 융모막
2개의 양막

전체
일란성 쌍둥이의
2/3

임신
8일 이후
분할

1개의 융모막
1개의 양막

전체
일란성 쌍둥이의
1~3%

시에 여러 개의 배아를 넣는 경우 이란성 쌍둥이, 혹은 세쌍둥이 이상의 다태아가 동시에 자리 잡을 수 있습니다. 다태아는 엄마의 한 몸에서 여러 명을 키워내야 하기 때문에 엄마도, 태아도 힘이 듭니다. 특히 태아를 지지해주는 융모막과 양막이 한 개인 경우 임신합병증의 비율이 증가합니다.

일란성인지 이란성인지 구분하기

두 명의 성이 다른 경우 확실히 이란성이라고 이야기할 수 있습니다. 하지만 동일한 성을 가지고 있는 경우 일란성과 이란성을 산전에 뚜렷이 구분할 수 있는 방법은 없습니다. 산후 혈액형 검사 또는 유전자 검사를 통해서 알 수 있습니다. 태반이 두 개라고 해도 태반이 두 개인 일란성 쌍둥이도 있으므로 무조건 이란성으로 단정 지을 수 없습니다.

양막이 두 개인 경우와 한 개인 경우

양막이 한 개인 경우 하나의 보호막 안에 두 명의 태아가 성장해가는 것이기 때문에 서로 부딪치기 쉽고 자세가 엉키기도 쉽습니다. 그만큼 임신 중 합병증의 발생비율이 높아질 수 있어요. 이에 비해 양막이 각각 있는 경우 태아 합병증은 감소하는데, 따라서 다태아에서는 양막의 개수가 중요합니다. 양막이 두 개인 것은 임신 8일 이전에 분할된 경우입니다. 난황낭이 두 개인 경우 대개 두 양막성이지만 가장 정확한 것은 임신 제2삼분기에 초음파를 통해서 두 태아 사이의 양막을 확인하는 것입니다.

다태아 임신 관리법을 알아보아요

필요한 영양소

두 명의 아이를 키워야 하기 때문에 대부분의 영양소를 두 배로 먹어야 합니다. 임신 초기에 먹는 엽산의 양부터 다태아 임산부는 달라요. 단태아의 경우 평균 400㎍이지만 다태아에서는 1000㎍, 철분도 두 배 이상인 60~100mg, 총 칼로리도 단일아 임신보다 300kcal 더 필요해요. 즉 임신 전보다 600kcal가 더 요구되지요. 이 외에도 단백질, 미네랄, 비타민, 필수 지방산의 요구량도 증가하게 됩니다.

	다태아 (쌍둥이) 임산부	단태아 임산부
엽산	1000㎍	400㎍
철분	60~100mg	30mg
총 칼로리	600kcal	300kcal

임산부의 몸

다태아의 임산부는 임신 중 신체변화가 단태아 임신보다 훨씬 크게 일어납니다. 우선, 임신 초기에 시작되는 입덧도 다태아 임산부들에게서 더 심하게 나타나요. 모체 혈액량의 증가가 더 크기 때문에 임신 시 발생하는 생리적 빈혈의 정도도 더 심합니다. 여러 명의 아이를 키우기 위해서 임산부의 심장은 더 열심히 일을 해야 합니다. 배도 단일아에 비해 훨씬 더 커지기 때문에 커진 배에 의한 압박 증상(요통, 갈비뼈 통증, 치골뼈 통증)도 훨씬 더 큽니다.

임신 시 합병증 증가

빈혈이 훨씬 더 많이 발생합니다. 조기 진통 역시 39% 정도 동반됩니다. 임신성 고혈압도 약 20% 정도 발생해요. 이외에도 자궁경부무력증, 태반조기박리 등의 합병증이 있을 수 있습니다. 분만 시 자궁기능부전, 유착태반이 발생할 수 있고 산후출혈도 다태아 임신에서 좀 더 생깁니다.

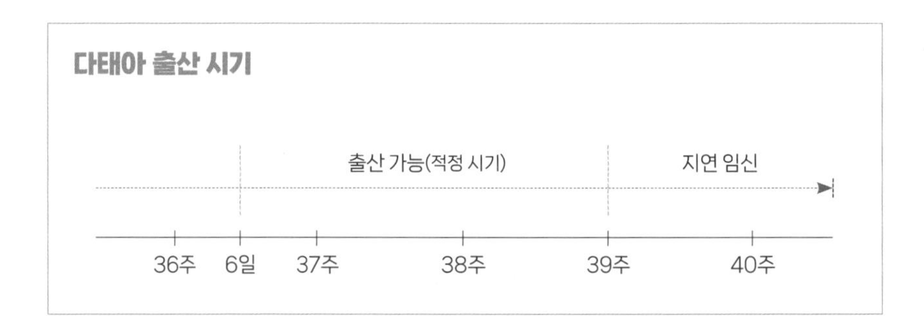

다태아 출산 시기

다태아는 단태아처럼 임신 10개월 40주를 꽉 채우고 나오기가 힘들어요. 임산부의 배가 그만큼 버티기 힘들고 또 태반도 두 명 이상의 아이를 계속 잘 키우기가 버겁기 때문입니다. 대부분 다태아는 조산을 하게 되고, 평균 쌍둥이의 임신주수는 36.3±2.9주로, 약 36주 6일 이상이 되면 조산으로 보지 않고 쌍둥이에게는 태어날 시기로 봅니다. 또한 임신 39~40주 이상이 되면 지연 임신의 범주로 보고 있습니다.

조기진통과 조산

조기진통에 따른 조산은 결국 쌍둥이 임신에서 신생아 이환율과 사망률에 가장 큰 영향을 끼치는 결정적인 요인입니다. 단태아에 비해서 조기진통의 발생비율이 높고 또 조기양막파수로 이어질 수 있는 비율이 높기 때문에 이를 미리 예방하고, 조산의 시기를 최대한 늦추는 것이 쌍둥이 임신의 가장 큰 목표예요. 침상 안정, 자궁수축 억제요법, 폐 성숙을 위한 코르티코스테로이드corticosteroid의 사용 등 다양한 방법과 노력으로 다태아의 조산을 늦추려하는 노력이 이루어지고 있습니다. 또 조산 시 폐성숙이 최대한 이루어질 수 있는 상태가 되도록 노력을 하고 있어요.

다태아에게 생길 수 있는 문제

다태아 임신은 임산부만큼이나 태아도 힘들어요. 따라서 임신 중 여러 가지 문제가 생길 수 있는데 가장 크게 문제되는 것은 두 가지로 불일치 쌍둥이와 쌍둥이간 수혈증후군을 꼽을 수 있어요.

불일치 쌍둥이

불일치 쌍둥이란 한쪽 아이는 너무 크고, 다른 쪽 아이가 너무 작은 경우(즉 몸무게의 차이가 매우 큰 경우)를 이야기합니다. 이는 태반에서 이어지는 혈액 공급이 쌍둥이 모두에게 공평하게 분배가 되지 않는 거예요. 한쪽은 태반으로부터 충분히 혈액 공급을 잘 받는 반면, 다른 한쪽은 태반으로부터 충분히 혈액을 공급받지 못할 때 주로 발생해요. 이외에도 유전적인 차이, 자궁 내 공간의 협소로 인한 다양한 원인으로 두 쌍둥이 간의 몸무게와 양수량에 차이가 날 수 있습니다. 두 아이의 몸무게 차이가 크고 이러한 차이가 임신 초기부터 시작된다면 주산기 사망률이 증가하게 됩니다.

쌍둥이간 수혈증후군

쌍둥이간 수혈증후군은 하나의 융모막을 가진 쌍둥이에서 나타날 수 있는 합병증입니다. 공유하는 태반 내에 동맥과 정맥의 비정상적인 연결통로가 만들어지고 이로 인해 한 아이 쪽에서 다른 아이 쪽으로 혈액이 계속해서 이동하는 비정상적인 회로가 만들어진 경우를 쌍둥이간 수혈증후군이라고 합니다. 주는 쪽의 아기는 저성장, 빈혈이 나타나며 받는 쪽에서는 적혈구증가증과 오히려 많은 양의 피 때문에 심장에 무리가 가는 울혈성 심부전이 발생될 수 있어요. 두 아이 간의 양수량에 차이가 많이 나거나 태아의 크기 차이가 많이 날 때, 단일 융모막 태반의 한쪽 태아에 수종성 변화가 나타날 때 의심해볼 수 있습니다.

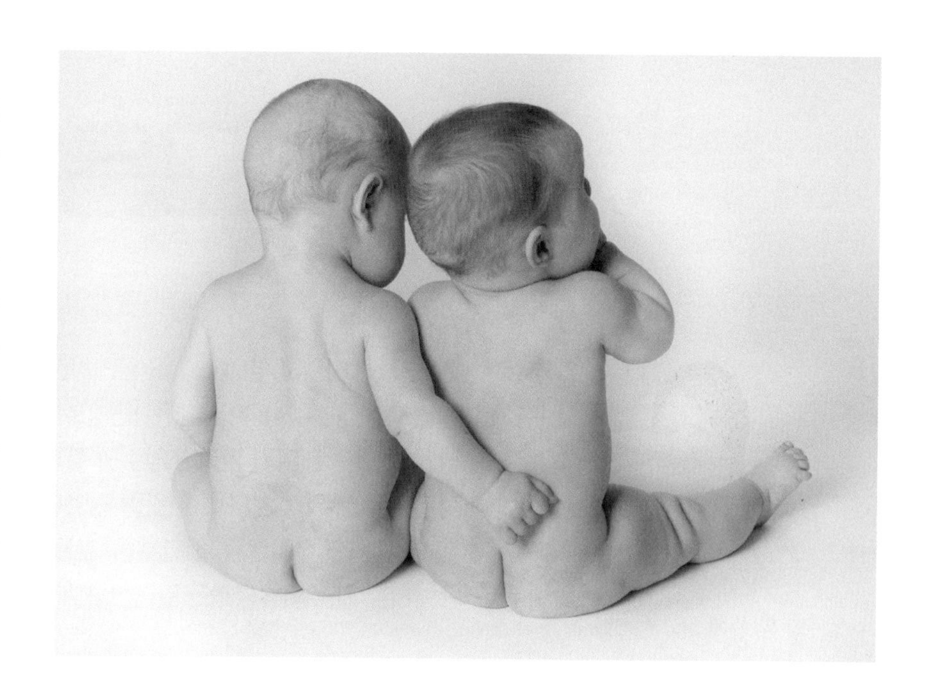

다태아는 어떻게 분만하나요?

다태아 출산방법

다태아는 임신 기간뿐 아니라 분만 과정에서의 위험성도 더 큽니다. 제대탈출, 조기태반박리, 이상태위, 자궁근이완증, 산후출혈 등의 합병증을 동반할 확률이 높습니다. 이러한 위험이 있기 때문에 분만 방법을 결정하는 데 신중할 필요가 있습니다. 질식 자연분만이 무조건 안 되는 것은 아니지만 제왕절개술에 비해 변수가 많이 존재하기 때문에 대부분 제왕절개술을 권합니다(315쪽 참고).

자연분만이 가능한 태아 위치

쌍둥이 중 첫째 아이란 좀 더 밑에 머리가 있는 아이를 말합니다. 첫째 아이의 머리가 밑으로 향하는 머리태위일 때 둘째 아이가 많이 크지 않다면 자연분만을 시행해보는 것도 가능합니다.

자연분만 시도 시 변수

첫째 아이가 밑으로 잘 나오고 나서 둘째 아이가 나오기까지 태반박리, 제대탈출, 둘째 아이의 임박가사 등의 여러 가지 변수가 존재합니다. 둘째 아이도 위치를 잘 잡아 자연분만을 성공적으로 이끌면 좋지만 그렇지 못한 경우 부득이하게 응급 제왕절개술을 시행해서 둘째를 꺼내야 할 경우도 생길 수가 있어요. 따라서 쌍둥이 분만법에 대해서는 의료진과 충분한 상의를 한 뒤에 결정을 해야 합니다.

양수의 모든 것

Dr.류's Talk Talk

양수는 임신 초기 태아의 피부와 태아를 둘러싸는 양막에서 생성이 됩니다.
이후 태아가 점차 성장하여 14주가 넘어가면 양수를 스스로 삼키고 그 양수를
소변으로 배출하게 됩니다. 태아가 커지면 양수의 주 공급원은 태아의 소변이 됩니다.
양수량은 35주에 가장 많아 1L 정도가 되며 이후 점차 감소합니다.
양수량은 태아의 삼킴운동, 배뇨운동, 호흡운동에 영향을 받고,
태반 자궁 혈류량과도 밀접한 관계가 있습니다.

양수가 많아요

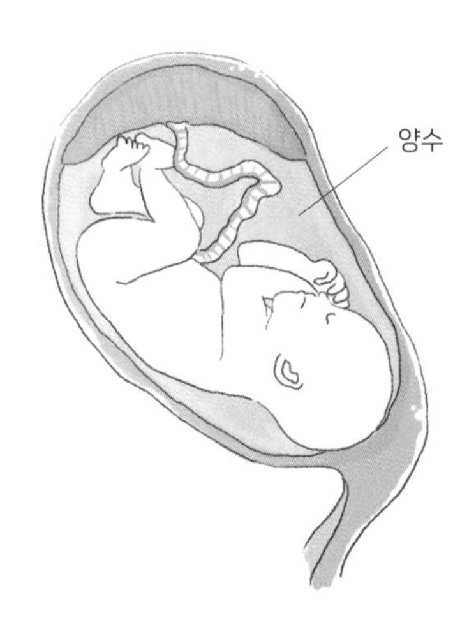

태아는
양수를 스스로 삼키고
소변으로 양수를
배출해요

양수과다증

양수가 과도하게 많아지는 경우, 약 2L 이상이 되는 경우 양수과다증이라고 합니다. 초음파상 양수지수가 24 이상이 되는 경우예요. 과도하게 양수가 많아지는 원인으로 모체 측의 당뇨가 잘 조절되지 않는 경우가 있습니다. 혈당이 계속 높아지면 양수 내 당 농도가 증가하고 삼투압 작용에 의해 당이 계속적으로 수분을 끌어들이기 때문입니다. 태아가 양수를 제대로 삼키지 못하는 경우도 양수가 과하게 많아질 수 있어요. 심한 입술 갈림증이 있거나 식도나 십이지장이 막혀 있는 경우 양수 삼킴을 제대로 할 수 없습니다. 척추 갈림증과 같이 신경조직이 피부 바깥으로 노출되는 경우에도 양수과다증이 발생될 수 있습니다.

양수과다증 증상

과다하게 많아진 양수는 조기진통, 조기양막파수 등을 일으킬 수 있고, 분만 중 태반조기박리 등이 일어날 수 있습니다. 임신 중 많아진 양수를 효

양수지수 Amniotic fluid index

초음파를 통해 자궁 내 공간의 좌우상하 네 부분의 양수 포켓의 수직 길이를 측정하여 그것을 더한 것을 양수지수라고 한다.

과적으로 조절할 수 있는 방법은 없으나, 과하게 많아진 양수로 임산부가 호흡곤란이 심할 때는 양수의 일부를 직접 빼내는 방법이나 양수량을 줄이는 인도메타신indometacin 투여를 고려해볼 수 있습니다.

양수가 적어요

양수과소증

양수량이 약 500cc 미만으로 크게 감소되는 경우 양수과소증이라고 해요. 초음파상 양수 포켓이 거의 안 보이고 양수지수가 5 이하일 때를 말합니다. 양수과소는 태아의 소변배출 능력에 이상이 있는 경우, 혹은 신장 무형성증이나 요로계 폐쇄가 있는 경우, 간혹 양막이 조기 파열되어 나타날 수도 있어요.

임신 초기 양수과소증

임신 초기부터 양수과소가 나오면 태아가 압박이 되며 얼굴, 근골격계 변형이 발생될 수 있고 정상적인 폐형성이 이루어지지 않습니다. 팔다리의 일부 형성장애를 가지고 있는 경우도 종종 보이는데 이러한 경우를 포터증후군이라고 부릅니다.

임신 후기 양수과소증

막달이 되면 양수의 양이 자연스럽게 감소하기는 하지만 일정량 이상으로 감소되어 있는 양수량은 주의를 해야 합니다. 태반 부전이나 자궁 내 성장지연과 관계가 될 수 있기 때문이에요. 양수과소증이 의심이 되면 배 속에 있는 태아가 잘 성장하고 있는지 적극적인 감시가 필요하고, 만약 태아의 성장장애가 발생하며 심박동수 이상이 나타나는 경우 즉각적인 분만을 고려해볼 수 있습니다. 양수과소증으로 태아심박동 이상이나 자궁 내 태변 착색이 심한 경우 양수 주입술을 고려해볼 수 있으나 그 효과에 대해서는 이견이 많습니다.

양수과다증 주의

- 조기진통
- 조기양막파수
- 분만 중 태반조기박리

양수과소증 주의(초기)

- 얼굴, 근육 골격계 변형
- 비정상적 폐 형성
- 팔다리 일부 형성장애

21

태아와 태반

Dr.류's Talk Talk

임신 중 태아와 아주 밀접하게 관계가 있는 것이 바로 '태반'입니다.
태반은 태아와 모체 사이에서 태아가 성장하기 위한 물질을 받는 곳이랍니다.
태반 내 모세혈관에서는 태아에게 필요한 가스와 영양소의 교환이 이루어집니다.
또한 호르몬 분비 등의 기능을 하여 태아가 잘 자랄 수 있도록 합니다.
그만큼 태반은 매우 중요한 역할을 합니다.
임신 중에 태반과 관련된 여러 증상을 겪을 수 있는데 차근차근 알아봅시다.

전치태반은 무엇인가요?

전치태반

전치태반placenta praevia은 태반이 산도가 되는 자궁출입구 쪽에 위치하는 경우를 말합니다. 자궁 입구 전체를 막고 있으면 전 전치태반, 일부를 막고 있으면 부분 전치태반, 태반의 끝이 자궁 입구 변연에 위치하는 경우는 변연 전치태반, 태반의 끝이 자궁 입구에 닿지는 않지만 매우 근접하게 위치하는 경우는 하위태반이라고 합니다.

전치태반 증상

태반은 임산부로부터 넘어온 피가 태아에게 전달되는 중요한 부분입니다. 많은 혈관을 포함하고 있으며 또 계속적인 혈액 이동이 일어나지요. 태반이 자궁 입구 쪽에 위치하게 되면 자궁 상층부에 존재할 때에 비해 태반을 지

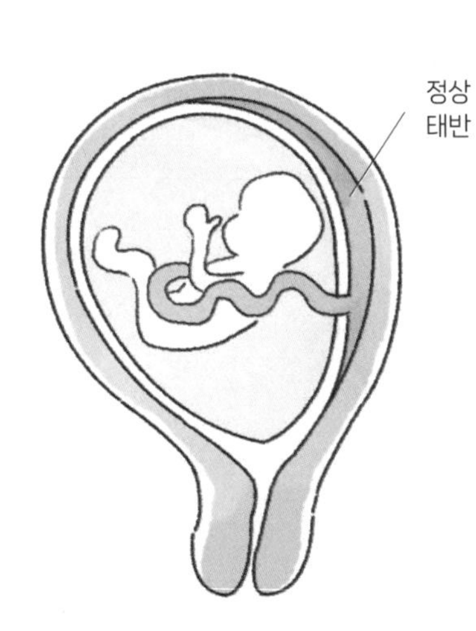

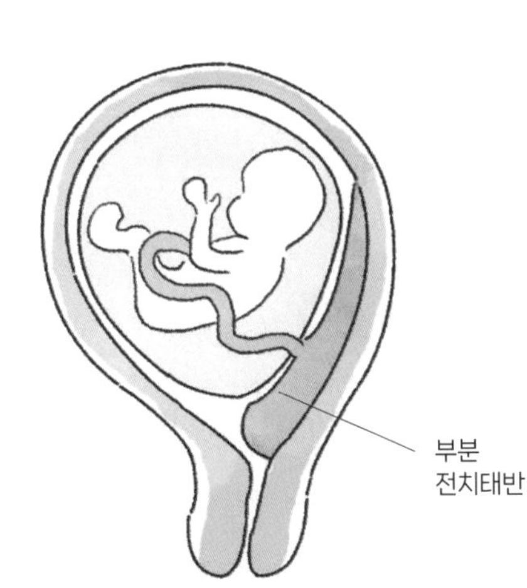

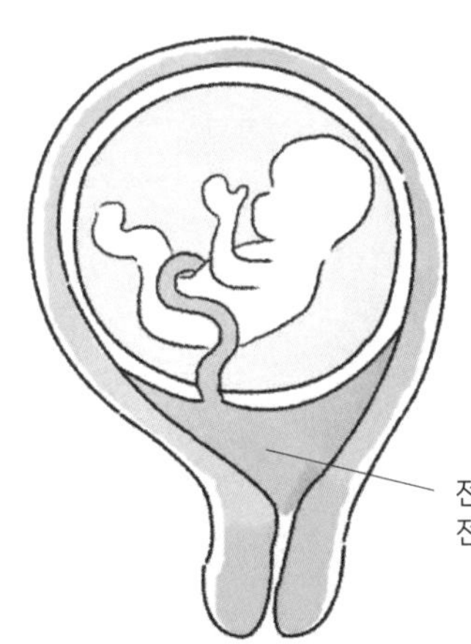

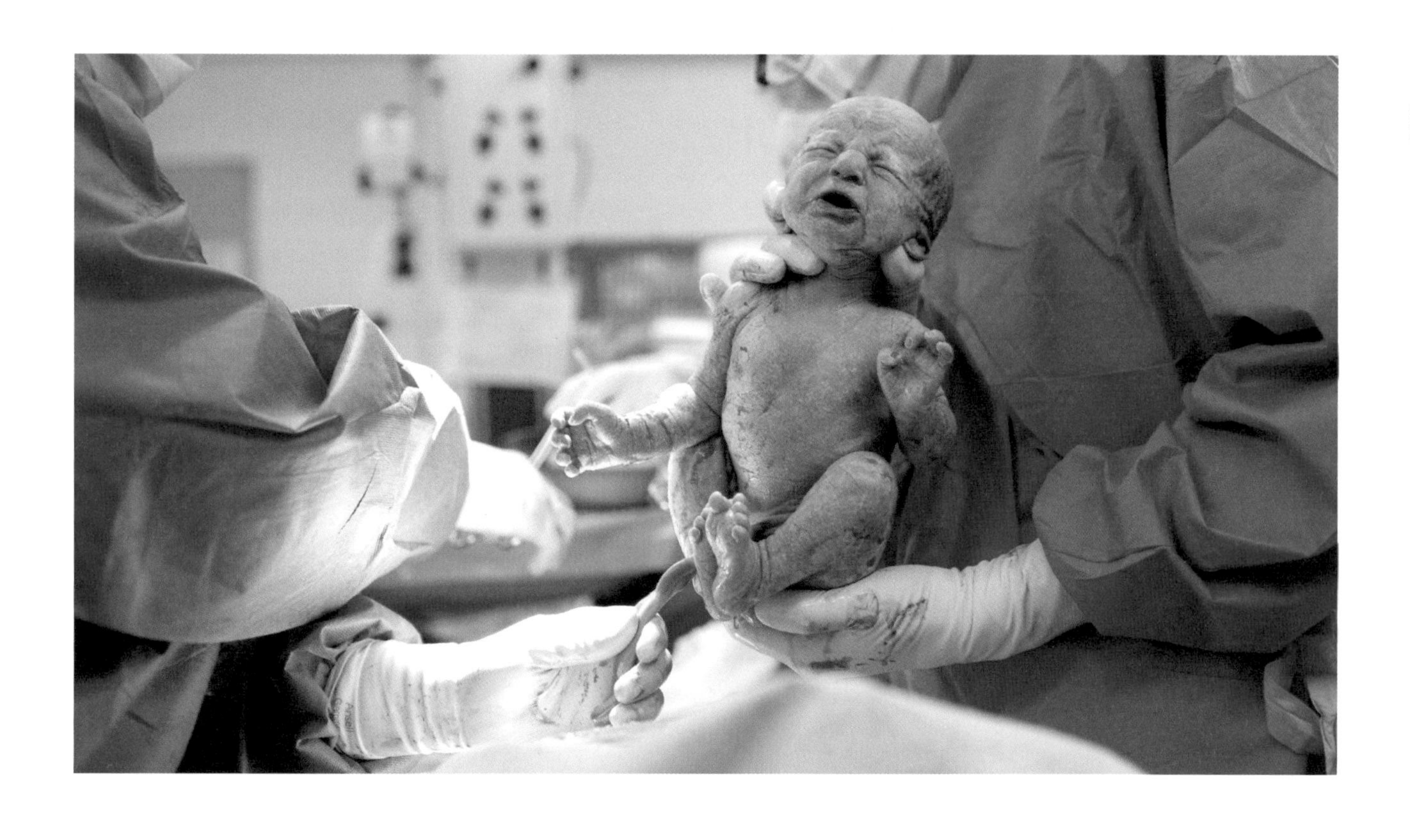

전 전치태반	자궁 입구 전체를 막고 있음
부분 전치태반	일부를 막고 있음
변연 전치태반	태반의 끝이 자궁 입구 변연에 위치함
하위태반	태반의 끝이 자궁 입구에 닿지는 않지만 매우 근접하게 위치함

태반이 올라가는 경우가 있나요?

간혹 임신 초기 산도를 덮고 있던 태반이 임신 중후반기 이후에 산도와 멀어지는 경우가 있다. 임신 중기에 산도를 막고 있던 태반의 40%는 분만 시까지 지속되고 60%는 산도와 멀어지게 된다. 특히, 산도를 덮고 있지 않고 가까이 위치하기만 한 하위태반의 경우 태반 이동의 가능성은 좀 더 커진다. 28주 전후해서 다시 한 번 태반과 산도와의 위치를 확인해보는 것이 좋다.

지해주는 자궁 근육이 약하여 쉽게 불안정해집니다. 즉, 임신 중후반기부터 자궁이 점점 커지면서 태반은 좀 더 불안정한 상태가 됩니다. 여기에 자궁 수축이 있으면 태반은 더욱 불안정해지며 심한 질 출혈을 일으키지요.

전치태반 위험성

만삭이 되기 전 불안정한 위치에 있는 태반에서 출혈이 일어나 조산으로 이어지는 경우가 많아요. 태아가 산도 밖으로 나오기 전에 태반이 먼저 떨어지는 태반 조기박리의 발생비율이 높아집니다. 분만 후 태반이 제대로 안 떨어지는 유착태반이 동반되기 쉽고 태반이 떨어진 후에도 만출되고 남은 자리가 정상적으로 지혈이 안 되어 대량 산후출혈을 야기할 위험도 높아요. 대량 산후출혈을 조절하기 위해 자궁동맥색전술을 시도해볼 수 있으나 조절이 잘 안되는 경우, 혹은 유착태반으로 태반 제거가 어려운 경우 전체 자궁 적출술을 시행해야 할 가능성이 커집니다.

전치태반 관리

전치태반은 종종 잦은 질 출혈을 일으키기 때문에 임신 중 많은 주의를 요합니다. 다른 임산부들처럼 임신 중 운동이나 과도한 신체활동은 전치태반인 경우 매우 해롭습니다. 되도록 활동을 제한하고 절대 안정을 취하는 것이 좋아요. 질 출혈이 있으면 언제든 산부인과에 내원해서 현재 태반 상태와 태아 상태를 꼼꼼히 확인해야 합니다. 단순 질 출혈이면 증상이 없어질 때까지 경과를 지켜봅니다. 질 출혈이 심하면서 태아 심박동수에 이상이 있거나 태반박리 징후가 보이면 언제든지 즉각적인 제왕절개술을 시행해야 해요.

전치태반 분만법

전치태반의 분만법은 제왕절개 수술입니다. 진통으로 인한 자궁수축이 발생되면 태반이 가장 먼저 무너져 내리기 때문에 배 속에 있는 태아 생명이 위험해질 수 있어요. 제왕절개술의 방법도 보통의 가로 절개를 시도해볼 수 있지만 태반이 방광벽과 마주한 전방에 위치할 경우 심각한 출혈이 있을 수 있어 세로 절개를 시행합니다.

태반조기박리는 무엇인가요?

태반조기박리

태반은 정상적으로 태아가 나온 이후 떨어지게 되어 있어요. 하지만 태아가 엄마 몸 밖으로 나오기도 전에 태반이 먼저 떨어지는 경우가 있는데 이를 태반조기박리라고 합니다. 정확한 원인은 알려져 있지 않으나 산모의 연령이 많거나 분만력이 많을수록 증가하게 되고, 임신중독증과 같은 고혈압 질환이 있는 경우, 흡연하는 임산부에서 좀 더 잘 발생해요.

태반조기박리 증상

태반조기박리는 부분 태반조기박리와 전체 태반조기박리, 두 가지로 분류할 수 있는데 부분 태반조기박리는 태반이 부분적으로만 분리된 것으로 질 출혈이 심하지 않습니다. 또한 복통도 심하지 않아요. 하지만 전체 태반조기박리는 급작스럽게 복통이 있고, 많은 양의 질 출혈을 동반합니다.

태반조기박리 위험성

태반조기박리는 대량 출혈로 산모의 생명이 위험함은 물론이고, 그보다 당장 배 속에 있는 태아는 산소공급을 받지 못하여 생명이 위협받는 위험한 상황이 됩니다.

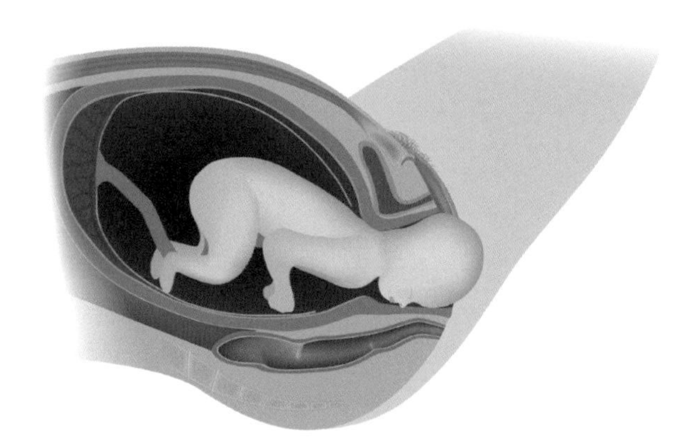

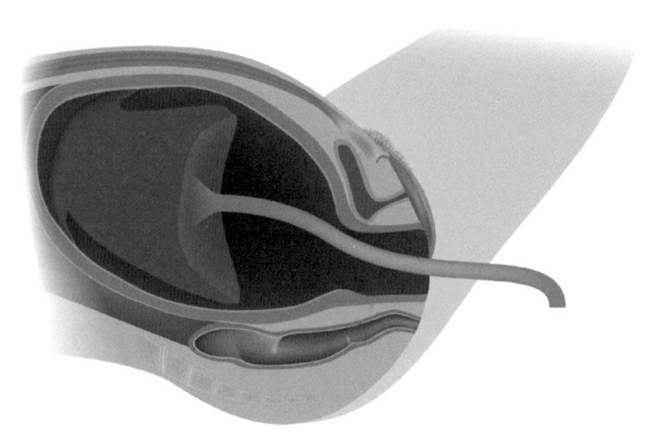

정상적인 형태

유착태반은 무엇인가요?

유착태반

태반은 보통 태아가 분만하고 나면 5분 전후로 자연스럽게 산모 자궁에서 분리됩니다. 유착태반은 태반이 자궁근육에 과도하게 침투하여 태아가 나오고 난 뒤에도 자연스럽게 분리가 되지 않는 것을 말해요.

유착태반 종류

침투 깊이에 따라 유착태반, 감입태반, 침투태반으로 분류하며 근육층 깊이 침투한 침투태반의 경우 심각한 산후 대량 출혈로 이어질 수 있습니다.

유착태반 원인

아직까지 명확한 원인은 알려져 있지 않으나, 이전 자궁절개 반흔이나 소파 수술 부위에 태반이 착상되는 경우 발생할 수 있어요. 또한 자궁 수술기왕력이 없는 상태에서는 태반이 산도 근처의 낮은 부위에 형성된 전치태반에서도 그 빈도수가 증가할 수 있습니다. 유착태반은 산전에 초음파로 미리 예측할 수 있어요. 컬러 도플러로 유착태반 소견이 의심된다면 분만 전 철저한 준비를 갖추어놓고 분만을 해야 합니다.

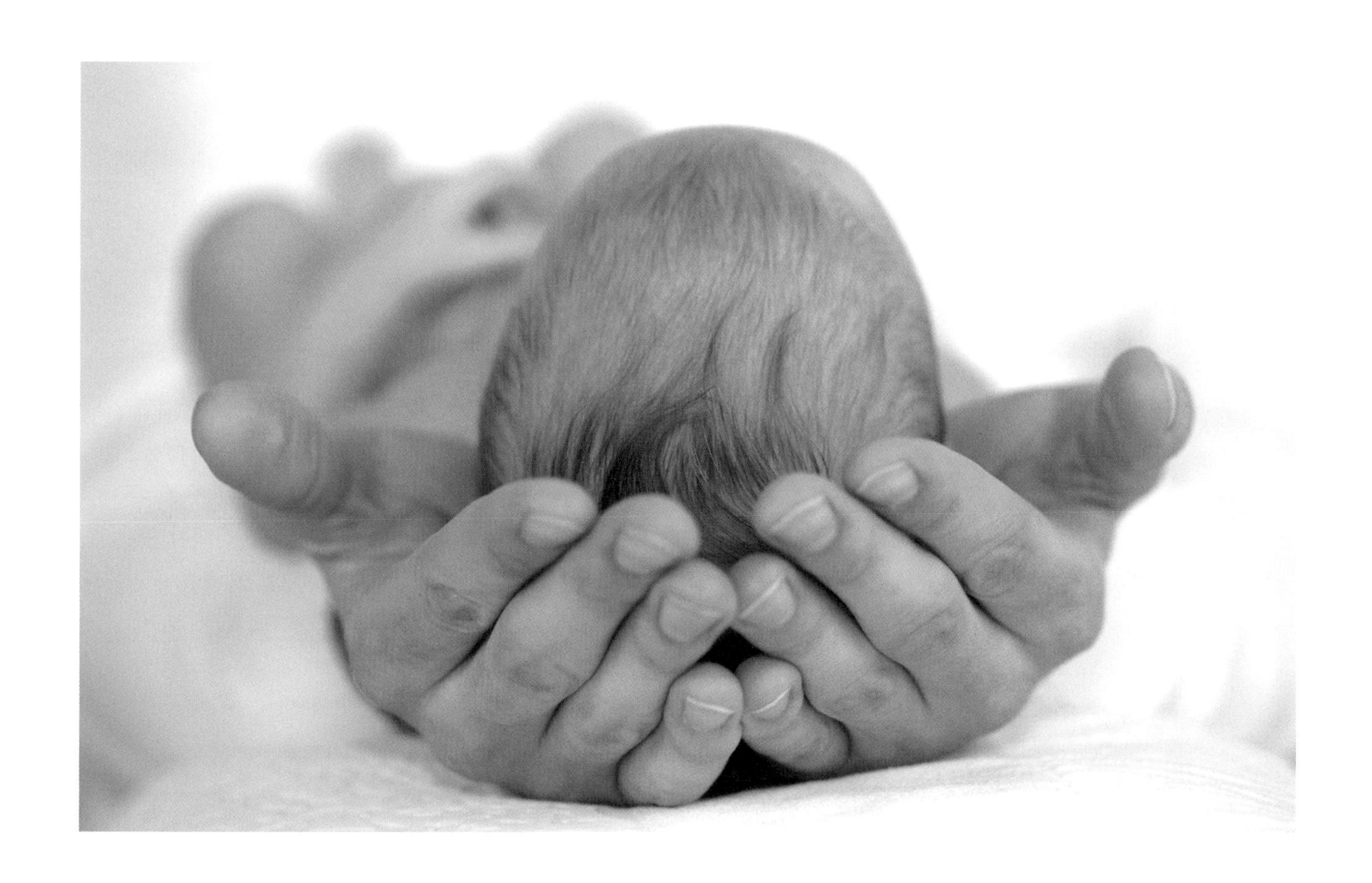

22

태아와 이어진 탯줄

Dr.류's Talk Talk

엄마와 태아는 탯줄을 통해 이어집니다.
그래서인지 탯줄은 아이와 뭔가 끈끈하게 교류를 하고 있다는 느낌을 줍니다.
실제로 탯줄은 태반을 통해 임산부로부터 받은 피를 태아에게 전달해주고,
태아 몸을 한 바퀴 돌고 나오는 피가 다시 태반을 통해 임산부에게 건너가는 다리
역할을 합니다. 엄마와 아기를 이어주던 탯줄을 아기가 태어난 뒤 제대(탯줄/배꼽)로
도장을 만들어 보관하기도 하더군요. 그만큼 의미 있는 탯줄에 대해 알아볼까요?

탯줄에 대해 알아보아요

정상 탯줄

정상적인 탯줄은 동맥 2개와 정맥 1개로 구성됩니다. 즉, 산소와 영양분이 많은 피는 2개의 동맥을 통해 태아에게 들어오게 되고, 다 쓰고 다시 배출되는 정맥혈은 1개의 통로로 나가게 돼요.

동맥
정맥

탯줄

단일동맥아

초음파로 쉽게 확인될 수 있는 상태로 동맥이 하나 있는 경우를 말합니다. 애초에 탯줄에 동맥이 하나만 발생하는 경우도 있고 탯줄 안에 동맥이 2개 만들어졌다가 다양한 이유로 한 개가 위축이 되어버리는 경우도 있습니다. 단일 탯줄 동맥 자체는 큰 문제가 되지 않으나 동반되는 기형이 있을 확률이 높습니다. 동반되는 기형 유무를 정밀진단을 통해 확인해야 하며, 다른 기형이 동반되는 경우 50%에서는 태아 염색체 이상이 나타나고, 20%에서는 태아의 자궁 내 성장지연이 발생합니다. 다른 기형이 동반되지 않는 단일동맥아는, 대부분 특별한 문제없이 정상적인 발달을 합니다.

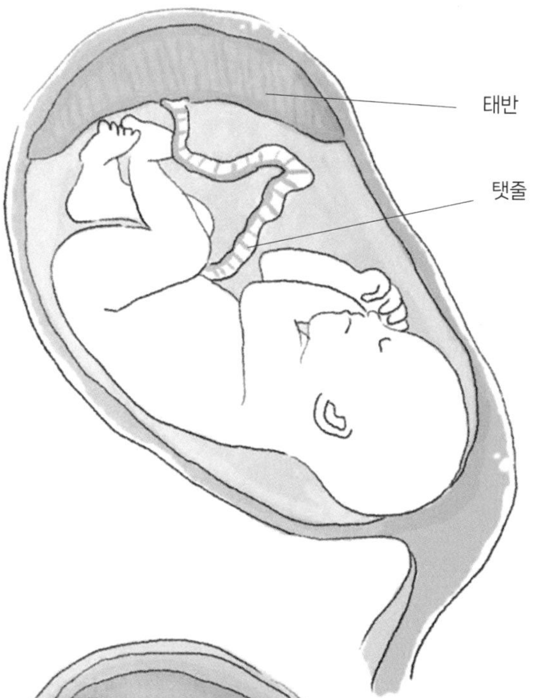

태반

탯줄

Nuchal Cord

2.5%

20~34%

1회
Nuchal Cord

2회
Nuchal Cord

탯줄이 목에 감겼어요

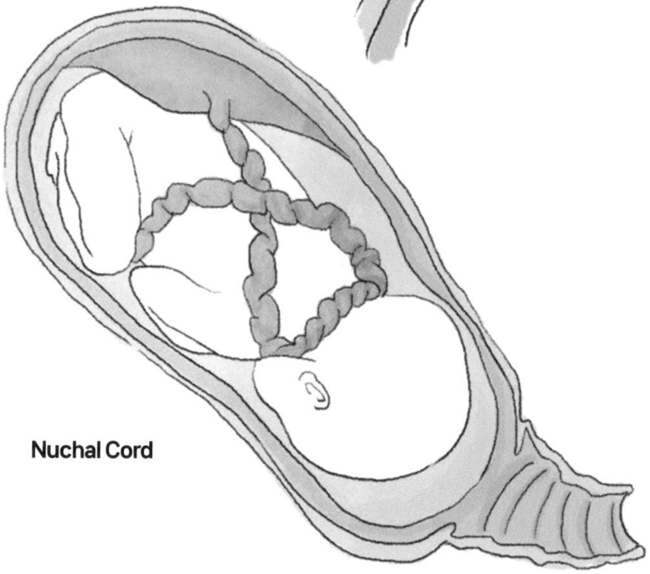

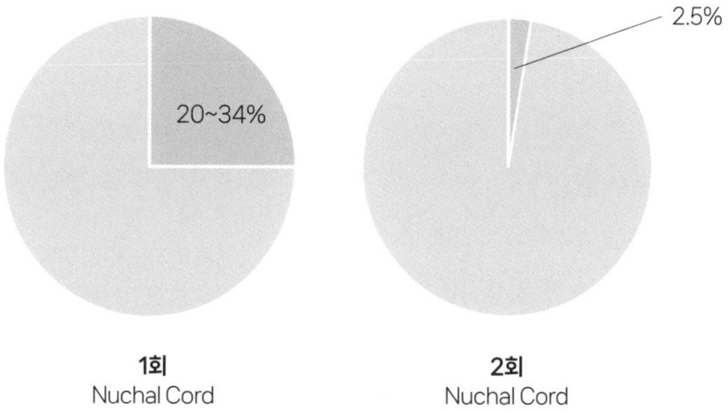

Nuchal cord

간혹 배 속의 아이가 탯줄을 가지고 놀다 자기 목을 감으면 어떻게 하나 불안해하는 임산부가 있습니다. 평소 태아는 탯줄을 가지고 놀며 스스로 탯줄을 감았다 풀었다 할 수 있어요. 'Nuchal cord'라 불리는 '탯줄이 목에 감기는 일'은 한 번 감겨 있는 경우가 전체 태아의 20~34% 정도 존재하며 두 번 감고 있는 경우는 2.5% 정도 됩니다. 분만진통이 아닌 상황에서의 탯줄이 목에 감기는 것은 태아 산소공급에 큰 영향을 주지 않습니다.

분만 시 Nuchal cord

분만진통 중 목에 감긴 탯줄은 태아 머리가 하강할 때 같이 심하게 눌려버릴 수가 있습니다. 이런 경우 탯줄을 통한 태아의 산소 공급이 제대로 이루어지지 않아 태아의 심박동수가 갑자기 감소하게 되지요. 분만진통 중 계속적인 태아심박동수 감소는 제왕절개술로 이어집니다. 하지만 탯줄이 목을 감고 있어도 심박동수의 저하가 없다면 질식 자연분만이 가능합니다. 즉, 탯줄이 목을 감고 있느냐 마느냐 그 자체보다는 목에 감긴 탯줄로 인해 심박수의 저하가 있는지 없는지가 더 중요한 것입니다.

23

임신과 부부관계

Dr.류's Talk Talk

이제 배 속에 아기가 있으니 부부생활은 일 년간 없다고요?
임신 기간 중 부부는 손만 잡고 자야 하는 거라고요? 아니에요.
임신 중에 굳이 금욕생활을 할 필요는 없습니다. 임신 중에도 충분히
성생활은 가능하답니다. 성생활은 임신에 직접적인 위해 요인이 아니에요.
오히려 서로의 사랑과 교감을 이끌어내는 부부만의 특별하고
소중한 커뮤니케이션이지요. 단 주의해야 할 것이 있습니다.

임신 중 성생활을 즐길 수 있나요?

임신 중 성생활

임신 초기에는 임신으로 인한 나의 신체변화에 많이 놀라고 불안해질 수 있어요. 이러한 변화가 정상적인 범주에 속하는 것인지, 혹시라도 잘못되는 것은 아닌지 많이 조심스럽지요. 어쨌든 임신 초기에는 성생활 역시 조심스럽게 하는 것이 좋아요.

임신 초기에는 조심하기

임신을 하면 자궁 혈류 변화와 호르몬의 영향으로 간헐적이지만 복부가 불편할 수 있고, 가끔 콕콕 쑤시는 듯한 통증을 느끼거나 피가 묻어나오기도 하는 등 다양한 증상이 생길 수 있습니다. 이때, 성관계를 가지게 되면 변화를 겪고 있는 몸을 향해 또 하나의 변화구를 던지는 셈이에요. 즉, 성관계 후 일시적으로 배가 뭉치거나 통증이 있고, 피가 묻어나오는 일이 생길 수 있어요. 물론 이러한 증상이 바로 유산으로 이어지는 것은 아니에요. 단순 불편한 증상일 뿐입니다. 성관계는 유산을 일으키지는 않아요. 하지만 임신 초기에 계속 질 출혈이 있거나 태반하혈종 같은 자궁내막의 불안정한 소견이 보일 경우에는 부부생활을 자제하는 것이 좋습니다.

성욕 감소 문제 해결하기

임신 초기 입덧으로 인한 어지럼증과 구토, 피로감은 자연스럽게 성적인 욕구를 감소시킵니다. 또한, 임신 중 증가되는 호르몬으로 유방이 급격히 커지면서 손을 스치기만 해도 아플 수 있고, 이는 부부관계 시 통증을 유발하여 관계를 더 멀리하게도 만들어요. 입덧으로 인해 구토, 어지러움이 심한 경우 무리한 부부관계를 시도하기보다는 손으로 서로를 쓰다듬어주는 가벼운 스킨십이 더 좋아요. 스킨십은 정서적인 유대감과 안정감을 키워주

임신 중 성생활 주의점

- 임신 초기에는 조심하기
- 성욕 감소 문제 해결
- 몸의 변화 이해
- 질 출혈 주의
- 태아에게 미치는 영향 파악
- 부부관계 후 조기진통 이해
- 감염의 위험 주의
- 태반의 위치 파악

기 때문에 임산부에게는 긍정적인 효과가 있습니다. 대부분 입덧은 임신 3개월 전후로 사라지며 유방압통도 비슷한 시기에 좀 호전되기 때문에 후에 몸 상태가 좋아지면 관계를 가지는 것도 좋아요.

임신으로 인한 몸의 변화 이해하기

임신해서 볼록 나온 배를 창피해하거나 임신으로 인한 급격한 체중 증가 때문에 부부관계를 피하는 사람들이 있습니다. 하지만 임신으로 인해 볼록 나온 배는 여성 특유의 풍만하고 아름다운 곡선을 만들어줘요. 그러므로 임신한 자신의 몸매에 대한 자신감을 가져야 합니다. 남편이 배를 압박하게 되면 어쩌나 불안감을 갖는 경우가 많은데, 중반기 이후부터는 정상 체위보다는 배를 압박하지 않는 교차위나 후측위 등으로 자세를 바꿔야 합니다.

질 출혈 주의하기

임신을 하게 되면 호르몬 변화로 인해 자궁과 질벽으로 향하는 혈액량은 급격히 증가하게 됩니다. 전체적으로 질벽이 두꺼워지면서 질 입구는 좁아지게 돼요. 몸도 예전과는 다르게 민감해지고 예민해지지요. 하지만 혈액량이 증가된 자궁경부는 뭉쳐 있고 약해져 있어 쉽게 피가 날 수 있어요. 따라서 너무 깊게 삽입하는 것은 자궁경부의 출혈을 일으킬 수 있어요. 임신 중 출혈은 대개 소량이며 일시적이지만 막상 출혈이 생기면 마음이 불안하고

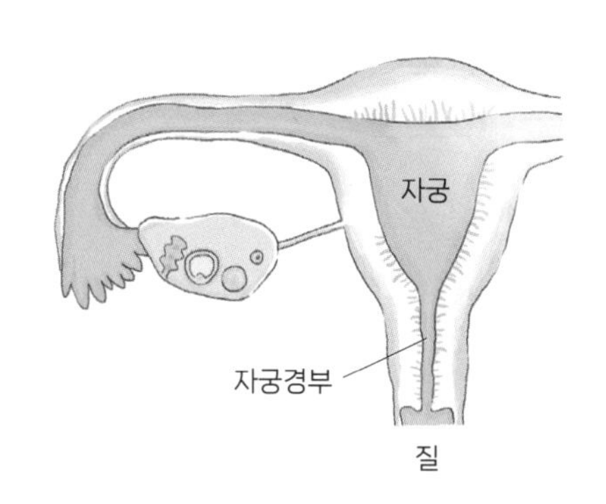

걱정이 됩니다. 어쨌든 출혈이 있었을 때는 산부인과에 내원하여 점검을 받습니다. 내원 시 부부관계 후 나타난 질 출혈이라는 사실을 꼭 이야기해야 합니다. 자궁경부의 세포 변화는 임신 후반기로 갈수록 가속화됩니다. 따라서 중후반기 이후부터는 부부관계 도중 깊은 삽입은 피하는 것이 좋아요.

태아에게 미치는 영향 파악하기

혹시라도 부부관계를 배 속에 있는 아이가 인식하지 않을까 걱정하는 임산부를 본 적이 있습니다. 자궁 입구는 4cm 이상의 두껍고 단단한 자궁경부라는 구조물로 닫혀 있어요. 성관계 시 성기가 자궁경부에 직접적으로 닿았다 하더라도, 자궁경부와 자궁체부 안에는 많은 양의 물, 즉 양수가 들어 있어서 괜찮습니다. 직접적으로 아기를 건드릴 수 없고, 태아는 부모의 부부관계를 알지 못하지요. 일시적인 자궁수축을 작은 출렁임 정도로 느낄 수는 있을 테지만, 부부관계에서 오는 자궁수축이 태아에게 큰 스트레스로 작용하지는 않습니다. 오히려 엄마와 아빠의 자연스러운 교감으로 정서적 안정감을 얻습니다. 부모의 높은 행복지수가 태아에게 더욱 편안하고 안정적인 환경을 만들어준다는 것을 명심하세요.

부부관계 후 조기진통에 대해 알기

임신 중에 부부관계를 하면 여성들은 오히려 성적흥분감, 즉 오르가즘을 더 쉽게 느끼게 돼요. 자궁과 질벽 내로 좀 더 많은 혈류가 유입이 되기 때문이에요. 또 임신 중반으로 갈수록 자궁체부가 밑으로 처지면서 질을 더 압박하므로 중반으로 넘어갈수록 오르가즘을 더욱 쉽게 느낍니다. 오르가즘은 일시적인 근육경련과 함께 오는 행복 엔도르핀입니다. 대개 30분 이내 호전되며 그 강도도 약해요. 조기진통으로 인한 묵직한 자궁수축과는 다르지요. 다만, 관계 시 깊은 삽입으로 무리하게 자궁경부를 건드리는 경우는 일시적인 가벼운 경련과 떨림이 생겨서 직접적인 자국수축을 일으킬 수 있어요. 대부분 이러한 자궁수축도 휴식을 취하면 완화됩니다. 그러나 지속된다면 병원을 찾는 게 좋습니다.

감염의 위험 알기

성행위 시 나오는 체액은 임신에 아무런 영향을 주지 않습니다. 자궁수축과 관련되는 프로스타글란딘**Prostaglandin**이라는 성분이 남성정액 내에는 들어 있지만, 그 양이 아주 적어 자궁에는 영향이 없습니다. 성병이 있는 상황이 아니라면 남편의 성기 접촉으로

균감염이나 자궁 내 태아감염이 일어나지 않습니다. 그래도 불안하다면 콘돔 사용을 추천합니다.

태반의 위치 파악하기

깊은 삽입으로 자궁경부를 심하게 자극하는 경우 이러한 자극은 자궁수축으로 이어질 수 있어요. 물론 자궁이 뭉쳤다 풀리는 과정에서 태반이 전체적으로 다 무너지는 경우는 굉장히 드물어요. 하지만 태반이 자궁경부랑 가까이 있는 경우, 즉 밑에 있는 경우에는 이러한 자궁수축으로 인해 태반 언저리에서는 '우지직' 하는 균열 혹은 출혈이 있을 수 있습니다. 또한 자궁경부는 임신 중 호르몬 영향으로 점액 분비를 증가하는 세포로 많이 변해 있고 굉장히 붉으며 살짝만 건드려도 피가 나는 경향이 있어요. 그러므로 태반이 아래쪽에 위치해 있는 사람의 경우 성관계를 조심하는 것이 좋고, 임신 중기 이후에는 무거워진 자궁이 밑으로 처지면서 질의 전체적인 길이가 짧아질 수 있기 때문에 깊은 삽입은 특히 조심하세요.

> **TIP 임신 중 부부관계를 피해야 하는 경우**
>
> 1. 태반이 자궁경부를 덮고 있거나 가깝게 내려와 있는 경우
> 2. 조산 기왕력이 있거나 습관성 유산 기왕력이 있는 경우
> 3. 이전, 임신 시 조기양막파수의 기왕력이 있는 경우
> 4. 원인 모를 질 출혈이 있을 경우
> 5. 조기진통이나 짧은 자궁경부로 병원 치료를 받는 경우

임신 중 부부관계 방법은 무엇인가요?

격렬한 관계는 피하기

성기가 깊게 삽입이 되는 후배위, 여성상위 등의 자세는 조심하는 것이 좋아요. 특히 자궁이 무거워지면 아무래도 자궁경부가 밑으로 내려오는 경향이 있으므로 임신 후기로 갈수록 삽입 깊이에 신경 써야 합니다.

배를 압박하는 자세 피하기

배를 직접적으로 압박하는 자세는 안 됩니다. 후배위로 배에는 직접적인 압박이 가해지지 않도록 조심하세요.

힘들 정도로 자주 하지 않기

임신 중에는 성욕보다는 모성애가 더 강해요. 상대적으로 여성의 성욕이 감소될 수 있습니다. 또한 가만히 있는 것도 임신 중에는 힘든 노동이에요. 피로의 축적이 성욕을 더욱 저하시킬 수 있기 때문에, 활발한 성생활보다는 가벼운 키스나 애무로 정서적인 교감과 안정감을 찾는 것이 좋아요.

유두를 자극하지 않기

임신 중반으로 넘어서면 유방은 많이 커져 있고 또 모유가 흘러나오는 임산부도 있어요. 그만큼 커진 유방은 심한 압통을 동반합니다. 따라서 유방을 너무 세게 잡거나 누르면 통증을 크게 느낄 수 있어요. 부드럽게 만져주는 게 좋습니다. 또한 유두를 직접적으로 심하게 자극하면 자궁수축호르몬의 분비가 촉발되어 자궁이 심하게 뭉칠 수 있어요. 임신 중 관계 시에는 유두의 직접적인 자극은 가하지 않는 것이 좋아요.

깨끗이 씻기

관계 전후 깨끗이 씻거나 콘돔을 사용하는 것이 좋습니다. 여성은 임신 중 질 분비물의 양이 많아지게 돼요. 그만큼 질염의 발생비율도 높지요. 관계 전후, 깨끗이 씻고 혹시 모를 안전에 대비해서 콘돔을 사용하는 것이 안전합니다.

전희를 충분히 즐기기

임신 중 여성의 성욕 저하는 관계 시 윤활제의 역할을 해주는 애액의 분비를 감소시킵니다. 이 상태에서의 무리한 성행위는 질벽 손상을 가져올 수도 있어요. 전희에 좀 더 신경을 써주세요.

바른 자세 찾기

정상위

아내가 아래에서 다리를 벌리면 남편이 이 상태에서 삽입하는 자세.

교차위

남편이 약간 몸을 비틀어 결합하는 자세로 다리와 다리가 교차됩니다. 깊게 삽입되지 않아 배의 압박감을 줄여줍니다.

후측위

남편이 뒤에서 아내를 안고 삽입하는 자세.

전측위

남편이 아내로부터 가슴을 떼고 비스듬히 누워서 삽입하는 자세로 배를 압박하지 않고 삽입도 얕습니다.

여성상위

남편은 누워 있고 여성이 올라가서 삽입하는 경우 삽입이 깊어 주의해야 합니다.

굴곡위

아내가 등을 대고 누워 남편의 어깨에 종아리를 걸치고 있기 때문에 성기의 삽입이 깊어 주의해야 합니다.

후배위

아내는 엎드려서 엉덩이를 뒤로 빼고 남편은 뒤에서 삽입을 하는 자세. 이 역시 성기의 삽입이 깊어 주의해야 합니다.

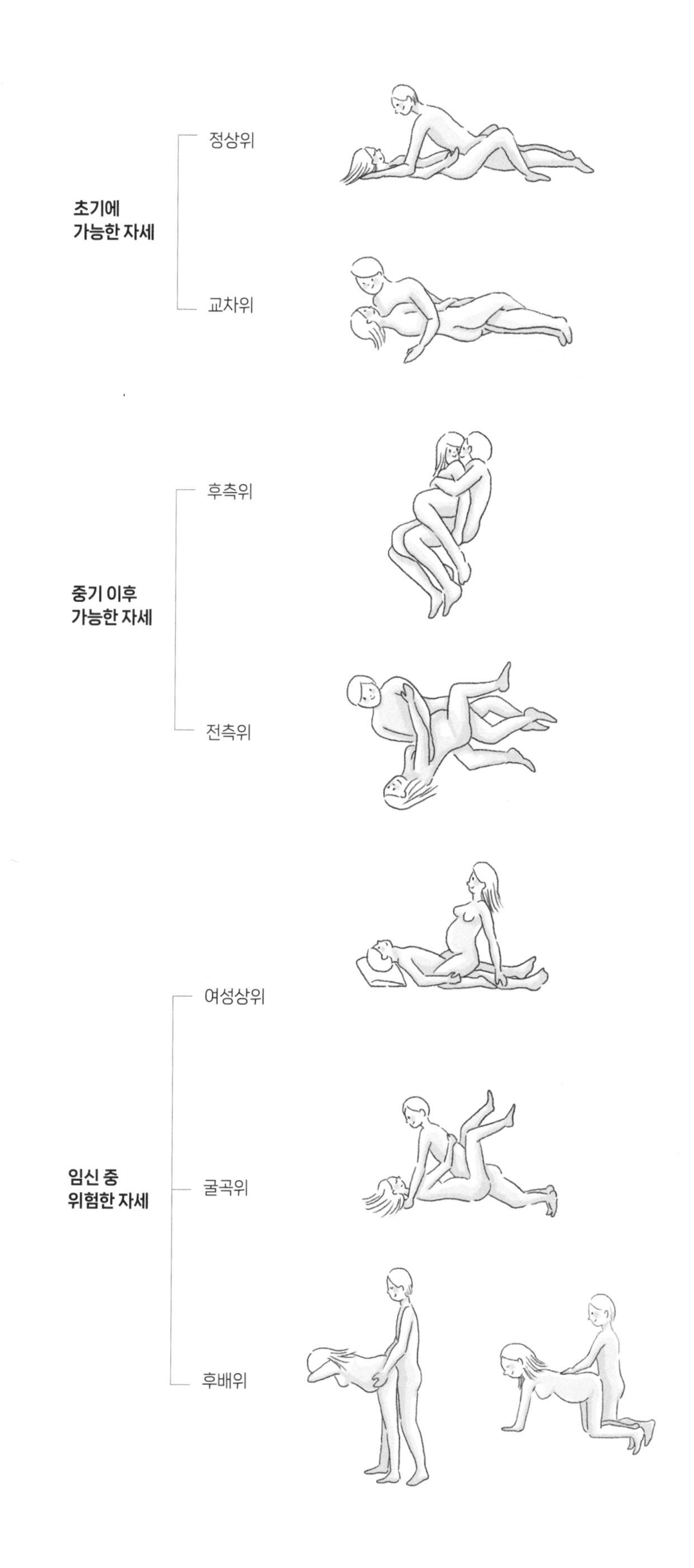

임신과 여행

Dr.류's Talk Talk

임신을 하고 나면 호르몬 영향으로 기분이 그때마다 달라지기 때문에
순간 어딘가로 떠나고 싶다는 여행에 대한 갈망이 커지곤 해요.
그러나 태반이 불안정한 12주 이전과 분만이 가까운
만삭 무렵에는 여행을 피하는 것이 좋아요. 물론 12주가 지나거나
만삭이 되기 전이면 가까운 지역으로 가는 여행은 기분 전환에 좋아요.
임신으로 지친 몸과 마음에 좋은 휴식이 될 수 있답니다.

자동차로 여행해요

직접 운전은 피하기

자동차 여행 시 임산부가 직접 운전하는 것은 좋지 않아요. 임신으로 인해 주의력과 집중력이 감소하게 되고 똑바로 앉아 있는 것 자체만으로도 충분히 힘들기 때문이에요. 특히 임신 후기에는 운전을 하다가 핸들과 충돌했을 경우, 태아에게 직접적으로 영향을 끼칠 수 있으므로 조수석이나 뒷좌석에서 안전벨트를 하고 타야 합니다. 안전벨트를 배에 걸치기보다는 골반 위로 걸치게 해서 받쳐주는 정도로 합니다. 그리고 배가 너무 졸리지 않도록 조절하세요.

유방과
유방 사이
지나도록

자궁을 피해
골반을 지나도록

자궁을 직접적으로
압박하지 않도록 주의

중간중간 휴식 취하기

자동차 여행을 할 때는 입덧 때문에 안 하던 멀미를 할 수 있어요. 또 오래 앉아 있다 보면 발과 발목이 붓고, 다리에 쥐가 나기도 하지요. 따라서 1~2시간마다 차를 멈추고 휴게소 등을 들러 잠시 휴식을 취합니다. 답답한 실내공기로 어지러울 수도 있으므로 중간중간 잠깐이라도 환기를 꼭 하고, 따뜻한 옷과 손전등, 약간의 음식, 마실 물, 휴지 등을 반드시 가방이나 트렁크에 넣고 다니도록 하세요.

비행기로 여행해요

여행에 알맞은 시기 찾기

36주 이전에는 비행기 여행이 크게 제한되지 않습니다. 단, 임신 중에는 혈액순환장애로 다리로 내려간 피가 잘 올라가지 못하고 고여 있는 혈액 저류 현상이 생길 수 있습니다. 이렇게 고여 있는 피는 쉽게 뭉치게 되고, 뭉쳐진 핏덩어리가 혈관을 막는 색전증이 종종 생기기도 합니다. 비행기에서 오랫동안 앉아서 가는 경우 1시간에 한 번씩은 자리에서 일어나 걸으면

서 혈전색전증을 예방하는 게 좋습니다. 또한, 장시간의 비행기 운행 중 문제가 생길 수 있는 다태아 임산부나 이전 조산의 경험이 있는 분들, 임신중독증이나 유산의 위험이 있는 임산부들은 비행기 여행에 좀 더 신중해야 합니다.

아는 만큼 혜택받는 비행기

비행기 여행은 항공사에 따라 원하는 서류 양식이 다를 수 있으므로 꼭 미리 임신 중임을 알리고 필요한 서류가 없는지 확인해봐야 합니다. 또한 항공사마다 조금씩 다를 수는 있겠지만 임산부들은 줄을 서지 않고 다이렉트로 티켓팅할 수 있는 서비스를 제공하는 곳도 있어요. 또 티켓팅할 때 요청하면 넓은 자리로 안내해주기도 합니다. 수색 검사 역시 임산부인 것을 알리면 X선을 통과하지 않고(통과하더라도 크게 몸에 영향을 끼치지 않지만) 여성 직원분들이 와서 손으로 수색할 수 있도록 배려해주기도 한답니다.

TIP 자동차 이동 시 주의사항

1. 임신 초기, 입덧과 임신오조(심각한 입덧 증상)로 운전이 힘들 수 있다. 임신오조로 어지럼증이 심하거나, 집중하기 힘든 상황에서는 무리하지 말고 택시나 대중교통을 이용한다. 본인의 컨디션에 맞게 운전 여부를 선택하는 게 좋다.
2. 임신 중에는 주의력과 집중력, 판단력이 흐려질 수 있으므로 아무리 운전 베테랑이라 하더라도 평소보다 더 주의하고 주변을 살피며 운전한다.
3. 올바르게 안전벨트를 한다. 안전벨트를 너무 꽉 조이게 되면 복부를 압박하여 태아에게 안 좋은 영향을 줄 수 있다. 살짝 받쳐줄 정도의 강도로 안전벨트를 하는 게 좋다. 또한, 어깨 벨트가 쇄골, 늑골, 흉골로 해서 복부는 밑으로 통과하여 배아래 골반 쪽으로 연결되게 안전벨트를 하도록 한다.
4. 창문을 꼭 닫거나 히터를 세게 틀지 않는다. 운전 중 환기가 제대로 되지 않으면 임산부들은 좀 더 쉽게 피로해지고 호흡 곤란이 올 수 있다. 운전하며 도중에 창문을 열어 환기하는 습관을 들이도록 한다.
5. 한 번에 2시간 이상 장시간 운전을 하지 않는다. 계속적인 운전 자세는 복부 및 허리에 무리를 줘서 심한 요통을 일으킬 수 있다. 또한, 다리 쪽의 부종이 심해지며 혈액순환장애도 올 수 있으므로, 운전을 하더라도 꼭 1시간에 10분 정도는 쉬면서 무리하지 않는다.
6. 운전대와 배 사이 간격에 여유를 둔다. 갑작스런 급정거나 가벼운 접촉사고에도 몸이 앞으로 기울어질 수 있다. 운전대에 배가 부딪치지 않도록 운전대와 배 사이 간격에 여유를 둔다.
7. 아무리 가벼운 사고라도 운전 중에 사고가 났다면 꼭 산부인과에 가서 태아 상태를 확인한다. 배가 벨트나 운전대 혹은 앞좌석에 부딪치는 등의 직접적인 배의 충격은 고스란히 태반으로 간다. 대개 가벼운 사고로 태반에 큰 문제가 생기는 경우는 없지만, 간혹 가벼운 사고에도 태반 내 피가 고이거나 태반이 무너지는 태반박리가 생길 수 있다. 또한, 사고 직후 바로 증상이 생기는 게 아니라 며칠 후에 나타나는 경우도 있으므로 반드시 가까운 산부인과를 찾아서 태아와 태반 상태를 확인한다.

TIP 비행기 이동 시 주의사항

1. 좁은 공간에 지속적으로 앉아 있어야 하므로 다리부종과 요통이 심해질 수 있다. 또한, 혈액순환의 저하는 혈전색전증의 위험을 불러온다. 1시간에 한 번 정도 자리에서 일어나 화장실을 다녀오거나 기내를 한 바퀴 산책하면서 다리 운동을 하고 자세를 바꿔준다.
2. 소변이 마려울 때는 절대 참지 않는다. 소변을 참다 보면 복부불편감이 심해지게 되고 정체된 소변으로 인해 균감염의 위험이 있기 때문이다.
3. 물을 많이 마신다. 평소보다 많은 물이 필요한 시기이고 기내는 건조하므로 탈수의 위험이 있을 수 있다. 충분히 수분을 취할 수 있도록 승무원에게 물을 가져다줄 것을 요구하거나 따로 생수통을 챙겨서 수시로 물을 먹는다.
4. 공복이 길어질 수 있으므로 중간에 먹을 수 있는 크래커, 주스 등을 미리 챙겨놓는다.
5. 비행기 예약 시 기내식으로 저염식이나 임산부용 특별식이 가능한지 문의해본다. 입덧이 있는 경우라면 기내식이 안 맞을 수 있으며 소화가 안 되는 경우도 많기에 미리 확인해본다.
6. 편안한 수면을 취할 수 있도록 수면마스크나 베개, 귀마개 등을 준비해간다.

임신과 일

Dr.류's Talk Talk

요즘에는 가정과 사회에서 워킹맘에 대한 배려와 관심이 높아지고 있고,
정부의 출산 관련 정책들이 작게나마 도움이 되고 있습니다. (그럼에도 많이 부족하지요?)
사실 다니던 직장을 관두며 집에만 있을 필요는 없습니다.
단, 신체적으로 활동량이 많은 일의 경우 그렇지 않은 여성에 비해서 조기진통,
임신중독증과 같은 임신합병증의 위험이 크답니다. 따라서 일을 하는 임산부들은
내 몸의 변화와 여러 가지 증상들에 대해 정확히 알 필요가 있습니다.

출산휴가를 적극 활용하세요

출산휴가 바로 알기

대개 '출산휴가'로 불리는 휴가의 정식 명칭은 '출산전후휴가'입니다. 근로기준법의 임산부 보호조항에는 출산 전과 출산 후를 합하여 90일의 출산전후휴가를 사용할 수 있어요. 이때 휴가 기간의 배정은 출산 후에 45일 이상 쉬도록 정해놓고 있습니다.

나라별 출산휴가 일수 비교

우리나라	90일
일본	98일(14주)
미국	84일(12주)
프랑스	112일(16주)
이탈리아	154일(22주)

배우자 출산휴가제 바로 알기

배우자 출산휴가제는 부인이 출산한 경우 사업장 규모에 상관없이 남편이 출산 전후 10일동안 유급휴가를 보장하는 제도입니다. 10일을 한 번에 사용할 수도 있으나 5일씩 나누어 사용할 수도 있습니다(1회). 출산일로부터 90일 이내 사용해야 합니다.

육아휴직제도 바로 알기

육아휴직이란 임신 중인 여성 근로자나, 근로자가 만 8세 이하 또는 초등학

배우자 출산휴가제

1. 통상임금의 100% 유급 지급
2. 사용 기간 10일 (주말, 공휴일 등은 미포함)
3. 출산 예정일 포함하여 앞 뒤로 사용 가능

지원 대상자

배우자가 출산한 모든 근로자(계약직, 파견직 근로자도 해당)

주의사항

1. 신청을 해야 배우자 출산휴가를 받을 수 있다.
2. 신청은 출산일로 부터 90일 이내 해야 한다.
3. 사업주는 근로자가 배우자 출산휴가를 신청한 경우 거부할 수 없으며, 이를 위반하면 500만 원 이하의 과태료가 부과된다.

교 2학년 이하의 자녀를 양육하기 위하여 신청, 사용하는 휴직을 말합니다. 육아휴직의 기간은 1년 이내이며, 자녀 1명당 1년 사용 가능하므로 자녀가 2명이면 각각 1년씩 2년 사용 가능합니다. 근로자의 권리이므로 부모가 모두 근로자이면 한 자녀에 대하여 아빠도 1년, 엄마도 1년 사용 가능하며, 부부가 동시에 같은 자녀에 대해 육아휴직 사용도 가능합니다.

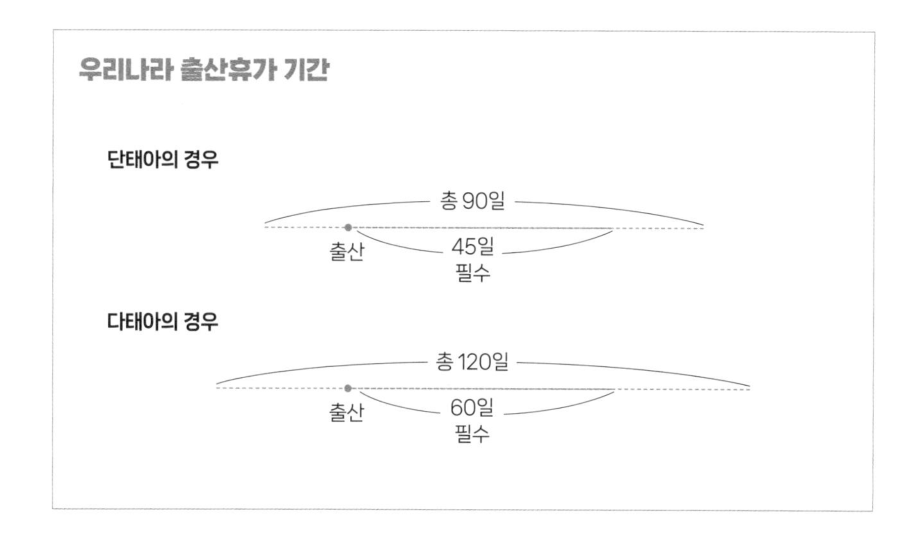

육아기 근무시간 단축제도 바로 알기

육아기 근무시간 단축제도는 만 8세 이하 또는 초등학교 2학년 이하의 자녀가 있는 워킹맘에게 근로시간을 주당 15~35시간 이하로 줄여주는 제도입니다. 최대 기간은 2년입니다. 육아휴직을 경제적·업무적으로 선뜻 신청하기가 어렵기 때문에 이를 보완대체하기 위한 제도로 시행되었습니다. 급여는 단축한 시간만큼 줄어들 수 있지만 휴직하지 않고 근무를 계속할 수 있는 장점이 있습니다. 근로시간 단축을 하고 있는 근로자의 근로조건은 사

육아휴직 개시 예정일 30일 전까지 사업주에게 육아휴직을 신청해야 하며, 육아휴직 급여는 육아휴직 전 통상임금의 80%를 지급하되(상한액 150만 원, 하한액 70만 원), 육아휴직 급여의 25%는 직장복귀 6개월 후에 지급합니다.

구비서류

- 육아휴직 확인서 1부
- 통상임금을 확인할 수 있는 자료(임금대장, 근로계약서 등) 사본 1부

※ 육아휴직 급여신청서·확인서 등은 고용보험 www.ei.go.kr→자료실→서식자료실→모성보호에서 다운로드 가능

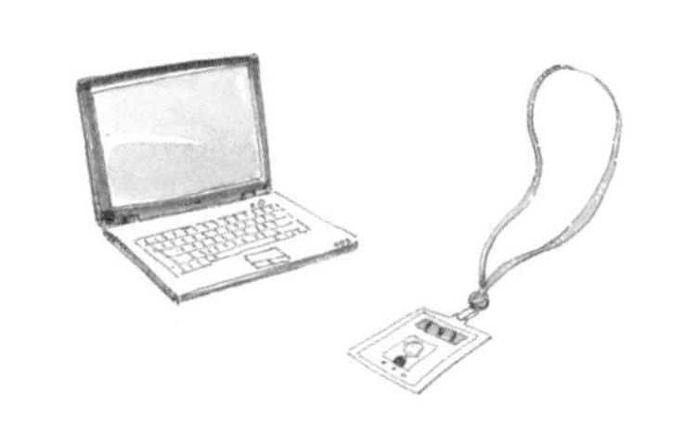

육아휴직 자동전환제

워킹맘의 부담을 줄여주기 위하여 육아휴직 자동전환제, 재택근무제, 파트타임제 등 여성보육 관련 프로그램을 운영하는 사업장이 늘고 있습니다. 육아휴직 자동전환제란 우리나라 모 대기업에서 가족친화적경영을 내걸고 그룹 산하 직원들에게 3개월 출산휴가 후 자동으로 1년간 육아휴직으로 자동전환시키는 제도인데 신선한 관심을 모으고 있습니다.

업주와 그 근로자간에 서면으로 정하되, 임금, 연차휴가 등 근로시간에 비례하여 적용하는 경우 외에는 육아기 근로시간 단축을 이유로 근로조건을 불리하게 할 수 없습니다.

임산부는 어떻게 회사생활을 하면 되나요?

휴식하기

이 책의 2부에서는 시기별로 일하는 임산부들이 어떻게 안정을 취하면 좋은지 세세하게 설명하고 있습니다. 최대한 업무에 대해 스트레스를 받지 않고, 틈틈이 휴식을 취하도록 하세요. 산후에는 최소 6주 이상의 휴식이 필요합니다. 6주 후에는 임신 전과 같은 몸 상태로 회복하여 하던 일을 계속할 수 있어요.

출퇴근 시간 조정하기

출퇴근 시 사람이 너무 혼잡한 시간대는 피하도록 합니다. 혼잡시간대의 출퇴근은 육체적, 심리적 피로도를 증가시켜 임산부의 건강에 좋지 않습니다. 조금 더 부지런히 움직여서 출퇴근 시간의 피로도를 낮추어보아요. 힘들더라도 한 시간 일찍 출근해서 회사에서 30~40분 정도 안정을 취하는 게 좋습니다.

도시락 챙기기

입덧이 있어서 음식 냄새를 맡기 힘들다면 따로 도시락을 챙깁니다. 간식으로 먹는 과자, 아이스크림 등은 임산부에게만 나쁜 것이 아니라 태아에게도 해롭겠지요. 채소 위주의 간식 도시락을 준비해보세요.

편한 마음 가지기

사람이 세상을 살아가는 데 임신과 출산은 떼려야 뗄 수 없는 항목입니다. 나만의 일이 아니라 직장동료, 그리고 우리 사회 구성원 모두의 일이지요. 10개월 남짓, 주변사람의 도움이 절대적으로 필요한 시기입니다. 이 기간 일의 효율이 떨어지고 직장생활에 할애했던 비율이 감소하는 건, 임산부 혼자의 문제가 아니라 사회의 공동 책임이며 우리가 껴안고 가야 할 문제입니다. 혼자 위축되거나 고민할 필요 없습니다. 임신으로 인해 생긴 변화를 받아들이고 그 안에서 최선을 다해봅시다.

TIP 유산·사산휴가

Q. 유산·사산휴가는 어떤 경우에 사용할 수 있나요?
A. 유산·사산휴가는 유산이나 사산이 발생해야 사용할 수 있고, 사용 시기도 유산 또는 사산이 발생한 날부터 시작된다. 다만, 인공 임신중절로 인한 유산은 모자보건법에서 인정하는 아래의 사유에 한해 유산·사산휴가를 받을 수 있다.

모자보건법 제14조

- 본인이나 배우자가 우생학적 또는 유전학적 정신장애나 신체질환이 있는 경우(연골무형성증, 낭성섬유증 및 그밖의 유전성질환으로서 그 질환이 태아에 미치는 위험성이 높은 질환)
- 본인이나 배우자가 전염성질환이 있는 경우(풍진, 톡소플라즈마증 및 그밖에 의학적으로 태아에 미치는 위험성이 높은 전염성질환)
- 강간 또는 준강간에 의한 임신
- 법률상 혼인할 수 없는 혈족 또는 인척 간의 임신
- 임신의 지속이 보건의학적 이유로 모체의 건강을 심각하게 해치고 있거나 해칠 우려가 있는 경우

Q. 유산·사산휴가 기간은 어떻게 되나요?
A. 유산·사산하기 전까지의 임신 기간에 따라 다르다.

임신한 기간	휴가기간
11주 이내	유산·사산한 날로부터 5일까지
12주 이상~15주 이내	유산·사산한 날로부터 10일까지
16주 이상~21주 이내	유산·사산한 날로부터 30일까지
22주 이상~27주 이내	유산·사산한 날로부터 60일까지
28주 이상	유산·사산한 날로부터 90일까지

Q. 출산전후휴가를 사용하던 중에 유산 또는 사산한 경우 휴가 일수는 어떻게 되나요?
A. 사업주는 이미 사용한 출산전후휴가 기간과 상관없이 임신 기간에 따른 유산·사산휴가를 부여해야 한다.

Q. 사업주가 유산·사산휴가를 주지 않을 때 어떻게 해야 하나요?
A. 유산·사산휴가 신청을 거부한 사업주에게는 2년 이하의 징역 또는 1천만 원 이하의 벌금이 부과된다. 사업주가 근로자가 신청한 유산·사산휴가를 거부하였다면 사업장 관할 고용노동지청에 신고(진정, 고소)하면 된다.

Q. 유산·사산휴가 기간에도 임금을 받을 수 있나요?
A. 출산전후휴가와 같이 유산·사산휴가 기간 중 최초 60일까지 사업주가 급여를 지급하고 마지막 30일은 고용보험에서 지급한다. 다만, 휴가 기간이 30일이 안 되는 경우, 30일 단위를 기준으로 일할 계산하면 된다.

Q. 고용보험에서 지급하는 유산·사산휴가급여는 누구나 받을 수 있나요?
A. 모든 여성근로자가 유산·사산휴가를 사용할 수는 있지만, 고용보험에서 지원하는 급여는 출산전후휴가와 마찬가지로 휴가가 끝나는 날 이전까지의 피보험단위기간이 통산하여 180일 이상인 근로자만 받을 수 있다.

고용보험에서 지급하는 유산·사산휴가 급여 신청방법

1. 거주지 또는 사업장 관할 고용센터에 출산전후(유산·사산)휴가 급여 신청서를 작성하여 제출
2. 신청서 제출방법은 직접 방문, 우편, 인터넷www.ei.go.kr 등 선택
3. 출산전후휴가처럼 사업주가 근로자에게 유산·사산휴가 급여를 미리 지급한 뒤, 고용센터에 대위신청하여 지급받을 수도 있음

유산·사산휴가급여 고용보험 신청서류

- 출산전후(유산·사산)휴가 급여 신청서 1부
- 출산전후(유산·사산)휴가 확인서 1부
- 통상임금을 확인할 수 있는 자료(임금대장 등) 사본 1부
- 휴가기간 동안 사업주로부터 금품을 지급받은 경우 이를 확인할 수 있는 자료
- 유산이나 사산을 하였음을 증명할 수 있는 의료기관의 진단서(임신 기간이 기재되어 있어야 함)

26

임신 기간 진짜 해야 할 일

Dr.류's Talk Talk

분만이 무서워서 아이를 낳지 못하겠다는
여고생들에게 강의한 적이 있습니다.
'분만이 아프고 위험한 과정임은 맞는데, 더 큰 위험과 모험은 바로
아이를 출산한 직후입니다'라고 이야기했던 기억이 납니다.
더 멀고 긴 여정을 위해 미리 준비를 조금씩 해보는 것은 어떨까요?

육아에 대한 장·단기 계획 세워보기

차근차근 꼼꼼히

임신 중인 지금의 나는 배 속에서 하루하루 커가는 아이를 살피는 것과 동시에, 나의 몸의 변화에 설레면서도 긴장되는 하루하루를 맞이하게 됩니다. 지금의 10개월은 아이와 나의 인생에 주어진 밑거름이 될 값진 추억의 시간이자 동시에 워밍업의 시간이죠. 이 시기 배 속 아이와 교감하며 즐거운 마음으로 태교에 집중하는 것도 중요하지만, 한 번쯤은 육아에 대한 장·단기적 계획을 세워보는 것을 권합니다.
아이를 낳은 직후 병원에서 퇴원하면 어디로 갈 것인지부터 계획하는 것이 첫 번째입니다. 산모의 신체 회복이 진행되는 상황에서 산후조리원을 이용하거나 집으로 돌아가 산후도우미를 이용하면 분만으로 인한 몸의 상처를 회복하고, 아이를 돌보는 것에 점점 익숙해지는 시간적인 여유를 가질 수 있습니다. 그러나 보통 이러한 기간은 2주에서 4주 정도로 한 달 이후부터는 오롯이 부부가 아이를 키우는 시간이 옵니다.
그다음, 출산 휴가가 끝나는 3개월 후부터 육아휴직을 얼마나 사용할 것인지, 남편의 육아휴직 시기에 대해서도 고민해보는 것이 좋습니다. 내가 사는 곳의 지자체에서 돌봄서비스를 어떻게 지원해주고 있는지, 그리고 그 절차는 어떤 것인지 확인해놓고 알아보는 것도 중요하죠. 그리고 아이를 가정 보육을 할 것인지 아니면 공동 보육시설인 어린이이집을 이용할 것인지 미리 알아보고 상담을 받아보는 것도 좋습니다. 물론, 원한다고 다 원하는 시기에 들어가는 것은 아니지만, 미리 선택을 하고 대기하면 좀 더 빨리 원하는 시기에 어린이집을 이용할 수 있죠. 어린이집에 대한 정보는 '임신육아종합포탈-아이사랑' 앱에서도 가능합니다. 천천히 꼼꼼하게 집 근처의 어린이집을 미리 확인해보는 것이 좋습니다.

어린이집 검색 및 신청 준비하기

저만 해도 첫째 아이를 낳았을 때에 어린이집에 보내야 한다고 주변에서 말하는 이야기를 들었지만, 적극적으로 알아보거나 준비하지 못했습니다. 가끔 보는 뉴스에서 어린이집 학대 사건을 보며 어린아이를 과연 어린이집에 보내는 게 맞을까 하는 불안함과 부정적인 시선이 바탕에는 깔려 있었죠. 그래서 아이를 낳고 나서 한참 뒤 어린이집을 신청해서 아이가 5세가 다 되어서야 입소 가능하다는 연락을 받았습니다. 그 기간 도우미 이모님의 도움을 받았는데, 돌이켜 생각해보니 도우미 한 분 밑에서 보낸 그 세월이 조금 더 위태롭고 부족한 시간이었지 싶습니다. 집에서 양육을 하면 아이가 먹고 자며 가정에서 편하게 생활한다는 장점은 있었지만, 아이를 돌봐주는 그 한 사람의 역량과 성향에 따라 아이의 양육이 좌지우지될 수밖에 없다는 단점이 있어요. 또한 기관이 아무래도 가정보다는 많은 교구나 재미있는 프로그램을 운영해 아이들의 발달 시기에 맞는 적절한 교육과 자극을 좀 더 잘 줄 수 있죠. 세 돌까지는 다른 사람과 어울리는 사회적인 기능이 발달하지 않는다고 하지만, 만 1~2세 어린아이들도 자신과 비슷한 아이의 행동을 좀 더 흥미롭게 지켜보고 자극을 받으며 배우기도 하는 소소한 발달 과정이 있을 것입니다.

둘째를 낳고는 미리 집 근처 어린이집에 대해 열심히 검색하고 알아본 뒤 빠르게 신청해 18개월에 입소할 수 있었습니다. 그때 정말 든든한 육아 동지를 만났다는 안도감과 육아 중압감에서 조금은 해방되는 느낌을 받았습니다.

부모의 출근 유무를 떠나, 어린이집 이용의 확대가 맞다고 생각합니다. 어린이집이 부모의 사회적 단절 및 경제활동 저하를 최소화해주고, 든든한 양육의 조력자이자 가이드라인을 제시해줄 수 있는 버팀목이 될 수 있죠. 그래서 임산부라면 미리 내 아이를 보낼 어린이집에 대한 고민과 정보 탐색이 꼭 필요합니다.

유치원이나 학교는 교육의 목적으로 설립된 기관이라 교육부 산하 관리감독이 들어갑니다. 어린이집은 교육의 목적이 아닌 아이들의 보육과 양육의 목적으로 설립된 기관이기에 보건복지부에서 관리합니다. 어린이집의 종류에는 크게 국공립 어린이집, 법인단체 어린이집, 직장 어린이집, 가정 어린이집, 협동 어린이집, 민간 어린이집이 있습니다. 어린이집 이용 시간은 보통 9시부터 오후 4시까지(7시간)입니다. 여기에 오전 7시 30분부터 9까지, 오후 4시 반 이후부터 저녁 7시 30분까지 이용할 수 있는 연장 보육 시간이 있습니다.

어떤 형태의 어린이집인지에 따라 조건과 여건이 다르기도 하지만, 내가 실제로 보내고 싶은 어린이집의 상황은 직접 확인해보는 것이 좋습니다. 전화로 미리 상담을 예약하고 원에 직접 가서 현재 어린이집에 재원 중인 아이들의 수와 선생님의 수, 그리고 어린이집 환경 및 음식 조리 형태가 어떻게 되는지 생활하는 아이들의 모습을 눈으로 보고 오는 것이 좋습니다. 가능하다면 그 어린이집에 아이를 보내고 있는 주변 엄마들의 실제 이용 후기를 듣는 것도 큰 도움이 됩니다. 지역 맘카페를 적극 활용하면 동네 생활에 대한 다른 정보까지 많이 얻을 수 있습니다.

또한, 어린이집을 돌 전에 보낼 계획이라면 그 어린이집에 돌 전 아이를 보는 반이 있는지도 확인해보아야 합니다. 어린이집마다 0세 반을 운영하지 않는 경우도 종종 있어 내가 보내고 싶은 시기의 어린이집 반이 형성되어있는지 확인해보는 것도 중요합니다.

국공립 어린이집

국가나 지방자치단체가 설치하고 운영하는 어린이집입니다. 보조금이 많아 시설과 설비가 좋은 편이고, 가격도 상대적으로 저렴합니다. 또한 운영과 관리감독이 국가나 지자체이기에 좀 더 철저한 편입니다. 부모들의 신뢰도가 가장 높아 인기가 많은 형태로, 입소 대기가 보통 긴 편이죠.

법인 및 단체 어린이집

법인이나 단체에서 하는 어린이집으로 종교시설에서 운영하는 경우가 많습니다. 법인의 성격이나 혹은 종교적인 성향이 보육 형태에 영향을 끼칠 수 있으므로 본인과 맞는지 확인해보아야 합니다. 개인이나 민간 어린이집보다 대부분 시설이 크고 프로그램도 많이 갖추고 있다는 특징이 있습니다.

가정 어린이집

상시 영유아 5인 이상, 20인 이하를 돌볼 수 있는 어린이집으로 보통 아파트 단지 1층 등에 위치하는 작은 어린이집입니다. 규모가 작고 원생이 적어

보육교사 수가 적을 수 있습니다. 선생님이 직접 음식을 조리하는 경우도 있고 선생님의 수가 적어 낮에 특별 활동이나 교구 활동 등의 수업 프로그램도 적을 수 있습니다. 그러나 집과 비교적 가까워 등하원이 편리하고 소수의 인원이 상주하기에 좀 더 가족적이고 아이에게 더 큰 관심을 줄 수 있다는 장점이 있습니다.

민간 어린이집

비영리단체, 비영리법인 혹은 개인이 투자해서 만든 어린이집입니다. 민간 어린이집의 인기도는 원에서 이루어지는 프로그램에 영향을 많이 받는 편입니다. 그래서 교육 프로그램이나 특별 활동을 많이 하기 때문에 보육료가 국공립보다 비쌉니다.

부모협동 어린이집

보호자 15명 이상이 만들고 영유아 11명 이상을 돌볼 수 있습니다. 보육은 보육교사가 담당하지만 어린이집을 만든 보호자들의 성향과 가치관에 따라 보육 스타일이 결정됩니다. 대부분 자연친화적인 환경에서 보육하는 형태로 많이 있습니다. 부모협동 어린이집은 단순 신청이 아닌, 이미 재원하고 있는 부모들의 동의가 있어야 들어갈 수 있습니다.

산후우울증 미리 공부하기

산후우울증은 왜 찾아올까?

평소에 에너지가 넘치고 씩씩했던 사람도 아이를 낳고 나서 다른 사람처럼 돌변하며 우울증에서 허덕이게 되는 경우가 부지기수입니다. 첫째를 씩씩하게 잘 낳고 둘째가 생겨 온 가족이 웃으며 병원을 다녔던 산모가 있었습니다. 그런데 둘째 출산 일 년여 뒤, 남편이 병원에 내원했습니다. 아내의 사망진단서를 가지고 그전의 의료 기록을 받으러 내원한 것입니다. 둘째 출산 한 달 후 있었던 산후 검사에서 우울감을 높게 느끼고 있는 것으로 나타나 약물치료를 권했으나 생각해보겠다고만 말하고 그 뒤에 다시 내원하지 않았던 분이었습니다. 산후우울증은 '누구나 아이 낳고 나면 다 그래'라고 넘어갈 수 있는 쉬운 일이 아닙니다. 아이가 배 속에서 하루하루 자라나고 있는 지금, 아름다운 상상만으로도 벅찬 시기이지만 산후우울증이 무엇이고 왜 올 수 있는지, 어떻게 대처할지에 대해 한 번쯤은 꼭 부부가 상의해보고 이야기해보아야 합니다.

그러면 산후우울증은 왜 생길까요? 대부분 아이를 낳은 후에 오는 우울증이기에 신체적인 변화와 동반된 호르몬 때문일 것이라고 생각합니다. 임신을 유지하기 위해 높은 농도로 유지되던 에스트로겐과 프로게스테론호르몬이 갑자기 감소하게 되고, 갑상선호르몬의 분비량도 상대적으로 감소하게 되면서 겪는 급작스러운 호르몬의 변화는 불안정한 기분과 불안감, 기분 변화를 동반하기 쉽습니다. 따라서 아이를 낳은 산모의 약 85%가 아이를 낳고 분만 2~4일 내부터 우울, 불안, 예민함, 기분 변화의 진폭이 커지는 산후우울감의 시기를 경험하게 됩니다. 그러나 이러한 산후우울감은 대부분 2주 이내에 호전이 되고 일상생활이 안될 정도의 영향은 없습니다. 문제는 이러한 신체적 변화와 큰 이벤트로 인한 일시적인 기분 변화가 회복되지 못하고 산후우울증으로 이어지는 경우입니다.

산후우울증은 산모가 감당할 수 있는 정도의 힘듦이 아닙니다. 아이를 낳고 엄마가 되는 순간, 한 번도 배워본 적 없고 정확한 매뉴얼도 없는 일을 해내야 합니다. 그리고 나의 역할에 한 생명이 달려있습니다. 아이는 매우 연약해서 잠시도 눈을 뗄 수 없습니다. 내가 대충하거나 설렁설렁 대하면 아주 작고 소중한 아이에게 자칫 치명적인 상처가 생기거나 사고가 날 수 있죠. 낮과 밤도 없고, 화장실을 편하게 갈 여유 시간조차 주어지지 않는 그야말로 고된 노동의 시간이 시작된 것입니다. 이 시기를 어떻게 이겨낼 것인지 꼭 한번씩은 미리 상상해보고 예측해보세요. 그런 상황에서 느끼게 될 감정의 변화와 힘듦에 대해 알고 있으면 산후우울증을 조금은 예방할 수 있습니다.

출산 후 첫 백일까지의 상황 시뮬레이션해보기

이 시기는 내 몸도 회복하면서 동시에 아이도 가장 연약한 시기입니다. 첫 한 달은 오로가 지속되고 훗배앓이가 있어 아랫배가 묵직하고 불편합니다. 손발이 뻐근하고 불룩 나온 배도 그대로죠. 출산으로 인한 빈혈이 교정되기 전으로 평소보다 피곤하고 몸이 무거우며, 두통이 종종 동반되기도 합니다. 그런데 이 시기의 아기는 목을 잘 가누지 못하고, 수유 간격이 짧으며 밤낮이 없습니다. 먹고 나서 소화시키는 기능이 약해 혼자 트림을 못하고 종종 토해내며 쉽게 설사와 배앓이를 합니다. 엄마 배 속에서 나와 처음 느끼는 다양한 자극과 바깥의 온도와 습도 변화는 편안함을 주기도 하고, 불편함을 주기도 하며 동시에 불안한 감정을 불러일으키기도 합니다. 이런 감정의 변화를 아이는 울음으로 표현합니다. 엄마는 목도 잘 가누지 못하는 아기를 데리고 수유를 한 후 트림을 시켜야 하고, 조심스레 목욕을 시켜야 하며 졸리면 포근하게 안고 잠들 수 있게 해주어야 합니다. 따라서 안 쓰던 손목과 어깨가 많이 아프고 다치기 쉽습니다. 먹고 나서 트림 후 겨우 안정을 시켜놓으면 한 시간도 채 안 되어서 오줌을 싸거나 다시 배가 고파 아기가 울기도 합니다. 그래서 오롯이 휴식하고 쉴 수 있는 시간이 거의 없습니다. 밤과 낮이 없기에 이런 고단함은 24시간 이어집니다.

보통 아이를 낳고 몸이 회복되기 전부터 출산 후 한 달까지는 다른 사람의 도움을 많이 받습니다.

산후조리원에 들어가서 몸조리를 하고 나오거나, 산후도우미를 집으로 불러 도움을 받을 수도 있습니다. 또는 아이를 키워본 경험이 있는 시어머니 혹은 친정어머니의 도움을 받기도 합니다. 그러나 그 기간은 길어야 한 달 정도입니다. 남은 두 달은 오롯이 혼자 그 힘든 시간을 견뎌내야 하죠. 각오를 단단히 하시길 바랍니다. 길게는 백일, 짧게는 두 달 정도는 특수부대의 유격훈련과 견주어도 될 만큼 힘든 시기가 옵니다. 도망가고 싶고 관두고 싶어도 그럴 수 없습니다. '내가 포기하면 아이는 죽을 수 있다'라는 생각으로, 내 안의 모든 힘을 끌어모아 이 두 달을 버텨야 합니다.

백일부터 돌까지의 상황 시뮬레이션해보기

아이가 목을 가눌 수 있어 어깨에 기대어 아이를 안아줄 수 있습니다. 모유수유가 잘 안되거나 분유수유 중이라면 5개월 후반부터 이유식을 슬슬 시작할 수 있습니다.

대부분 밤과 낮이 생겨 밤에는 4시간~5시간까지 잠을 자기도 합니다. 낮에도 낮잠을 자서 짧은 여유 시간이 생기기도 하죠. 이 시간에 체력적인 여유가 된다면 이유식을 만들거나 밀린 집안일을 해도 되지만, 아이가 밤에 잘 안 자거나 본인이 체력적으로 약하다면 아이가 낮잠을 잘 때에 꼭 같이 자야 합니다. 이유식은 사거나 배달시켜 먹을 수 있고, 밀린 집안일을 제때 하지 못한다고 해서 큰일이 생기는 것도 아닙니다.

가장 중요한 것은 아이의 건강과 안정입니다. 부모는 오직 이를 위해 체력을 분배하고 생활환경을 조절해야 합니다. 이 시기는 다 이렇게 지나가는 시기이니, 다른 사사로운 일에 대한 욕심과 스트레스는 버려야 합니다. 산후우울증은 그동안 가지고 쌓아왔던 자아의 상실과 그로 인한 자존감의 하락, 부모라는 큰 틀에 대한 사회적 통념을 경험하는 트레이닝 기간입니다. 아이가 첫돌이 될 때까지는 마음을 조금 비우고 건강한 육아에 집중하세요.

산후우울증의 특징에 대해 미리 알아두기

산후우울증도 일반적인 우울증처럼 눈물이 이유 없이 자주 흐르고, 우울한 감정에서 쉽게 헤어 나오지 못하며 과하게 피로하거나 피곤함에도 잠을 못 자는 각성 상태를 동반하기도 합니다. 산후우울증은 아이에 대한 미칠 것 같은 죄책감, 그리고 무력감에서 시작될 수 있습니다. 그러나 이 시기에 이러한 좌절감과 죄책감은 내가 특별히 못나거나 이상해서 경험하게 되는 감정이 아닌, 부모로서 마음 다지기와 같은 것입니다.

산후우울증은 개인에 따라 다른 방향으로 나옵니다. 하나는 과도하게 긴장하고 예민해져 아이의 작은 울음이나 몸짓에 쉽게 불안하고 초조해지는 형태입니다. 아이가 울음을 쉽게 그치지 않으면 본인이 아이를 충분히 보살피지 못한다는 죄책감에 휩싸이며 좌절감과 우울감이 찾아옵니다. 또한, 이는 자신이 자신에게 혹은 아이에게 해를 끼칠 것 같은 두려움과 불안감을 많이 동반합니다. 다른 형태는 아이가 보채거나 배고파하는 상황에도 아이의 행동에 무관심해지고, 반응이 없어지는 무기력한 상태가 되는 형태입니다. 아이에게 적대적인 감정이 생겨 화가 나거나 폭력적으로 행동하는 경우도 있습니다. 위의 두 가지 반응 모두 자살이나 영아 살해에 대한 생각이나 상상을 동반하기도 합니다. 산후우울증은 절대로 혼자 해결할 수 없습니다. 마음을 다잡고, 주변 가족의 도움을 받기도 하지만 우울감이 생겨 아이에 대한 감정 변화가 일반적이지 않다면 반드시 약물 복용을 병행해야 합니다. 흔히들 우울증 약을 한번 먹으면 약에 의존하게 되거나 평생 먹을 거라고 오해하지만, 대부분의 산후우울증은 3~6개월 정도면 회복하므로 약물을 먹는 시기도 한정적입니다. 치료 시기를 놓치거나 피해서는 안 됩니다.

계속되는 시련이 아닌, 잠시 지나가는 고비임을 잊지 말기

육아의 어려움과 고통을 미리 상상하고 경험자의 이야기를 듣다 보면 과연 내가 해낼 수 있을까 의문이 들고 우울해질 수도 있습니다. 그러나 많은 사람들이 그 힘든 육아를 해내고 가정을 잘 유지하는 이유는 바로 시간이 한정적이고 단계별로 성장하며 나아지는 데 있습니다. 아이가 크는 시기별로 부모의 역할이 달라지고, 그 시간은 생각보다 길지 않습니다. 첫 백일, 그리고 돌까지의 고비가 지나고 나면 부모의 역할이 많이 달라지며 그만큼 아이도 단단해집니다. 잠시 지나가는 시련과 시험임을 잊지 말고, 단단히 마음을 먹으면 됩니다.

'기준'에 대한 강박 버리기

아이를 낳고 보통 4주 뒤 산후우울증 검사를 합니다. 생각보다 수월하게 지나가는 산모도 있지만, 진료실에서 하염없이 눈물을 흘리고 불안해하는 산모도 많습니다. 그런 산모들에게 제가 늘 하는 말이 있습니다. "육아는 학교 시험처럼 점수와 등수가 매겨지는 것이 아닙니다. 100점을 맞아야만 아이에게 해를 안 끼치는 최고의 엄마가 되는 것도 아니고, 90점 맞은 엄마가 95점 맞은 엄마보다 나쁘거나 부족한 엄마인 것도 절대 아니죠. 육아는 운전면허 시험처럼 커트라인이 있고 그 이상만 통과하면 됩니다"고 이야기해줍니다. 100점 만점에 70점 이상이면 누구나 다 운전면허를 딸 수 있는 것처럼 말이죠. 마찬가지로, 육아를 하는 데 있어서 완벽하게 하려고 하거나, 누구보다 잘해야 한다는 강박과 욕심을 버려야 합니다. 운전면허처럼 70점 이상만 해도 아이는 잘 자라고, 이에 따라 부모에게 생긴 여유와 편안함이 아이에게는 더 큰 사랑과 도움이 됩니다. 운전면허 시험처럼 누구나 하고자 하는 의지가 있으면 좋은 부모로서의 자격이 주어지는 것입니다.

가족의 도움이나 지자체, 국가의 제도를 적극 활용하기

'한 아이를 키우려면 한 마을이 필요하다'라는 말처럼 아이를 부모만이 키우는 것은 역부족입니다. 주변에 적극 도움을 청하세요. 양가 부모님이나 형제자매, 상황이 여의치 않다면 지자체에 문의해 활용할 수 있는 도움을 적극 받아야 합니다. 지자체마다 혜택이 조금 다르지만, 아이돌봄 조력자를 보조해주는 등 여러 제도가 개선되고 있습니다. 서울시 일부 자치구에서는 생후 백일부터 돌까지 한 달에 40시간씩 돌봄도우미를 이용할 수 있는 서비스를 6개월부터 최장 9개월까지 해주고 있기도 합니다. 또한 아이의 양육을 도와주는 어린이집 이용 시기에 대해서도 고려해보면 도움이 될 수 있습니다.

아이와 분리될 수 있는 작은 시간을 만들기

성인이 되어 나의 자아를 가지고 살아왔던 시간이 있기에, 당장 아이를 낳은 뒤 계속되는 육아는 당연히 지치고 괴로울 수밖에 없습니다. 상황이 된다면 하루에 한 시간, 안 된다면 일주일에 하루 두 시간만이라도 아이와 같은 공간이 아닌 분리된 공간에서 쉴 수 있고 기분과 생각을 환기시킬 수 있는 시간을 갖는 것이 좋습니다. 아이의 주양육자가 온통 아이에게 매여 있는 상황이라면 부양육자인 다른 가족이 주양육자의 휴식과 환기 시간을 만들어 주어야 합니다. 잠시 아이에 대한 책임

과 의무에서 벗어나 가벼운 마음으로 지친 마음을 다독일 수 있는 휴식이 있어야 더 큰 힘을 낼 수 있습니다.

도움을 요청해야 하는 타이밍 알고 있기

나의 감정 변화와 어려움은 표현하지 않으면 다른 사람은 절대 모릅니다. 그리고 나에게 오는 우울감은 우리 아이에게도 위험한 상황이자 위기입니다. 아이를 위해서라도 주저하지 말고 주변에 도움을 청하고 현재 상태를 알리세요.

도움을 요청해야 하는 타이밍

- 눈물이 이유 없이 흐르고 웃음이 잘 안 나온다.
- 계속 피곤해서 아무것도 할 수 없다.
- 피곤하지만 잠을 잘 수가 없다.
- 도망가고 싶고 궁지에 몰린 것 같은 숨 막히는 감정이 생긴다.
- 아이에게 화가 난다.
- 아이가 울어도 달래주고 싶지 않다.
- 자살 충동이 생긴다.

주변의 도움과 노력에도 호전이 없으면 약물 적극 복용하기

산후우울증은 의지가 약해서, 또는 성격이 예민해서 오는 것이 아닙니다. 세상 사람들이 다 다르듯 나라는 개성을 가진 사람이 또 다른 개성을 가진 사람을 보살피고 키워내는 과정에서 오는 충돌과 충격으로 인해 생기는 것이죠. 우울증의 늪으로 빠지기 전 방향을 돌리거나 누군가가 툭 하고 밀어내주었으면 좋겠지만, 한번 발을 들인 우울증은 혼자의 힘으로는 빠져나오기 힘듭니다. 이미 시작된 감정 변화와 뇌의 화학적 반응은 인간의 자유의지를 떠난 상태로, 적극적인 약물치료로 해결해야 합니다.

서로 격려하고 칭찬할 '마음의 준비'를 하기

산후우울감, 산후우울증이 걱정된다면 긍정적인 마음으로 서로를 격려하고 칭찬할 준비를 해야 합니다. 남들과 비교해서 못 한다고 느끼거나 부족하다고 느끼기 시작하면 불행해질 수밖에 없습니다. 하루하루 포기하지 않고 잘 버텨내고 있음을 칭찬하고 또 칭찬해주어야 합니다.

엄마로서의 역할, 아빠로서의 역할을 포기하지 않고 그 자리에 있는 것만으로도 충분히 대단한 일입니다. 분만 한 달 후 검진은 보통 산모 혼자 오지만, 가끔 남편이 같이 오는 경우도 있습니다. 그럴 때는 남편에게 꼭 아내에게 잘하고 있다고 격려해주고 대단하다, 감사하다 칭찬해주라고 이야기하곤 합니다. 작은 말 한마디가 최고의 영양제가 되어 더욱 튼튼한 가정이 될 수 있기 때문입니다.

에딘버러 산후우울증 검사(EPDS)

산후우울증 체크리스트

현재의 기분이 아니라 지난 7일 동안의 기분을 가장 잘 표현한 대답에 표시해주세요.

1. 우스운 것이 눈에 잘 띄고 웃을 수 있었다.
0점 늘 하던 만큼 그럴 수 있었다.
1점 아주 많이는 아니다.
2점 약간 그러했다.
3점 전혀 그렇지 못했다.

2. 즐거운 기대감에 어떤 일을 손꼽아 기다렸다.
0점 예전만큼 그러했다.
1점 예전만큼은 기대하지 않았다.
2점 예전에 비해 기대하지 않았다.
3점 전혀 기대하지 않았다.

3. 일이 잘못되면 필요 이상으로 자신을 탓해왔다.
0점 전혀 그렇지 않았다.
1점 그다지 그렇지 않았다.
2점 그런 편이었다.
3점 거의 항상 그랬다.

4. 별 이유없이 불안해지거나 걱정이 되었다.
0점 전혀 그렇지 않았다.
1점 거의 그렇지 않았다.
2점 종종 그랬다.
3점 대부분 그랬다.

5. 별 이유없이 겁먹거나 공포에 휩싸였다.
0점 전혀 그렇지 않았다.
1점 거의 그렇지 않았다.
2점 가끔 그랬다.
3점 꽤 자주 그랬다.

6. 처리할 일들이 쌓여만 있다.
0점 평소처럼 일을 잘 감당하였다.
1점 대부분 일을 잘 감당하였다.
2점 가끔 그러했다.
3점 대부분 일을 감당할 수 없었다.

7. 너무나 불안한 기분이 들어 잠을 잘 못잤다.
0점 전혀 그렇지 않았다.
1점 자주 그렇지 않았다.
2점 가끔 그랬다.
3점 대부분 그랬다.

8. 슬프거나 비참한 느낌이 들었다.
0점 전혀 그렇지 않았다.
1점 자주 그렇지 않았다.
2점 가끔 그랬다.
3점 대부분 그랬다.

9. 너무나 불행한 기분이 들어 울었다.
0점 전혀 그렇지 않았다.
1점 거의 그렇지 않았다.
2점 자주 그랬다.
3점 대부분 그랬다.

10. 나 자신을 해치는 생각이 들었다.
0점 전혀 그렇지 않았다.
1점 거의 그런 적이 없었다.
2점 가끔 그랬다.
3점 자주 그랬다.

- 0~8점 : 정상
- 9~12점 : 상담 수준 - 경계선
- 13점 이상 : 심각 - 치료 필요

※ 주의 깊은 진찰이 필요한 경우 : 출산 후 한 달 이상 지났는데 10점 이상

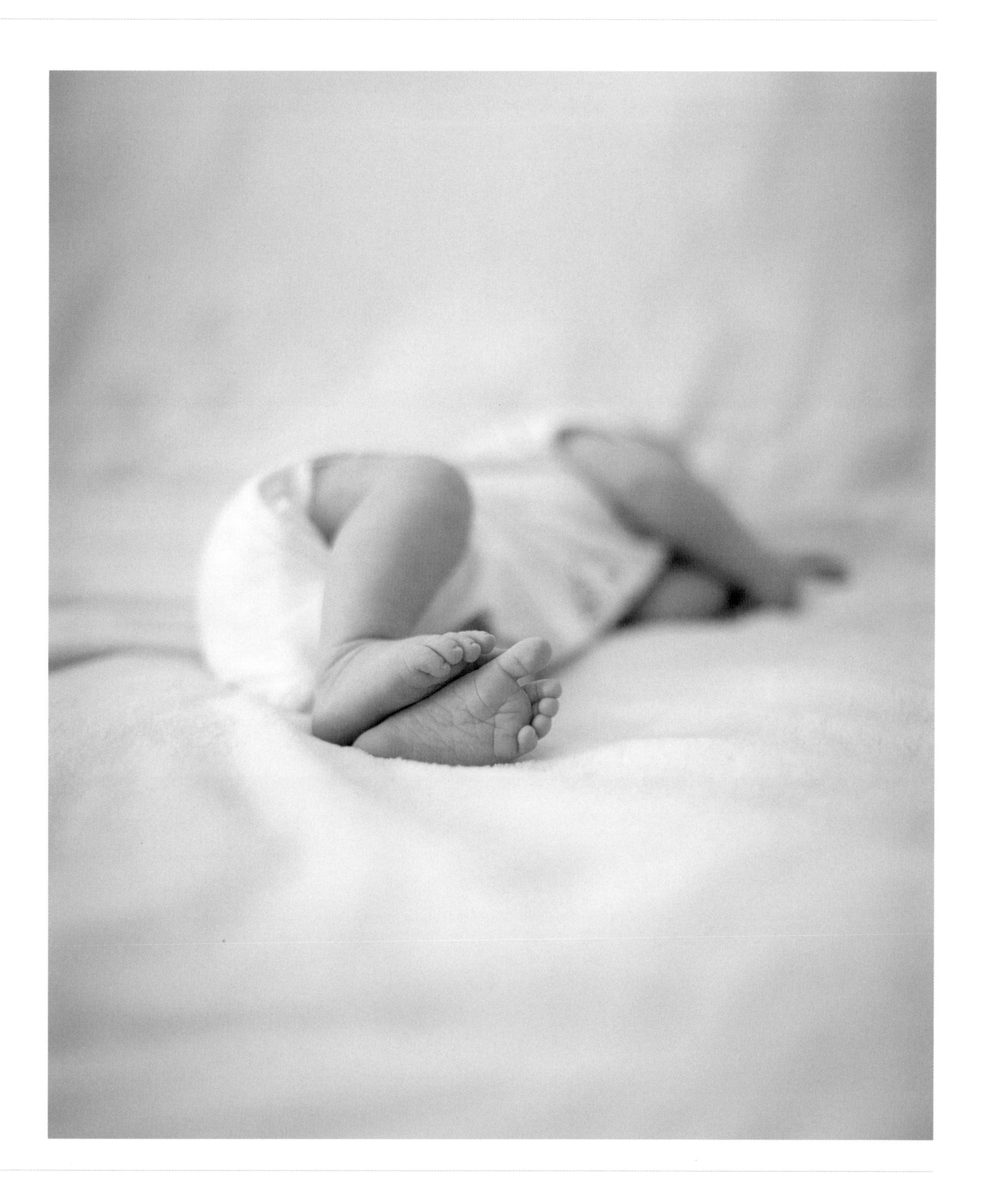

• PART •

2

40주의
임신 기간

· 임신 ·

1

개월

(임신확인)

01

임신 확인

Dr.류's Talk Talk

'임신' 하면 떠오르는 드라마 장면이 하나 있죠?
온가족이 식탁에 둘러앉아 있는데 여주인공이 평소 즐겨먹던 음식 앞에서
갑자기 헛구역질을 하며 화장실로 뛰어가는 모습!
그것을 보고 가족들의 눈이 휘둥그레지면서 기뻐하는…….
정말로 임신을 하면 어느 날 갑자기 음식 냄새 때문에 '욱~' 하고
헛구역질을 하게 될까요?

임신의 신호를 알아차려요

임신임을 알려주는 신호들

임신을 하면 피로감이 증가되며 가만히 앉아 있을 때에도 소화가 안 되는 듯한 더부룩함과 메스꺼움이 발생합니다. 배가 콕콕 찌르듯이 아프거나 쪼이는 듯한 가벼운 복부 통증도 있어요. 소변이 자주 마렵게 되고, 냄새가 없는 유백색의 질 분비물이 증가하게 됩니다.

임신일 수 있어요

1. 생리가 없음
2. 유방에 압통이 생기고 크기가 커짐
3. 피부의 색소 침착
4. 질 점막의 색상 변화

임신테스트기의 원리

난자와 정자가 수정된 수정란이 자궁내막에 착상하기 시작하면서 여성의 몸에는 융모생식샘자극호르몬이 분비되고 이는 소변으로 일부 배출된다. 평균 소변 1mL당 15~20mIU 이상의 융모생식샘자극호르몬이 포함되어 있으면 진단 키트가 이것을 감지하여 두 줄의 양성선이 나타나게 된다. 즉 테스트 후 5분 이내에 두 줄이 나온 경우, 양성이라 판단한다. 임신테스트기에서 두 줄이 나온 경우에 임신이 아닐 확률은 적다. 단, 임신테스트기에 소변을 묻힌 채 장시간 두게 되면 나중에 희미하게 두 줄이 그어지는 경우가 종종 있다. 이러한 경우, 결과는 부정확하다.

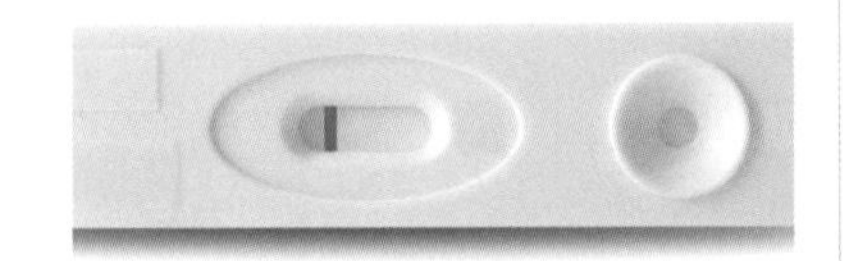

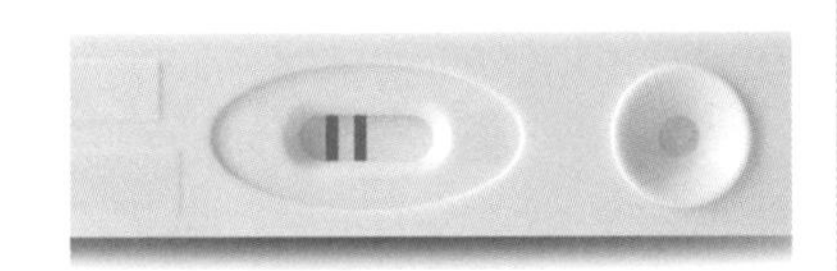

또한 검푸른 색이나 자줏빛 적색으로 질 점막의 색이 변하게 됩니다.

가장 큰 신호, 생리 유무

우리가 임신임을 가장 먼저 눈치 챌 수 있는 건 바로 생리를 하지 않았을 때입니다. 평소 규칙적인 생리를 하는 여성의 경우, 생리예정일이 5~7일 지났는데도 생리가 없다면 임신인지 아닌지 확인을 해볼 필요가 있습니다.

임신을 확인해요

> **Q. 생리는 계속 없는데, 임신테스트기는 음성이에요**
>
> A. 임신테스트기는 소변에 녹아 있는 융모생식샘자극호르몬을 진단 키트가 감지하여 양성, 음성을 판단하는 것이다. 소변이 너무 희석되어 있는 경우 그 결과가 음성으로 표현될 수도 있다. 즉, 물을 아주 많이 마시고 본 소변이나 화장실 다녀온 지 얼마 안 되서 다시 본 소변일 때에는 소변 내 융모생식샘자극호르몬의 농도가 옅어서 음성으로 나올 수 있다. 간혹 테스트기 자체에 문제가 있는 경우도 있다. 따라서 좀 더 확실하게 하기 위해서는 아침 첫 소변, 즉 농축되어 있는 소변을 이용하는 것이 좋다. 그리고 음성 반응이 나오더라도 계속 생리가 없다면 며칠 뒤 다시 아침 첫 소변으로 테스트를 해보거나 가까운 산부인과에 내원하여 정확한 진단을 받아본다.

임신테스트기 사용

약국에서 쉽게 구매할 수 있는 임신테스트기는 임신 진단 시약 테스트가 정식 명칭입니다. 소변을 검사 스틱에 묻혀서 결과를 살펴보는 것이지요. 5분 이내에 스틱에 양성선이 나오면 임신입니다.

소변을 묻히는 부분

혈액 검사

임신 시 우리 몸에서 나오는 융모생식샘자극호르몬을 직접 혈액을 통하여 알아보는 검사입니다. 정확하게 임신 여부를 파악할 수 있고 또 초음파에서 임신낭이 안 보이는 경우에는 정상 임신인지 혹은 자궁외임신인지 등을 판가름하는 주요한 방법이기도 합니다. 보통 혈액 속 융모생식샘자극호르몬 농도가 2000~3000mIU/mL 정도가 되면 초음파로 동그란 아기집이 보이기 시작합니다. 혈액 검사를 통한 호르몬 농도와 초음파 소견을 비교하여 정상자궁 내 임신 초기인지 아니면 자궁외임신인지를 감별할 수 있어요.

초음파 검사

임신을 했으면 초음파 검사로 자궁내막 안에 동그란 아기집이 확인됩니다. 보통 임신 5주경, 직경 1cm 정도의 동그란 아기집이 확인되며 융모생식샘

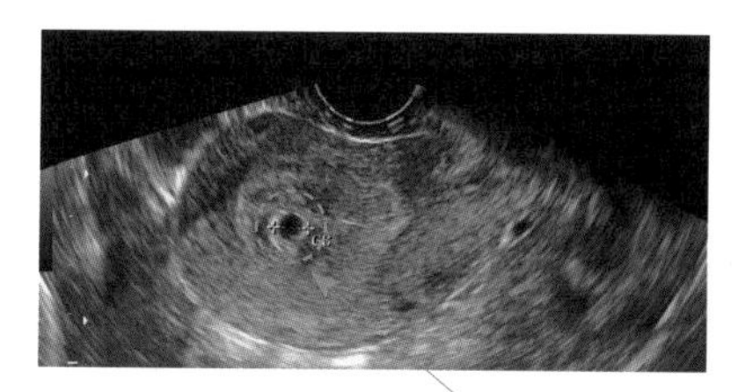

아기집

> **TIP 임신 융모생식샘자극호르몬**
>
> 나팔관에서 수정이 된 난자와 정자는 수정란이 되어 세포분열을 거듭하며 자궁 안으로 들어오게 된다. 자궁 안으로 들어온 수정란은 안정적인 곳으로 자리를 잡으며 착상을 준비한다. 착상 이후에는 태반형성에 관계된 조직에서 융모생식샘호르몬 분비를 시작한다. 이 호르몬은 태반이 엄마의 자궁 안에서 잘 자리 잡도록 도와주며 난소에서 임신을 유지할 수 있게 해주는 황체호르몬이 분비되도록 촉진하는 중요한 역할을 한다. 착상하는 날부터 분비되기 시작하여 하루에 두 배 이상 급격히 증가하게 되고, 임신 8~10주경에는 그 농도가 최고점에 이른다. 이후 10~12주경부터 그 농도가 감소하여 태반이 완성되고 안정화된 16주 이후에는 낮은 농도로 일정 수준을 유지한다. 혈액 속에서 증가된 융모생식샘자극호르몬은 일부 소변으로도 배출되며 이를 감지하는 검사가 소변으로 하는 임신테스트 검사이다.

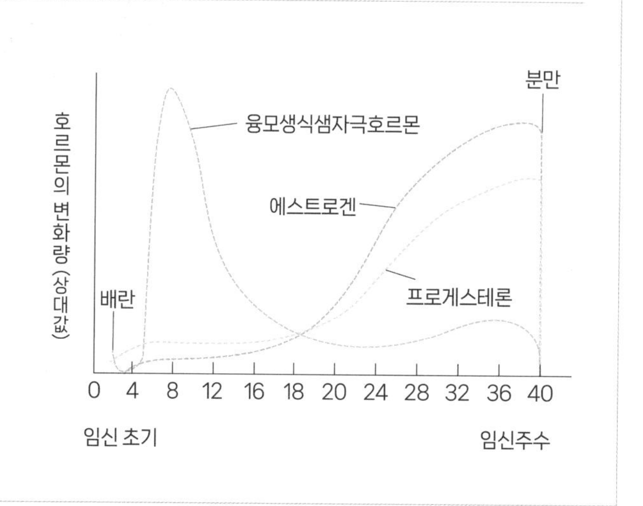

자궁외임신 확인

임신 5주 정도 되면 초음파 검사를 했을 때 동그란 아기집g-sac이 자궁내막 안에서 보여야 한다. 그런데 자궁외임신은 말 그대로 자궁 밖에서 임신이 된 것으로 아기집이 자궁내에서 보이지 않는다. 대신 난관이나 난소 등 자궁 외에서 아기집이 보일 수 있다. 또한 임신 6주 정도의 임산부가 초음파를 봤는데 자궁내막 안에서 아기집이 안 보이고 나팔관이나 난소 쪽에도 특이사항이 없을 때에는 혈액으로 융모생식샘자극호르몬 검사를 한다. 이 호르몬의 수치가 2000~3000mIU/mL 정도가 되면 보통 아기집이 자궁내막 안에서 보인다. 하지만 자궁외임신은 융모생식샘자극호르몬 수치가 오르는 정도가 낮아서 아기집이 어디에도 잘 안 보이는 것이다. 자궁외임신인데 아기집이 보이려면 정상 임신보다 훨씬 더 오래 걸린다. 호르몬 상승 폭이 정상 임신과는 다르게 천천히 상승되기 때문이다. 따라서 혈액 검사와 초음파 검사 소견을 비교하여 판단하게 된다.

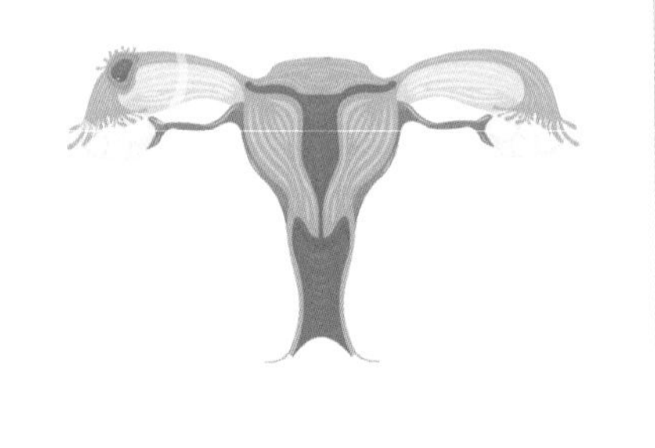

쇄석위자세

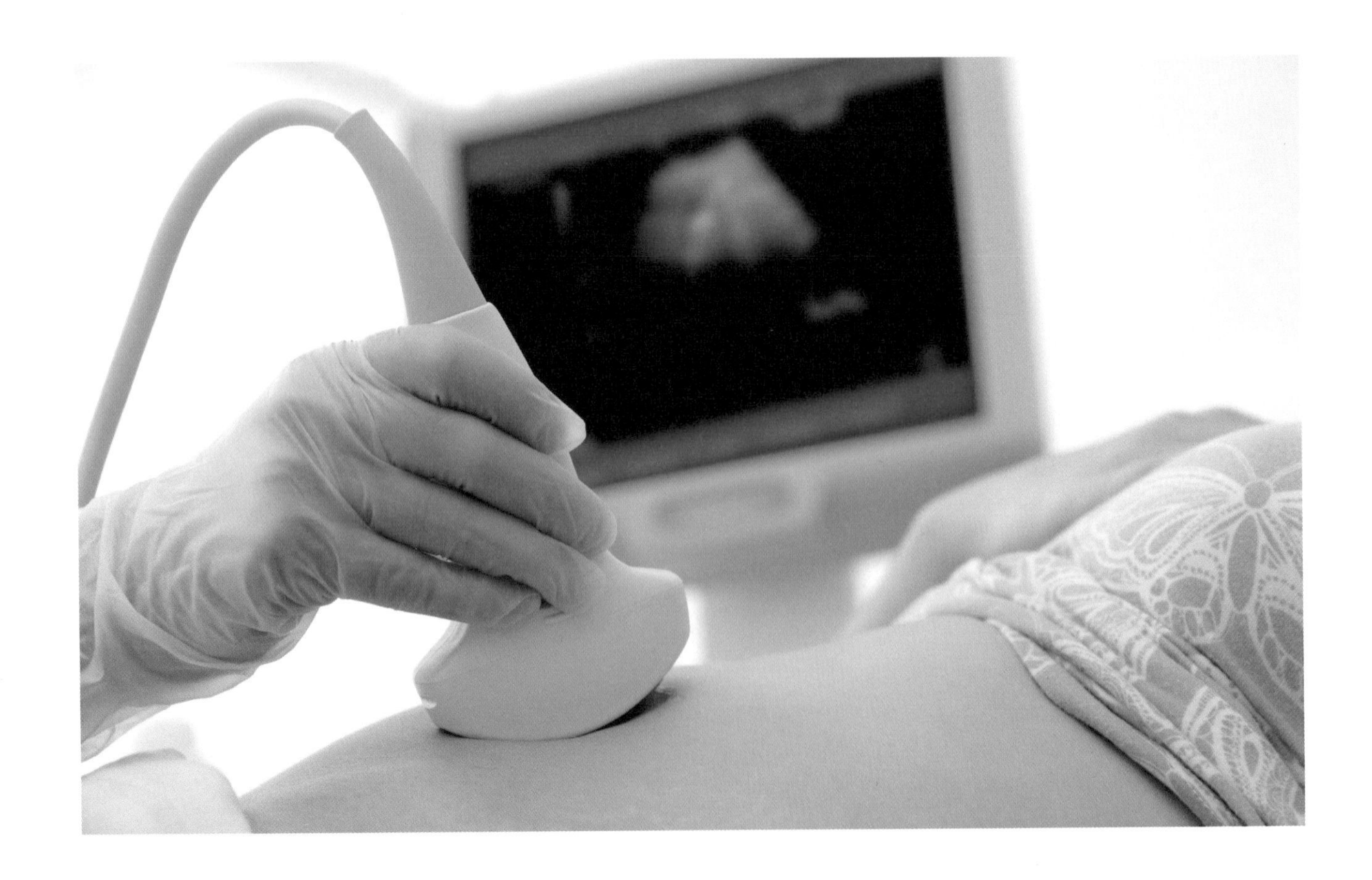

자극호르몬이 2000~3000mIU/mL 일 때 초음파에서 아기집이 보이기 시작합니다. 임신 5주 이전에 병원에 내원한 경우에는 초음파에서 아기집이 잘 보이지 않아요.

경질 초음파

경질 초음파 검사는 상체를 약간 위로 올린 상태에서 쇄석위 자세를 취하고 질 내로 초음파 탐촉자를 삽입하여 시행합니다. 복강, 골반강 내에 존재하는 액체를 자궁 뒤쪽 공간으로 모아 자궁의 형태를 관찰하기 쉬우며, 자궁 외임신, 융모막하 출혈 등 미세한 골반 내 소견 확인이 용이하여 임신 초기에는 보통 경질 초음파를 많이 하게 됩니다.

복부 초음파

복부 초음파 검사는 임산부가 천장을 보고 똑바로 누운 상태에서 배에 초음파 탐촉자를 대고 시행합니다. 임신 초기부터 후기까지 복부 초음파를 통해 태아 크기 및 양수량을 확인할 수 있습니다.

초음파 종류

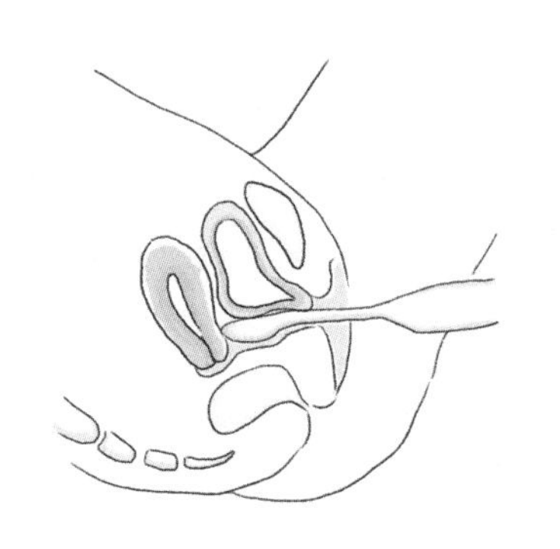

경질 초음파
질 내로 탐촉자 삽입

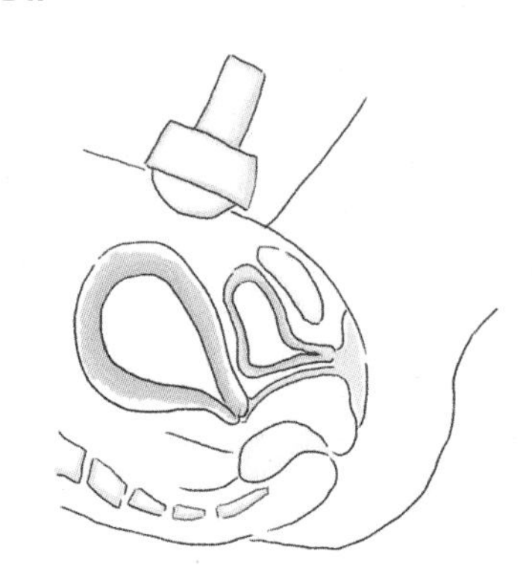

복부 초음파
누운 상태로 배에 탐촉자 대고 시행

TIP 초음파

초음파란 초당 20~20,000회 이상의 파동을 가지는 음파, 소리에너지를 말한다. 초음파를 우리 몸속으로 투과시키면 그 음파에너지가 산란과 흡수 현상을 일으킨다. 산란되는 음파에너지는 구조물에 반사되어 되돌아오고 되돌아온 반사음영을 전기적 신호로 전환시켜 구조물의 모양을 알 수 있다. 즉 초음파를 통해 볼 때 음파가 흡수되는 물은 검은색, 음파가 반사되는 뼈나 지방조직은 하얀색을 띠게 된다.
임신 시 초음파를 통해 아기 형태와 크기, 양수량을 계측할 수 있는 바로 이러한 원리를 이용하기 때문이다. 또한 방사선동위원소를 이용하는 X-ray, CT 등과 다르게 초음파 검사는 단순 순수 소리파동 에너지를 이용한 검사이므로 태아에는 아무런 영향이 없다.
가끔 초음파 검사가 태아에게 스트레스를 주는 게 아닌지 궁금해하는 분들이 있는데 초음파 검사 자체는 태아에게 직접적인 위해성은 없다. 단 초기 심장박동 소리를 듣는 것은 스트레스를 줄 수도 있으니 걱정스럽다면 이 시간을 줄이도록 한다.

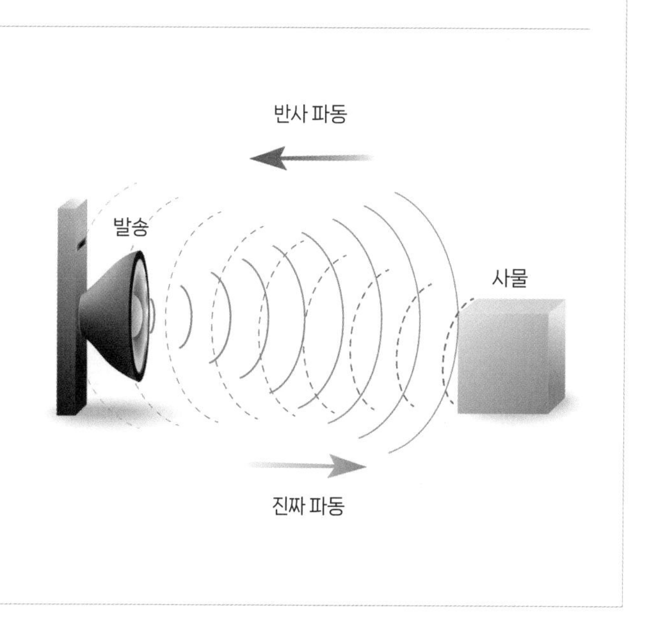

초음파 사진 보기

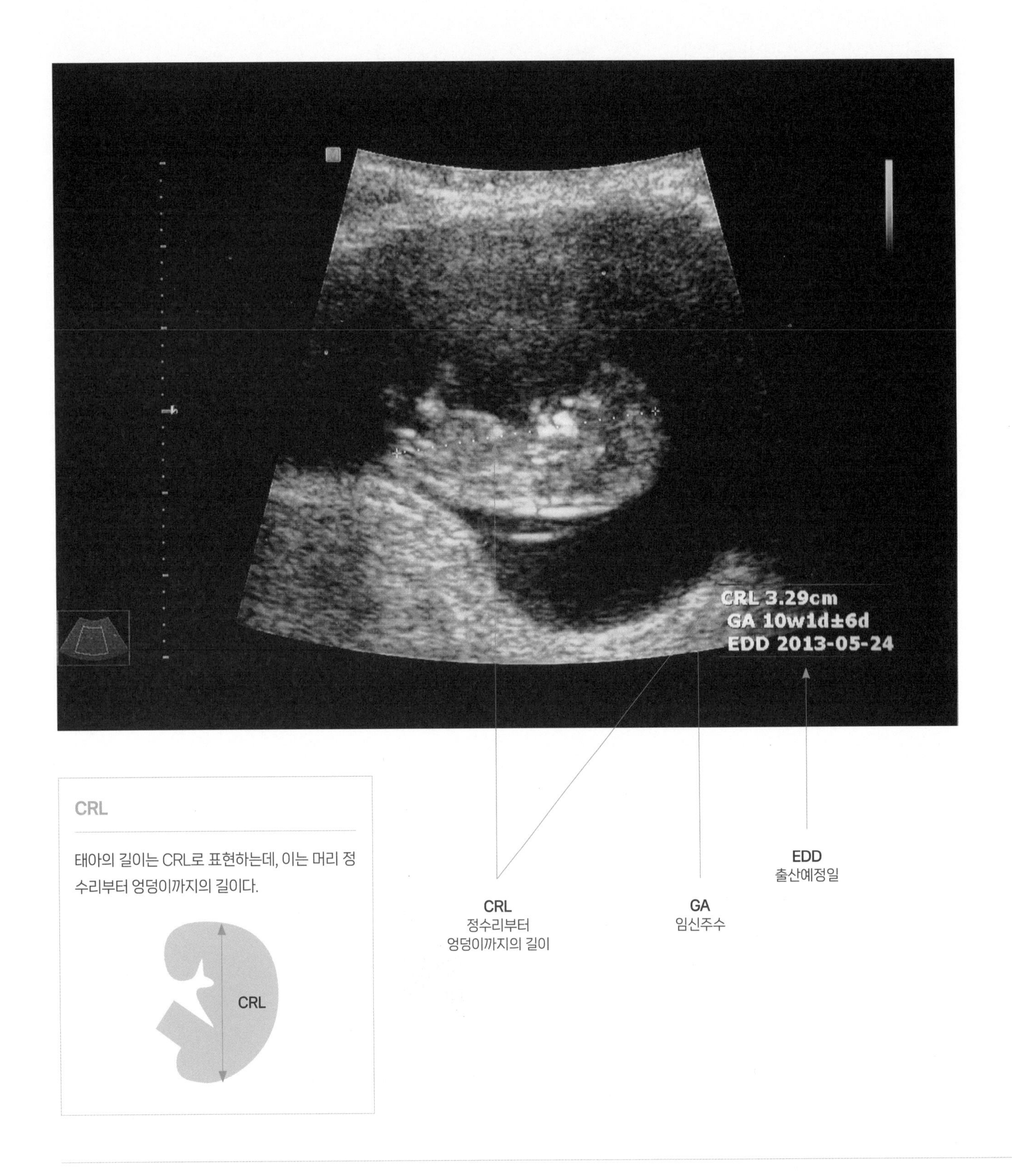

CRL

태아의 길이는 CRL로 표현하는데, 이는 머리 정수리부터 엉덩이까지의 길이다.

시기별 태아 길이 측정

임신 1분기(14주 이전)

머리 끝 정수리부터 엉덩이 끝까지 길이 측정

임신 2분기 이후

태아의 머리 가로 단면 길이 측정
복부 단면 둘레 길이 측정
허벅지 다리뼈 길이 측정

몸무게 추정

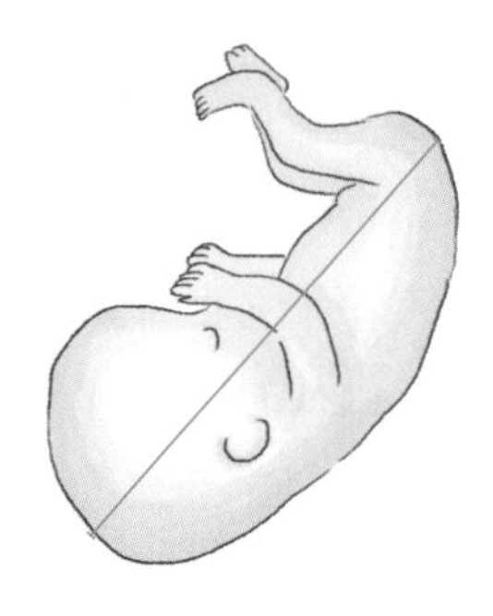

정수리부터
엉덩이 끝까지 길이 측정

산부인과 방문

Dr.류's Talk Talk

임신테스트기에 선명한 두 줄!
여러 가지 몸의 신호를 미루어보아 임신인 것 같을 때 당장이라도 병원으로 달려가
"임신입니다"라는 말을 듣고 싶을 거예요. 그런데 이렇게 산부인과에
바로 가는 게 좋을까요? 아니면 느긋하게 있다가 가도 될까요?
정답을 먼저 말하자면 '너무 빨리도 너무 늦게도 가면 안 된다'입니다.
왜 그런지 그 이유는 지금부터 알아봅시다.

산부인과 방문은 언제가 좋을까요?

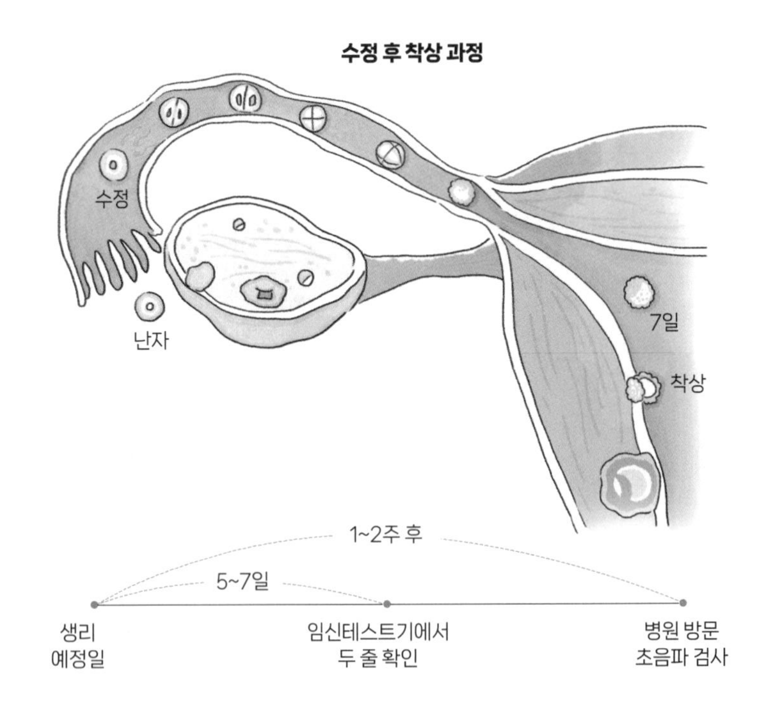

산부인과 방문 적당한 시기

가장 적절한 시기는 생리예정일이 1~2주 정도 지났을 때입니다. 보통 임신테스트기에서 두 줄을 확인하면 빨리 산부인과에 가서 몸 안에 생긴 아기집을 보고 싶어 합니다. 하지만 바로 병원에 가면 아기집을 확인할 수 없습니다. 그래서 일주일 뒤에 재방문하라는 요청을 받을 수도 있어요.

아기집의 발견

보통 수정란은 수정 후 5일이 지나야 자궁 안쪽으로 들어와서 자리를 잡기 시작해요. 이렇게 자리를 잡는 과정을 '착상'이라고 하지요. 착상을 하여 세포분열을 거듭하여 아기집을 만들고, 그 안에 난황낭과 아기가 생기게 됩니다. 이러한 과정은 보통 착상 후 2~3주 정도 걸려요. 임신테스트기에 양성이 나와도 눈으로 보는 초음파로는 아기집이 안 보일 수 있습니다. 따라서 초음파를 통해 아기집이 확인이 되는 시기는 수정 후 3주

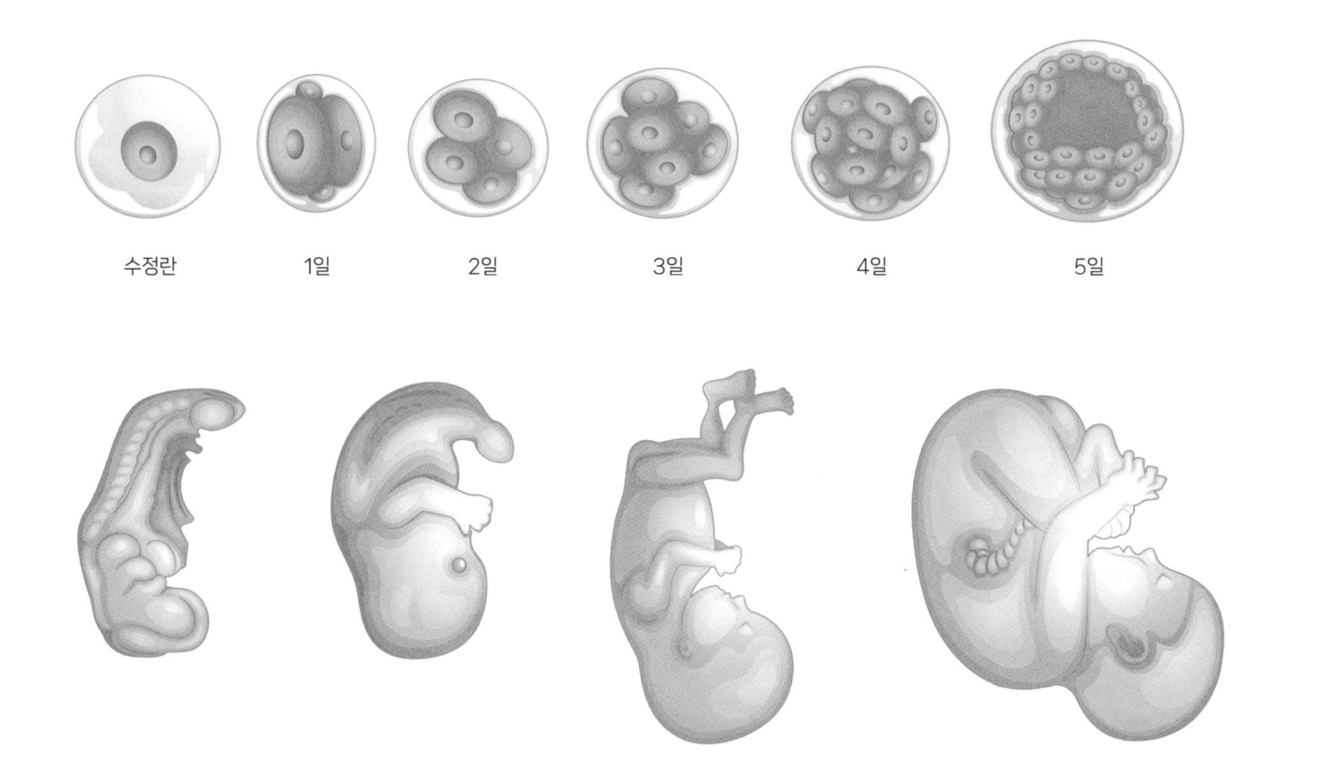
수정란
1일
2일
3일
4일
5일

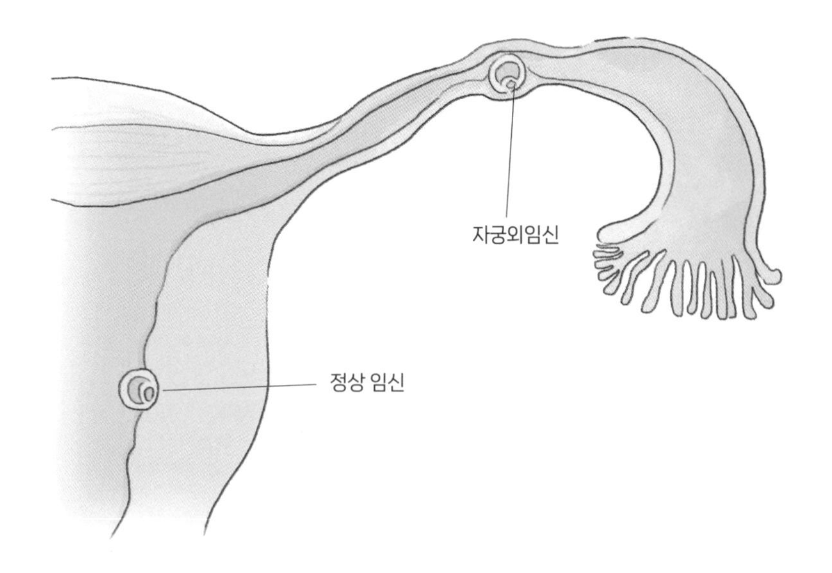

이상, 임신 5주 이후부터입니다.

보통 생리 28일 주기를 가지는 여성이 임신을 했다면 본인의 생리예정일 일주일 이후에 병원에 가면 초음파를 통해 자궁내막 안쪽 동그랗고 까만 아기집을 볼 수 있습니다. 즉 본인의 생리예정일 이후 1~2주 사이에 병원에 가는 것을 추천합니다.

아기집 초음파

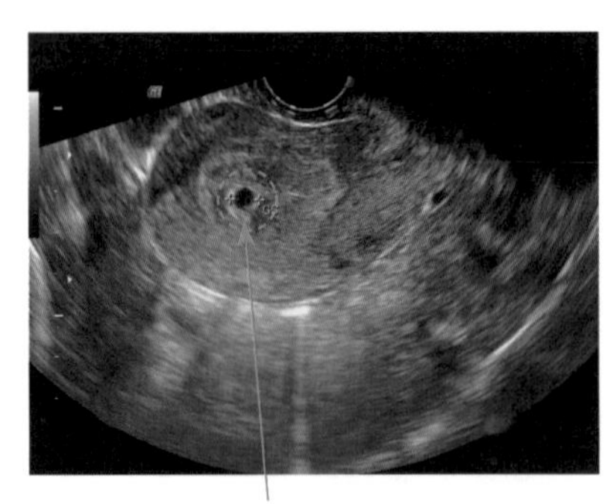

정상 임신이 아닐 때가 있어요

자궁외임신

임신이 되면 대부분 자궁 안쪽으로 아기집이 자리를 잘 잡지만 간혹 자궁각이나 난소 난관 등에 자리를 잘못 잡는 아기집이 있을 수 있습니다. 이러한 경우를 '딴곳임신' 또는 '자궁외임신'이라 말합니다. 정상 임신과 마찬가지로 임신에 의한 여러 가지 몸의 변화를 동반하며 소변 검사에서도 양성으로 확인이 됩니다.

자궁외임신의 위험성

자궁외임신도 주수가 지나면 점점 커지게 되고 어느 정도 이상 커지면 난관이나 난소 파열을 일으킬 수 있어요. 이러한 난소 난관 파열은 짧은 시간 내에 많은 출혈을 야기하고, 순식간에 배안이 피로 가득 차게 돼요. 이로 인해 과다 출혈이 생기고 쇼크 상태가 일어날 수도 있으며, 극심한 복통과 어지러움, 구토, 출혈 증상 등이 동반될 수 있습니다. 그리고 출혈이 계속해서 이어진다면 결국 생명을 앗아갈 수도 있어요. 따라서 생리예정일이 지나도 생리가 없다면 적어도 10일이 지나기 전에는 꼭 임신테스트기로 테스트를 하고, 임신테스트 후 2주 이내에는 가까운 산부인과를 방문하여 정상적인 자궁 내 임신인지 확인해보는 것이 좋습니다.

임신확인증

임신확인증은 대개 임신 6주 이후, 태아가 확인이 되고 태아의 크기로 분만예정일을 추정할 수 있을 때 발급한다. 임신 초기 아기집은 있지만 태아 몸체가 확인이 되지 않은 상태는 정확한 분만예정일을 추정하기 힘들기 때문에 임신확인증을 발급해주지 않는다.

국민행복카드

임신, 출산 진료비 지원 혜택으로 임신이 확인된 신청자에게 100만 원(다태아일 경우 추가로 40만 원 지급)을 지급해주는 제도가 있다. 산부인과에서 임신확인증을 받으면 신분증을 가지고 관련 기관을 방문하여 국민행복카드를 발급받을 수 있다. 카드 수령 후부터 분만예정일 이후 2년까지 사용할 수 있고, 이 기간 내에 사용하지 않으면 금액은 자동 소멸된다.
발급 기관 : 국민은행, 신한은행, 국민건강보험공단지사, 카드사(BC카드, 삼성카드, 롯데카드)

TIP 산부인과 방문 시 알아야 할 것

병원을 선택할 때 고려사항

1. 임신 확인부터 분만까지 쭉 이어서 진료받을 수 있는 병원인지 확인해야 한다.

분만실을 운영하려면 꽤 큰 규모의 시스템이 유지되어야 하기 때문에 분만실을 운영하지 않는 산부인과도 상당히 많다. 따라서 분만까지 할 수 있는 병원인지 미리 확인하는 것이 중요하다.

2. 생활근거지와의 접근성을 고려해야 한다.

임신 중에는 예기치 않은 출혈, 배뭉침 등의 증상이 있을 수 있다. 이럴 때 언제든지 내원할 수 있는 가까운 거리의 산부인과가 좋다.

3. 응급상황에 대한 대처 능력을 갖춘 병원인지 확인해야 한다.

임신과 출산 과정에는 개개인에 따라 변수도 많고 위험한 상황이 급작스럽게 발생할 수도 있다. 365일 24시간 중 어느 때라도 예상치 못한 순간에 충분히 대처할 수 있을 만한 대비가 된 병원을 선택한다.

4. 본인에게 맞는 병원을 찾아야 한다.

대학병원은 모든 과의 최전선으로 규모도 크고 최신 치료법과 풍부한 의료진이 상주하는 곳이다. 하지만 위험요소가 없는 일반 산모에게는 오히려 본인이 누려야 할 임신과 출산 과정의 즐거움이나 권리보다 불필요한 절차와 과정을 겪어내야 하는 곳이기도 하다. 처음부터 대학병원을 무조건 가기보다 일차 병원을 통해 주치의와 상의하여 필요하다는 판단이 내려지면 그때 대학병원에 가는 것이 좋다.

5. 본인이 즐거울 수 있는 병원을 다녀야 한다.

산부인과는 임신과 출산을 함께 해나가는 곳이다. 1년 이상의 시간을 보내며 산모와 태아의 상태에 대해 누구보다 더 깊이 알게 되는 곳인 셈이다. 본인이 궁금하거나 하고 싶은 이야기를 잘할 수 있고 병원에 있을 때 편안하고 즐거울 수 있는 병원을 선택한다.

6. 기본에 충실한 병원이어야 한다.

화려한 겉모습이나 시설보다는 기본적인 원칙에 바탕을 두고 진료가 이루어지는지, 산모의 의견이 잘 반영이 되는지, 검사와 설명, 치료와 절차 등이 명료한지 등 기본에 충실한 병원이 가장 좋은 병원이다.

산부인과 내원할 때 고려사항

1. 예약이 가능하다면 최대한 '예약진료'를 활용한다.

병원마다 예약 시스템이 다르지만, 예약진료를 시행하는 곳이라면 미리 예약을 해두고 병원에 간다. 산부인과 진료는 변수가 없는 한 대개 일정한 패턴으로 이루어진다. 임신 초기는 1~2주 간격, 임신 중기에는 한 달 간격, 임신 후기에는 다시 2주 간격으로 내원을 하게 된다. 본인의 스케줄을 보고 편하게 다닐 수 있는 시간을 정해서 일정한 패턴으로 예약을 한다. 그러면 정기적으로 태아 상태를 체크할 수 있고 좀 더 효과적으로 모니터하게 된다. 또한 산부인과에서 기다리며 허비하게 되는 시간도 최소화할 수 있다.

2. 토요일은 피한다.

바쁜 직장인들은 어쩔 수 없지만, 평일에 방문이 가능하다면 평일 시간대를 이용한다. 어느 병원이나 마찬가지겠지만 토요일은 평소보다 찾는 임산부들이 많은 편이다. 그래서 대기 시간도 길어지기 쉽다. 궁금한 점이나 하고 싶은 이야기를 다 못하게 될 때도 많다. 또한, 초음파를 보는 시간도 짧아질 수 있다.

3. 진료 보기에 편안한 복장으로 간다.

산부인과는 질 초음파나 하복부 초음파 검사를 시행하게 된다. 따라서 원피스를 입을 경우 아래에서부터 옷을 다 걷어 올려야 하며 초음파를 볼 때 적합한 자세가 나오기 힘들다. 상하의가 분리되어 있는 옷, 치마라면 폭이 넓은 옷을 입고 방문한다.

4. 평소 불편했거나 궁금했던 점이 있으면 꼭 메모해간다.

병원에 내원하면 아무래도 의사의 주도 하에 대화가 이루어지게 된다. 그러다 보면 질문에 답하는 형식으로 말을 하게 되고 본인이 하고 싶었던 이야기를 깜빡하여 못하고 돌아오는 경우가 종종 생긴다. 진료하기 전 질문사항을 미리 메모해서 진료 시 체크하며 물어본다.

임신주수 및 출산예정일 계산

Dr.류's Talk Talk

가끔 허니문베이비임에도 불구하고 속도위반으로 가진 아기가 아니냐고
의심받을 때가 있습니다. 왜 이런 오해가 생기는 것일까요?
바로 임신주수 계산을 제대로 하지 못해서입니다. 흔히 말하는 임신주수는
수정이 된 날을 임신의 시작이라고 보는 것이 아니라 수정란이 된 난자가
난포에서 커지기 시작하는 날을 임신의 시작이라고 봅니다.
그러니 당연히 임신주수가 헷갈릴 수밖에 없겠죠?

임신주수와 출산예정일을 계산해보아요

임신주수 계산하기

임신의 총 기간은 임신 전 마지막 생리주기의 첫째 날로부터 대략 280일, 혹은 40주 정도입니다. 예를 들어 '임신 6주'라는 말은 수정 후 6주가 아닌, 수정 후 4주 정도인 셈이에요. 생리가 시작하는 날은 새로운 아기의 후보인 난포가 커지기 시작하는 첫날입니다. 이날부터 커진 난포는 대략 2주 후 배란을 하고 정자와 만나 수정란을 이루게 되는 것입니다. 임신주수는 아기가 만들어질 난포가 처음 활동하기 시작한 날을 기준으로 합니다.

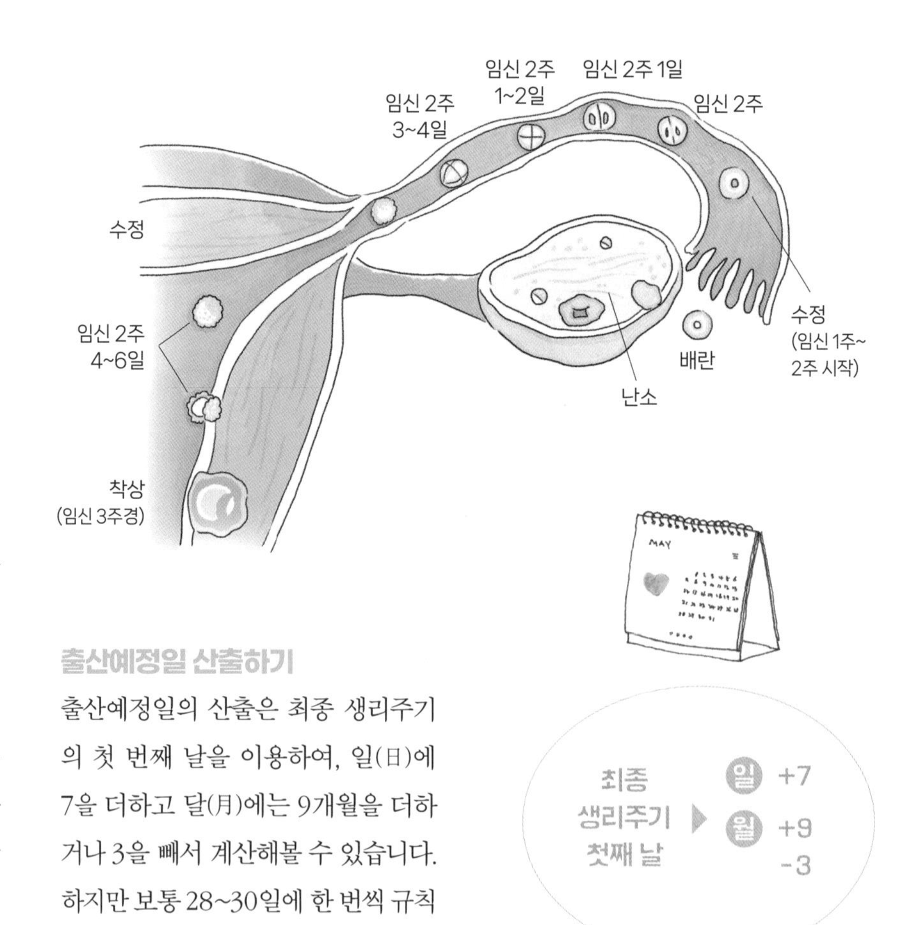

출산예정일 산출하기

출산예정일의 산출은 최종 생리주기의 첫 번째 날을 이용하여, 일(日)에 7을 더하고 달(月)에는 9개월을 더하거나 3을 빼서 계산해볼 수 있습니다. 하지만 보통 28~30일에 한 번씩 규칙적으로 생리를 했던 사람의 경우에는

최종 생리주기 첫째 날 ▶ 일 +7 / 월 +9 -3

이러한 계산법이 맞지만 평소 생리주기가 불규칙했다면 이 계산법이 실제 임신주수와 많이 다를 수 있습니다. 가장 정확한 것은 초음파를 통해 초기 태아의 크기를 재서 임신주수를 평가하는 방법이에요. 실질적으로 마지막 생리일을 이용한 출산예정일보다는 태아 크기를 이용한 출산예정일 산출이 좀 더 정확한 주수측정법입니다.

예 **최종 생리주기 8월 20일~25일**
생리주기 첫 번째 날 : 20일

월 : 8월-3=5월
일 : 20일+7=27일
출산예정일 : 5월 27일

예 **최종 생리주기 1월 30일~2월 4일**
생리주기 첫 번째 날 : 30일

월 : 1월+9=10월
일 : 30일+7=37일
(31을 제하고 다음 달로 넘어가서)
출산예정일 : 11월 6일

임신 분기를 알아보아요

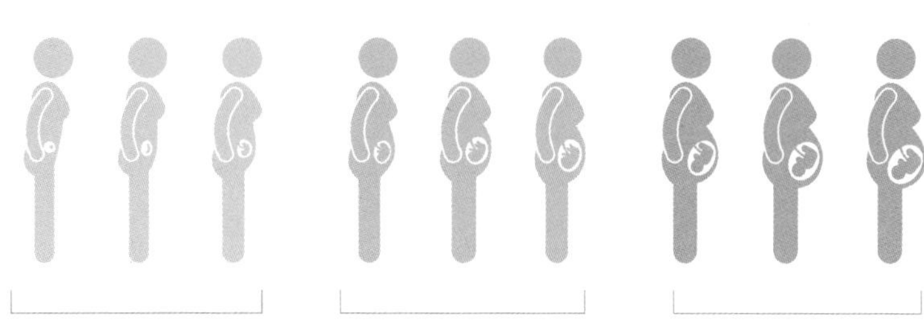

임신 1분기
최종 생리 첫날부터 14주까지

임신 2분기
임신 15~28주

임신 3분기
임신 29~42주

임신의 1, 2, 3분기

임신은 크게 1분기, 2분기, 3분기로 나뉘며, 각 분기별로 주의사항이나 해야 할 검사가 다릅니다. 임신 1분기는 최종 생리 첫날부터 14주까지, 임신 2분기는 임신 15주에서 28주, 임신 3분기는 임신 29주에서 42주까지입니다.

출산예정일표(위 날짜가 최종 생리주기 첫째 날/아래 날짜가 출산 예정일)

1월	1	2	3	4	5	6	7	8	9	10	11	12	13	14	15	16	17	18	19	20	21	22	23	24	25	26	27	28	29	30	31	1월
10월	8	9	10	11	12	13	14	15	16	17	18	19	20	21	22	23	24	25	26	27	28	29	30	31	1	2	3	4	5	6	7	11월
2월	1	2	3	4	5	6	7	8	9	10	11	12	13	14	15	16	17	18	19	20	21	22	23	24	25	26	27	28				2월
11월	8	9	10	11	12	13	14	15	16	17	18	19	20	21	22	23	24	25	26	27	28	29	30	1	2	3	4	5				12월
3월	1	2	3	4	5	6	7	8	9	10	11	12	13	14	15	16	17	18	19	20	21	22	23	24	25	26	27	28	29	30	31	3월
12월	6	7	8	9	10	11	12	13	14	15	16	17	18	19	20	21	22	23	24	25	26	27	28	29	30	31	1	2	3	4	5	1월
4월	1	2	3	4	5	6	7	8	9	10	11	12	13	14	15	16	17	18	19	20	21	22	23	24	25	26	27	28	29	30		4월
1월	6	7	8	9	10	11	12	13	14	15	16	17	18	19	20	21	22	23	24	25	26	27	28	29	30	31	1	2	3	4		2월
5월	1	2	3	4	5	6	7	8	9	10	11	12	13	14	15	16	17	18	19	20	21	22	23	24	25	26	27	28	29	30	31	5월
2월	5	6	7	8	9	10	11	12	13	14	15	16	17	18	19	20	21	22	23	24	25	26	27	28	1	2	3	4	5	6	7	3월
6월	1	2	3	4	5	6	7	8	9	10	11	12	13	14	15	16	17	18	19	20	21	22	23	24	25	26	27	28	29	30		6월
3월	8	9	10	11	12	13	14	15	16	17	18	19	20	21	22	23	24	25	26	27	28	29	30	31	1	2	3	4	5	6		4월
7월	1	2	3	4	5	6	7	8	9	10	11	12	13	14	15	16	17	18	19	20	21	22	23	24	25	26	27	28	29	30	31	7월
4월	7	8	9	10	11	12	13	14	15	16	17	18	19	20	21	22	23	24	25	26	27	28	29	30	1	2	3	4	5	6	7	5월
8월	1	2	3	4	5	6	7	8	9	10	11	12	13	14	15	16	17	18	19	20	21	22	23	24	25	26	27	28	29	30	31	8월
5월	8	9	10	11	12	13	14	15	16	17	18	19	20	21	22	23	24	25	26	27	28	29	30	31	1	2	3	4	5	6	7	6월
9월	1	2	3	4	5	6	7	8	9	10	11	12	13	14	15	16	17	18	19	20	21	22	23	24	25	26	27	28	29	30		9월
6월	8	9	10	11	12	13	14	15	16	17	18	19	20	21	22	23	24	25	26	27	28	29	30	1	2	3	4	5	6	7		7월
10월	1	2	3	4	5	6	7	8	9	10	11	12	13	14	15	16	17	18	19	20	21	22	23	24	25	26	27	28	29	30	31	10월
7월	8	9	10	11	12	13	14	15	16	17	18	19	20	21	22	23	24	25	26	27	28	29	30	31	1	2	3	4	5	6	7	8월
11월	1	2	3	4	5	6	7	8	9	10	11	12	13	14	15	16	17	18	19	20	21	22	23	24	25	26	27	28	29	30		11월
8월	8	9	10	11	12	13	14	15	16	17	18	19	20	21	22	23	24	25	26	27	28	29	30	31	1	2	3	4	5	6		9월
12월	1	2	3	4	5	6	7	8	9	10	11	12	13	14	15	16	17	18	19	20	21	22	23	24	25	26	27	28	29	30	31	12월
9월	7	8	9	10	11	12	13	14	15	16	17	18	19	20	21	22	23	24	25	26	27	28	29	30	1	2	3	4	5	6	7	10월

임신 확인과 걱정들

Dr.류's Talk Talk

하루에도 수백 번씩 입에 달고 살았던 그 이름, 엄마.
내가 누군가의 엄마가 된다니, 기쁨이 몰려오지만 동시에 잘해낼 수 있을까
막연하게 불안함도 생길 것입니다. 특히 임신을 확인하기 전에 했던 행동들이
태아에게 해롭진 않았을까 걱정도 되겠지요.
임신임을 확인한 산모들이 가장 많이 묻는 질문들을 모아보았습니다.

그동안 술을 많이 마셨는데 괜찮을까요?

임신 초기 음주

임신을 확인하는 순간, 임신인 줄 몰랐던 기간에 한 행동과 먹었던 것을 곰곰이 떠올리고 경악하는 임산부들이 많습니다. '회식이 있었는데' '친구들과 술을 마셨는데' 등 떠오르는 여러 기억들은 임산부들을 불안감에 휩싸이게 만들곤 하지요.

all or none의 시기

수정 후 1~2주까지는 'all or none'의 시기입니다. 이는 전혀 영향을 받지 않는다는 말인데, 좀 더 자세히 설명하자면 일정량 이하일 때는 전혀 반

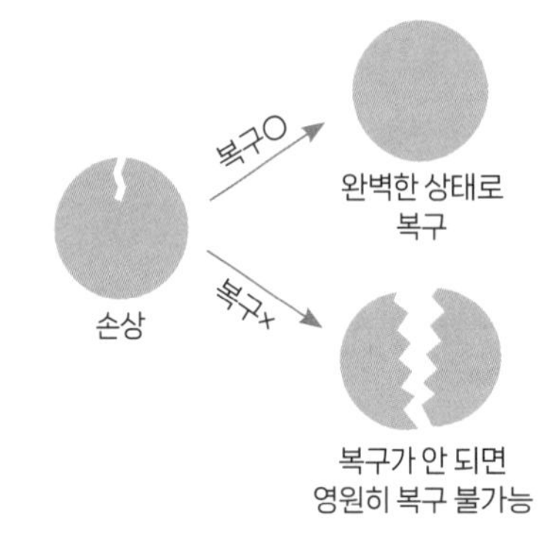

상처가 남은 채로
어설프게 있지 않음!

응이 없고 일정 한계치 이상이 되면 최대로 나타난다는 의미예요. 즉 이 시기의 수정란은 여러 단계의 세포분열을 거쳐 착상을 하고 다음 단계로 넘어갈 준비를 합니다. 만약 이 시기에 독성물질에 다량 노출이 되어 세포에 큰 손상을 받으면 배아기 상태에서 더 이상 성장하지 못하고 소멸하게 돼요. 자연유산으로 이어지게 되는 거죠. 하지만 독성물질에 소량 노출되어 일부 세포들이 손상을 받았고 나머지 대부분의 세포가 그 손상 받은 세포를 잘 보완해주어 다음 단계로 넘어간다면 일부 세포 손상은 이후의 합병증이나 후유증을 남기지 않습니다. 그러므로 배란일 전이나 배란일 즈음, 그리고 임신인지 확인하지 못했던 배란일로부터 1~2주 안에 마신 술은 'all or none'인 셈입니다. 임신인 줄 몰랐던 시기에 술을 마셨지만 다행히 임신테스트에서 양성이 나오고 초음파에서 작은 아기집이 보였다면 그때부터 술을 마시지 않도록 합니다.

무시무시한 태아알코올증후군

폭음과 폭주는 소중한 수정란이 자궁 안에서 착상하려는 순간 큰 손상을 주

어 그대로 사라지게 할 수도 있습니다. 가끔 "임신 9개월인데 와인 한두 잔, 맥주 한두 잔은 괜찮지 않을까요?"라고 질문하는 산모들이 있어요. 임신을 확인한 순간부터는 알코올의 종류에 관계없이 모든 술은 금해야 해요. 알코올은 신생아 정신지체를 일으키는 원인 중 유전적 원인 다음으로 높은 빈도를 나타냅니다. 임신 중 만성적인 알코올 섭취는 신생아의 성장 및 정신지체, 안면기형, 신경계기형이 발생하는 '태아알코올증후군'의 원인이 됩니다. 이외에도 콩팥, 심장, 근골격근 등의 다양한 기형에 관여할 수 있어요. 더욱이 태아알코올증후군은 알코올 노출 정도의 최소 용량을 알 수 없으며 산전에 미리 진단하기 어렵습니다. 만성적으로 계속적인 음주를 한 경우에도 태아알코올증후군이 발생할 수 있지만 횟수는 적어도 폭음을 했다든지, 적은 양이라도 지속적으로 섭취한 경우에 발생할 수 있어요. 소수의 알코올에 노출이 되었는데도 태아알코올증후군과 유사한 안면기형과 신경계기형 발생이 보고가 된 적이 있습니다. 따라서 '한두 잔쯤이야' 하는 방심에 태아는 예상치 못한 큰 손상을 입을 수 있다는 점을 알아야 해요. 임신 중 술은 절대 마시지 않도록 합니다.

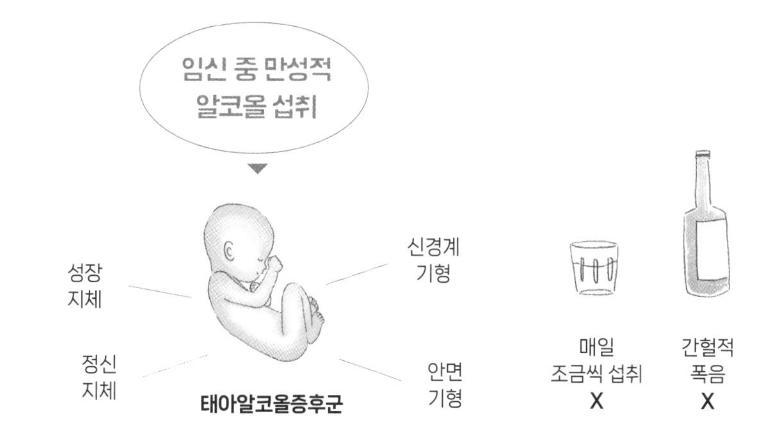

나이가 많은데 괜찮을까요?

고령임신

요즘 여러 가지 경험을 쌓으며 직장이란 곳에 들어가기까지 대학 졸업 후 짧게는 5년, 길게는 10년 가까이 시간이 필요합니다. 어느 정도 안정된 시기에 결혼과 출산을 계획하다 보니 최근 초산모의 연령은 20대 후반에서 30대 초로 변하였으며 만 35세 이상의 고령초산모의 비중도 점점 늘어나고 있어요. 흔히 출산 당시 나이가 만 35세 이상일 경우를 고령임산부라고 말합니다.

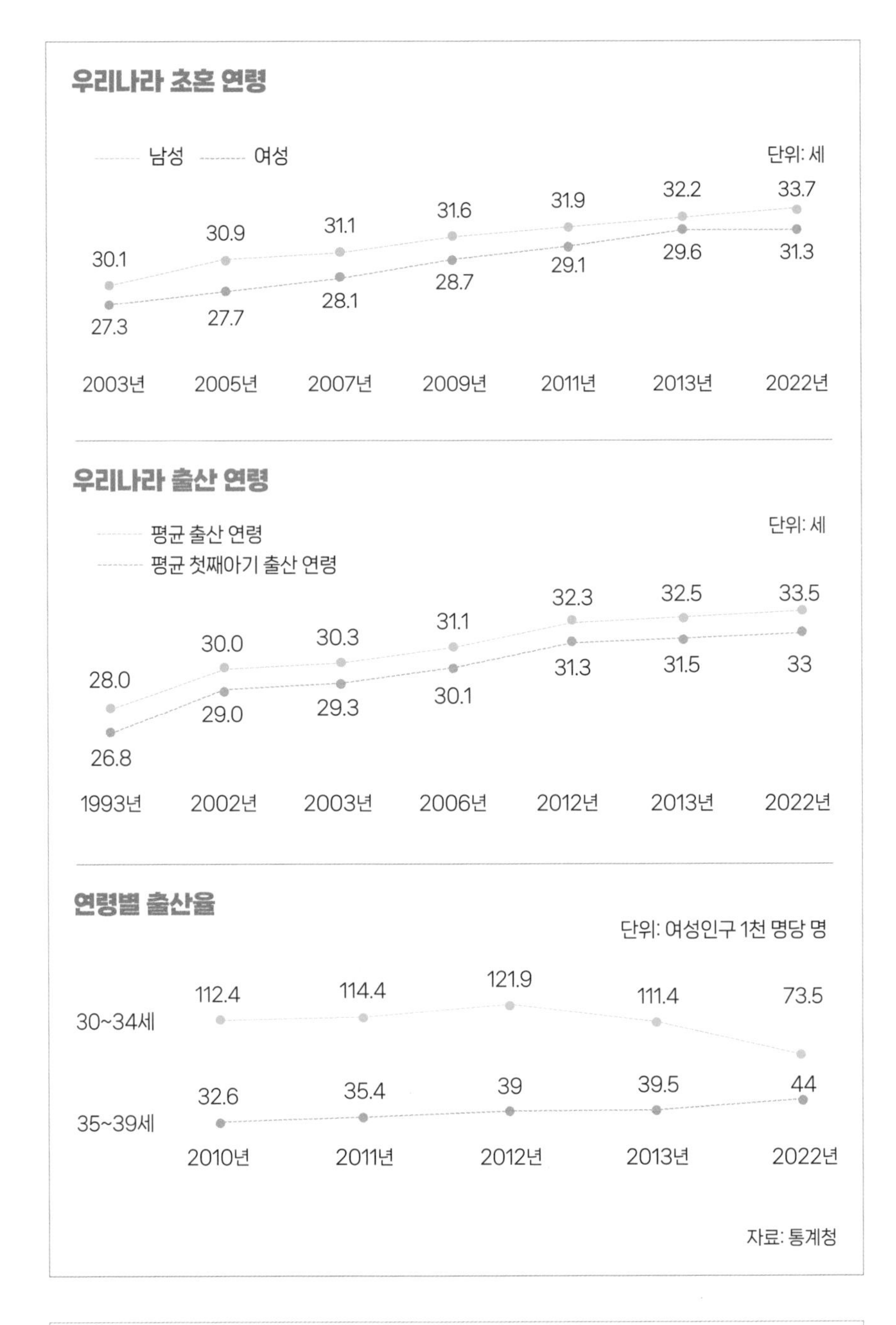

고령임산부의 걱정

고령임산부는 고혈압, 임신중독증, 당뇨병, 제왕절개분만, 저체중아, 조산, 신생아 이환과 사망률의 발생 빈도가 높아요. 하지만 이러한 합병증은 비단 고령일 때만 생기는 문제는 아닙니다. 고령이라고 해서 모든 고령산모에게 생기는 문제가 아닌 통계적인 숫자에 불과합니다. 따라서 늦은 결혼에 따른 분만과 출산, 생길 수 있는 문제점 때문에 임신을 주저할 필요는 없습니다. 충분한 산전관리와 함께 합병증의 조기발견, 적절한 치료로 얼마든지 안전한 임신과 출산을 할 수 있어요(고령임산부는 50쪽 참고).

고령임신

- 고령산모라면 오메가3 복용이 임신중독증 예방에 도움이 된다.
- 40세가 넘는 산모라면 임신 12주 전후로 저용량 아스피린 복용이 임신중독증 예방에 도움이 된다.
- 40세가 넘는 산모는 갑작스런 자궁내 태아 사망 등의 위험 확률이 있을 수 있어 40주 전에 분만을 하는 것이 좋다.
- 고령 초산모는 분만 시 근육의 이완이 잘 안되고, 복부 압력이 약해 자연분만 성공률이 떨어진다. 아이가 크다면 계획적인 제왕절개술을 권한다.

X-ray를 찍었는데 괜찮나요?

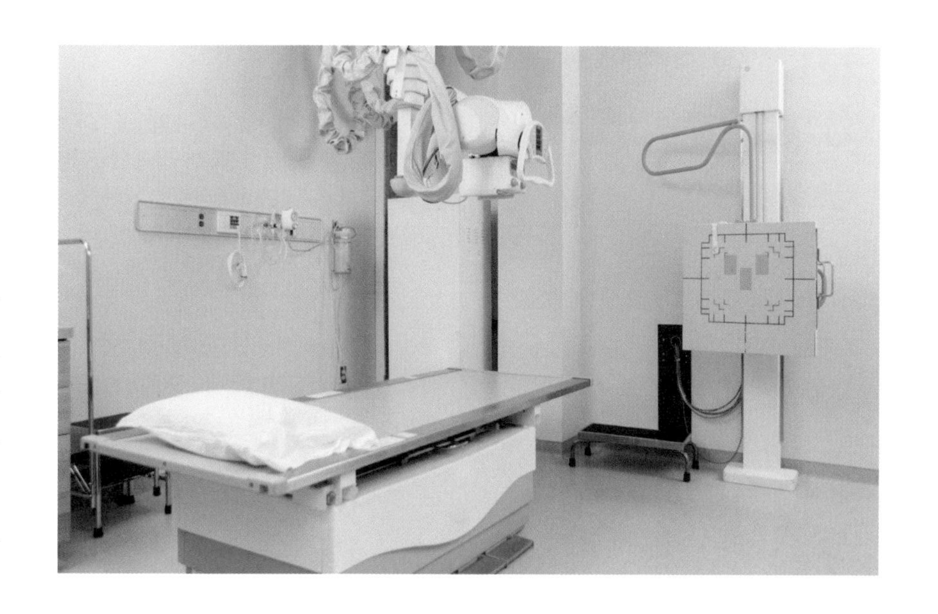

X-ray

"임신인 줄 모르고 건강검진을 받아서 흉부 X-ray를 찍었어요." "임신 25주인데 발목을 다친 것 같아요. 발목 X-ray 찍어도 되나요?"라고 묻는 임산부들이 많습니다. X-ray 촬영 시 투과되는 방사선에 의해서 우리 몸은 세포손상을 받을 수 있어요. 이는 배 속에 있는 아기에게 치명적인 결과를 가지고 오기도 하지요. 하지만 우리가 살고 있는 이 지구상에도 외계로부터 유입되거나 자연상에 존재하는 방사선 물질이 있기 때문에 일정 수준 자신도 모르게 항상 방사선에는 노출이 되고 있습니다. 그럼 이러한 일상적인 방사선 외에 직접적으로 전자기파를 우리 몸에 투과시켜 사진을 찍는 X-ray의 경우 얼마나 큰 방사선에너지가 몸에 조사되는 것일까요?

X-ray가 태아에게 미치는 영향

X-ray 조사량은 결국 그 노출 시기와 누적량과 상관이 있습니다. 임신 8~15주 사이가 방사선 노출에 가장 취약하며, 25주까지도 가급적 피하는 것이 좋아요. 단 임신 8주 미만, 25주 이상에서는 방사선 노출로 태아에게 위험성이 증가된다는 보고는 없습니다. 또한 방사선에너지의 총 누적량이 5rad 이하에서는 태아에게 위험이 증가한다는 근거가 없어요. 한 번의 흉부 X-ray로 우리 몸에는 0.07mrad 정도의 방사선이 조사됩니다. 즉 1rad=1000mrad이므로 70,000번 이상의 엄청난 흉부 X-ray 촬영이 있어야, 문제가 되는 것이에요.

임신인 줄 몰랐던 경우 노출된 한두 번 방사선 촬영이 태아에게 직접적인 위해를 가하지는 않습니다. 복부에 직접 조사되는 복부 X-ray는 100mrad입니다. 임신임을 알고 난 뒤에는 꼭 필요할 때에만 방사선 촬영을 하고 방사선 촬영 납복을 착용하여 배로 조사되는 방사선량을 최소화하면 됩니다.

X-ray 방사선 노출

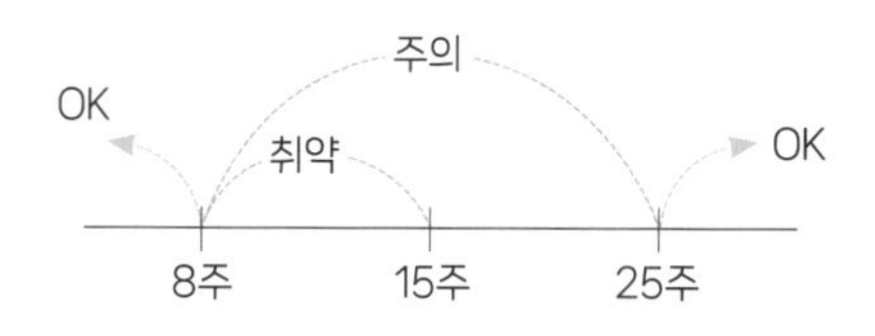

병원에서 사용되는 방사선 촬영과 방사선 조사량

- 흉부 X-ray 1회 : 0.02~0.07mrad
- 엉덩관절 X-ray 1회 : 200mrad
- 복부 X-ray 1회 : 100mrad
- IVP 1회 : 1rad
- 유방 X-ray 1회 : 7~20mrad
- 복부 CT, 요추 CT 1회 : 3.5rad

※ 초음파나 자기공명 단층촬영법(MRI)은 태아에게 부작용을 초래하지 않습니다.

엽산을 안 먹고 있었는데 어쩌죠?

엽산 복용

임신 초기 산모에게 필요한 영양소는 '엽산'입니다. 엽산은 폴산folic acid이라고 불리는 비타민의 일종으로 비타민9, 혹은 비타민M으로 분류되는 수용성 비타민의 일종이에요. 엽산은 적혈구 생성에 관여할 뿐만 아니라 DNA에서 단백질이 만들어지는 과정에 필요한 핵산 생성에 관여하고, 신경계 전달 물질인 노르에피네프린과 세르토닌 생산에 중요한 역할을 해서 임신 중 태아 뇌 발달과 척수액 구성에 영향을 줍니다. 만약 엽산이 부족하게 되면 피로나 무기력을 느끼고 태아의 척추이분증, 무뇌증과 같은 신경관 결손증이나 큰적혈모세포빈혈의 원인이 되기도 합니다.

Q. 입덧이 심해서 엽산을 못 먹겠는데 어떻게 하나요?

A. 임신 초기 엽산제 복용이 입덧을 더욱 심하게 만드는 경우가 있다. 엽산제 복용 후 심한 메스꺼움과 구토감을 느낀다면, 잠시 미뤄도 된다. 우리가 일상적으로 먹는 녹색 채소에 엽산이 풍부하기 때문에 이전에 신경관 결손아를 낳은 적이 있거나, 심한 영양결핍상태의 고위험군으로 특별관리가 필요한 경우가 아니라면 따로 먹지 않아도 괜찮다. 엽산 복용은 '필수'가 아닌 '권고'인 셈이다.

Q. 임신 1분기가 끝났는데 엽산제가 남았어요. 어떻게 해야 할까요?

A. 엽산제는 조혈작용에도 도움이 되는 수용성 비타민의 일종이다. 엽산제가 중요한 임신 제1분기 이후에도 엽산제는 계속 복용해도 된다. 철분제와 함께 복용하도록 한다.

필요한 엽산량

평소 가임기 여성의 필요량은 400㎍ 정도입니다. 임신 시에는 600㎍으로 그 필요량이 증가하게 돼요. 보통 일상적인 식사로 섭취되는 엽산의 양은 200㎍이기 때문에 임신 중에는 하루 400㎍의 추가적인 엽산제의 섭취가 권고됩니다.

엽산이 부족한 임산부

엽산 복용 시기

임신을 계획하고 있는 여성이라면 적어도 임신 한 달 전부터 임신 제1분기(임신 14주)까지 하루에 엽산 400μg을 복용해야 합니다. 실제로 미국산부인과학회에서 이전에 신경관 결손의 경험이 있는 여성을 대상으로 임신 시 요구량의 10배인 4mg을 임신 1개월 전부터 임신 3개월까지 복용시킨 결과 신경관 결손의 재발률이 감소되었다는 것을 확인하였어요. 즉, 이전 신경관 결손증의 기왕력이 있는 고위험군에서는 섭취용량을 4mg으로 10배 이상 늘려서 섭취할 것이 권고되었습니다. 이외에도 만성적인 흡연과 알코올 남용, 영양이 부족한 식사를 하는 경우에도 만성적인 엽산 결핍 상태가 지속될 수 있어요. 이런 경우에도 엽산 요구량을 늘려서 섭취하면 됩니다.

엽산의 선택

임신 시 엽산단독제제를 이용할 수도 있고 복합비타민제제에 엽산이 포함되어 있는 것으로 엽산을 보충할 수도 있어요. 단 다른 비타민제에 혼용되어 있는 경우 엽산 자체의 용량을 확인해야 하고 엽산의 양이 부족하다면 비타민제를 두 배로 먹지 말고 따로 엽산제 처방을 받아 복용해야 합니다.

임신을 했을 때는 거의 대부분의 비타민 요구량이 증가합니다. 따라서 이에 대한 보충이 필요하지만 지용성 비타민인 비타민A의 과용 섭취는 오히려 기형아를 유발할 수 있어요. 따라서 복합비타민제제의 경우 그 복용법을 엄수하여 복용해야 합니다. 이외에도 엽산은 주로 곡물, 딸기, 넓은 잎 채소, 브로콜리 등에 많이 포함되어 있어요. 신선한 채소 위주의 식사를 하면 태아 발달에 더 좋습니다.

임신과 엽산

건강한 여성이 임신을 확인하기 전에 미리 엽산 복용을 못했다고 문제가 생기는 것은 아닙니다. 하지만 과거 신경관 결손아를 낳은 경험이 있거나 영양 불균형 상태가 있는 경우라면 임신을 준비하기 전부터 엽산을 복용할 것을 권고합니다.

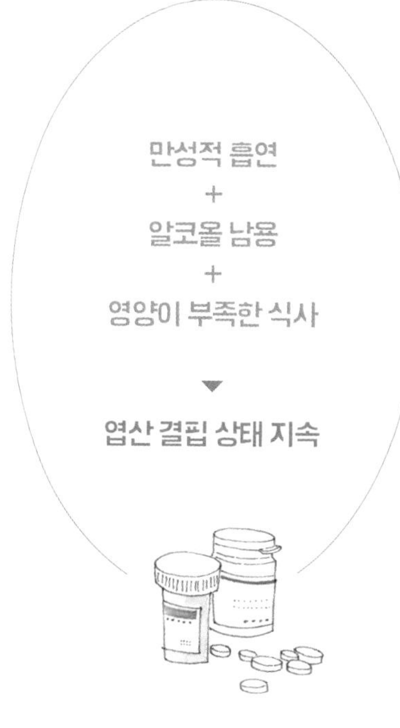

05

임신 중 응급 상황

Dr.류's Talk Talk

한 초기 산모가 직화구이 고깃집에서 고기를 먹고 난 뒤, 연기가 자욱한 곳에서 고기를 먹었는데 혹시나 배 속 아기에게 문제가 생긴 것은 아닌지 불안한 마음에 한밤중 병원에 내원한 적이 있습니다. 아차 하는 마음과 불안한 마음이 충분히 이해가지만, 응급 상황은 아니지요. 반면, 다른 만삭 산모는 태동이 며칠 전부터 감소한 것 같았으나 '괜찮겠지' 하는 마음으로 정기 진료일에 병원에 내원하였다가 아이를 잃는 슬픔을 겪은 분도 본 적이 있습니다. 응급상황을 인식하지 못해 벌어진 일이지만, 정말 안타까웠습니다. 어떤 순간이 병원에 바로 내원해야 하는 응급 상황일까요?

초기부터 후기까지 알아두면 도움이 돼요

임신 초기(임신~10주)

열

보통 인플루엔자 같은 상기도감염이나 신우신염 등의 요로감염이 있으면 열이 많이 납니다. 그러나 그 외에도 열이 나는 상황은 매우 다양합니다. 하지만 열이 난다는 것은 우리 몸에 염증 반응이 있는 뜻입니다. 즉 임신 중 열은 그 원인을 꼭 확인해볼 필요가 있습니다. 단순한 감기나 요로감염인지, 아니면 정말 자궁 내 감염과 관계되는 발열반응은 아닌지 반드시 확인하고 치료를 받아야 합니다. 또한, 열 자체가 굉장히 위험한 발달기형의 원인이 됨으로 열이 많이 올라가지 않도록 적절한 조치를 취해야 합니다. 특히 임신 초기는 가장 민감한 시기로, 이 시기의 발열은 척추이분증이나 무뇌아 같은 신경관 결손으로 이어질 수도 있으니 더욱 조심해야 합니다.

보통 사람의 체온은 활동량, 주변 환경 등에 영향을 받기에 때에 따라 계속 변하며 36~37.7도를 정상 범주로 봅니다. 새벽에 가장 체온이 낮아지며 밤에는 가장 체온이 올라가지요.

산모는 임신 초기 체온이 많이 상승해서 일반인보다 0.25~0.5도 올라가며 체온이 38.3도 이상이 되면 열이 나는 것으로 판단, 열을 떨어뜨리기 위한 해열제 복용을 해야 합니다. 또한, 본인이 느끼기에 열과 함께 동반되는 증상이 있거나 컨디션이 떨어지면서 체온이 38도로 체크되면 일단 병원에 내원해볼 것을 추천합니다.

출혈

임신 초기는 태반형성이 막 이루어지고 있는 시기로, 착상이 불안정하여 태반 내 피고임이나 묻어나는 출혈이 종종 동반됩니다. 그래서 대부분의 산모가 임신 초기 미세한 출혈을 경험하는데요. 그렇다면 어느 순간에 병원에 바로 내원해야 하는 것일까요?

1. **500원짜리 동전 두 개 이상의 출혈**

출혈량이 확연하게 있는 경우입니다. 아주 미세한 주황색 분비물을 출혈이라고 생각해서 오는 산모도 생각보다 많습니다. 팬티에 붉은색의 선혈이 2cm 이상 묻어나 있을 때에는 병원에 바로 내원해보는 것이 좋습니다.

2. 묻어나는 출혈이 이틀 이상 지속되는 경우

'착상혈일까?' 살짝 묻어나는 출혈이 어제 있었을 경우입니다. 출혈량이 작고 배도 편안해서 일단 집에서 지켜보았으나, 오늘도 어제처럼 소량의 출혈이 지속되는 경우에는 병원에 바로 내원해보는 것이 좋습니다.

3. 하복부 통증과 동반되는 출혈

아랫배가 당기듯이 혹은 쥐어짜듯이 아프면서 묻어나는 출혈이 있다면 병원에 바로 내원해보는 것이 좋습니다. 하복부 불편감과 통증은 조금 차이가 있는데요. 통증은 그 불편한 정도가 10점 만점에 4점 이상이 되는 경우로 보는 것이 좋습니다.

임신 중기 (10주~28주)

열

열은 임신 중기 이후에도 가장 조심해야 하는 상황입니다. 동반되는 감염병이나 열과 관련될 수 있는 원인을 꼭 찾아보아야 하죠. 흔하지는 않지만 자궁 내 감염이 있는 경우도 열이 날 수 있는데 적절한 항생제와 염증을 치료하지 않으면 위험한 상황이 생길 수 있습니다.

묻어나는 출혈

이 시기는 매우 안정적인 시기로 출혈이 잘 일어나지 않습니다. 따라서 안정기가 시작된 10주 이후에 출혈이 있다면 소량이어도 병원에 내원해서 확인해보는 것이 좋습니다.

자궁내감염, 태반 이상이 있는 경우 출혈이 있을 수 있기 때문에 출혈의 원인이 태아의 안전을 위협하는 출혈인지, 아니면 태아와 관계없는 자궁경부 쪽의 미란이나 용종, 외음부와 관련되는 출혈인지 확인해보고 원인에 따라 적절한 조치를 받아야 합니다.

하복부 통증

임신 중기는 자연스런 배뭉침이 나오는 시기가 아닙니다. 그럼에도 너무 쉽게 배가 뭉치거나 아랫배에 통증이 있다면 내원해서 원인을 확인해보는 것이 좋습니다.

임신 후기(29주~분만)

태동 감소

7주경 신경계와 근육이 연결되면 서서히 움직임이 시작되고 10주경 태아는 손발을 움직이고 반사적인 전신운동을 합니다. 16주에 이르면 자연스럽게 움직일 수 있게 되고 보통 20주에 이르면 산모가 태동을 느끼기도 합니다. 개인에 따라서 태동을 느끼는 시기가 다양한데, 보통 20~24주경 첫 태동을 경험하게 됩니다. 태아가 성장을 하게 되면 주변의 소리, 엄마의 몸 상태에 따른 다양한 환경에 즉각적인 반응을 하게 되고 뇌가 활성화되면서 움직임의 범위가 커지고 활발해집니다. 따라서 임신 후반기에는 계속적인 태동을 느끼게 됩니다. 태아가 잠시 잠드는 시간인 20여 분을 감안한다고 하더라도 한 시간에 태동이 적어도 4~5회 정도는 있게 되는데, 이것보다 더 적다면 반드시 병원에 내원해보는 것이 좋습니다.

태동이 감소했다는 것은 배 속 아기가 운동할 힘이 없다는 뜻이고, 운동할 힘이 없어진 이유는 자궁 내 환경이 태아 성장에 적절하지 않다는 뜻으로 위험한 상황을 예고하는 것이기 때문입니다. 따라서 태동 감소가 있다면 병원에 반드시 내원하여 현재 배 속 태아 상태와 자궁 내 환경이 아이가 자라는 데 적절한 상황인지 확인해볼 필요가 있습니다.

고열

임신 중 어느 시기든 39.5도 이상의 열은 뇌와 심장의 발달에 안 좋은 영향을 미칩니다. 특히 최근에는 임신 중 태아가 고열에 노출되는 빈도와 자폐 발생 빈도가 관계될 수 있다는 연구 결과가 보고되기도 하였습니다. 미국 콜롬비아 보건대학원 호니히 박사 연구팀이 임신 중기 이후 고열을 경험한 산모와 자폐 발생과의 빈도를 비교한 연구에서 산모가 고열을 세 번 이상 경험한 경우 자폐 발생 위험도가 3.12배로 높아졌다고 합니다. 열이 나면 반드시 해열제를 복용하여 열이 더 오르지 못하도록 빠르게 조치해야 하며, 열의 원인에 대해 반드시 병원에 내원하여 확인하고 상담받는 것이 중요합니다.

반복적으로 지속되는 하복부 통증

하복부가 조였다 풀렸다 하는 규칙적인 배뭉침이 있다면 누구나 조기진통을 의심해보아야 합니다. 경우에 따라서는 허리 통증으로 오는 경우도 있습니다. 또한, 규칙적인 것 같지는 않으나 너무 쉽게 자주 배가 뭉치는 것 같은 경우에도 조기진통의 가능성이 있기에 병원에 내원해보는 것이 좋습니다.

두통 & 시야 흐림

임신중독증은 보통 전조증상을 많이 동반하기도 하지만, 정말 너무나 갑작스럽게 임신중독증이 중증으로 발전하는 경우가 있습니다. 흔히들 이야기하는 단백뇨, 부종, 태아의 자궁 내 성장지연 없이 갑자기 임신자간증 발작을 일으키는 경우도 있을 수 있죠. 임신자간증 발작이 나오기 직전에 나오는 위험한 신호가 바로 두통과 시야 흐림입니다.

갑자기 없던 두통과 시야 흐림이 임신 후반기에 생겼다면 병원에 즉각적으로 내원해보셔야 합니다.

급작스런 몸무게 증가

임신 후반기가 되면 몸의 부종이 심해집니다. 특히나 종아리 쪽 부종이 심해져 신고 다니던 신발이 불편해지고 코끼리처럼 통통해지는 다리를 종종 경험하게 됩니다. 그러나 이러한 변화는 다리를 높이 올리고 휴식을 취하면 보통 좋아집니다.

다만 이런 부종이 호전이 안 되고 더 심해지면서 몸무게가 급격히 불어나는 경우, 보통 하루에 500g 이상 체중 증가가 있는 경우나 하루 이틀 만에 1kg 이상 체중이 급격히 늘어나며 3~4일 만에 2~3kg이 찌고 부종이 호전이 안 되는 경우에는 병원에 내원해보는 것이 좋습니다. 임신중독증으로 인한 비정상적인 부종일 가능성이 있기 때문입니다.

출혈

임신 후반기에 묻어나는 출혈이 있다면 조기진통 가능성이 있습니다. 또한, 태반의 조기박리 가능성도 있기에 반드시 출혈의 원인을 확인해보는 것이 좋습니다.

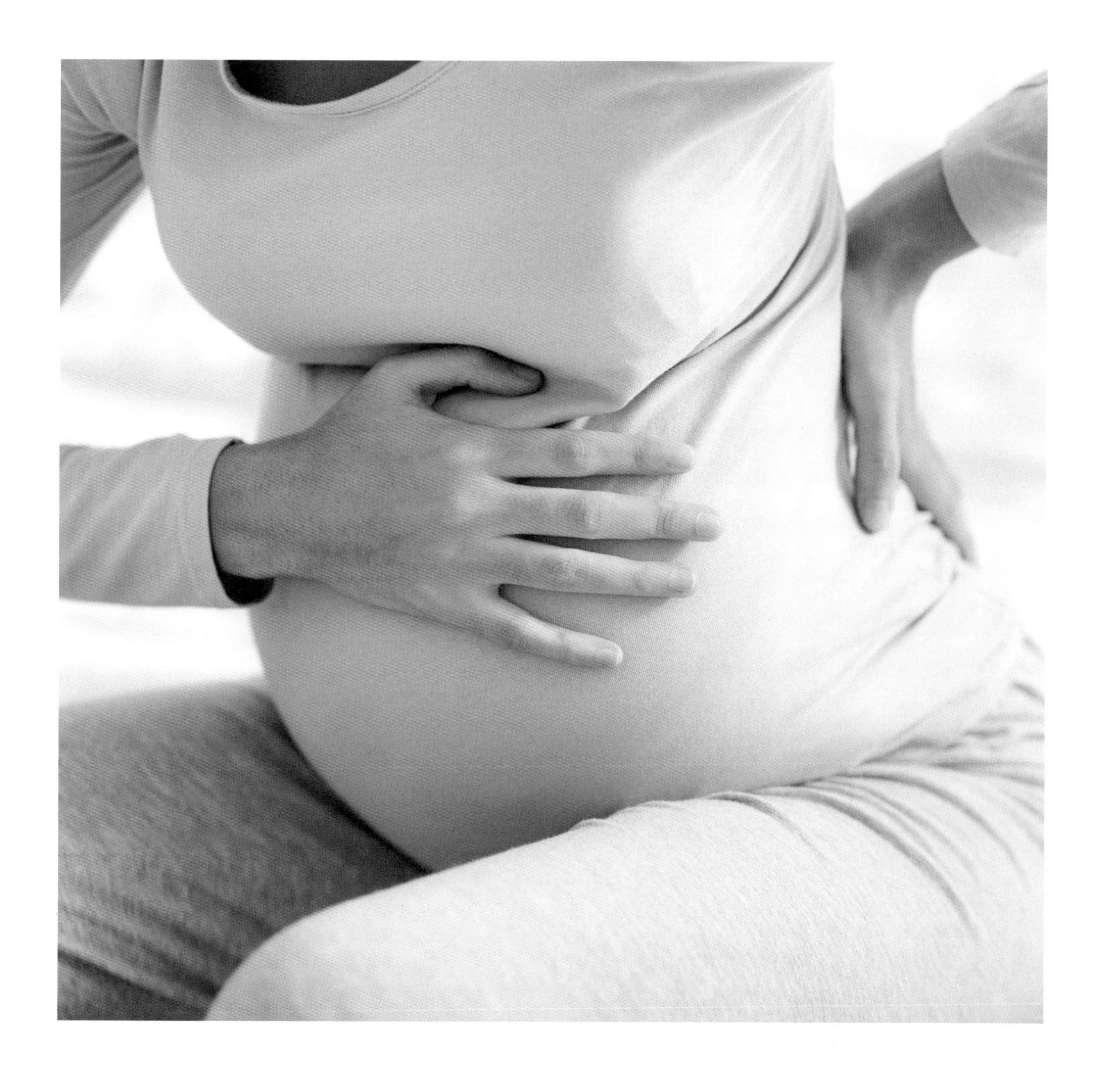

· 임신 ·

2

개월

(5~8주)

임신 **2** 개월 5 ~ 8주

엄마와 태아

임신 6주경부터 난황낭 옆에 조그만 점처럼 아기가 보이기 시작합니다. 태아는 물고기 모양으로 길어지다 임신 7주경 머리와 몸통이 구분되면서 이등신이 됩니다.

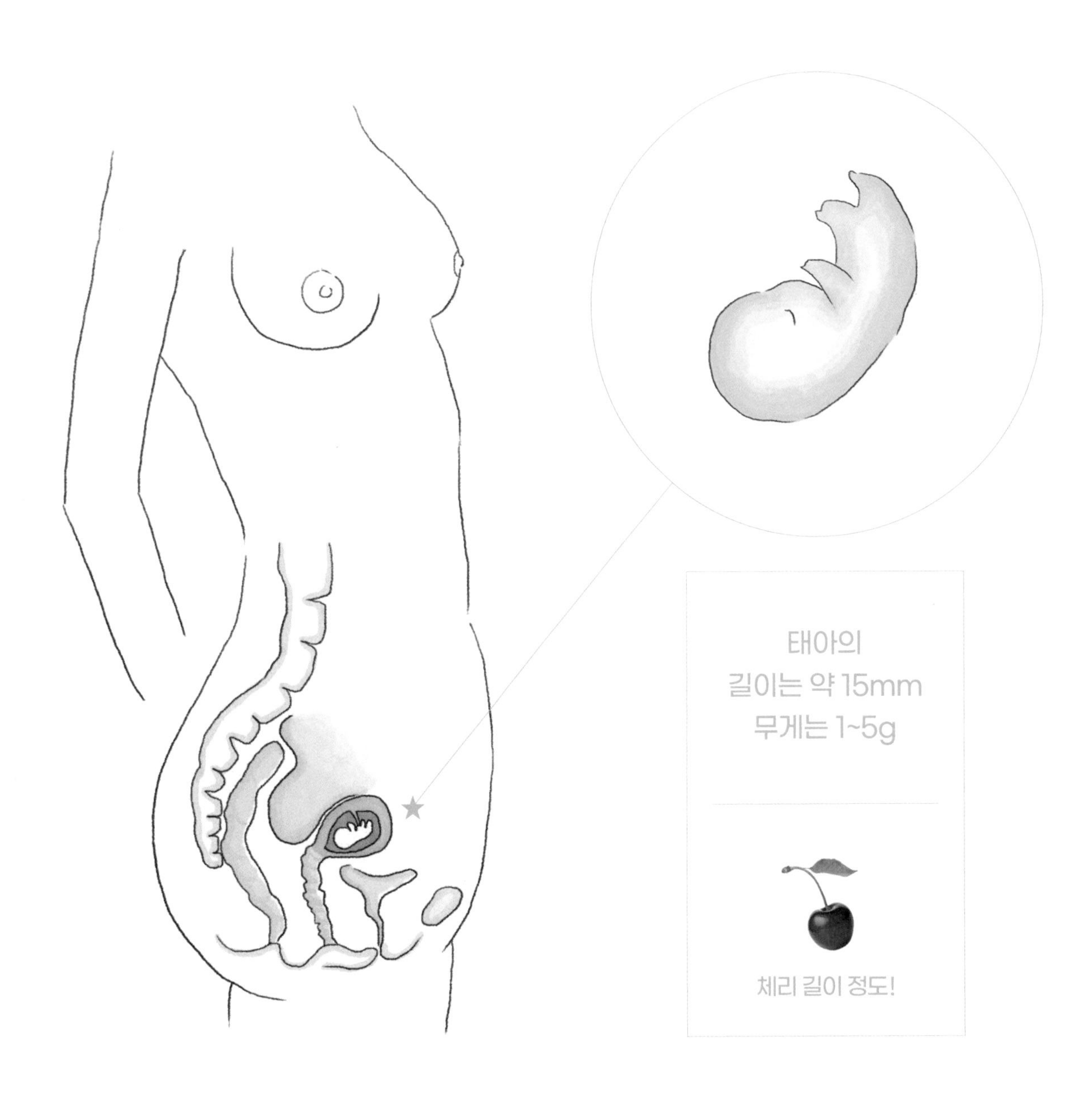

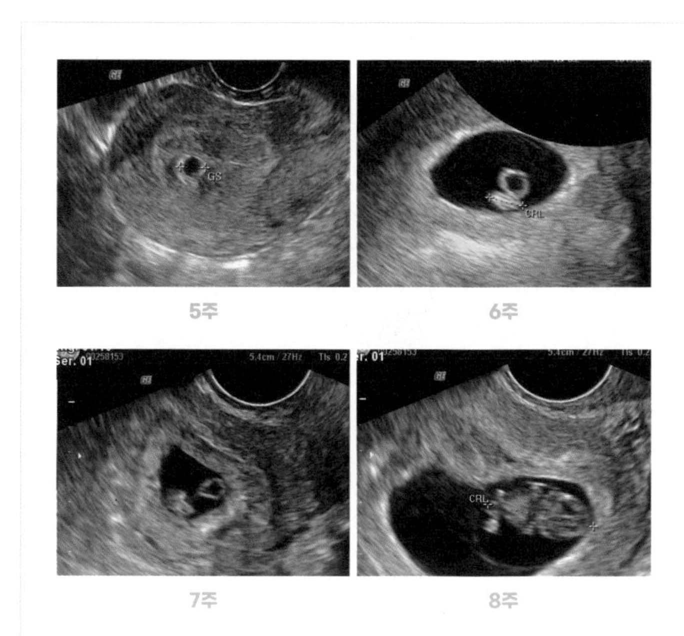

임신 6주경부터 난황낭 옆에 조그만 점처럼 아기가 보이기 시작합니다. 6~7주경에는 초음파상으로 콩콩거리고 있는 심장이 눈으로 보이는데, 이는 정식 형태의 심장은 아니고 두 개의 관으로 된 혈관이 수축을 반복하며 혈액을 뿜고 있는 형태입니다. 나중에 분화를 거듭하여 태아의 심장이 되는 구조물이지요. 태아는 물고기 모양의 형태로 길어지다 임신 7주경 머리와 몸통이 구분되기 시작하여 크게 이등신으로 보이기 시작합니다. 8주 정도가 되면 머리와 몸통으로 구분이 좀 더 확실해지며 팔다리의 싹이라고 할 수 있는 부분이 몸통에서 관찰됩니다. 머리와 몸통, 그리고 짧은 팔과 다리는 마치 태아가 곰돌이 인형 같은 모습으로 보이기도 합니다. 뇌와 신경세포의 80% 정도가 만들어지며 각 기관도 분화되기 시작합니다. 가만히 들여다보면 머리와 몸통을 흔드는 모습도 볼 수 있습니다.

5주가 되었어요

5주 태아

아기집이 보입니다. 임신 5주는 수정란이 착상을 무사히 마치고 세포분열을 거듭하여 기본적인 구조가 생겨나는 배아기예요. 자궁내막에 동그랗고 검은 아기집을 볼 수 있습니다. 그 안에 난황낭이라는 하얀 텅빈 동그라미 구조물도 보입니다. 난황낭 옆에서부터 하얗고 길쭉한 아기가 보이기 시작합니다.

태아의 길이와 무게

임신 5주 태아는 평균 1.0~2.5mm의 길이예요. 보통 난황낭 주변으로부터 보이기 때문에 이 시기에는 너무 작아 눈으로 확인이 잘 안 될 수 있어요.

임신 5주
태아 길이
약 1.0~2.5mm

6주가 되었어요

6주 태아

임신낭과 난황낭, 그리고 배아, 즉 아기가 보입니다. 양막이 배아 주위로 보일 수도 있어요. 배아기에 배아는 하루에 약 1mm 정도 자라며 아기집이 16mm 이상인데 배아가 보이지 않는다면 이상 소견을 의심해볼 수 있습니다. 초음파에서 쿵쾅거리는 아기 심장소리가 들리기 시작해요. 이는 현재까지 정식 형태의 심장은 아니고 두 개의 관으로 이루어져 있는 혈관 구조 형태로 수축을 반복하며 온몸에 혈액을 뿜고 있으며 이는 나중에 태아 심장으로 발달하게 됩니다. 심박동은 보통 배아가 1.5~3mm 정도에서 보이기 시작합니다. 경우에 따라서는 배아가 4mm 미만일 경우 심박동이 없을 수 있으나 5mm 이상의 배아에서 심박동이 없으면 유산의 가능성이 커집니다.

태아의 길이와 무게

보통 임신 6주경 태아의 길이는 3~5mm 정도입니다.

7주가 되었어요

7주 태아

태아는 물고기 모양의 형태에서 점점 길어지며 윗부분에는 동그란 머리가, 아랫부분은 큰 몸통이 만들어지며 이등신으로 구분이 되기 시작합니다.
뇌 안에 우뇌와 좌뇌 두 개의 반구가 발생하고, 작고 둥근 물집 모양이 나타납니다. 얼굴의 형태가 점점 갖추어지며 눈에는 수정체가 생기기 시작해요. 다만 임신 7주까지 초음파상 심박동이 확인되지 않는 경우 유산을 의심해볼 수 있어요.

난황낭

난황낭은 임신낭 내에서 처음으로 초음파에 나타나는 구조물로 임신 5주경부터 보이기 시작하여 약 10주경에는 최대 5~6mm까지 자란 후 크기가 감소하여 초음파상으로 11~12주 사이에 사라지게 된다. 난황낭은 태아에게 초기 영양분을 전달해주며, 조혈작용을 통해 혈액을 공급하고 장관의 형성에 관여하는 것으로 알려져 있다. 이러한 난황낭의 정상적인 크기는 3~7mm로 3mm 이하이거나 모양이 찌그러진 경우, 태아의 염색체 이상이나 자연유산의 가능성이 커질 수 있다.

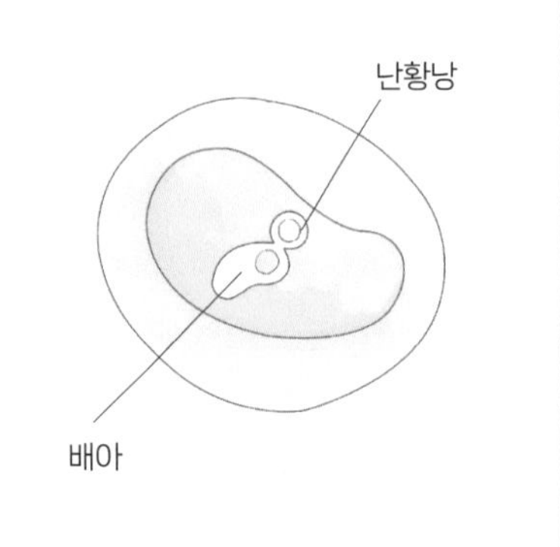

태아의 길이와 무게

태아의 길이는 9~14mm 정도로 무게는 약 1~5g 정도가 됩니다.

8주가 되었어요

8주 태아

초음파를 보자마자 머리와 몸통이 뚜렷하게 구분됩니다. 둥근 머리는 몸통

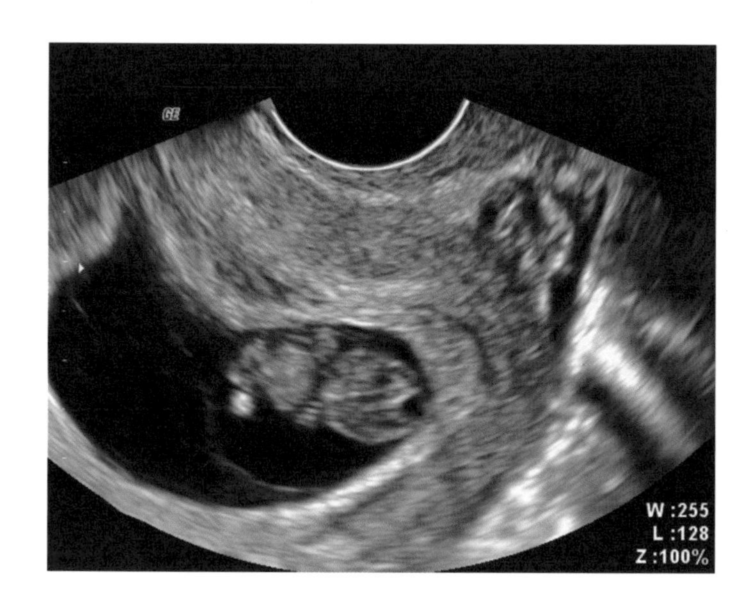

임신 8주
젤리곰처럼 생긴
태아를 볼 수 있어요!

보다 더 크게 보여요. 몸통에서는 팔다리 싹이 나오기 시작하여 8주 말부터는 팔꿈치와 손바닥도 보이기 시작합니다. 뇌와 신경세포의 80% 이상이 만들어지기 시작하며 뇌 안의 대뇌반구가 커지기 시작하며 가쪽뇌실에서 맥락얼기가 작은 고음영의 부분으로 나타납니다. 근육을 조절하는 소뇌도 만들어져요. 얼굴도 점점 세분화되며 귀, 코끝, 윗입술도 생기기 시작합니다. 신장에서는 소변이 만들어지고 심장박동은 더 활발해져 160~170bpm로 증가합니다. 초음파상에서 몸을 움직이는 모습을 볼 수 있게 돼요.

태아의 길이와 무게

태아의 길이는 15~16mm 정도이며, 무게는 약 1~5g 정도입니다.

임신 8주 태아
길이 약 15~16mm
무게 1~5g

태아 길이 측정

임신 초기는 개인의 유전적 영향이나 배 속 환경적 영향을 받기보다는 세포가 분열해서 발생하는 과정이 똑같기 때문에 임신주수에 따른 태아의 크기가 일정하다. 따라서 태아 몸의 길이는 임신주수의 중요한 척도가 된다. 태아는 '머리의 정수리부터 엉덩이 끝까지'를 측정하는데, 이를 태아의 길이를 타나내는 CRLCrown rump length라고 한다. 임신 14주 이전까지는 무게보다 이 CRL이 임신주수와 좀 더 상관이 있다. 따라서 태아 길이와 발달을 임신 초기에는 CRL로 이야기한다. 임신 제2분기 이후에는 더 이상 태아의 길이는 태아 발달의 지표가 될 수 없다. 그보다는 전체적인 태아의 무게가 아이의 발육 상태를 반영하기 때문에 병원에서도 태아의 무게를 측정하게 된다.

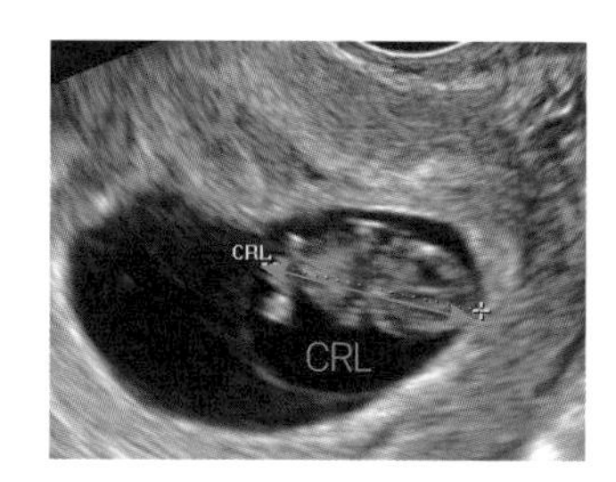

보통 임신 14주 이후부터는 임신주수에서 3~4를 빼면 평균적인 주수에 따른 태아의 길이가 나온다.

임신주수-(3~4)=CRL

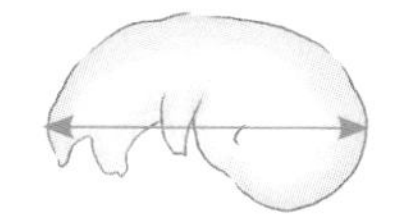

2개월 차 필요한 검사

Dr.류's Talk Talk

임신이 확인된 후에는 가급적 빨리 산전 검사를 시행하여
적절한 산전관리를 받는 것이 중요합니다.
초기 다양한 검사를 통하여 산모 몸의 기본 건강상태를 점검하며,
임신 중에 영향을 끼칠 만한 요인이 있는지 확인해야 합니다.
몸무게나 혈압 체크부터 혈액이나 소변 검사까지
임신 초기에 받는 검사는 무엇이 있을까요?

기본적으로 임산부 몸 상태를 체크해요

병력 청취

가장 기본적인 절차이면서도 가장 중요한 과정이에요. 기본적인 정보를 바탕으로 의료진들은 앞으로의 진료 및 환자관리의 계획을 세울 수 있기 때문입니다. 병력 청취 시 확인하게 되는 사항은 다음과 같습니다.

내용		확인
연령		
직업(신체활동 정도 체크를 위하여)		
생리	마지막 생리 시작일	
	평소 생리주기	
흡연과 음주 유무		
이전 임신과 출산력 (이전 임신 시 발생되었던 문제점)	태아기형유무, 저체중출생아, 과체중출생아, 조산유무, 분만당시출혈, 자궁경부무력증유무 등	
과민증 및 알레르기 반응	약물에 대한 알레르기 포함	
내외과적 질병 유무	심혈관질환, 신장질환, 당뇨, 결핵, 매독, 요로감염 등	
현재 복용 중인 약물 확인		
가족력	고혈압, 당뇨, 간질, 유전질환, 기형, 다태임신 등	

몸무게 측정

임신 중 병원에 내원할 때마다 반드시 체크해야 할 항목이 바로 몸무게입니다. 임신 중 체중변화 관리를 위해 임

신 전 체중을 확인해야 해요. 임신 중 몸무게 증가 추이는 임신성당뇨 및 임신중독증과 큰 관련이 있습니다.

임신 초기에는 임신으로 인하여 증가되는 체중은 없어요. 이 시기에 체중이 많이 증가했다면 혹시 잘못된 식습관을 가지고 있는 것은 아닌지 전반적인 점검과 체중관리가 필요합니다. 오히려 임신 초기에는 심한 입덧으로 몸무게가 일시적으로 감소할 수 있어요. 이 시기의 체중감소는 태아 성장에 크게 문제가 되지 않으므로 걱정하지 않아도 됩니다. “임신을 하면 잘 먹어야 한다”라는 말을 주변에서 많이 하는데, 여기서 잘 먹는다는 것은 적절한 양의 좋은 영양성분을 골고루 섭취하라는 것입니다. 많이 먹는 것은 잘 먹는 것이 아님을 알아야 해요.

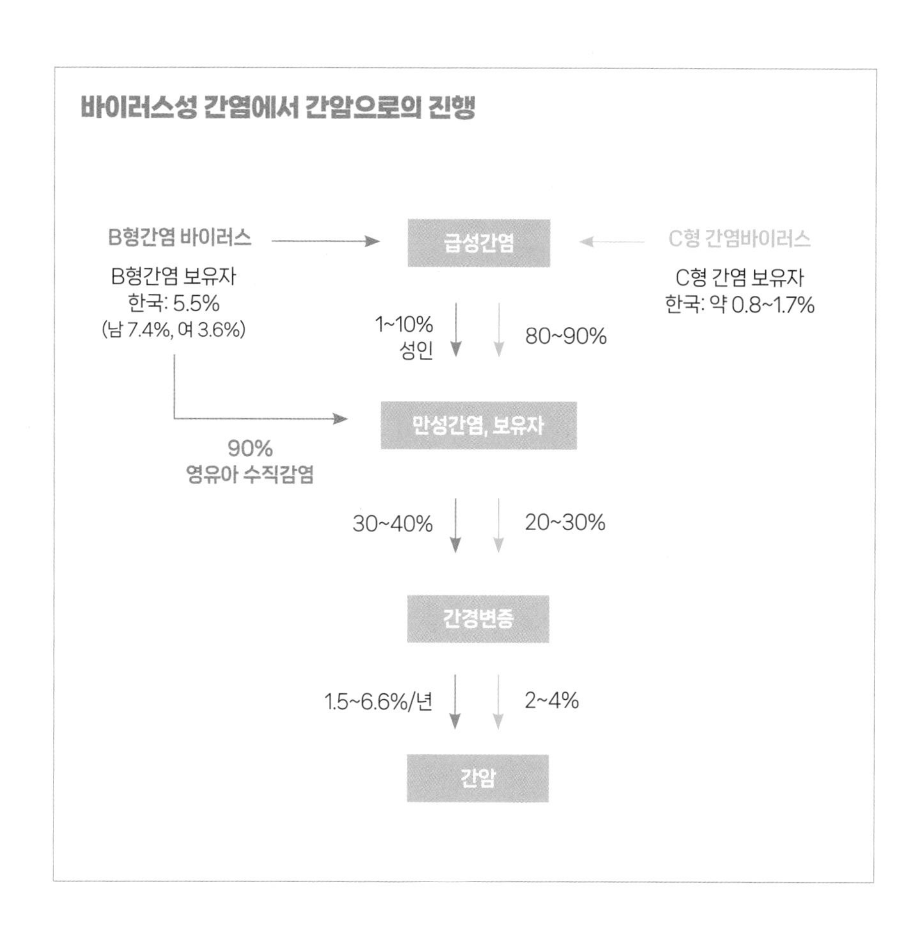

혈압 체크

내원 때마다 몸무게를 재는 일 외에 반드시 해야 할 일이 하나 더 있는데, 바로 혈압을 체크하는 일입니다. 정상 혈압은 120/80mmHg로 임신 중 혈압이 140/90mmHg 이상인 경우 혈압 상승에 대한 원인이 무엇인지 확인이 꼭 필요합니다.

혈액 검사를 해요

전혈 검사

전혈 검사는 흔히 빈혈 검사라고 불립니다. 임신 중에는 임산부 심장에서 나오는 혈액으로 태아 순환 시스템도 유지하고, 자신도 유지해야 하기 때문에 혈액량 자체가 증가하게 돼요. 그러므로 빈혈이 생기기 쉬운데, 빈혈은 혈액량의 증가에 비해 상대적으로 혈색소 수치가 감소되어 생깁니다. 따라서 임신 초기에 빈혈 유무, 혹은 혈소판감소증 여부, 백혈구 수치의 비이상적인 증가가 있는지 확인을 해보는 게 좋습니다.

혈액형 검사(ABO&RH type)

여러 가지 상황에 대비하여 본인의 정확한 혈액형에 대한 자료를 확보하는 검사예요. 만약 엄마가 Rh(-)일 때 아기도 똑같은 Rh(-)라면 괜찮지만 만약 Rh(+)라고 할 때 태아와 엄마 사이 피가 만나게 되면 용혈현상이 일어날 수 있습니다.

이는 임신 28주에 엄마에게 면역글로불린을 투여하면 막을 수 있는 것으로 임신 초 혈액 검사를 통해 확인해야 합니다.

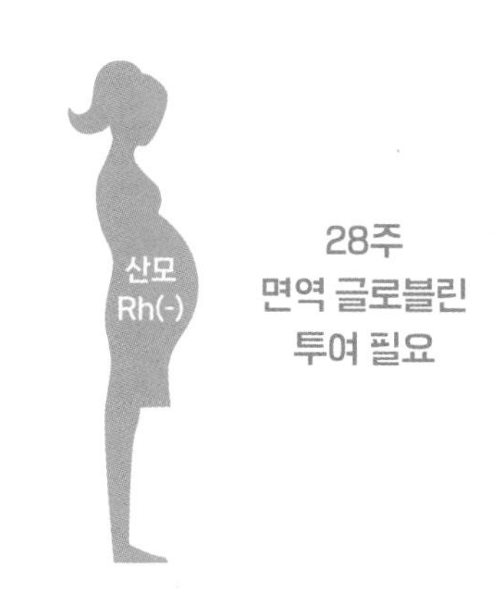

B형간염 검사(항원/항체 검사)

출산 과정에서 B형간염은 모체에서 태아로 전염이 될 수 있습니다. 산모의 B형간염 유무와 항체 유무를 꼭 미리 확인해야 해요. 만약 보균자라면 혹시 활동성 B형간염은 아닌지 다시 한 번 확인합니다. B형간염은 활동성이 없으면 큰 문제가 되지 않으나 임신 중 활동성이 큰 경우 간혹 내과에서 항바이러스제 복용을 권고하기도 합니다. 활동성은 전혀 없으며 단순 B형간염 보균자의 경우 임신 중 모체에서 태아로의 감염은 없지만 분만 과정에서 감염이 될 수 있기 때문에 분만 후 아기에게 바로 면역항체 주사를 놓습니다. 그러면 거의 대부분 모체로 인한 태아의 수직감염은 예방됩니다.

풍진항체 검사

임신 초에 임산부가 이내에 풍진에 감염이 되면 태아에게 백내장, 심장질환, 청력장애 등의 심각한 기형이 발생될 수 있으므로 풍진항체가 있는지 반드시 검사해야 합니다(풍진 검사 34쪽 참고).

매독 검사

매독Syphilis같이 모체를 통해 태아 감염이 될 수 있는 기본 성병 검사는 미리 시행해야 합니다. 산모가 매독이 있는데 치료를 받지 않으면 50% 정도 유산이 될 수 있고 산모의 간염이 태아에게 전염이 되면 태아는 간비종대, 복수, 태아수종 등과 같은 다양한 이상을 나타냅니다. 임신 확인 후 첫 검사로 매독 검사를 시행하고 만약 매독 양성이 나왔다면 페니실린 치료를 시작합니다.

에이즈 검사

에이즈는 출산 과정에서 태아에게 전염될 수 있으므로 매독과 마찬가지로 에이즈 유무를 임신 확인 후 첫 검사에서 시행해야 합니다.

신장기능 검사

임신을 하게 되면 늘어나는 혈액량 때문에 신장에 많은 부담이 됩니다. 그러므로 임신을 하게 되면 임신 첫 검사로 산모의 신장 상태를 확인해야 합니다.

갑상선기능 검사

갑상선질환의 과거력이 있거나 의심이 될 때 시행합니다. 최근 갑상선기능이상증 환자의 수가 늘고 있어 더욱 검사의 중요성이 부각되고 있습니다. 갑상선기능항진은 임신 중 과한 입덧, 갑상선기능저하는 자연유산, 태아 지능 발달과 관련이 될 수 있기 때문에 선별 검사를 통해서 이상 여부를 꼼꼼히 확인합니다. 만일 갑상선기능항진 혹은 저하가 확인이 되면 약물치료를 받게 됩니다. 약물치료로 갑상선 기능이 정상 범위로 유지가 되면 태아나 산모에게 아무런 문제가 일어나지 않습니다.

소변 검사를 해요

요당 체크

임신을 하면 당뇨가 아니더라도 종종 요에서 당이 양성으로 확인되는 경우가 간혹 있어요. 혈액당 수치와 전반적인 산모 상태에 따라 재검을 하거나 당 검사를 의뢰해볼 수 있습니다.

단백뇨 체크

단백뇨가 나오고 있는 상태라면 신장의 여과 기능이 많이 떨어져 있다는 걸 의미합니다. 이는 임신 중에 더욱 악화될 수 있으며 또한 임신중독증이 합병되는 경우가 종종 생기기도 해요. 따라서 단백뇨 유무를 미리 확인합니다.

소변 검사

요로계 감염을 확인해야 합니다. 임신 중에는 증상이 없는 단순 세균뇨의 경우에도 치료를 원칙으로 합니다. 임신 중에는 면역력이 많이 저하된 상태로 소변 검사에서 세균뇨가 확인이 되면 이로 인한 추가적인 감염과 증상이 나타나기 전에 미리 치료를 시행합니다. 따라서 소변 검사상 세균뇨가 확인되지는 않는지 농뇨는 없는지 점검합니다.

자궁경부 검사를 해요

자궁경부 검사 이유

1년 동안의 임신 기간을 준비하며, 자궁경부 세포에는 이상이 없는지 꼭 확인을 해야 합니다. 임신 중 자궁경부는 호르몬의 영향으로 마치 염증이나 다른 이상이 있는 병변처럼 붉어지고 건드리면 쉽게 피가 나게 됩니다. 따라서 자궁경부가 임신으로 인해 형태가 많이 이상해진 것인지 아니면 기저 질환이 있었던 것인지를 감별해야만 적절한 치료를 할 수 있어요. 만약 본인이 모르고 있었던 자궁경부의 병변이 있었다면 그 정도에 따라 치료방침과 검사 시기가 달라집니다.

자궁경부암은 촌각을 다투며 하루아침에 커지고 퍼지는 종양이 아니므로 어느 정도 이상 진행된 자궁경부암이 아니면 임신을 유지할 수 있습니다. 단, 그 진행 정도의 상태에 따라 분만법과 치료 시기가 변할 수 있어요. 그러므로 임신이 확인되는 순간 최근 1년 이내에 자궁경부암 검사를 받은 기왕력이 없는 산모는 꼭 자궁경부세포진 검사를 해봐야 합니다.

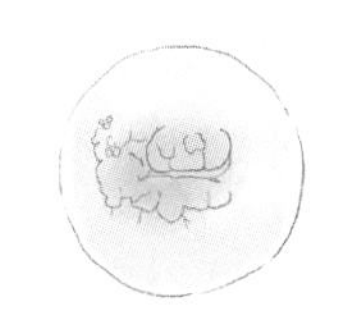

자궁경부암 단면

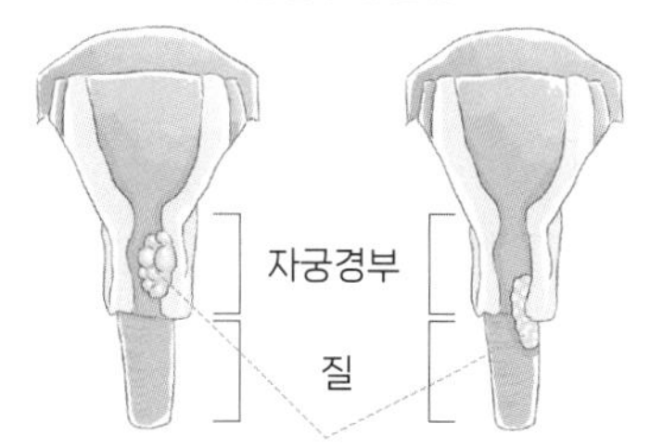

자궁경부암

> **자궁경부외번증**
>
> 임신으로 인해 왕성해진 호르몬은 자궁 내 경관에 있는 원주상피의 번식을 왕성하게 해서 밖으로 밀려나오게 한다. 이러한 원주상피는 대개 분비물을 많이 분비하며 붉은색을 띠고 건드리면 쉽게 피가 난다. 자궁경부외번증은 육안으로 봤을 때 자궁 내 경관세포가 노출되어 오돌토돌하고 붉은색을 띤 형태를 말하며 호르몬 분비로 인한 생리적인 현상으로 치료는 필요없으며 단순관찰만을 요한다.

산과적 진찰을 해요

진찰

음문과 회음부의 병적소견이 관찰되는지 검사를 합니다.

내진

내진으로는 자궁목의 굳기나 길이, 개대 여부를 확인할 수 있고, 자궁의 크기와 모양, 종괴 유무, 부속기종괴 유무를 확인합니다. 고위험군에서 선별적으로 시행하는 성병 검사를 통해서는 세균성질염 등을 확인할 수 있는데, 세균성질염은 조기진통과 자궁 내 태아 감염과 밀접한 관계가 있어요. 만약 균 감염이 확인되었다면 약물치료를 시행해야 합니다. 과거 초음파가 발달하지 않았을 때 내진은 산부인과 진찰의 가장 기본 항목이었습니다. 하지만 개인적인 의견 차이가 존재하겠지만 저는 초음파로 대신합니다. 내진은 필요한 경우에만 합니다.

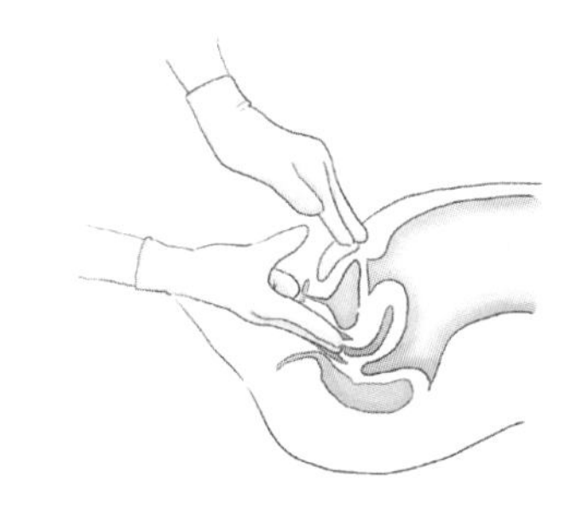

2개월 차 엄마의 몸 상태

Dr.류's Talk Talk

임신이 시작됨과 동시에 우리 몸에서는 급격한 호르몬의 변화가 일어납니다.
수정란이 착상을 하여 태반이 만들어지는 과정에서
융모생식샘자극호르몬이 분비되는데, 이 호르몬은
난소의 황체낭에서 황체호르몬이 분비될 수 있도록 도와주는 역할을 해요.
황체호르몬의 경우에는 임신 초기에 착상이 잘 되도록 자궁내막을 안정시켜줍니다.
즉 태아를 외부물질로 인식하지 못하게 하여 모체측 면역을 억제시켜
태반이 잘 자리 잡도록 해주는 것이죠.

엄마의 몸이 변해요

호르몬의 변화

임신을 하면 난소의 황체낭에서 황체호르몬이 분비될 수 있도록 도와주는 융모생식샘자극호르몬human chorionic gonadotropin, HCG이 분비됩니다. 황체호르몬은 임신 초기에 착상이 잘 되도록 자궁내막을 안정시켜줍니다. 이 외에도 태반락토겐, 에스트로겐, 코티솔이나 알도스테론 같은 스테로이드계 호르몬의 양도 급격하게 증가하게 됩니다. 이러한 호르몬의 영향에 따라 우리 몸에서는 다양한 변화가 일어납니다.

입덧 발생

흔히 입덧morning sickness이라고 불리는 메스꺼움, 구토 증상은 임신 6주경에 시작되어 보통 임신 14~16주 즈

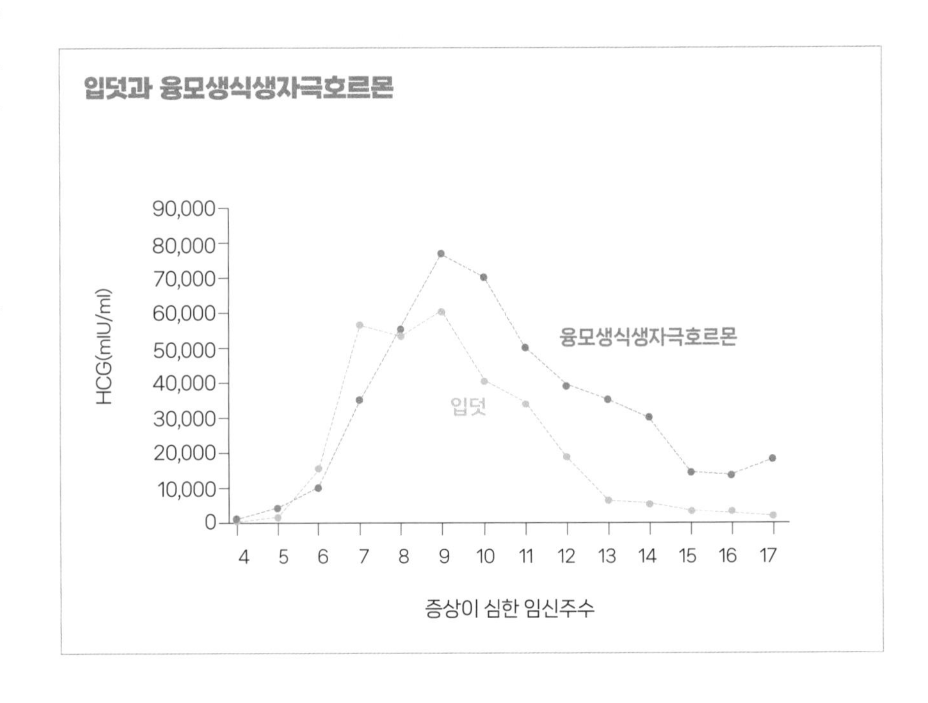

음 호전됩니다. 입덧은 태반이 만들어지는 과정에서 나오는 융모생식샘자극호르몬과 여성호르몬인 에스트로겐과 깊은 관계가 있어요. 개인마다 입덧이 발현되는 시기와 정도가 다르며, 가만히 있을 때에도 파도가 너울거리는 바다에서 배를 타고 있는 듯한 메스꺼움이 동반됩니다. 심한 경우에는 먹은 음식을 그대로 토해내기도 하지요. 가벼운 구토나 메스꺼움은 임신 중 태아에게 아무런 해를 끼치지 않습니다. 하지만 구토가 너무 심해서 탈수나 전해질 불균형이 오는 경우에는 태아에게도 영향을 끼칠 수 있어요. 만약 증상이 너무 심할 경우에는 산부인과에 내원해 상태에 대한 점검과 수액보충 치료를 받는 게 좋아요. 입덧으로 인해 계속 구토를 하게 되면 치아부식을 가속화시킬 수 있습니다. 따라서 치아관리에 각별한 주의를 기울여야 합니다.

입덧 시기

입덧이 사라지는 시기는 개인마다 다릅니다. 보통 14주를 전후해서 좋아지며 90% 정도는 임신 22주 이내에 호전된답니다. 입덧이 사라질 때도 서서히 사라지는 경우도 있고, 어느 날 갑자기 사라지는 경우도 있어요. 심하던 구토 증상이 하룻밤 사이에 없어져 혹시 아기가 잘못된 것이 아닐까 놀라서 병원에 오는 임산부들이 종종 있습니다. 입덧이 임신 초기 증상은 맞지만, 태아의 well-being을 반영하는 것은 아니에요. 그저 임신과 관련된 엄마 몸의 화학적인 반응일 뿐입니다.

입덧 다스리기

입덧은 임신으로 인한 신체적인 반응이지만 산모의 심리적인 면도 영향을 많이 끼칩니다. 정신적으로 스트레스가 많거나 우울감, 불안감이 크면 입덧이 더욱 악화될 수 있어요. 나 혼자만의 몸에서 나와 배 속의 아기를 위한 몸이 되기 위해 겪는 통과의례라고 생각하면 됩니다. 몸과 마음의 준비가 단단히 끝나가기 시작할 때쯤, 입덧도 어느새 서서히 사라질 거예요.

요통 발생

과도한 긴장과 피곤, 걷기 후에 종종 요통이 발생할 수 있습니다. 임신 전부터 허리 통증이 있었거나 비만일 경우 요통의 발생비율이 높아집니다. 임신 초기 요통은 자궁이 커지면서 자궁의 위치가 바뀌게 되어 자궁이 혈관과

신경을 압박하여 생기는 증상이에요. 한쪽 다리가 아프거나 양쪽 사타구니 쪽이 아플 수도 있습니다.

두통 발생

임신 중 두통의 명확한 원인은 알려져 있지 않습니다. 다만, 임신 중 갑작스런 혈액량 변화와 호르몬의 변화가 두통의 원인일 것이라고 추측되어지고 있습니다. 여기에 육체적인 피로와 정신적인 스트레스는 이러한 두통을 더욱 가중시키는 원인이 됩니다. 따라서 정서적으로 편안해질 수 있도록 명상이나 깊은 심호흡을 하면 도움이 될 수 있습니다. 또한 혈액순환이 원활해지도록 따듯한 물로 족욕을 하고 이마, 목, 머리 양쪽과 뒤쪽을 가볍게 주물러주는 것으로도 두통이 완화됩니다. 일상생활에 방해가 될 정도로 두통이 심하면 아세트아미노펜으로 구성된 진통제를 복용해보세요. 이 약은 태아에게는 악영향을 주지 않습니다. 임신 중 두통의 정도와 양상에 따라 산부인과 의사와 충분히 논의를 한 다음 처방을 받아 사용하세요.

유방통 발생

증가된 황체호르몬인 프로게스테론과 여성호르몬인 에스트로겐은 유방 크기 증가와 함께 압통을 가져옵니다. 대개 임신 초 3개월간 심해졌다가 이후에는 완화됩니다. 산모용 브래지어로 바꾸거나 스포츠브래지어를 착용하여 유방의 압통을 줄이도록 하세요. 손으로 마사지를 한다고 해도 임신 초기 유방압통은 크게 호전되지 않으므로 무리하게 주무르지 않도록 합니다.

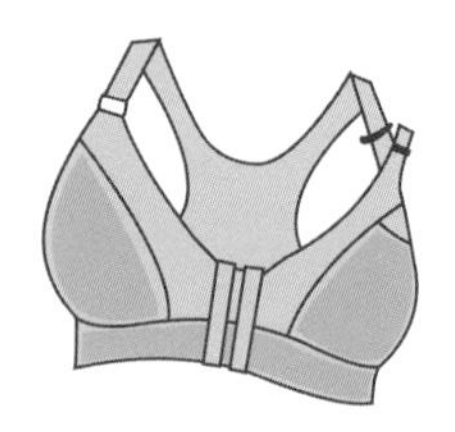

속쓰림 시작

속쓰림은 증가된 호르몬의 영향으로 위산의 분비가 강해지고, 하부식도 괄약근이 약해져 위산이 역류하기 때문에 많이 발생합니다. 공복 시에도 속이 쓰릴 수 있지만 음식물이 들어간 후에도 속이 타들어가는 듯한 속쓰림 증상이 나타날 수 있어요. 임신 시에도 안전하게 쓸 수 있는 제산제가 많이 있으므로 필요하면 제산제 사용이 도움이 됩니다. 속쓰림 증상이 너무 심하다면 참고만 있지 말고 산부인과에 내원하여 적절한 약을 처방받으세요.

침 분비 증가

말하다 침이 많이 고이는 느낌, 혹은 침이 흐르기도 하는 등 임신을 하면 갑작스럽게 침 분비가 많아집니다. 이는 임신과 관련된 호르몬이 증가하여 침샘에서 침의 분비가 증가되기 때문입니다. 따라서 예전과 다르게 입 속에 계속 침이 고여 책상에 침을 뱉을 컵을 준비해야 할 경우도 종종 있어요. 자연스런 임신 초기 증상이니 걱정할 필요 없습니다.

배가 당기는 느낌을 잘 받음

임신 초기에 자궁이 커지면서 주변의 근육과 근막을 밀어내거나 자궁을 잡아주고 있던 인대가 늘어나는 과정에서 통증이 발생할 수 있어요. 쥐어짜는 듯한 느낌, 혹은 양쪽 사타구니와 배꼽 아래쪽이 콕콕 쑤시는 듯한 통증이 바로 그것이지요. 만약 이전에 배를 여는 수술을 했거나 배에 유착이 있을 만한 과거력이 있다면, 유착으로

인해 그 부분의 통증이 강하게 유발될 수 있습니다.

질 분비물 증가

증가된 여성호르몬이 점액 분비도 증가시켜 질 분비물이 늘어나요. 호르몬에 의한 정상적인 질 분비물은 대개 유백색이고 냄새가 없습니다. 만약 분비물 증가와 함께 간지럼증과 냄새, 따가움 등의 증상이 동반될 경우 질염일 수 있으므로 산부인과에 내원하여 진찰을 받는 것이 좋습니다.

감정 기복이 심함

불안정한 호르몬 분비와 증가된 프로게스테론은 우울감 등의 기분 변화 장애를 불러옵니다. 일시적인 현상이므로 갑작스런 기분 변화에 의연하게 대처할 필요가 있어요. 걱정이 있다면 남편이나 직장동료, 가족과의 대화를 통해 완화하고, 매일 긴장을 풀 수 있는 간단한 명상의 시간을 가져보세요. 마음이 편안해지는 음악을 들으며 깊은 복식 호흡으로 마음의 긴장을 풀어 봅니다.

출혈이 생길 수 있음

임신 초 500원짜리 동전 크기만큼의 출혈이 종종 팬티에 묻어날 수 있습니다. 이는 자궁내막으로 태반조직이 파고들며 자리를 잡아가는 과정에서 생기는 착상 출혈인 경우가 많습니다. 오래된 갈색 혹은 암적색의 피가 조금 묻어나는 경우는 대개 큰 문제가 되지 않습니다. 하지만 선홍색의 시뻘건 피가 맑게 쏟아진다면 현재 자궁내막에서 출혈이 있다는 것입니다. 또한 쥐어짜는 듯한 복통이 동반된다면 산부인과에 내원해야 하며, 출혈이 한두 번이 아닌 점점 늘어나는 양상이거나 지속되는 경우에도 산부인과에 가서 꼭 확인을 받아야 합니다.

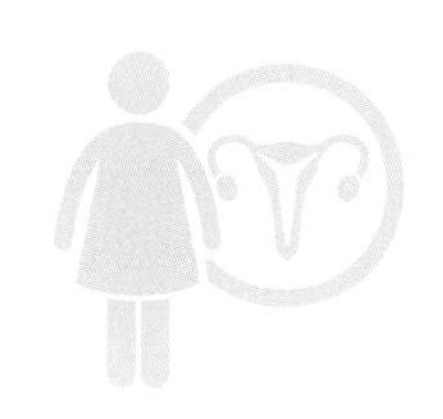

어지럼증 호소

임신 초기부터 어지럼증을 호소하는 산모가 있습니다. 분명 산전 검사에서는 빈혈이 없었는데 어지러운 건 왜 일까요? 임신 초기 호르몬의 영향으로 우리 몸에는 엄청난 혈역학적인 변화가 생깁니다. 그중 하나가 혈관벽이 느슨해지고 넓어지는 현상이에요. 다리로 내려간 피가 다시 심장으로 올라와야 하는데 상대적으로 늘어난 다리 혈관은 효과적으로 피를 심장으로 올려주지 못합니다. 이로 인해 순간적인 저혈압이 발생할 수 있어요. 오랫동안 서 있거나 장시간 앉아 있다 일어날 때 눈앞이 깜깜해지며 종종 어지러움을 느낄 수 있습니다.

수면량 증가

황체호르몬인 프로게스테론의 영향으로 피로감 증가와 함께 낮에도 졸린 증상이 많이 나타납니다. 황체호르몬 분비가 왕성한 임신 초기에 심했다가 입덧과 마찬가지로 14~16주 이후로는 호전돼요.

식성의 변화

안 먹던 음식 혹은 음식이 아닌 것이 먹고 싶어질 수 있어요. 흔히 이식증이라 불리는 이런 현상은 철 결핍과 관계가 있습니다. 임신 중 갑자기 늘어난 혈액량은 상대적으로 철 결핍을 일으키고 철 결핍은 이식증의 원인이 됩니다.

입덧

입덧은 수정란이 자궁내막에 착상하여 태반을 만들어가는 과정에서 나오는 호르몬인 융모생식샘자극호르몬이 우리 몸의 구토중추를 자극하여 일어나는 현상이다. 흔히 오심감, 헛구역질, 구토 등의 증상을 포함한다. 개인마다 발현되는 정도와 지속 기간이 다양하지만 임산부의 3/4 정도가 입덧이 있으며 대개 태반 호르몬 분비가 증가하는 임신 6주경에 시작되어 태반이 완성되어가는 14주부터는 호전된다. 90%는 임신 22주경이면 괜찮아진다. 하지만 간혹 22주 이상에서도 계속적인 입덧을 호소하는 경우가 있다.

입덧으로 인한 구토가 심한 경우 몸의 탈수와 전해질 불균형을 초래할 수 있다. 입덧으로 인해 물만 마셔도 다 토하기 때문에 계속되는 심한 영양불균형이 있다면 산부인과에 내원해야 한다. 병원에 내원해서 현재 영양불균형과 탈수 상태에 대한 점검을 받고 수액 등의 보충치료를 받는다. 구토가 많이 심한 경우는 일상생활이 불가능해 병원에 입원치료를 권하는 경우도 있다.

헛구역질

울렁거림

구토

입덧 줄이는 방법

1. 먹고 싶은 것을 먹는다

입덧은 임신 초기에 아기가 자리를 잡는 과정에서 생기는 현상이다. 간혹, 입덧이 심하여 항상 메스껍고 속이 안 좋은데도 아기를 위해서 항시 세 끼 식사를 꼬박꼬박 챙겨먹어야 한다고 억지로 먹는 임산부들이 있다. 하지만 입덧이 심한 경우 오히려 억지로 먹은 밥이 더 구토를 불러올 수 있다. 너무 역하거나 식사를 하기 힘들 때는 억지로 먹지 않는 게 좋다. 이 시기는 아기에게 필요한 추가적 영양 섭취분이 많지 않다. 즉, 억지로 많이 먹을 필요가 없다. 오히려 호르몬 분비가 원활할 수 있도록 정서적 안정감을 가지는 게 더욱 중요한 시기이다. 먹고 싶을 때 먹고 싶은 만큼만 음식을 조심스럽게 먹자. 단, 나 혼자 먹는 게 아니기 때문에 인스턴트, 정크푸드, 간이 센 음식보다는 상큼하고 신선한 음식을 먹는 것이 더 좋다.

2. 담백한 크래커를 챙겨놓는다

입덧은 아침 공복 시에 더 심해지기 때문에 'morning sickness'라고도 불린다. 머리맡에 잠자기 전 담백한 크래커를 챙겨놓고 잠을 청해보자. 아침에 눈을 뜨자마자 그 담백한 크래커를 소량 먹으면서 자리에서 천천히 일어나면 아침에 느껴지는 심한 역함과 어지럼증이 조금 호전될 수 있다.

3. 조금씩 자주 먹는다

공복이 되면 좀 더 입덧이 심해지는 경향이 있다. 너무 오랫동안 속을 비우지 않도록 조금씩 음식을 먹는다. 향이 강한 음식이나 카페인이 든 음식은 가급적 피하는 것이 좋다.

4. 정서적인 안정을 취한다

입덧은 정신적인 요소에 영향을 많이 받는다. 임신에 대한 막연한 불안감과 공포심을 부부간의 사랑을 통해 완화할 수 있다. 남편이나 주위 사람에게 솔직한 심경을 토로하여 정서적인 안정감을 찾을 수 있도록 하며 집안 분위기도 좀 더 편안하고 안락하게 바꾸어 힘든 임신 초기를 행복하게 보낼 수 있도록 노력한다.

5. 음식을 조리하지 않는다

음식 냄새만 맡아도 구역질이 날 수 있으므로 음식을 조리하는 시간을 줄이고 가급적 냄새를 맡지 않도록 한다. 죽, 소면, 우유, 견과류, 과일류 등의 손이 덜 가는 음식을 먹도록 한다.

6. 차갑거나 신맛 나는 음식을 먹는다

식초나 레몬 등의 신맛은 피로를 덜어주며, 찬 음식은 냄새를 덜 느끼게 해주기 때문에 먹기 좋고 식욕도 돋워준다. 찬 음식은 차갑게, 뜨거운 음식은 뜨겁게 먹는 것이 좋다. 미지근한 상태는 오히려 구역질을 일으키기도 하므로 주의한다.

7. 수분 섭취를 충분히 한다

입덧으로 토하는 일이 많아 수분이 결핍되기 쉬우므로 물, 보리차, 결명자차, 과즙, 우유 등으로 수분을 충분히 보충한다.

8. 생강차를 마신다

생강은 메스꺼움과 구토감을 완화시키는 성분이 있어 입덧 치료로 예로부터 많이 사용되어온 방법이다.

9. 입덧약을 처방받는다

입덧으로 인한 구역, 구토가 심할 때 과거에는 주로 항구토제를 처방했다. 항구토제도 B등급 약으로 임신 중 복용으로 태아에게 큰 영향은 없다. 그럼에도 불구하고 완전하게 안전하지 않아서, 단순히 약이란 이유로 산모들이 복용하기를 꺼려했었다. 하지만 2017년부터 FDA A승인을 받은 안전한 약이 나왔다. 디클렉틴Diclectin이란 약으로 산모를 대상으로 한 임상실험이 끝났고 그 결과 태아에게 무해하다는 것이 인정되었다. 디클렉틴은 비타민B 6과 독실아민Doxylamine의 조합으로 이루어져 있다. 약을 먹으면 5~7시간 후 효과가 발현된다. 일어나자마자 입덧이 가장 심하기 때문에 자기 전에 두 알 먹을 것을 권하고 있다. 입덧으로 하루하루가 힘들고, 괴롭다면 병원에 내원하여 안전한 약을 처방받아 복용하자.

10. 입덧 팔찌를 활용해본다

입덧 팔찌는 전기신호를 발생시켜 손목의 일정 부분을 자극함으로써 임산부의 뇌와 위장 사이의 신경전달의 교란을 일으켜 입덧을 완화해주는 원리로 작용한다. 모든 임산부에게 효과가 동일한 것은 아니며 임산부마다 효과가 클 수도 있지만 없을 수도 있다.

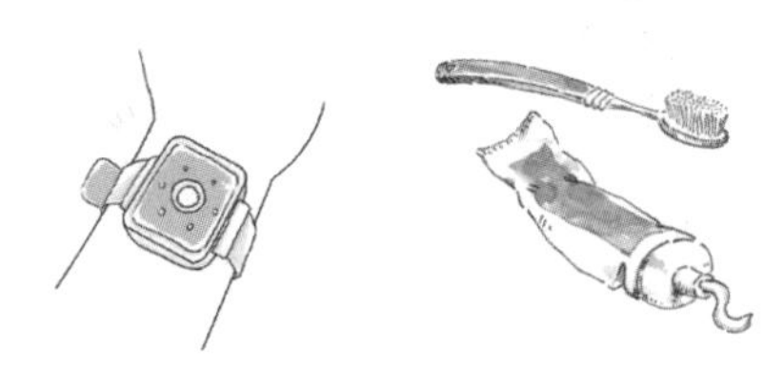

11. 양치를 철저히 한다

입덧으로 인한 잦은 구토는 치아 부식을 가속화한다. 구토 후에는 물로 한 번 입을 헹궈낸 후 치약으로 양치를 한다. 양치를 할 때도 최대한 부드러운 칫솔을 이용하여 잇몸에 상처가 나지 않도록 주의한다. 양치 시 혀 깊숙이 너무 깊이 자극하면 구토가 심해질 수 있으므로 조심해야 한다.

입덧을 다스리는 음식

입덧의 증상은 사람마다 다르지만 차고 신맛이 나는 음식, 조리 및 먹기가 간편한 음식, 단백질이 많은 음식, 즙이 많은 과일 등을 추천한다.

죽, 소면, 우유, 요구르트, 젤리, 곶감,
당근, 사과, 수박, 멜론, 미역 등

2개월 차 임산부 생활의 팁

Dr.류's Talk Talk

여러분은 이제 홀로가 아닌 값진 생명을 책임지는 엄마가 되었어요.
임산부가 되어 기쁜 마음도 잠시, 지금까지 유지했던 회사 생활을 어떻게 하면 좋을지 고민이 될 것입니다. '일을 계속 할 수 있을까?' 등 여러 고민이 몰려올 수 있겠지요.
임신은 일상적인 일에 크게 영향을 주지 않습니다. 다만, 육체적인 노동 강도가 세거나 잠자는 수면 시간이 불규칙한 스트레스가 많은 직업이라면 아기 상태를 고려하여 회사 생활을 조율해볼 필요가 있습니다.

일터에서는 어떻게 생활하면 될까요?

임신임을 알리기

임신임을 알려야 담배나 술자리로부터 보호받을 수 있습니다.
무심코 담배를 피는 직원이 있다면 본인이 임신임을 알리고 조심해줄 것을 당부하세요. 술은 당연히 안 되므로 가급적 술자리는 피하는 것이 좋겠지요. 간혹 회식이니까 밥만 먹고 가라고 하는 직장동료가 있을 수 있습니다. 하지만 입덧이 심한 경우에는 가만히 앉아 있어도 마치 배를 탄 것처럼 멀미가 나기 때문에 음식점의 여러 가지 음식 냄새는 입덧을 악화시킬 수 있어요. 태반이 자리 잡으며 나오는 호르몬으로 인한 일시적인 증상임을 설명하고, 회식자리나 식사 약속은 냄새로부터 자유로워지는 임신 중반기 이후로 미루는 게 좋습니다.

점심시간을 이용하여 낮잠 자기

임신 초기 증가된 호르몬은 피로감을 느끼게 할 뿐만 아니라 잠이 많아지게 합니다. 일하는 중간중간에도 깜빡깜빡 졸게 돼요. 직원휴게실이나 편하게 다리를 뻗을 곳이 있다면 그곳을 이용하고, 만약 그런 공간이 없다면 자리에서라도 최대한 편한 쿠션을 준비하여 잠깐씩 낮잠을 자도록 합니다. 이 역시 임신 초 태반이 자리 잡으며 나오는 호르몬 때문이므로, 직장동료들에게 임신 초기 수면량 증가에 대해 설명해주고 점심시간을 이용하여 짧은 수면을 취합니다.

무리한 업무 하지 않기

임신 초 급격한 몸의 변화와 호르몬 변화는 몸과 마음을 지치게 합니다. 임신 전에 해왔던 일을 그대로 다 해나가기에는 체력적으로나 정신적으로 많이 부담이 될 수 있어요. 무리하게 일에 대한 욕심을 부리면 우울감과 불안감이 더 커지게 됩니다. 특히 임신 초기에는 몸의 변화로 인해 학습능력이 저하되고 효율적인 업무 처리 능력이 감소합니다. 이를 어느 정도 인정하며 부담스러운 부분은 솔직히 이야기하여 좀 더 효과적인 업무 분담이 될 수 있도록 하세요. 장기적으로 보았을 때, 이 부분에 대해 솔직히 인정하고 양해를 구하는 것이 좋습니다. 동료에게 피해를 주지 않기 위해 무리한 양의 업무를 맡아 혼자 처리하다 보면 일처리가 미흡할 수가 있고, 이는 오히려 동료에게 업무 부담을 더 주게 되고 본인에 대한 업무능력 평가 또한 낮아질 수 있습니다. 할 수 있는 만큼의 일을 맡아 확실하게 일을 처리하는 모습을 보여주는 것이 좋아요.

편안한 복장으로 일하기

아직은 배가 나올 때가 아니지만, 복부에 불편감을 느끼거나 약간 부어 있는 듯한 기분을 느낄 수 있어요. 허리선을 강조한 옷은 앉아 있을 때 복부 긴장감을 증가시키며 피로감을 증폭시킵니다. 또한 꽉 조이는 치마나 바지도 복부 긴장감과 전신피로감을 증가시켜 일할 때의 집중력을 더 떨어뜨려요. 조금 더 편안한 옷으로 스타일을 바꾸도록 하세요.

담백한 크래커나 간식을 책상 앞에 두기

임신 초 입덧은 공복이 길어지면 더욱 심해질 수 있어요.
또한 속쓰림이 증가하기 때문에 일하는 책상에 담백한 크래커를 준비하여, 속이 허하거나 울렁거릴 때 조금씩 먹도록 합니다.

커피 대신 다양한 허브차를 준비하기

커피 한 잔에 들어 있는 카페인 총량은 약 70mg 정도입니다. 한 잔 정도 마신다고 해도 발달기형이나 심각한 후유증을 초래하지는 않습니다. 그러나 카페인은 태아의 중추신경계가 미성숙하기 때문에 성장 발달을 저해하

TIP 임신 중 허브차

허브차는 커피나 녹차보다는 적은 양의 카페인을 가지고 있다. 또한, 정서 안정과 기분 전환에도 효과적이다. 다만, 한 가지 허브차만을 너무 과다하게 지속적으로 먹는 것은 피하는 게 좋다. 허브는 종류에 따라서 인체에 큰 영향을 줄 만한 화학성분이 들어 있다. 따라서 긍정적인 효과를 가져올 수도 있지만 반대로 예상하지 못한 임신 중 문제를 일으킬 수도 있다. 따라서 허브차는 다양한 종류로 돌아가면서 하루 한두 잔 정도 마시는 것이 좋다.

많이 마시면 안 되는 허브차

- 카모마일차 : 숙면에 도움을 주지만 너무 과량으로 먹는 경우 오히려 불면을 일으킬 수 있음
- 쥐오줌풀Valerian차 : 식물성 항우울제 역할을 하기 때문에 장기섭취 시 주의해야 함

고, 임산부의 위식도 역류 등의 위장관장애에도 악영향을 줍니다. 그럼에도 갑자기 커피를 끊어버리는 것이 조금 부담될 수 있겠지요. 커피 대신 다양한 향과 맛이 있는 허브차를 준비해보세요. 만약 그래도 커피가 마시고 싶다면, 디카페인 커피를 마시거나 하루에 세 모금 정도로 되도록 적게 마시는 노력을 합니다.

분비물을 잘 살펴보기

임신 초 질 분비물이 증가하게 됩니다. 직장에서 바쁘게 일하며 화장실을 오가는 경우 본인의 분비물 상태를 놓치기가 쉬우나, 임신 초에는 분비물에 혈액이나 냄새가 동반되는지 항상 예의주시해야 합니다. 이를 위해서 되도록 하얀색 면 속옷을 입도록 하세요. 임신 초 세균성 질염은 조산으로 이어질 수 있기 때문에 평소와 다른 양상의 질 분비물이 있는 경우 꼭 산부인과에 내원해서 정확한 진단을 받아야 합니다.

주의가 필요해요

사람이 많이 모이는 밀폐된 장소 피하기

사람이 많은 곳에 가면 호흡기를 통한 감염이나 접촉에 의한 감염의 위험이 높아질 수밖에 없어요. 임신 초기는 면역력이 저하되어 있으므로 그만큼 감염에 취약하답니다. 또 이 시기에는 태아의 얼굴, 머리, 소화기관 등의 분화가 이루어지기 때문에 외부 독성물질 노출에 가장 취약해요. 임신 초기 감염은 돌이킬 수 없는 합병증을 남길 수 있습니다. 특히 산전 검사에서 풍진항체가 없다면 사람이 많이 모이는 장소는 조심해야 해요. 임신 초기 산모의 풍진감염은 태아에게 청력장애(60~75%), 백내장, 녹내장 및 망막증(10~30%), 동맥관개존증, 심실중격결손, 폐동맥협착 등 심장장애(10~25%), 중추신경계장애(10~25%) 등을 유발할 수 있습니다. 이외에도 혈소판 감소, 자색반병 등의 여러 가지 문제를 야기할 수 있으며 심하면 태아 사망이나 자연유산에 이르기도 합니다. 풍진이나 감기 등 호흡기를 통한 바이러스질환을 예방하기 위해서 다양한 사람이 많이 모이며 밀폐되어 있는 극장이나 공연장은 살짝 피하는 것이 좋습니다.

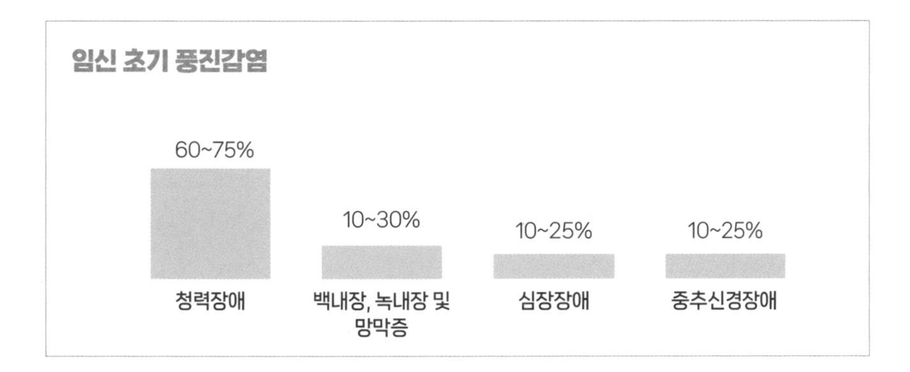

충분히 휴식하기

수면이 부족하거나 피로가 쌓이면 호르몬이 정상적으로 분비되지 않습니다. 이는 태반이 자리잡아가는 과정에서 불안정을 야기할 수 있어요. 따라서 충분히 휴식하는 것이 좋습니다.

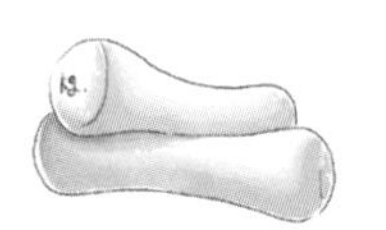

뛰거나 무리한 운동을 하지 않기

임신 초기는 자궁 내 태반이 자리를 잡아가는 시기예요. 따라서 매우 불안정하므로 무리한 운동이나 스트레칭 등은 태반 착상에 안 좋은 영향을 줍니다.

병원에 내원하여 태아 발달 상태를 체크하기

임신 초는 불안정한 시기로 2주에 한 번씩 산부인과에 내원하여 현재 몸 상태와 태아 발달 상태를 체크해야 합니다. 간혹 임신 확인 후 시간적 여유가 없다는 핑계로 산부인과 방문을 하지 않거나 매우 늦게 오는 경우도 있는데 임신 초기에는 전문의의 요청 날짜에 맞춰 방문할 수 있도록 합니다.

TIP 임신 초기 피가 묻어나오는 증상

수정 후 7~8일이 되면 수정란은 자궁내막으로 파고들며 착상을 한다. 이 수정란은 세포분열을 거듭하여 각 기관으로 분화하고 일부는 태반을 형성하는 융모라는 구조로 발달을 하게 된다. 융모는 자궁내막을 파고들며 자궁내막 세포와 융합하기 시작한다.

임신 7주경에는 이 융모 안으로 태아의 모세혈관이 발생하며 태아와 태반 간의 순환이 이루어진다. 임신 10주 후에는 모체의 나선세동맥의 침투가 이루어지며 모체의 혈액이 이 융모 안으로 유입된다. 즉 융모가 자궁내막 세포와 융합하며 태아와 모체 간의 혈액순환이 이루어지기 시작하는 것이다.

이러한 과정은 태아측 부분과 산모의 자궁내막이 합쳐지는 과정으로 이를 위해선 산모의 자궁내막 안에서 대대적인 리모델링 과정이 일어난다. 즉, 태아를 든든하게 지지할 수 있고 태반을 만들 수 있는 형태로 자궁내막은 구조를 변경하고 이 과정에서 자궁내막이 불안정하면 일부 자궁내막이 탈락하면서 출혈이 있을 수 있다. 이를 흔히 '착상 출혈'이라 부르고 태반이 엄마 자궁 안으로 자리잡는 과정에서 생길 수 있는 현상이다. 이러한 경우 대부분 초음파를 보면 자궁내막에 융모가 파고드는 공간에 검은 피가 종종 고여 있으며 이를 '융모막혈종'이라고 한다.

묻어나는 정도의 착상 출혈은 임신 초 누구에게나 있을 수 있는 현상이다. 무리한 활동을 조심하고 안정하며 경과를 지켜보면 된다. 산부인과에서는 보조적으로 자궁내막의 안정성을 꾀하는 황체호르몬 투여를 시행해볼 수 있다. 대개 적절한 치료와 안정을 취하면 임신의 다음 단계로 넘어가는 임신 10~12주 후부터는 점점 이러한 착상 출혈 현상이 줄어들게 된다.

단, 많은 양의 출혈이 있거나 선혈과 같은 현성 출혈과 함께 복통이 동반되는 경우 유산으로 이어질 수 있으니 이런 경우는 꼭 병원에 가서 본인의 상태에 대한 전반적인 점검이 필요하다.

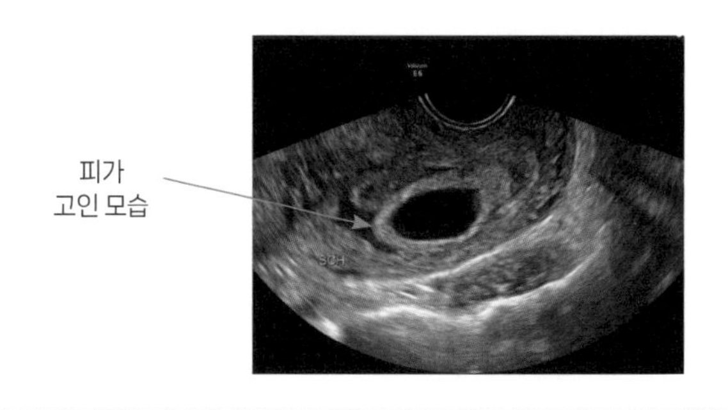

2개월 차 아빠가 해야 할 일

Dr.류's Talk Talk

아내가 임신했다는 것을 알면 남편의 행동 역시 조심스러워지겠지요?
임신 초기 힘들어하는 아내에게 남편은 어떤 일을 해주면 좋을까요?
아내가 절대적으로 안정을 취할 수 있도록, 매사에 배려하고 쉴 수 있도록 도와주세요.
임신으로 인한 몸의 변화로 아내는 걱정과 불안감이 생길 수밖에 없어요.
불안해하지 않도록 긍정적인 마음으로
아내와 태아에게 끊임없이 애정을 표현해주세요.

어떤 노력이 필요할까요?

아내가 최대한 편안하게 쉴 수 있도록 하기

임신 초기 태아는 스스로 엄마 배 속에서 열심히 자리를 잡아가는 시기입니다. 이 시기 엄마는 아이가 잘 자라는지 수시로 궁금하고 걱정이 될 거예요. 아내의 곁에서 편안하고 긍정적인 마음으로 지켜봐주면 됩니다. 분주하게 성장하고 자리 잡기 위해 노력하고 있는 태아 못지않게 아내 역시 한 생명체를 키우기 위한 몸으로 바뀌는 여러 가지 변화가 일어나는 시기이지요. 아내는 평생 처음 경험해보는 여러 가지 불편한 증상을 겪게 됩니다. 아내가 엄마의 몸으로 잘 변해갈 수 있도록 또 스트레스를 받지 않도록 남편이 노력해주세요.

집안일 거들기

임신 초기 산모들은 입덧 때문에 가만히 있어도 속이 울렁울렁 불편함을 느낍니다. 음식 냄새는 불난 집에 기름을 들이붓는 것과 같이 울렁거림을 증폭시키겠지요. 당분간 요리나 설거지 등 주방일은 남편이 맡아서 해주면 좋습니다.

상큼한 과일과 채소로 냉장고 채우기

임신 초기에는 입덧과 피로감으로 제대로 장을 보거나 먹을거리에 신경을 쓸 수 없게 됩니다. 공복 시간이 길어지면 오히려 입덧은 더 심해지게 돼요. 따라서 아내가 수시로 먹을 수 있도록 느끼하지 않은 음식을 냉장고에 채워주세요.

병원에 함께 가기

임신 10개월 내내 남편이 아내와 함께 병원을 다니면 좋지만 직장이나 개인적인 사정으로 부득이하게 못 가는 일이 생길 수 있어요. 매번 함께 가는 건 어렵겠지만 임신 초기에는 힘들더라도 꼭 병원을 함께 가세요. 임신으로 인한 갑작스런 정신적인 불안감이 있는 상태에 혼자 병원을 다니면 임신이 부부의 일이 아닌 혼자만의 일이라는 기분이 들 수 있습니다. 그래서 아내는 앞으로 10개월을 혼자서 감당해야 한다는 부담감과 불안감이 더 커질 수도 있어요. 이런 감정이 남편에 대한 원망으로 이어질 수도 있어요. 남편이 함께 병원을 가고 임신 상태와 임신 경과에 대해 이야기함으로써 임신은 아내 혼자의 일이 아닌 부부의 일임을 보여주세요. 아내는 남편과 함께 해나갈 수 있다는 안도감과 자신감을 얻게 될 거예요.

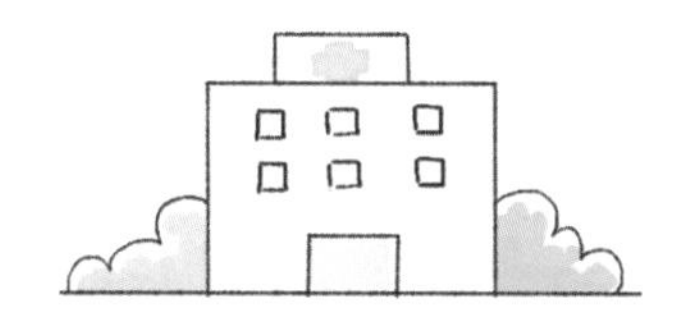

· 임신 ·

3

개월

(9~12주)

임신 **3** 개월 | 9 ~ 12주

엄마와 태아

이제부터 '배아'가 아닌 '태아'라고 불립니다.
팔에서 손과 손목이, 다리에서 발과 발목이 세분화되며
손가락, 발가락이 생겨나기 시작합니다.

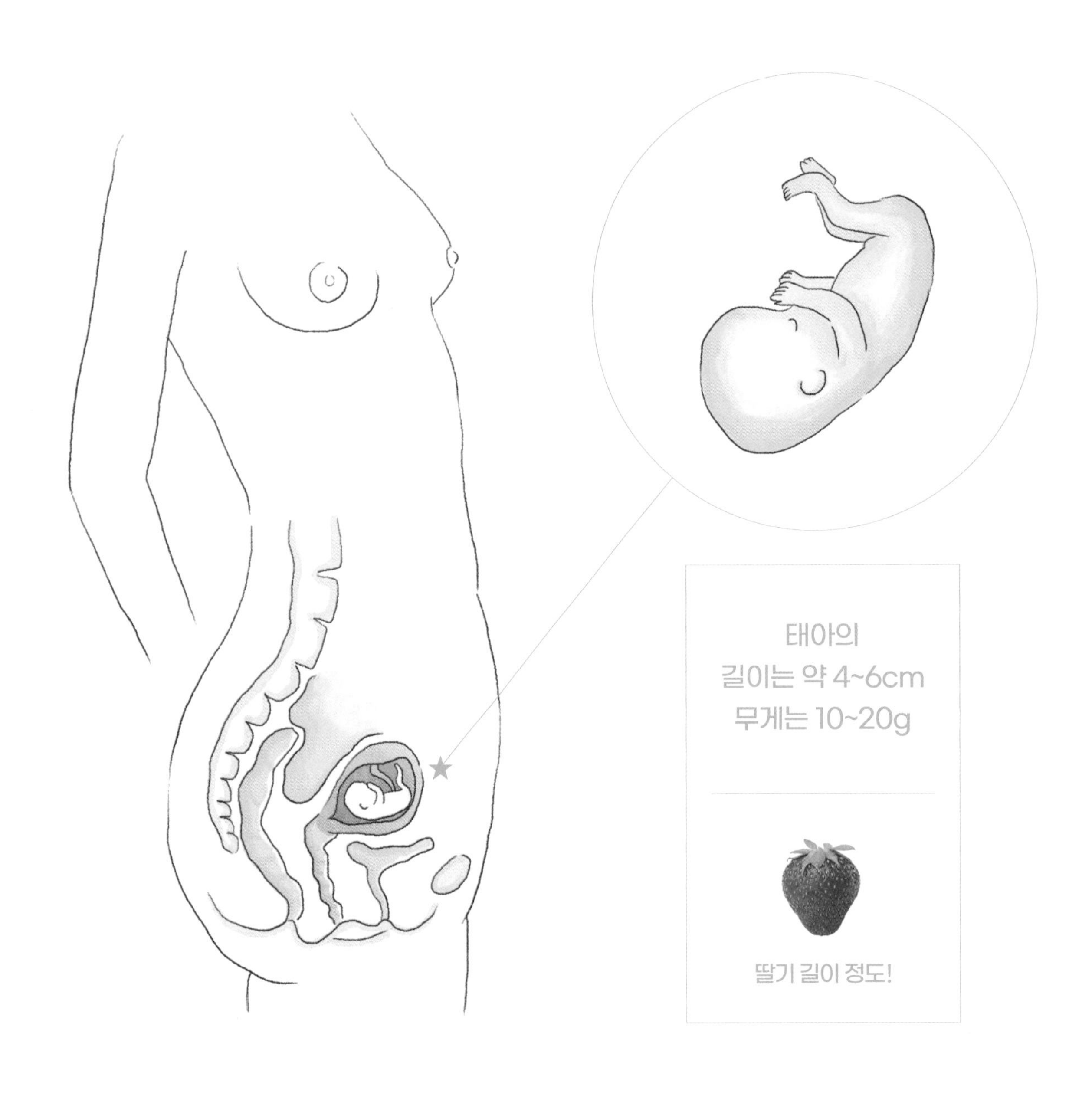

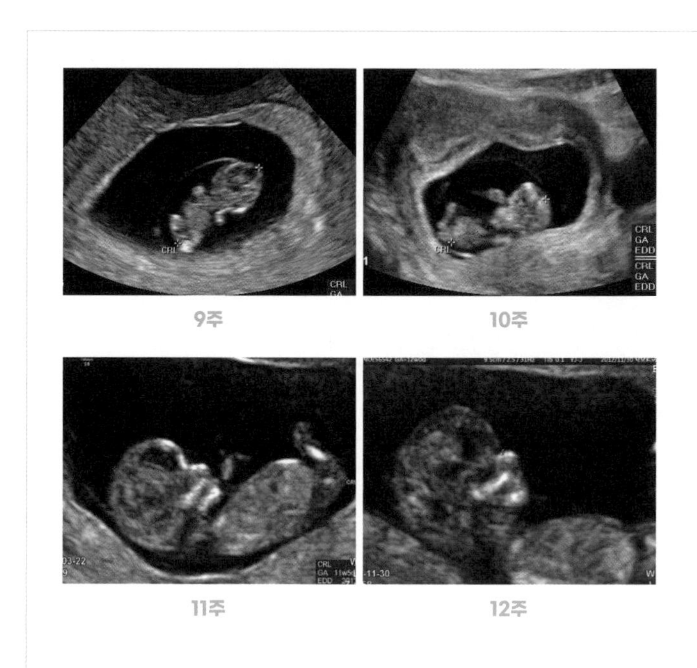
9주 10주 11주 12주

엄마 배 속의 태아는 4~6cm 정도의 길이로 길어지며 무게는 약 10~20g 정도가 됩니다. 이때부터 '배아'가 아닌 '태아'라고 불립니다. 기본적인 장관계, 척추, 팔다리 등의 각 기관분화가 끝나고 물고기의 꼬리 같은 부분이 점차 없어지며 몸은 곧게 펴지고 길어집니다. 팔에서 손과 손목이, 다리에서 발과 발목이 세분화되며 손가락, 발가락이 생겨나기 시작합니다. 얼굴 골격이 잡혀가는 시기이기도 합니다. 귀가 발달하고, 눈두덩, 입술, 아래턱, 뺨을 비롯한 기본 얼굴 윤곽이 만들어집니다. 안구에도 색소침착이 시작되며 콧구멍도 만들어지기 시작합니다. 태아의 뇌신경이 발달하고 양수를 먹고 꿀꺽꿀꺽 삼키는 반사운동이 시작됩니다. 이렇게 먹은 양수는 다시 소변으로 배출합니다. 태반의 태아와 모체의 순환연결이 완성되어 본격적으로 태아의 혈액순환이 시작됩니다. 심장이 점점 발달하고 태반-탯줄을 통해 영양분을 흡수하기 시작합니다. 또한 외부 유해물질로부터 영향을 많이 받아 치명적이었던 시기에서 조금은 안정적인 시기로 들어오게 됩니다.

9주가 되었어요

9주 태아

성적 발달이 시작됩니다. 남자아이에게는 정소, 여자아이에게는 난소가 만들어져요. 하지만 외부 성기는 2~3주 후인 11주 이후부터 만들어지기 시작하여 14주경에 완성됩니다. 얼굴에서 콧날이 완성되고 눈과 귀도 점점 성숙하게 됩니다. 몸통과 팔다리도 길어져서 아기의 외형적인 모습을 갖추어나가지요. 장갑과 양말을 씌워놓은 것 같았던 손과 발도 손가락, 발가락의 형태가 생기기 시작하고 태아의 발바닥이 중앙에서 서로 맞닿습니다. 우뇌, 좌뇌 두 개의 대뇌반구 뒤에 작은 소뇌반구도 발생됩니다. 위장관 음영이 초음파를 통해 보이기 시작하고 항문이 만들어집니다. 심장박동은 이제 175bpm까지 증가합니다.

태아의 길이와 무게

태아의 길이는 23~31mm 정도이고 무게는 2g 정도가 됩니다.

임신 9주 태아
길이 약 23~31mm
무게 2g

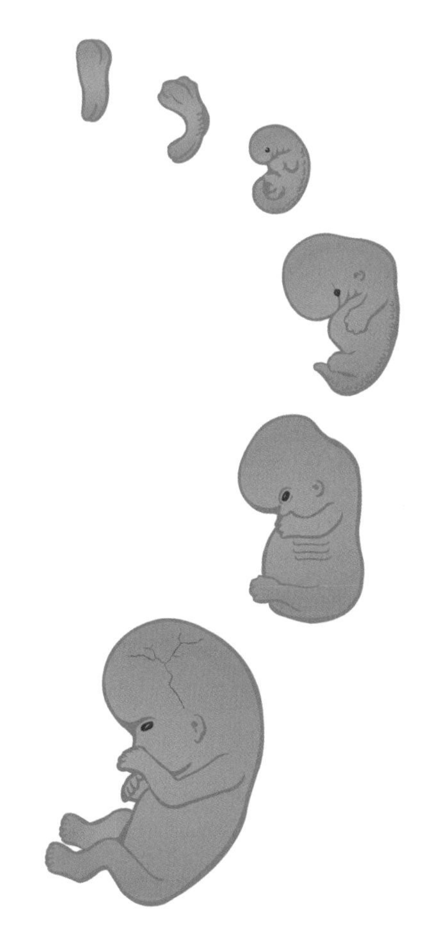

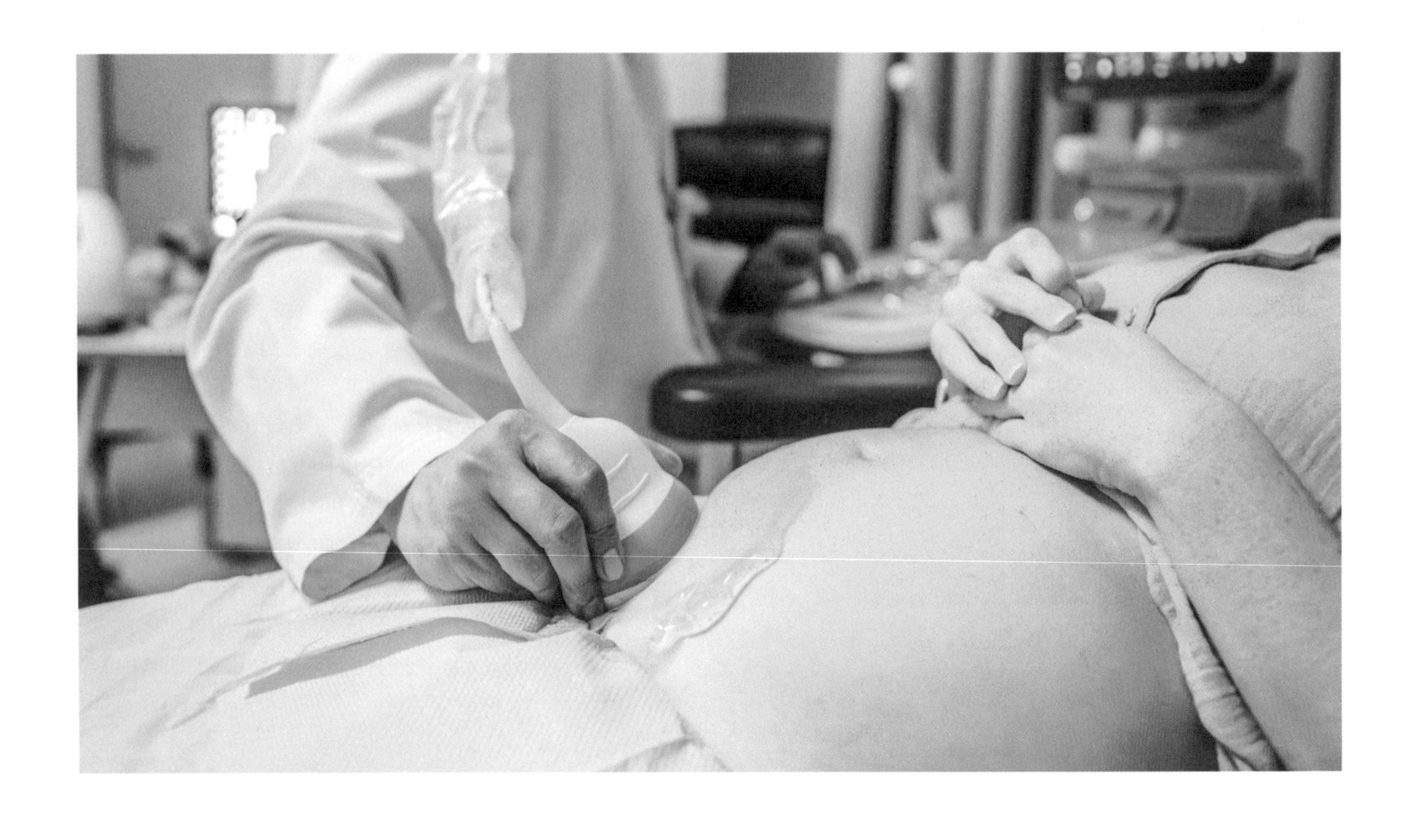

10주가 되었어요

10주 태아

꼬리뼈가 사라집니다. 몸 안의 필수적인 장기들이 대부분은 완성을 마친 시기로 이제 세분화된 기능 발달이 이루어지기 시작해요. 뇌 안의 신경세포가 엄청나게 발생하여 뇌의 주름도 생깁니다. 아직까지 뇌의 기능적인 면은 발달하지 못하고 형태가 갖추어지고 있어요. 손가락 발가락도 더 뚜렷해지며 그 안에 손톱과 발톱도 생깁니다. 팔과 다리뼈의 골화가 시작이 되고 아래턱뼈의 골화도 시작됩니다.

태아의 길이와 무게

일주일 사이 태아 무게는 이제 4g 정도가 되었어요. 머리부터 엉덩이까지 길이는 약 4cm 정도 됩니다.

임신 10주 태아
길이 약 3~4cm
무게 4g

11주가 되었어요

11주 태아

엄격한 의미의 배아기가 끝나고 태아기가 시작되었어요. 즉 기본 장기분화가 되는 배아에서 사람의 기본 형태를 갖춘 태아로 발달한 거예요. 외부 성

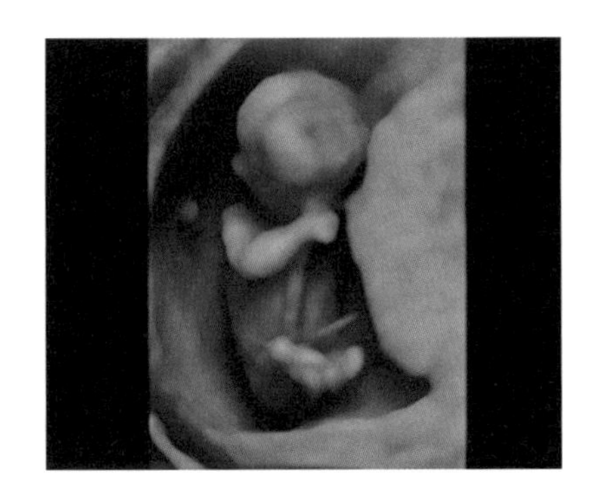

기가 분화하기 시작하고 태아 피부에 도 털과 모낭이 발달하여 피부가 두꺼워지기 시작합니다. 눈꺼풀도 완성되어 눈을 덮고 있어요.

태아의 길이와 무게

몸은 이제 5cm를 넘어가고 있으며 무게도 7g 정도가 되었습니다.

임신 11주 태아
길이 약 4~5cm
무게 7g

12주가 되었어요

12주 태아

아기의 얼굴 윤곽이 점점 더 뚜렷해집니다. 옆모습으로 볼록한 이마와 코뼈, 그리고 위턱뼈와 아래턱뼈로 얼굴의 형태가 잘 나타납니다. 아기는 이제 콩팥이 기능을 하면서 소변을 만들어가며 여러 가지 감각신경 중 후각신경이 가장 먼저 발달합니다. 또 뇌 안의 기억회로가 만들어지기 시작해요. 태아의 자발적인 운동이 시작됩니다. 이때는 자궁이 엄마의 치골 위로 올라옵니다.

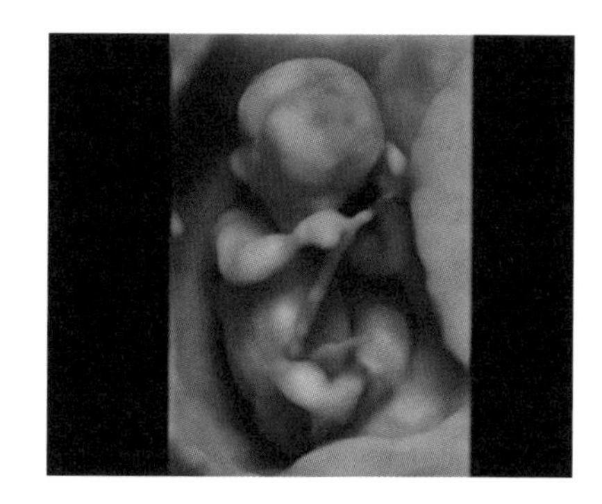

태아의 길이와 무게

길이는 대략 5~6cm 정도가 되며 무게는 일주일 만에 두 배 정도 늘어 14g 정도가 됩니다.

임신 12주 태아
길이 약 5~6cm
무게 14g

초기 발생
주요 발생 기간, 독성물질 노출 등으로 기형발생 영향 가능성

점합체시기		배아기						태아기			
1	2	3	4	5	6	7	8	9	16	20-36	38

중추신경계
심장
팔
눈
다리
치아
입
성기
귀

3개월 차 필요한 검사

Dr.류's Talk Talk

기형아 검사를 하는 시기입니다. 이제 기본 기관들이 갖추어지고 만들어지는 배아기를 지나 사람의 형태를 띤 태아기에 접어들었습니다. 그렇기 때문에 기본 구조를 갖춘 상태에서 큰 결함이 있는지 선별 검사를 시작합니다. 1차 기형아 검사는 눈으로 형태를 확인하는 초음파 검사와 혈액 검사 두 가지를 시행합니다. 기본적으로 보여야 하는 기본 구조가 정상적으로 잘 있는지 눈으로 보고 동시에 산모에게서 혈액을 채취하는 검사입니다.

초음파 검사를 해요

대뇌반구 확인

일단 대뇌의 기본 구조는 임신 10주가 되면 완성돼요. 뇌세포는 이후 점차 빠르게 만들어지며 성장을 거듭한답니다. 여기에서 기본적인 좌뇌, 우뇌 두 개의 대뇌반구가 정상적인 형태로 잘 만들어졌는지 확인을 해봐야 해요. 뇌가 한쪽만 있는 경우, 혹은 임신 11주가 되었는데도 뇌의 기본 두 개의 대뇌반구 형태가 안 만들어졌다면 무뇌증을 의심해볼 수 있습니다.

오뚝한 콧날 확인

이마 밑의 콧대는 임신 9주경부터 만들어지는 기본 구조입니다. 이러한 콧대가 안 보인다는 것은 안면기형을 의심해볼 수 있어요. 흔히 다운증후군에서 콧대가 없는 안면기형이 많이 동반됩니다. 그래서 다운증후군이 있는 사람들은 인종과 국가를 막론하고 얼굴이 비슷해 보입니다.

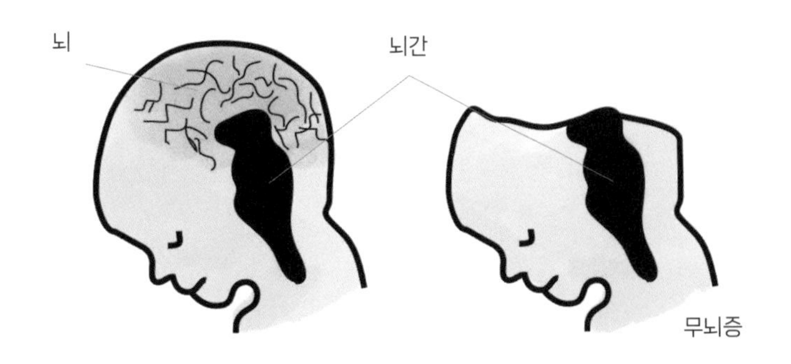

목덜미 투명대 검사

태아의 목 뒤쪽에 피부와 연조직 사이에 투명하게 보이는 투명한 피하조직의 두께를 재는 검사입니다. 임신 11~14주 사이에 시행되며 태아 크기에 따른 정상치 평균과 비교하여 다운증후군에 대한 위험성 정도를 파악해 볼 수 있어요. 목덜미는 태아의 자세와 목을 구부린 정도에 따라 두께의 차이가 있을 수 있습니다. 그러므로 3번 이상 시행하여 평균을 냅니다. 목덜미 두께 자체가 3mm 이상으로 두꺼워져 있거나 태아 크기에 해당하는 목덜미 두께의 평균치의 95%를 상회할 정도로 두꺼워져 있으면 이상 소견이라고 판단합니다.

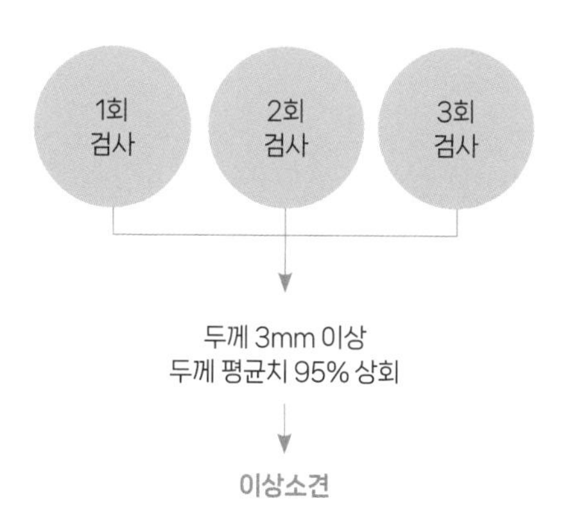

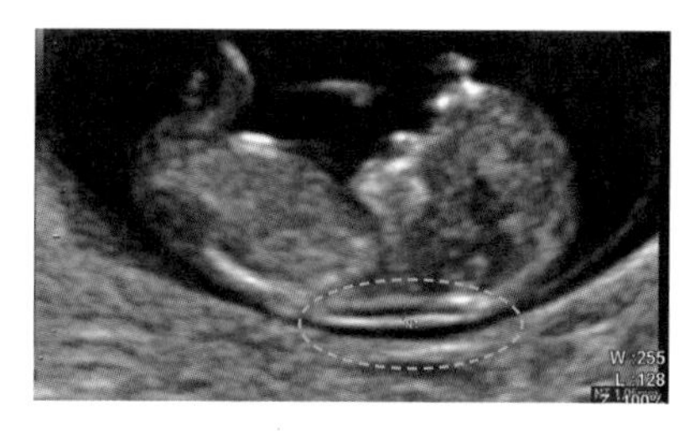

목둘레 초음파 사진

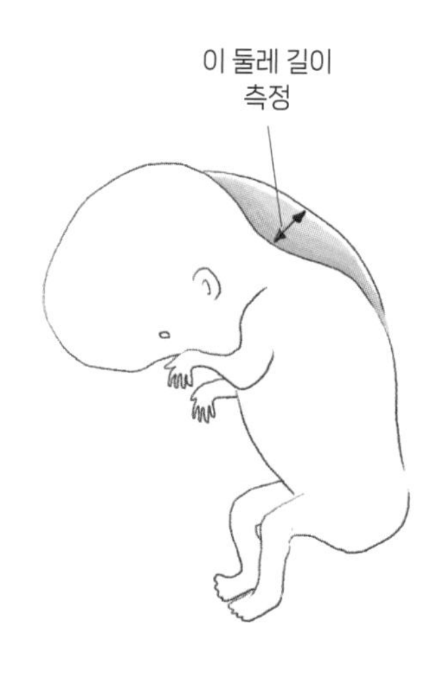

목덜미 검사

목덜미가 두꺼워져 있는 경우 염색체 이상의 가능성이 10배 이상 증가되며 다운증후군, 터너증후군Turner Syndrome, 파타우증후군Patau Syndrome, 누난증후군Noonan Syndrome 같은 염색체 이소성질환을 의심해볼 수 있습니다. 또한 이러한 염색체 이상이 없다 하더라도 목덜미가 두꺼운 경우 다른 선천성기형 및 사산 등의 안 좋은 예후를 갖는 경우가 많습니다. 태아심초음파, 정밀 초음파 등의 정밀 검사와 각별한 주의가 필요합니다.

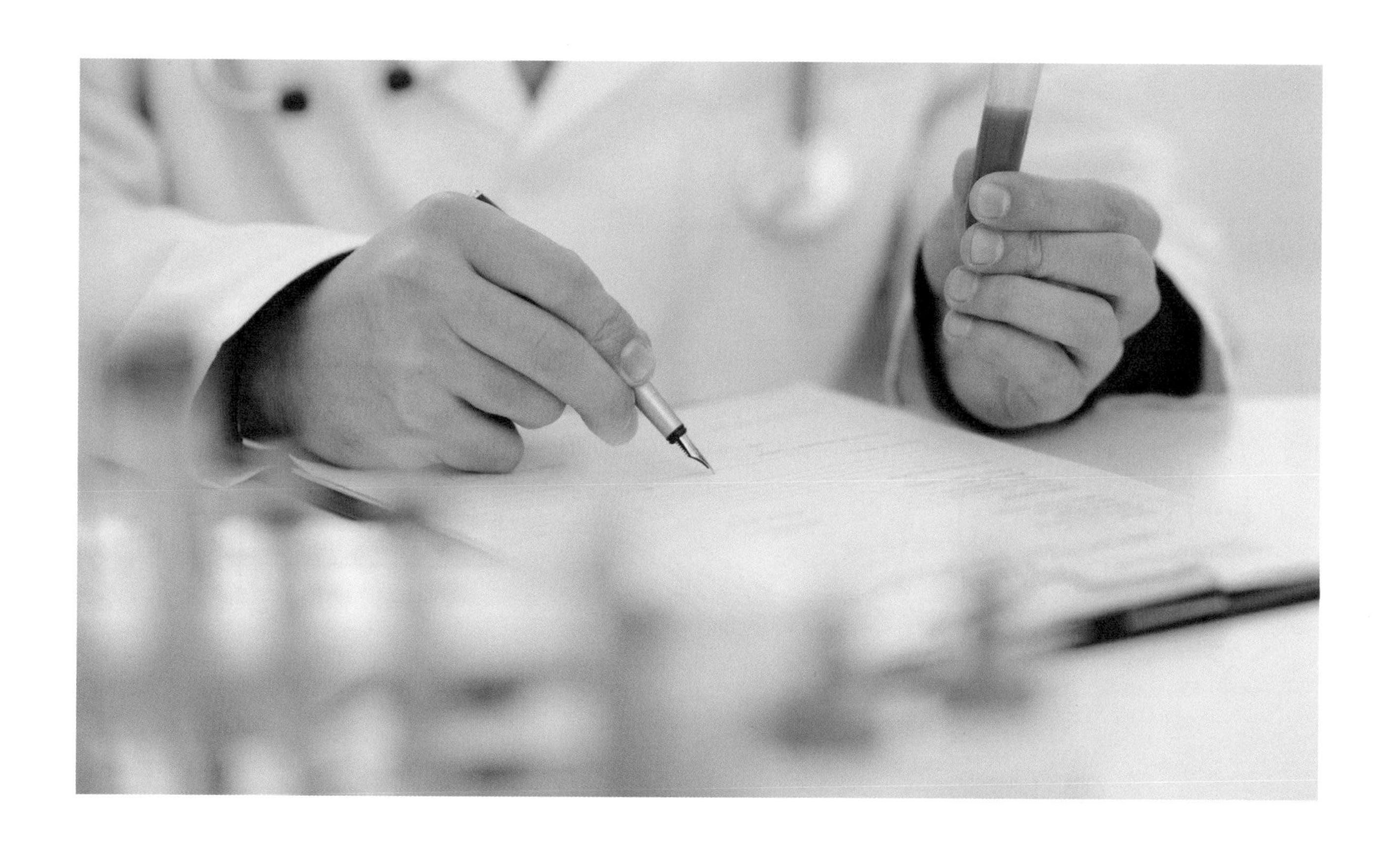

혈액 검사를 해요

엄마의 피 검사

아기의 염색체 유무를 검사하는 데 왜 산모의 피가 필요할까요? 직접적으로 아기의 염색체 검사를 해볼 방법이 없기 때문에 간접적으로 산모 혈액을 가지고 염색체기형 발생 유무를 추측해보는 것입니다. 임신을 하면 임신과 관련되어 엄마의 몸에서 증가가 되고 감소하는 호르몬이 있어요. 태아에게 다운증후군이나 신경관 결손 같은 큰 결함이 있으면 이 호르몬 수치는 정상 태아를 가진 임산부와는 다른 양상을 띱니다. 즉 임산부의 혈액 검사 결과가 정상 태아의 정상 임신에서 보이는 범주를 벗어나는 경우 태아기형과 관련되지 않을지 의심을 하게 되는 것이지요.

더블 검사

흔히 더블 검사라고 불리는 이 검사의 원래 명칭은 Double marker test 입니다. 엄마의 혈액을 통해서 임신과 관련되어 증가하고 있는 융모생식샘자극호르몬HCG과 임신 관련 혈장 단백-APAPP-A: Pregnancy associated plasma protein의 수치를 측정하는 검사입니다. 즉, 직접적인 태아의 혈액을 채취하는 검사가 아닌 임신으로 인한 엄마의 변화된 임신 관련 호르몬에 대한 상대적인 검사예요. 따라서 엄마의 혈액 검사를 통해서 우리는 태아에게 이상이 있을 가능성이 높을지 적을지를 간접적으로 보게 됩니다.

융모막융모생검

융모막융모생검CVS은 태반에 있는 융모 조직을 직접 채취하여 염색체 분석을 시행하는 검사를 말합니다. 임신 10~13주 사이에 시행되며 초음파로 보면서 카테터를 조심스럽게 태반으로 접근하여 직접적으로 태반 조직을 채취하는 방법이에요.

태반의 위치에 따라 복부를 통과하여 카테터가 태반에 접근하는 경우도 있고 질과 자궁경부를 통하여 카테터를 삽입하여 태반조직을 채취하는 경우도 있습니다.

주로 이전에 다운증후군과 같은 염색체질환을 가지고 있는 아이를 낳은 적이 있거나 부부 중 한쪽이 염색체질환자인 경우 이 검사를 권유하며 간혹 만 35세 이상의 고위험군 산모가 원할 경우에도 시행합니다.

임신 초기에 유전자 이상을 확인할 수 있어 불필요한 부모의 불안감과 걱정을 덜 수 있는 장점이 있으나 질 출혈, 자궁내감염, 자연유산 등과 같은 합병증이 발생할 수 있습니다.

융모막 검사(CVS)

카테터를 삽입하여 태반 조직의 일종일 융모막을 채취하는 검사

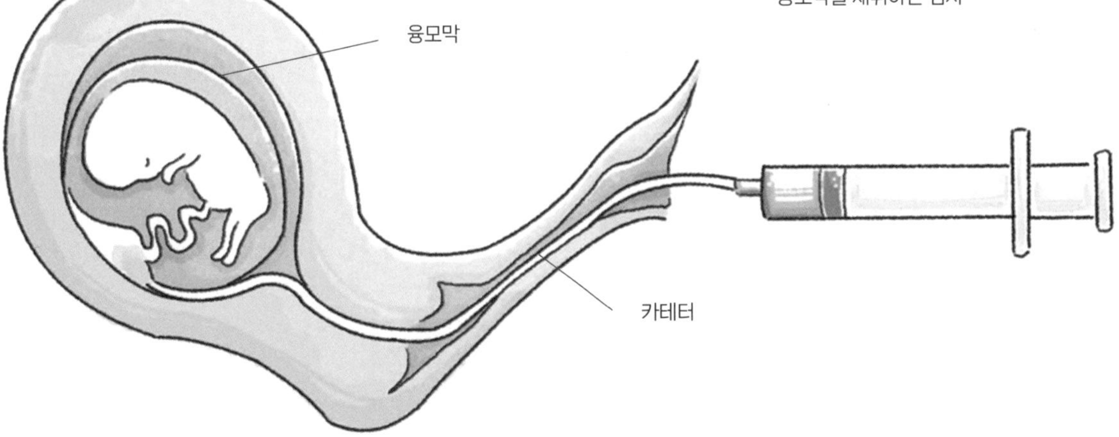

검사 결과는 얼마나 정확하나요?

결과의 정확성

임신 제1분기에 시행되는 태아 목덜미 투명대 검사와 혈액 검사를 통하여 다운증후군이 있는 아이들을 발견해 내는 확률은 약 80~85% 정도입니다. 즉, 다운증후군을 100% 정확하게 선별해내지는 못합니다.

검사 결과 오차 줄이기

간접적인 추측 검사만으로 섣부른 판단은 금물이며 최근에는 이러한 검사의 오차를 좁히기 위하여 임신 제1삼분기에 시행되는 검사와 함께 한 달 뒤, 제2삼분기에도 혈액 검사를 통하여 다운증후군 및 에드워드증후군의 가능성을 예측하는 통합적 검사를 시행하고 있습니다.

더블 검사에서 고위험군이라는 결과를 받았을 경우

더블 검사(1차 기형아 검사)에서 고위험군으로 나왔다면 바로 융모막융모생검cvs이나 16주 이후에 양수 검사를 시행해본다. 이러한 직접적인 검사로 태아의 염색체 상태를 확인하기 전까지 너무 낙담할 필요가 없다. 더블 검사 고위험군이라는 결과는 말 그대로 안 좋을 수 있다는 확률이 있다는 것이지, 문제가 있다고 확진한 것은 아니다.

NIPT

NIPTnon invasive prenatal testing

엄마는 산소가 풍부한 혈액을 태아에게 전달하고, 태아는 그 혈액을 이용하고 남은 것을 엄마에게 보낸다. 이렇게 혈액은 엄마에서 태아로, 태아에서 엄마로 순환하게 된다. 이 과정에서 엄마 몸속에서도 태아의 세포가 존재할 수 있게 된다.

NIPT는 임산부의 혈액 속에 존재하는 세포 유리 태아 DNACell free fetal DNA, Cff-DNA를 이용하는 검사다.

Cff-DNA는 임신 4주부터 임산부 몸에서 검출이 가능하고 반감기가 매우 짧아 분만 후 2시간 이내에 소실되는 특징이 있다. 최근 Cff-DNA의 정량화가 가능해졌고, 이를 이용하여 태아 염색체 이수성을 검출하기 위한 NIPT가 새롭게 시작이 되고 있다.

NIPT의 특징

NIPT는 모체의 생화학적 표지자를 이용하는 간접적인 선별 검사(쿼드 테스트, 더블 검사)에 비해서 직접적으로 태아의 세포를 이용하는 것이기 때문에 그 정확도가 훨씬 높다. 추정되는 정확도가 99%로 NIPT에서 음성이라고 나온 경우, 염색체 이상이 없다고 생각하면 된다. 하지만 NIPT에서 양성 즉, 염색체 이수성질환이 의심된다고 나온다면 이를 가지고 확진할 수 없다는 단점이 있다. 양수 검사를 통해 다시 염색체 검사를 시행해야 염색체 이소성 여부를 확인할 수 있다.

하지만 NIPT는 양수천자나 융모막생검에 비해 비교적 덜 침습적인 검사로 좀 더 안전하게, 태아의 염색체 이상(다운증후군, 에드워드증후군, 파타우증후군 등)을 알 수 있다는 장점이 있어 앞으로 그 사용 범위가 더 넓어질 것으로 기대가 되고 있다.

우리나라의 NIPT

2011년부터 중국, 미국, 유럽의 일부 국가에서는 이미 태아 염색체 이수성에 대한 NIPT를 실제 임상에 사용하고 있었다. NIPT는 태아 Cff-DNA를 정량화하는 방법과 기술력이 연구기관마다 조금 다르기 때문에 2013년까지는 국내에서는 NIPT를 하지 못했다. 따라서 NIPT를 원하는 경우 혈액을 채취해서 외국의 연구 기관으로 검사를 보내야 했고, 이에 따라 검사 기간과 비용이 많이 소모가 되는 단점이 있었다. 하지만 2014년부터 국내 순수기술로 NIPT가 시행 가능해졌고, 대학병원을 중심으로 임상 테스트를 거쳐 2015년 상반기부터 NIPT 검사가 일반 병원에서도 시행되기 시작했다.

검사 시기

임신 10주 이상에서 검사가 가능하며, 검사 기간은 7일 내외이다. 가격도 양수 검사에 비해서는 저렴하기 때문에 그 사용이 확대될 것으로 보인다.

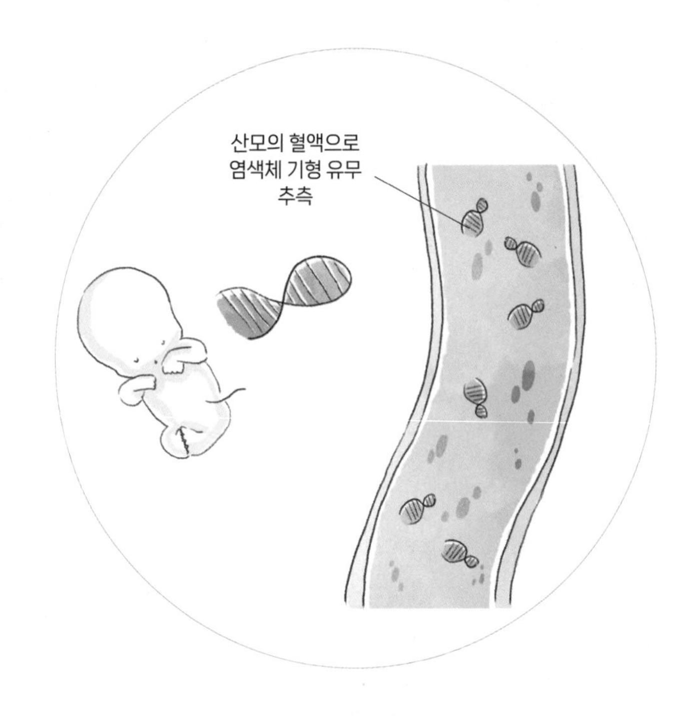

태아 염색체 검사

NIPT 추천하는 그룹

- 쿼드 테스트나 더블 검사에서 고위험군으로 나온 경우
- 분만 당시 나이가 만 35세 이상인 경우
- 이전 임신에서 다운증후군, 파타우증후군, 에드워드증후군으로 진단된 임산부

NIPT 유의사항

- 이 검사는 다운증후군, 에드워드증후군, 파타우증후군, 터너증후군과 성염색체 수적 이상에 대한 높은 정확성을 가진 선별 검사이지만 위양성, 위음성 결과의 가능성을 가진다.
- 이 검사를 통해서는 양수 검사나 융모막 검사로 발견될 수 있는 전체 염색체 이상의 약 50% 정도만을 선별할 수 있다.
- 임산부 혈액 내 태아 혈액량이 적은 경우 재검사를 할 수도 있다.
- 임신 초기에 시행되는 목덜미 투명대 검사는 NIPT를 할 예정이어도 시행해야 한다.
- 임신 15~20주 사이에 이루어지는 신경관 결손 선별 검사는 별도로 받아야 한다.

NIPT 검사에 대해서

NIPT가 처음 나왔을 때 양수 검사를 대신할 수 있는 획기적인 확진 검사라고 많이 이야기되었다. 그래서 쿼드 검사에서 이상이 있거나 목덜미 검사에서 이상이 있는 경우, 그 다음 검사로 NIPT를 권하기도 했다. 하지만, 현재까지 모아진 데이터에 따르면 아직까지는 NIPT가 확진 검사로는 한계가 있다고 한다. 즉, NIPT도 다운증후군에 대한 선별 검사의 하나고, 기존 것보다 좀 더 정확도가 높다는 장점이 있는 검사라고 보고 있다. 다시 말해 1차 2차 통합 검사나 목덜미 검사에서 이상이 나온 경우 그 다음 단계로 해볼 수 있는 검사는 아니다.
하지만 산모 혈액을 통해 알아보는 1차 2차 통합 검사에 비해, 산모 혈액 내에서 채취한 태아의 혈액으로 하는 검사이기 때문에 다운증후군에 대해 확실하게 선별해볼 수 있는 검사다. 따라서 다운증후군일 확률이 높은 고령산모, 혹은 이전에 다운증후군이나 파타우증후군 같은 염색체 질환을 낳은 기왕력이 있는 산모에게 좀 더 정확하게 아기 상태를 스크리닝해 볼 수 있는 검사이기도 하다. NIPT 검사에서 이상이 나온 경우 반드시 양수 검사로 염색체 이상이 맞는지 확인해봐야 한다. 대신 NIPT 검사는 결과의 정확도가 높은 검사로 결과 상 정상이라고 나오면, 염색체 이수성 질환이 있을 확률은 거의 없다.

장점

- 임신 10주부터 시행해볼 수 있다.
- 양수천자나 융모막생검보다 덜 침습적이다.
- 혈액 생화학 표지자를 이용한 검사(쿼드 테스트, 더블 검사)보다 검사가 정확하다.

단점

- 가격이 비싸다
- 다태아에서는 검사 결과가 부정확하다.
- 양수 검사를 통한 확진 검사를 필요로 한다.

3개월 차 엄마의 몸 상태

Dr.류's Talk Talk

임신과 출산, 육아에 대한 불안감과 급격한 몸의 호르몬 변화로 인하여
우울할 수 있는 시기입니다. 호르몬 변화로 인한 피로와 몸의 여러 증상들이
불안감을 불러올 수도 있지요. 아직 생기지도 않은 앞으로의 일에
미리 걱정하거나 고민하지 말고 현재에 집중하세요.
임신으로 지친 몸에 최대한 휴식을 줄 수 있도록 노력하고
배 속에 있는 아기를 생각하며 긍정적인 마인드를 갖도록 노력합시다.

엄마의 몸이 변해요

배가 콕콕

주로 배꼽 아래와 양쪽 사타구니 쪽으로 콕콕 쑤시는 듯한 당기는 느낌이 발생합니다. 자궁이 커지면서 자궁 앞의 근육과 근막, 복막 등이 당겨지면서 콕콕 쑤시는 듯한 느낌을 주는 것입니다. 이는 임신 초기에 자궁이 커지면서 생기는 자연스러운 현상이에요. 단, 콕콕 쑤시는 정도가 아닌 심한 복부 통증, 그리고 질 출혈이 동반된다면 바로 병원으로 가서 상태에 대한 점검을 받도록 합니다.

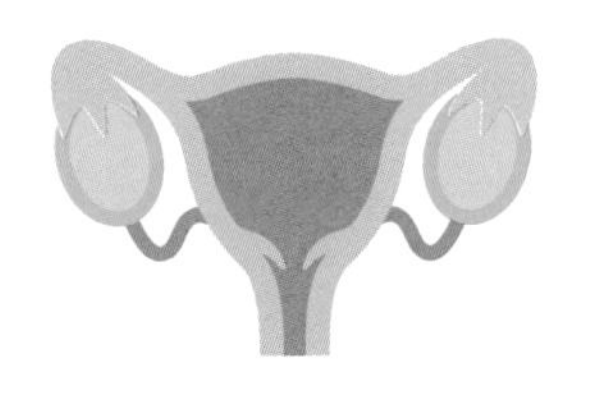

다리 통증

갑자기 다리 쪽으로 뻗치는 듯한 통증이 발생될 수 있습니다. 한쪽 다리만 아픈 경우도 있고 양쪽 다리 모두 아플 수도 있어요. 이는 커진 자궁과 혈액량의 변화로 인하여 골반 안쪽 신경이 눌리면서 엉덩이나 사타구니, 허리 쪽으로 통증이 나타나는 것입니다. 임신 이전에 허리와 골반에 통증이 있던 임산부들은 그 통증이 악화되는 경험을 할 수 있어요.

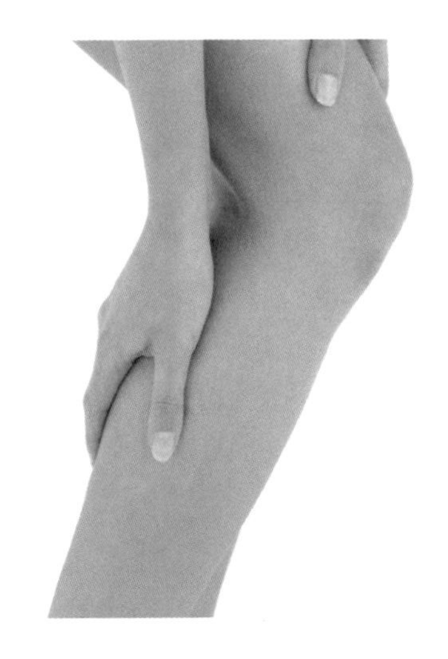

침 분비 증가

호르몬의 영향으로 침샘이 자극되어 침 분비가 많아집니다. 늘어난 침에 당황하여 산모들이 상담을 요청할 때가 있는데, 임신으로 인한 일시적인 현상이므로 걱정하지 않아도 돼요. 호전되는 시기 역시 개인차가 있습니다.

유방이 부풀고 착색이 시작

유방이 점점 커지며 유륜색이 진해집니다. 또한 유륜의 땀샘이 마치 소름이 돋은 것처럼 볼록볼록 튀어나옵니다. 간혹 가슴이 커지면서 파란색으로 변했다고 걱정을 하는 산모들이 있는데,

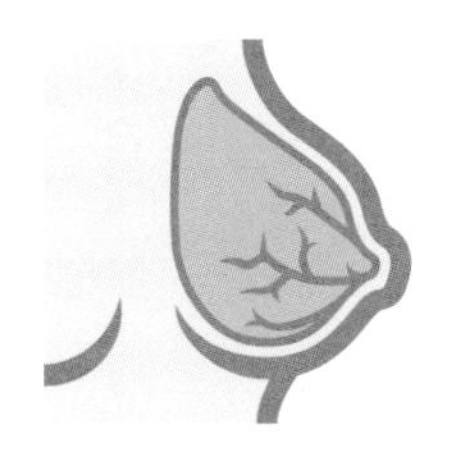

이는 유방의 혈액 공급이 증가하면서 피하에 정맥혈관이 잘 보이기 때문에 나타나는 현상이에요. 아이를 낳고 나중에 수유를 하기 위한 가슴의 변화가 시작된 것이라 생각하면 됩니다.

질 분비물 증가

자궁경부와 질 안쪽은 호르몬의 영향으로 점액분비량이 늘어나게 되고 많은 혈액이 질 쪽으로 공급이 되며 질 벽면이 짙은 자주색을 띠게 됩니다. 대개 분비물은 유백색의 냄새가 없는 흐르는 듯한 양상을 보여요. 임신 중 질 분비물이 많아지는 건 사실이지만 그만큼 질염의 빈도도 늘어나게 됩니다. 분비물이 많아지며 동시에 간지럽거나 냄새가 나고 분비물 색깔이 노란색 혹은 초록색을 띠는 경우는 산부인과에 내원하여 질염 여부를 확인하는 것이 좋습니다.

잦은 소변

자궁이 골반 안에 있는 상태로 배가 부르지는 않지만 치골 위에 손을 대보면 단단한 자궁이 만져지는 것을 느낄 수 있어요. 커진 자궁이 방광을 직접적으로 압박하여 소변을 보는 횟수가 잦아지게 되는 것입니다. 임신 초기 자궁이 커지기 시작하며 이러한 증상이 많이 발생을 하고 임신 16주가 넘어가면 자궁이 커지며 올라가기 때문에 이렇게 방광을 누르는 현상이 완화되고 소변을 자주 보는 증상도 조금 호전됩니다. 그러다가 30주 이후에 전체적으로 커진 자궁이 방광을 누르게 되면서 다시 소변을 자주 보게 되지요.

입덧이 심해짐

개인에 따라 정도의 차이가 있지만 대개 임신 8~9주경 입덧은 최고조에 달하고 이후 점점 완화됩니다. 보통 14주 전후로 입덧은 없어져요.

여드름과 뾰루지 증가

태아가 산모의 몸 안에서 잘 적응하도록 도와주는 황체호르몬과 융모생식샘자극호르몬의 증가는 지질대사에도 영향을 끼칩니다. 그래서 얼굴에 피지 분비가 증가하게 되면서 종종 뾰루지나 여드름 같은 피부 트러블이 생길 수 있어요. 세안에 조금 더 신경 쓰고 화농성 여드름으로 통증이 심하고 병변이 넓을 때는 2차적인 세균 감염을 조심해야 합니다. 범위가 넓고 화농성 여드름이 많이 생긴다면 피부과에 가서 치료를 받는 것이 좋아요.

3개월 차 임산부 생활의 팁

Dr.류's Talk Talk

임산부들은 엄마가 될 준비를 해야 합니다. 그 첫 시작은 엄마와 같은 넓은 마음을 갖는 것이겠죠. 타인을 깊이 이해하고 배려하면서 주변 사람들에게 나의 임신 과정을잘 보듬어주길 부탁하고 미리 고마움을 표현해봅시다. 먼저 다가가서 이해를 구하면 동료들도 배 속의 아이에 대한 애정과책임감을 느낄 것입니다. 많은 사람들의 축복과 애정을 받는행복한 아이가 될 수 있도록 직장에서도 좀 더 많이 웃고 먼저 인사하고 감사하는 마음으로 다가가봅니다.

안정된 생활을 해요

낮은 신발 신기

임신 초기에는 현기증이 자주 일어납니다. 몸의 균형감각과 주의력이 떨어지기 때문에 높은 신발은 발목 부상이나 넘어지는 일을 불러올 수 있어요. 임신을 하면 자궁이 커지면서 몸의 무게 중심이 앞으로 많이 이동하게 됩니다. 이때 굽 높은 신발을 신으면 무게 중심이 더 앞으로 이동하면서 허리에 통증이 심해집니다. 편안하고 굽이 낮은 신발을 준비하세요.

신선한 채소주스 마시기

변비는 임신의 최대 적입니다. 임신 중반기부터 철분제를 복용하면서 임산부들은 변비에 시달리곤 합니다. 따라서 미리 섬유질이 많은 음식과 신선한 채소주스를 마시면서 건강한 배변 습관을 만들어놓습니다. 과일주스가 맛있지만 당분이 너무 많아서 안 돼요. 비타민이 풍부한 채소주스를 마시도록 합니다.

유산 가능성에 대해 주의

임신 12주까지는 태반이 완벽하게 엄마의 자궁 내로 자리 잡지 않았습니다. 이제 막 자리를 잡아가고 있는 시기인 셈이에요. 무리한 활동, 과도한 스트레스는 태반이 자리 잡는 것에 악영향을 줄 수 있어요.

배가 나오지 않은 상태이기 때문에 조심성이 떨어질 수 있으나 배 속에 아기는 열심히 자라고 있다는 것을 명심하세요.

임부용 면 속옷 입기

배가 부르지 않아 임신 전 사용하던 속옷을 그냥 입어도 되겠지만 너무 조이는 속옷은 골반 혈류를 방해하여 안 좋은 영향을 줄 수 있어요. 조금 넉넉한 속옷을 준비하세요. 소재는 피부 자극이 거의 없는 면이 좋으며 하얀 색의 깨끗한 속옷을 이용하여, 질 분비물 등 이상을 발견하기 쉽게 하는 것이 좋습니다.

불안감을 없애기

임신 초기에는 꿈을 자주 꾸게 됩니다. 주로 임신과 관련된 일이나 출산, 육아 등에 관련된 꿈이지요. 이는 무의식적으로 임신에 대해 막연한 불안감과 다양한 걱정을 가지고 있다는 것을 뜻합니다. 임신 초에 많이 나타나는 자연스러운 현상입니다. 임신이 익숙해지고 몸의 컨디션도 좋아지면 임신에 대한 불안감도 함께 없어질 것입니다. 그러면 꿈도 자연스럽게 다시 줄어들게 되겠지요.

3개월 차 아빠가 해야 할 일

Dr.류's Talk Talk

임신으로 인한 몸의 변화로 혼란을 겪는 임산부들이나
출산을 앞둔 임산부들은 특유의 불안감으로 우울증을 겪을 수 있습니다.
이들의 정신적 스트레스를 덜어줄 수 있는 사람은 바로 옆에 있는 남편입니다.
임신 기간 동안 아내 곁에서 늘 힘이 되고
자신감을 북돋아주어야 한다는 것을 명심해주세요.
아내에게 어떤 도움을 줄 수 있는지 살펴보아요.

어떤 노력이 필요할까요?

튼살 마사지해주기

임신 10주가 넘어가면서 자궁은 이제 골반 안에서 골반 밖으로 나올 정도로 커집니다. 커진 자궁과 함께 복부도 늘어나게 되는데, 미리 관리를 해야 좀 더 튼살 예방에 효과적이지요. 튼살이 생기지 않도록 부드럽게 아내의 배, 팔, 허벅지를 마사지해줍시다. 자연스럽게 스킨십을 하면서 대화를 할 수 있어요. 마사지로 인해 정서적 유대감도 강해지고 산모의 행복감도 커지게 됩니다.

청소, 빨래, 설거지 등 집안일하기

개인마다 다르지만 입덧은 8~9주경 최고로 심해집니다. 아내는 아이를 배 속에서 키우기 위한 적응기로 힘들어하고 있어요. 이 시기에는 특히 청소, 빨래, 설거지 등 집안일을 해주세요.

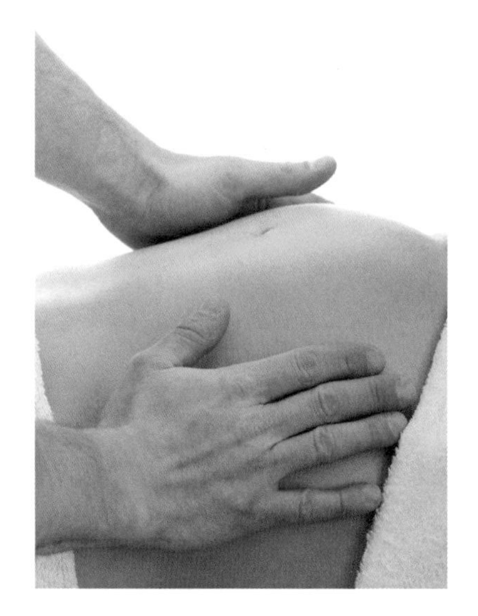

엽산제를 잘 먹도록 도움주기

입덧과 피로감이 누적되어 식사를 제대로 하기 힘들고 엽산제 먹는 것을 놓치는 경우가 생길 수 있습니다. 아내의 식사와 엽산제 복용에 관심을 갖고 챙겨주도록 합니다.

직장 내 고충에 대한 위로해주기

여자들은 아이를 갖게 되면 '직장 안에서의 나'와 '엄마라는 역할 속에서의 나' 사이에서 많은 정서적 갈등을 하기 시작합니다. 아이를 편하고 행복한 환경에서 낳고 싶은 욕심도 생기고 힘든 임신 기간에 다른 것으로 인한 스트레스를 최소화하고 싶은 마음도 간절해지지요. 남편이 직장생활을 포기하지 않도록 힘을 북돋아주세요.

TIP 튼살 관리

임신 중에는 흔히 튼살, 팽창선조라고 부르는 피부 파열 증상이 나타나게 된다. 피부 바로 밑 결합 조직을 형성하는 주요 성분, 즉 콜라겐과 탄력조직이 피부의 갑작스런 팽창과 함께 늘어나지 못하고 찢어지면서 발생되는 현상이다. 사춘기 때와 같이 갑작스럽게 체중이 증가하거나 키가 컸을 때도 보인다. 임신 기간에는 특히 갑작스런 체중 증가와 함께 호르몬 변화가 동반되기 때문에 복부, 엉덩이, 허벅지 등에 선의 형태로 나타나게 된다. 갑작스런 체중 증가도 튼살의 원인이 되지만 그보다는 임신 중 증가하는 부신피질호르몬도 관련이 있다. 호르몬의 변화 때문에 진피 내 콜라겐섬유와 탄력섬유의 안정성이 파괴되어 튼살이 발생하는 것이다. 따라서 배가 크지 않아도, 튼살이 생길 수 있으며 개인마다 튼살이 나타나는 시기와 정도는 차이가 있다. 튼살의 형태는 처음에 피부가 홍조를 띠면서 가렵고 가로 혹은 세로의 볼록한 피부선이 올라오면서 붉은색을 띠다가 점점 색이 옅어지며 나중에는 진줏빛의 반질반질한 색을 띤다. 한 번 생긴 튼살은 깨끗하게 없어지지 않는다. 따라서 예방이 최선이다.

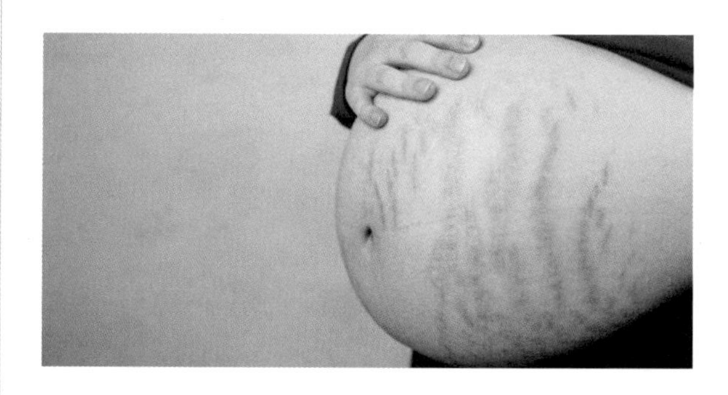

임신 중 튼살 예방법

1. 급격한 체중 증가를 피하기

급격한 체중 증가는 피부 탄력조직의 파괴를 가속화시켜 튼살이 발생될 확률이 더 높다.

2. 보습하기

튼살은 보습이 최우선이다. 피부가 건조하면 튼살의 발생이 증가한다. 항상 샤워 후 보습을 충분히 한다. 임산부용 튼살크림을 발라도 되고, 튼살크림이 없다면 보습이 잘 유지될 수 있는 바디로션과 바디오일을 사용해서 피부가 건조해지지 않게 한다.

3. 꽉 끼는 옷을 피하기

꽉 끼는 옷은 피부를 자극하고 피부 혈액순환을 저하시켜 신진대사를 떨어뜨린다. 이는 곧 튼살의 악화 요인이 된다. 배가 부르기 시작했다면 꽉 끼는 옷은 피한다.

4. 마사지하기

적당한 세기의 마사지는 피부 신진대사를 촉진하여 튼살을 예방하는 데 도움이 된다.

튼살 예방 마사지법

1. 엉덩이 부위 마사지하기

① 엉덩이 양쪽에 나선형을 그리며 마사지한다.
② 엉덩이를 안쪽에서 바깥쪽으로 돌리면서 마사지한다.
③ 엉덩이를 아래 부위부터 위로 끌어올려 준다.
④ 양쪽 손바닥으로 아랫부분의 엉덩이를 가장자리에서 안쪽으로 모아준다.

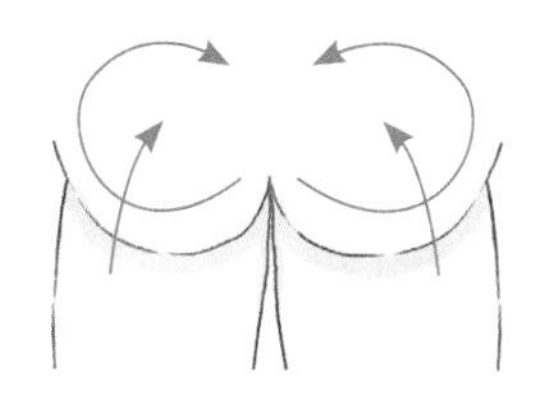

2. 배 부위 마사지하기

① 배꼽을 중심으로 둥글게 원을 그리며 마사지한다.
② 시계 방향으로 배꼽 부위로 배 전체를 쓸어준다.
③ 배꼽 주위부터 점점 넓게 원을 그리면서 돌린다.

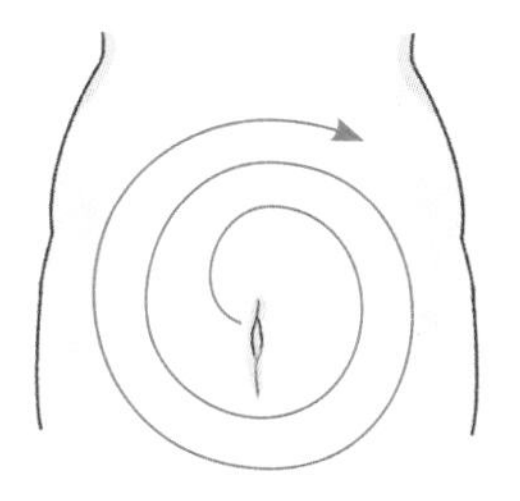

3. 가슴 부위 마사지하기

① 가슴 안쪽에서 겨드랑이 쪽으로 직선을 그리면서 마사지한다.
② 가슴 아래 쪽에서 위쪽으로 둥글게 원을 그리듯이 마사지한다.
③ 양손바닥으로 가슴을 한쪽씩 아래에서 위로 번갈아가며 쓸어올린다.

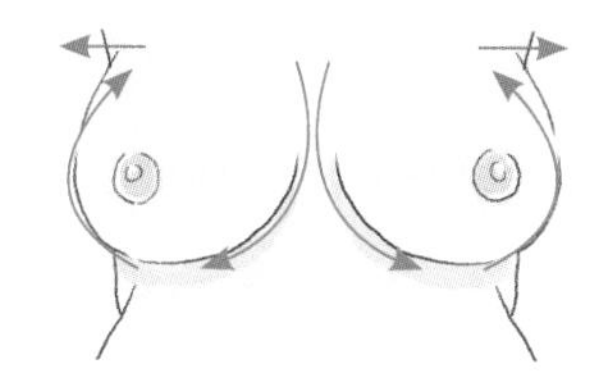

· 임신 ·

4

개월

(13~16주)

임신 **4** 개월 | 13 ~ 16주

엄마와 태아

태아가 모체에 안정적으로 정착하는 시기입니다.
임신 12~14주경에는 남녀외부생식기의
발달이 이루어집니다.

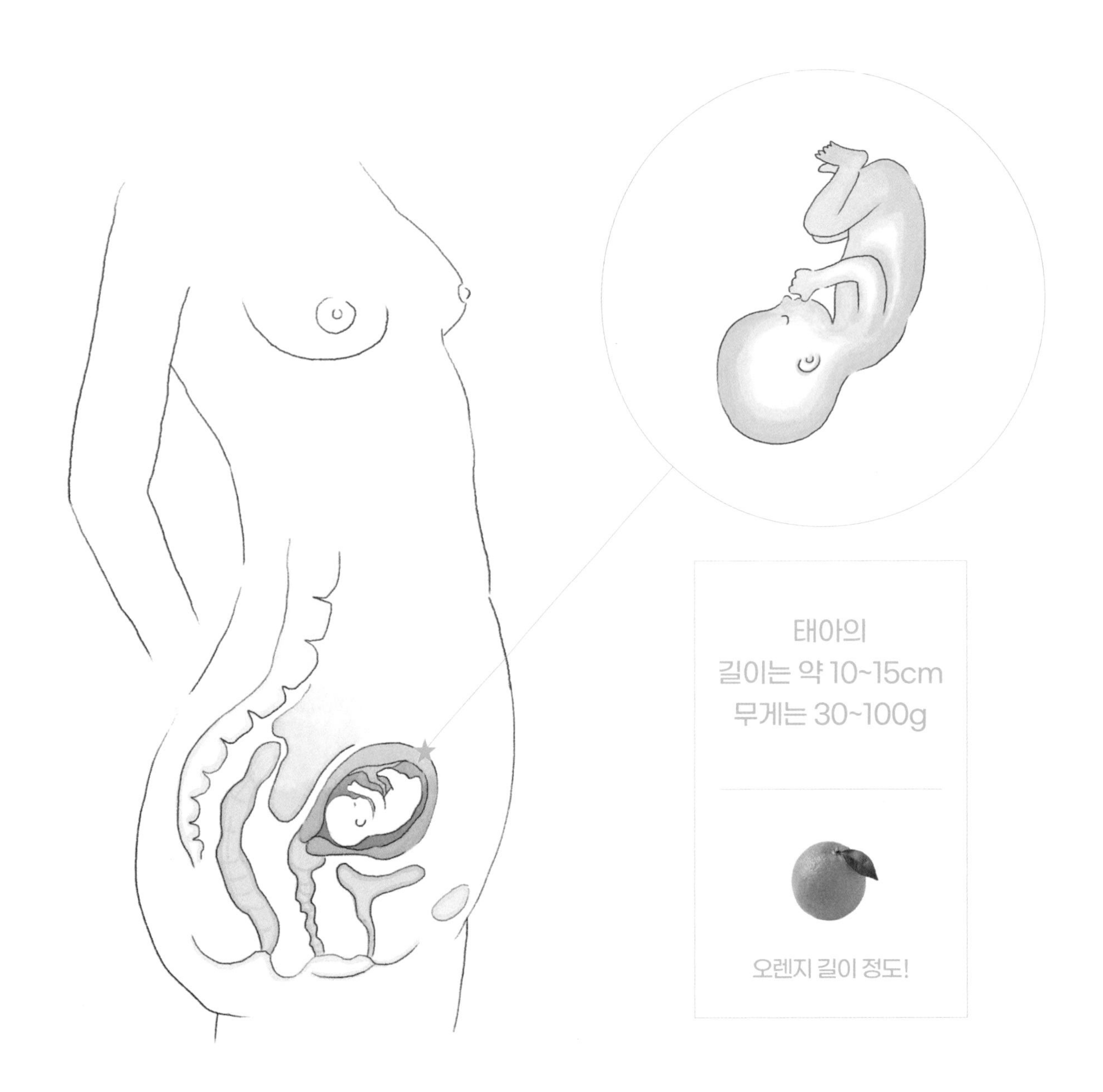

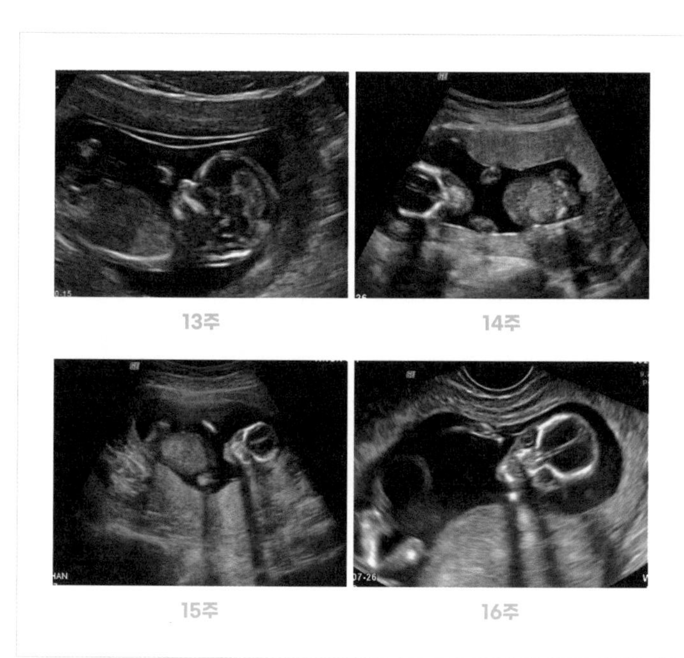

13주 14주 15주 16주

태아가 모체에 안정적으로 정착하는 시기로 유산에 대한 위험이 조금 완화되는 시기이기도 합니다. 태아의 혈액순환이 순조롭게 이루어지며 손발, 등뼈, 근육 등이 현저하게 발달합니다. 태아는 양수 삼키고 소변으로 다시 배출하며 입술을 내밀거나 이마에 주름을 잡는 행동을 할 수 있게 됩니다. 엄마가 태아의 움직임을 느끼는 태동은 없으나 태아는 활발히 움직이기 시작합니다. 태아의 움직임은 뇌중추신경계 발달과 관계가 있고 동시에 근육을 단련시킬 수 있는 행동입니다. 태아의 폐와 심장이 가슴으로 내려와 자리를 잡으며 심장의 활동이 본격적으로 시작되어 혈액이 온몸으로 순환하기 시작합니다. 임신 12~14주경에는 남녀 외부 생식기의 발달이 이루어집니다. 이 시기 태아의 뇌는 엄청나게 많이 발달을 하게 됩니다. 태아는 기쁨, 불안, 노여움 등의 감정 또한 발생합니다. 16주가 되면 눈의 움직임이 시작됩니다.

13주가 되었어요

13주 태아

태아 입속에 잇몸이 만들어지고 20개의 유치가 발생하기 시작합니다. 얼굴 근육도 발달하기 시작해서 입술을 내밀거나 이마에 주름을 잡는 행동을 할 수 있어요. 또한 몸의 움직임이 더 활발해집니다.

태아의 길이와 무게

머리부터 엉덩이까지의 길이는 7cm가 넘어가고, 무게도 이제 20~25g 정도가 됩니다.

14주가 되었어요

14주 태아

외부 성기가 좀 더 뚜렷해집니다. 여아는 배에 있던 난소가 골반 아래로 내려오게 됩니다. 남아에게도 전립선이 만들어져요. 아이는 양수를 먹고 내뱉으면서 폐를 더 성숙시킵니다.

태아의 길이와 무게

태아의 길이는 약 8~9cm, 무게는 40~45g 정도입니다.

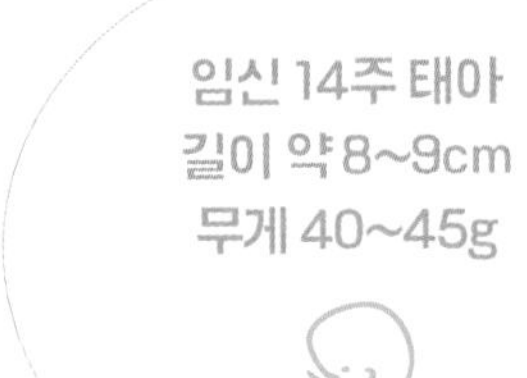

15주가 되었어요

15주 태아

머리카락이 자라기 시작하고 몸에 솜털과 눈썹도 자라기 시작합니다. 몸의 근육은 더욱 발달하며 움직임이 활발해지고 엄지손가락을 입에 넣고, 빨기도 합니다.

태아의 길이와 무게

태아의 길이는 이제 10cm가 넘고 무게는 70g 정도가 됩니다.

16주가 되었어요

16주 태아

얼굴에 눈과 귀가 자리를 잡아가며 얼굴 모양이 성인의 모습과 비슷해집니다. 스스로 입을 벌렸다 닫기도 하며 귀 안쪽 신경도 성숙되어 소리 진동을 느낄 수 있게 됩니다. 외부 생식기의 발달은 더욱 가속화돼요. 이 시기 여아는 난소 안에 수백만 개의 난자를 가지고 있어요. 이는 인생을 통틀어 가장 많은 수의 난자입니다. 뇌의 발달이 본격적으로 시작됩니다. 가장 활발하게 뇌 발달이 이루어지는 시기이며 기쁨, 불안, 노여움 등의 감정이 생깁니다. 엄마가 느끼는 감정을 태아도 같이 느낄 수 있게 되지요. 엄마가 맛있는 것을 먹으면 태아도 포만감을 느끼고 엄마가 굶어서 배가 고프면 태아도 함께 배고픔을 느낍니다.

태아의 길이와 무게

태아는 머리에서 엉덩이까지의 길이가 12cm이고, 무게는 100g 정도가 됩니다.

임신 16주 태아
길이 약 12cm
무게 100g

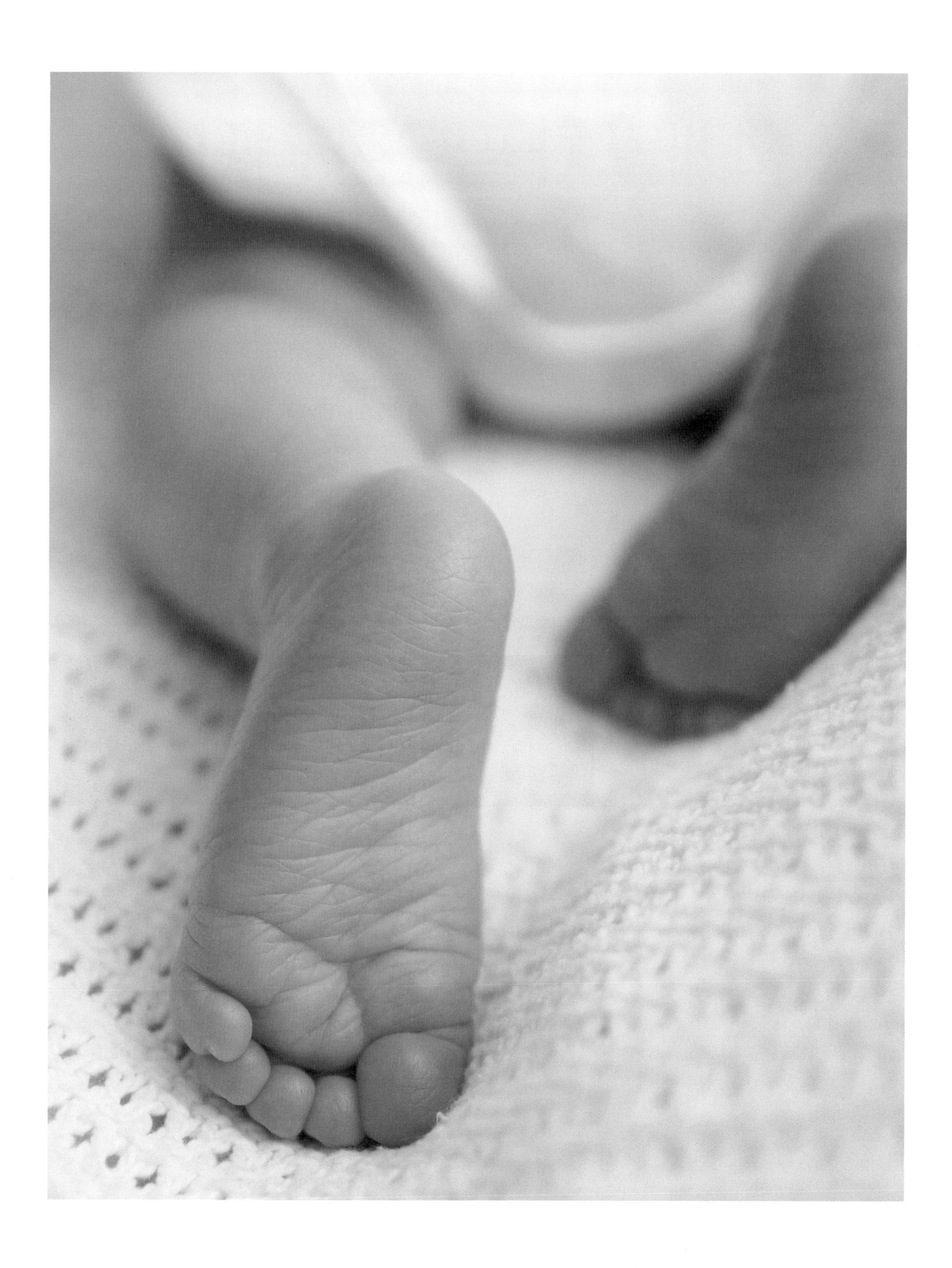

4개월 차 필요한 검사

Dr.류's Talk Talk

이제 임신 1분기에서 임신 2분기로 넘어가는 시기가 되었습니다.
엄마 역시 임신으로 인한 혼란스러움에서 벗어나
조금은 안정적인 생활이 시작될 수 있을 거예요.
처음 배 속에서 자리를 잡아가던 태아는 이제 어느덧 사람의 기본 형태를 갖추고
나날이 커지고 있습니다. 태아의 발달이 있으면서 태아의 크기를 살펴보는
초음파 검사 방법도 달라지게 돼요. 어떻게 변화할까요?

검사 방법이 달라져요

머리 가로 단면 길이+복부 단면 둘레+허벅지 다리 뼈 길이=몸무게 추정

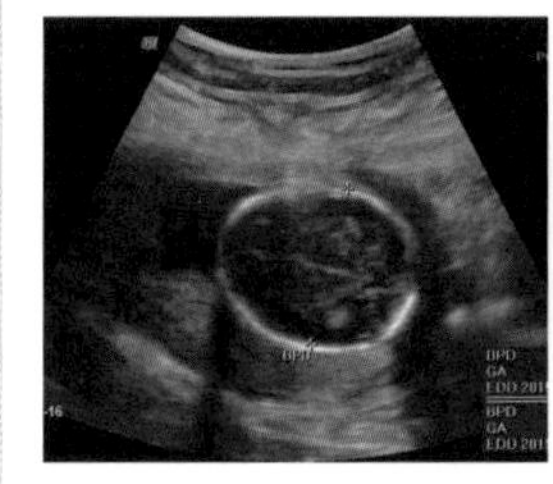

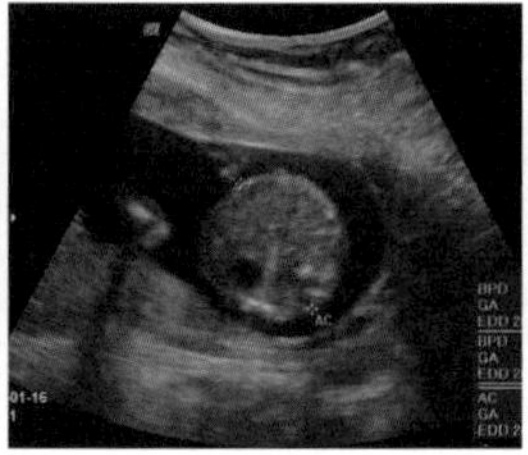

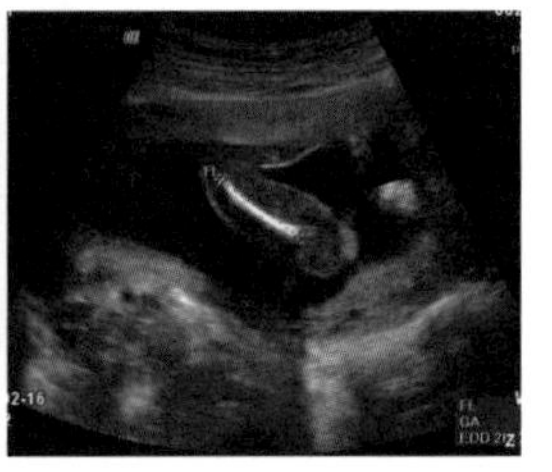

초음파 검사 방법의 변화

초음파를 통해 태아가 크는 것을 모니터링하는 방법도 이 시기에는 달라집니다. 임신 14주 이전에는 보통 머리 끝 정수리부터 엉덩이까지의 길이를 재서 태아 성장 발육을 감시했어요. 하지만 이제 팔다리도 길어졌고 머리에서부터 엉덩이 끝까지의 길이, 즉 앉은 키만을 가지고 태아 성장 발육을 평가하기에 부족한 부분이 많습니다. 그래서 임신 2분기가 시작되면 초음파를 보는 방법도 달라질 수밖에 없어요.

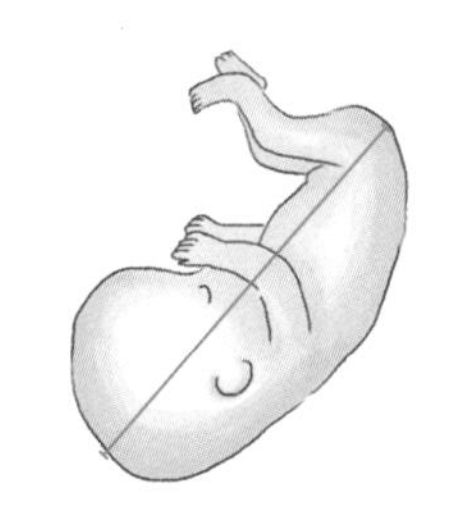

정수리부터 엉덩이까지 길이 측정
(임신 14주 이전)

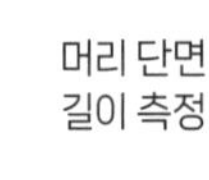

몸무게를 이용한 관찰

이제부터 태아의 전반적인 상태와 발달 정도를 몸무게를 이용하여 관찰합니다. 우선 태아의 머리 가로 단면 길이를 재고, 기본 머리 뼈 골격 발달과 함께 뇌 발달이 잘 이루어지고 있는지 확인해요. 그리고 태아 위가 보이는 배의 단면 둘레 길이를 잽니다. 어른도 복부 둘레가 비만의 척도이듯 태아도 이 둘레가 영양상태를 가장 민감하게 반영합니다. 마지막으로 허벅지 다리뼈 길이를 잽니다. 허벅지 다리 뼈는 단일 뼈 중 우리 몸에서 가장 긴 뼈입니다. 이 길이는 근골격계의 발달이 잘 이루어지는지 보여줍니다. 이 세 가지 길이를 종합하여 태아 몸무게를 추정하는 거예요.

실제 몸무게 오차

초음파를 통한 몸무게 계측은 보는 사람에 따라 차이가 날 수 있어요. 어느 정도 차이를 감안해서 봐야 하고 보통 그 주수에 평균적인 태아 몸무게랑 비교했을 때, 너무 작거나 너무 큰 경우에는 그 원인을 살펴봐야 합니다. 몸무게가 너무 작은 경우 혹시 태아에게 영양을 전달하는 태반, 탯줄에는 문제가 없는지 확인해볼 필요가 있습니다. 머리 둘레에 비해 배 둘레가 과하게 큰 경우에는 엄마의 혈당 조절이 잘 되고 있는지 혹은 태아 배 속에 비정상적으로 커져 있는 구조물은 없는지 유의해서 살펴봐야 하지요.

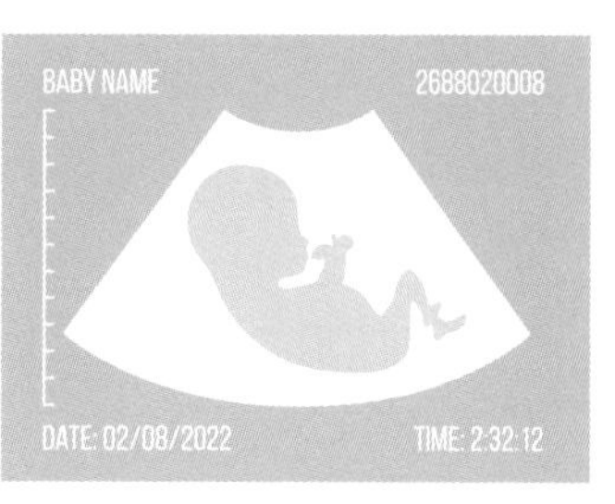

무게가 너무 적은 경우

▼

- 혹시 태반이나 탯줄에는 문제가 없나?

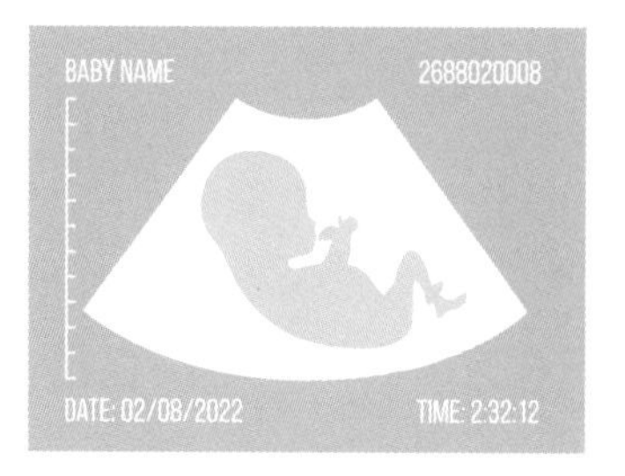

무게가 너무 많이 나가는 경우

▼

- 엄마의 혈당 조절이 잘 되고 있나?
- 태아 배 속에 비정상적으로 커져 있는 구조물은 없나?

4개월 차 엄마의 몸 상태

Dr.류's Talk Talk

임신 4개월 차가 되면 배가 살짝 나오기 시작합니다.
처음에는 '아기 때문에 나오는 배인지 내 배인지' 의심하던 것이
어느 순간 임신으로 인해 배가 불러오는 것임을 확신하게 됩니다.
배가 나오게 되면 전에 입던 바지나 치마가 답답해지기 시작해요.
커진 배로 인해 옷맵시도 많이 달라지고, 배 주변이 콕콕 쑤시듯이 아프기도 합니다.
이는 자궁이 커지고 있기 때문이에요.
자연스럽게 엄마의 몸이 서서히 변하게 된답니다.

엄마의 몸이 변해요

체온 저하

임신 초 자궁 내 태반형성과 발달에 관여하던 호르몬은 태반이 안정화가 되는 임신 4개월 전후로 다시 정상화됩니다. 태반 안정화에 기여하던 황체 호르몬 농도가 감소하면서 임신 초 황체호르몬으로 인해 고온을 유지하던 기초 체온 역시 다시 내려갑니다.

불안했던 마음이 안정

임신 4개월이 되면 급격하게 증가하던 호르몬이 안정되면서 임신 초기의 피곤함과 불안감, 초조한 마음이 안정되기 시작합니다.

어지럼증 발생

앉았다 일어나거나 오래 서 있는 경우 어지러움과 두통이 발생할 수 있어요. 심한 경우 눈앞이 캄캄해지며 자리에서 쓰러지기도 합니다. 따라서 쓰러지거나 다치지 않도록 유의해야 합니다.

저혈압 주의

산전 검사에서 특별히 빈혈이 보이지 않았다면 어지럼증은 저혈압과 관련되어 나오는 현상입니다. 산모의 몸은 임신 중반기까지 혈압이 점점 낮아져요. 심장에서 나오는 피가 좀 더 수월하게 태반으로 전달되도록 있도록 이완기 혈압이 낮아지기 때문에 발생하는 현상입니다. 이완기 혈압이 낮아진다는 말은 전체적으로 혈관들이 느슨해진다는 뜻이에요. 심장에서 혈액이 나올 때 혈관이 느슨해져 있으면 좀 더 많은 양의 혈액이 혈관으로 이동됩니다. 이 많은 양의 혈액은 태반을 타고 태아에게 전달됩니다. 따라서 태아-태반 혈류를 원활하게 유지하기 위한 우리 몸의 이러한 변화는 산모에게는 일시적인 저혈압을 발생시킬 수 있습니다.

어지럼증이 생기는 원인

이완기 혈압의 저하, 혈관이 느슨해지는 변화로 인하여 오래 서 있거나 앉아 있다 일어서면 다리 쪽으로 내려가 있는 혈액이 위로 올라오기가 어려워집니다. 혈액이 상대적으로 아래쪽에 많이 있고 올라오지 못하면 당장 다시 심장으로 들어와야 하는 혈액과 뇌로 가야하는 산소량이 부족해지는 것이에요. 따라서 '핑~' 도는 듯한 어지러움과 두통이 발생할 수 있습니다. 심

한 경우 눈앞이 캄캄해지며 자리에서 쓰러지는 경우도 있습니다. 쓰러지거나 다치지 않도록 유의해야 하지요.

식욕 증가

입덧도 완화되며 식욕이 증가하게 됩니다. 먹고 싶은 음식이 많아지며 식사 후에도 간식에 대한 욕구가 강해질 수 있어요.

자궁 위치 변화

자궁이 커지면서 골반 안에 있던 자궁이 골반 위쪽으로 올라오게 됩니다. 누워서 살짝 만져보면 배꼽 아래에 동그랗고 단단한 자궁이 만져질 것입니다. 서 있으면 배가 볼록하게 나오기 시작해요.

체중 증가

식욕의 증가와 함께 양수의 양도 많아집니다. 따라서 엄마의 체중도 늘어나게 됩니다. 보통 임신 3개월까지는 임신으로 인해 특별한 체중 증가가 일어나지 않아요. 입덧이 끝나가고 식욕이 되살아나면서 체중이 증가할 수 있습니다. 하지만 체중 증가 권고량은 보통 체형이 일주일에 평균 300~400g 이지요. 따라서 한 달에 3kg 이상 체중이 증가하면 추후에 임신중독증, 임신성당뇨와 같은 합병증을 유발할 수 있으므로 주의해야 합니다.

일주일
300~400g
증가

가벼운 운동 필요

유산의 위험으로부터 조금 편안해지는 시기입니다. 그러므로 여행이나 가벼운 운동을 시작할 수 있어요. 가벼운 산책은 기분 전환에도 도움을 준답니다. 임산부용 체조나 수영도 도움이 되니 시작해보세요.

운동의 효과

임신 중 운동은 갑작스런 체중 증가를 막아주고, 근육 강화 효과가 있기 때문에 오히려 순산으로 가는 지름길이라고 생각하면 됩니다. 또한 산모의 임신 기간 중 유산소 운동은 태아의 신경계와 호흡계 발달을 촉진시킵니다.

운동의 강도

임신 초기 움츠렸던 몸을 다시 움직여보세요. 임신 전에 했던 운동을 다시 시작하는 것이 가장 무리가 적게 가고 부담이 되지 않아요. 단, 임신 중임을 감안해서 운동의 강도는 낮춰서 하세요. 운동을 하며 크게 무리가 가지 않는 선까지 강도를 점점 높히도록 합니다.

추천 운동

만약 임신 전 따로 하고 있던 운동이 없다면, 가벼운 산책이나 조깅, 요가, 임산부용 아쿠아로빅을 추천합니다.

1. 수영

수영은 물속에서 체중에 대한 부하를 감소시켜주기 때문에 임신 중 늘어난 체중으로 인한 관절통을 최소화할 수 있어요. 또한 물의 부력을 이용해서 중력에 의한 척추, 관절 등에 무게 압력 없이 팔다리 근육도 강화할 수 있지요. 유산소 운동이기 때문에 혈액순환 개선을 통한 부종의 완화, 하지정맥류 등의 감소에 효과가 좋아요. 원래 수영을 했던 산모들은 편한 자유형, 배영 등을 낮은 강도로 하면 됩니다. 단, 밑으로 힘이 많이 가는 평영은 피하는 것이 좋고 수영할 때의 강도도 최대한 낮춰서 하세요. 한 번에 너무 장시간 해서는 안 되며 30분 내외로 수영을 합니다. 수영을 할 때에는 너무 숨이 찰 정도로 호흡을 멈추면 안 되고 수영을 하는 도중 배가 아프다면 즉시 물 밖으로 나와서 편한 자세로 눕고 천천히 호흡하세요.

2. 아쿠아로빅

임신 전 수영을 하지 못했던 임산부라면 임산부용 아쿠아로빅을 추천합니다. 물에 들어가 물의 부력을 이용하여 관절과 척추에 오는 무게적인 압박을 배제한 상태에서 하는 팔다리 근육 강화 운동은 엄마와 아이가 건강하게 태어날 수 있도록 해줍니다.

4개월 차 임산부 생활의 팁

Dr.류's Talk Talk

어느 정도 몸이 안정기로 접어들었기 때문에
본인이 임산부라는 사실도 편안하게 인지가 될 거예요.
이제 앞으로는 몸이 점점 더 무거워집니다. 그만큼 피곤도 많이 느끼게 됩니다.
출퇴근의 규칙적인 하루가 덜 피로하고 덜 힘들 수 있도록
다음과 같은 조언들을 생활 속에서 실천해보세요.
작은 노력들이 도움이 될 거예요.

피곤해지지 않도록 주의해요

바른 자세 유지하기

배가 나오기 시작하면서 자궁 안의 무게로 인해 무게 중심이 앞으로 쏠리게 됩니다. 이에 상충 작용으로 허리가 뒤로 빠지면서 배를 앞으로 내밀게 되는데 배를 앞으로 너무 내밀게 되면 허리에 통증이 올 수 있어요. 체중 증가로 무게 중심이 앞으로 이동하게 될 때 턱을 가슴 쪽으로 당기고 등을 쭉 펴고 배가 나오지 않도록 엉덩이를 죄는 자세를 취하도록 합니다.

바른 자세로 걷기

걸을 때 머리를 들고 시선은 정면을 향하며 발뒤꿈치부터 내딛으면서 걷습니다.

바른 자세로 물건 들기

선 채로 허리를 굽혀 물건을 들어 올리지 않도록 주의합니다. 한쪽 무릎을 구부리고 앉아서 물건을 손에 들고 무릎을 펴고 일어서도록 노력하세요.

장시간 서 있지 않기

임신 중 혈역학적인 변화로 혈압이 낮아집니다. 장시간 정류장이나 지하철 안에서 서 있다 보면 갑자기 '핑~' 도는 어지러움이 발생할 수 있어요. 심한 경우 눈 앞이 캄캄해지며 쓰러지기도 합니다. 한 장소에 오래 서 있지 말고 그 주위를 서서히 걷거나 앉을 곳

이 있다면 앉아 있도록 하세요. 앉은 상태에서 다리를 주물러주면 혈액순환이 잘 될 수 있습니다. 다리를 종종 주물러주세요.

한 시간 빨리 출근

사람들이 몰리는 출퇴근 시간을 가급적 피하는 것이 좋아요. 일찍 일어나는 게 조금 힘들더라도 사람이 붐비지 않는 시간대에 출근해서 회사에서 출근으로 인한 몸과 정신적인 피로를 풀어주며 하루 일과를 시작해봅니다. 출퇴근 시간 조절이 가능하다면 퇴근 시간과 출근 시간을 조정해보세요.

주변 사람에게 많이 베풀기

임신 초에 느꼈던 입덧과 두통, 어지러움 등의 증상이 조금은 호전될 것입니다. 임신 중반기 이후부터는 장시간 앉아 있는 것만으로도 숨이 차고 피곤할 수 있어요. 그때를 위해 몸이 비교적 가벼운 이 시기에 주변 사람들을 잘 챙길 수 있도록 합니다. 아이를 낳는 건 너무나 숭고하고 위대한 일이지만 자신의 일이 아닌 동료의 입장에서는 출산휴가에 대한 업무분담이 그리 반갑지만은 않을 거예요. 자신의 입장에서는 엄마가 되는 과정을 겪어야 하기 때문에 평소에 아무 생각 없이 생활하던 때와는 다르게 가만히 앉아 있는 것조차도 힘든 고통을 느낄 수 있어요. 몸도 마음도 지칠 수 있는 시기이기 때문에 주변 사람들의 격려와 작은 도움이 절실해지겠지요. 그러므로 좀 더 주변 사람들에게 많이 베풀면서 관계를 돈독하게 하세요. 사소한 행동 하나하나에도 서운한 마음이 커질 수 있습니다.

1분기

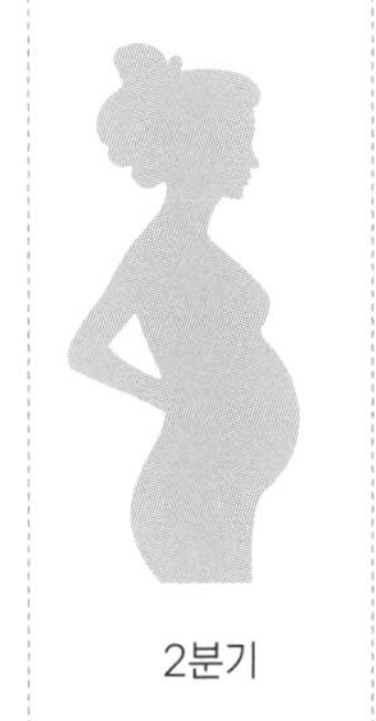

2분기

3분기

출산 임박

4개월 차 아빠가 해야 할 일

Dr.류's Talk Talk

이제 임신 안정기에 접어들었습니다만
사실 이제부터가 진짜 임신을 향한 기나긴 마라톤의 시작점에 선 거예요.
막달까지 페이스 조절은 물론이고 지치지 않도록 컨디션을 잘 관리해야 해요.
끝까지 성공적인 임신을 유지하기 위해서는
일단 기본적으로 올바른 생활습관과 체력이 유지되어야 합니다.
그러기 위해서는 아내 곁에서 많은 도움을 줘야 하겠지요?

어떤 노력이 필요할까요?

좋은 운동을 추천

임산부가 하기 좋은 운동을 추천해줍니다. 임신 전 운동을 했던 분들은 다시 운동을 시작하면 됩니다. 만약 아내가 임신 전에 특별히 하고 있었던 운동이 없다면 가벼운 조깅이나 산책을 함께 하세요. 혹은 임산부용 요가나 수영, 아쿠아로빅 등의 프로그램을 찾아 추천해주는 것도 좋습니다.

임산부들은 몸 자체가 무거워지다 보니 생활 전반에 있어서 예전에 비해 세세하게 신경 쓸 수가 없어요. 운동 역시 '해야지, 해야지!' 생각만 하고 시간을 보낼 수도 있지요. 아내와 태아의 건강을 위해서 남편이 함께 운동을 하는 등 도움을 주세요.

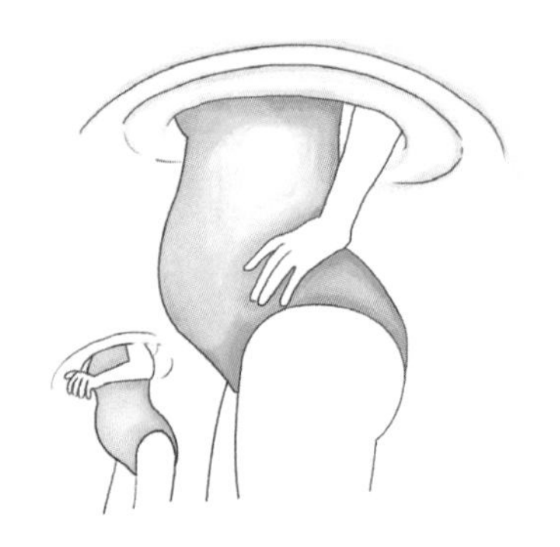

태교 여행을 계획

언제부터인가 태교 여행이란 말이 유행처럼 생겨나기 시작했어요. 요즘에는 임신한 아내가 정서적으로 좋은 마음을 가지고 태교를 할 수 있는 보상과 같은 여행을 가는 예비 엄마 아빠가 많습니다. 태교 여행까지 챙기자니 너무 호들갑을 떠는 것 아니냐 의구심을 품을 수 있겠지만 실제로 임신 후반기에 접어들면 여행을 가는 데 큰 제약이 따르곤 해요. 또한 분만 후에도 아기가 어느 정도 자라기까지 적어도 몇 년간은 둘만의 여행이 매우 힘들어집니다. 불안했던 임신 적응기가 끝나가니 달콤한 여행을 계획해보는 건 어떨까요?('임신과 여행' 102쪽 참고)

함께 외출하기

먹을 것을 사러가거나 식사 후 함께 산책을 합니다. 사소한 것이라도 늘 아내와 함께 한다면 임신으로 지친 아내는 언제나 든든한 마음을 느낄 거예요. 산책은 임신으로 인해 피로해진 아내를 위로하고 아내의 활동량을 자연스럽게 늘려줍니다. 어쩌면 이 시기가 임신 기간 중 가장 편한 시기일지도 모릅니다. 무리하지 않는 선에서 자동차 여행을 떠나거나 외출을 해보세요.

자연스러운 부부관계 가지기

태아가 안정적으로 자리를 잡은 상태로, 조심스러웠던 부부관계를 다시 시작합니다. 무리하지 않는 부부관계는 부부 사이의 애정을 더 돈독하게 만들어주고 정서적인 안정감과 행복감을 고조시켜준답니다.

중기 부부관계 추천 자세

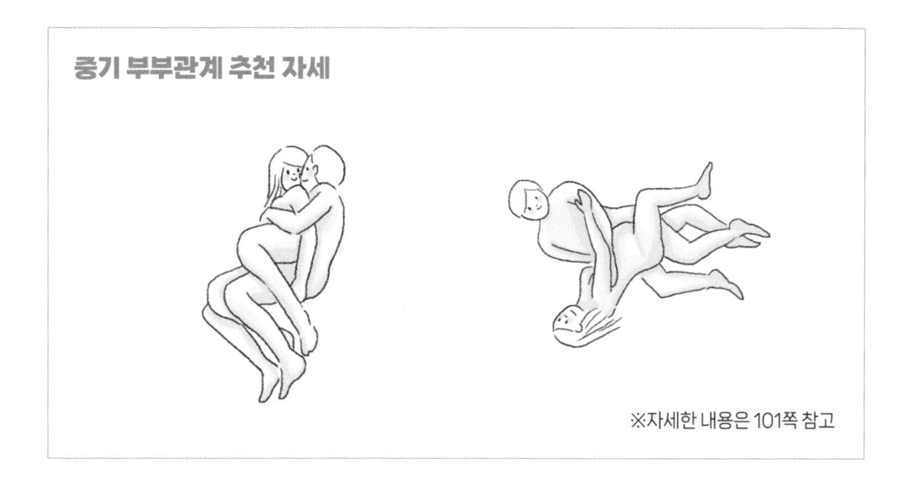

※자세한 내용은 101쪽 참고

· 임신 ·

5

개월

(17~20주)

임신 **5** 개월 | 17 ~ 20주

엄마와 태아

엄마의 심장소리, 아빠의 목소리를 들을 수 있습니다.
2등신이던 태아는 어느덧 3등신이 됩니다.

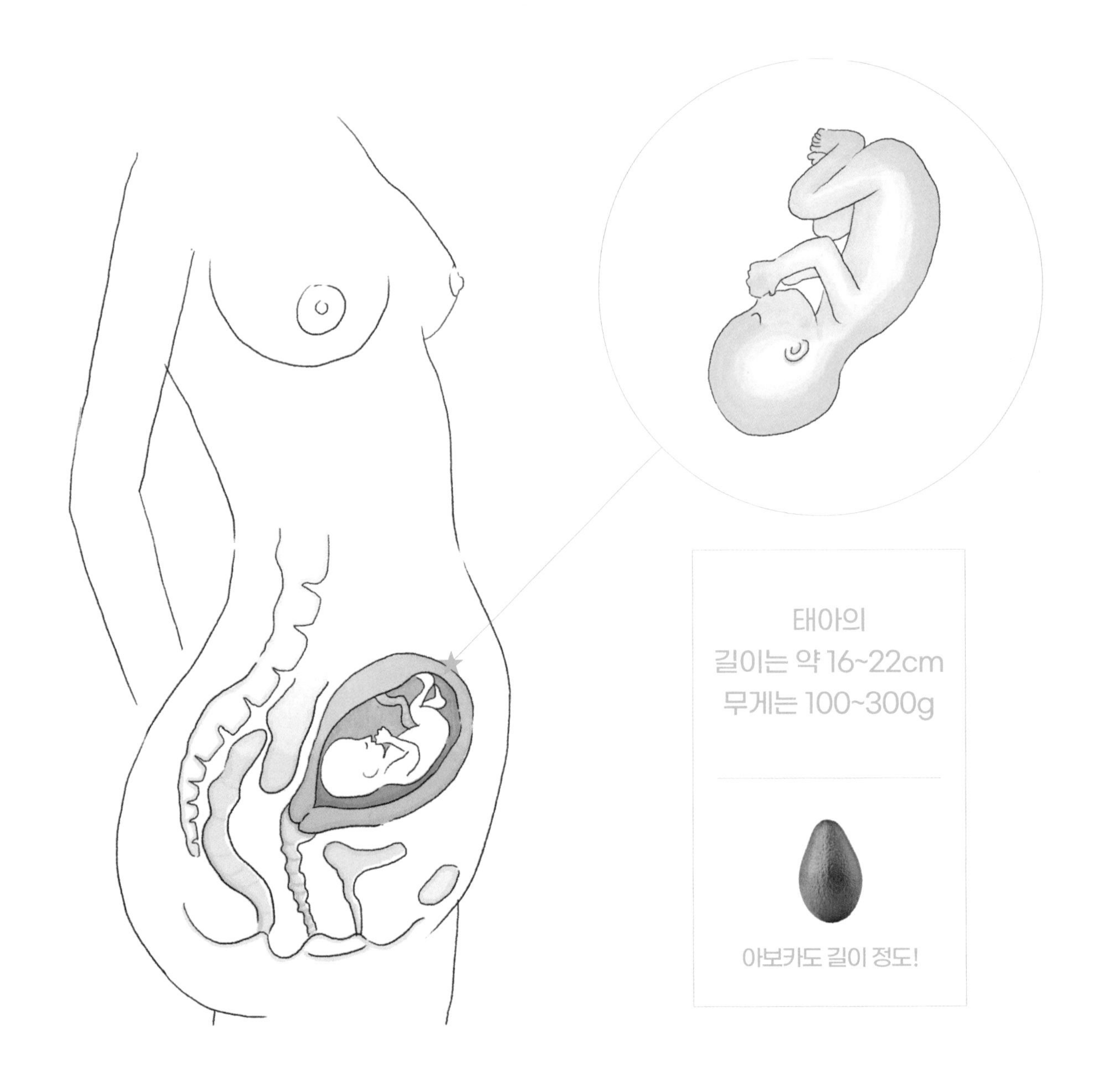

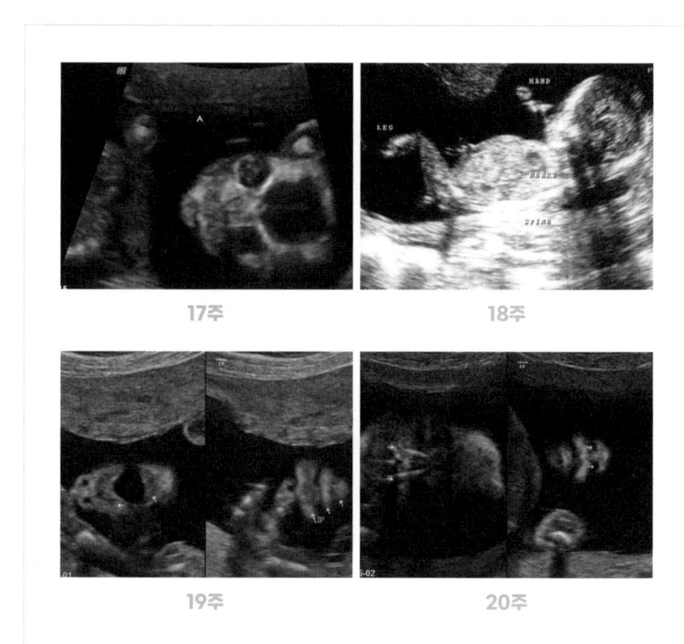
17주 18주
19주 20주

이등신이던 태아는 어느덧 삼등신이 되며 사람의 기본적인 구조를 갖추게 됩니다. 머리카락과 손톱이 생겨나며 귓속뼈가 더 튼튼해집니다. 이때부터는 엄마의 심장소리, 아빠의 목소리처럼 밖에서 나는 소리도 들을 수 있게 됩니다. 눈을 감은 채 눈동자를 굴릴 수 있게 되고 아주 강한 빛에는 반응을 할 수도 있어요. 양수의 양은 점점 더 많아지며 태아의 움직임 또한 점점 강해집니다. 이러한 태아의 움직임은 두뇌 발달과 신체근육 발달에 도움을 줍니다.

17주가 되었어요

17주 태아

몸의 기본적인 장기는 거의 다 만들어졌고 점점 그 기능이 세분화되며 성숙해집니다. 태아는 이제 본인의 체온을 유지할 수 있는 지방을 축적해나가기 시작합니다. 눈썹과 머리카락이 나기 시작하며 눈을 깜박일 수 있고, 손가락을 빨아요. 양수를 꿀꺽 삼키는 반사 운동을 활발히 하게 되고 그 과정에서 횡경막이 자극되어 딸꾹질을 하기도 합니다.

태아의 길이와 무게

머리에서 엉덩이까지 길이는 13cm이며, 무게는 140g 정도입니다.

임신 17주 태아
길이 약 13cm
무게 140g

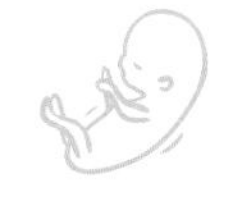

18주가 되었어요

18주 태아

태아 손에 지문이 생깁니다. 얼굴도 점점 더 자리를 잡아가지요. 태아 귀의 내이뼈가 골화가 되며 청각신경이 성숙됩니다. 즉, 청각신경이 뇌로 전달되는 신경회로가 완성이 돼요. 코안의 냄새를 맡을 수 있는 코털도 만들어집니다.

태아의 길이와 무게

머리에서 엉덩이까지 길이는 14cm이며, 무게는 190g 정도입니다.

임신 18주 태아
길이 약 14cm
무게 190g

19주가 되었어요

19주 태아

태아 피부에 지방축적이 되며 피지선에서는 태지 분비가 시작됩니다.
태지란 태아의 피부를 덮고 있는 지방층으로 태아 피부를 보호하며 체온 유지에 도움을 줍니다. 출산 시 부드러운 산도 통과에 도움을 주는 기능을 해요. 또한 아기 피부를 보호하는 솜털도 발생합니다. 뇌는 점점 더 성숙하여 의도적인 행동을 할 수 있게 돼요. 달팽이관의 약 1만 6천여 개의 유모세포가 자리를 잡고 그 안에 섬모가 발달합니다. 이제 태아는 소리를 들을 수 있게 되지요. 가장 먼저 듣게 되는 소리는 엄마의 심장박동 소리입니다. 태아가 소리를 듣기 시작하며 동시에 소리 자극은 태아두뇌신경 발달을 자극합니다.

태아의 길이와 무게

머리에서 엉덩이까지 길이는 15cm이며, 무게는 240g 정도입니다.

임신 19주 태아
길이 약 15cm
무게 240g

20주가 되었어요

20주 태아

이제 피부는 점점 더 두꺼워지고 표피, 진피, 피하 조직으로 세분화됩니다. 태아의 움직임은 점점 강해지며 태아의 움직임을 엄마가 느낄 수 있어요.

태아의 길이와 무게

머리에서 엉덩이까지 길이는 16~17cm이며, 무게는 300g 정도입니다.

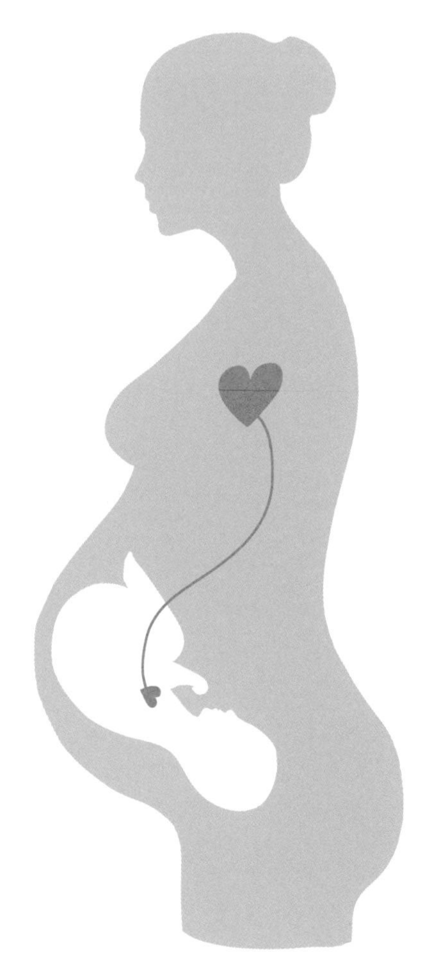

5개월 차 필요한 검사

Dr.류's Talk Talk

어느덧 임신 중반으로 넘어왔네요.
임신 5개월 차에 접어들면 더욱 안정적인 시기가 된 셈이에요.
그럼에도 여전히 해야 하는 검사가 많이 남아 있습니다.
태아기형 검사가 그 중 하나인데, 이 검사를 앞두고 대부분 임산부들은
매우 걱정을 하더라고요. 예상하는 것보다 검사는 어렵거나 힘들지 않습니다.
긍정적인 마음으로 검사에 임하도록 하세요.
그럼 이 시기에 받아야 할 검사들을 자세히 알아봅시다.

산전태아기형 검사를 해요

산전태아기형 검사

산전태아기형 검사는 쿼드 테스트 Quad test(triple+인히빈A)라고 하여, 임산부의 혈액을 이용한 검사 방법입니다. 임신과 관련된 혈청태아 a-단백질, 비결합 에스트리올, 융모생식샘자극호르몬, 인히빈A inhibin A를 측정하여 다운증후군의 위험성을 추측해봅니다.

검사 결과

다운증후군 태아를 임신하면 a-태아단백이 감소하고, 에스트리올 농도가 평균치보다 낮아지며, 반대로 융모생식샘자극호르몬이 높아집니다. 이를 토대로 다운증후군의 위험도를 추측해보는 검사입니다. 예전에는 위 세 가지 혈액 검사 후에 임산부의 나이에 따른 위험도를 교정하여 다운증후군 위험도를 추측하였는데, 최근에는 인히빈A를 함께 검사함으로써 검사의 정확도를 높혀가고 있어요. 또한 이 시기에 이루어지는 산전태아기형 검사 결과를 단독 분석하기보다 한 달 전 시행했던 1차 기형아 검사(태아 목덜미 검사와 더블 검사)와 비교분석하여 좀 더 정확하게 다운증후군과 에드워드증후군, 신경관 결손증의 위험을 분석합니다.

산전태아기형 검사의 정확성

산전태아기형 검사는 직접 태아 혈액이나 태아의 염색체를 가지고 시행한

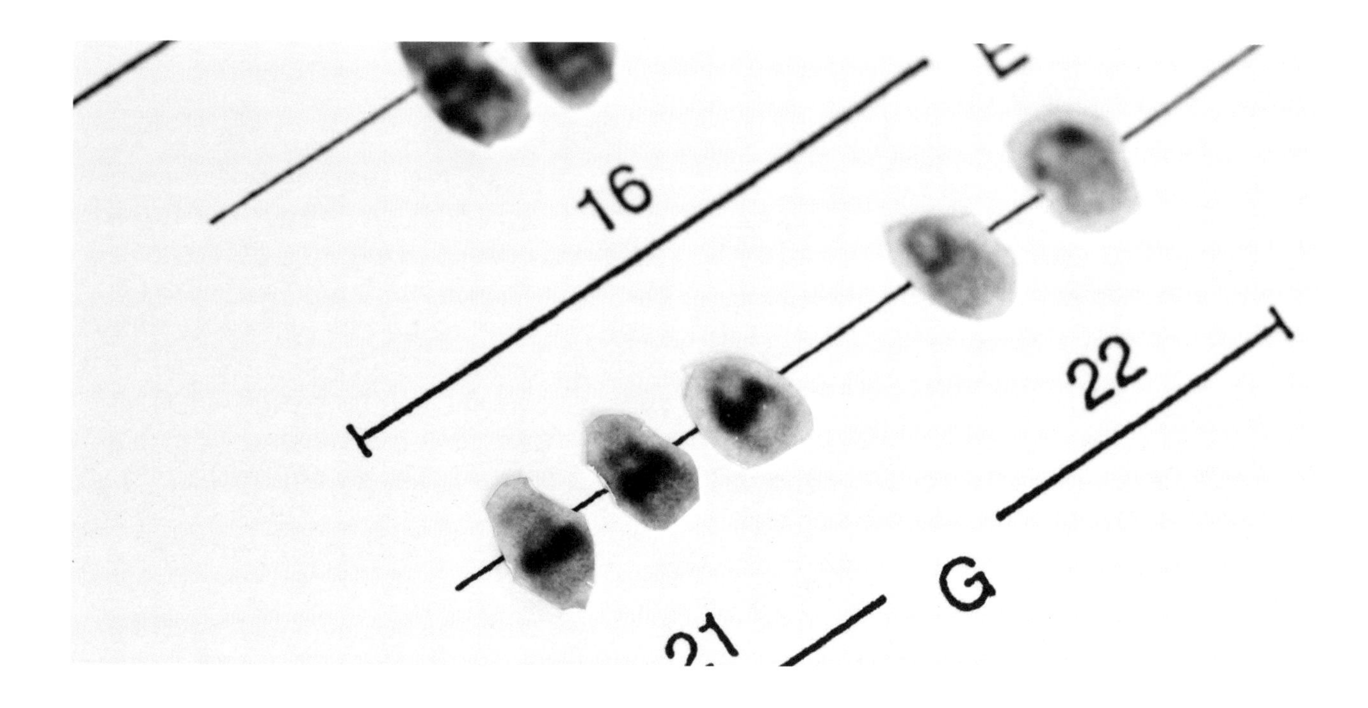

검사가 아닌 임신 중 엄마의 몸에 나타난 생화학 표지자의 반응을 측정하여 이상 가능성을 추측해본 검사예요. 그렇기 때문에 설사 혈액 검사상 염색체질환 고위험군(1/270 이상의 가능성)으로 나오더라도 100~200명 중 한 명일 가능성이므로 너무 낙담할 필요는 없습니다. 정확한 것은 양수 검사를 통하여 정밀염색체 검사를 시행하여 결과를 확인해보는 것입니다.

검사 결과에 영향을 끼치는 사항들

임신주수, 체중, 인종, 당뇨, 다태아 등 경우에 따라 혈액 검사 결과상 오차가 생길 수 있습니다.

양수 검사를 해요

양수 검사

임신 중기인 임신 15주에서 20주 사이에 시행되는 양수천자는 안전성과 정확성이 인정된 가장 널리 시행되는 산전 진단법입니다. 초음파를 시행하여 태아와 탯줄을 피해 양수를 채취할 포켓을 파악한 다음 얇은 바늘(20-22게이지)로 양수를 뽑아내는 검사예요. 보통 20cc 정도의 양수를 채취하며 양수는 투명하고 노란색을 띠고 있습니다.

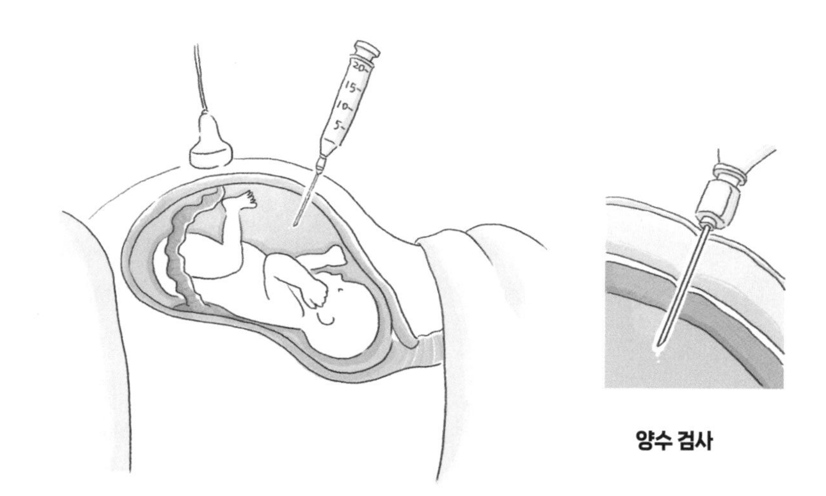

양수 검사

양수 검사에 관한 궁금증

Q. 검사 시 마취를 하나요?

A. 양수 검사는 미세한 바늘을 이용하여 양수를 채취하는 과정으로 산모에게 큰 통증을 주지 않는다. 바늘로 찌르는 따끔한 정도의 통증만 있으며 통증에 예민한 임산부들은 피부 부분만 마취하는 경우도 있다.

Q. 태아가 바늘에 다치지 않을까요?

A. 양수 검사는 실시간 초음파로 모니터를 하며 시행되는 검사다. 검사 전 바늘이 들어갈 곳을 미리 선정한다. 양수가 많고 태아의 머리나 얼굴이 위치하지 않은 팔이나 다리 같은 사지가 있는 쪽으로 선택한다. 선택된 장소에 바늘을 찌르는데, 찌르면서도 초음파로 모니터를 하기 때문에 태아가 바늘에 찔릴 확률은 크지 않다. 또한 찔린다 하더라도 안면이나 머리가 아닌 체간이나 사지 부분은 대부분 큰 문제가 되지 않는다. 오히려 바늘 침습으로 인한 조기진통이나 융모양막염 같은 염증성질환이 가장 걱정스러운 합병증이다. 하지만 이 역시 철저한 소독과 예방적 항생제 복용으로 발생비율은 아주 낮다.

Q. 양수 검사에서 정상으로 나오면 이제 기형아 걱정은 안 해도 되나요?

A. 양수 검사는 염색체 이상을 진단하는 검사이다. 염색체 수의 이상, 모양의 이상 등이 없는지 확인 가능하다. 또한 진단 시 부가적으로 태아당단백 수치를 함께 검사함으로써 신경관 결손이나, 복벽 이상 등을 진단할 수 있다. 하지만 염색체 자체의 결함은 없으나 발달분화 과정에서 문제가 생겨 일어나는 기형은 알 수 없다. 예를 들어 뇌수종, 입술갈림증(언청이), 심장판막증, 횡경막 탈장 등 염색체에 꼭 문제가 있지 않아도 발생 과정에서 문제가 있는 것은 생기는 경우도 있다.
추후 계속적으로 이루어지는 정기검진과 초음파상에서 정상과 다른 부분이 있는지 없는지 계속적인 검사가 이루어지지만 아주 미세한 결손이나 산전에 미리 발견하기 힘든 기형도 생각보다 많이 있다.

Q. 양수를 많이 뽑았는데, 배 속의 태아에게 양수 부족해지는 것은 아닐까요?

A. 양수는 태아의 소변으로 이루어진 물이다. 산모에게서 탯줄을 통해 적절량의 혈액이 공급이 되고 이는 태아 몸을 한 바퀴 돈 다음 태아 콩팥에서 잘 걸러져 다시 양수로 배출된다. 임신 16주가 넘어가면 약 200cc 정도의 양수가 생긴다. 양수 검사 시 보통 20~25cc 정도를 뽑는데, 이는 양수 감소가 있는 특수한 경우가 아니면 별 문제가 되지 않는다. 일시적으로 양수량이 살짝 감소하지만 이는 태아에게 문제가 되지 않으며, 대개 일주일 이내 원래대로 회복된다.

양수 검사의 합병증

양수 검사로 인한 합병증은 실제로 그렇게 많지는 않습니다. 일시적인 질 출혈 또는 양막 파수가 1~2%에서, 융모양막염은 0.1% 미만으로 발생해요. 바늘에 의한 태아손상은 실제로 초음파로 모니터를 하면서 시행하기 때문에 많지는 않지만 드물게 발생하기도 합니다. 합병증은 0.2~0.5% 정도 발생하며 가장 심각한 합병증은 자연유산 외 질 출혈, 감염, 조기 양수 파막 및 태아 손상이 될 수 있으며 경미한 증상으로 가벼운 복통, 질 혈흔, 약간의 양수 유실이 올 수 있어요.

양수 검사로 발견할 수 있는 질환(염색체 이상질환)

- 다운증후군
- 에드워드증후군
- 파타우증후군
- 터너증후군
- 클라인펠터증후군

이외에도 정밀염색체 검사를 시행하는 경우 염색체 미세결실로 인한 프라더윌리증후군, 안젤만증후군, 디죠지증후군, 뒤센형근이영양증 등을 알 수 있어요.

양수 검사 시 주의사항

1. 검사 당일을 포함 2~3일은 힘든 활동을 자제하며, 안정을 취하세요.
2. 오한이 생기거나 열이 나면 병원을 방문하세요.
3. 병원에서 처방해준 항생제는 융모양막염 등을 예방하기 위한 처방으로 꼭 먹어야 해요.
4. 질 출혈이 있으면 병원을 방문해야 합니다.
5. 이전에 비해 심한 배뭉침 증상이 있거나 복부 통증이 있으면 병원을 방문하세요.

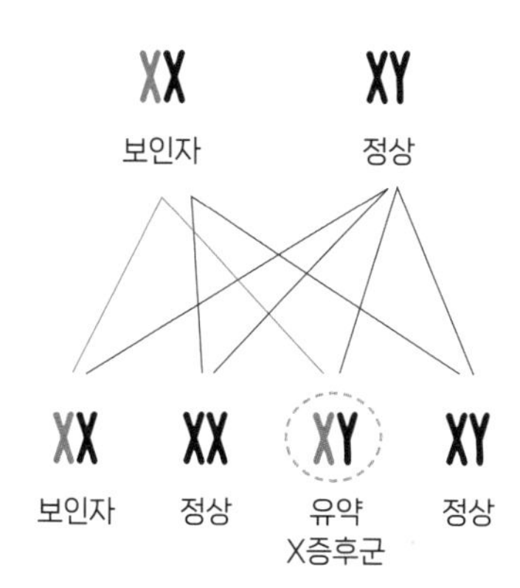

양수 검사를 권고하는 경우

1. 분만 당시 나이가 만 35세 이상의 고령임산부의 경우
2. 초음파 검사상 염색체 이상이 의심되는 소견이 있는 태아의 경우
3. 이전에 염색체 이상아를 분만한 적이 있는 산모
4. 혈청 검사(쿼드 테스트) 등에서 염색체 이상 의심소견이 보이는 경우
5. 사산이나 신생아 사망이 있었던 산모
6. 임신 초기 3번 이상의 자연유산을 경험한 산모
7. 임신 초기 태아에게 치명적인 바이러스 감염이 되었던 산모
8. 본인 혹은 배우자가 임신 초기나 배란기에 x선에 다량 노출되었을 경우
9. 시험관 아기 또는 체외수정으로 임신이 된 경우

유약 X증후군 검사를 해요

유약 X증후군 검사

유약 X증후군 검사는 다운증후군 다음으로 흔한 기형 원인이며 유전성 정신지체 중에서는 가장 주된 원인이 됩니다. 여아의 경우 증상 발현시 IQ 70~85 정도, 남아는 IQ 50 이하의 낮은 지능을 갖습니다. 유약 X증후군 검사fragile x-syndrome는 엄마의 혈청에서 엄마의 DNA 분석을 시행유약한 X유전자를 가지고 있는지 확인해 보는 검사입니다.

유약 X증후군

일반적으로 유약X증후군은 X염색체에 관련된 유전질환이지만, 일반적인 유전 방식을 따르지는 않습니다. 이는 취약한 X염색체의 DNA가 모계에서 유전되어 증폭될 때 질환이 발생돼요. 따라서 그러한 유전자의 증폭수가 적은 경우 보인자로서 X염색체를 가지고 있지만 질환이 발현되지 않는 경우도 있습니다. 또한 그러한 염색체를 가지고 있는 보인자 여성이라고 해서 증폭된 유전자를 유전할지 증폭되지 않을지는 예상할 수 없어요. 완전 돌연변이를 가진 남아와 여아에서도 증상 발현이 되지 않고 정상적인 지능을 가질 수 있습니다. 따라서 모든 사람에게 선별 검사가 권고되지 않으며 유약 X증후군과 연관이 있고 가족력이 있는 경우에만 시행합니다.

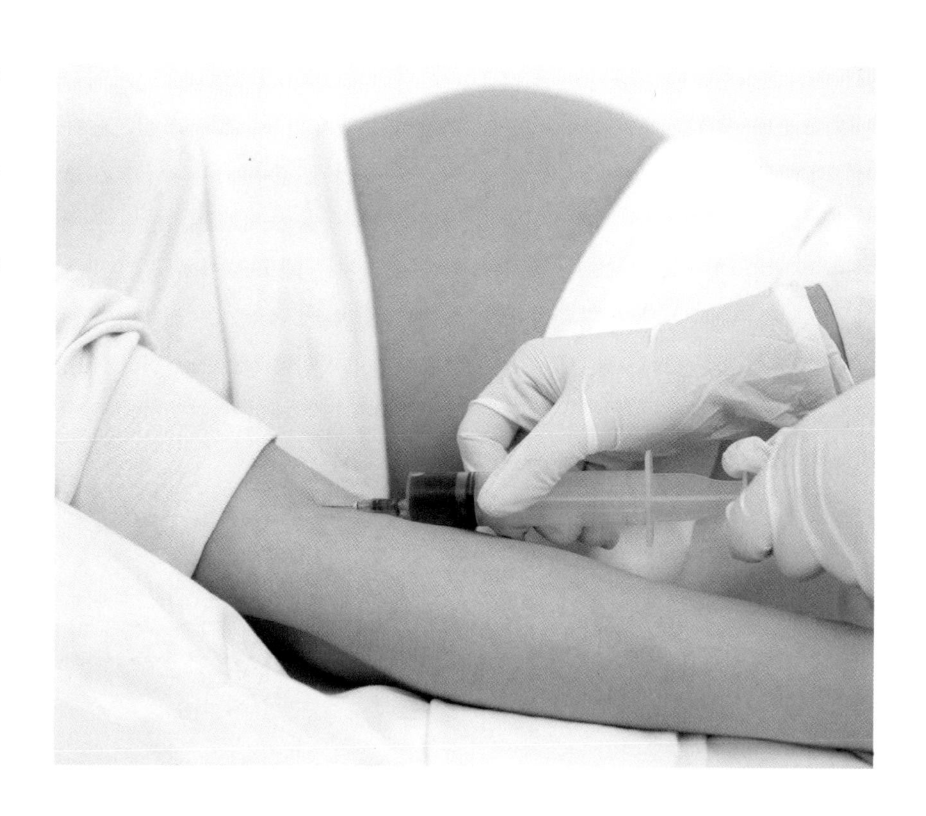

5개월 차 엄마의 몸 상태

Dr.류's Talk Talk

커진 자궁이 배꼽 위까지 올라왔어요.
배가 나오게 되면(원래도 임산부였지만) 진짜 임산부가 된 것처럼 기분이 묘합니다.
엄마의 몸은 점점 배 속 태아가 지내기 편한 상태로 바뀌어갑니다.
그 첫 번째 변화가 바로 배가 나오는 것이지요.
이외에도 어떤 변화가 있는지 찬찬히 살펴보아요.

엄마의 몸이 변해요

배가 나오기 시작

임신 전 주먹만 하던 자궁이 점점 커지면서 골반 밖으로 올라옵니다. 즉, 자궁이 배꼽 아래까지 올라갑니다. 자궁이 커지면서 자궁을 덮고 있던 인대 조직이 늘어나며 배꼽 아래, 양쪽 사타구니로 쿡쿡 찌르는 듯한 통증이 동반될 수도 있어요. 사실 저도 임신 전에는 "이때는 자궁이 커지면서 통증이 있을 수 있어요"라고 진료를 보러 온 분들에게 설명을 했었는데, 막상 임신을 해보니 예상보다 더 아프고 통증이 오래 갔어요. 혹시 문제가 생긴 것은 아닐까 걱정을 했을 정도였지요. 이런 경험을 한 뒤에는 "자궁이 많이 커지기 때문에 주변 조직이 당겨지면서 아플 텐데 생각보다 훨씬 더 아플 겁니다"라고 말해줍니다.

태동을 느낌

사람마다 태동을 느끼는 시기에는 차이가 있습니다. 예민한 산모들은 17주 후반에, 경우에 따라서는 20주 넘어서 태동을 느끼기 시작합니다. 처음 느껴지는 태동은 마치 공기 방울이 '보글보글' 올라가는 것처럼 몽글몽글한 움직임이 살짝 느껴질 거예요. 태동은 배 속 태아가 건강하게 움직이며 뇌와 근육의 발달을 이루고 있는 과정을 보여주는 것입니다. 태동이 잘 있는지 주기적으로 체크하는 것이 좋아요. 갑작스런 태동의 감소나 소실은 배 속 태아의 불편한 상황을 암시할 수 있으므로 주의해야 합니다.

가슴이 커지며 유즙이 나올 수 있음

임신과 관련되어 태반과 뇌하수체에서는 모유수유에 대비하여 유선을 발달시키는 호르몬을 분비합니다. 이에

콕콕 찌르는 듯
아파요

따라 임신 5개월 전후로 가슴이 커지면서 유선 발달로 인한 유즙 분비가 있을 수 있어요. 유방을 압박하는 속옷은 좋지 않으므로 임산부용 속옷으로 유방 크기에 맞는 속옷을 착용하고 유즙이 나오면 부드러운 물티슈로 살살 닦아주세요. 더 이상의 자극이나 일부러 짜내는 행동은 염증을 일으킬 수 있으므로 하지 않습니다.

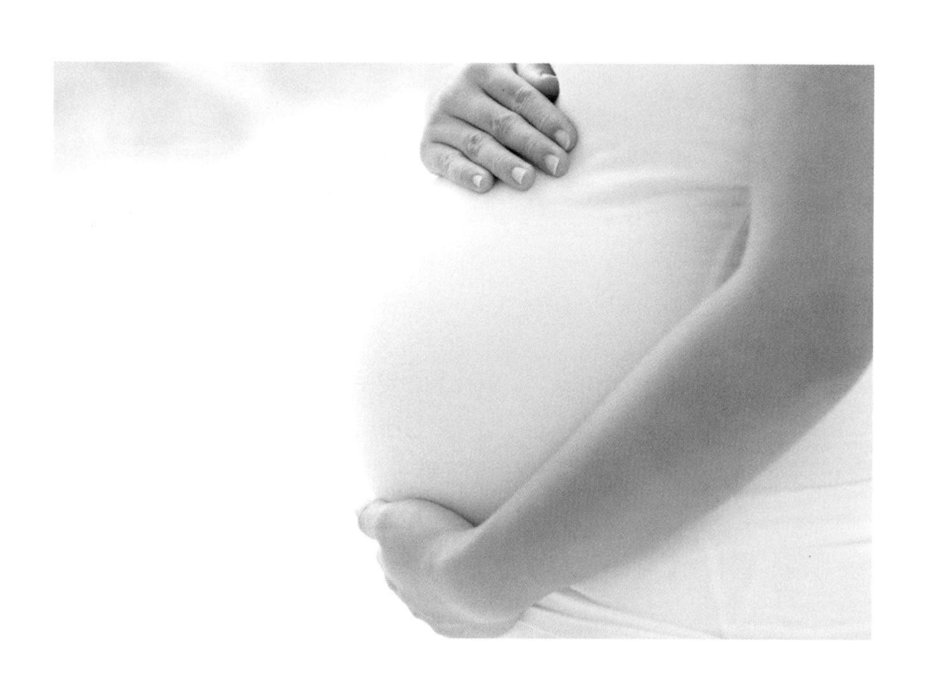

빈혈 발생

본격적인 모체-태아 순환의 시작과 함께 태아의 몸집이 커지면서 태아에게 전달되는 피의 양도 증가하게 됩니다. 엄마의 몸에서는 충분한 혈액을 태아에게 보내기 위해 피의 혈장량을 늘리게 되고 이에 따라 필요로 하는 철분의 양도 늘어나지요. 태아는 엄마의 혈액 속 적혈구로부터 철분을 공급받습니다. 엄마로부터 받은 철분을 이용하여 태아 자체 혈액을 만들며 일부는 저장해놓아요. 따라서 건강한 임신 유지를 위해서는 적절한 철분 공급이 필요합니다.

빈혈은 임산부에게 어지러움, 피로감, 두통, 심장 두근거림, 메스꺼움 등을 야기하며 분만 후에도 자궁수축을 방해할 수 있습니다.

산부인과에서 임신 각 분기별로 빈혈 유무를 체크해야 합니다.

질 분비물 증가

임신 중 증가된 여성호르몬은 자궁경부에 영향을 주어 점액생산 및 분비를 증가시킵니다. 이에 따라 유백색의 냉이 많아져요. 다만 냄새나 가려움 등을 동반하지는 않습니다. 냉의 증가는 자연스러운 현상이지만, 이에 못지않게 냉 안의 증가된 글리코겐과 호르몬의 영향으로 질염 또한 임신 전보다 더욱 호발하게 됩니다.

임신 중에 생길 수 있는 질염

칸디다성 질염

Candida albicans가 원인균으로, 치즈 같은 하얀색의 두터운 냉이 증가되며 심한 가려움증과 화끈거리는 통증을 느끼게 된다. 대개 먹는 약을 이용하지 않으며 질정을 사용하여 경과를 관찰한다. 칸디다성 질염은 임산부 2명 중 1명이 겪게 되는 굉장히 흔한 질염으로 조산이나 자궁 내 태아감염과는 관련이 없다.

트리코모나스 질염

트리코모나스 질염Trichomoniasis은 Trichomonas vaginalis가 원인으로, 분비물이 증가되며 노란색에서 녹색의 짙은 색을 띠고 외음부의 자극 증상과 가려움증이 동반된다. 먹는 항생제로 7일 혹은 단일요법으로 치료될 수 있다. 트리코모나스 질염은 조기 진통을 일으킨다고 보고되고 있으나 아직 이에 대한 이견이 많이 존재한다.

세균성 질염

질의 정상균의 균형이 깨지며 혐기성균인 Gardnerella vaginalis, mobiluncus, bacteroides 등이 증식하면서 생기는 질염이다. 분비물의 증가와 함께 생선 발효되는 냄새와 같은 악취가 나며 가려움 등이 동반될 수 있다. 먹는 경구약으로 7일 정도 치료하면 90% 호전이 된다. 세균성 질염은 조산과 관련이 있을 수 있으나 아직 이에 대한 이견이 많이 존재한다.

5개월 차 임산부 생활의 팁

Dr.류's Talk Talk

임산부로서의 생활도 어느 정도 익숙해질 무렵입니다.
그래서 자칫 무리하게 몸을 움직일 수도 있습니다.
되도록 규칙적인 생활을 하면서 피로가 쌓이지 않도록 하세요.
식생활도 다소 둔감해질 수 있는데 언제나 배 속에는 아기가 있다는 것을
염두에 두고 먹도록 합니다. 또한 영양제를 비롯한 철분제도 잘 챙겨먹으면서
임신 기간 즐겁게 생활합니다.

규칙적인 생활을 해요

충분히 수분 섭취하기

철분제 복용을 시작하고 변비로 고통을 호소하는 산모들이 많습니다. 철분제 복용은 변비를 유발할 수 있어요. 원할한 장 활동이 이루어질 수 있도록 충분한 수분 섭취에 신경을 씁니다.

변비 예방을 위해 식이섬유 충분히 먹기

임신으로 인한 호르몬의 영향으로 장관계 운동이 둔화되며 변비가 호발하게 됩니다. 거기에 임신 16주 넘어 시작된 철분제 복용은 변비를 더욱 악화시켜요. 변비 해소를 위해 변비약이나 변 완화제, 약물의 도움을 받을 수 있지만, 임신 중이라 약을 먹는 것보다는 음식을 통한 변비 완화를 더 추천합니다. 의식적으로 변비에 좋은 섬유소가 풍부한 양배추, 고구마 등의 식품을 많이 먹습니다.

식후 바로 앉지 않기

임신 초기보다는 훨씬 몸이 가벼울 거예요. 식후에 바로 자리에 앉지 말고 5~10분 정도 가벼운 산책을 합니다. 산책 후 천천히 심호흡을 하며 5분 정도 안정을 취하고 명상을 해보세요.

운동하기

주 1회 정도 여가 시간을 이용하여 요가나 임산부용 수영 등 운동을 시작하세요. 이 시기부터 변비와 함께 급격한 체중 증가가 시작됩니다. 일주일에 1~2회 정도의 요가나 수영을 하면 혈

액순환 개선에도 훨씬 도움을 줘서 부종이 덜 생기고 심장이 좀 더 튼튼해집니다. 배 속 태아도 건강해지는 느낌을 받을 수 있어요.

간식 준비하기

오후 3시쯤 되면 누구나 일에 대한 권태감과 알 수 없는 허기를 느끼게 됩니다. 그럴 때는 일명 간식 타임을 가지면 좋아요. 그런데 임신 전에는 달콤한 차나 사탕, 과자, 쿠키 혹은 떡볶이 등의 간식을 동료들과 먹을 수 있었지만 임신 중이기 때문에 체중 조절에 안 좋은 영향을 줄 수도 있습니다. 살이 찌는 게 외모상 좋지 않아 우려를 하는 것이 아닙니다. 임신 중 과한 체중 증가는 다른 합병증으로 이어질 수 있기 때문입니다. 즉, 나 혼자 몸이 아니기 때문에 손과 입이 심심해지는 오후 시간을 대비하여 채소 간식 도시락을 준비합니다.

TIP 임신 중기의 철분제

임신 제2분기부터는 아기의 몸무게도 커지고 본격적인 태아-모체 간의 혈액 순환이 시작된다. 태반-탯줄을 통해 태아에게 충분한 혈액 공급을 해주기 위해서 엄마의 몸에서는 피의 양을 늘리기 시작한다. 피의 구성성분 중 액체성분을 이루는 혈장이 급속도로 증가하며 상대적으로 산소를 운반하는 혈색소는 그 속도를 따라가지 못해 농도가 감소한다. 이를 생리학적인 빈혈이라고 한다.

많은 양의 혈액이 태아-태반을 통해 태아에게 전달이 되어도 그 속에 가장 중요한 알맹이인 혈색소치, 즉 산소포화도가 낮다면 태아의 성장에도 악영향을 줄 수 있다. 따라서 이러한 몸의 변화에 맞서서 빈혈을 예방하기 위하여 임신 제2분기부터는 철분제 섭취를 시작한다.

경구철분제는 물약으로 된 것도 있고 알약으로 된 것도 있다. 또한 철분제 단일 성분도 있으며 임신 중 필요로 하는 비타민이 같이 있는 복합제의 형태도 있다. 단, 임신 중 필요로 하는 양은 하루 30mg으로 그 양을 확인하여 철분제를 선택해보자.

철분제를 매일매일 먹는다 하더라도 임신 중에는 빈혈이 있을 수 있다. 이는 철분제 흡수율의 문제다. 우리가 먹는 철분제는 흡수율이 20% 정도로 실제로 30mg 정도를 복용해도 몸 안에 들어오는 양은 최대 7~8mg이다. 여기에 잘못된 복용법으로 복용하면 그나마 먹는 철분의 대부분이 다 변으로 배출된다. 복용법, 개인 체질 등 다양한 변수에 의해 임신 중 빈혈 정도는 개인마다 큰 차이가 난다. 따라서 임신 분기별로 빈혈 정도에 대한 검사를 시행한다. 빈혈이 있다면 철분제 복용량과 방법을 교정하고 철분 보충 치료를 받는다.

철분은 임신 중반기부터 태아 발달에도 중요한 역할을 하지만 또 다른 이유에서도 반드시 필요하다. 분만 시에는 굉장히 많은 출혈이 발생된다. 평균적으로 자연분만의 경우 600cc, 제왕절개의 경우 1000cc 정도의 출혈이 있다. 미리 이에 대한 대비를 해야 한다. 또한 분만 후에도(분만 후 3개월까지) 열심히 철분제를 먹어야 임신, 분만으로 소모되었던 철의 보충이 충분히 이루어진다.

효과적인 철분제 복용법

1. 철분은 공복일 때 먹어요

빈속, 즉 아침에 일어나자마자 철분제 먹는 것이 흡수율을 높이는 효과적인 방법이다. 하지만 철분제는 메스꺼움 등의 위장장애를 동반하기 쉽기 때문에, 아침 빈속에 먹는 철분제를 힘들어하는 사람들이 많다. 아침 빈속에 먹기 힘들다면, 토마토주스와 함께 먹어보자. 비타민 C는 철분의 흡수를 도와준다. 단, 설탕이 많이 들어간 주스는 피한다.

2. 칼슘은 철분제의 흡수를 떨어뜨려요

칼슘 또한 임신 중 복용이 권고되는 영양소다. 하지만 철분제와의 동시 복용은 피하는 게 좋다. 철분을 칼슘이 흡착시켜 변으로 배출시키기 때문이다. 먹는 시간에 간격을 두는 게 좋다.

3. 수분 섭취를 늘리세요

철분제는 소화불량, 변비 등의 위장장애를 일으킬 수 있다. 예민한 편이라면 철분제 먹는 양을 소량에서 점점 늘려가는 것도 하나의 방법이다. 또한 과일, 채소와 같이 섬유소가 많은 음식을 먹고 수분 섭취를 늘려 변비를 예방한다.

4. 함께 먹는 음식을 주의해요

커피나 탄닌 성분이 있는 차(홍차, 녹차), 감, 우유 등은 철분제의 흡수를 떨어뜨린다. 가급적이면 같이 먹지 않는 게 좋다. 철분제는 생수와 같이 복용하는 것이 제일 좋다.

5. 변 색깔이 변할 수 있어요

철분제를 먹으면 검은색 변을 볼 수 있다. 흡수되지 않고 남은 철이 산화철의 형태로 되어 변으로 배출되기 때문인데, 이 산화철이 검은색을 띤다. 흡수율이 떨어질수록 검은색이 더 진해진다.

5개월 차 아빠가 해야 할 일

Dr.류's Talk Talk

아내가 태동을 느끼기 시작하는 시기이기 때문에 아내 못지않게
아빠 역시 그 자체가 신기하고 설렐 거예요.
임신 중반기에 접어든 아내가 지치지 않게 옆에서 늘 응원해주고 사랑을 표현해주세요.
특히 철분제를 꼬박꼬박 챙겨먹을 수 있도록 도와주세요.
또한 철분제 복용으로 인한 변비가 생길 수 있으니
자주 물을 마시도록 챙겨주세요.

어떤 노력이 필요할까요?

아내의 영양제 복용 점검

태아와 임산부의 건강에 아빠는 늘 신경을 써야 합니다. 산모가 철분제를 잘 먹고 있는지 수시로 점검해줍니다. 건강한 태아의 성장과 임신 기간 유지를 위해서는 철분제가 반드시 필요해요. 하지만 실제로 철분제를 먹으면 메스꺼움, 소화불량, 변비 등의 불편함을 동반한답니다. 무조건 먹으라고만 하지 말고, 철분제 복용으로 있을 수 있는 부작용에 대해 공부를 한 뒤 혹시 아내에게 불편한 점이 생기면 이를 최소화해줄 수 있도록 노력하세요.

기형아 검사의 의미와 결과에 대해 함께 점검

혈액으로 하는 기형아 검사 결과 고위험군이라 나온 경우, 혹은 만 35세 이상으로 양수 검사를 권고받은 경우, 아내는 불안감에 빠질 수밖에 없습니다. 혈액으로 하는 기형아 검사의 기본 의미와 양수 검사의 장단점에 대해 충분히 이해하고 함께 검사 방향에 대해 논의합니다.

태동을 느꼈다면 그 날을 기록

앞으로 아기와 나눌 태담과 태교를 위해, 아내가 태동을 느낀 날을 기억합니다. 달력에 표시를 하거나 작은 메모를 붙여두고, 사진을 찍어도 좋아요. 태동을 느낀 날은 이제 아기와 교감을 시작하게 된 특별한 날이기 때문입니다.

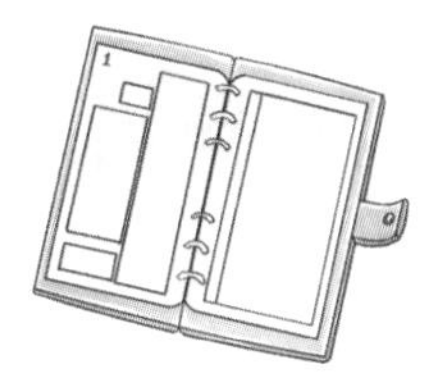

철분이 풍부한 음식을 함께 먹기

철분은 소고기, 돼지고기, 닭고기와 같은 육류와 콩류, 시금치, 파슬리, 미나리, 깻잎, 쑥 등에 풍부하게 포함되어 있습니다. 아내가 철분제 먹는 것을 힘들어 한다면 냉장고에 철분이 풍부한 음식을 채워주세요.

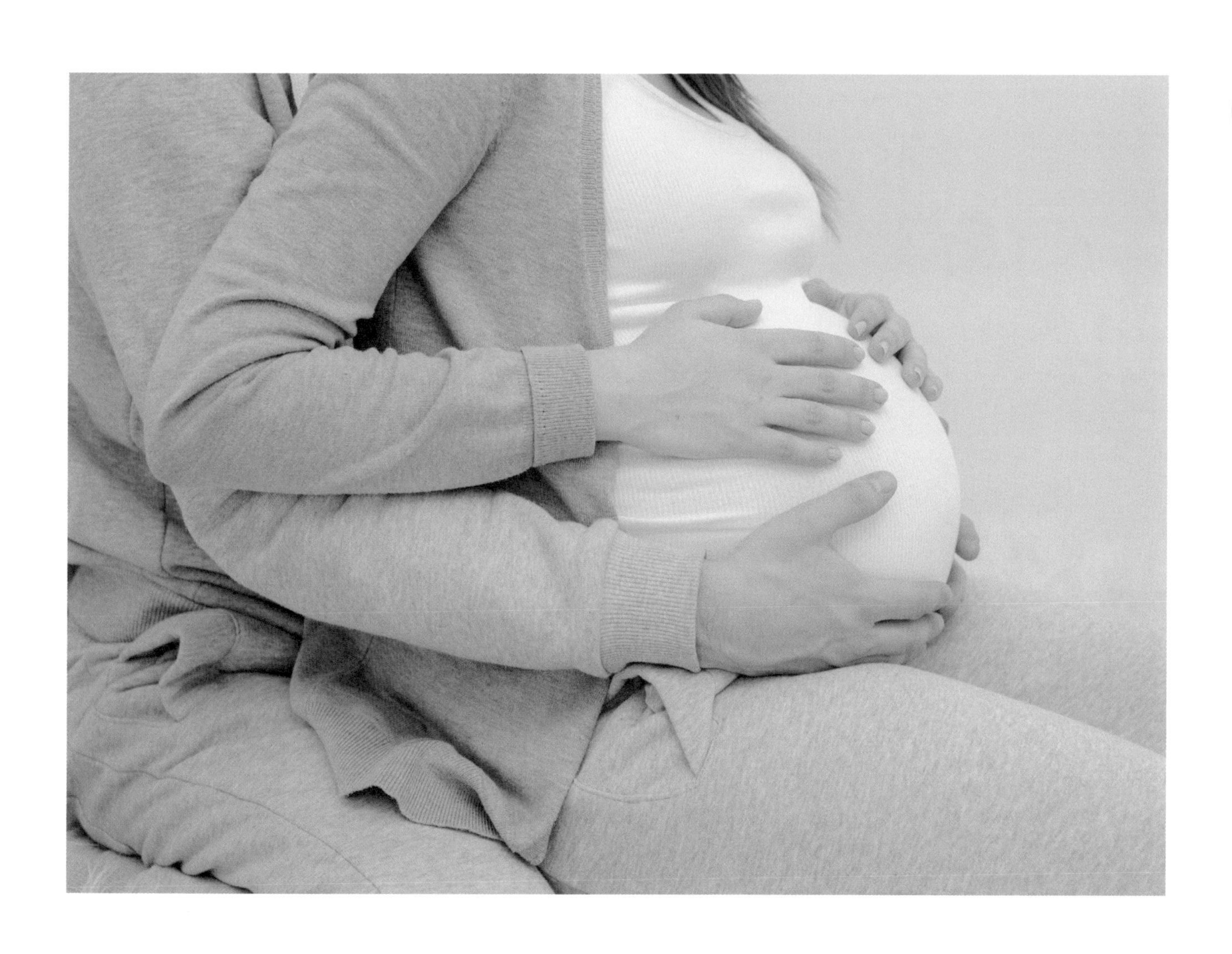

· 임신 ·

6

개월

(21~24주)

개월 | 21 ~ 24주

엄마와 태아

미각이 발달하기 시작하여
엄마가 먹은 음식의 단맛과 쓴맛을 느끼게 됩니다.
눈꺼풀을 감았다 떴다 할 수 있습니다.

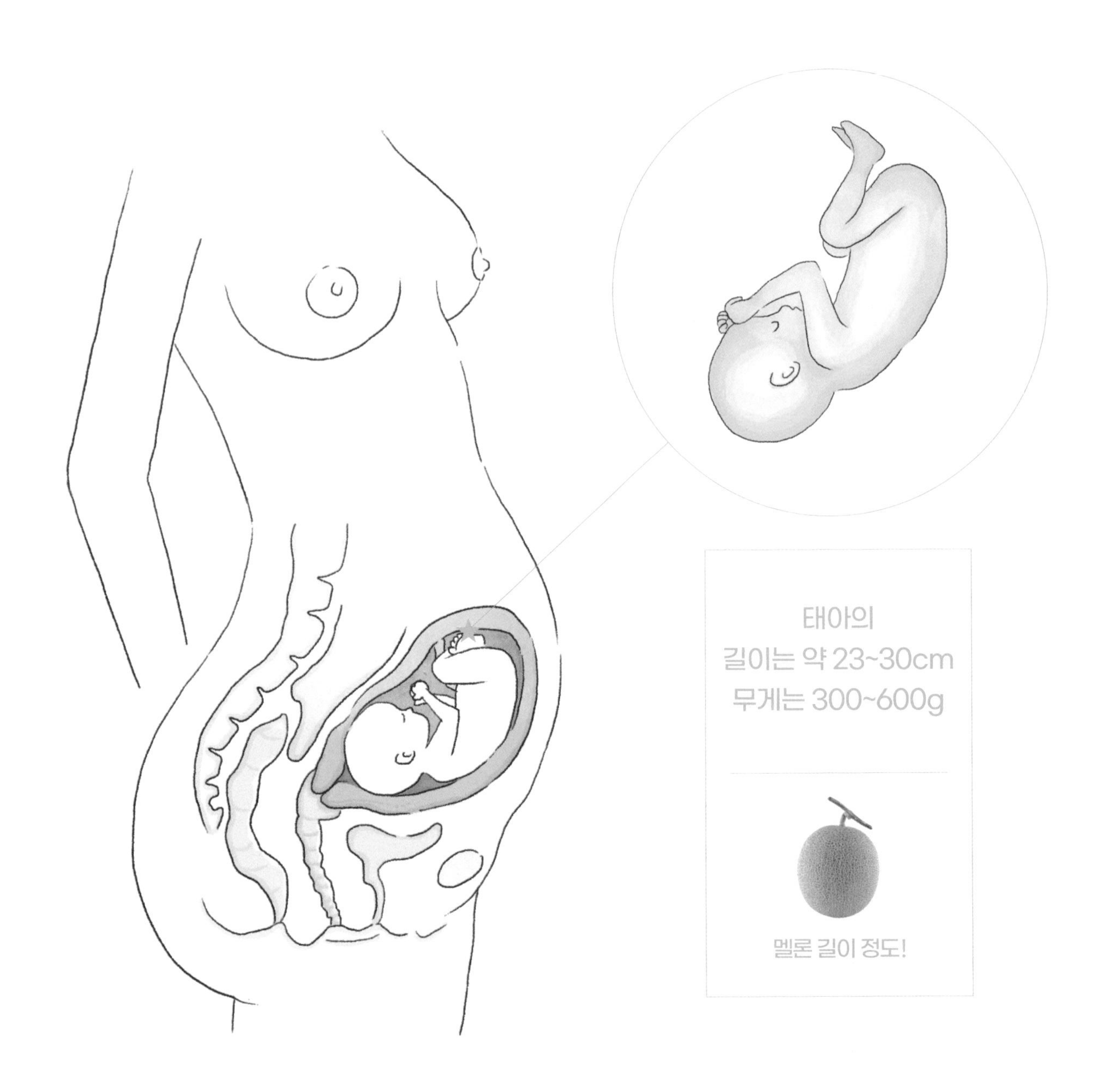

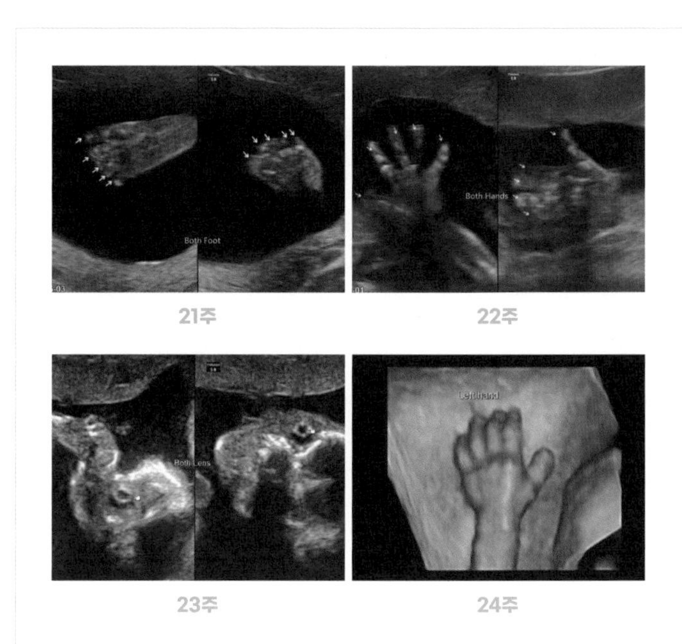

21주 22주 23주 24주

태아는 눈꺼풀을 감았다 떴다 할 수 있습니다. 눈꺼풀이 떨어지면서 양수 안에서 눈을 깜박깜박 하는 거지요. 눈썹과 속눈썹이 자랍니다. 또 미각이 발달하기 시작하여 엄마가 먹은 음식의 단맛과 쓴맛을 느끼게 됩니다. 태아는 볼에 살이 붙기 시작하고, 이마를 찡그리거나 입을 내미는 등의 다양한 표정을 지을 수 있게 됩니다. 주변 소리에 민감해지면서 음악 소리에 따른 반응을 하기 시작합니다. 태동이 본격적으로 강해져요.

21주가 되었어요

21주 태아

뼈와 근육이 튼튼해져서 태동이 좀 더 세게 느껴집니다. 태아는 눈동자를 빠르게 움직여요. 이 시기부터는 태아 몸 안의 골수에서 혈액을 만들어내기 시작합니다. 태아 뇌는 80% 이상 발달하여 보통 성인과 비슷한 뇌 기능을 갖습니다. 또한 양수를 삼키고 그중 필요한 당분의 일부를 직접 소화, 흡수하게 됩니다.

태아의 길이와 무게

다리 골격이 꽤 길어져 태어날 때와 비슷한 비율이 유지됩니다. 태아 머리에서 발뒤꿈치까지 길이는 23~25cm이며 무게는 300g 정도입니다.

임신 21주 태아
길이 약 23~25cm
무게 300g

22주가 되었어요

22주 태아

아기 혀에 미뢰가 발달하여 단맛이나 쓴맛을 느낄 수 있게 됩니다. 뇌의 가파른 성장이 계속적으로 이어지며 태아는 심리적으로 안정을 찾는 단계입니다. 배 속 태아가 여아라면 난소가 성숙하여 그 안에 난자가 만들어져 있어요. 난자는 이미 배 속 태아일 때 완성이 되며 처음에 200만여 개의 난자가 출생 당시 30만여 개로 감소하게 됩니다.

태아의 길이와 무게

머리부터 발뒤꿈치까지 태아의 길이는 25~27cm이며 무게는 380~480g 정도입니다.

임신 22주 태아
길이 약 25~27cm
무게 380~ 480g

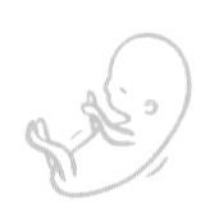

23주가 되었어요

23주 태아

무게가 급격하게 성장합니다. 전체적인 신장의 발달과 함께 몸 안의 지방이 빠르게 축적됩니다. 폐 성숙이 활발하게 이루어지며 폐포를 펴주는 표면활성제가 만들어지기 시작합니다. 자가 호흡을 준비합니다.

태아의 길이와 무게

태아의 길이는 27~29cm이며 무게는 430~550g 정도입니다.

임신 23주 태아
길이 약 27~29cm
무게 430~550g

24주가 되었어요

24주 태아

귓속 평형기관인 전정기관이 성숙하면서 균형 감각을 갖추게 됩니다. 태아가 어떻게 위치하고 있는지 또한 상하좌우를 스스로 깨달을 수 있어요. 아직은 눈의 망막세포나 뇌혈관의 충분한 성숙이 이루어지지 않은 시기입니다. 이 시기 태어나게 된다면 생존 가능성은 50 : 50 정도가 됩니다.

태아의 길이와 무게

태아의 길이는 30~32cm이며 무게는 500~650g 정도입니다.

임신 24주 태아
길이 약 30~32cm
무게 500~650g

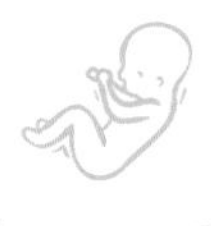

태아가 여아일 경우
이 시기 이미 200만여 개
난자가 만들어짐

평생 쓸 난자 모두 생성

태어날 때
30만 개 난자

여성이 평생
배란을 하게 되는 난자는
약 400여 개

06
개월

6개월 차 필요한 검사

Dr.류's Talk Talk

이 시기에 정밀 초음파 검사가 이루어집니다.
정밀 초음파 검사를 통해 태아의 발달 상태를 꼼꼼하게 체크하게 됩니다.
흔히 초음파 검사가 아이에게 스트레스를 준다고 꺼리는 분들도 있는데,
이 시기에 초음파 검사는 놓치지 않고 하도록 합니다.
초음파 검사는 태아에게 나쁜 영향을 주지 않습니다.

정밀 초음파 검사를 해요

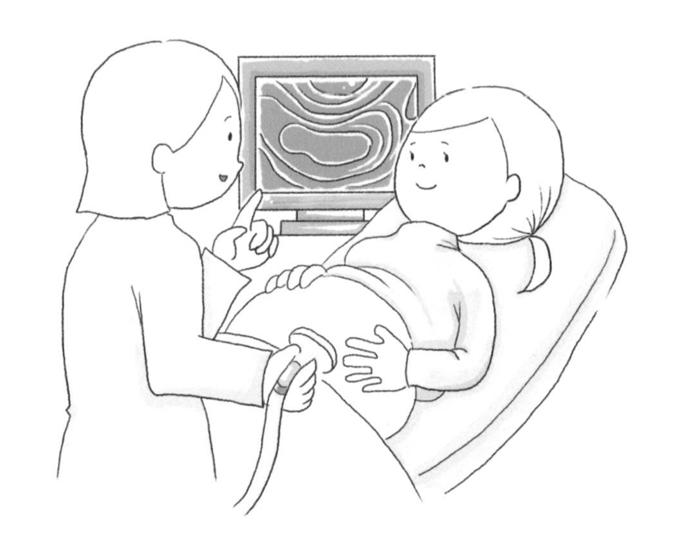

정밀 초음파 검사

정밀 초음파 검사는 머리부터 발끝까지 태아가 정상적인 해부학적 구조를 가지고 있는지 눈으로 확인해보는 것입니다. 정밀 초음파를 통해 이상이 보이는 경우 이상의 정도와 동반기형의 유무에 따라 염색체 검사를 시행해 보기도 합니다.

정밀 초음파 시기

보통 정밀 초음파는 20~25주 사이에 이루어집니다. 이전 시기에는 형태학적으로 미완성된 발달 구조가 있고 전체적인 크기가 너무 작아 눈으로 보는 검사에서 확인하기 힘든 부분이 있기 때문에 이때 진행합니다. 그런데 이 정밀 초음파를 너무 늦게 시행해도 안 됩니다. 임신 20주 이후부터 태아의 몸집이 빠르게 성장하며 각 장기별로 하는 일이 점점 많아집니다. 따라서 만약 장기에 문제가 있다면 태아가 힘들어하지 않게 의학적인 조치를 취하고 적극적인 감시를 통해 합병증을 최소화할 수 있어요. 그런데 너무 늦게 검사하는 경우, 이러한 적극적인 의료 개입과 조치가 늦어져 예상치 못한 결과를 불러올 수 있습니다.

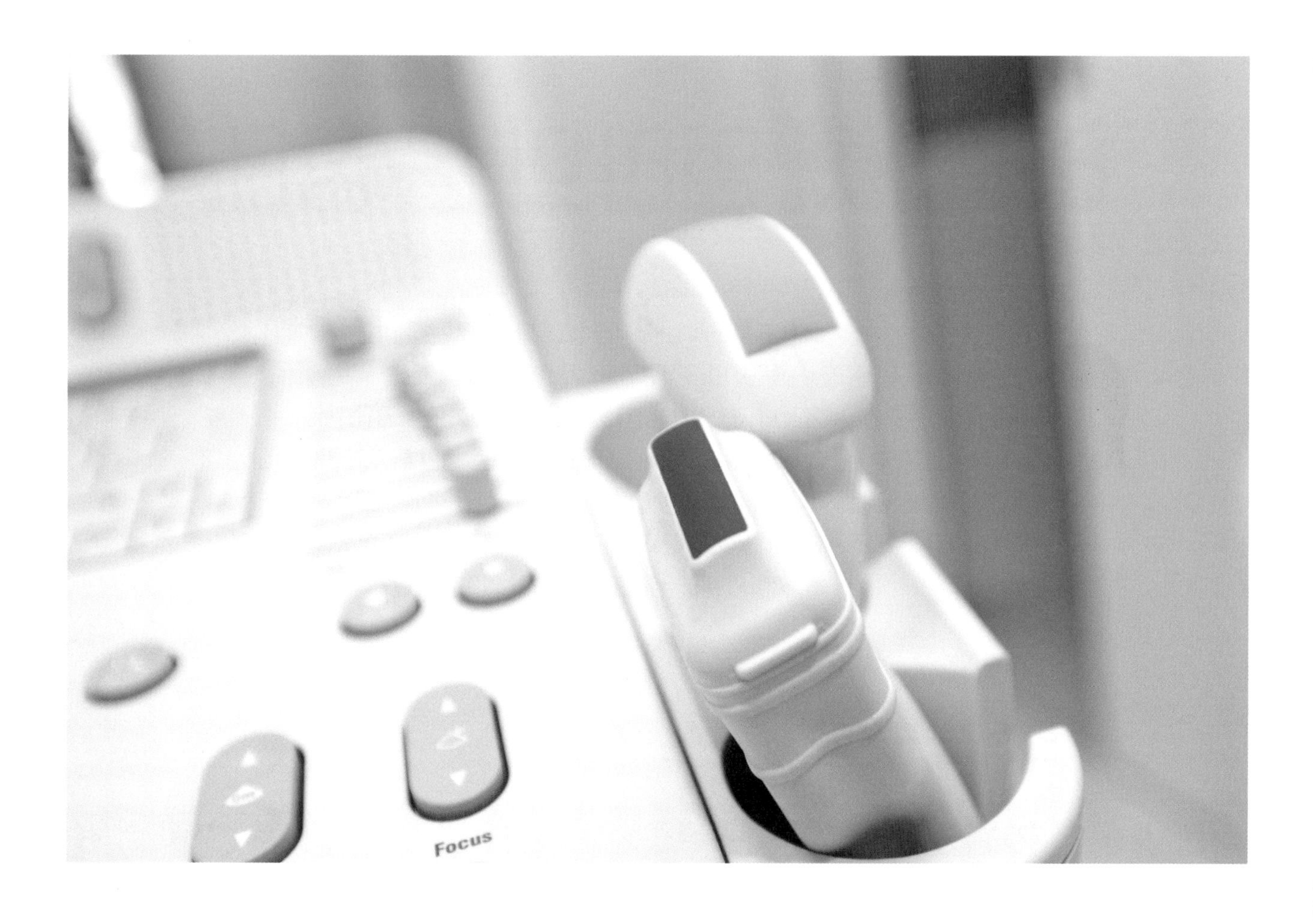

일반 초음파

초음파를 통해 전반적인 태아 상태를 확인한다. 몸무게 성장 속도, 양수량, 태반 상태 등을 확인한다. 또한 정상에서 벗어난 장기들은 없는지도 확인한다.

정밀 초음파

초음파를 통해 세밀하게 내부 장기를 보며, 각 부위별로 적절한 사이즈와 형태, 구조를 띠는지 확인한다. 따라서 검사 소요 시간과 많은 노력이 요구된다.

입체 초음파

태아의 외형을 3D로 복원, 손가락, 발가락, 귀, 얼굴 윤곽 등을 확인하는 데 편리하다.

TIP 정밀 초음파 검사 결과에 대한 궁금증

Q. 정밀 초음파가 정상이면 기형아가 발생할 일은 없나요?

A. 정밀 초음파는 태아 생명과 관련된 가장 기본적이고 큰 구조들 위주로 본다. 미세한 부분의 결손이나 초음파상 확인이 안 되는 부분은 확인을 못할 수 있으며 통상적인 정밀 초음파의 정확도는 60~80%이다.

Q. 정밀 초음파에서 정상이었는데 나중에 문제가 될 수 있나요?

A. 정밀 초음파 때는 크기가 작아서 잘 안 보이다 뒤늦게 발견이 되는 경우도 있다. 또는 정밀 초음파 당시에는 정상이었으나 임신주수가 커지면서 점점 문제가 나타나는 왜소증, 뇌수종, 수신증 등은 임신 중후반기 이후에 발견되는 경우도 많다.

6개월 차 엄마의 몸 상태

Dr.류's Talk Talk

배가 볼록하게 나왔지만 많이 불편하지는 않아요.
몸이 비교적 편하고 가벼운 시기입니다.
그래서 자칫 방심하고 임신에 무뎌지기도 하지요.
그러다 흠칫흠칫 태아의 몸짓에 '아~ 이제 나는 정말 혼자가 아니구나.
나와 내 배 속 아이가 함께 생활하며, 같이 숨 쉬고 먹고 느끼는구나' 하는
생각이 들곤 합니다. 임산부의 휴식기 혹은 황금기라고 할 수 있는 이 시기,
엄마의 몸에는 어떠한 변화가 일어날까요?

엄마의 몸이 변해요

허리가 아프기 시작

골반 근육과 인대관절 등이 모두 다 늘어나기 시작합니다. 그러면서 척추도 이에 따라 위치와 방향 축이 뒤틀어져요. 평소 허리 신경통이 있었던 임산부들은 좀 더 허리 통증을 많이 느낄 수 있습니다. 허리에 더 이상 무리가 가지 않도록 배를 앞으로 내미는 자세를 조심하세요. 순간적으로는 더 편하게 느껴질 수 있겠지만 척추에는 더 많은 체중이 실리는 자세이기 때문입니다.

변비로 고생

임신주수가 진행이 되면서 임신 중 증가된 황체호르몬의 영향으로 대장의 근육이 이완되어 운동능력이 현저히 저하됩니다. 따라서 음식물이 계속 대장에 머물게 되면서 대장 내용물이 정체되어 있는 시간도 늘어나 음식물의 수분과 나트륨의 흡수가 증가되어 결국 변비가 발생해요. 개인에 따라 경증의 변비부터 대변이 딱딱하게 굳어 변이 대장 끝에 박혀버리는 거대결장까지도 발생할 수 있습니다. 또, 철분제의 복용은 이러한 증상을 더욱 악화시킵니다. 이를 예방하기 위하여 평소 식이섬유의 섭취를 늘리고 대변량이 풍부할 수 있도록 하는 음식을 먹어야 합니다.

변비가 발생되는 대장 상황

치질 발생 가능

변비의 호발과 함께 커진 자궁으로 인해 혈액순환 자체가 잘 안되어 자궁 아래의 정맥압이 높아지고 특히 항문 주변의 정맥압이 증가하게 됩니다. 따라서 늘어난 정맥압으로 인해 항문 주위 혈관이 늘어지고 밖으로 튀어나와요. 이를 치질이라고 하는데, 임신 중 치질은 임신 후기로 가면서 조금 더 심해질 수 있습니다.

소화불량, 속쓰림 등의 위장장애

임신 시에는 위장관의 연동 운동과 긴

장도가 감소되어 위 배출과 음식물이 장을 통과하는 시간이 길어집니다. 이러한 변화는 증가된 자궁의 압박에 의한 물리적인 요인과 함께 임신에 따른 황체호르몬의 증가로 인해 장 관계의 평활근 수축이 저하되어 발생해요. 임신 중 평균 소장의 음식물 통과 시간은 125~140분으로 임신 전의 두 배로 지연됩니다. 따라서 식사 후 더부룩한 소화불량이 임신 후반기로 갈수록 더 심해집니다. 또한 위식도 사이 괄약근의 긴장도도 감소하여 위 음식물이 하부 식도로 역류하는 역류성 식도염의 증상이 심해질 수 있어요.

다리가 붓고 체중 증가

본격적인 임신 중 체중 변화가 시작됩니다. 임신 중 체중 증가는 자궁과 태아, 양수의 무게 그리고 늘어난 혈액량과 관계가 있어요. 또한 대사의 변화로 세포외액 내 수분축적, 단백질과 지방의 축적도 체중 증가에 기여합니다. 임신 중에는 삼투압 조절 기능의 변화와 콩팥의 혈압 조절 기능을 담당하는 시스템의 변화로 인하여 나트륨과 수분을 축적하는 경향이 나타납니다. 임신 후기에는 몸 안에 전체 수분량이 6.5~8.5L까지 증가하지요. 이중 태아, 태반 및 양수가 3.5L이며 산모의 혈액량은 1.5~1.6L 정도 더 늘어나요. 이외에도 유방조직의 확대, 지방조직의 증가는 몸 안의 수분량을 증가시킵니다. 수분 증가는 결국 산모의 체중 증가로 이어집니다.

유즙 분비

계속적인 유선 자극은 가슴의 확대와 함께 모유 만들 준비를 거의 마친 상태가 됩니다. 젖꼭지 끝에 노란 모유가 가끔씩 맺힙니다. 부드러운 물티슈로 닦아주고 유두를 세게 자극하거나 심하게 문지르지 마세요. 유두 자극은 자궁수축을 유발할 수 있습니다.

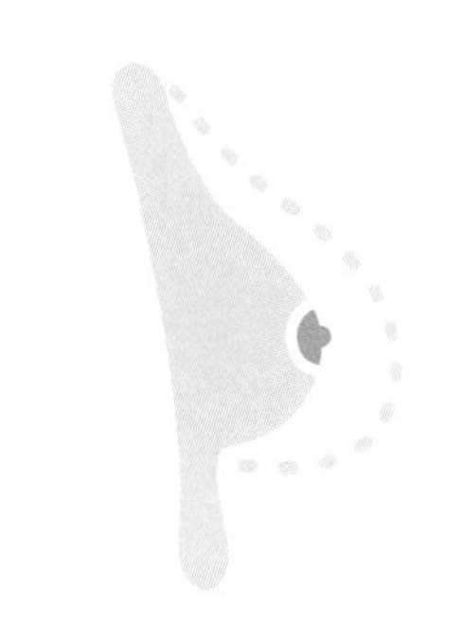

허벅지, 종아리, 외음부에 정맥류 발생

혈액의 양이 늘어나며 혈관벽의 탄력도 저하되고, 커진 자궁으로 인한 혈액순환 저하는 정맥 안에 혈액이 계속 고여 있게 만듭니다. 그래서 정맥 안 혈관이 점점 더 많이 고이게 되고, 결국 혈관 자체가 탄력을 더 잃은 상태가 되어, 꼬불꼬불 구부러지며 시퍼렇

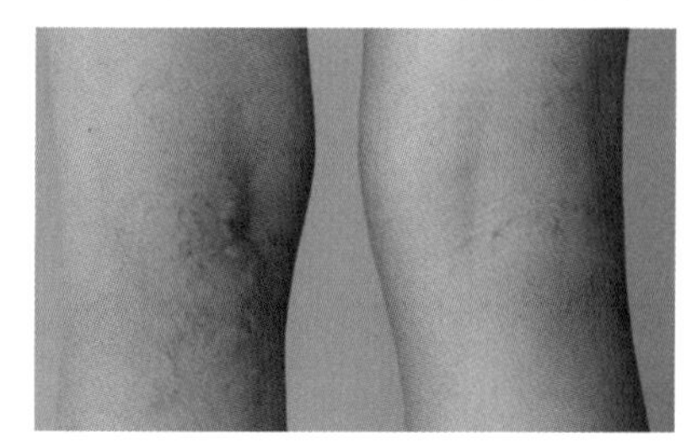

임신 중 치질

항문 주위에는 배변에 대한 충격을 완화시켜주는 혈관과 결합조직인 점막하근육이 있다. 힘을 주어 변을 보는 습관, 복압의 증가 등으로 구성된 항문 주위 혈관이 늘어나게 되고 이렇게 늘어나 있는 혈관과 주위 결합조직이 밖으로 튀어나오는 것을 치질이라고 한다.

임신 중반기 이후로 치질의 발생 빈도가 증가하는데, 변을 볼 때마다 이러한 덩어리는 상처를 입어 통증이나 출혈을 유발하게 된다.

내치핵은 치질이 안쪽에서부터 시작된 경우로 보통은 통증이 없고 출혈, 가려움, 분비물 등을 유발한다. 외치핵은 항문 입구 밖 피부로 덮인 부위에서 나타나는 경우로 심한 통증을 동반한다. 평소 변비가 생기지 않게 식이섬유가 풍부한 음식을 먹는 노력을 한다. 하지만 임신 중에는 80% 이상의 산모에서 치질이 발생한다.

치질이 생기기 시작했다면 따뜻한 물로 좌욕을 한다. 따뜻한 물로 좌욕을 하면 혈액순환이 좋아져서 치핵 증상이 조금 완화될 수 있다. 치핵으로 인해 통증이 너무 심하면 치질 연고를 사용할 수 있다.

치핵으로 인한 출혈은 양이 많지 않으면 크게 걱정 안 해도 되지만 만약 출혈이 팬티를 흠뻑 적실 정도라면 병원에 가서 상태와 정도에 대해 상의해보는 것이 좋다. 치핵 출혈량이 많은 경우 이로 인해 빈혈의 악화, 태아-모체간 태반 순환에 악영향을 줄 수 있으므로 적절한 치료를 받아야 한다.

6개월 차 임산부 생활의 팁

Dr.류's Talk Talk

몸이 점점 무거워질 뿐만 아니라 둔해지고 있습니다.
임신 중에 나타나는 증상도 하나둘 피부에 와 닿을 거예요.
그래도 임신 중반기를 넘어가고 있기 때문에 마음만은 편할 테지요?
곧 아기를 만날 수 있다는 기대감으로 즐겁게 생활해보세요.
여전히 일을 사랑하는 워킹맘들을 위해
이 시기 필요한 몇 가지 주의사항을 알려드립니다.

소소한 습관을 가져요

부드러운 칫솔 사용

임신을 하면 침의 산도가 변하면서 치석이 잘 생기고 잇몸이 붓고 아픕니다. 피의 양이 증가하면서 잇몸에 피가 많아지고 붓기 때문에 잇몸이 들뜨거나 피가 나고 통증이 와요. 부드러운 칫솔로 잇몸 자극을 최소화하는 것이 좋고 임신 전보다 식후 3분의 양치를 더 철저히 해야 합니다.

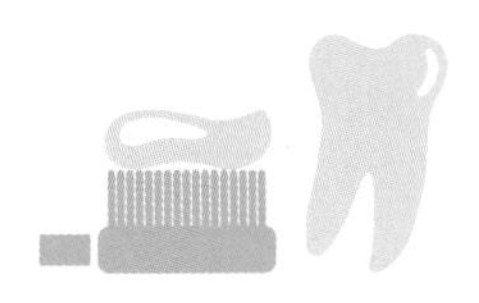

식후 20분 산책

걷기를 자주하면 분만할 때 필요한 등이나 복부의 근력을 강화시키고 체력을 유지하는 데 도움이 됩니다. 또 요통이나 부종 등 임신으로 인한 특유의 불쾌감을 예방하는 데도 좋습니다. 컨디션이 특별히 나쁘지 않다면 점심 식사 후 바로 자리에 앉지 말고 주위를 20분 정도 산책해요. 날이 좋으면

바깥에 나가서 산책하는 것도 좋고 만약, 날이 좋지 않다면 회사 내를 한 바퀴 도는 것도 좋은 방법입니다. 단, 걷

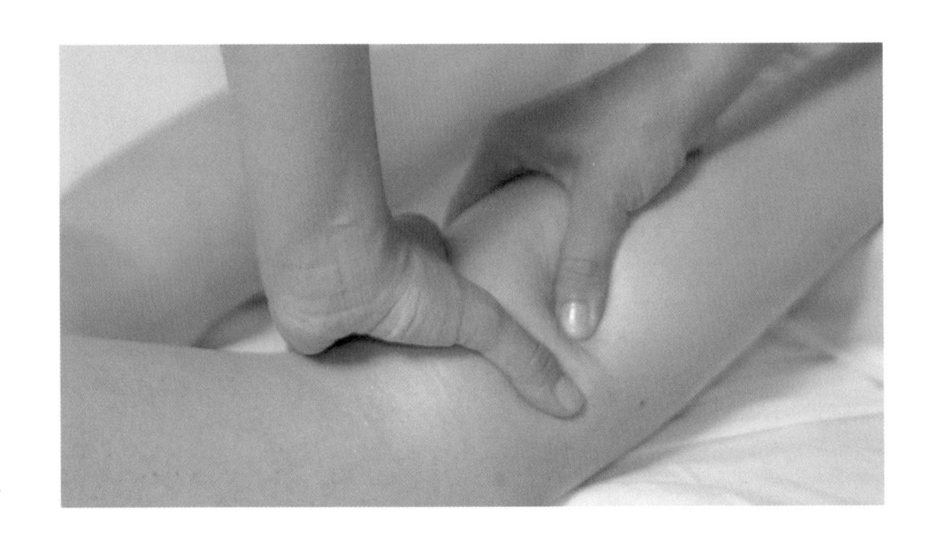

는 도중 배가 당기거나 피로감이 심하다면 당장 중지하고 쉬어야 합니다.

스트레칭하기

자리에서 한 시간에 한 번씩 일어나 스트레칭을 해주면 좋아요. 오랫동안 한 가지 자세를 취하고 있거나 자세가 불안정한 상태로 오래 일할 경우 허리에 부담이 되어 요통이 생길 수 있어요. 또한 배가 불러오기 시작하므로 허리와 등이 아플 수 있고 오후가 되면 다리가 붓고 저리기도 합니다. 같은 자세로 오랫동안 있지 말고 몸을 자주 움직여주세요. 팔다리 관절을 움직이며 허리를 가볍게 돌리는 체조도 좋습니다.

종아리마사지나 족욕하기

퇴근 후 집에서 종아리마사지나 족욕으로 피로한 발을 쉬게 해줍니다.
밤에 잠들기 전 발이나 등을 마사지하는 것은 혈액순환을 원활하게 하여 다리부종과 피로감 회복에 효과적이에요. 다리를 조금 높은 곳으로 올려놓고 쉬거나 손으로 마사지를 해주어 부기를 제거하며 혈액순환을 촉진시켜 줍니다.

헐렁한 옷 입기

꽉 끼는 속옷이나 바지는 입지 않습니다. 점점 배가 불러오면서 앉아 있는 자세만으로도 힘이 들기 시작합니다. 되도록 넉넉한 옷을 입어서 직장에서 일할 때의 불편함을 최소화하세요.

6개월 차 아빠가 해야 할 일

Dr.류's Talk Talk

어느덧 남편들도 배가 나온 아내의 모습이 익숙해질 것입니다.
하지만 아내는 임신으로 인한 몸의 변화가 버겁게 느낄 수 있어요.
곁에서 따뜻하게 대해주고 함께 얘기를 많이 나눠주세요.
또한 이 시기에 아내에게 예쁜 임부복을 선물해보는 건 어떨까요?
작은 선물이 아내에게는 큰 힘이 될 수 있어요.
태어날 아이를 생각하며 기쁜 마음으로 아내와 태교에 전념해주세요.

어떤 노력이 필요할까요?

정밀 초음파 검사 함께 가기

배 속 태아의 대부분의 기관이 완성이 되었는데 이상이 없는지 이 시기에는 정밀 초음파를 시행합니다. 아내와 함께 정밀 초음파를 보면서 현재 우리 아기 몸 상태와 발달 상태를 점검하세요. 생각보다 이미 아이는 많이 성장했으며 또, 주변 환경에도 반응을 하기 시작합니다.

예쁜 임부복을 선물하기

임산부는 가슴과 배가 많이 커집니다. 임신 전에 입던 옷이 매우 불편하고 작아지기 시작하므로 편하게 입을 수 있고 또 기분 전환이 될 수 있는 예쁜 임부복을 선물해보세요. 여자는 임신 중에도 아름다운 자신의 모습을 통해 행복감을 느끼게 됩니다.

발을 따뜻한 물로 씻겨주기

아내는 배 속 태아의 태동이 점점 커져 자다가도 종종 깨게 됩니다. 또한, 갑작스런 체중 증가와 호르몬 변화로 쉽게 잠을 이루지 못하지요. 자기 전 따뜻한 물로 아내의 발을 마사지해주세요. 혈액순환을 도와주고 불면증 해소에 좋으며 아내는 남편의 큰 사랑과 고마움을 느끼게 될 거예요.

흰쌀밥에서 잡곡밥으로 바꾸기

까슬까슬한 잡곡밥을 싫어하는 사람들도 꽤 많은데, 혹시 잡곡밥을 싫어하더라도 아내를 위해 과감히 현미잡곡밥으로 바꾸도록 합니다. 임신 중 과도한 체중 증가와 임신성당뇨를 예방하기 위해서는 식습관의 변화가 필요해요.

아내의 우울함을 항시 체크하기

산모 4명 중 1명은 우울감을 경험할 수 있어요. 갑자기 늘어난 체중과 몸의 급격한 변화, 출산과 육아에 대한 막연한 불안감으로 스트레스가 높아집니다. 대부분 일시적인 우울감이지만 10명 중 1명은 약물치료가 필요한 우울장애로 진단할 수 있을 정도입니다. 우울증은 우울감과는 다릅니다. 전문가의 진료와 조언, 체계적인 치료가 필요해요. 혹시라도 2주 이상 계속되는 심각한 우울감이 있다면 아내와 함께 이에 대해 이야기해보세요.

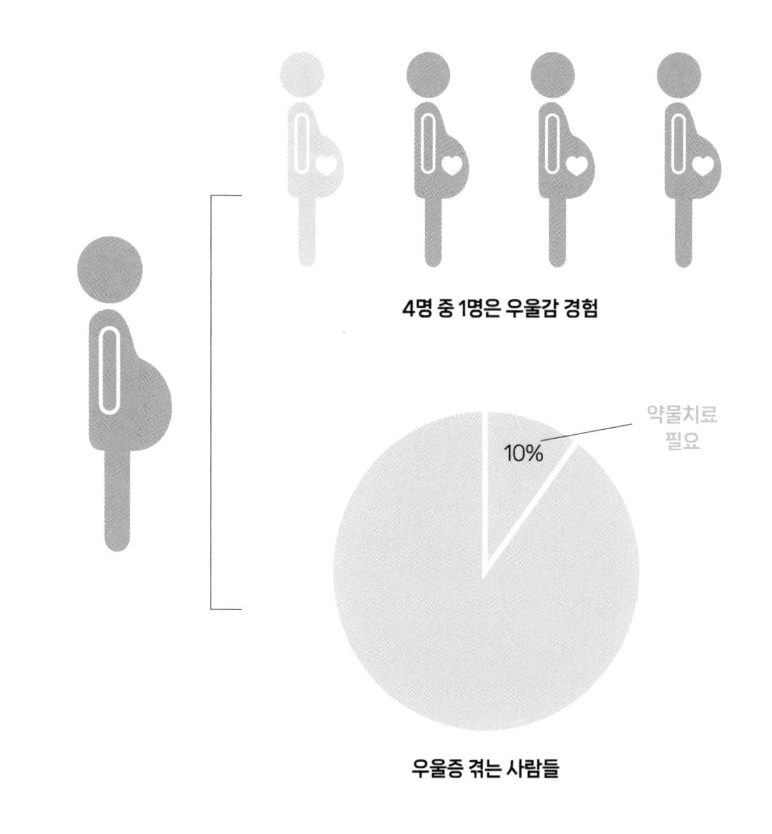

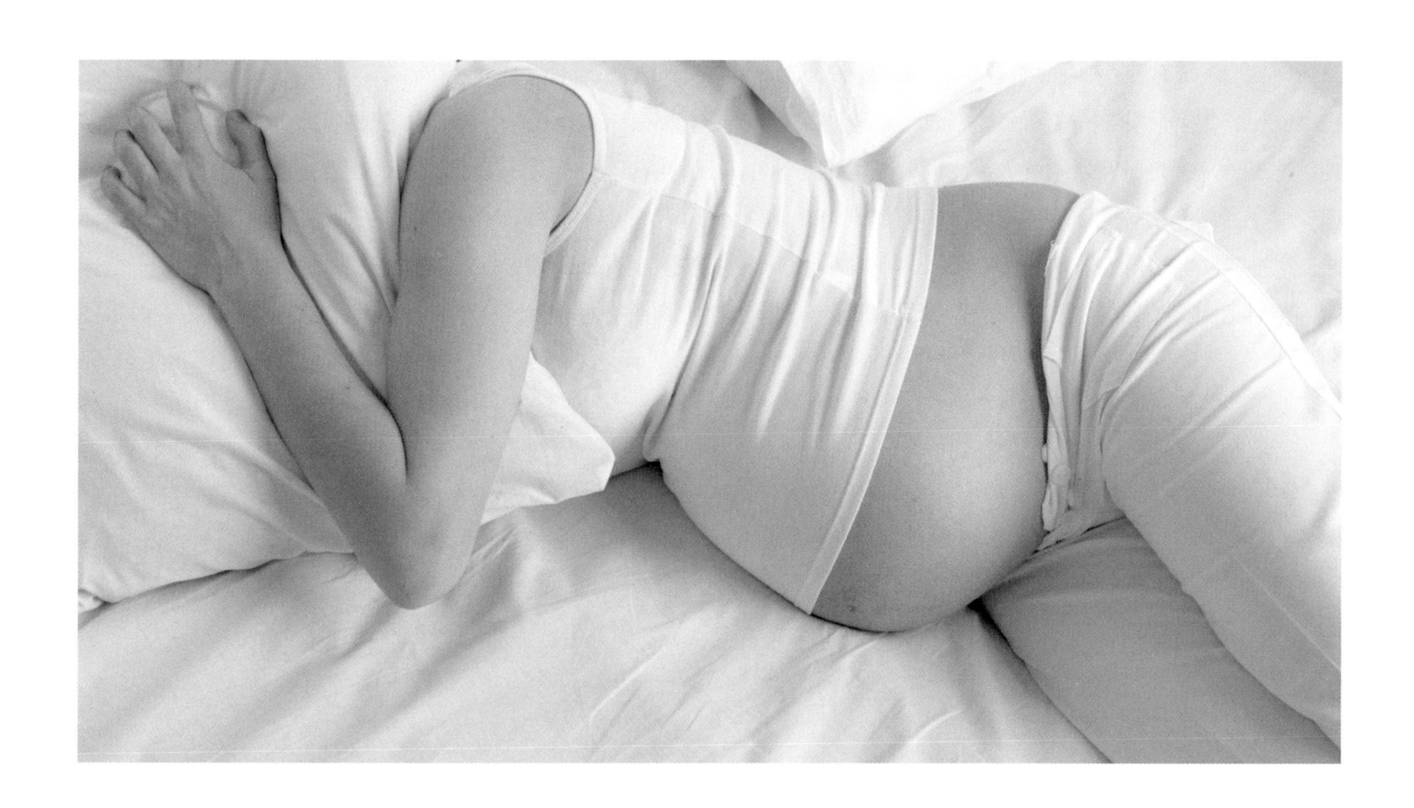

임신 중기 필요한 영양제

Dr.류's Talk Talk

임신을 하고 나니 주변에서 '이것 먹어라' '그건 꼭 먹어야 한다' 등등
영양제에 관해서 말이 많지요?
임산부들은 일반인들에 비해 영양제 보충에 신경을 써야 합니다.
또한 임신 1분기, 2분기, 3분기 등 그 시기에 따라서
먹어야 할 영양제도 모두 다르답니다.
임신 중기에는 어떤 영양제를 먹어야 하는지 알아보아요.

오메가3를 복용해요

오메가3

오메가3란 탄소 결합구조 중 세 번째 탄소-탄소 결합에 첫 이중결합이 존재하는 다중불포화지방산 전체를 총칭합니다. 오메가3 중 대표적인 지방산으로는 DHA, EPA, 리놀렌산a-linolenic acid 등이 있습니다.

DHA의 효능

최근 오메가3 중 하나인 DHA가 태아 지능 발달에 도움을 주고, 조산과 임신중독증의 위험을 낮춘다는 보고가 발표되었습니다. DHA는 뇌신경계 발달에 필요한 성분으로 DHA의 뇌 유입은 임신 제3분기부터 생후 두 살까지의 시기에 가장 활발합니다. 특히 태아의 DHA 유입은 전적으로 태반에서 공급받는 것에 의존하게 되므로 산모의 DHA 섭취는 중요하다고 할 수 있습니다.

DHA를 포함한 오메가3 제품을 복용한 산모의 신생아에서 지능지수, 눈과 손의 조화 능력, 문제해결 능력의 유의한 향상이 보고된 적이 있습니다. 또한 오메가3를 복용한 군에서 임신중독증, 조산, 저출생체중아 예방에도 효과가 있었다는 보고가 있기도 했습니다. 하지만, 이들 연구 모두 아직까지 다양한 이견이 제시되고 있어 좀 더 살펴봐야 합니다. 즉, 일반적인 산모에게 오메가3 보충은 필수라기보다는 '이러 이러한 면에서 좀 더 유리할 수 있다'라는 정도의 권고사항입니다. 단, 식이섭취가 불충분한 임산부의 경우는 오메가3 복용이 권고됩니다.

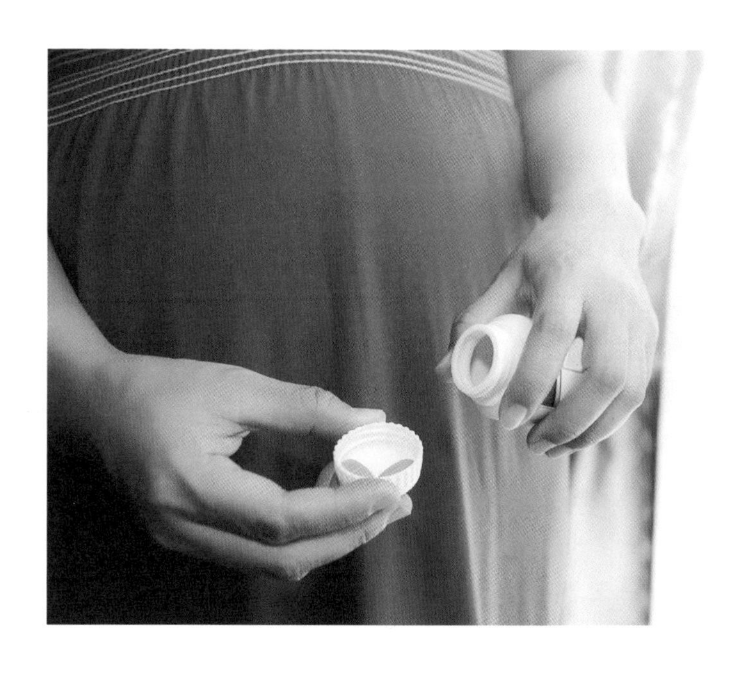

임신 시 필요한 DHA 섭취량

임신했을 때 필요한 DHA 섭취량은 300mg이고 한국인 평균 섭취량은 400~500mg입니다. 개인 차이는 있지만 서구인에 비해서는 많은 양의 DHA를 음식을 통해 먹고 있어요. 하지만 최근 생선 속 수은이 문제가 되면서 일정량의 생선 섭취를 하지 않는 경우가 종종 있고, 이 경우 DHA를 포함한 오메가3의 복용이 권고됩니다.

비타민제를 복용해요

임신 중 비타민

임신 중 필요한 비타민양이 비임신 시에 비하여 다소 증가하는 건 사실이나 대부분 영양 섭취에 큰 지장이 없다면 추가적인 비타민제 복용은 반드시 필요한 건 아니에요. 단 식이가 불충분하거나 흡연, 채식주의자, 약물복용자 등의 고위험군 산모에게는 멀티비타민이 권고됩니다. 왜냐면 현재까지 비타민 섭취로 인한 임신 시 이득에 대한 정확한 결과는 없어요. 단, 비타민C, 비타민E 등이 항산화효소 역할을 해서 임신중독증과 조산을 막을 수 있지 않을까 하는 연구와 보고가 있었으나, 최근까지도 확실한 효과는 입증되지 않았습니다.

비타민 복용량

임산부용 멀티비타민, 복합제제라고 포장이 되어 있는 경우가 많아 일일이 그 성분을 확인해보기 힘들기 때문에 복용 시 성분과 복용 용량에 대해 다시 한 번 주의가 필요합니다. 비타민A, 비타민C, 비타민D, 아연, 셀레늄 등은 과량으로 복용 시 오히려 태아에게 악영향을 줄 수 있다는 보도가 있습니다. 그중 비타민A는 총 섭취량이 하루 10,000~50,000IU 이상이 되면 기형아를 초래할 수 있다고 알려져 있어요. 따라서 멀티비타민의 복합제제의 경우 하루 섭취량의 2배 이상 먹지 않도록 합니다.

칼슘제를 복용해요

칼슘의 요구량

칼슘의 요구량은 임신 전이나 임신 중 그리고 수유 시에도 1000mg으로 동일합니다. 칼슘 또한 일반적인 영양을 섭취하는 산모에게 특별히 칼슘제제의 보충은 필요하지 않지만, 기본적으로 우리나라 국민들은 평균 일일 칼슘 섭취량이 496mg으로 턱없이 부족합니다. 칼슘은 기본적으로 섭취하는 양의 20~30% 정도만 흡수되어 이용됩니다. 여기에 콜라와 사이다 같은 탄산음료나 인스턴트식품, 짜게 먹는 식습관은 칼슘의 흡수를 더욱 저해합니다. 우리나라 임산부들의 대부분은 칼슘 섭취량이 적은 편이에요.

칼슘 복용의 효과

최근 칼슘의 복용이 임신중독증의 위험과 사망률, 합병증 등의 감소에 연관이 있으며, 특히 이러한 효과는 평소 칼슘 섭취량이 적었던 군과 임신중독증이 잘 발생할 수 있는 고혈압의 가족력, 고령산모, 과체중 산모에서 두드러지는 것으로 나타났습니다. 물론 아직까지 칼슘 복용이 임신중독증의 위험을 확실히 감소시키지는 못했지만, 임신중독증의 강도를 감소시켰고, 이로 인한 신생아 사망과 임산부의 치명적인 합병증의 비율도 감소시켰습니다. 즉, 평소 칼슘 섭취가 부족한 임산부나 고령임산부, 과체중임산부, 기존에 신장질환이나 고혈압질환을 가지고 있는 임산부에게는 칼슘제의 추가적인 복용이 도움을 줄 것이라고 여겨지고 있습니다. 칼슘은 골다공증을 예방하기도 합니다. 신경안정 작용으로 숙면을 하게 해주고 혈압상승 억제효과가 있으며 콜레스테롤 수치의 개선을 가지고 옵니다. 비만 예방에도 효과적이므로 평소 생활습관을 통해서 충분한 칼슘을 섭취할 수 있도록 노력해야 해요.

TIP 칼슘 흡수율을 높이는 방법

1. 짜게 먹지 않는다

짜게 먹었을 때 과잉으로 공급된 나트륨을 몸 밖으로 배출하기 위해서 우리 몸에서는 몸 안의 칼슘을 소변으로 같이 배출시킨다. 즉, 짜게 먹으면 칼슘이 같이 밖으로 빠져나가게 된다.

2. 콜라, 사이다 같은 탄산음료 섭취를 줄인다

톡 쏘는 맛을 내는 데 필요한 인은 칼슘과 결합하여 물에 녹지 않는 인산염을 형성함으로써 칼슘이 장에서 흡수되는 것을 방해한다. 칼슘과 인의 비율이 1:1 정도를 유지해야 흡수에 문제를 일으키지 않고 뼈의 침착에 이롭게 작용한다. 우유는 칼슘과 인의 함량비가 뼈의 칼슘과 인의 함량비와 같아서 좋은 칼슘 공급 식품이라고 할 수 있다.

3. 비타민D 합성을 위해 하루 20~30분 햇볕 아래 활동을 한다

비타민D는 칼슘의 흡수와 활용에 필수적인 비타민이다. 비타민D는 자연 채광을 통해서 우리 몸에서 스스로 흡수될 수 있으므로 너무 실내에만 있는 생활보다는 하루에 잠깐씩 햇볕을 직접 쐬며 편안한 휴식 혹은 산책을 한다. 혹은 본인의 비타민D 수치를 확인하여 많이 부족하면 비타민D 단일제제의 추가 복용을 한다.

4. 칼슘이 많이 들어 있는 식품을 먹는다

칼슘이 풍부한 음식으로는 요구르트 1컵(350~400mg), 우유 1컵 300mg, 치즈 한 장(28g) 200mg, 두부 반 모(57g)에 200mg, 아몬드 1인분(57g)에 75mg 등이 있다. 이외에도 뼈째 먹는 생선인 멸치, 해조류, 콩류, 곡류, 녹색채소 등에도 많이 포함되어 있다.

검은콩은 대두보다 칼슘이 많고 단백질도 풍부한 식품이고 반찬 재료로 이용하는 건새우 100g에는 칼슘 991mg이 들어 있으며, 미역에는 100g당 칼슘 241mg, 김 100g에는 칼슘 264mg이 들어 있다.

식품에 함유된 칼슘의 양(100g당 함유량) 멸치(큰것) 1905mg,멸치(작은것) 902mg, 뱅어포 1056mg, 미역(말린것) 959mg, 다시마(말린것) 708mg, 김(마른것) 232mg, 뱀장어(생것) 157mg, 고등어(생것) 26mg, 참치(생것) 87mg, 청어(생것) 87mg, 우유 100mg, 치즈 613mg, 완두콩(생것) 51mg, 붉은팥(말린것) 30mg, 건포 630mg, 참깨 21mg, 콩 127mg, 달걀 89mg이다.

아연과 마그네슘을 복용해요

안정을 주는 영양소

임신 중 엄마의 정서적인 상태는 태아에게 많은 영향을 줍니다. 되도록 정서적으로 안정되고 기분 좋은 상태가 유지되게끔 노력해야 합니다. 모체에게 안정을 주는 영양소로 칼슘 외에 아연과 마그네슘이 있어요.

아연의 역할

아연은 체내의 산과 알칼리의 균형을 유지시켜주어 몸의 컨디션을 좋게 만들어줍니다.

마그네슘의 역할

마그네슘은 신경이나 근육의 기능을 원활하게 해주며 정신 안정에도 도움이 됩니다. 칼슘 섭취와 함께 마그네슘과 아연도 많이 먹을 수 있도록 노력합니다.

양질의 단백질을 섭취해요

필요한 단백질의 양

태아, 태반, 자궁, 유방의 성장과 발달 그리고 모성의 혈액량 증가에 필요한 단백질은 임신 중 하루에 60g입니다. 임신 6개월 이후부터는 그 필요량이 더 증가되어 일일 권장량 50g에서 임신 시에는 70~100g으로 권장량이 증가합니다. 식물에도 단백질이 풍부한 경우가 많지만 임신 중이라면 동물성 단백질을 좀 더 권합니다. 동물성 단백질은 철분, 비타민B6, 아연과 같은 비타민과 무기질의 훌륭한 공급원도 되기 때문이에요. 살고기 위주로 고기를 적어도 일주일에 1~2회 이상 섭취할 수 있도록 합니다. 단, 붉은색 육류와 낙농품은 고단백 식품이며 동시에 고지방, 고칼로리 식품이므로 임신 전 비만이었거나 임신 중 체중 증가가 크다면 주의해야 합니다. 이런 경우, 소고기나 돼지고기보다는 닭고기와 생선 같은 동물성 단백질과 저지방 낙농품, 그리고 콩과 같은 식물성 단백질 섭취를 권장합니다.

· 임신 ·

7

개월

(25~28주)

임신 **7** 개월 25 ~ 28주

엄마와 태아

화내는 소리나 시끄러운 소리는 완연하게 싫어하고
편안한 음악이나 엄마의 목소리는 좋아합니다.
시각과 청각이 발달하여 주변 자극에 적극적으로 반응합니다.

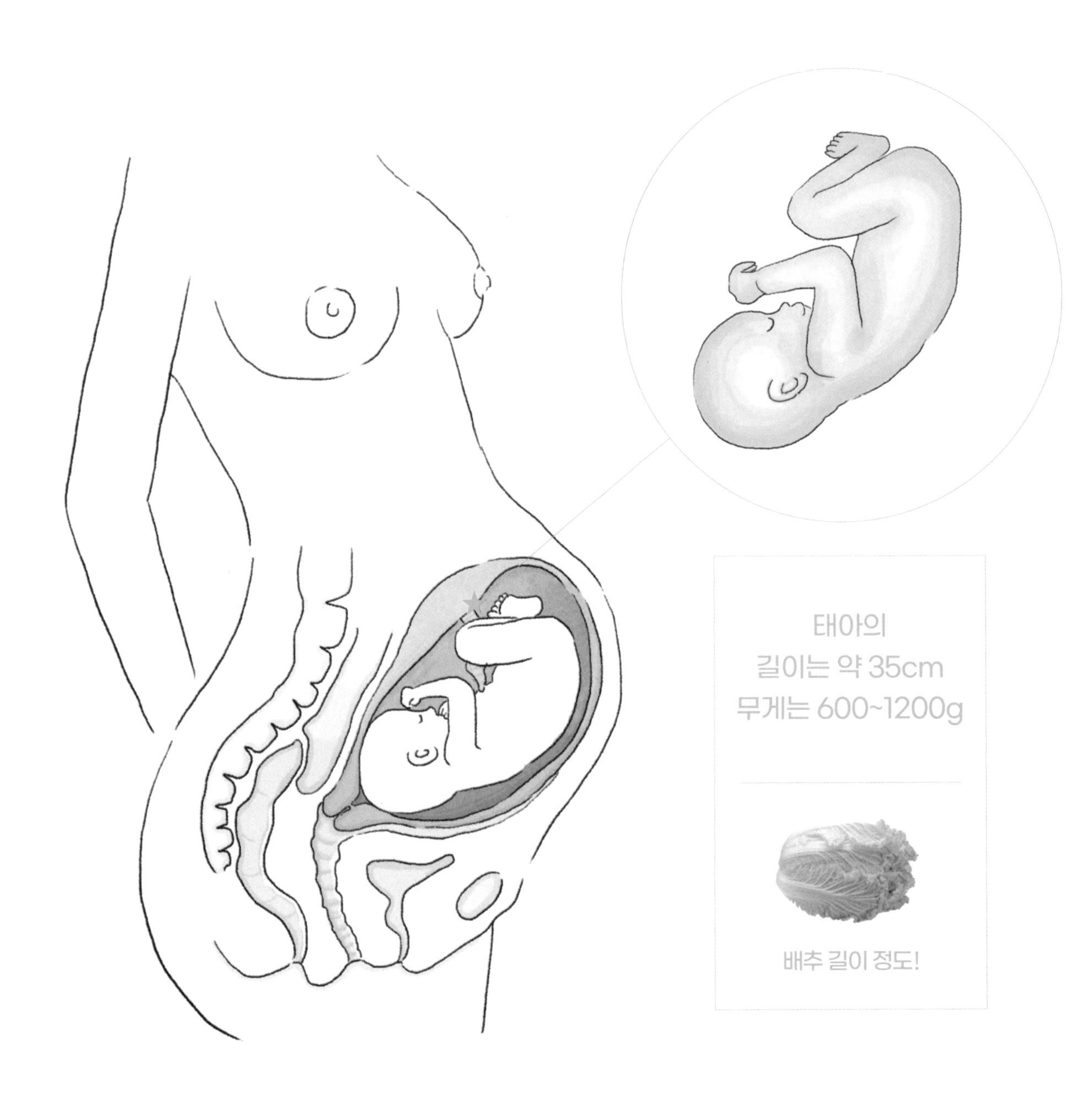

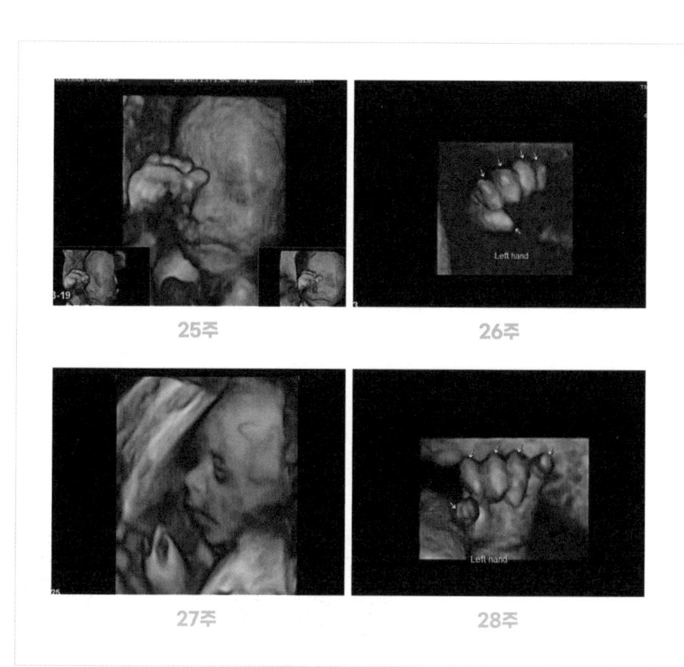

25주 26주 27주 28주

손가락을 빨며 젖 빠는 연습을 합니다. 대뇌피질의 발달이 이루어지면서 지각과 운동을 관장하는 부분의 발달이 이루어집니다. 스스로 몸의 방향을 돌릴 수 있게 되며 몸 전체를 컨트롤하는 일이 가능해집니다. 시각과 청각이 발달하여 주변 자극에 적극적으로 반응합니다. 화내는 소리나 시끄러운 소리는 싫어하고 편안한 음악이나 엄마의 목소리는 좋아합니다. 시각도 발달해 밖에서 강한 빛을 쪼이면 움찔 놀라는 등 반응을 보이게 됩니다. 대부분의 태아는 엄마의 골반 쪽으로 머리를 향하게 됩니다. 투명했던 피부가 붉어지면서 불투명해집니다. 얼굴과 몸이 통통해지기 시작하나 지방 축적량이 많지는 않아 아직까지 피부는 쭈글쭈글한 상태입니다. 여아의 대음순이 완성이 되어가며 남아의 성기가 발달하지만 고환은 복부에 남아 있는 상태입니다. 폐 속에서 폐포가 발달하기 시작하여 호흡을 위한 연습을 합니다.

25주가 되었어요

25주 태아

피부 밑에 모세혈관이 발달하기 시작하며 투명했던 피부가 붉은 색으로 변하기 시작합니다. 대뇌피질의 발달이 이루어지면서 지각이 발달해요. 태아는 배 속에서 자기 몸의 여기저기를 직접 만져보고 탯줄도 만집니다.

태아의 길이와 무게

머리에서 발뒤꿈치까지 태아의 길이는 34~36cm, 600~700g 정도의 무게가 됩니다.

임신 25주 태아
길이 약 34~ 36cm
무게 600~ 700g

26주가 되었어요

26주 태아

폐 안의 폐포가 만들어지고 표면활성 물질도 만들어지는 등 본격적인 폐의 성숙이 이루어집니다. 태아의 지방 축적이 좀 더 가속화됩니다.

태아의 길이와 무게

머리에서 발뒤꿈치까지 길이는 36~38cm, 730~830g 정도의 무게를 가집니다.

임신 26주 태아
길이 약 36~ 38cm
무게 730~830g

27주가 되었어요

27주 태아

태아의 청각 신경은 더욱 발달하여 이제 엄마, 아빠의 목소리를 알 수 있게 됩니다. 또한 혼자 숨쉬기 연습을 시작합니다.

태아의 길이와 무게

머리에서 발뒤꿈치까지 길이는 36~38cm, 약 1kg(800~1100g) 정도의 무게를 가집니다.

임신 27주 태아
길이 약 36~38cm
무게 약 1kg

28주가 되었어요

28주 태아

아기의 머리숱이 풍성해지며 눈썹과 속눈썹도 자리를 잡습니다. 눈을 뜨기 시작하며 망막세포의 성숙이 이루어지는 등 청각과 시각의 빠른 성장이 이루어져요.

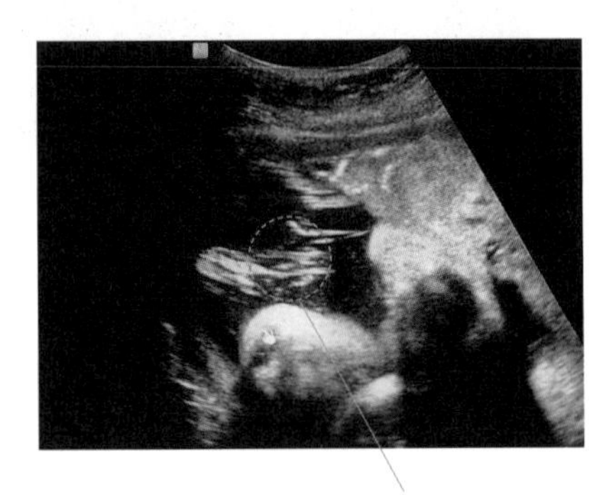

태아의 길이와 무게

머리부터 발뒤꿈치까지 길이는 37~39cm, 800~1200g 정도의 무게를 가집니다.

임신 28주 태아
길이 약 37~ 39cm
무게 800~1200g

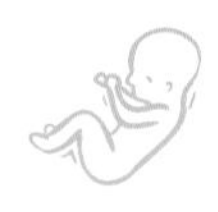

25주	26주	27주	28주
투명했던 피부가 붉은색으로 변해요.	본격적으로 폐 성숙이 이루어져요.	청각 신경이 더욱 발달해요	머리숱이 풍성해지고 눈썹과 속눈썹도 자리를 잡아요.

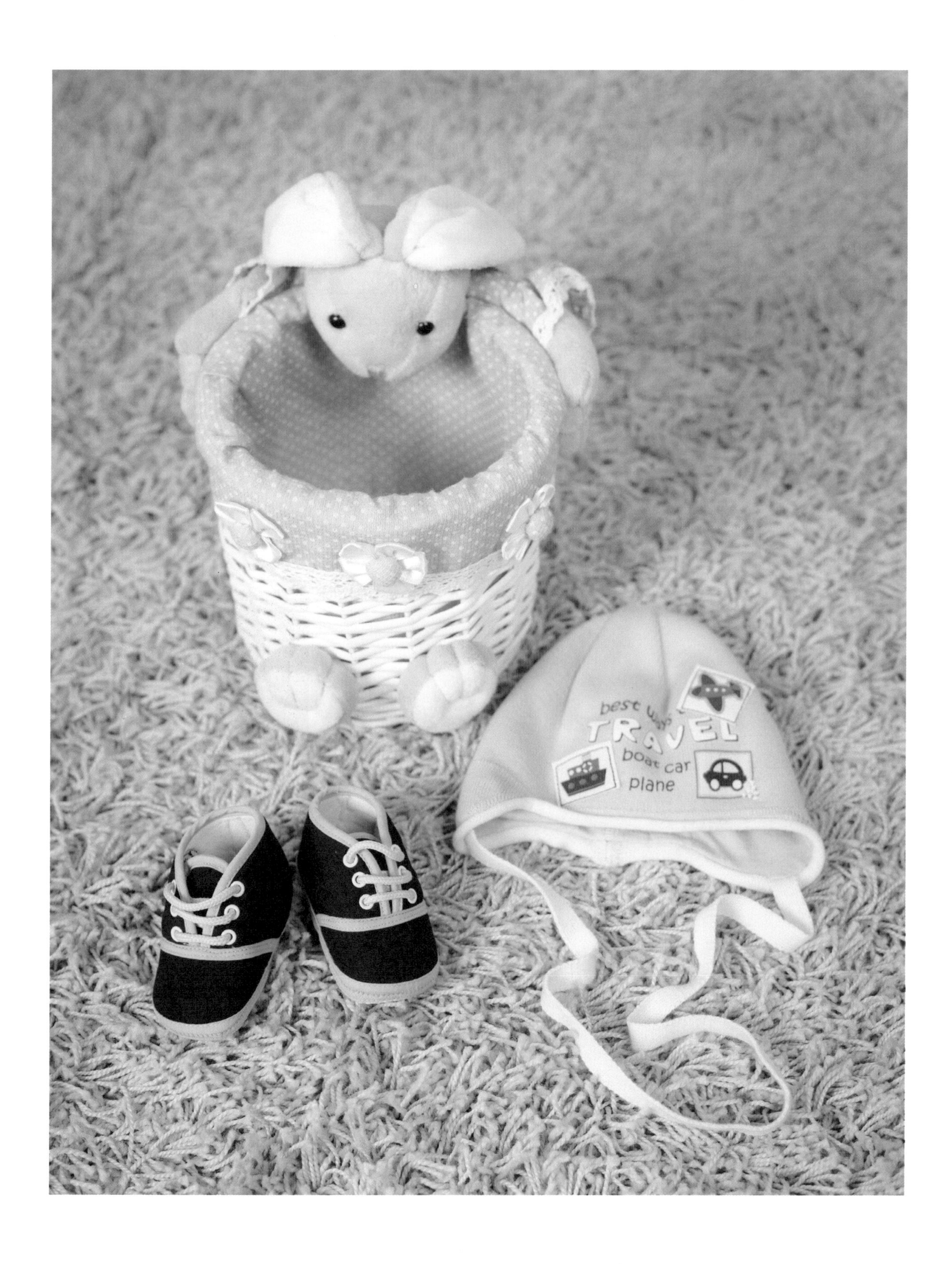
best
TRAVEL
boat car
plane

7개월 차 필요한 검사

Dr.류's Talk Talk

임신 7개월로 접어들었습니다. 이 시기에는 임신성당뇨를 검사합니다.
임신성당뇨는 일반적으로 우리가 알고 있는 '당뇨병'과는 다릅니다.
임신성당뇨는 임신으로 인한 호르몬 변화로
인슐린에 대한 비정상적인 반응을 보이는 경우를 말합니다.
뚱뚱하지 않아도, 나이가 어려도, 가족력이 없어도
누구든 임신성당뇨에 걸릴 수 있습니다.

기본적인 검사를 해요

빈혈 검사

이제 본격적인 임신 중반기입니다. 충분히 혈액 안 혈색소 수치가 유지되고 있는지 검사를 합니다. 통상적으로 임신 중에는 빈혈이 올 수 있기 때문에 11mg/dl 이상까지는 정상으로 본답니다.

일반 여성 빈혈

12mg/dl 이하

임산부 빈혈

11mg/dl 이하

소변 검사

요로계 감염이나, 신장에 문제가 없는지 확인해봅니다. 당뇨, 단백뇨 유무를 점검하며 세균뇨, 농뇨 등이 있는지 확인합니다.

입체 초음파 검사

지금 이 시기가 초음파로 태아의 얼굴이 가장 잘 보일 시기입니다. 좀 더 주수가 커지면 상대적으로 양수에 비해 태아 얼굴과 몸이 커지면서 얼굴이 전체적으로 뚜렷이 잘 안 보입니다. 따라서 이 시기에 입체 초음파 시행을 권유합니다. 입체 초음파의 일차적인 목적은 외형적인 성숙이 이루어진 시기에 태아 외형에 이상이 없는지 좀 더 확실하게 확인해보는 것입니다. 즉, 이마, 눈썹, 눈꺼풀, 콧등, 인중, 입술 라인 등을 좀 더 입체적으로 확인하고, 귀의 입체적인 모습을 확인하며 소이증 등의 이상이 없는지를 확인합니다. 손가락 발가락의 움직임을 확인하며 그 외형의 모습을 정확하게 관찰할 수도 있습니다. 둘째, 목적은 아기 얼굴을 입체적으로 복원하여 태아의 얼굴을 확인해보고 간직해볼 수 있는 것입니다. 입체 초음파는 태아의 위치, 시술자의 테크닉, 개인마다 만족도가 다르게 나타납니다. 필수 검사가 아닌 선택사항이지요.

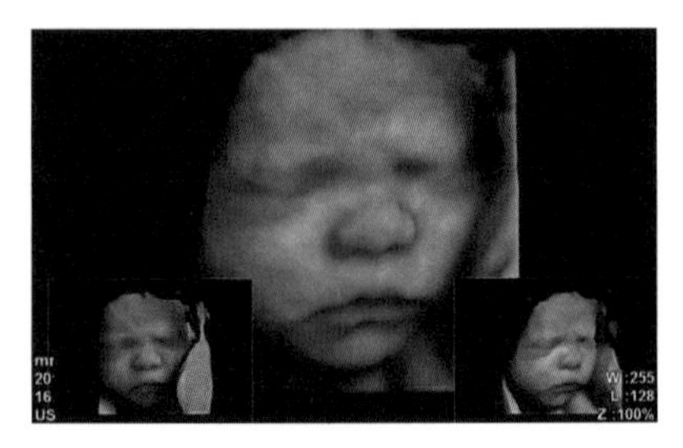

입체 초음파 사진

임신성당뇨 검사를 해요

임신성당뇨

임신성당뇨란 임신 중에 임신과 관련된 호르몬의 영향으로 인해 인슐린 저항성이 병적으로 증가하고 인슐린 분비의 감소가 이루어지는 등 전체적인 당대사에 이상이 생기는 것을 말합니다. 인슐린 저항성의 증가로 인슐린의 역할이 감소하게 되면, 당뿐만 아니라 단백질, 콜레스테롤, 케톤체의 대사에도 이상을 가져오게 되며 이로 인해 산모와 태아 모두에게 여러 가지 합병증을 야기하게 됩니다.

임신성당뇨의 원인

임신성당뇨란 임신 중 당대사질환이 처음 발생하게 되는 것을 말합니다.
임신 20주가 넘어가며 태아의 지방 축적은 가속화되고 몸무게의 급격한 증가가 이루어집니다. 태아가 커진 만큼 태반도 그 역할을 하며 점점 커진 상태예요. 태반에서는 임신을 유지하고 효과적으로 태아가 자랄 수 있는 환경을 만들기 위해 여러 가지 호르몬을 분비합니다. 이러한 호르몬은 태아가 영양분을 효과적으로 엄마로부터 넘겨받을 수 있도록 엄마 몸을 변화시켜놓습니다. 즉 엄마의 인슐린에 대한 저항성을 증가시켜 혈당이 높은 상태로 유지하게끔 만들어버립니다.

임신성당뇨의 종류

임신성당뇨는 크게 당 조절 수치에 따라 크게 두 가지 군으로 분류합니다. 첫 번째 군은 식이요법과 운동요법 등으로 당수치가 잘 조절이 되는 군이에요. 이런 경우 임신성당뇨로 인한 태아 사망이나 다른 합병증의 비율이 크게 높지 않습니다. 두 번째 군은 운동 식이요법만으로는 당 조절이 잘 되지 않아 인슐린 치료를 필요로 하는 군으로 이러한 경우 거대아, 태아 폐성숙 지연, 사산아의 증가와 같은 태아 합병증이 많이 증가됩니다.

임신성당뇨 검사가 필요한 시기

태아의 몸무게가 급격하게 증가되기 시작하는 임신 24~28주에 산모를 대상으로 당 대사에 이상이 있는지 스크리닝 검사를 시행합니다. 식사 여부와는 관계없이 50g 포도당 음료를 마신 뒤 혈액을 채취해 140mg/dl 이상의 혈당을 보이는 사람은 임신성당뇨의 가능성을 크게 보고 임신성당뇨의 정밀검사에 들어가게 됩니다.

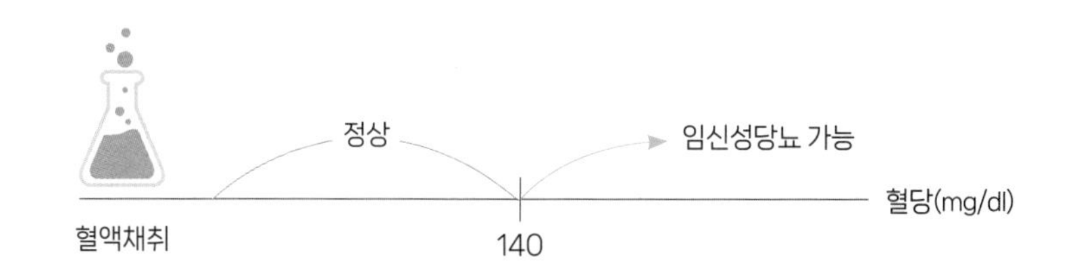

임신성당뇨 고위험군

1. 당뇨 가족력이 있거나 유전인자를 가진 경우 발병률이 더 높다.
2. 첫 번째, 두 번째 임신 때 당뇨병을 앓았다면 세 번째 임신 시에 재발할 위험이 25.9배 높다.
3. 고령임신일 경우 발생비율이 상대적으로 높다.
4. 임산부가 비만(BMI 25 이상)일 경우 발생비율이 높다.

첫 번째 군	두 번째 군
공복 95mg/ml 식후 2시간 120mg/ml 이하	공복과 식후 2시간 혈당이 잘 조절 안 되는 군
식이요법, 운동요법으로 조절 가능 ▼ **합병증 거의 없음**	식이요법, 운동요법으로 조절 불가 ▼ 인슐린 치료 필요 ▼ **합병증 증가, 고위험 산모**

임신성당뇨의 영향

임신성당뇨가 태아에게 미치는 영향

임신성당뇨에는 크게 두 가지 타입이 있다. 식이요법으로 당 유지가 되는 경우와 그렇지 못해 인슐린 치료를 받는 타입이다. 식이요법으로 혈당이 잘 유지가 되는 경우 태아에게 생기는 합병증이 거의 없다. 하지만 식이요법으로 혈당이 유지가 잘 안되어 인슐린 치료를 받고 있는 경우 상대적으로 태아에게 미치는 영향이 커지게 된다.

거대아

임산부의 고혈당은 태반을 타고 태아에게 넘어간다. 태아의 몸에서도 높은 혈당을 췌장에서 인식하고 혈당을 처리하기 위하여 인슐린 분비를 늘린다. 즉, 태아의 고인슐린 상태가 만들어지는데 인슐린은 태아에게 성장촉진인자의 역할을 함으로써 어깨와 몸통에 과도한 지방을 축적하게 만든다. 다시 말해 고혈당에 노출이 많이 되면 계속적으로 인슐린이 과다 분비되어 정상적인 비율을 벗어나 몸통과 어깨에 지방이 심하게 축적된다. 이때, 머리보다 몸통과 팔다리에 심하게 지방이 축적되는 경우 거대아라 칭한다. 임신성당뇨에서 태아가 4.5kg이 넘는 경우 거대아일 확률이 높고 또 이러한 경우 출생시 머리가 나오고 어깨가 산도에 끼는 견갑난산의 발생비율이 높아진다. 또한 산도에서 태아가 잘 내려오지 못하는 아두골반 불균형의 발생비율도 높아진다.

저혈당

배 속에 있는 기간 내내 높은 혈당에 노출되어 있던 태아는 상대적으로 높은 인슐린 수치를 가지고 있다. 그런데 분만 후에는 엄마로부터 이전처럼 고혈당을 공급받지 못하는 상태가 되므로 상대적으로 급격히 저혈당에 빠지는 경우가 발생할 수 있다. 갓 태어난 신생아의 경우 저혈당으로 인해 온몸의 각 장기에 다양한 손상이 동반될 수 있다. 따라서 임신성당뇨 산모에게서 태어난 신생아는 저혈당의 각별한 주의가 필요하다.

황달

임신성당뇨를 앓은 엄마에게서 태어난 아기는 황달에 걸릴 위험이 더 높다.

폐성숙 지연

임신성당뇨를 앓은 엄마에게서 태어난 아기는 같은 주수의 다른 아기들보다 폐성숙 지연을 나타나는 경우가 종종 있다.

태아 사망

임신성당뇨 중 인슐린으로 치료를 요하는 경우에만 태아 사망의 발생비율이 늘어난다. 분만예정일 4~8주 전 갑작스런 원인불명의 태아 사망의 가능성이 커진다.

임신성당뇨가 엄마에게 미치는 영향

제왕절개술의 빈도 증가

거대아 등으로 인해 아두골반불균형의 확률이 높아지면서 제왕절개술의 빈도가 높아진다.

임신성고혈압의 증가

임신성당뇨가 있는 임산부에게서 임신성고혈압이 나타날 가능성이 더 높다.

분만 후 현성당뇨로 이환

대개 임신성당뇨는 출산 후 저절로 좋아진다. 분만 후 6주 뒤 당검사를 통하여 임신성당뇨가 호전되었는지 여부를 꼭 확인해야 한다. 정상으로 돌아왔어도 평소 식이생활과 운동습관 등 전반적인 점검이 필요하다. 임신성당뇨를 앓았던 산모의 50%에서 20년 이내에 현성당뇨병이 발생하는 것으로 보고되고 있다.

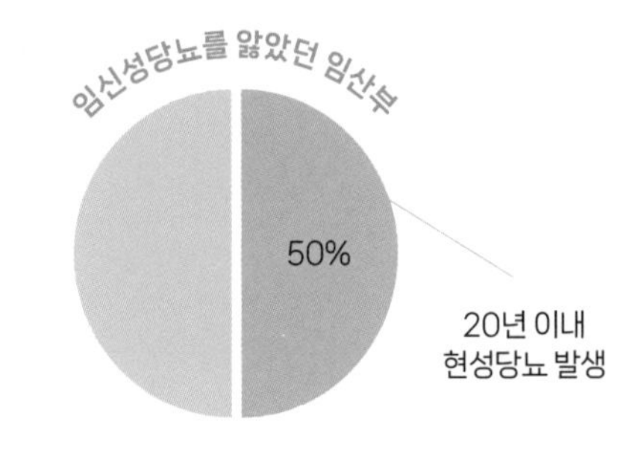

공복 95mg/dl 이하
식후 2시간 120mg/dl 이하

임신성당뇨 치료

식사요법

공복 시 95mg/dl 이하, 식후 2시간 120mg/dl 이하로 관리한다.

임산부와 태아에게 적절한 영양을 공급하면서 지나친 금식에 의한 케톤증을 예방하기 위하여 3식과 2~4번의 간식으로 식사 계획을 짠다. 되도록 식사와 간식의 시간 간격을 일정하게 유지한다. 보통 하루에 평균 30kcal/kg의 에너지를 공급받을 수 있도록 식단을 짜며 현미밥 등의 잡곡밥과 야채 위주로 식단을 구성하며 적절한 양의 고기 혹은 두부 등의 단백질 부족이 오지 않도록 조심한다. 간식으로는 우유나 찐고구마, 감자, 과일 등을 조금만 먹는다. 특히, 조심해야 하는 음식이 가공된 탄수화물이다. 밀가루로 된 빵, 라면, 과자 등의 음식을 가급적 피하고 설탕이 많이 포함되어 있는 음식도 피한다. 초콜릿, 아이스크림, 설탕 등도 조심해야 한다. 달콤한 과일은 비타민과 섬유질이 풍부하지만, 당분 또한 많이 포함되어 있다. 수박, 참외, 딸기, 사과 등 임신 중 많이 먹게 되는 달콤한 과일도 임신성당뇨라면 맛만 보는 정도로 양을 제한하는 것이 좋다.

운동법

산책, 수영 등의 유산소 운동 혹은 또한 상체 근육을 사용하여 몸통에는 큰 물리적 압박이 가해지지 않는 운동이 좋으며, 혈당 감소 효과는 운동을 한지 4주 이후부터 서서히 나타난다. 꾸준히 적당히 하는 운동은 혈당 조절뿐 아니라 스트레스 감소, 기분 전환에도 효과적이지만 무리한 운동은 태아와 임산부의 건강을 해칠 수 있으므로 주치의와 상의하여 진행하도록 한다. 또한 운동 중 어지럽거나 숨이 차거나 혹은 골반과 허리에 통증이 느껴지는 경우 즉시 운동을 멈추고 휴식을 취한다.

인슐린요법

인슐린요법은 식사요법과 운동요법으로 정상적인 혈당수치를(공복시 95mg/dl 이하, 식후 2시간 120mg/dl 이하) 유지하지 못할 때 시행한다. 입원하여 적절한 치료용량을 결정하고, 인슐린주사방법 및 혈당 자가측정법에 대해 교육을 받아야 한다. 우선 인슐린은 총 20~30단위를 아침 식전에 1회 투여하는 것으로 시작한다. 혈당은 하루 최소 4번 이상 감시해야 하며(공복, 식후 1시간, 식후 2시간) 식전 혈당보다 식후 혈당치로 감시하는 것이 좀 더 정확하게 결과가 나온다.

경구용 혈당강하제 주의

대부분의 경구용 혈당강하제는 임신 중 사용을 금한다. 메트포민metformin은 임신 중 사용이 크게 유해하지는 않으나 대부분 임신이 확인되면 사용을 중단할 것을 권고한다.

7개월 차 엄마의 몸 상태

Dr.류's Talk Talk

어느새 거울을 보다 얼굴이 보름달처럼 환해진 것을 발견하게 됩니다.
배만 볼록하게 나오기만을 소망했지만 팔뚝이나 허벅지 등에도
뭉실하게 살이 붙은 것도 볼 수 있을 거예요. 얼굴도 꽤나 통통해집니다.
이렇듯 배가 커지면서 이제 살짝 힘이 들기 시작합니다.

엄마의 몸이 변해요

똑바로 눕기가 힘듦

배가 많이 부르면서 똑바로 누우면 숨쉬기 힘들어집니다. 배가 커져 배꼽이 튀어나오기 시작하며 자궁이 명치 아래까지 올라와 심장이나 위가 눌리기 때문에 계속 더부룩하고 불편한 느낌이 들 수 있어요.

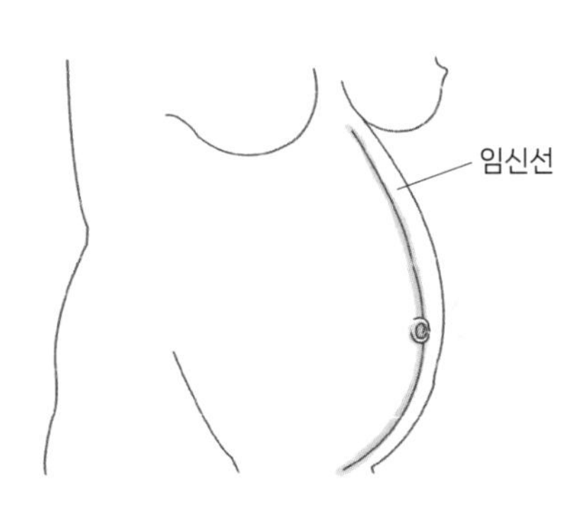

피부의 변화

복부가 심하게 간지럽기 시작하며 보라색의 임신선이 복부나 엉덩이 주변에 나타나기 시작하고 전체적인 피부 착색 등 피부변화가 시작됩니다. 임산부의 배는 개월수가 지날수록 더 간지러워집니다. 건조하면 그 정도가 더 심해져요. 이때 될 수 있으면 손으로 긁지 않는 것이 좋고 로션을 발라 부드럽게 마사지해주면 가려움이 좀 가라앉습니다. 손으로 피부를 긁으면 자체가 피부 자극을 일으켜 피부 각질층이 두꺼워지며 거칠하고 검은 피부로 변하게 됩니다.

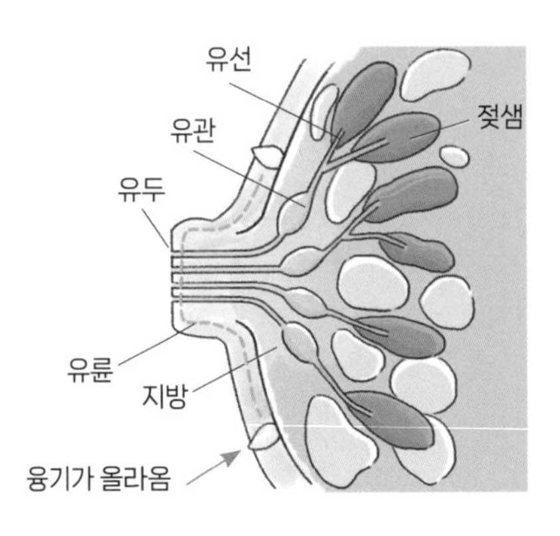

유륜에 융기된 돌기 발생

몽고메리선이라고 불리는 이 융기는 수유할 때 아기가 젖꼭지를 잘 빨 수 있도록 도와주고 유두의 상처를 막아주는 윤활기름을 분비하는 역할을 합니다. 유륜이 전체적으로 커지고 짙어지는 가운데 작은 융기들이 올라옵니다.

팔, 허벅지, 옆구리 등에 군살

이제 몸은 태아의 지방 축적을 가속화하기 위하여 엄마 몸의 당 대사를 바꾸어놓습니다. 즉, 엄마 몸에 에너지원이 들어오면 저장하려고 하는 경향이 심해집니다. 지방 축적이 가속화되

어 흔히 말하는 군살이 여기저기 붙기 시작합니다.

갈비뼈 통증

태아가 있는 자궁이 갈비뼈 위까지 올라오면서 갈비뼈 통증이 느껴집니다. 태아가 성장하면서 모체의 갈비뼈를 밀어내요. 자궁저의 높이가 5cm 정도 위로 올라와 맨 아래 갈비뼈가 바깥쪽으로 휘어져 갈비뼈가 아픕니다. 가끔, 갈비뼈가 부러진 것 아닐까 하는 의심이 들 정도로 많이 아파하는 임산부들이 있어요. 계속적인 태아 자극으로 통증은 가속화될 수 있습니다. 임신으로 갈비뼈 골절이 일어나는 경우는 매우 드물어요.

좀 더 넓게 태동이 느껴짐

전보다 태동이 좀 더 넓은 부위에서 느껴집니다. 태동은 32주까지 점점 더 강해져요. 태동은 아이의 대뇌피질이 점점 성숙해가며 몸으로 느끼는 운동 감각과 지각의 발달의 과정이에요. 또한 열심히 움직이며 태아는 팔과 다리 등의 근육을 단련하는 것입니다.

배뭉침 발생

오래 걷거나 서 있으면 일시적으로 배가 뭉치게 됩니다. 이는 자궁이 커진 만큼 필요로 하는 혈액량의 증가로 인한 것이에요. 즉, 커진 자궁에 원하는 만큼의 혈액 공급이 충분히 이루어지지 않으면 상대적인 허혈감을 느끼는 근육은 단단하게 조여지며 뭉치게 됩니다. 그래서 오래 서 있거나 걷는 등 자궁으로 가는 혈류량이 감소되는 상황에서 배가 단단하게 조이는 배뭉침이 생길 수 있어요. 배가 뭉치는 것은 이제 임신 후반기로 갈수록 점점 더 그 횟수가 증가하게 됩니다. 배뭉침은 '자궁으로 가는 혈액량을 늘려주세요'라는 신호입니다. 배뭉침이 있을 때는 왼쪽 옆으로 편안하게 누워 휴식을 취하세요. 다시 뭉쳤던 자궁이 편안해지는 것을 느낄 수 있습니다. 만약, 충분한 휴식 후에도 계속적인 배뭉침이 있다면, 단순히 원활한 혈액 공급이 이루어지지 않아 생긴 배뭉침이 아닐 수 있어요. 이런 경우에는 산부인과에 내원하여 점검을 받아보세요.

소화장애 및 위장관장애 발생

커진 자궁은 직접적으로 위와 소장을 압박하고, 증가된 호르몬은 위장관계의 연동운동을 방해합니다. 식사 후 더부룩한 느낌과 변비로 불편해질 수 있어요.

TIP 임산부의 수면 자세

Q. 왼쪽 옆으로 누워자야 하나요?

A. 심장은 약간 왼쪽으로 치우쳐 있다. 심장에서 나가는 대동맥은 좀 더 왼쪽 방향으로 간다. 이렇게 왼쪽으로 나간 피는 오른쪽에 위치한 하대정맥을 통해 다시 심장으로 들어오게 된다. 따라서 커진 자궁으로 똑바로 눕는다면 특히 오른쪽, 온몸으로 내려갔던 피가 다시 올라오는 통로인 하대정맥을 많이 누르게 된다. 하대정맥은 심장에서 나간 피가 온몸을 돌아 다리에서 다시 심장으로 향하여 돌아오는 가장 큰 정맥이다. 이 부위를 자궁이 누르게 되면 돌아오는 피의 양이 적어지고 이는 심장 안으로 다시 채워져야 하는 피가 적어져 결국 심장에서 나가는 피의 양이 적어지게 되는 현상을 만든다. 심장에서 나가는 피가 적어지면 혈압이 떨어지며 태아-태반으로 향하는 피의 양도 줄어들게 된다. 이런 이유로 임신하면 왼쪽 옆으로 누우라는 권고사항이 있을 수 있다.만약 똑바로 누워도 숨이 차거나 답답하지 않고 오히려 옆으로 누웠을 때 힘들다면 굳이 이렇게 잘 필요가 없다. 왼쪽 옆으로 눕는 것은 커진 자궁이 큰 혈관을 막아 혈액순환이 잘 되지 않을 때, 다시 그 혈액순환을 원활하게 해주기 위한 응급조치일 뿐이다. 호흡곤란이나 어지럼증이 없고, 가슴이 답답하지 않다면 충분히 혈액순환이 이루어지고 있다는 뜻이다. 따라서 이 한 자세만 고집할 필요가 없다.
본인에게 제일 편한 자세로 휴식을 취하고 중간중간에 왼쪽 옆으로 누워서 자세를 바꿔주자. 임신 28주 이상이 되면 자궁이 하대정맥을 눌러서 혈류량에 영향을 끼치는 일이 흔하기 때문이다.

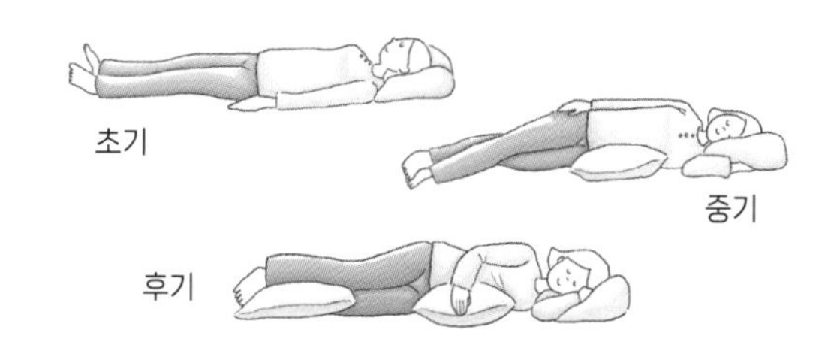

7개월 차 임산부 생활의 팁

Dr.류's Talk Talk

몸무게가 급작스럽게 늘어나는 시기입니다.
몸 여기저기에 군살도 붙고 하루가 다르게 배도 쑥쑥 나오게 됩니다.
살이 찌는 것이 물론 자연스러운 현상이긴 하지만 비만 상태가 되어서는 안 되겠지요.
몸에 지방이 너무 많이 붙게 되면 순산이 어려워집니다.
따라서 2~3일 간격으로 체중을 체크하면서 갑자기 늘지 않도록 주의하세요.
특히 염분이 많은 음식을 먹게 되면 혈액순환에도 좋지 않으므로
식습관도 다시 한 번 점검해보세요.

전반적인 생활습관을 점검해요

체중 증가 체크하기

몸무게 증가폭은 이 시기 최고조에 이릅니다. 그러므로 지금까지도 그랬지만 특히 이 시기에는 비만 예방에 신경을 써야 합니다. 임산부가 지나치게 비만해지면 자궁 주위 근육에도 필요 이상의 지방이 붙게 되어 순산이 어려워지기 때문이지요. 체중계를 옆에 두고 2~3일 간격으로 그래프를 그려 갑자기 지나치게 체중이 늘지 않도록 합니다.

몸이 차지 않도록 하기

체온이 낮아지거나 찬 것에 노출이 되면 그 부분의 혈관이 수축되며 혈액순환 저하가 발생합니다. 비가 오는 날이나 바람이 심한 날은 배와 무릎에 얇은 모포를 두르세요. 항상 몸의 발끝, 손끝까지 따뜻한 상태가 유지되어

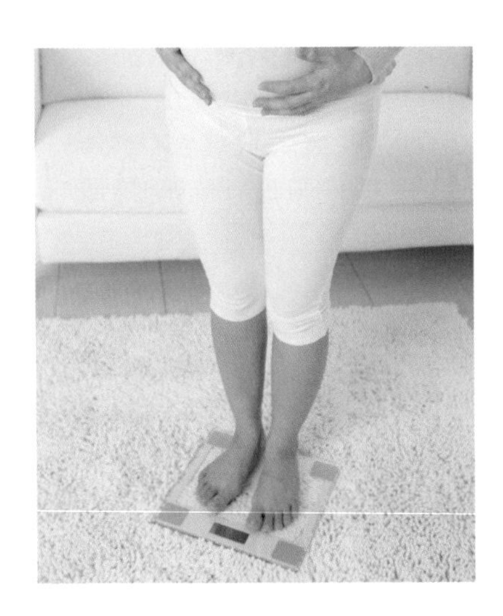

염분을 제한하는 습관

1. 소금 첨가량을 줄이고 식초, 레몬 등의 신맛을 이용해 음식을 즐겨먹도록 한다.
2. 다시마, 멸치 등을 이용해서 국물을 만들어 냉장고에 보관해두고 먹으면 감칠맛이 나서 싱거운 국을 먹어도 맛있다.
3. 소스나 간장은 식품에 직접 뿌리지 않고 먹기 직전에 작은 접시에 덜어 찍어 먹는다.
4. 생강, 김, 참깨, 들깨 등의 향미 재료를 요리에 적극적으로 이용한다.
5. 김치도 생각보다 염분이 많이 포함되어 있기 때문에 너무 많이 먹지 않는다. 한국인의 염분 섭취량을 늘리는 데 김치가 일정 부분을 담당한다. 김치는 유산균이 풍부한 발효식품으로 충분히 좋은 역할을 하지만 과한 김치 섭취는 염분의 과다 섭취로 이어진다. 작게 잘라서 조금만 먹는 습관을 들인다.

야 그만큼 혈액순환도 원활해집니다. 벽에 기댈 때도 쿠션을 받쳐 차가운 기운이 등에 전달되지 않도록 합니다.

염분 축적량이 늘지 않도록 주의하기

커진 자궁은 다리로 내려간 피가 다시 심장으로 올라오는 큰 정맥관을 누르게 됩니다. 혈액순환이 전체적으로 저하가 되며 팔다리의 부종이 생기기 시작해요. 아침에 신고 간 신발이 저녁 때 신기 버거울 수도 있어요. 임신 후반기에 들어서면 수분을 축적하려는 경향이 강해지며 부종은 더 심해집니다. 즉 염분은 부종을 가속화합니다. 임신 전 부종은 오전 중에 쉽게 해소가 되거나 큰 불편감을 주지 않았지만 이미 커진 배로 힘든 임산부에게 부종은 감당하기 힘든 또 하나의 스트레스가 됩니다. 심하게 붓는 경우 손가락이 잘 안 굽혀지는 경우도 생기며 부종이 관절강 내로 지나가는 신경을 압박하여 손마디 관절 혹은 발목 관절 등의 저림 증상이 나타나기도 합니다.

낮잠 자기

속이 출출해지면 잠시 낮잠을 자는 게 좋아요. 낮잠을 많이 자면 살이 찌는 것이 일반적이지만, 낮잠을 적절하게 이용하면 체중 증가를 막고 오히려 적정선의 체중 유지를 도와줄 수 있습니다. 배가 고파 허기를 느낄 시간대에 약 1시간 정도 낮잠을 자면 공복감을 피할 수 있어 효과적이에요.

하지정맥류 조심하기

임신 중에는 혈관벽이 느슨해지는 데다가 다리로 내려간 혈관이 올라가는 통로인 정맥이 자궁에 눌려 다리 쪽으로 혈액이 많이 몰려 있게 됩니다. 그러다 보면 정체되어 있던 다리 정맥혈관 벽이 본래의 혈액을 심장으로 보내주던 혈관벽 판막 기능을 상실합니다. 혈액이 다리 정맥에 상대적으로 많은 양 정체되어 있어 푸르스름한 정맥혈관이 도드라져 보이며 심한 경우 울퉁불퉁 손으로 만져지기도 합니다. 또한 약해진 정맥혈관벽은 혈관을 구불구불하게 거미줄처럼 휘어지게 만들어요. 직장에서 오랜 시간 서 있거나 오래 앉아 있는 경우 이러한 하지정맥류가 발생할 수 있습니다.

임신성당뇨 주의하기

임신 전에 당뇨 등의 대사질환이 없었는데 임신 중 당뇨 검사에서 당뇨 양성판정을 받은 자, 즉 임신으로 인해 당뇨가 생긴 경우를 임신성당뇨라 말합니다(237쪽 참고).
평균 2.2~3.6%의 유병율을 가지고 있어요. 임신 중 우리 몸은 아이를 키우기 위한 변화를 거듭하고 있습니다. 태아 몸무게가 점차 커지면서 태반의 역할도 커지고 태반 자체의 크기도 커집니다. 태반에서는 효과적으로 엄마로부터 에너지원을 공급받기 위하여 여러 가지 호르몬을 분비하고 그러한 호르몬의 영향으로 엄마 몸에서는 당대사에 변화가 옵니다. 인슐린 저항성이 커지면서 인슐린의 역할이 적절하게 작용하지 못해요. 즉 식후 혈당이 급격히 빠르게 상승하고 시간이 지나도 혈당이 감소하지 않고 계속적으로 높아져 있습니다. 이때, 산모의 혈당조절이 임신 중 정상치를 벗어나 계속적으로 높아져 있는 경우 이를 임신성당뇨라고 합니다.

하지정맥류 예방하는 방법

1. 다리를 꼬고 앉지 않는다.
2. 장시간 서 있지 않도록 한다.
3. 앉은 상태에서도 자주 다리를 높게 둔다.
4. 서서 일을 많이 해야 하는 경우 정맥류 스타킹이 일하는 시간 도움을 줄 수 있다. 정맥류 스타킹을 착용하면 다리로 내려온 피가 다리 쪽에만 정체되어 있지 못하게 해준다. 퇴근 후에는 정맥류 스타킹을 반드시 벗고 따뜻한 물에 족욕이나 마사지를 해주어 다리를 풀어준다.

7개월 차 아빠가 해야 할 일

Dr.류's Talk Talk

태아는 현재 아빠나 엄마 목소리를 인지할 수 있습니다.
특히나 자주 듣는 소리에 대해서는 더욱 친숙하게 느끼며 인지하고 있지요.
무엇보다 아빠의 낮은 목소리는 아이에게 안정감을 줍니다.
따라서 태아에게 말을 많이 걸어주세요.
지속적인 소리 자극은 태아의 두뇌 발달에도 좋습니다.
쑥스러워하지 말고 아이와 많은 태담을 나누길 바랍니다.

어떤 노력이 필요할까요?

아내의 음식 섭취 신경 쓰기

단백질, 비타민, 무기질 등의 섭취가 잘 되고 있는지 꼼꼼히 체크합니다. 태아의 몸무게가 커지고 있는 시기예요. 무럭무럭 자라는 아기에게 필요한 단백질, 비타민, 무기질 등의 섭취가 잘 되고 있는지 점검합니다.

몸무게를 함께 관리하기

먹는 양이 많지 않더라도 아내의 몸무게는 하루가 다르게 증가하게 됩니다. 밀가루 음식이나 과자, 빵 등의 단당류 음식을 평소 많이 먹지는 않는지, 짜게 먹는 것은 아닌지, 아내의 체중 증가를 늘 신경 쓰세요. 임신 중 체중 증가는 한 달에 2kg 정도가 적당하며 최고 3kg 이상이 되는 것은 지양해야 합니다.

손발을 마사지해주기

아내의 몸이 많이 무거워지며 동시에 부종도 점점 많이 생깁니다. 하루 5분의 마사지로 지친 손과 발을 만져주세요. 부종 해소에도 도움이 되며 엄마의 정서적인 안정감도 커지게 됩니다. 마사지를 하면서 태아에게 말을 걸어 보는 것도 좋습니다.

태담을 나누기

태담이란 배 속에 있는 태아와의 대화를 말합니다. 소리 자극은 태아의 두

아가야 안녕
엄마 발이 많이 부었구나,
많이 무겁고 버거웠겠다.
아빠는 지금 엄마의 지친 발을 만져주고 있어.
우리 아가의 발은
엄마를 닮았을까 아빠를 닮았을까.

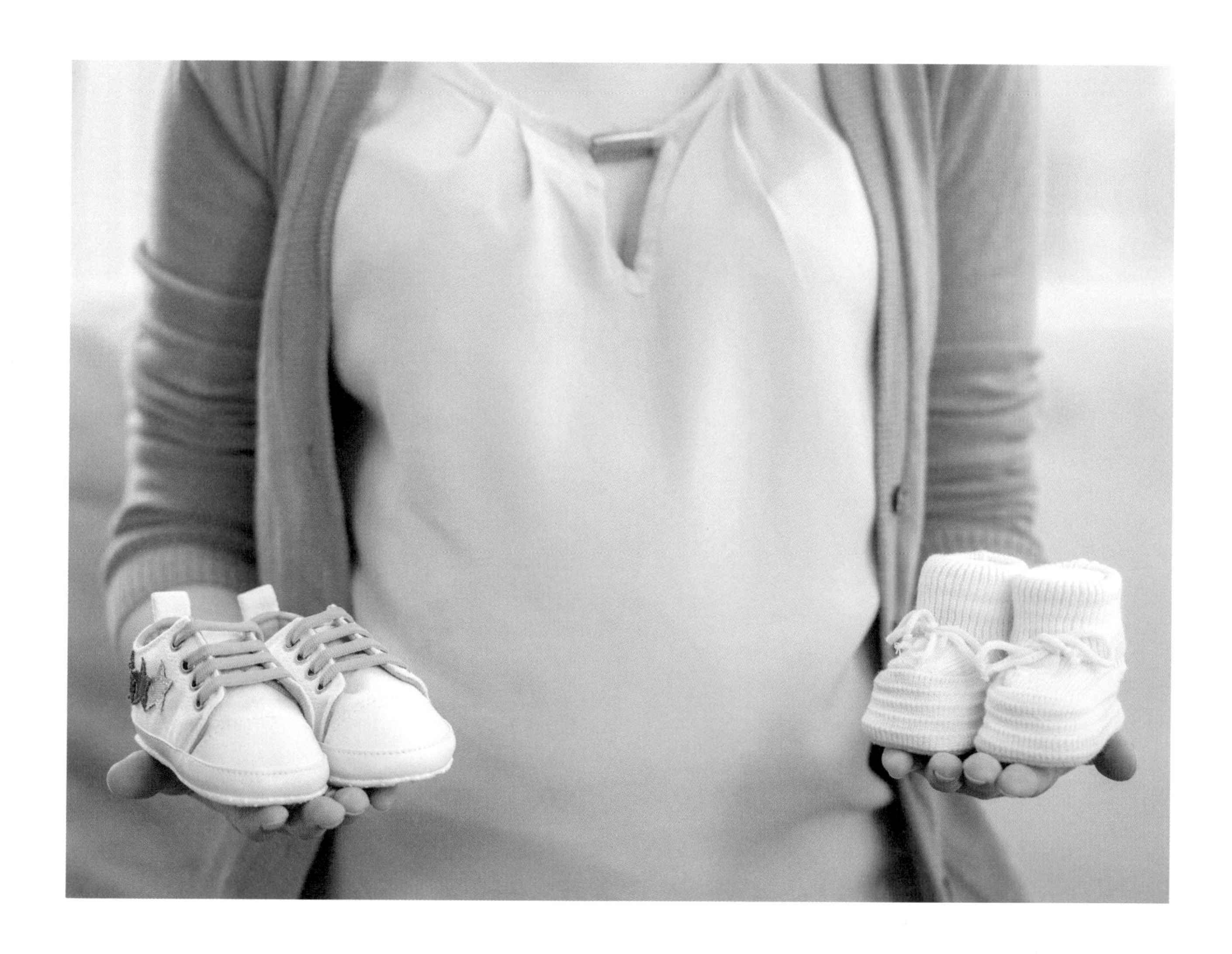

뇌를 자극해요. 또한 자주 듣는 소리에 대해서는 그 목소리를 인지하게 됩니다. 즉, 지금 밖에서 들려오는 목소리가 아빠인지 엄마인지 아니면 제3자인지를 이미 배 속에 있는 태아는 알고 있어요. 따라서 아기에게 아빠의 목소리 자극을 주도록 합시다. 지속적인 소리 자극은 태아의 두뇌발달을 촉진하고 아울러 정신적인 안정감을 줍니다. 게다가 음역대가 낮은 남성의 목소리는 여성의 목소리보다 소리 전달이 더 잘 되기 때문에 태아에게 좀 더 효과적인 청각 자극을 줄 수 있습니다.

태교의 종류

- 이야기를 들려주는 **태담태교**
- 태아에게 동화를 읽어주는 **동화태교**
- 클래식 음악을 듣는 **음악태교**
- 그림을 그려보는 **미술태교**
- 밑그림에 색칠을 입혀보는 **컬러링태교**
- 손수 아기 옷을 만들어보는 **바느질태교**
- 수를 놓아보는 **자수태교**

· 임신 ·

8

개월

(29~32주)

임신 8 개월 | 29 ~ 32주

엄마와 태아

주변 소리에 대한 반응을 보이며 엄마의 즐거운 기분,
우울한 기분에 대한 몸의 반응을 감지할 수 있습니다.
몸에 피하지방이 붙어 통통해집니다.

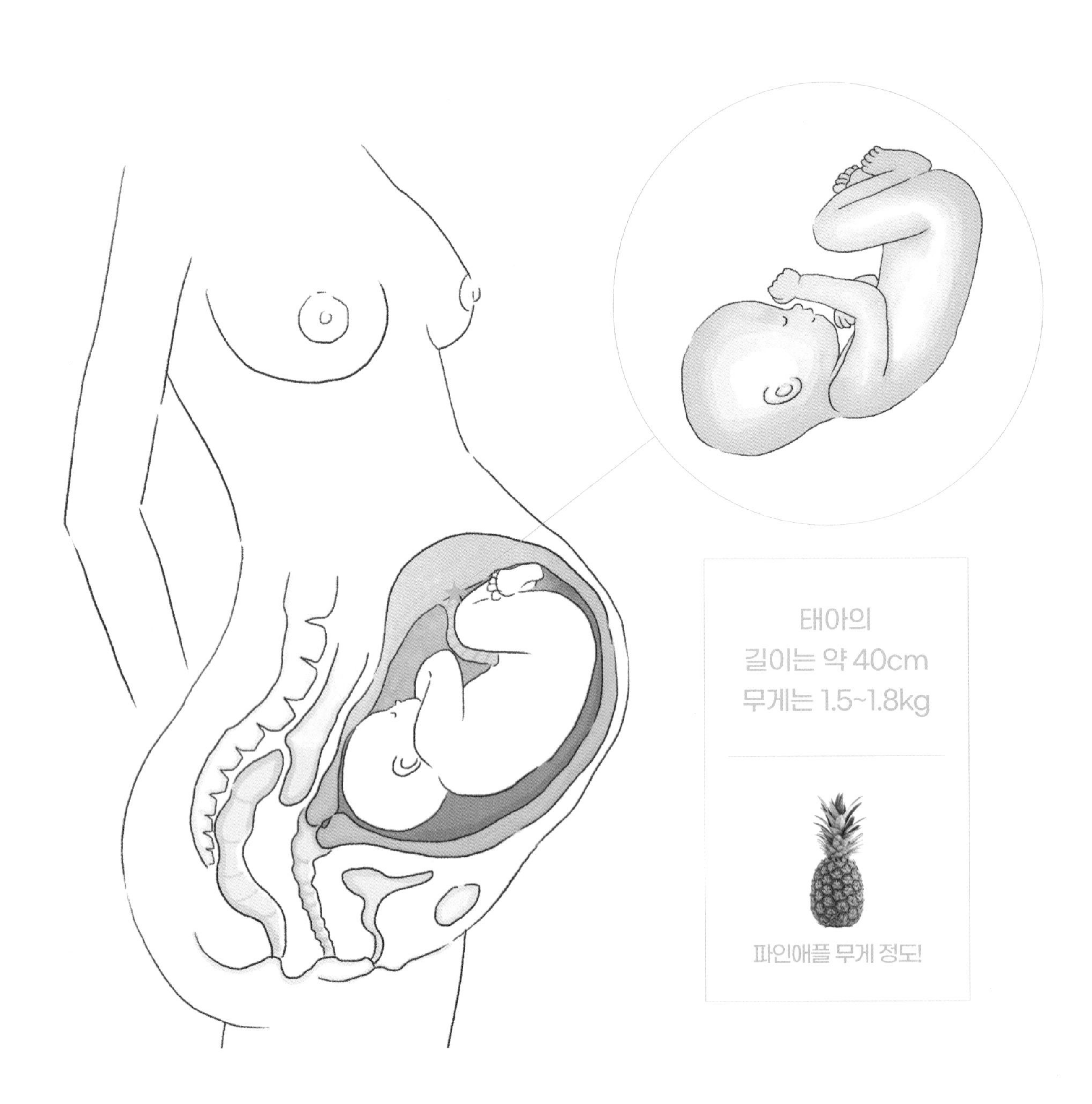

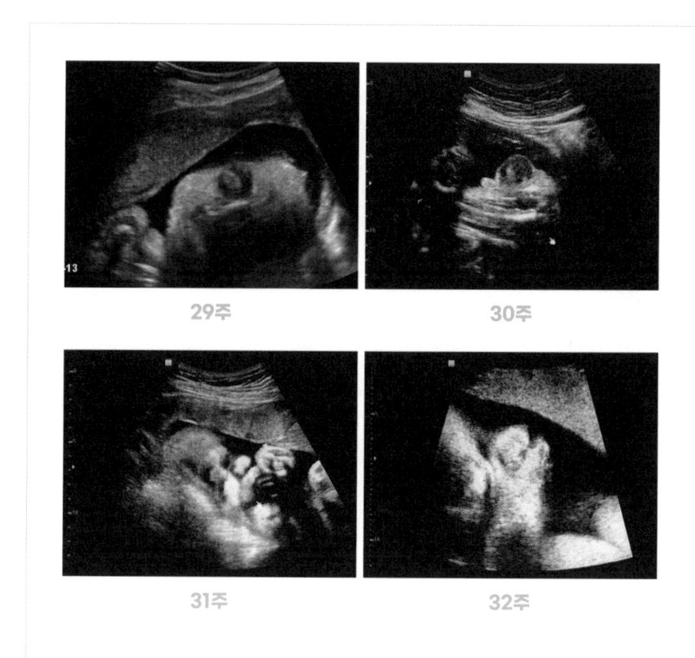

29주 30주 31주 32주

뇌의 주름이 만들어지고 있습니다. 기본적인 구조가 만들어진 뇌에 뇌 조직수가 증가하며 미끈했던 뇌 표면은 주름과 홈이 만들어지며 뇌가 발달하게 됩니다. 뇌세포와 신경순환계가 상호작용을 시작하며 학습 능력이 발달하는 시기이기도 합니다. 태아는 웃기 시작하는데, 초음파를 통해 웃는 모습 찡그린 모습 등을 확인할 수 있습니다.눈동자가 완성되어 눈을 뜨기 시작합니다. 안구의 홍채가 발달하여 주변의 어둠과 밝음에 대해서 홍채 수축이완 운동을 하며 반응을 보입니다. 횡경막으로 호흡 운동을 시작합니다. 폐가 완성이 되어 호흡 운동을 시작합니다. 폐가 커졌다 줄어들었다 하며 횡경막이 위아래로 내려가는 모습을 볼 수 있습니다. 몸에 피하지방이 붙어 통통해집니다. 몸이 동그스레해지고 초음파로 볼이 통통하게 보입니다. 손발의 움직임은 더욱 활발해지고 자궁 벽을 차는 세기도 더 커집니다. 주변 소리에 대한 반응을 보이며 엄마의 즐거운 기분, 우울한 기분에 대한 몸의 반응을 감지할 수 있게 됩니다. 배냇털이 줄며 머리카락이 초음파 상으로도 보입니다.

29주가 되었어요

29주 태아

아기는 빠르게 체중이 증가합니다. 잠자는 주기가 규칙적으로 변해요. 한 번에 20~30분 정도 잠을 자다 깨고, 활동을 하다 다시 잠이 듭니다. 후각 신경이 발달을 하며 엄마의 냄새를 맡게 됩니다.

임신 29주 태아
길이 약 39~ 40cm
무게 900~ 1.5kg

태아의 길이와 무게

태아 길이는 39~40cm 정도이며 무게는 900g~1.5kg입니다.

30주가 되었어요

30주 태아

폐 성숙이 활발히 이루어지고 있습니다. 횡경막이 아래로 내려가 폐 공간이 넓어지면 폐포가 팽창이 되며 공기를 받아들일 준비를 그리고 다시 횡경막이 올라가면서 공기를 내뱉는 연습을 합니다. 횡경막이 올라가고 내려오는 과정에서 자동 반사작용으로 딸꾹질을 하는 듯한 태아의 움직임이 느껴질 수 있어요. 30주 이후부터 뇌신경 발달은 더욱 박차를 가하게 됩니다. 뇌의 표면에 주름이 만들어지며 태아 뇌 회로 안에서는 뇌세포 신경의 수초화가 진행이 됩니다. 수초화란 전선에 피복을 입히는 것과 마찬가지로 신경세포를 보호하는 막 구조가 형성이 되며 신경전달이 소실되거나 다른 외부로 흐르지 않고 한 방향으로 빠르게 전달할 수 있게 해주는 구조물입니다. 수초화의 진행과 함께 뇌기능의 발달

임신 30주 태아
길이 약 39~ 40cm
무게 약 1.5kg

이 비약적으로 많이 이루어지는 시기예요.

태아의 길이와 무게

태아 길이는 39~40cm 정도이며 무게는 약 1.5kg(1.1~1.9kg)입니다.

31주가 되었어요

31주 태아

남자 아기의 고환이 배에 있다가 대부분 이 시기를 전후로 음낭으로 내려오게 됩니다. 뇌세포와 신경순환계가 상호작용을 시작하며 학습 능력이 발달하는 시기이기도 합니다. 이 시기부터는 외부 자극을 평균 10분가량 기억하여 반응을 나타낼 수 있다는 보고가 있어요. 무게의 가파른 성장이 이어집니다. 일주일에 200g 이상 체중이 증가합니다.

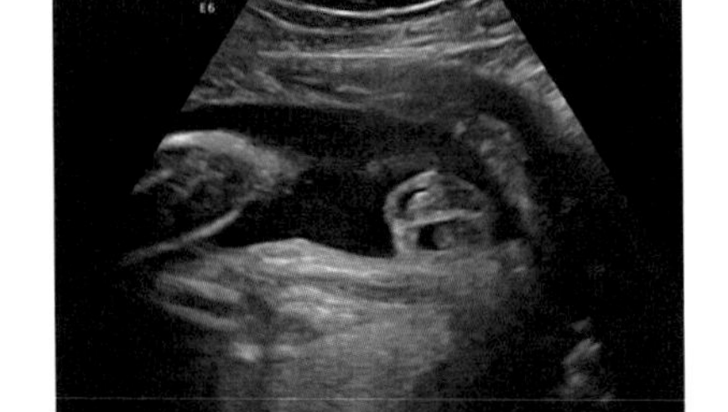

태아의 길이와 무게

태아 길이는 40~41cm 정도이며 무게는 1.3~2.1kg입니다.

임신 31주 태아
길이 약 40~ 41cm
무게 1.3~ 2.1kg

32주가 되었어요

32주 태아

태아의 피부를 보호했던 솜털인 배냇털이 점점 사라집니다. 안구의 홍채가 발달하여 밝을 때는 홍채를 조이고 어두울 때는 홍채가 커지는 동공 반사를 익히게 돼요. 몸에 피하지방이 붙어 통통해집니다. 몸이 둥그레지고 초음파로 볼이 통통하게 보입니다. 손발의 움직임은 더욱 활발해지고 자궁벽을 차는 세기도 더 커집니다. 주변 소리에 대한 반응을 보이며 엄마의 즐거운 기분, 우울한 기분에 대한 몸의 반응을 감지할 수 있게 됩니다. 초음파를 통해 웃는 모습 찡그린 모습 등을 확인할 수 있어요.

태아의 길이와 무게

태아 길이는 42cm 정도이며 무게는 1.5~2.6kg입니다. 이 시기 만약 태아가 세상으로 나온다면 체온조절이나 면역력이 약한 것, 폐호흡이 미성숙하다는 취약점은 있지만 대부분 생존하여 정상적인 삶을 살 수 있어요.

임신 32주 태아
길이 약 42cm
무게 1.5~ 2.6kg

임신 8개월 태아의 성장 및 발달

후각 신경이 발달
엄마의 냄새를 맡을 수 있음

안구의 홍채 발달
밝을 때 홍채 조이고,
어두울 때 홍채가 커지는 동공 반사 익힘

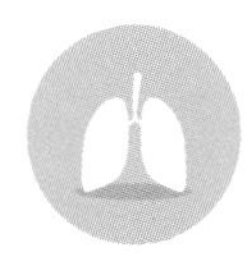

폐 성숙
공기를 내뱉는 연습을 함

손과 발 활발
자궁벽을 차는 세기가 커짐

뇌세포 신경의 수초화
학습 능력이 발달

소리에 반응
주변 소리에 대해 반응함

고환 자리 잡기
배에 있던 고환이 음낭으로 내려옴

8개월 차 필요한 검사

Dr.류's Talk Talk

기존 병원 방문을 4주에 한 번씩 가던 것을 2주에 한 번으로 늘리는 시기입니다.
2주에 한 번씩 병원에 내원하여 엄마의 혈압과 몸무게를 체크해야 하지요.
또한, 이 시기부터는 초음파를 통하여 태아 몸무게와 양수량이 적당한지 체크합니다.
태아의 몸집이 커지는 만큼 임산부의 몸은 버겁고 힘들어집니다.
잘 버텨주던 몸이 삐거덕거리며 조기진통, 임신중독증, 임신성당뇨와 같은
합병증의 발생비율이 급증합니다.

기본적인 검사를 해요

임신중독증

저출생체중아

조산

초음파 검사

태아 몸무게와 양수량이 적당한지 체크합니다. 위에서 말했듯이 태아의 모든 구조는 완성이 된 상태입니다. 이제는 그 구조가 가진 기능들이 좀 더 세밀해지고 체중이 증가하는 일만 남았습니다. 지금까지 잘 성장해왔듯이 앞으로도 문제가 없을지 초음파 검사를 통해 알아봅니다.

체중과 혈압 체크

임신 8개월째부터는 임신중독증, 조산, 저출생체중아의 위험 여부를 확인해야 합니다. 갑작스런 체중 증가, 부종의 증가는 임신중독증을 의미할 수 있어요. 꼭 산부인과가 아니더라도 근

처 관공서나 의료기관에서 혈압을 자주 체크해야 합니다. 배뭉침 증상은 자연스러운 현상이지만 쉬더라도 회복이 되지 않거나 지속적이고 규칙적인 배뭉침이 있을 때에는 꼭 산부인과에 내원해서 조기진통 여부를 확인해야 합니다.

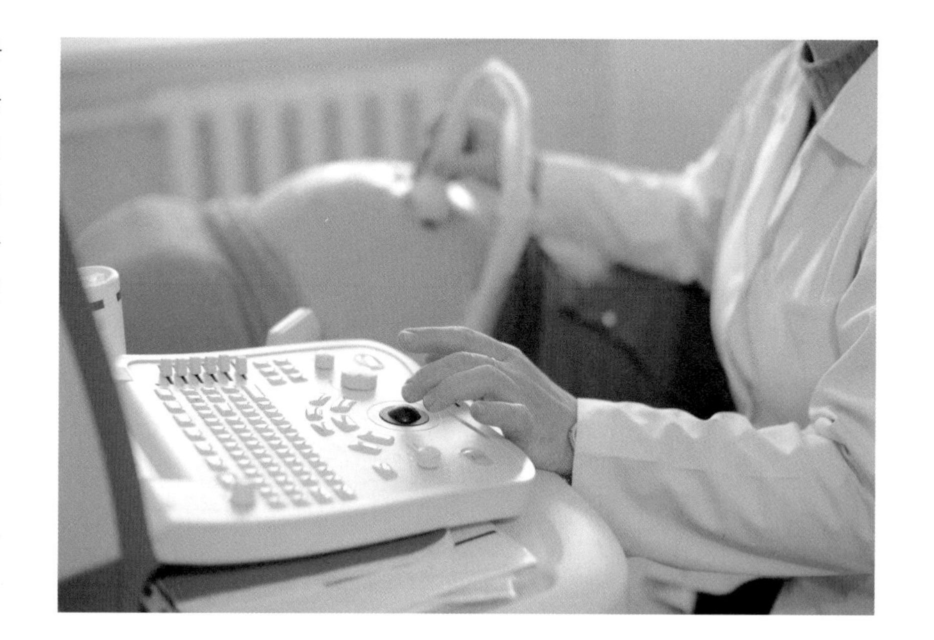

태아의 머리, 태반 위치 확인

태아의 머리가 밑으로 내려와 있는지 태반의 위치가 적절한지 최종적으로 판단하는 시기입니다.

TIP 조기진통의 모든 것

조기진통이란 임신 37주 이전에 진통이 발생되는 것을 말한다. 최근 들어 배가 많이 뭉치는 것을 느꼈다면, 그럼 이것도 조기진통의 징조일까? 임신주수가 늘어나면 저녁 때쯤 혹은 자고 일어나다 보면 배가 뭉치면서 밑이 빠질 것 같은 느낌이 발생한다. 이는 커진 자궁으로 인해 요구되는 혈액량도 증가되고 이에 충분한 혈액 공급이 되지 못하는 상황, 즉 오래 걷거나 서 있을 때, 정신적 스트레스를 크게 받는 경우, 피곤함이 중첩되는 오후에 종종 생긴다. 이러한 배뭉침은 자궁 쪽으로 원활한 혈액 공급이 이루어지도록 '편안히 휴식을 취해주세요'란 우리 몸의 메시지이다. 그래서 배가 뭉치고 불편할 때 왼쪽 옆으로 누워서 쉬다 보면 다시 편안해지고 풀리는 것을 느끼게 된다. 이런 현상은 임신 중 종종 있을 수 있으며 임신주수가 커지면 더 잦아진다.

배뭉침과 조기진통의 차이

조기진통은 휴식을 취해도 배가 뭉치는 느낌 혹은 밑으로 빠지는 느낌이 지속되고, 그 뭉치는 정도도 한 시간에 5~6회 이상으로 규칙적인 잦은 횟수로 뭉치는 경향이 있다. 이러한 경우에는 다니던 산부인과에 가서 단순 배뭉침이었는지 아님 조기진통인지 감별을 받아볼 필요가 있다.

조기진통의 원인

조기진통의 원인은 명확하지 않다. 다만, 감염이 조기진통의 하나의 원인 혹은 악화요인이 아닐까 여겨진다. 조기진통이 확인이 되는 경우 병원에 입원하여 절대 안정과 함께 정맥으로 자궁수축억제제를 투여받게 된다. 조기진통이 컨트롤되지 않는다는 것은 조기진통으로 인하여 조산으로 이어질 수 있다는 이야기이다. 임신 28주 이하의 조산은 아기에게 치명적인 합병증과 그로 인한 결과를 야기할 수 있다. 조기진통을 미리미리 조심하여 조산으로 이어지지 않게 각별한 주의가 필요하다.

	단순한 배뭉침	조기진통
패턴	불규칙적 (낮에는 괜찮다가 밤이나 퇴근 후 저녁에)	규칙적 (10분 또는 5분에 한 번)
호전요인	휴식을 취하거나 왼쪽 옆으로 누우면 호전됨	휴식을 취해도 호전되지 않음
자궁경부길이	정상	짧아져 있음

8개월 차 엄마의 몸 상태

Dr.류's Talk Talk

임신 8개월로 접어들면 엄마의 몸은 또 한번 극심한 변화를 겪습니다.
여기저기 통증이 생길 뿐 아니라 숨이 차거나 소화불량이 심해지기도 해요.
무엇보다 여러모로 불편해져요. 모든 것이 임신 전과 확연히 변하게 되지요.
하지만 이제 아이를 만날 시간이 다가오니 무엇보다 설렐 거예요.
기쁜 마음으로 몸의 변화를 받아들여봅니다.

엄마의 몸이 변해요

숨이 참

자궁이 점점 커져서 커진 자궁이 심장과 폐를 압박하게 됩니다. 따라서 충분히 깊은 호흡을 통한 산소 환기가 이루어지지 않아요. 조금만 걷거나 똑바로 누워 있으면 숨이 차며 보통 때에도 심호흡이 짧아집니다.

초유가 나옴

유방에서 초유가 흘러나오기도 합니다. 초유가 만들어지기 시작하면서 개인에 따라 초유가 밖으로 흘러나오기도 하지요. 흘러나온 초유는 깨끗이 닦고 일부러 유방을 자극하여 초유를 짜내는 행동은 하면 안 됩니다.

관절 통증

관절이 아프고 손마디도 저린 증상이 있어요. 임신이 진행되면서 몸에서는 관절과 인대를 늘어나게 하는 호르몬이 증가하게 됩니다. 따라서 뼈의 관절이 늘어나게 되고 척추 주위의 인대나 근육도 약해집니다. 전반적인 몸의 부종과 함께 행동도 조금 느려질 수 있어요.

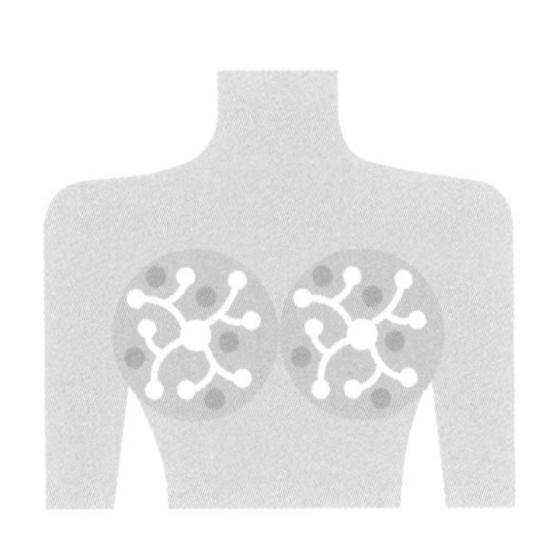

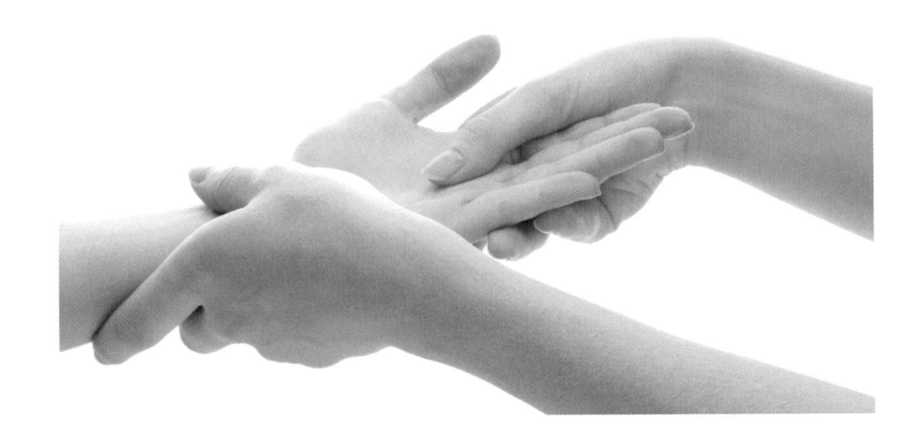

손목이 저리고 퉁퉁 부음

부종이 점점 심해지며 관절강 내의 압박이 심해지게 됩니다. 좁은 관절강 내를 통과하는 신경이 많이 눌리게 되고 계속적인 신경 압박이 통증으로 나타나요.

소화불량

소화가 안 되고 속이 쓰립니다.
커진 자궁이 위를 압박하고 장관 운동이 느려지기 때문에 위에 음식물이 정체하는 시간이 길어집니다. 전반적으로 소화가 잘 안되며 식도와 위 사이의 조임근도 약해져서 음식물 역류에 의한 속쓰림 증상이 증가하게 됩니다.

색소 침착

하복부, 유두, 외음부에 색소 침착이 심해집니다. 하지만 이는 출산 후에 다시 옅어지게 됩니다.

코골기 시작

임신 전 약 4~5% 여성만이 코를 고는 것에 비해 임신 후반부가 되면 약 4명 중 한 명의 산모가 코를 골게 됩니다. 이는 숨이 들어가고 나가는 호흡기도가 좁아질 때 소리가 나는 것입니다. 여기에 코점막이 붓고 충혈이 되면서 이 좁아진 공간으로 공기가 들어오며 소리가 더 크게 나는 것이에요. 체중 증가가 급격하게 있었던 경우에도 코골이 증상이 많이 나타납니다. 기도 주위에 많은 지방축적인 기도를 좁힐 수 있기 때문입니다.

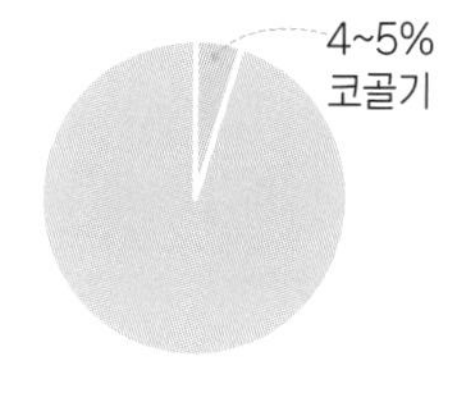

임신 전 여성

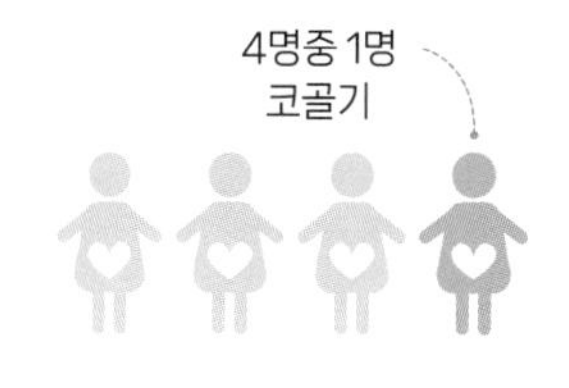

임신 후기 여성

08
개월

03

8개월 차 임산부 생활의 팁

Dr.류's Talk Talk

출퇴근길 몸이 무겁다는 것이 깊이 와닿을 시기입니다.
한 걸음 한 걸음 내딛는 것도 사실 힘들다고 느낄지 몰라요.
하지만 아직 출산까지는 두어 달이 남았지요?
어떤 일이든 급하게 하려고 하지 말고 천천히 여유를 두고 하세요.
누군가와 약속을 한 경우에도 시간적인 여유를 두고 잡으세요.
또한 남은 기간 지치지 않도록
맛있는 음식을 먹고 운동을 하면서 건강을 지키도록 합니다.

여유 있는 생활을 하세요

섬유질이 풍부한 음식 먹기

임신 중 변비는 가장 많은 산모들의 고민거리입니다.
임신주수가 커지면서 변비 증상이 심해지며 동시에 힘을 주는 행동 자체도 밑으로 힘이 많이 가는 느낌이 들기 때문에 부담이 돼요. 적절한 수분 섭취와 함께 섬유질이 풍부한 음식을 먹도록 합니다.

현미콩밥 먹기

이 시기는 변비와 함께 체중 조절이 중요해요. 현미콩밥은 변비 해소에도 효과가 있으며 아이 두뇌 발달에 좋은 아연과 골격근 형성에 도움을 주는 크롬도 풍부합니다. 실제로 임신 시 필요로 하는 열량이 증가되는 것은 사실이나 하루에 300kcal 정도입니다. 현미콩밥으로 칼로리를 조절하세요.

8개월 차 임산부 식생활 점검

- 섬유질이 풍부한 음식 먹기
- 현미콩밥 먹기
- 소량씩 자주 먹기
- 철분이 풍부한 음식 먹기

소량씩 자주 먹기

커진 자궁이 위를 압박하여 항상 식후에 소화가 안 되는 더부룩함과 속쓰림 증상이 동반되기 쉽습니다. 억지로 많은 양의 식사를 할 필요는 없어요.

줄어든 식사량에 대비하여 식사 중간 중간에 먹을 수 있는 몸에 좋은 양배추, 현미 과자, 콩 튀긴 것 등의 천연 간식을 준비하세요.

무거운 짐을 들지 않기

무거운 짐을 들다 보면 복부에 힘이 많이 들어갈 수 있습니다. 무거운 짐을 들지 말고 땅에 떨어진 물건을 주을 때에도 허리만 숙이지 말고 전체적으로 몸을 낮추는 자세, 무릎을 구부리고 앉는 자세를 취하는 것이 좋아요. 또한, 임신으로 약해진 척추와 척추 주위 인대에도 무거운 짐을 드는 행동은 안 좋은 영향을 줄 수 있습니다.

명상으로 항상 편안한 마음 가지기

배 속 아이의 뇌가 발달을 하며 엄마의 정서적인 상태에 따른 반응을 보이기 시작합니다. 부쩍 무거워진 몸으로 단시간의 노동에도 많이 지치고 힘이 들면서 예민해지기 쉬워요. 잠깐씩이라도 눈을 감고 심호흡을 하며 차분한 마음, 긍정적인 마음을 가질 수 있도록 노력합니다. 침대에서 읽으면 기분 좋아지는 좋은 글귀, 명언집을 옆에 두고 좋은 마음을 가지세요.

남편과 하루 30분 가벼운 산책하기

무리한 운동은 조산의 원인이 될 수 있지만, 가벼운 산책은 급격한 체중 증가를 막아주고 정서적인 스트레스를 해소하는 데 효과가 있어요. 남편과 함께 산책을 하며 출산과 육아에 대한 불안감, 임신으로 인한 육체적 정신적 고통을 완화시키도록 합니다.

갈비뼈가 아플 때는 팔을 위로 들기

커진 자궁으로 갈비뼈에 압박이 가해지며 심할 경우에는 갈비뼈가 부러지는 것처럼 아픈 통증을 느끼기도 합니다. 숨을 들이마실 때 팔을 머리 위로 쭉 뻗으며 좁아진 공간을 늘려주고 다시 내쉴 때에는 팔을 내리며 호흡과 함께 팔을 함께 움직이세요. 좁아진 흉곽 공간으로 인한 통증이므로 깊은 심호흡과 함께 팔을 들어주고 내려주는 동작으로 공간 확보를 도와줍니다.

8개월 차 아빠가 해야 할 일

Dr.류's Talk Talk

엄마에 비해 상대적으로 저음인 아빠의 목소리가 태아에게
더 전달이 잘 된다는 사실은 이미 잘 알고 있을 거예요.
태아는 아빠의 목소리가 들리면 나름의 방식으로 반응을 하게 됩니다.
태아의 청각신경을 건드려주면 뇌 발달에도 긍정적인 영향을 끼칩니다.
따라서 어색해하지 말고 수시로 아내의 배에다 대고 목소리를 들려주세요.

어떤 노력이 필요할까요?

태아의 뇌 발달 돕기

아빠의 목소리와 엄마의 목소리로 배 속 태아에게 자극을 주었을 때 상대적으로 저음인 아빠의 목소리가 양수를 통해 태아에게 더욱 전달이 잘되어 태아 귓속 깊은 곳까지 도달할 수 있다는 보고가 있습니다. 즉 아빠의 목소리는 태아의 청각신경을 효과적으로 자극, 뇌신경 발달에 큰 도움을 줄 수 있다는 이야기이지요.

아빠는 태아에게 대화를 시도해봅시다. 또박또박 명확한 발음으로 태명이나 애칭을 부르세요. 사랑을 듬뿍 담아 부드러운 어투로 이야기하면 태아도 매우 좋아한답니다.

튼살 마사지하기

초기에 살이 안 텄던 산모들도 막달에 체중 증가로 살이 트는 경우가 많습니다. 태담을 하며 아내의 배, 허벅지 등에 튼살이 안 생길 수 있도록 부드럽게 마사지를 해주세요. 아내의 튼살도 예방하고 스킨십을 통한 마사지는 아내의 정서적인 만족감을 높이고 이는 배 속 태아에게도 만족스러운 기분으로 전달이 됩니다.

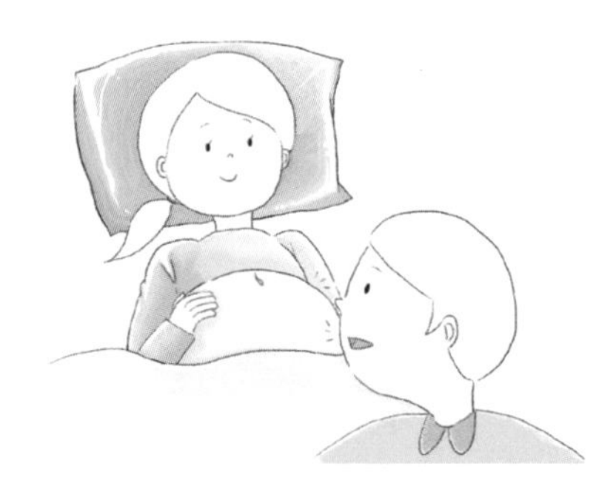

분만 공부

분만 과정에 대한 충분한 이해는 분만 당일 병원이나 의료진에 의한 수동적인 입장에서 벗어날 수 있게 해준다. 분만이 뭔지 아는 순간 분만의 주체가 될 수 있다. 분만이 무엇인지 공부하자.

산모교실에 참가하기

이제 분만까지 얼마 남지 않았어요. 병원이나 구청, 비영리단체 등에서 분만에 대한 산모교실을 종종 시행하고 있습니다. 아내와 함께 산모교실을 듣고 분만에 대해 공부하세요. 분만은 어떻게 진행이 되는지, 분만 과정 중 어떤 문제가 생길 수 있는지, 또 분만 과정에서 남편의 역할은 무엇인지 알아봅시다.

아내와 산책하기

적절한 운동은 산모의 체중 증가를 막아주고 부종 제거에도 효과적입니다. 이제 얼마 안 남은 분만으로 산모는 불안감과 부담감이 커지게 돼요. 산책을 하며 분만 방법과 분만에 대해 이야기를 많이 나누세요. 30주 이후부터는 태아의 머리가 빠르게 발달을 하며 엄마의 기분을 인식할 수 있습니다. 즉, 엄마의 불안함과 스트레스는 아기에게도 전달이 돼요. 임산부가 편안한 마음이 될 수 있도록 부부 둘만의 산책 시간을 가집니다.

베이비페어 스케줄 확인하기

아기 맞을 준비를 함께 해주세요. 임신도 아내 혼자 몫이 아닌 것처럼 육아도 아내 혼자의 몫이 아닙니다. 배 속에 있던 아기가 나왔을 때 필요한 준비물에 대해 이제 슬슬 부부가 고민하기 시작해야 할 때입니다. 따라서 베이비페어 스케줄을 확인하여 여유 있게 구경을 다녀보아도 좋습니다.

코를 곤다고 놀리지 않기

막달이 되면 산모의 기도가 좁아지며 코를 많이 골게 됩니다. 이슬만 먹고 살았을 것 같은 내 아내가 "드르렁 드르렁~" 조금 당황스러울 수도 있겠지요. 하지만 아내는 지금 임신으로 힘들어하고 있는 거예요. 코골이는 임신으로 인해 좁아진 기도로 간신히 숨쉬기를 하며 나는 소리입니다. 안쓰러워하며 아내를 따뜻하게 보듬어주세요. 장난이더라도 코를 곤다고 놀리면 아내는 상처받고 매우 서운하답니다.

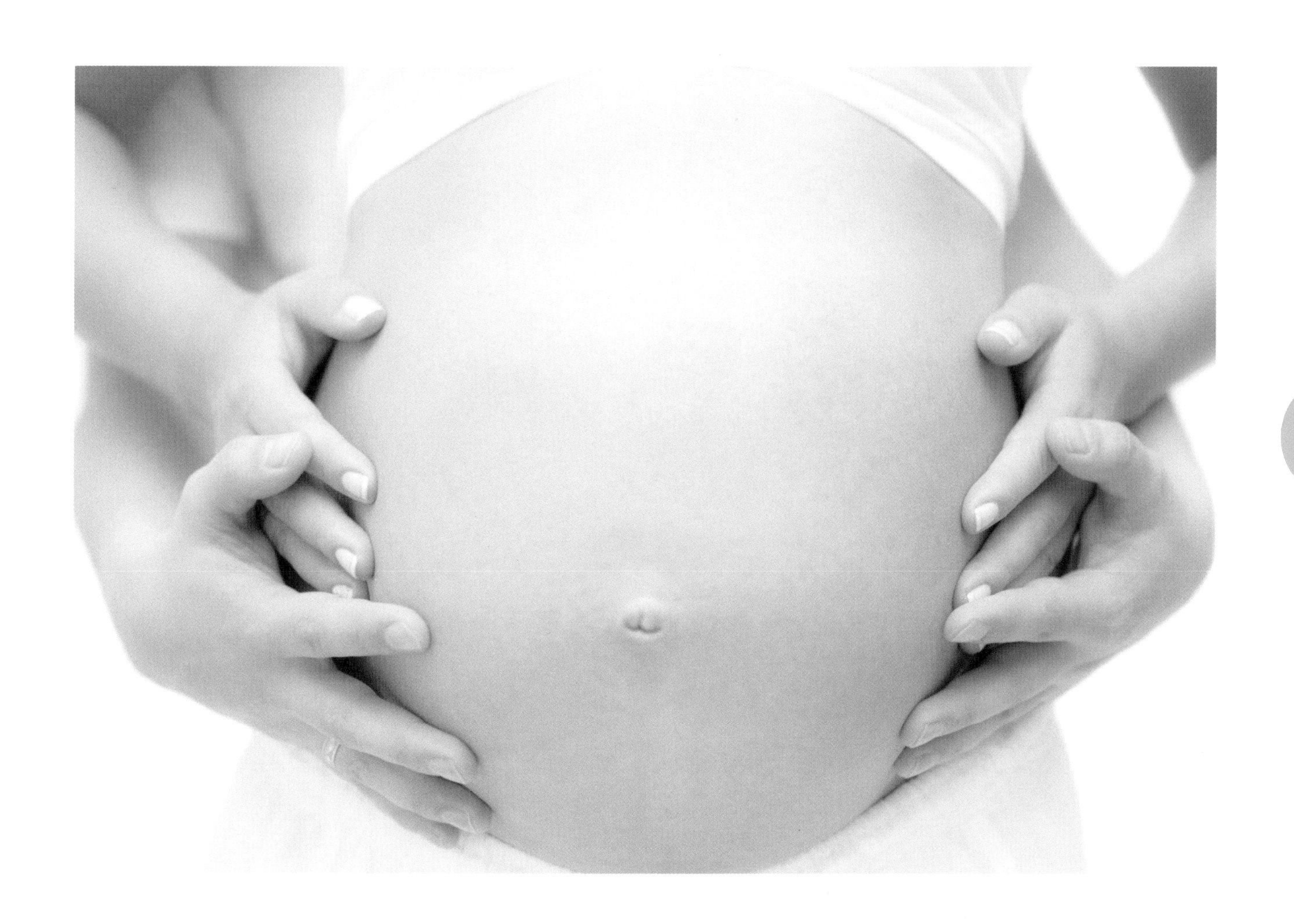

· 임신 ·

9

개월

(33~36주)

임신  개월 | 33 ~ 36주

엄마와 태아

대부분의 태아는 이 시기에
머리를 아래로 향하며 분만 위치를 잡습니다.
손톱, 발톱이 자라고 피부털은 거의 사라지게 됩니다.

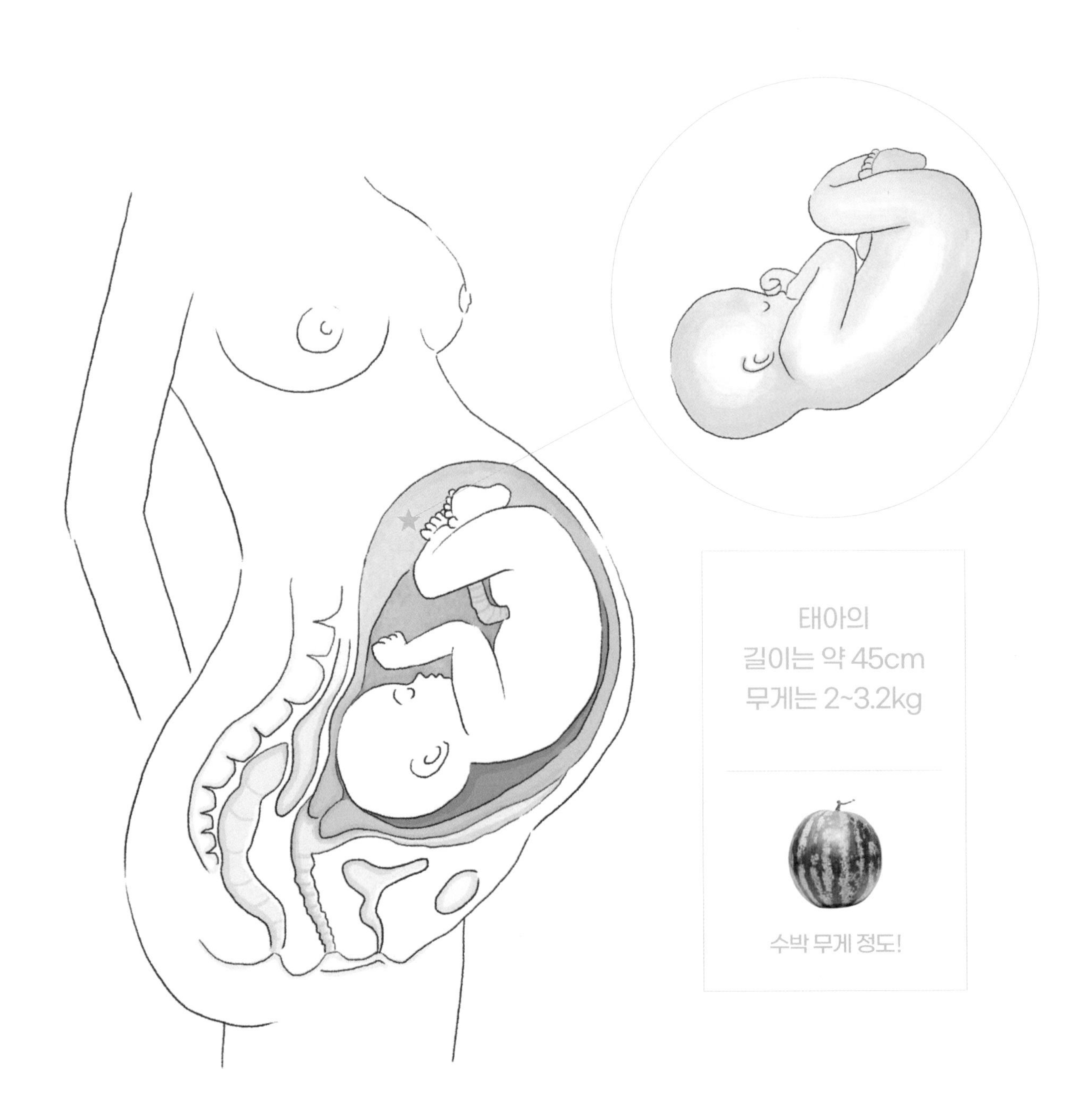

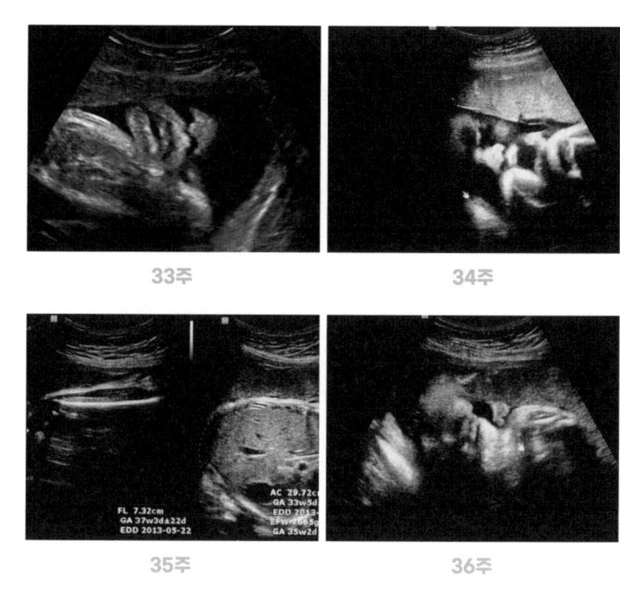

33주 34주

35주 36주

골격이 거의 완성됩니다. 근육이 발달하고 뇌 활동과 신경작용이 활발해집니다. 팔다리도 적절한 비율로 성장하여 신생아와 비슷한 모습이 됩니다. 피부 주름이 펴집니다. 피부 밑에 지방이 차오르면서 피부색이 붉은색에서 살색으로 변합니다. 또한 쭈글쭈글했던 피부가 지방이 차오르면서 펴지게 됩니다. 피부 밑 지방은 출산 후 태아가 스스로 체온을 유지할 수 있게 해주는 중요한 보호막이며 또한 에너지 생성에도 도움을 줍니다. 이 시기 태아의 머리는 엄마 골반 쪽으로 향합니다. 대부분이 머리를 아래로 향하며 분만 위치를 잡습니다. 그러나 어떤 태아들은 분만 때까지도 머리가 위로 향한 채 남아 있습니다. 35주 양수량은 정점을 찍고 이후에는 점차 감소합니다. 이 시기 이후에는 양수량은 점점 줄어들고 태아의 몸무게는 급격히 증가하기 때문에 36주 이후에는 태아 위치가 분만 당시 태아 위치와 크게 변하지 않습니다. 만약 태아가 둔위라면 제왕절개술을 하게 되므로 준비해야 합니다. 손톱 발톱이 자라고 피부털은 거의 사라지게 됩니다. 머리카락은 점점 숱이 많아지고 굵어집니다. 태아는 점차 머리를 골반 안으로 집어넣습니다. 태아의 머리가 골반 안으로 내려오는 경우도 있습니다. 이렇게 되면 몸이 고정되어 태아의 움직임이 둔해지게 됩니다. 엄마로부터 면역력을 전달받습니다.

33주가 되었어요

33주 태아

일주일에 약 200~300g 정도의 급격한 체중 증가가 있습니다. 피부 밑 지방이 점점 차오르며 피부 주름이 많이 펴지고 피부는 붉은색에서 점점 살색에 가까워집니다. 동공이 발달하여 주위 명암을 인식, 빛의 양을 스스로 조절할 수 있게 돼요. 뇌세포 숫자는 지금 거의 최고조에 닿아 있습니다. 이 시기에는 태어날 때보다 2~3배 많은 뇌세포가 존재하는데, 점차 줄어듭니다.

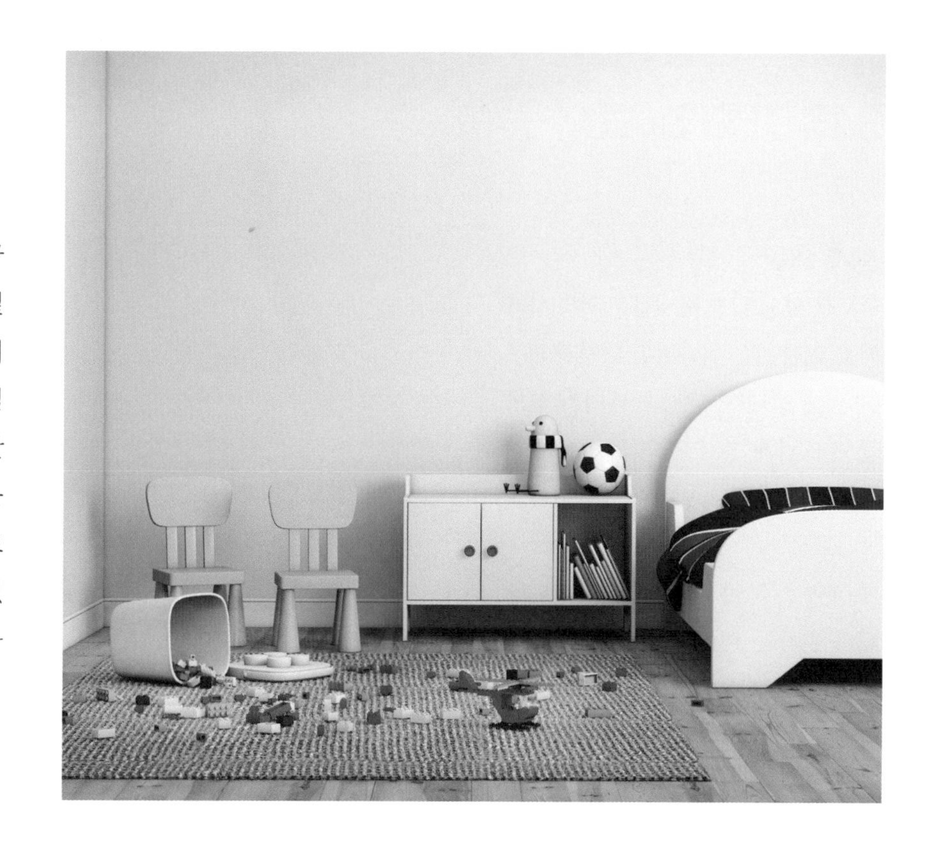

태아의 길이와 무게

태아 길이는 44cm 정도이며 무게는 대략 약 2.0kg(1.7~2.3kg) 정도입니다.

임신 33주 태아
길이 약 44cm
무게 2.0kg

태아의 무게는 일주일에
약 200~300g씩
증가해요.

34주가 되었어요

34주 태아

피부를 덮고 있는 배냇털은 거의 사라지고 대신 얇은 기름막인 태지가 피부를 덮게 됩니다. 태지는 태아가 산도를 부드럽게 통과할 수 있게 해줍니다. 태아의 손톱과 발톱이 자랍니다.

태아의 길이와 무게

태아 길이는 45cm 정도이며 무게는 대략 1.9~2.6kg 정도입니다.

임신 34주 태아
길이 약 45cm
무게 1.9~ 2.6kg

35주가 되었어요

35주 태아

태아의 체중이 커진 만큼 배 속 안의 공간은 좁아집니다. 그러므로 태아의 움직임이 다소 둔탁해집니다.

태아의 길이와 무게

태아 길이는 46cm 정도이며 무게는 대략 2.1~2.8kg 정도입니다.

임신 35주 태아
길이 약 46cm
무게 2.1~ 2.8kg

36주가 되었어요

36주 태아

태어날 때와 비슷한 모습을 갖추게 됩니다. 전체적으로 토실토실하게 살이 오르고 얼굴도 둥그렇게 보입니다. 엄마로부터 면역력을 전달받습니다.

태아의 길이와 무게

태아 길이는 47cm 정도이며 무게는 대략 2.3~3.0kg 정도입니다.

임신 36주 태아
길이 약 47cm
무게 2.3~ 3.0kg

피부 주름이
많이 펴짐

토실토실하게
살이 오름

태아의 움직임이
둔탁해짐

태지가
피부를 덮음

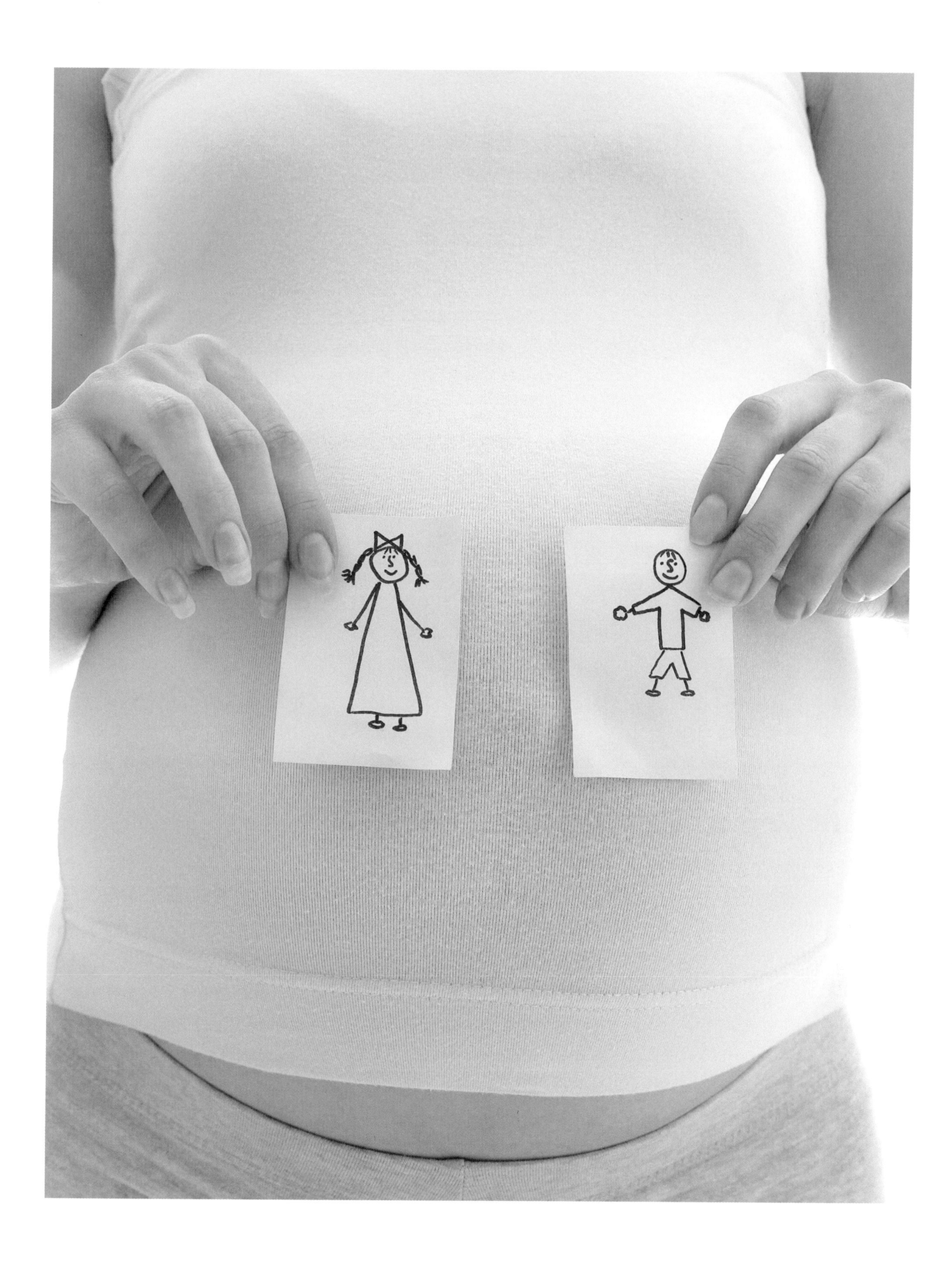

9개월 차 필요한 검사

Dr.류's Talk Talk

임신 9개월이 되면 실제로 분만이 임박했기 때문에
실질적인 분만에 필요한 검사를 합니다.
사실 출산하는 것 자체를 굉장히 쉽게 생각하는 사람들이 많은데,
여러 가지 상황이 모두 받쳐줘야 원만하게 출산할 수 있어요.
대부분의 여성들이 하는 것이 분만이고, 대부분 큰 문제가 발생하지 않지만 명백한 것은
그 누구에게나 "분만"이라는 것을 할 때에는 여러 변수와 위험이 따라온다는 것입니다.

분만 전 검사를 해요

혈액 검사

이 시기에 이루어지는 혈액 검사에는 빈혈 유무, 간 기능 이상 유무, 혈액응고지수 검사 등이 있습니다. 혈색소 수치를 11 이상으로 유지하도록 합니다. 자연분만은 600cc, 제왕절개술은 1000cc 이상의 출혈이 있어요.

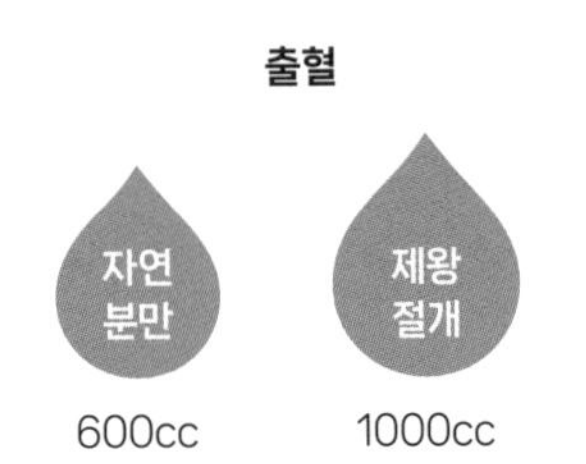

이에 대비하여 마지막 빈혈 검사에서 빈혈이 있다면 철분제를 2배로 늘리거나 철분주사를 맞는 등 출혈에 대비한 준비를 해야 합니다.

소변 검사

단백뇨 유무, 당뇨 유무, 소변 내 감염 여부를 확인합니다.

초음파 검사

태아의 위치를 다시 한 번 점검하며 태반의 위치, 이상 유무도 꼼꼼하게 살펴봅니다. 또한 태아의 몸무게 성장폭이 정상인지, 자궁 내 성장지연 소견 등은 없는지 확인합니다. 막달이 되면 양수량의 자연스러운 감소가 있지만 그렇다고 심한 양수과소가 있으면 안 됩니다. 초음파로 양수량 계측도 시행합니다.

흉부 X선과 심전도 검사

심전도 검사 대부분 자연분만이 무사히 이루어질 수 있지만 간혹 돌발적인 상황으로 인하여 응급제왕절개술을 시행할 수도 있어요. 응급수술 시 시행되는 마취에 대비하여 심전도와 흉부X선 촬영을 해두는 것이 도움이 됩니다.

활동성 성기 헤르페스 유무 검사

성기 헤르페스는 성기 주변에 군집을 이루는 수포를 나타냅니다. 바늘로 찌르는 듯한 통증이 있으며 임신 중 발생한 헤르페스 감염은 태반을 통해 태아에게 영향을 주지 않아요. 단, 분만 시 활동성 성기 헤르페스는 태아 감염의 위험이 있기 때문에 분만 방법을 질식 분만이 아닌 제왕절개술을 하게 됩니다. 분만이 임박하지 않은 상태에

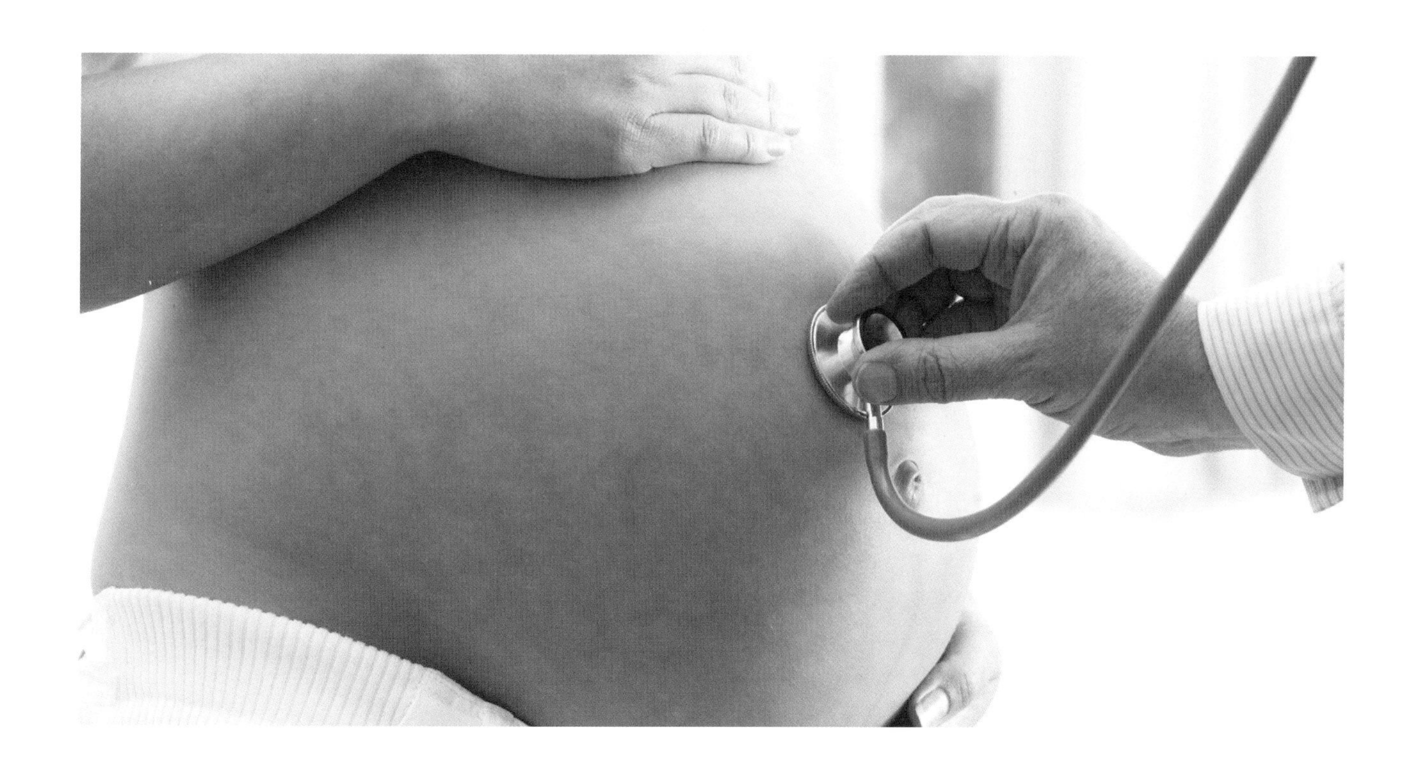

서 성기 헤르페스가 있다면 먹는 항바이러스제와 바르는 연고로 쉽게 치료할 수 있어요.

질 분비물 검사

산도 내 감염으로 분만 시 태아가 영향을 받을 수 있는 균이 있는지 질 분비물 검사를 시행합니다.

임질 검사

임질은 태아에게 결막염을 일으킬 수 있어요. 발견되면 먹는 항생제를 통해 태아의 균 감염을 예방합니다.

클라미디아 검사

클라미디아 균은 태아에게 폐렴을 일으킬 수 있습니다. 발견되면 먹는 항생제를 통해 태아 감염을 예방할 수 있어요.

그룹 B 스트렙토코쿠스 선별 검사

그룹 B 스트렙토코쿠스Group B streptococcus균은 임산부의 20~30%에서 발견이 됩니다. 그룹 B 스트렙토코쿠스 감염은 조산, 조기양막파수, 융모막염, 신생아 감염, 산모의 세균뇨, 산모의 신우신염, 산욕기 자궁내막염, 골근염 등의 원인이 될 수 있어요. 특히나 생후 1개월 이내에 고열을 동반한 감염은 호흡 부전으로 이어질 수 있고 이는 심각한 신경학적 손상을 후유증으로 남깁니다. 따라서 2002년도 American College of Obstetricians and Gynecologist에서는 임신 35~37주에 그룹 B 스트렙토코쿠스에 대한 선별 검사를 통하여 필요하다면 분만 시 적절한 항생제 치료를 할 것을 권하고 있습니다.

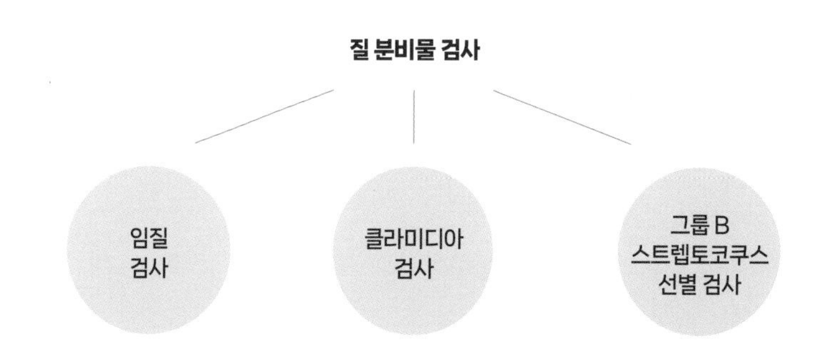

9개월 차 엄마의 몸 상태

Dr.류's Talk Talk

확실히 예전에 비해 배뭉침이 많아졌습니다.
가끔 '혹시 이게 분만진통이 아닐까?' 걱정스러울 정도로 자궁수축이 있기도 합니다.
하지만 아기는 그렇게 쉽게 나오지 않습니다. 생각보다 긴 분만 준비기와
가진통을 겪게 된됩니다. 이 시기에는 걸음걸이도 달라집니다.
슬슬 골반뼈의 이완이 시작되어, 예쁘게 걷고 싶어도
뭔가 불편하고 부자연스러운 임산부 특유의 '뒤뚱거림'이 시작됩니다.

엄마의 몸이 변해요

배꼽이 튀어나옴

배꼽을 안쪽으로 잡아끌고 있던 근막이 배가 커지면서 함께 이완이 됩니다. 그러면서 배꼽 피부를 잡아주던 힘이 약해지며 상대적으로 배꼽 피부를 형성하고 있던 곳이 바깥쪽으로 튀어나옵니다. 하지만 분만 후에는 다시 들어갑니다.

잦은 소변

커진 자궁이 방광을 눌러 소변을 자주 보게 됩니다. 또한, 배뇨 후에도 남아 있는 듯한 느낌이 들 수 있어요. 하지만 배뇨 시 통증이 있으면서 악취가 동반되는 경우에는 방광염일 수 있으니, 산부인과에 내원하여 점검을 받습니다.

불규칙적인 자궁 수축

자궁이 많이 커진 만큼 불규칙적인 자궁수축도 점점 더 많아집니다. 휴식을 취해서 호전이 되거나 한 시간에 한두 번 뭉치는 것은 괜찮지만 쉬었는데도 10분에 한두 번씩 계속 뭉치는 느낌이 든다면 병원에 가서 확인을 받습니다.

손발 부종

커진 자궁으로 인해 전체적인 혈액순환의 저하가 옵니다. 혈액의 저하는 손발에 부종을 일으킵니다. 심한 경우 다리에 쥐가 나거나 경련이 일어나기도 하지요. 족욕이나 마사지 등을 통해 증상을 완화시킬 수 있습니다.

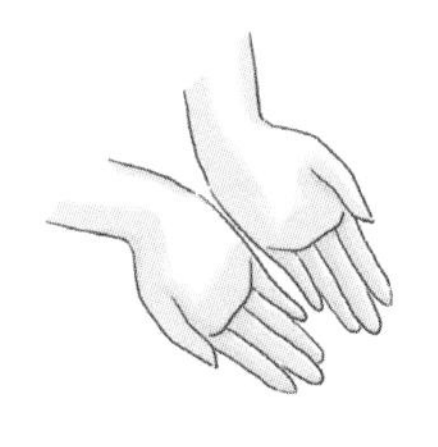

임신중독증에 의한 부종은 저녁 때 주로 심해지는 것이 아니라 전체적으로 하루 종일 지속됩니다. 하루에 500g 이상의 급격한 몸무게 증가와 함께 손가락을 눌러보았을 때 움푹 파인 살이 바로 돌아오지 않는 경향을 보입니다. 갑작스럽게 부종이 심해지는 경우 병원에 내원하여 상태를 점검합니다.

숨이 참

커진 자궁으로 폐가 눌리며 충분한 산소 환기가 이루어지기가 점점 버거워집니다. 또한 태아가 점점 커진 만큼 산소 필요량이 증가가 되면서 우리 몸은 호흡을 자연스럽게 늘리게 돼요. 따라서 점점 호흡이 짧아지고 가빠지는 듯한 숨차는 느낌이 들 수 있습니다.

기미 발생

임신 중 얼굴뿐 아니라 피부가 약한 사타구니, 겨드랑이 등도 색소 침착이 가속화됩니다. 얼굴 중에서는 특히 직접적으로 햇볕에 많이 노출이 되는 광대뼈와 뺨에 기미가 마스크를 씌운 것처럼 생깁니다. 이를 임신 마스크라고도 하지요. 임신 중 호르몬의 영향으로 멜라닌 세포가 활성화되고 햇볕에 노출이 되면 기미가 쉽게 발생하게 됩니다. 자외선 지수가 심한 시간대에는 외출을 삼가고 외출 시 자외선 차단제를 꼼꼼히 바르는 것이 좋아요. 임신 중 생긴 기미는 출산 후 점점 옅어지지만 개인마다 옅어지는 정도에는 차이가 있습니다(76쪽 참고).

불면증 발생

커진 자궁은 누워도 편안하지 않은 호흡 상태를 만들어요. 분만이 임박해오면 분만에 대한 불안감과 호흡 곤란으로 깊은 숙면이 어려워집니다. 적당한 운동은 임산부의 숙면에 도움을 줍니다. 잠자는 시간을 규칙적으로 유지하며 잠들기 전 미지근한 물로 하는 샤워는 근육을 이완시켜주어 숙면을 유도합니다. 효과적인 호흡을 위해서라도 옆으로 누워 다리 사이에 쿠션을 끼고 자는 심즈 체위를 권합니다. 대추차나 둥글레차는 숙면에 도움이 됩니다.

피부 소양증

임신 후반기로 갈수록 피부 팽창이 심해지며 피부가 당겨지므로 가려운 증상이 나타날 수 있습니다. 또는 임신 중 담즙 정체나 자가면역성 반응으로도 간지러움과 피부병변을 동반할 수 있습니다. 이러한 트러블은 대개 복부에서 시작하여 엉덩이, 가슴, 팔 등으로 퍼집니다. 이는 아이를 출산하면 다시 좋아집니다. 하지만 긁는 행동은 피부를 계속적으로 자극해서 피부 속 방어세포인 멜라닌 세포를 자극하게 됩니다. 따라서 긁은 부위는 점차 검은색의 색소침착이 생기고 각질층이 두꺼워져 오렌지 껍데기 같은 피부결로 변할 수 있어요. 그러므로 긁지 않도록 해야 합니다. 가려움이 심하다면 병원에 가서 소양증을 완화시키는 크림을 처방받아 사용하세요. 이외에 피부를 예민하게 만드는 뜨거운 물로 샤워하는 습관은 미지근한 물로 바꾸도록 합니다. 그리고 샤워 후 물기가 마르기 전 보습제를 바르고 수건으로 너무 세게 물기를 직접 닦아내지 말고 서서히 마르게 두세요.

09 개월

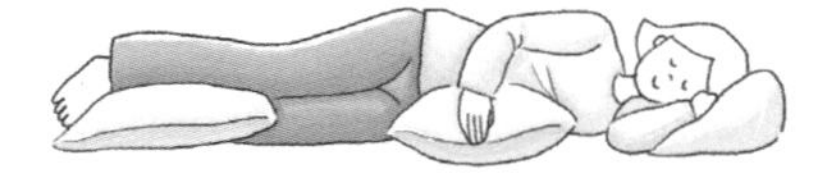

소양증 완화시키기

- 소양증 완화시키는 크림 바르기
- 뜨거운 물이 아니라 미지근한 물로 샤워하기
- 샤워 후 물기가 마르기 전 보습제 바르기
- 수건으로 문지르지 말고 '톡톡톡' 물기 닦기

9개월 차 임산부 생활의 팁

Dr.류's Talk Talk

회사를 다니고 있는 임산부라면 이제 슬슬 출산휴가 준비를 해야 할 것입니다.
출산휴가 시기를 회사와 의논하고 날짜를 계산해둡니다.
점점 피로감이 더해지겠지만 출산 전까지 힘을 내서 본업에 충실하도록 합니다.
이제 막달에 접어들었기 때문에 배뭉침이 종종 있습니다.
불규칙적으로 뭉치는 것에 대해 조금은 편안한 마음으로 지켜보세요.
작은 배뭉침에 예민해할 필요 없어요.

본격적인 출산 준비를 해요

출산휴가 준비

보통 임신 37~38주경 정식적인 출산휴가를 들어가게 됩니다. 출산휴가 시기를 직장에서 충분히 논의한 후 출산휴가에 대비한 인수인계를 시작하세요. 임신으로 몸과 마음이 지친 상태이지만, 출산휴가 기간 자신의 빈자리를 대신 메워주는 주변 동료들에게 고마운 마음으로 최대한 인수인계에 신경을 씁니다. 힘든 시기이지만 멋진 워킹맘이 되기 위한 프로 정신이 필요한 때랍니다.

숙면을 위해 노력하기

점점 피로가 심해집니다. 출산에 대한 불안감으로 숙면이 어려워지고 누적된 피로는 신경과민으로 이어질 수 있어요. 잠자기 전 물을 마시는 것은 자다가 소변을 보러가야 하는 상황을 만들 수 있으므로 피하고, 살짝 왼쪽 옆으로 누워 다리 사이에 쿠션을 끼고 자면 숙면에 도움을 받을 수 있어요. 잠자는 시간을 일정하게 유지하며 자기 전 따뜻한 물로 하는 샤워는 근육을 이완시켜주며 숙면에 도움을 줍니다.

짜고 매운 음식을 자제하기

임신 후반기로 접어들수록 수분을 축적하려고 하는 경향이 심해져서 부종이 점점 심해집니다. 짜고 매운 음식은 이러한 부종을 더욱 악화시키는 요인이 돼요. 식후에는 간단한 걷기 등의 산책으로 소화를 촉진하고 몸의 부종을 완화하는 데 도움을 받을 수 있습니다.

TIP 숙면에 도움이 되는 보충 음식

1. 요오드가 풍부한 음식

출산이 임박한 시기로 불안감이 증가되고 피로감도 증가되는 시기이다. 요오드는 임산부에게 숙면을, 태아에게는 튼튼한 머리카락과 피부를 만드는 데 도움을 준다. 미역이나 김 같은 해조류, 양파 등을 볶아먹는 것을 추천한다.

2. 비타민B군 섭취

골반이 늘어나면서 허리 통증이 많이 생기는 시기이다. 손발이 저리고 등과 어깨도 많이 결릴 수 있는데 비타민B군은 이러한 통증을 완화시켜주고 기분을 좋게 해준다. 녹황색 채소 섭취를 늘린다.

3. 단백질과 무기질이 풍부한 음식

모유수유를 도와줄 수 있는 단백질과 무기질이 풍부한 음식을 먹는다. 살코기, 생선, 콩, 현미, 해조류 등의 건강한 식탁을 차려보자.

4. 대추차와 둥글레차

대추차와 둥글레차도 숙면을 돕는다. 단, 자기 전에 마시면 소변이 마려우니 주의한다.

도움이 되는 식품들

- **양파** : 아연이 풍부하여 태아 면역력에 도움을 준다.
- **아몬드** : 체내 축적된 노폐물 제거에 효과가 있으며 임신 후기 부종을 가라앉히는 데 효과적이다.
- **콜리플라워** : 철분 흡수를 도와주고 식이섬유가 풍부해 임산부 변비에도 효과가 좋다.
- **소고기** : 살코기를 이용하여 고단백 식사를 하며 지방은 상대적으로 적게 섭취하도록 한다.

출산 호흡법을 연습하기

코로 깊게 들이마시는 호흡과 입으로 천천히 내뱉는 호흡을 연습하세요. 심란한 마음을 차분히 가라앉게 해주며 깊은 호흡은 임산부와 태아에게 산소공급을 늘려줍니다. 동시에 분만 당시 당황하지 않고 호흡을 할 수 있는 연습이 됩니다. 또한 분만 과정에 대해서도 긍정적인 상상을 합니다. '분만은 아기가 산도를 통과하고 나오는 여정이다'라고 생각해보세요. 분만에 대한 불안감과 두려움은 분만 때 더욱 근육을 긴장시키므로 주의합니다.

장거리 여행 삼가

아이는 출산예정일에 꼭 맞춰 나오는 것은 아니에요. 개인에 따라 진통이 빨리 올 수 있기 때문에 가급적 장거리 이동을 해야 하는 여행은 삼가는 것이 좋아요. 부득이한 경우에는 혹시 모를 일에 대비하여 산모수첩과 남편 외에 시댁, 친정 등 가족의 연락처를 적어놓은 수첩을 꼭 챙기세요.

갈증 해결하기

갈증이 날 때에는 얼음을 입에 물면 도움이 됩니다. 계속 갈증이 난다고 물을 마시면 화장실 가는 횟수가 너무 많아지게 돼요. 지속적으로 갈증이 날 때에는 얼음을 입에 물고 있으면 갈증 해소에 도움이 됩니다.

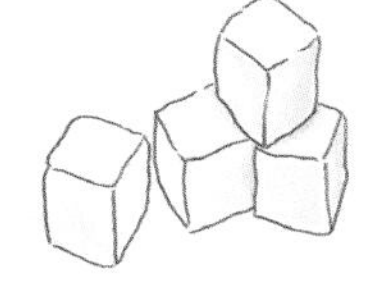

넘어지지 않도록 조심하기

배가 무거워지면서 몸이 점점 뒤로 젖혀지고 몸의 균형 잡기도 어려워지기 때문에 경사지거나 미끄러운 곳에서 넘어질 수 있어요. 슬리퍼 같이 끌리거나 미끄러지는 신발을 피하고 발에 딱 맞는 신발을 신어요.

태동 살피기

만삭이 되면 태반의 기능이 떨어지는 경우가 있습니다. 이런 경우 예기치 못한 자궁 내 태아 사망으로 이어질 수 있어요. 2시간에 10회 이상 태동이 있어야 합니다. 갑자기 2시간에 10회 미만으로 태동이 급격히 감소한 경우 산부인과에 가서 태아 상태에 대한 점검을 받습니다.

9개월 차 아빠가 해야 할 일

Dr.류's Talk Talk

분만이 임박해지면 질수록 아내는 불안감에 휩싸일 수밖에 없습니다.
이때 도움이 되는 사람은 남편이겠지요. 아내에게 든든한 방패막이가 되어주세요.
임신 중반에서 후반으로 가고 있습니다. 아내가 조금 지칠 수 있어요.
자신의 모습도 너무 달라져 있고, 몸은 쉽게 피로해집니다.
끝까지 힘을 낼 수 있게 도와주세요.
그 누구의 위로가 아닌 남편의 위로와 격려가 제일 필요한 순간입니다.

어떤 노력이 필요할까요?

불면증 극복하도록 돕기

엄마의 불안정한 수면은 태아 성장에도 방해가 됩니다. 아내가 숙면을 취할 수 있도록 좋은 수면 환경을 조성해주세요. 침실 조명은 너무 밝지 않은 간접 조명을 이용하고 너무 덥거나 춥지 않은 온도를 유지합니다. 침실에서는 잠만 자는 것이 원칙이에요. 텔레비전을 켜놓거나 스마트폰을 켜는 행동은 그곳으로 집중을 하게 만들어 숙면을 방해합니다. 아내가 침대에서 30분 이상 잠을 자지 못하고 뒤척인다면 억지로 잠을 자게 하지 말고 가벼운 대화를 시도합니다. 다리를 주물러주거나 등을 쓰다듬어주는 것도 아내의 숙면에 도움이 됩니다.

분만 예행연습하기

분만 중 남편은 산모의 호흡을 리드해줘야 합니다. 산모의 호흡은 곧 배 속 태아의 호흡을 의미해요. 아내는 분만 시 극심한 통증으로 당황하게 되고 혼자 호흡을 유지하기 힘들어집니다. 이때 남편이 같이 옆에서 호흡을 해주며 다시 적절한 호흡패턴을 이어갈 수 있게 이끌어줘야 합니다.

아내의 만삭사진 찍기

두 식구에서 세 식구가 되기 전의 모습입니다. 이 시기 아내의 배부른 사진을 찍어서 간직합니다. 아기가 세상 밖으로 나오고 나면 만삭일 때의 모습이 추억이 됩니다. 아기가 어느 정도 큰 뒤에 배 속에 있었을 때의 만삭사진을 보여주면 매우 신기해한답니다.

따뜻한 스킨십으로 안정감 주기

적극적인 부부 성생활은 자제해야 하는 시기이지만 대신 가벼운 포옹과 키스로 아내를 격려해주도록 합니다.

둥글둥글해진 아내 격려해주기

임신 막달이 되면 임산부들은 스스로 많이 위축이 됩니다. 배도 많이 나오고, 전체적으로 살이 붙은 상태에서 부종도 더욱 많이 생깁니다. 신발이 작아질 정도로 퉁퉁 부은 발과 손, 푸석한 얼굴, 똑바로 걷기도 힘들고 자꾸 뒤뚱뒤뚱 걷게 됩니다. 배 속 아이를 위해 많은 걸 내려놓고 힘들게 버티고 있는 상태입니다. 작은 농담과 무관심에 큰 상처를 받을 수도 있어요. 말 한 마디에 천 냥 빚을 갚는다는 이야기가 있죠. 이 시기 남편의 따뜻한 격려와 칭찬은 아내를 더 건강하고 훌륭한 엄마로 만들어줄 거예요.

배가 많이 나왔지만, 지금 모습이 정말 예뻐.
손발이 부어서 힘들겠다. 부은 손발도 귀여워.
배 속 아이를 함께 기다리는 이 순간
우리 잘 기억하자.
배 나온 모습이 매우 사랑스러워.

05

임신중독증 바로 알기

Dr.류's Talk Talk

임신중독증이라 흔히 불리는 것은 임신성고혈압을 일컫는 말입니다.
임신성고혈압이란 임신 전에는 혈압 관련 질환이 없었으나
임신으로 인하여 혈압이 상승하게 된 것을 말해요.
임신으로 인한 우리 몸의 혈역동학적, 호르몬 변화의 결과로
비정상적인 혈압 상승이 생기게 된 경우를 말하지요.
그럼 임신 중 왜 혈압이 올라갈까요?

임신중독증을 알아보아요

임신중독증의 원인

임신중독증은 현재까지 정확한 원인과 기전이 알려져 있지 않습니다.

임신중독증이 생기면 혈관벽을 구성하는 세포 자체가 느슨해지면서 혈관 안에 있던 피가 몸의 제3의 공간 등으로 빠져나가면서 상대적으로 혈관 안에 있는 혈액량은 감소하고, 혈압 자체는 상승하는 것으로 보입니다. 그리고 혈관이 아닌 몸의 제3의 공간으로 축적되는 수분으로 인해 온몸에 부종이 심하게 생겨요. 소변을 거르는 콩팥 내 사구체라는 혈관 그물망 구조도 느슨해지며 단백질이 소변으로 배출되게 되는 현상이 발생하게 됩니다.

임신중독증의 진단

임상적으로 140/90mmHg 이상의 혈압 상승과 소변 중 단백질이 배출되는 단백뇨가 확인되는 경우 임신중독증이라 진단합니다.

영양분과 산소를 날라야 하는 혈액 성분은 혈관벽이 느슨해지며 혈관 밖으로 나가버리고, 임산부의 심장에서 나온 혈액이 결국 태반으로 충분히 전달되지 못하고 중간에 혈관 밖으로 많이 빠져나가게 되는 상태가 발생하는 것이지요. 결국 혈액량이 감소되어 배 속 태아가 충분한 산소와 영양공급을 받지 못하는 상황으로 이어져 몸무게가 잘 늘지 않아 자궁 내 성장지연이 발생됩니다.

임신중독증 증상

임신중독증을 처음 자각하게 되는 증상은 바로 부종이에요. 막달 산모에게서 일반적으로 보이는 부종과는 많이 달라요. 하루 만에도 몸무게가 500g~1kg 증가될 정도로 눈에 띄는 부종이 생겨요. 또 부은 팔, 다리를 꾹 눌러보면 그 자리가 계속 움푹 파여져 있는 형태를 띱니다. 이틀 만에 1kg 이상의 체중 증가를 동반하는 부종이 생긴다면 즉시 다니던 산부인과에 내원해서 진료를 받으세요.

임신중독증의 위험성

임신중독증 상태가 악화될 경우 상대적으로 뇌로 가는 혈액량도 감소되어 눈앞이 뿌옇게 보이기도 하고 두통이 발생합니다. 오심구토나 오른쪽 위 복부통증이 발생하기도 합니다. 이러한 상태는 자칫, 뇌로 가야 하는 피를 감소시켜 뇌경색을 일으키고 그로 인해

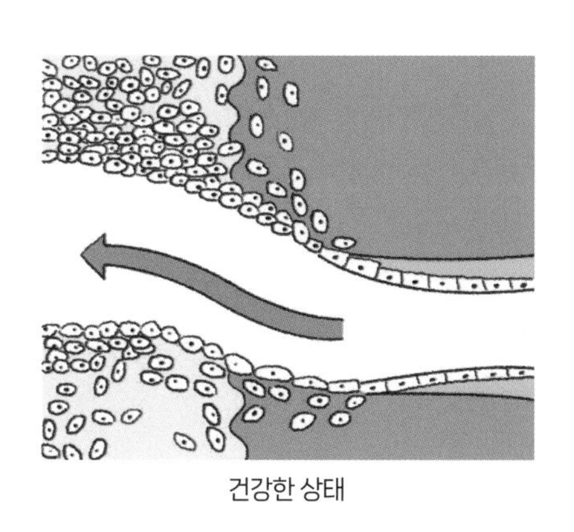
건강한 상태

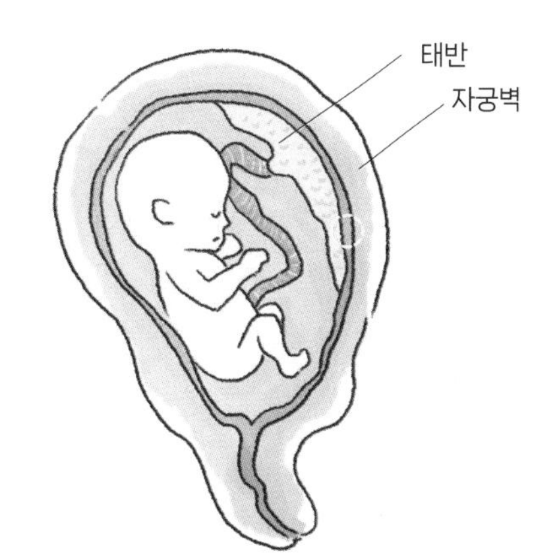

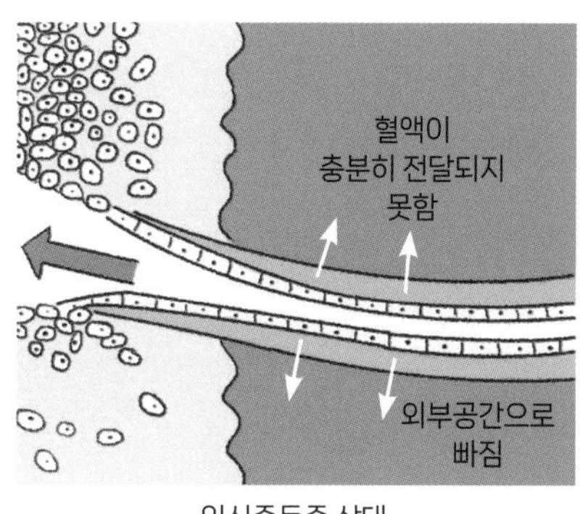

임신중독증 상태

전신적인 경련 반응을 불러오는 위험한 상태의 전조증상일 수 있어요. 산모가 경련을 일으키면 수분 동안 호흡을 못하게 되고 이로 인해 산모 뇌손상은 물론, 배 속 태아의 생명도 같이 위험해지는 초응급 상태가 됩니다. 따라서 임신중독증으로 진단받은 경우 입원치료가 필요하며 임신중독증 병의 경과를 적극적으로 관찰하여 분만 시기 퇴원 여부를 결정하며, 중증으로 갈 전조증상이 나타나면 즉각적인 분만이 이루어지도록 해야 합니다.

임신중독증의 치료법

임신중독증이 발생하면 치료법은 바로 분만입니다. 분만 후 24시간 후, 산모의 비정상적이었던 혈압, 부종 등의 전신 상태는 다시 정상이 됩니다. 문제는 바로 이 분만 시기 결정에 있어요. 만약, 임신중독증이 임신 30주에 발생한다면 당장 분만하기에는 너무 이른 주수입니다. 이 경우, 최대한 배 속에서 태아를 좀 더 성숙시키며 임신중독증이 악화되는지 적극적인 감시가 필요해요. 하지만 조산에 따른 위험이 있어도 임신중독증의 악화 전조증상이 보인다면 최악의 상황을 피하기 위하여 불가피하게 분만을 유도해야 합니다. 따라서 임신중독증이 몇 주에 발생하느냐가 태아 예후에 중요한 영향을 끼칩니다.

임신중독증 악화 증상

- 눈앞이 부옇게 됨
- 상복부 통증이 생김
- 두통이 심해짐
- 혈압이 160/110mmHg 이상
- 단백뇨가 가속화됨

TIP 임신중독증 예방법

1. 갑작스런 체중 증가를 조심한다.
2. 임신 전 혈압이 높았거나 신장질환이 있었던 경우는 고위험군으로 임신 초기부터 철저한 관리 감독이 필요하다.
3. 칼슘 섭취를 충분히 한다. '칼슘 섭취를 하면 임신중독증이 예방될 수 있지 않을까'에 대한 여부로 많은 연구와 논의가 진행되어 왔다. 혹자는 칼슘을 충분히 섭취하면 임신중독증 발병을 예방할 수 있다고 이야기하지만 현재까지 확실한 예방책이라고 할 만큼의 확실한 데이터는 없는 실정이다. 단,저칼슘 섭취군을 대상으로 칼슘을 공급한 결과 임신중독증이 좀 더 늦게, 그리고 발생하더라도 경증으로 발생했고, 임신중독증으로 인한 합병증도 적었다는 연구결과가 있다. 우리나라는 평균 칼슘 섭취 요구량인 1000mg에 반 정도도 미치지 못하는 평균 498mg인 저칼슘 섭취 국가이다. 따라서 칼슘 섭취를 충분히 한다면 임신중독증으로 인한 무서운 합병증을 어느 정도 예방할 수 있다.

· 임신 ·

10

개월

(37~40주)

임신 **10** 개월 | 37 ~ 40주

엄마와 태아

37주가 되면 태아의 성장이 완성됩니다.
자체적으로 움직이며 눈을 떴다 감았다 합니다.

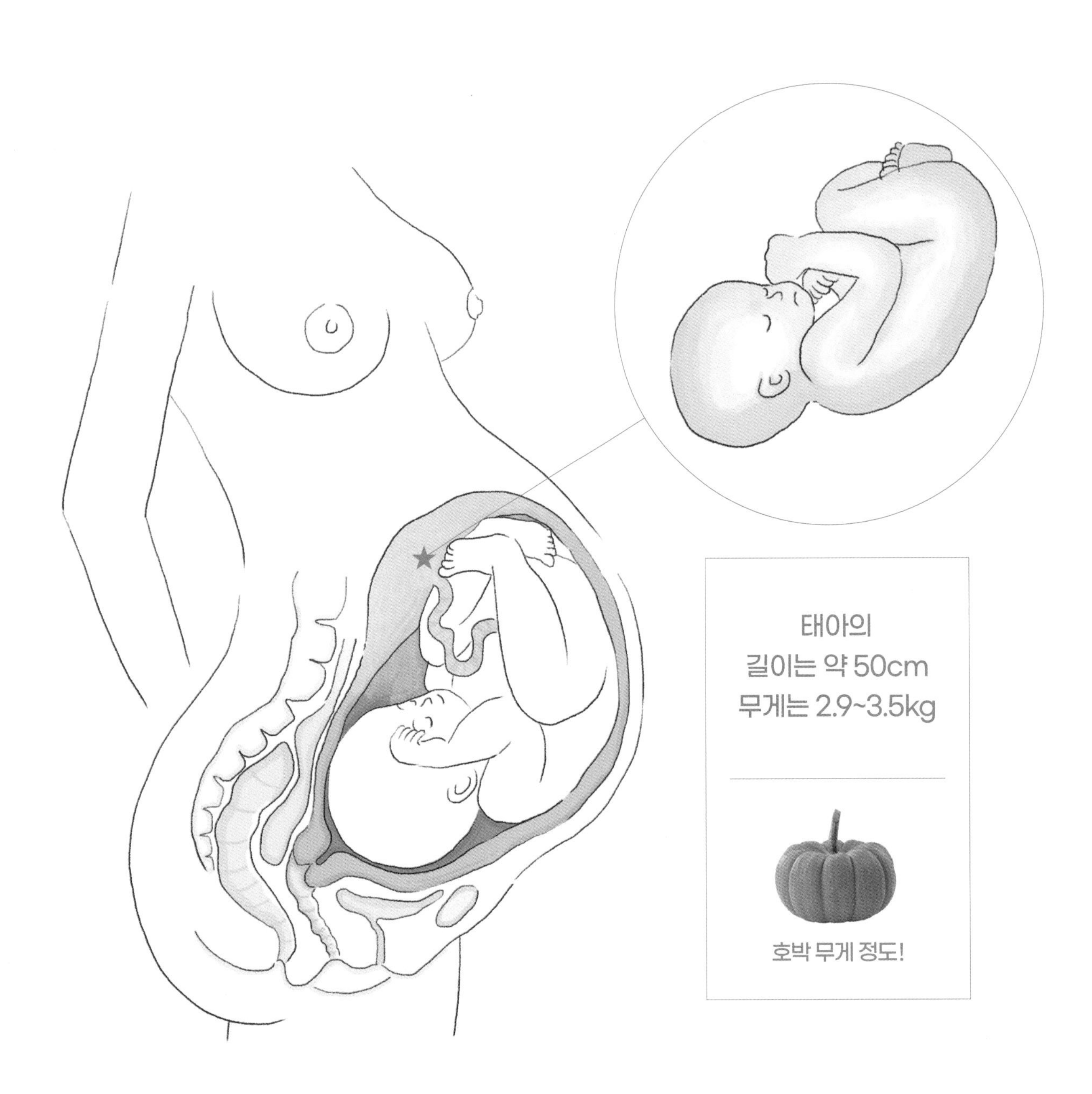

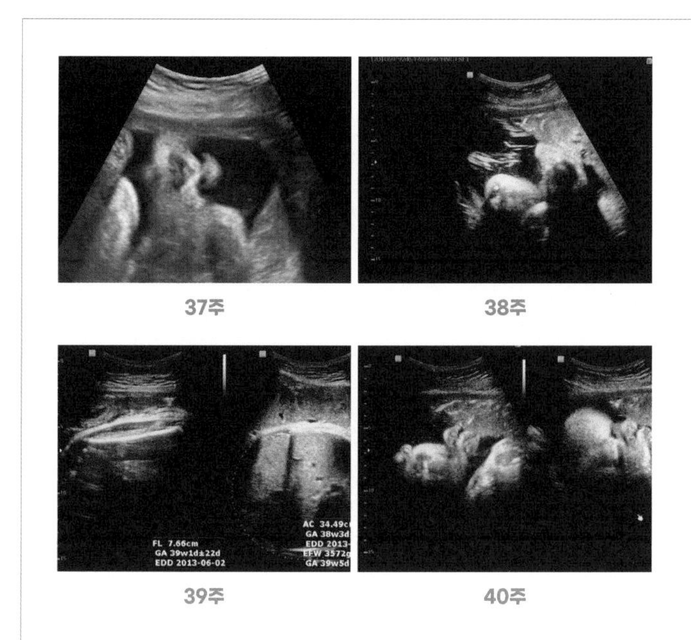

37주 38주 39주 40주

임신 37주가 되면 태아 몸의 성장이 완성됩니다. 이 시기 이후부터는 언제든지 바깥세상으로 나와도 혼자서 충분히 숨을 쉬며 체온을 유지할 수 있습니다. 태아의 피부에는 출산 시 산도를 통과할 수 있게 태지라는 피부 기름막이 형성되어 머리는 점점 골반 아래로 내려가게 됩니다. 골반 아래에서 머리가 끼게 되면 움직임에 제약이 생기면서 태동이 상대적으로 감소하는 느낌이 듭니다. 이 시기 태아는 자체적으로 움직이며 눈을 떴다 감았다 합니다. 수면패턴sleep cycle 평균 40분 정도의 기간을 가지고 반복적으로 자다 깨기를 반복합니다. 잠을 자면서 스스로 꿈을 꾸기도 합니다. 코티솔이 분비되며 분만 신호를 보내기 시작합니다. 즉 태아의 성장이 완벽하게 마치게 되면 태아의 부신에서 코티솔이라는 호르몬이 분비됩니다. 이 호르몬은 이제 태아가 바깥 세상으로 나갈 수 있다는 신호로, 코티솔의 영향으로 자궁경부는 점점 부드러워지기 시작하고 골반도 이완이 됩니다. 태아는 스스로 면역항체를 만들지 못하지만 엄마의 면역항체는 태반을 통과할 수 있습니다. 마지막 달에는 주로 이러한 면역성분이 태반을 통과하여 태아에게 전달이 됩니다.

37주가 되었어요

37주 태아

37주 6일 이전 태어나는 것은 엄격한 의미에서는 조산이지만 37주가 넘으면 아이는 세상 밖으로 나와도 만삭에 태어난 것과 큰 차이가 없습니다. 아기는 점점 지방이 축적되어 몸이 전체적으로 많이 통통해져요.

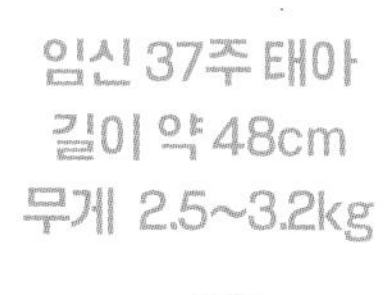
임신 37주 태아
길이 약 48cm
무게 2.5~3.2kg

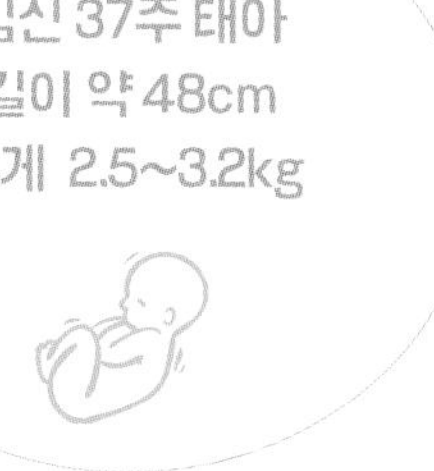

태아의 길이와 무게

길이는 48cm 정도이며 무게는 2.5 ~3.2kg 정도가 됩니다.

38주가 되었어요

38주 태아

각 기관의 분화는 끝났지만 기능적인 성장은 계속됩니다. 또한 엄마로부터 직접적으로 면역성분을 공급받기 시작해요.

태아의 길이와 무게

이제 태아는 길이가 50cm 정도, 무게는 2.7~3.4kg 정도가 됩니다. 머리둘레와 어깨너비, 엉덩이둘레가 모두 비슷해집니다.

임신 38주 태아
길이 약 50cm
무게 2.7~3.4kg

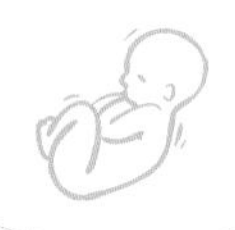

39주가 되었어요

39주 태아

아기의 피부는 더욱 두터워지고 튼튼해지며 아기를 둘러싸고 있던 솜털은 사라지기 시작합니다. 손톱이 점점 길어져요.

태아의 길이와 무게

무게는 2.9~3.6kg이지만 엄마의 몸 상태, 영양상태에 따라 막달에 살이 붙는 정도는 개인차가 크게 납니다.

임신 39주 태아
길이 약 50cm
무게 2.9~3.6kg

37~40주의 태아

- 세상 밖으로 나와도 만삭에 태어난 것과 차이가 없음
- 지방이 축적
- 피부가 두터워짐
- 솜털이 사라짐
- 손톱이 점점 길어짐

40주가 되었어요

40주 태아

피부에 태지라는 부드러운 기름막이 형성됩니다. 이는 분만 시 산도를 아기가 부드럽게 통과할 수 있게 해주는 역할을 해요.

태아의 길이와 무게

머리에서 엉덩이까지의 앉은키는 평균 36cm이며, 전체 길이는 56cm 이상이며 무게도 3.1~3.8kg 정도가 됩니다.

임신 40주 태아
길이 약 56cm
무게 3.1~3.8kg

출산 시 평균 체중

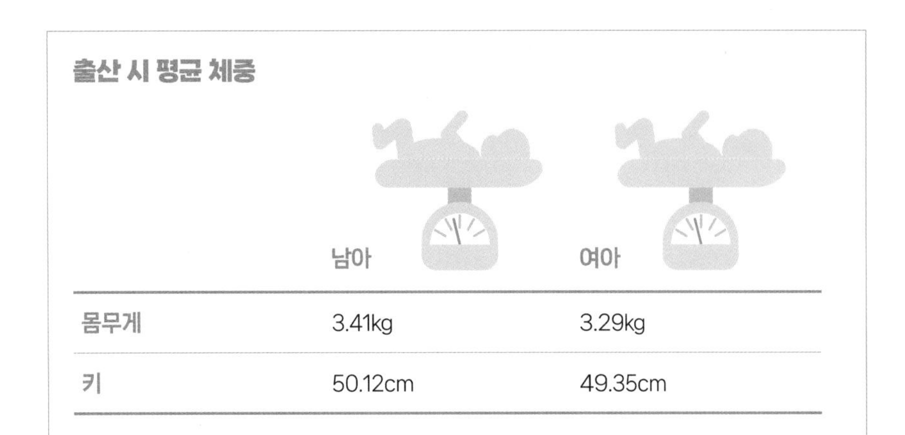

	남아	여아
몸무게	3.41kg	3.29kg
키	50.12cm	49.35cm

10
개월

10개월 차 필요한 검사

Dr.류's Talk Talk

진료실에서 만난 산모들은 막달에 하는 내진 검사에 대해 막연한 두려움을 갖고 있더라고요. 이 시기에 하는 골반 내진은 골반 안쪽의 골반뼈에 협착은 없는지 살펴보는 거예요. 원만한 분만을 위해서는 반드시 필요한 과정이므로 두려워할 필요가 없습니다.

기본적인 검사를 해요

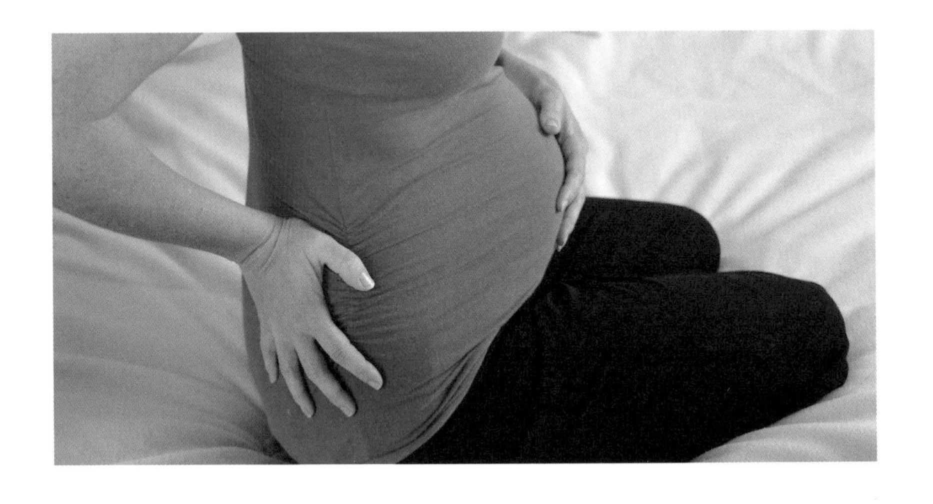

초음파 검사

초음파로 태아가 지속적으로 체중 증가가 잘 이루어지고 있는지 확인합니다. 간혹 38주경에 이미 3kg 후반에서 4kg에 임박하는 큰 태아가 있어요. 너무 큰 태아는 분만 시 산도를 통과하기 힘들기 때문에 몸무게가 너무 크면 분만 유도를 고려해볼 수 있습니다.

양수의 양 체크

임신 35주경부터 양수는 지속적으로 감소됩니다. 양수량이 다소 감소하는 것은 자연스러운 과정이지만 너무 많이 감소되어 있는 경우, 아이는 오히려 배 속에서 계속적인 스트레스 상태에 놓이게 됩니다. 이럴 때에는 빨리 엄마 배 속에서 나오는 것이 오히려 좋을 수도 있어요. 물론, 양수의 양만을 가지고 아기가 배 속에 편안하게 있는 건지 아닌지를 판단하지는 않습니다. 비수축 검사와 생물이학적 프로파일Biophysical profiling 등을 이용하여 다각도로 아이 상태에 대해 판단하고, 만일 아이가 배 속에 있는 것이 위험하다고 판단이 되면 분만 유도를 고려하게 됩니다.

소변 검사

분만이 임박하면서 몸의 부종이 나타날 수 있어요. 하지만 하루에 500g 이상의 체중 증가를 동반하는 부종이 나타나고, 혈압이 상승하는 경우 임신중독증을 의심해봐야 합니다. 임신 기간이 길어지고 지속될수록 이러한 증상이 나타날 수 있어요. 이런 경우 소변에서 단백질이 검출되는지 유무를 확인하는 검사를 시행합니다.

자궁경부는 부드럽게 열리고 있나?

골반 안쪽 뼈 협착은 없나?

내진 검사를 해요

골반 내진

태아가 바깥 세상으로 나가게 되는 최종 통로인 골반은 뼈나 살과 같은 결합 조직으로 구성됩니다. 골반뼈는 안쪽 입구와 중간 통로 그리고 마지막 바깥쪽 출구, 크게 세 부분의 주요 포인트로 구분이 돼요. 통로가 좁은 경우, 즉 골반 안쪽이 좁은 경우에는 태아가 중간에 걸리거나 진행이 멈추어 버려 난산으로 이어질 수 있습니다. 골반 내진은 골반 안쪽의 골반뼈가 너무 좁지는 않은지 기본 골반뼈를 내측해보는 과정이며, 동시에 자궁경부가 부드럽게 풀리면서 열리고 있는지를 평가하는 과정입니다. 내진 시 자궁경부를 손가락 끝으로 측정하는 것이기 때문에 내진 후에 피가 묻어날 수 있으며 일시적으로 배뭉침이 심하게 느껴질 수 있어요.

NST 비수축 검사를 해요

NST 비수축 검사

NST**Non stress test** 비수축 검사는 태아 안녕 검사입니다. 배 속에 있는 태아가 정말로 편안하게 있는 것인지 판단하는 검사예요.

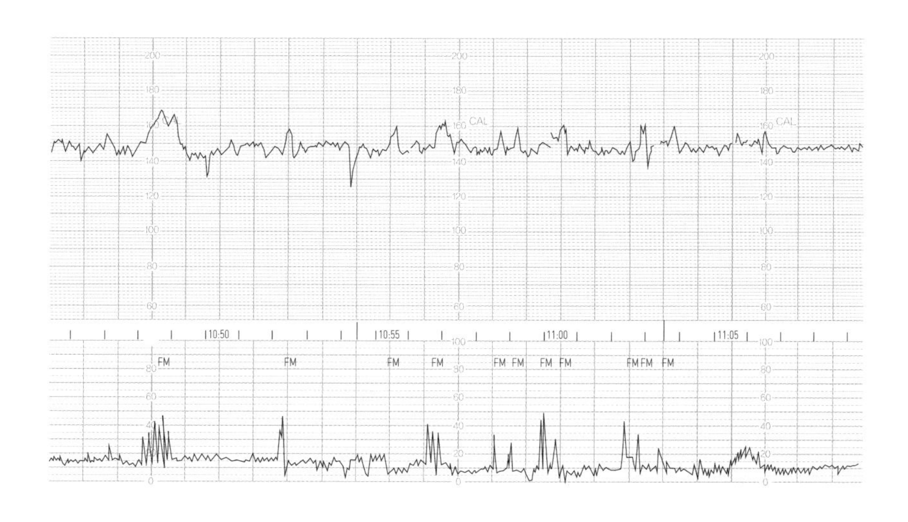

NST 검사를 하는 이유

38주가 넘어가면 태아의 몸무게가 2.8~3.2kg 정도로 많이 증가하게 됩니다. 태아 몸무게 증가로 태반의 역할 또한 더욱 커져요. 하지만 임신 9개월여 동안 열심히 일해오던 태반은 점점 지치기 시작합니다. 따라서 38주 넘어서부터는 엄마 심장에서 나온 피가 태반에서 태아에게 효과적으로 전달이 잘 안되는 경우가 있어요. 이때 태아는 당장은 직접적인 티가 안 나더라도 조금씩 힘들어할 수 있지요. 이를 감별하기 위해 태아가 배 속에서 정말 편안하게 있는 것인지 확인해봐야 합니다. 20분 이상 길게 태아 심장박동을 모니터하며 태아의 건강상태를 추측해보는 것입니다.

검사 결과

건강한 태아라면 심장박동의 변동성이 활발하게 심장박동이 정상범위 내에서 큰 폭으로 왔다 갔다 하는 것을

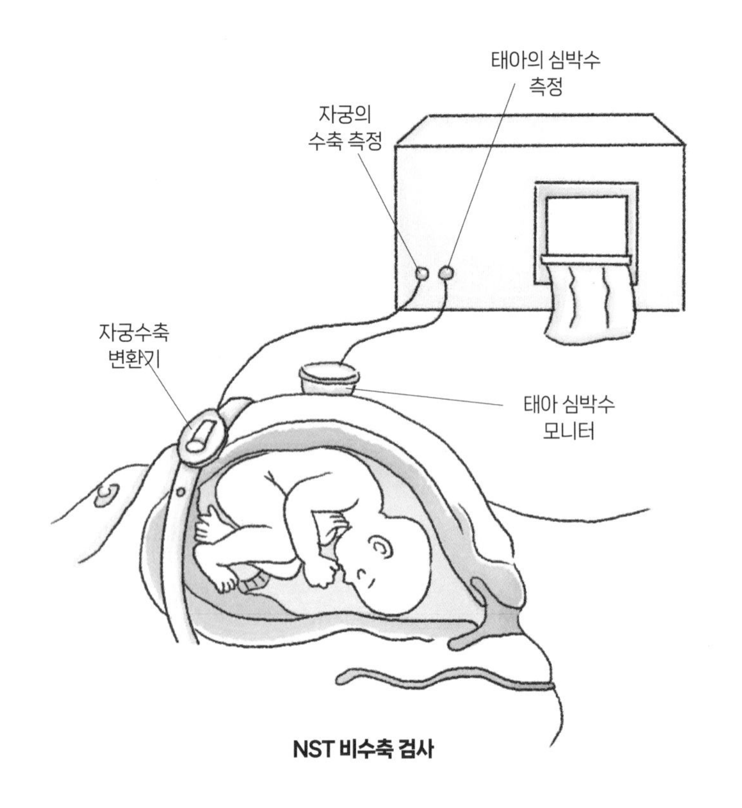

NST 비수축 검사

볼 수 있어요. 태동과 함께 기본 심박동수보다 15bpm 이상, 15초 이상 지속적인 태아 심박동의 상승이 2회 이상 확인됩니다.

검사 진행

태아 심박동을 모니터하는 동시에 엄마 자궁의 수축 여부도 함께 모니터하게 됩니다. 진통의 유무도 확인할 수 있어요. 이러한 태아 비수축 검사 모니터는 분만 중에도 시행합니다. 분만 중에는 자궁수축으로 인해 탯줄을 통한 태아의 혈액 공급이 감소되기도 하며 극심한 스트레스로 태아가 지치기도 합니다. 이 검사는 자궁수축과 태아 심박동을 동시에 모니터하며 자궁

수축이 올 때 태아 심장이 지치지 않고 잘 견디고 있는지를 확인하는 수단이 됩니다.

이상 신호

간혹 진통이 올 때 태아가 스트레스를 못 견디고 심장박동이 떨어지는 경우가 있어요. 자궁수축과 함께 심장박동이 살짝 떨어지는 것은 일시적인 현상일 수 있으므로 혈액순환이 좋아지는 자세로 바꾸거나 안정을 취하면서 경과를 지켜보세요. 자궁수축이 있고 나서 수초 후 심장박동이 천천히 떨어진다면 이는 일시적인 현상이 아닌 태반 관류에 이상이 있음을 보여주는 신호이기도 합니다.

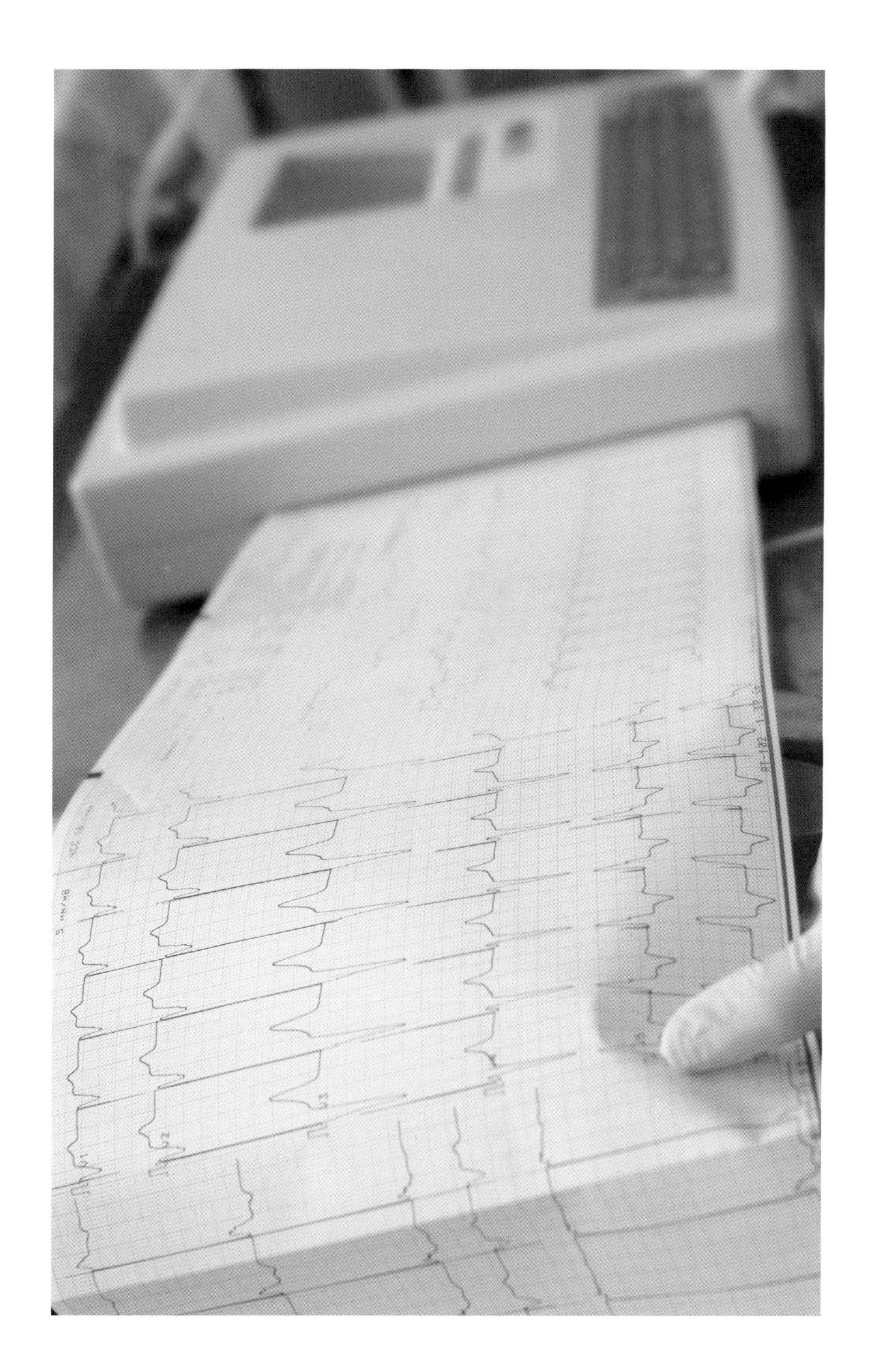

태아가 자는 경우

태아가 자는 경우 초음파 자극기로 태아를 깨우는 시도를 한다. 최대 40분 이상 모니터를 하면서 태아가 깨기를 기다린다. 검사가 길어지면서 엄마가 힘들어할 경우 검사를 중단하고 잠시 휴식을 취한다.

검사 중 이상 반응

검사를 길게 하다 보면 임산부가 갑작스럽게 메스꺼움과 현기증을 느낄 수 있다. 이는 자궁이 엄마 배 속에서 큰 혈관을 계속 누르고 있기 때문에 혈액순환이 안 돼서 나타나는 증상이다. 엄마 배 속 큰 혈관이 덜 눌리도록 잠시 검사를 멈추고 왼쪽 옆으로 누워서 쉬도록 한다. 휴식 후 다시 편안해지면 검사를 진행한다.

10개월 차 엄마의 몸 상태

Dr.류's Talk Talk

분만을 잘할 수 있을까 막연한 불안감이 드는 시기입니다.
내진을 통해 혹여나 골반이 너무 좁지는 않은지 확인을 하지만 골반이 좁아
자연분만 시도조차 못하는 경우는 흔치 않습니다. 대부분 분만 과정에서 자연스럽게
골반뼈와 인대가 이완이 되고 또 그에 맞게 우리 아기의 머리도 형태를 맞추어 나갑니다.
통증도 무통주사, 라마즈 호흡법 등을 이용하여 효과적으로 극복할 수 있습니다.
분만은 자연스러운 과정입니다. 잘해낼 수 있습니다.

엄마의 몸이 변해요

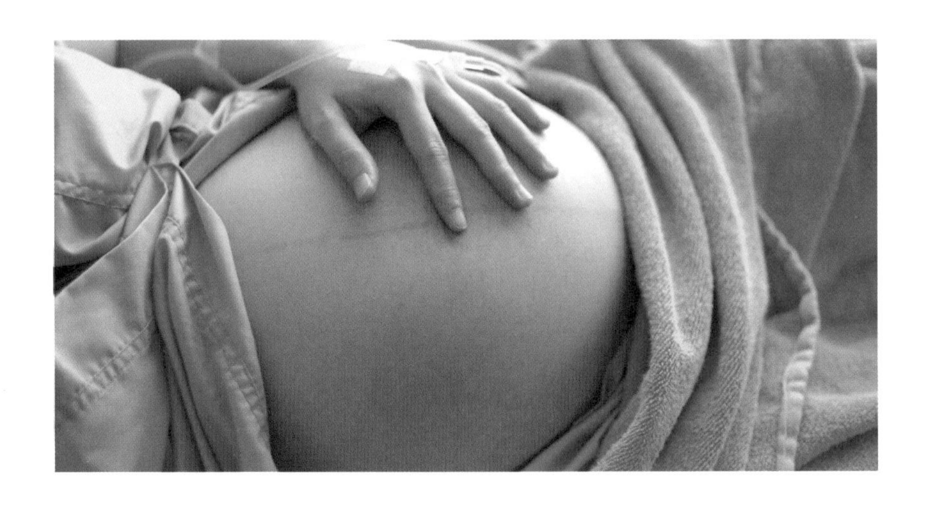

배가 자주 뭉침

분만에 이르는 진통은 아니더라도 분만이 임박할수록 좀 더 잦은 횟수의 배뭉침이 있습니다. 배가 뭉치는 것은 일종의 자궁경부 리모델링과 관계되는 증상이에요. 10개월 동안 양수와 태아를 지탱해주었던 딱딱한 자궁경부는 분만을 준비하면서 점점 부드러워지게 됩니다. 또한 볼펜 구멍만 했던 자궁경부 입구는 서서히 넓어져요. 이러한 과정에서 배가 종종 뭉치는 것을 경험하게 됩니다. 불규칙하게 한 시간에 한두 번 정도로 발생되는 배뭉침은 분만으로 이어지는 진통은 아니에요.

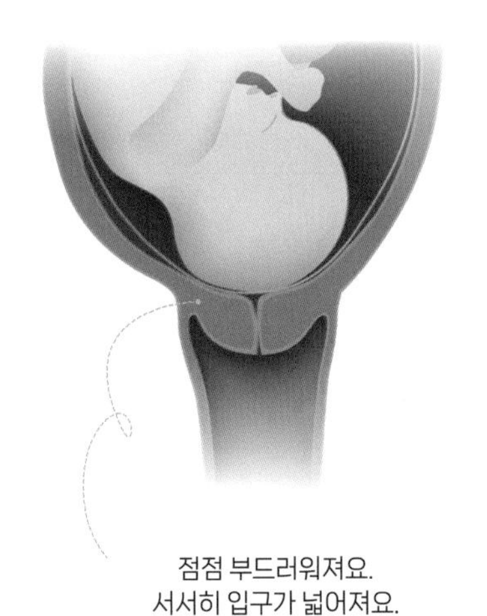

점점 부드러워져요.
서서히 입구가 넓어져요.

치골 통증

양수, 태아, 태반의 무게가 4kg 이상이 되는 시기입니다. 또한 커진 자궁

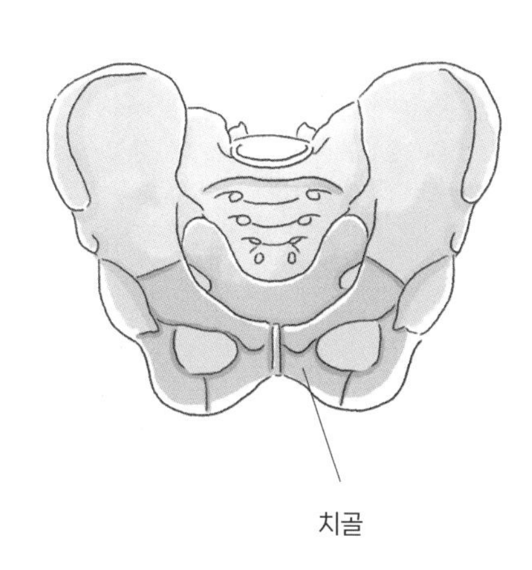

으로 인해 체액이 저류되어 있고 골반 안으로 내려온 태아 머리는 더욱 더 치골을 압박하며, 치골 쪽에는 극심한 통증이 생깁니다. 경우에 따라서는 다리까지 뻗치는 통증이 발생될 수 있으며 치골이 밑으로 빠지는 듯한 통증을 느낍니다. 또, 한쪽이 더 심하게 비대칭적으로 통증이 나타나기도 합니다. 통증이 심할 때에는 치골로 향해 있던 하중을 줄일 수 있는 자세를 취하여 휴식을 취하세요. 출산 후 치골 통증은 호전됩니다.

태동이 약해짐

태아의 머리가 골반 안으로 내려오며 골반 안쪽에 반쯤 고정이 됩니다. 또한 양수가 감소하며 전체적으로 움직일 수 있는 공간이 작아지기 때문에 예전에 비해 태동이 감소합니다. 하지만 태동 자체가 사라지는 것은 아니므로 태동이 약해지고 횟수가 감소하는 것은 괜찮지만 2시간에 10회 이하로 태동이 없을 시에는 병원에 방문해야 합니다.

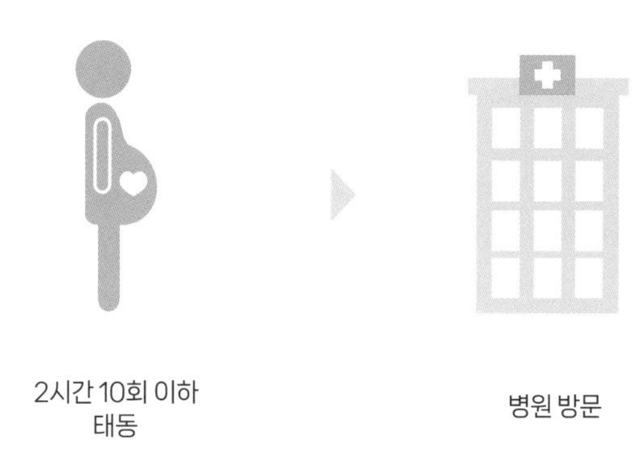

분비물 증가

출산을 준비하는 호르몬은 질 내부의 점액 분비를 촉진시켜 질 분비물이 증가하게 됩니다. 약간의 점액성을 띤 질 분비물은 유백색 또는 투명한 색이에요. 간혹 양수가 흐르는 것이 아닐까 착각하게 될 정도로 많은 양의 분비물이 나오는 경우도 있습니다. 양수는 깨끗한 물로 소변과 비슷해보입니다. 양수가 터지게 되면 패드를 흠뻑 적시며 지속적으로 흐르는 느낌이 들어요. 혹은 자세를 바꾸거나 기침을 해서 복부에 힘이 들어가는 자세를 취할 때 좀 더 흐르는 느낌이 많이 듭니다. 이러한 경우 즉시 산부인과에 내원해야 합니다.

온몸의 관절이 느슨해짐

분만과 관련된 여러 가지 호르몬의 분비가 증가됩니다. 이는 골반 인대를 이완시켜주어 분만 시 아기가 엄마의 골반뼈를 잘 통과할 수 있게 해줍니다. 다만, 골반뼈에만 작용하는 것이 아니라 전신적으로 영향을 주기 때문에 손목이나 발목 관절들도 느슨해져 있는 상태가 됩니다.

소변이 흘러나옴

막달이 되면 자궁은 더욱 심하게 방광을 압박하게 됩니다. 방광과 요도 사이에는 구조적으로 적당한 거리와 각도가 있어 소변을 보고 참는 것을 효과적으로 조절할 수 있게 됩니다. 그런데 막달이 되면 자궁이 커지면서 이러한 방광과 요도 사이의 구조적인 형태가 어긋나고 이로 인해 요도 괄약근의 조여주는 기능이 제 기능을 다하지 못하게 됩니다. 따라서 갑자기 웃거나 힘을 줄 때, 간혹 소변이 조금씩 묻어나는 경우가 있어요. 이는 출산 후 서서히 정상으로 다시 돌아오게 됩니다.

유두에서 분비물 발생

임신 중 증가되어 있는 호르몬의 영향으로 가슴은 최고로 부풀어 있습니다. 가슴선이 발달하면서 유두에 노르스름한 초유가 묻어나오기도 하지요. 묻어나 있는 것만 부드러운 물티슈로 닦아줍니다. 가슴을 무리하게 주무르거나 유두를 자극하지 않습니다.

가진통과 진짜 진통 차이

진짜 진통은 분만으로 이어지는 진통이다. 즉, 분만이 진행될 수 있게 지속적으로 센 강도의 수축이 있으면 결국 자궁경부가 열리면서 아기가 산도로 내려오게 되는 것이다. 반면 가진통은 분만으로 이어지지 않는 배뭉침을 말한다. 분만으로 이어지지는 않는 배뭉침이기 때문에 강도가 세지 않다. 또한 진짜 진통은 처음에는 10분에 1~2회, 그리고 10분에 3회로 점점 간격이 짧아지고 강도가 세지면서 뭔가 몰아붙이는 느낌으로 진행이 되는 편에 비해 가진통은 시간이 지나도 진통 간격이 짧아지거나 세기가 강해지지 않는다. 또한, 왼쪽 옆으로 누워서 쉬다 보면 호전되는 경우가 많다. 진통의 간격이 점점 짧아지고 강도가 세지면서 계속적으로 배가 아파오는 것이 진짜 진통이다. 초산모의 경우 진짜 진통이 오고 아기가 태어날 때까지 생각보다 긴 시간이 필요하다. 진통이 오는 것 같으면 당황하지 말고 침착하게 짐을 챙기고 남편과 가족에게 알린 뒤 병원으로 출발하면 된다.

가진통과 진짜 진통 구별법

가진통	진짜 진통
불규칙, 짧음	진통 간격이 짧아짐
강해지지 않음	점점 강해짐
보행이 진통의 강도를 증가시키지 않음	보행이 진통의 강도를 증가시킴
누우면 진통이 사라짐	누워도 진통이 계속됨

이슬

자궁경부가 분만을 위한 리모델링을 준비하다 보면 혈액이 섞인 질 분비물이 울컥하고 밖으로 나오게 되는 경우가 있다. 이를 이슬이라고 한다. 이슬은 점액성분과 혈액이 섞인 형태로 나온다. 이슬이 나왔다는 것은 우리 몸에서 분만을 준비하고 있고 활발히 자궁경부가 부드러워지며 자궁수축이 일어나고 있다는 뜻이다. 대개 이슬이 비치면 30% 정도는 24시간 이내에 분만진통이 발생하고 대개 일주일 이내에 분만진통이 생기게 된다. 하지만 이슬이 없는 상태에서도 진통이 와서 분만으로 이어질 수 있으니 반드시 이슬이 분만 전 꼭 있어야 하는 징후는 아니다.

03

10개월 차 임산부 생활의 팁

Dr.류's Talk Talk

일을 하고 있었던 임산부들은 이 시기 출산휴가에 들어가기 시작합니다.
최소 일주일 정도는 집에서 쉬면서 마음을 편하게 가지며 열심히 운동을 해야 합니다.
계단 오르기, 쭈그려 뛰기 등 인터넷에 진통 빨리 걸리는 방법이 다양하게 소개가 되는데,
과연 그러할까요? 엄마의 신체활동이 많으면 그만큼 분만진통이 빨리오는 것은
사실이지만 며칠 만에 직접적인 변화를 일으키지는 않습니다.
오히려 과도한 운동으로 발목이나 허리를 다칠 수 있으니 조심하세요.

출산을 준비해요

혼자서 멀리 외출을 하지 않기

갑작스런 진통이나 양막파수가 있을 수 있어요. 장거리 외출은 삼가는 것이 좋아요.

출산 계획을 세우고 휴가를 신청하기

보통 임신 38~39주경 휴가를 쓰기 시작합니다. 최소 출산예정일 일주일 전부터 집에서 분만을 본격적으로 준비하며 긴장을 이완하고 차분히 분만진통이 오기를 기다리는 게 좋습니다. 진통이 어느 순간에 오는지는 개인마다 달라요. 출산예정일까지 너무 꽉 채운 회사 일정은 무리가 될 수 있습니다. 최소 39주 이내에 출산휴가를 내고 회사 일을 정리하세요. 단, 막달에 상대적으로 집에 계속 누워만 있게 되면 태아 몸무게가 급격히 증가하는 수가 있습니다. 휴가를 받아 집에서 쉬고 있더라도 줄어든 활동량만큼의 가벼운 운동을 꾸준히 해야 합니다.

인수인계에 신경 쓰기

몸이 많이 힘들고 정서적으로 불안한 시기이지만 분만 후에도 계속 일할 곳이며 출산휴가 동안 자신의 빈자리를 채워주는 동료들에게 최선을 다해 꼼꼼하게 인수인계 정리를 합니다. 임신

중에서도 프로다운 모습을 보여줘야 출산휴가 후 직장에 복귀할 때 주변에서 다들 환영받을 수 있는 사람이 되겠지요.

출산준비물 최종 점검하기

병원마다 기본적으로 주는 용품의 범위가 다양합니다. 미리 병원에서 주는 용품, 퇴원 시 필요한 용품을 점검하여 진통이 와서 병원에 입원할 때 가져갈 출산가방을 만들어놓습니다. 또한 산후조리원이나 병원에서 퇴원 후 필요한 용품을 따로 분류하여 가방을 챙겨놓으세요.

병원에 가지고 갈 출산가방 준비하기

입원 시 필요한 준비물과 병원에 제출할 수첩 등을 미리 챙겨놓습니다. 혼자 있는 상황에서도 진통이 생기면 가져갈 수 있게 준비해놓으면 좋아요.

철분제와 단백질 섭취하기

임신 막달이 되면 소화기능의 저하와 분만에 대한 불안감으로 그동안 지켜왔던 철분제 섭취와 식이요법을 지키지 않는 경우가 많습니다. 임신 중 태아에게 필요한 철분의 양도 많지만, 분만 과정 자체에서도 피가 많이 나요. 분만 시 있을 출혈에 대비해서 철분제를 끝까지 잘 챙겨 먹도록 합니다.

더 열심히 운동하기

피로감 증가와 무거워진 배로 자꾸만 낮잠이 쏟아집니다. 10개월 차는 태아 몸무게의 증가폭이 개개인에 따라 매우 다릅니다. 열심히 운동하지 않으면 태아의 몸무게가 갑작스럽게 늘 수 있어요. 부지런히 식사 후 30분 이상 산책하며 너무 오랫동안 누워 있지 않습니다.

10개월 차 아빠가 해야 할 일

Dr.류's Talk Talk

바람이 불면 날아갈 것 같았던 아내였는데, 임신을 하고 나니
많이 강해지고 엄마다워지는 걸 볼 수 있을 것입니다.
강한 모성애에서 비롯된 변화로 엄마는 그 누구보다 강력하게
아기를 지킬 것이며 아기를 위해 노력할 거예요. 따라서 엄마가 생각하는
육아의 방향과 원하는 바를 최대한 존중해주세요. 결국 신생아기에
모유수유를 하며 아기와 함께 있을 주 양육자는 아내이기 때문입니다.

어떤 노력이 필요할까요?

아기 옷 빨래 함께 하기

아기가 입게 될 옷이나 사용하게 될 이불, 가제수건 등은 빨아야 하는데 그 양이 생각보다 많습니다. 세탁뿐만 아니라 잘 널어서 말린 후 정리하는 것까지 손이 많이 갑니다. 조그마한 아기 옷을 함께 빨고 널면서 아내를 도와주고, 아빠가 된다는 즐거움을 맛보길 바랍니다.

아기용품을 함께 정리하기

육아는 아내 혼자만의 일이 아닙니다. 아내도 처음 겪어보는 일이기 때문에 매우 서툴고 두려워할 거예요. 이때 힘을 합치면 좀 더 수월하게 힘든 육

아에 적응할 수 있습니다. 아이를 돌보는 동안에는 기저귀, 체온계, 아기 옷, 속싸개, 가제수건 등의 아기용품이 놓인 위치를 잘 알고 있어야 합니다. 아빠도 아기를 혼자 돌보아야 할 때가 옵니다. 필요한 순간이 되어 어디에 있는지 헤매면 안 되겠지요. 종류별로 잘 찾을 수 있도록 아기용품은 함께 정리해주도록 합니다.

출산준비물 점검 함께 하기

분만진통은 예기치 못한 변수가 많이 있습니다. 일단 아내는 진통이 걸리면 통증으로 아무것도 할 수 없고 많이 힘들어합니다. 출산을 위해 준비해놓았던 가방과 물품을 아빠가 챙겨야 하지요. 따라서 출산준비물도 함께 준비하며 최종적인 점검을 합니다.

산후조리 계획하기

최근 산모들은 산후조리원을 많이 이용하고 있습니다. 임신 초기에 예약을 해야 원하는 시기 산후조리원을 이용할 수 있지요. 산후조리원을 이용하기로 했다면 이용 예약이 최종적으로 잘 되어 있는지, 분만 후 어느 시점에서 연락을 해야 하는지도 다시 한 번 확인합니다. 산후도우미를 이용하기로 했다면, 업체번호 및 이용가능 상태도 다시 한 번 점검합니다.

둘만의 산책, 데이트하기

신생아는 면역이 약하기 때문에 쉽게 외출하지 못합니다. 이제 아내는 출산 후 아이와 함께 한동안 외출할 수 없어요. 또 이제 부부 사이에는 귀여운 아기가 언제나 함께하게 될 것입니다. 둘만 할 수 있는 데이트나 산책, 쇼핑을 이 시기에 많이 하는 게 좋습니다.

초기 육아 방향을 함께 의논하기

병원에서 퇴원 후 아내의 몸조리 방법, 그리고 아이를 재울 때 어떻게 할 것인지, 사소하게는 방 사용까지도 함께 의논하세요. 아이를 재우는 방이 결정이 되면 그에 맞게 방 정리를 하고 준비해야 하기 때문입니다. 아기 키우는 것을 도와주실 분의 유무, 아이가 주로 있을 공간의 설정, 아이용품을 주로 놓을 곳 등을 상의하세요. 남편 입장에서 불편하거나 비합리적이라고 판단이 되면 무작정 다그치기보다 차근차근 잘 이야기해주세요.

출산가방 똑똑하게 싸기

Dr.류's Talk Talk

흔히 '출산가방'으로 불리는 가방을 잘 싸놔야
급작스럽게 병원에 갈 때 당황하지 않겠지요.
산모수첩이나 신분증 같이 필수로 가져가야 할 물건들을 잘 챙기도록 합니다.
각 병원마다 제공해주는 물품 범위와 종류가 다양합니다.
병원에서 제공되는 품목을 미리 잘 체크해서 준비하면
보다 합리적이고 경제적인 가방을 쌀 수 있어요.

출산가방을 싸요

필수준비물

기본적으로 입원 수속을 해야 하기 때문에 건강보험증과 신분증을 챙겨야 합니다. 그동안 병원을 다니며 간략하게 임신 상태와 경과에 대해 체크해놓은 산모수첩도 출산가방에 챙겨가면 좋습니다.

입원 기간 병원에서 필요한 준비물

내의, 양말

계절에 상관없이 아이를 낳고 나면 오한을 느낍니다. 입원복 안에 내의를 입고 목이 긴 양말을 신는다면 보온에 도움이 돼요. 또한 땀이 많이 날 수 있고 피가 묻을 수 있기 때문에 넉넉하게 3~4개 정도 준비합니다. 계절에 맞게 내의 길이와 두께를 조절하세요.

산모용 패드

분만 후 일주일 정도 자궁내막의 탈락과 임신 부산물이 밖으로 흘러나오게 됩니다. 이를 오로라고 하며 5~7일간은 붉은 혈흔과 함께 나오며 약 4~6주 동안은 노란색의 분비물 양상으로 나옵니다. 따라서 분만 후 병원에서 주기도 하지만 생각보다 오로의 양이 많은 경우 수시로 갈아야 합니다. 넉넉하게 준비해가는 것이 좋아요.

산모용 팬티

가슴 아래까지 배를 모두 덮을 수 있으며 통기성이 좋은 면제품으로 산모용 팬티를 3~5장 준비합니다. 굳이 출산 후 따로 구입이 필요하진 않아요. 그동안 사용했던 임부용 팬티를 잘 챙겨가면 됩니다.

물티슈, 가제수건

자연분만 직후는 분만으로 인한 출혈과 출산 후 갑작스런 혈역학적 변동으로 인해 샤워하는 것이 힘이 듭니다. 또한, 제왕절개술을 하였다면 어느 정도 상처가 안정되기까지 샤워를 제한합니다. 따라서 물티슈나 가제수건 등 간단하게 얼굴, 손, 발, 목 부위를 깨끗이 할 수 있는 준비물이 필요해요.

기초 화장품, 보습제품, 립케어 제품

제대로 씻지 못하지만, 기본적으로 얼굴 피부 트러블을 막을 수 있도록 스킨, 로션 정도의 기초 화장품은 사용하는 것이 좋으며 특히, 출산 후 급격한 탈진 상태에 입술이 많이 건조해집니다. 립케어 제품도 챙기는 게 좋아요.

복대

특히 제왕절개술 후 복대를 착용합니다. 이는 수술을 하면 피부, 피하지방, 근육, 근막 등에 상처가 생기고 이를 봉합한 상태가 됩니다. 이때 똑바로 서 있게 되면 중력에 의해 배가 밑으로 처지면서 수술 부위가 많이 당길 수 있고 극심한 통증이 생겨요. 따라서 늘어나 있는 배와 기본 구조물을 지탱해줄 수 있는 복대를 사용하는 것이 통증을 완화시켜줍니다. 대개 병원에서 복대는 준비해주지만 입원 전 복대를 주는지 확인할 필요가 있어요. 만약 준비가 안 된다면 빨래가 가능하고 넓게 배와 골반을 지탱해줄 수 있는 복대를 선택해서 준비합니다.

헤어밴드나 머리끈

출산으로 인한 피로와 통증으로 머리 감는 것이 생각보다 많이 힘이 들어요. 머리를 단정하고 깔끔하게 묶을 수 있는 헤어밴드나 머리끈을 준비합니다.

손목 보호대

만삭부터 우리 몸에서는 릴랙신의 분비가 왕성해지며 골반뼈뿐만 아니라 손목과 발목 등의 관절인대도 느슨해지는 현상이 발생합니다. 그러므로 처음 아이를 안고 수유를 시도하다 보면 손목을 다치기 쉬워요. 손목 보호대를 준비하고 아기 수유를 하는 것이 좋습니다.

수유패드

분만 후 초유가 돌기 시작하면 개인마다 수유량이 다릅니다. 계속적으로 수유량이 많아 속옷에 묻어나는 경우도 있어요. 수유패드를 준비합니다. 모유수유를 계획하지 않더라도 분만 후 며칠은 모유가 나오므로 수유패드는 필요합니다.

카디건

환자복 위에, 편하게 입을 수 있는 큰 카디건을 준비하는 것이 좋아요. 병원에서 큰 카디건을 주기도 하지만, 만약을 대비하여 병원 안에서 이동 시 필요한 카디건을 준비하면 좋아요. 겨울이라면 당연히 보온이 으뜸이 되어야 하지만 여름과 같은 계절에는 얇고 통기성이 좋고 조금 큰 카디건을 준비해서 편하게 입을 수 있도록 합니다.

회음부 방석

자연분만을 하고 나면 회음절개 부위에 멍든 것 같은 통증이 생기고 치질로 인해 앉는 자세가 많이 힘들어집니다. 이에 도넛처럼 가운데 구멍이 뚫린 동그란 회음부 방석을 착용하면 앉아 있는 자세가 훨씬 수월해집니다. 회음 부위 통증과 치질은 대개 수주 내로 급격히 호전되므로 방석의 사용 기간은 그리 길지 않아요. 따라서 가능하면 주변에 빌리는 게 좋고, 병원에 비치되어 있다면 병원 방석을 사용하도록 합니다.

보리차와 빨대

분만 후 수일 내로 우리 몸은 그동안 쌓여 있던 노폐물과 부종을 제거하는 수순을 밟게 됩니다. 급격하게 소변 양이 증가하면서 약 1~2L 정도의 수분이 몸 밖으로 빠져나가요. 급격한 혈역학동적인 변화는 심한 갈증을 일으키게 됩니다. 정수기 물을 받아 마시는 것보다 보리차를 끓여 마시는 것이 더 좋으며 보온병도 준비하여 정수기로 물을 뜨러 가는 수고를 덜도록 하세요. 컵에 있는 물을 마셔도 되지만 분만 후 하루 이틀은 컵을 드는 일조차 부자연스럽고 힘들 수 있어요. 이를 위해 빨대를 준비해가면 좀 더 수월하게 수분 섭취를 할 수 있습니다.

퇴원 시 아기가 입고 갈 옷과 속싸개, 겉싸개, 담요

아기가 퇴원할 때 구입 후 한번 세탁한 배냇저고리를 입히고 속싸개로 감쌉니다. 날씨가 추운 경우 아이를 덮어씌울 겉싸개와 담요도 함께 준비합니다.

카메라, 캠코더

분만은 엄마, 아빠가 되는 감동적인 순간입니다. 소중하고 축복된 시간을 카메라나 캠코더에 담아보세요.

음악, 책 등

입원 기간에 들을 음악이나 책 등을 챙기는 것도 좋습니다.

• PART •

3

출산과 육아

1

출산 임박

01

출산준비물 체크리스트

Dr.류's Talk Talk

아기를 낳고 지출이 갑작스럽게 늘게 되겠지만
이 시기만큼은 아이를 위해 뭐든 사고 싶고, 준비해주고 싶겠지요.
아기 용품 대부분이 잠깐 사용하긴 하지만 있으면 편하게 쓰고,
없으면 아쉽기 마련이에요. 과하지 않게 현명하게 준비해야 합니다.
막상 들뜬 마음에 구입해놓고 쓰지 않게 되는 경우가 종종 있어요.
대략적으로 어떤 용품들이 필요한지 살펴봅시다.

의류를 준비해요

의류 종류

아기 옷은 보온과 보호를 최우선으로 생각해야 합니다. 아기의 땀과 노폐물을 잘 흡수할 수 있는 통기성이 좋은 순면제품으로 준비하세요. 디자인보다는 쉽게 입히고 벗길 수 있는 기능성이 좋은 옷을 선택하며, 바느질 마감이 안쪽으로 되어 있거나 시접이 너무 두꺼운 옷은 아기가 입고 있는 동안 불편할 수도 있어요. 아기에게 입히기 전 세탁을 하고 잘 말려놓는 것이 좋습니다.

종류	개수	종류	개수
배냇저고리	3~5	양말	2~3
배냇가운 (겨울 아기일 경우)	2~3	내의	2~3
가제수건	20~30	신생아 우주복	1~2
손발싸개	2	신생아 실내복	2
신생아모자	1	기저귀	1팩(30~40장)

배냇저고리

아기의 기본 속옷입니다. 아기들은 자주 토하고 땀도 많이 나기 때문에 흡수성과 통기성이 좋은 순면제품이 좋고 수시로 갈아입히기 편하게 디자인된 옷이 좋습니다. 만약 아기가 쌀쌀한 날씨에 태어났다면 배냇저고리만으로 보온이 충분하지 않을 수 있겠지요. 보온을 위해 배냇저고리 위에 덧입힐 수 있는 배냇가운도 준비하세요. 그런데 출산 후 산후조리원을 이용한다면 약 2주 정도 기간 동안에는 산후조리원의 배냇저고리를 이용하게 됩니다. 이런 경우 실제로 사용하는 배냇저고리 기간이 짧겠지요. 이점을 감안해서 사도록 합니다.

내의

태어난 지 1개월이 지나면 배냇저고리보다 내의를 입히는 경우가 많습니다. 입히고 벗기기 쉬운 디자인을 선택하고 아기 몸을 조이지 않도록 조금 넉넉한 사이즈를 준비하세요.

특히 내의의 경우 주변에서 선물로 많이 받게 됩니다. 생각보다 많아질 수 있으니 미리 많이 사두지 말고 부족하다 생각이 들면 그때 사도록 합니다. 아기 옷은 무조건 삶아야 한다고 생각하는 경우가 많아요. 하지만 내의 등의 아기 옷은 삶으면 옷의 형태가 변하고 쉽게 해지기 때문에 삶는 것을 금하고 있습니다. 삶지 말고 적절하게 아기 옷 세제를 이용하여 세탁하세요.

기저귀

일회용 기저귀와 천 기저귀 두 가지 종류가 있습니다. 천 기저귀는 100% 면 소재의 부드럽고 통기성이 우수한 것이어야 하며 하루에도 몇 번씩 갈 수 있기 때문에 중간 사이즈로 적어도 30~40장 이상 준비해야 합니다. 천 기저귀를 쓰기로 준비한 산모도 외출 시에는 일회용 기저귀가 필요할 수 있으니 한 통 정도는 비상용으로 준비해놓는 것이 좋아요. 일회용 기저귀는 시기별, 사이즈별로 다양하게 판매됩니다. 시기에 맞춰 준비하세요.

> **어떤 기저귀를 선택해야 할까요?**
>
> 일회용 기저귀를 아이에게 착용했을 때 습진 등의 피부 트러블이 없으면 이것저것 바꿔서 사용하지 말고 일단 그 제품을 계속 사용하는 게 좋다. 태어나고 30일, 그리고 백일 사이 아이는 엄청나게 빠른 속도로 자란다. 작은 사이즈, 대개 1단계 기저귀를 너무 많이 사놓지 않는다. 사용하다가 부족해지면 그때 더 사도 된다.

턱받이

실제로 생후 30일까지는 턱받이보다는 가제수건을 많이 이용하게 됩니다. 즉 턱받이는 외출이 가능해지고 토하는 게 잦아드는 50일 전후로 사용을 하게 되므로 미리 꼭 사놓지 않아도 됩니다.

가제수건

아기가 침을 흘리거나 젖을 흘리면 항상 가제수건으로 닦게 됩니다. 빨아서 사용할 때에는 반드시 깨끗이 빨거나 삶은 후 햇볕에 말린 뒤 재사용합니다. 수시로 사용하게 되므로 넉넉하게 준비하는 것이 좋아요. 아이가 토하거나 침을 흘리면 수시로 닦고, 또 아이 입안 청소도 가제수건을 이용합니다. 따라서 철저하게 세탁 관리가 필요하지요. 가능하다면 삶아서 관리하고 무엇보다 세제 이용 후 남은 세제가 없도록 잘 헹구어졌는지 각별히 주의해야 합니다.

우주복

우주복은 보온성이 뛰어나서 가을 · 겨울철에 주로 입히게 됩니다. 겨울철 외출할 때는 발싸개, 손싸개까지 붙어 있는 것이 보온 효과가 높습니다. 신생아는 병원 검진 외에 외출할 일이 거의 없습니다. 많이 사둘 필요가 없습니다.

모자

신생아들은 머리숱이 적고 정수리 부분에 있는 대천문이 열려 있어 외출할 때 직사광선이나 외부자극에 그대로 노출되는 것을 주의해야 합니다. 머리를 통한 발열작용이 심하게 나타나요. 따라서 외부에서 오는 직접적인 자극을 피하고 체온을 유지할 수 있는 모자 착용을 권장합니다. 머리를 너무 조이지 않는 부드러운 소재의 모자를 택하세요.

침구류를 준비해요

침구류 종류

누워서 지내는 아기들을 위해서 침구류 선택은 다른 무엇보다 신중해야 합니다. 침대 사용 유무와 계절적인 영향을 고려해서 준비합니다.

이불과 요

이불 겉감은 면제품이면서 안은 목화솜으로 된 것이 가볍고 따뜻하며 통기성도 좋아 적합합니다. 이불의 커버를 벗길 수 있는 것이라면 빨래하기도 편리하고, 여름철에는 안의 솜을 빼내고 홑이불로 쓸 수 있어서 더 좋아요. 만약 아기 출생이 여름이라면 타월 형태로 된 이불을 많이 이용하게 됩니다. 신생아 요는 너무 푹신하거나 두껍지 않아야 해요. 요가 너무 푹신하면 아기가 자다가 잘못 엎어질 경우 요에 얼굴이 파묻혀 질식 위험이 있기 때문입니다.

종류	개수
속싸개	3~5개
겉싸개	1개
이불, 요세트	1개
담요	1개
좁쌀베개	1개
침대	1개
방수요	1~2개
짱구베개	1개

방수요

방수 처리가 되어 있어 요 위에 깔아주면 아기의 대소변이 요에 스며드는 것을 막아줘 세탁에 용이합니다. 천기저귀를 이용한다면 방수요가 요긴합니다. 하지만 일회용 기저귀를 쓸 경우 옆으로 잘 새지 않고 그때그때 갈아주면 되기 때문에 실질적으로 사용할 일이 많지 않습니다.

속싸개

아기를 직접 감싸게 되는 넓은 속싸개는 부드러운 소재로 준비하면 좋고 큰 목욕 타월로도 속싸개를 대신할 수 있어요. 아기를 이불 위에 눕히거나 아기 목욕 후에도 수건처럼 사용하기도 합니다. 넉넉하게 준비하세요.

베개

영아용 얇은 베개를 준비합니다. 생후 30일까지는 주로 좁쌀베개를 사용하며 이후 짱구베개를 사용하면 됩니다. 짱구베개는 뒤통수 모양이 예뻐지도록 가운데가 뚫려 있습니다.

겉싸개

아기를 감싸 안고 외출하면 바람이나 추위를 막아주는 보온 효과가 뛰어납니다. 옷 입히기가 힘든 생후 30일 이내 신생아기에는 내의를 입히고 그 위에 속싸개, 그리고 겉싸개를 하고 이동하게 됩니다. 가을, 겨울에는 요긴하지만 여름에는 사용을 잘 안 하게 됩니다. 또 우주복이 있다면 겉싸개를 대체할 수도 있습니다. 1개 정도 사서 활용을 잘하는 것을 추천합니다.

수유기구를 준비해요

수유기구 종류

아기가 직접 입에 물고 빠는 수유기구이기 때문에 안전함과 위생을 최우선으로 생각해서 선택해야 합니다. 또한, 효과적인 수유가 이루어져야 산모의 유방울혈 등을 최소화할 수 있기 때문에 꼼꼼하게 비교하여 본인에게 적합한 것을 선택하세요.

젖병

누구나 모유수유를 계획하지만 생각보다 양이 적거나 혹은 예상치 못한 문제로 분유수유 혹은 분유 보충이 필요할 수도 있습니다. 또한 모유를 유축해서 먹이는 경우가 생기기도 하지요. 예비로 1~2개 정도 준비해놓는 것이 좋습니다. 젖병에는 플라스틱과 유리 재질이 있는데, 신생아에게는 유리로 된 것이 온도 변화가 적어 좋아

종류	개수
젖병	1~2개
유축기	1개
소독기세트	1개
수유패드	1팩
수유쿠션	1개
젖병 세척용 브러쉬	1개
젖병 소독집게	1개

요. 뜨거운 물을 젖병에 넣게 될 경우 환경호르몬이 나오는 경우도 있을 수 있으니 살 때 환경호르몬 검출 여부를 꼭 확인하세요.

젖꼭지

부드럽고 탄력 있는 실리콘으로 된 것이 대부분입니다. 직접 입으로 빠는 부분인 만큼 환경호르몬 검출 여부를 꼭 챙겨야 해요. 시기별로 사용하게 되는 젖꼭지가 다르므로 시기에 맞게 구입하는 게 현명합니다.

소독기구

냄비에 물을 끓인 뒤 젖병을 넣고 열탕 소독을 하게 됩니다. 집에 소독을 할 만한 큰 솥이나 냄비가 있다면 그것을 그대로 사용하세요. 혹은 전자레인지를 사용하여 간편하여 소독할 수 있어요. 최근에는 증기를 이용한 젖꼭지 전용 소독기구 있어 개인의 상황과 필요에 따라 소독기구를 선택하면 됩니다.

젖병 · 젖꼭지 세척솔

젖병을 구매할 때 젖병을 세척할 솔도 함께 구입하세요.

유축기

충분한 수유가 이루어지지 않아 젖이 남아 있거나 수유를 충분히 해도 양이 많아 넘치는 경우, 혹은 직장 출근을 위해 미리 모유를 짜놓아야 할 경우 유용하게 쓰입니다. 수동식, 배터리식은 처럼 휴대하기 좋고 자동식으로 휴대하기는 어려우나 좀 더 효과적으로 유축할 수 있어요.

수유패드

모유수유를 처음 시작하면 수유량과 시간이 들쑥날쑥합니다. 시간이 지나 젖이 차면 유두 끝에서 모유가 흐릅니다. 계속 브래지어를 바꿀 수는 없습니다. 이렇게 흐르는 모유를 효과적으로 흡수하는 도구가 수유패드입니다. 모유가 속옷에 묻는 것을 막아주고 유두 관리를 하는 데 도움을 줍니다.

수유쿠션

모유수유는 처음 2~3시간 간격으로 자주하게 됩니다. 아이가 고개를 잘 가누지 못하고 엄마도 자세가 익숙하지 않아 어깨, 팔, 허리에 무리가 가기 쉽습니다. 수유쿠션은 아기를 수유에 적합한 높이로 받쳐주며 동시에 엄마 허리를 받쳐줘 수유를 더 용이하게 해줍니다.

목욕용품을 준비해요

목욕용품 종류

갓 태어난 신생아는 피지 분비물이 많기 때문에 생후 2~3개월까지는 매일 목욕시켜주는 것이 좋아요. 목욕을 시킬 때는 욕실을 따뜻하게 공기를 데운 후에 합니다. 목욕물의 온도는 따뜻한 38~40도로 유지하고, 팔꿈치를 대보았을 때 약간 따뜻한 정도가 적당합니다.

욕조

아기가 커서도 쓸 수 있게 넉넉한 크기에 열에 강하면서 부딪쳐도 잘 깨지

지 않는 것으로 삽니다. 욕조 표면과 가장자리가 매끄러운지 만져 보고, 깊이가 너무 깊지 않은 것을 선택하세요. 목욕그네, 목욕의자는 혼자서 씻길 때 자세를 잡지 못하는 아기를 고정할 수 있어서 편리하게 이용할 수 있습니다.

목욕타월

목욕 후 열른 아기 몸을 감싸 물기를 없애고 찬 기운을 막아주는 데 유용합니다. 아기 몸을 충분히 감쌀 수 있는 넉넉한 크기로 하고, 아기 피부에 직접 닿는 것이기 때문에 부드러우면서도 흡수성이 좋은 제품으로 준비하세요.

목욕손타월

적당히 거품이 나고 부드러운 소재를 이용 아기 몸을 부드럽게 문지를 수 있는 정도면 충분합니다. 물론 가제수건으로 대체해도 돼요.

아기 전용 비누

향이 강하지 않고 혹시나 눈에 들어가도 자극이 없는 순한 것으로 구입하세요. 아기는 몸을 씻는 비누를 머리 감을 때도 사용합니다.

마사지 오일

목욕 후 가볍게 만져주는 마사지는 아기 정서나 신체 발달에 도움을 줍니다. 아기용 마사지 오일을 구입해도 좋고 아기 전용 로션을 이용하여 마사지를 해줘도 됩니다.

아기 전용 로션

아기의 피부는 정말 약하고 예민합니다. 쉽게 건조해지고 약한 자극에도 증상이 나타납니다. 어른용과 별개로 향이 적고 피부 자극이 적은 것을 선택해야 합니다. 또한 보습력이 좋은 제품을 선택해야 합니다.

종류	개수
목욕타월	1~2개
목욕손타월	1개
아기욕조	1개
면봉	1통
물티슈	1개
마사지 오일	1개
로션	1개
목욕비누	1개

기타 아기용품을 준비해요

기타 아기용품 종류

아기를 건강하게 잘 케어하기 위해서는 다양한 용품들이 필요합니다. 어떤 종류가 있는지 알아보아요.

손톱가위

아기는 배 속에서도 손톱, 발톱이 자라고 있었습니다. 태어나서도 손톱, 발톱은 아주 빨리 자라지요. 긴 손톱으로 자신의 얼굴을 긁어버리기 십상입니다. 그래서 바로바로 손톱과 발톱을 잘라줘야 합니다. 세균 감염이 있기 때문에 어른들이 쓰는 것과 분리해서 따로 개인용 손톱가위를 사용해야 합니다. 사이즈도 신생아용 손톱가위를 준비하면 됩니다.

체온계

아기는 쉽게 열이 나고, 열 조절이 잘 안 되면 매우 위험할 수 있습니다. 따라서 체온계를 상비해서 몸이 뜨거운 것 같으면 열이 있는지 없는지 반드시 체크합니다.

습온도계

아기의 방안 온도와 습도가 아기에게 적당한지 습온도계로 체크하면 도움을 받을 수 있습니다.

기저귀 가방

많은 아기용품을 효율적으로 수납 정리할 수 있고, 편하게 들고 다닐 수 있는 것으로 선택합니다.

포대기나 아기띠

출산선물로 많이 하거나 받게 되는 품목입니다. 실제로 포대기와 아기띠는 아기가 목을 제대로 가누는 100일 이후부터 사용하게 됩니다. 미리 살 필요는 없습니다.

아기 전용 면봉

어른들 면봉보다 먼지가 덜 날리고, 깨끗한 항균 처리가 되어 있는 면봉으로 준비해놓습니다.

아기 전용 물티슈

발암성 물질이나 인체 유해 물질이 적은 아기 전용 물티슈를 사용하길 권합니다. 물티슈로 닦은 장난감이나 물품이 입으로 들어가기도 하고, 물티슈로 아이 손이나 발바닥 등 몸을 닦을 수 있기 때문입니다. 하지만 태어나기 전부터 미리 많이 준비할 필요는 없습니다. 신생아기에는 얼굴이나 입은 가제수건에 물을 묻혀서 많이 닦아줍니다. 대변을 봤을 때에도 물티슈를 이용해 닦기보다는 물로 직접 씻겨주는 것이 좋습니다. 물티슈는 아기용품이나 아기주변을 그때그때 닦을 때 요긴하게 쓰일 수 있고, 아기가 조금 크고 나면 그 쓰임이 점점 많아지게 되는 품목입니다.

유모차

유모차는 아기가 외출이 가능한 시기부터 주로 쓰이게 됩니다. 태어나기 전부터 미리 살 필요는 없습니다. 아이가 안전하고 편안하게 탈 수 있는 유모차, 그리고 손쉽게 이용할 수 있는 유모차를 선택하세요.

카시트

신생아기에는 목 가누기가 쉽지 않기 때문에 바구니형 카시트를 추천합니다. 하지만 바구니형은 1년 남짓 기간 정도만 사용할 수 있다는 단점이 있습니다. 반면 목을 가누는 3개월 이후부터 사용하는 카시트는 4세까지 사용할 수 있는 장점이 있습니다. 신생아기 차를 타고 장거리 이동이 필요하다면 카시트는 반드시 미리 준비해야 합니다. 특별히 백일 이전 아기가 장거리 이동이 필요없다면 백일 이후부터 사용해서 4세까지 이용할 수 있는 카시트를 준비해도 됩니다.

출산 과정 미리보기

Dr.류's Talk Talk

출산이라는 과정은 임신 10개월과 맞먹을 만큼 중요하고 위험한 순간입니다.
누구나 다 여자라면 아기를 낳는다고 생각하여
단순히 출산을 자연스러운 과정이라고 대수롭지 않게 여기기도 하지만,
출산이란 과정은 다양한 변수와 많은 위험이 있는 큰 통과단계입니다.
이러한 위험과 변수는 자연분만이든 제왕절개든 관계없이 일어나며
이를 미리 예측할 수 없다는 맹점이 있습니다.

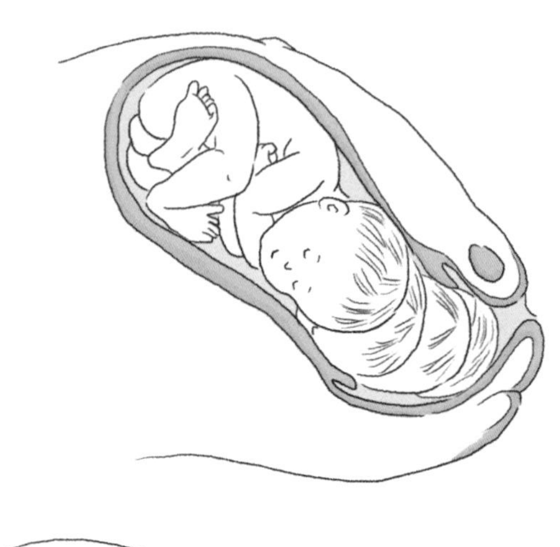

출산 과정을 알아보아요

출산의 원리

자궁수축은 위에서 시작되어 아래로 내려갑니다. 즉 위에서부터 수축을 하기 시작하면서 자궁 윗부분은 더욱 두터워지며, 아래쪽인 자궁경부는 위로 당겨지면서 얇아집니다. 이렇게 자궁이 수축되어 자궁경부가 열리고, 동시에 수축하는 힘이 태아 엉덩이를 밑으로 밀어주기 때문에 태아는 점점 내려가게 됩니다.

성공적인 출산

출산은 태아 머리가 작은 소라 속 안에 길을 잘 돌고 돌아 나오는 것과 같은 여정이에요. 이를 위해선 엄마의

골반뼈가 태아가 잘 통과할 수 있게 이완이 되어야 합니다. 또한 자궁문 역할을 하는 자궁경부도 부드럽게 잘 열려야 해요. 이렇게 넓어진 공간으로 태아는 점점 내려오게 됩니다. 이때 태아 엉덩이를 밀어주는 자궁수축력이 일정한 세기와 간격으로 잘 밀어줘야 태아는 잘 내려올 수 있습니다. 여기에 엄마가 복부를 수축시키며 같이 밀어주기를 잘하면 태아는 좀 더 효과적으로 밑으로 내려오게 됩니다.

출산이 왜 위험한가요?

자궁근이완증

분만 후 커진 자궁에서 태아가 빠져나가고, 이후 태반이 떨어지고 나면 자궁은 원래대로 돌아가려는 수축이 일어나야 합니다. 그렇지 않으면 태반으로 향했던 많은 혈관에서 계속적으로 피가 나오게 되지요. 자궁근육이 수축을 하며 근육 사이에 있는 큰 혈관들을 꽉 쪼여주며 더 이상 피가 못 나오게 막아주어야 합니다. 만약 근육이 태반이 떨어지고 나서도 수축하지 않는다면 순식간에 수도꼭지를 튼 것처럼 심장에서 나오는 피가 자궁혈관을 통해 몸 밖으로 빠져나가게 돼요. 자궁근이완증이 생기면 자궁수축제를 사용하고 동시에 자궁 마사지를 시행하며 자궁수축이 돌아오게 유도합니다. 대부분 자궁 마사지와 자궁수축제 투여로 자궁이 수축이 되지만 자궁근이완증이라고 하는 병적인 상태에서는 계속적으로 자궁근육이 이완되어버려요. 주로 전치태반, 거대 자궁, 지친 자궁 등에서 조금 더 호발하는 경향이 있으나 태반이 떨어지기 전까지는 예측할 수 없다는 맹점이 있습니다.

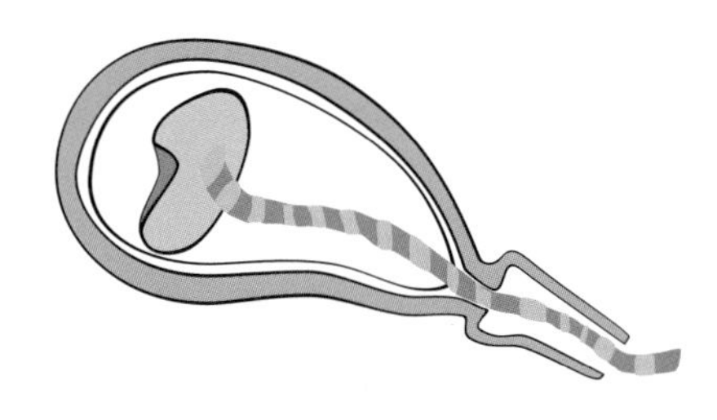

대처법

자궁근이완증이 발생되면 얼마나 빨리 몸 밖으로 빠져나가는 피를 대신하여 수혈을 적절히 해주느냐, 몸 밖으로 빠져나가는 양을 최소화하기 위하여 응급조치를 어떻게 하느냐가 가장 중요합니다. 마사지와 수축제로 자궁수축이 돌아오지 않으면 다음단계로 넘어갑니다. 자궁 안쪽을 직접적으로 강하게 지압을 해줄 수 있는 풍선같은 바크리를 넣는 방법을 시도합니다. 자궁근이완증이 심하지 않은 경우 대개 풍선 삽입으로 지혈이 될 수 있어요. 이러한 응급조치 이후에도 계속적인 출혈이 발생되는 경우 다음 단계로 넘어갑니다. 대학병원으로 이송하여 자궁으로 가는 가장 큰 동맥혈관을 막는 색전술을 시행해요. 대부분 일시적으로 자궁으로 가는 동맥을 막는 매질을 이용하기 때문에 추후에 다시 자궁은 정상적인 기능을 할 수 있어요. 큰 혈관을 막아도 작은 혈관에서 지속적으로 일정량 이상의 출혈이 계속되는 경우에는 자궁 전체를 적출하는 최후의 방법을 선택하게 됩니다. 이 과정에서 출혈이 심한 경우 뇌로 가는 혈류가 감소되어 뇌손상을 받을 수 있고 심할 경우 사망에 이를 수도 있습니다. 산모의 생명을 최우선으로 상황에 맞게 대처하게 됩니다.

자궁근이완증 치료

양수색전증

양수가 분만 과정 중 우연히 산모의 혈관을 타고 들어가게 되는 경우로, 양수가 심장이나 폐, 뇌 등의 중요한 혈관을 막거나 우리 몸에 쇼크반응을 일으켜서 다발성장기부전으로 사망에 이르게 하는 무서운 질병입니다. 이 역시 정확하게 어느 경우에 발생하는지 예측할 수 없으며 일단 발생하게 되면 치사율이 70%에 이르는 무서운 질병이에요.

03

자연분만

Dr.류's Talk Talk

TV 속 드라마를 보면 자연분만하는 장면이 자주 등장하지요. 여배우가 땀을 뻘뻘 흘리며 남편의 손을 잡고 악을 쓰는 장면, 우리에게 '자연분만'이란 그런 모습이 가장 먼저 떠오를지 모릅니다. 막연하게 두렵기만 한 자연분만, 잘할 수 있을까요? 자연분만의 과정과 원리에 대해 공부합시다. 내가 겪어야 할 분만 과정을 잘 알고 있으면 더 효과적으로 분만을 하고 막연한 두려움에서 벗어날 수 있습니다. 분만에 이끌려가기보다 주체적으로 분만을 이끌어가보세요.

가진통과 진짜 진통은 어떻게 다른가요?

분만 과정

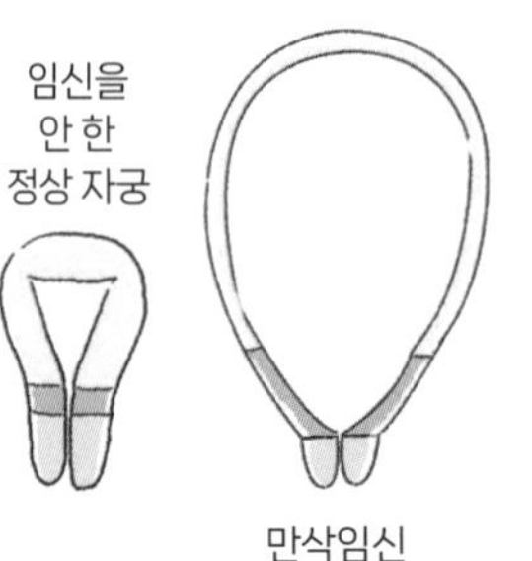

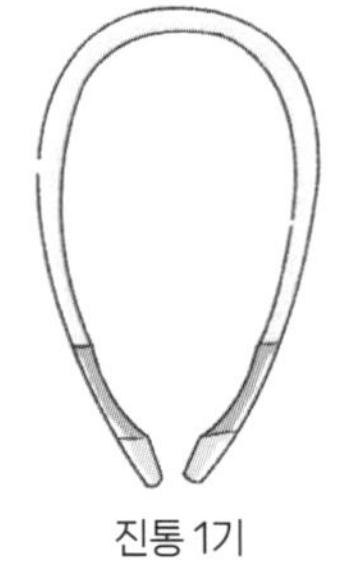

자궁 아래쪽이 위로 당겨지면서 종이처럼 얇아져요. 그러면서 자궁경부가 열리게 돼요.

병리적 수축운동

가진통

임신 38주가 지나면 배뭉침감이 급격하게 증가하게 됩니다. 자세를 바꾸거나 걸을 때, 혹은 저녁, 새벽녘에는 더 증가하지요. 배가 점점 더 많이 아파지면서 언제쯤 아이를 낳는 신호가 올까 산모들은 많이 불안해질 수밖에 없습니다. 분만 시기가 가까워지면 자궁경부는 분만에 대비하여 부드러워지는 과정을 거치게 돼요. 진짜 진통이 시작되었을 때 부드럽고 빠르게 자궁경부가 열릴 수 있도록 자궁경부 내 결합조직은 느슨해지고 소실되는 과정을 거칩니다. 그러한 과정에서 나타나는 것이 가진통입니다.

가진통 특징

가진통의 특징은 분만으로 이어지지는 않은 통증, 즉 간헐적인 배뭉침만이 있다는 것입니다. 배뭉침감이 점점 더 커지고 짧아지는 특징은 없어요. 일정 간격을 두고 배뭉침감은 있지만 간격이 점점 짧아지지 않고, 강도도 더 이상 증가하지는 않으며 어느 정도 지속되다 휴식을 취하면 사라져요.

자연분만의 장점

1. 출산 후 회복이 빠르다.
2. 입원 기간이 짧다.
3. 마취를 하지 않아도 된다.
4. 배에 수술 상처가 남지 않는다.

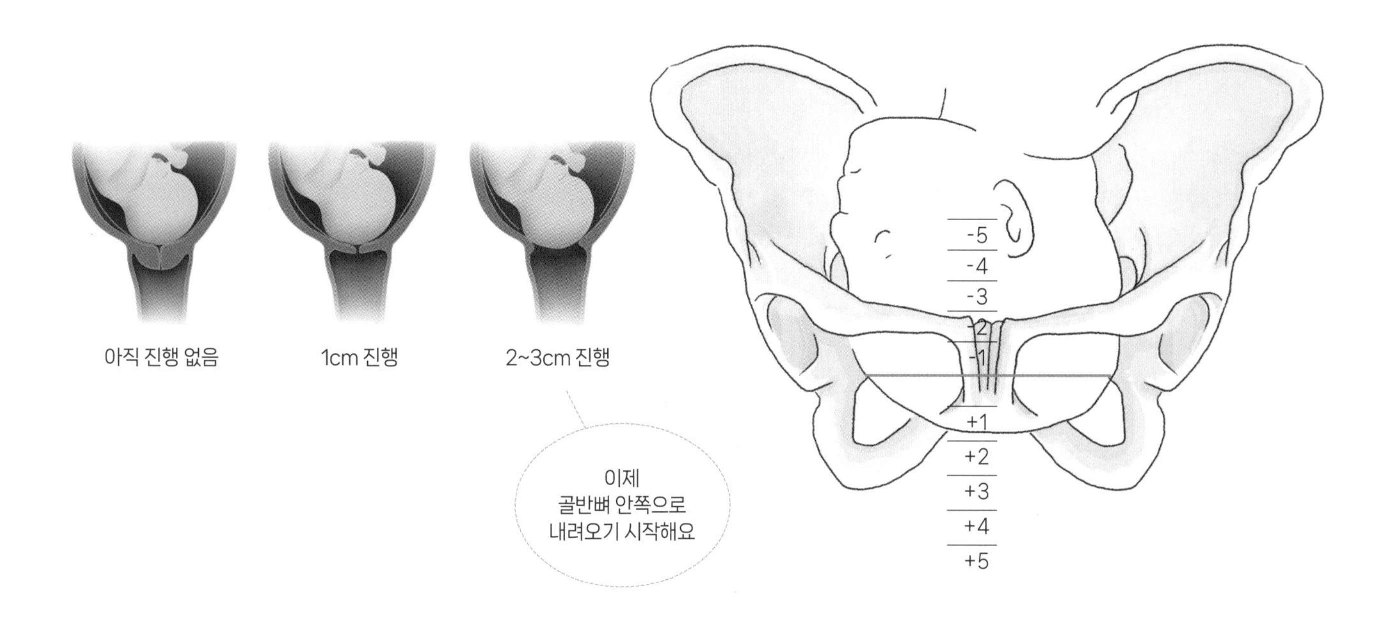

분만으로 이어지는 진짜 진통은 점점 간격이 짧아지며 강도가 세집니다. 휘몰아친다는 느낌으로 진통이 붙기 시작하고, 10분에 2회 이상으로 그 횟수가 증가하게 되면 그때 병원에 가면 됩니다.

자연분만의 단계를 알아보아요

자연분만의 소요 시간

9~14시간
초산모

5.5시간
경산모

초산모는 평균적으로 총 9~14시간 정도가 소요되며, 경산모는 평균적으로 5.5시간 정도가 소요됩니다.

분만 1단계

자궁경부가 열리며 태아가 산도 안쪽으로 쭉 내려오는 시기입니다.

1단계의 준비기 : 진통이 시작되면서 자궁경부가 3cm로 열릴 때까지

진짜 진통이 시작되면서 10개월 동안 태아와 양수를 지탱해주던 자궁경부가 리모델링되며 해체되기 시작합니다. 딱딱했던 자궁경부는 부드러워지고 점점 얇아지면서 벌어지게 됩니다. 이 기간은 자궁경부가 열리기 시작하는 전초단계로 개인마다 아주 길 수도 있고 짧을 수도 있어요. 또, 경부개대 외에는 태아의 직접적인 골반뼈 안쪽으로의 하강 운동은 크게 일어나지 않습니다. 따라서 극심한 통증은 동반되지 않아요. 이 시기에 무통마취 등의 통증완화제를 사용하면 그 기간이 너무 길어질 수 있어서 무통주사를 맞을 수가 없습니다.

1단계의 활성기 : 자궁경부가 3cm에서 10cm까지 다 열리면서 동시에 태아가 뼈 골반 안쪽 끝까지 내려오는 단계

실질적인 분만진통의 과정입니다. 자궁경부 문이 3cm 이상 열리고 두께도 80% 정도 소실되는 시기부터 활

> **자연분만 후 샤워는 언제부터 가능한가요?**
>
> 자연분만의 경우 샤워는 그 즉시부터도 가능하다. 단, 분만 과정 중에는 피가 많이 나기 때문에 분만 후에는 상대적으로 혈압이 떨어지는 경우가 많다. 혼자 일어서려고 하면 순간적으로 휘청하며 어지럽거나 다리에 힘이 풀리는 수가 있다. 어느 정도 기운을 차리고 혼자 설 수 있을 때 하면 된다.

자연분만은 회음절개를 꼭 해야 할까요?

최근 분만 시 시행되는 회음절개에 대한 문의가 증가하고 있다. 왜, 아이를 자연분만할 때 회음 부위의 절개를 미리할까? 절개를 안 하면 어떻게 될까? 단지 입구가 너무 좁아서 아이가 고개를 들고 나오기 힘들기 때문에 절개를 하는 것일까?

회음절개는 아기가 예쁘게 찢고 나오도록 한 엄마를 위한 배려다. 아기의 머리 크기에 비해 골반이 좋은 서양인의 경우는 회음절개가 반드시 필요한 건 아니다. 하지만 머리 크기에 비해 골반 크기가 작고 회음부가 짧은 동양인에게 회음절개는 어쩔 수 없는 선택이다. 직경 10cm가 넘는 태아가 골반을 다 통과하여 마지막 바깥쪽으로 나올 때 길쭉한 회음부는 엄청난 압력을 받는다. 결국 아기가 나올 때 대부분 밑쪽으로 미는 힘에 의해 회음부의 질벽에 여기저기 찢어지는 상처가 생긴다. 심한 경우 직장벽이 파열되기도 한다. 미리 회음절개를 하게 되면 그 절개부를 통해 힘의 축이 분산되며 그 방향을 따라 질벽이 찢어지며 아이가 회음부를 통과하고 나오게 된다. 따라서 회음절개는 마지막 태아가 회음부를 찢고 나오기 직전 대개 가장 안전한 우측, 혹은 중앙 부위로 살짝 찢게 된다. 즉, 회음절개를 하지 않았다고 해서 회음부에 찢어지는 상처가 안 나는 것은 아니다. 오히려 더 후처치가 어렵게 여러 방향으로 상처가 날 수도 있기 때문에 안전한 방향으로 길을 터준다고 생각하면 된다.

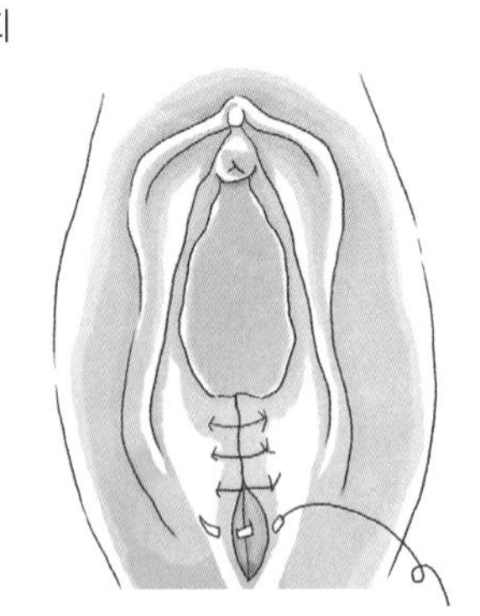

자연분만은 요실금과 골반근육 이완이 제왕절개술에 비해 더 많나요?

요실금과 골반근육 이완의 발생 원인은 다양하다. 노화에 따른 결합조직의 약화, 신경학적인 원인, 전신적인 질병과의 관계 등등 다양한 원인이 있다. 이 중 여성의 분만은 이러한 요실금과 골반근육이완 발생의 하나의 위험 요소가 될 수 있다. 즉, 분만력이 있는 여성에서 요실금과 골반근육 이완이 조금 더 많이 발생한다. 그렇다면 분만법에 따른 차이, 즉 자연분만과 제왕절개술과 같은 분만 방법에 따라 요실금과 골반근육이완의 발생이 다를까? 얼핏 생각하기에는 자연분만이 직접적인 골반 근육에 상처를 주기 때문에 요실금과 골반근육 이완을 좀 더 호발시킬 것 같지만 장기적으로 보았을 때에는 분만법에 따른 큰 차이는 없다. 자연분만을 하게 되면 직접 아기가 골반을 통과하며 골반 근육과 신경이 늘어나기 때문에, 분만 직후에 일시적인 요실금, 배뇨장애이 생기거나 질벽이 늘어날 수 있다. 하지만 대부분 분만 1년 안에 증상이 호전되고 약 10% 정도만 증상이 남아 있다. 초산모가 제왕절개술을 통한 분만의 경우에도 분만 직후 약 10% 정도 요실금의 증상을 호소하며 초산모의 자연분만은 보통 분만 직후 약 25~30% 정도 요실금을 호소한다. 하지만 제왕절개술을 반복적으로 시행하게 되면 분만 직후 발생되는 요실금은 자연분만과 비슷하며 결과적으로 분만 약 5년 후에는 자연분만과 제왕절개술의 요실금, 골반근육 이완증의 발생비율에 차이가 없다. 자연분만을 하더라도 골반강화 훈련인 케겔 운동을 열심히 하면 요실금이나 골반근육 이완이 발생하지 않는다.

성기라고 합니다. 태아 머리가 엄마의 골반뼈를 통과하며 밑으로 내려오는 총 과정이며 동시에 자궁경부가 3cm 정도 열린 상태에서 10cm로 활짝 열리게 됩니다. 단단했던 자궁이 수축하며 태아 엉덩이를 밑으로 내립니다. 태아는 자궁경부를 자신의 머리로 점점 밀어내요. 얇아진 경부는 밀리고, 태아는 점점 골반뼈 안쪽으로 들어오게 됩니다. 엄마의 골반뼈의 입구를 통과하여 중간 골반을 지나 점점 밑으로 내려와요. 태아는 좁은 산도를 나사가 조여지는 모양으로 머리와 몸통의 회전을 통하여 유연하게 통과하게 됩니다. 이중 계속적인 자궁수축은 자궁경부가 열리게 함과 동시에 태아 엉덩이를 밀어주어 태아가 밑으로 하강할 수 있게 해줍니다. 태아가 밑으로 하강할수록 자궁경부가 열리는 속도는 점점 더 빨라집니다. 태아가 산도 끝까지 내려오게 되면, 자궁경부는 10cm 정도로 완전히 열린 상태이며 이제 아기 머리는 회음부 끝에서 바로 만져집니다. 이미 자궁에서는 벗어날 준비, 엄마의 산도 내를 탈출할 준비를 하게 된 것입니다.

분만 2단계 태아만출기

태아가 세상 밖으로 나오는 단계입니다. 태아가 산도를 다 통과하여 바깥세상으로 나오는 분만 제2단계는 이제 조금 다른 국면을 만납니다. 이미 이 시기 자궁경부는 다 열린 상태

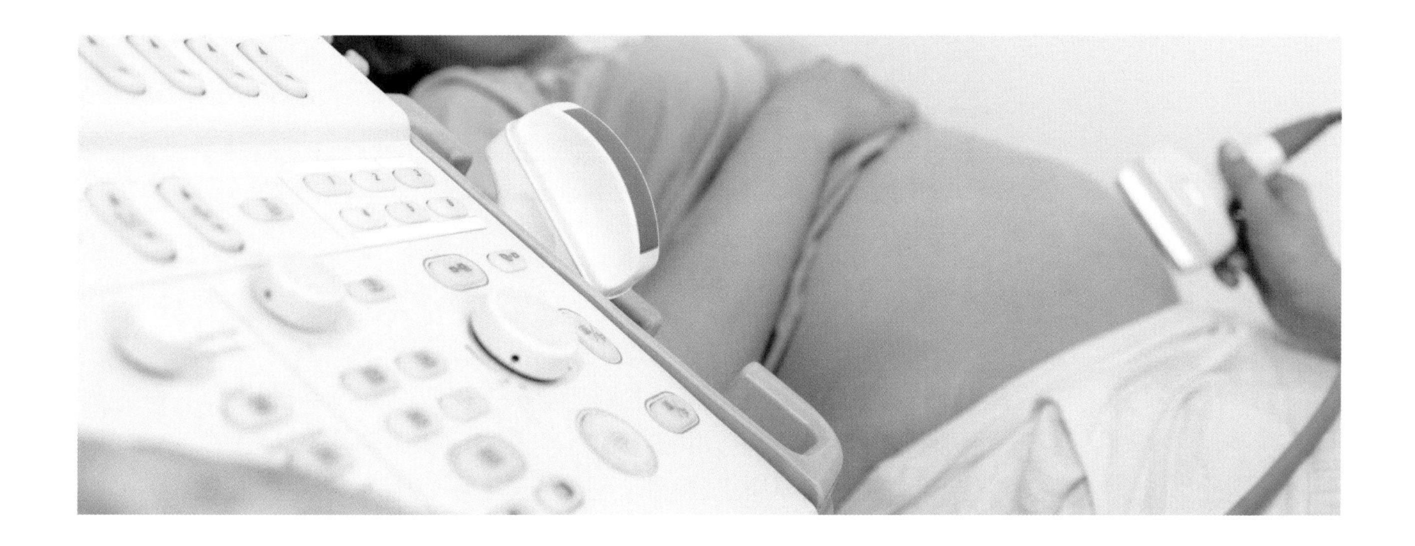

로 태아는 마지막으로 엄마 골반 바깥쪽 출구를 통과하여 바깥으로 나올 준비를 합니다. 이 시기는 자궁이 수축하는 힘과 함께 엄마의 복벽 힘이 많이 중요해요. 태아의 엉덩이를 자궁수축과 함께 효과적으로 밀어주어 태아가 얼굴을 들어올리며 나와야 하기 때문입니다. 무엇보다 엄마의 노력이 중요합니다. 효과적인 자세와 힘 주기를 통해 아기를 바깥쪽으로 밀어내주어야 해요. 항문 쪽으로 힘을 주는 노력을 하며 효과적으로 힘이 한 곳을 향해 모일 수 있도록 합니다. 초산모의 경우 보통 1시간에서 2시간 정도가 소요되며 경산모는 이 시기를 좀 더 빨리 통과할 수 있어요.

분만 3단계 태반만출기

태아가 나오고 이제 태반이 나옵니다. 태아가 나오고 나서 5분여의 시간이 지나면 이제 1년 동안 태아를 지켜주었던 태반이 떨어질 준비를 합니다. 배가 심하게 뭉치면서 태반이 나오는 후산을 경험하게 되지요.

태반이 떨어지고 나면 태반이 있던 자리에 증가되어 있는 혈관을 통해 출혈이 발생되지 않도록 자궁근육이 단단히 조여져야 합니다. 이를 위하여 자궁수축제와 자궁 마사지를 시행하게 됩니다. 아기가 다 나오고 나서도 배가 심하게 뭉치는 것은 근육이 강하게 수축하며 근육 사이사이 혈관을 누르기 때문입니다. 이러한 근육 수축이 있어야 산후출혈이 감소됩니다. 이를 흔히 훗배앓이라고 합니다.

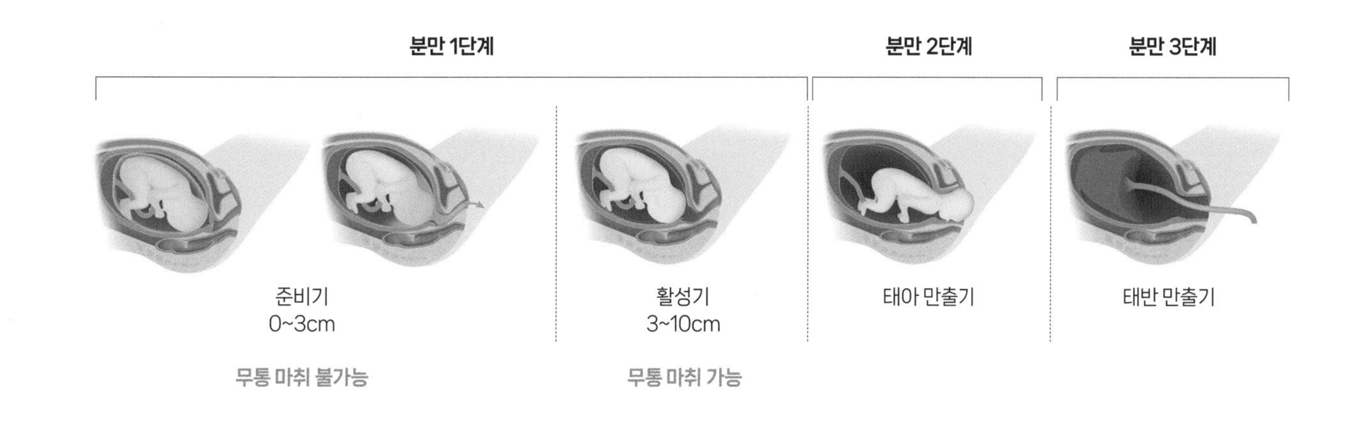

제왕절개 분만

Dr.류's Talk Talk

제왕절개를 무조건 안 좋게만 보는 분들이 있습니다.
물론 자연분만이 가능한 산모들은 자연분만을 하면 되겠지만 어쩔 수 없이
제왕절개를 해야 하는 산모도 있어요. 태아와 산모의 안전이 가장 중요합니다.
제왕절개 분만을 했다는 그 자체로 태아나 산모에게 크게 문제가 되는 경우는 없어요.
제왕절개든지 자연분만이든지 출산하는 고귀함은 같습니다.
어떤 경우에 제왕절개를 해야 하는지 살펴보아요.

제왕절개가 필요한 경우가 있어요

태아가 역아인 경우

태아 몸에서 가장 큰 머리가 밑을 향하지 않고 위로 있으며 태아의 엉덩이가 자궁경부 쪽에 위치하는 것을 말합니다. 태아의 엉덩이나 다리는 효과적으로 자궁경부 개대를 진행시키지 못해요. 정상적인 분만 진행이 이루어지지 않습니다. 또한, 분만 과정에서 열린 자궁경부를 통해 다리가 일부 먼저 빠지게 될 수도 있는데, 이 경우 태아는 치명적인 손상을 받게 돼요. 따라서 역아의 경우 진통이 걸리기 전 계획 하에 제왕절개술을 시행합니다.

태아가 횡위인 경우

역아와 마찬가지로 효과적인 분만진통이 이루어지지 않고, 분만 도중에 태아의 팔이나 손과 같은 일부분만 빠져나가게 되어 치명적인 태아 손상이 발생합니다. 따라서 태아가 횡위인 경우에도 계획 하에 제왕절개술을 시행합니다.

자궁근종절제술 과거력이 있는 경우

자궁근종은 자궁근육 내 생긴 혹입니다. 근종을 제거 시 그 부분의 혹을 떼어내고 근육을 한 번 봉합하는 과정을 겪게 돼요. 즉 이전에 자궁근종절제술

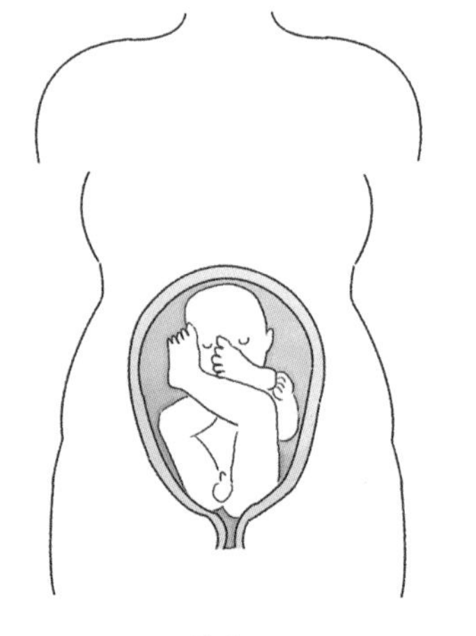

역아

횡아

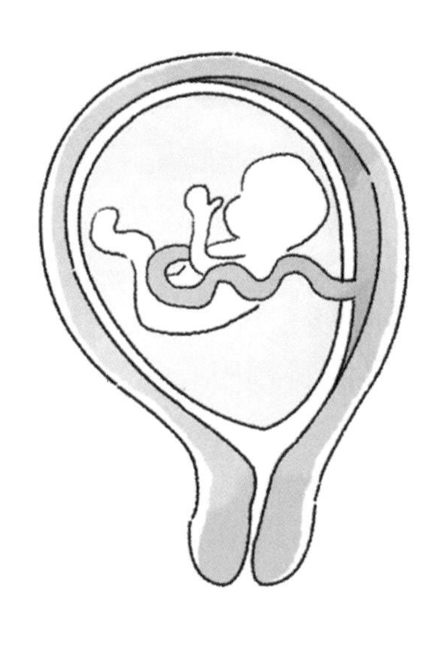
정상 태반

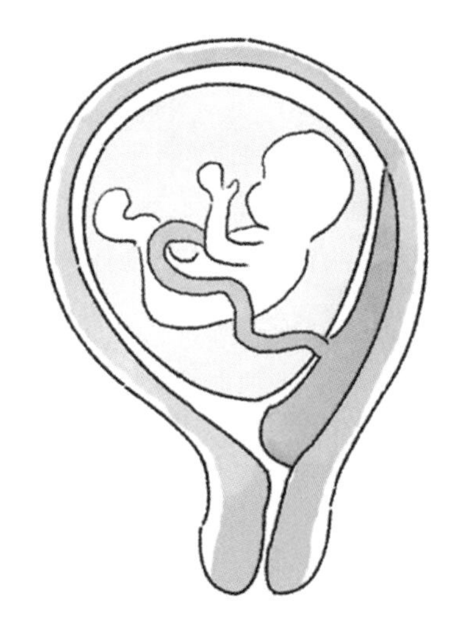
부분 전치태반

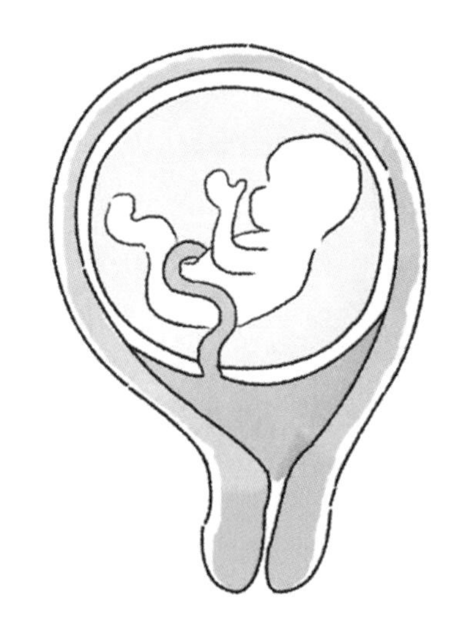
전체 전치태반

을 시행한 경우 수술한 부위는 아무래도 다른 정상적인 부위보다 약해져 있습니다. 따라서 극심한 진통이 오는 상황에서 약해진 수술 부위가 뜯어지거나 벌어지는 자궁파열이 발생될 수 있어요. 따라서 이전에 자궁근종절제술을 시행받은 과거력이 있다면 계획하에 제왕절개술을 시행합니다. 단 정확히 어느 위치에서 어느 정도의 근종을 제거했었는지 명확한 수술 기록을 알고 있어야 합니다. 간혹 자궁근육 내 근종이 아닌 자궁근육 바깥쪽으로 달려 있던 근종을 제거한 경우는 자연분만을 시도해보기도 합니다.

제왕절개술 과거력이 있는 경우

제왕절개술을 시행받은 산모의 자궁은 가로로 크게 한 번 잘라서 그쪽을 통해 아기를 꺼내고 난 뒤 봉합을 한 상태입니다. 한 번 절개와 봉합을 거친 부위의 근육은 약해져 있는 상태로 분만 중 진통이라는 큰 스트레스가 오는 경우 뜯어지거나 벌어지는 자궁 파열을 일으킬 수 있어요. 따라서 이전 제왕절개술을 받은 적이 있다면 계획하에 제왕절개술을 시행합니다. 자궁파열이 발생하면 태아와 산모의 생명을 보장할 수 없는 심각한 상태가 됩니다. 제왕절개술을 시행받은 사람들이 자연분만 시도를 고려할 경우 이점을 반드시 주의하고 고려해야 하며 의료진에게 충분한 설명과 주의를 듣고 결정을 내려야 합니다.

전치태반인 경우

전치태반이란 태반이 자궁 뒤쪽이나 안쪽이 아닌 태아가 나와야 하는 자궁경부 쪽에 위치하고 있는 경우입니다. 자궁수축이 진행이 되면 자궁경부는 점점 얇아지며 벌어져야 해요. 하지만 그 부위에 태반이 있다면 자궁경부가 얇아지고 벌어지는 과정에서 태반이 태아가 자궁 밖으로 나오기도 전에 먼저 무너져 내리는 경우가 발생합니다. 태아는 엄마 몸 밖으로 완벽하게 나오기 전까지는 태반과 탯줄에 의존해서 산소공급을 받고 있는 상태로 태반이 먼저 무너지면, 산소공급을 받지 못하는 상태가 됩니다. 저산소증으로 뇌손상을 입거나 심한 경우 사망에 이를 수 있지요. 따라서 태반이 입구 쪽을 막고 있는 전치태반의 경우에는 자연진통이 발생하기 전 제왕절개술을 시행해야 합니다.

태아임박가사인 경우

태아임박가사란 태아가 진통 진행 중

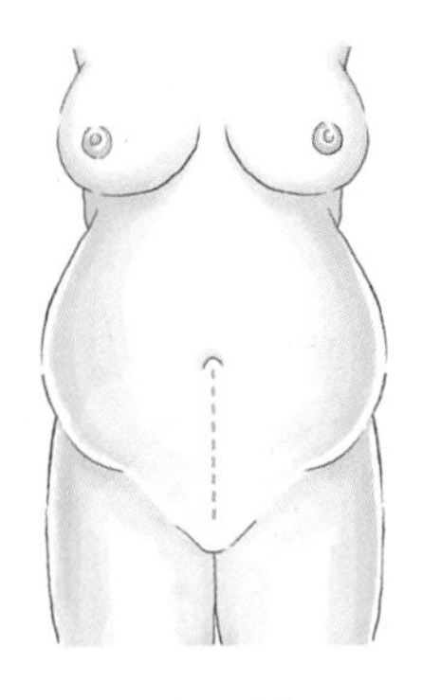

세로 절개

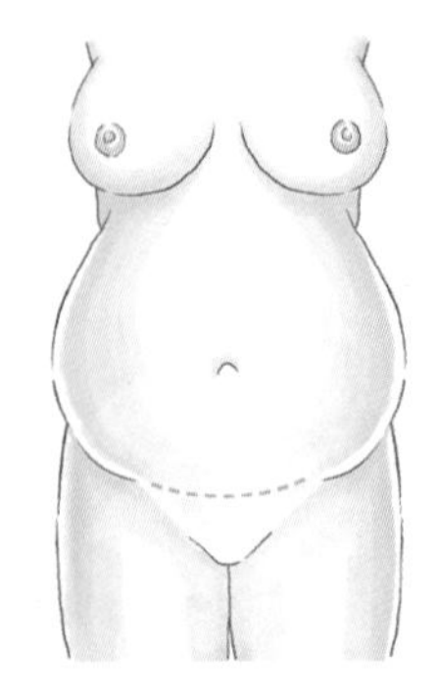

가로 절개

제왕절개술 후 샤워는 언제부터 가능한가요?

제왕절개술의 경우 수술 부위 상처가 있기 때문에 5일 이내에는 가급적 샤워를 피하는 것을 권한다. 수술 부위에 물이 들어가면 상처 부위에 작은 염증이 생기고 그 염증으로 인해 수술 부위가 벌어지거나 지저분하게 회복될 수 있다. 따라서 보통 상처가 다 아물고 실밥을 제거하는 5~7일 후 샤워를 시작할 것을 권한다. 하지만 상처가 붙은 뒤 5~7일 이후 샤워를 할 때에도 가급적이면 직접적으로 수술 상처 부위에 물이 닿지 않도록 하는 것이 좋으며 깨끗이 닦기 위하여 수술 부위를 문지르거나 비누칠하면 안 된다. 그 외의 부분은 얼마든지 씻어도 되지만 수술 부위를 문지르고 만지는 것은 적어도 수술 2주 이상 지난 다음에 하자.

수술 부위 실밥은 언제 푸나요?

보통 개인마다 차이가 있지만 빠른 회복을 보이는 산모들은 수술 후 5일, 당뇨, 비만과 같이 상처 회복에 안 좋은 컨디션을 가진 산모들은 최대 2주 후에 뽑기도 한다.

제왕절개 수술 부위 흉터 관리는 어떻게 하나요?

제왕절개 수술 부위는 특별한 경우를 제외하고 대부분은 하복부의 주름선을 따라 시행하게 된다. 개인의 배꼽에서부터 치골까지의 길이, 헤어라인 높이, 피부타입에 따라 상처가 도드라져 보이는 정도에는 차이가 있다. 보통 실밥은 수술 5~7일 정도에 제거한다. 실밥을 제거한다는 것은 실이 지지해주지 않아도 살과 살이 벌어지지 않고 잘 맞닿아 있다는 뜻이다. 이때 서로 피부층이 잘 맞고 정확하게 잘 붙어 있으면 그 선을 따라 예쁘게 수술 흉터가 생긴다. 만약 살과 살 부위가 벌어져 있다면 그 가운데로 미운 흉살이 올라오게 된다. 수술 부위에 실밥을 제거했다 하더라도 완전하게 살과 살이 합쳐지는 데에는 2주 정도가 걸린다. 따라서 실밥을 뜯었다 하더라도 최대한 수술 부위에 외부적인 자극(물, 손으로 만지는 행위) 등을 하면 안 된다. 수술 후 2주 정도가 되면 완벽하게 수술 부위 살이 잘 붙어 있게 된다. 이때부터는 흉터 관리에 신경을 써야 한다. 수술 부위로 각질층이 과증식하게 되거나 붉은색의 색소 침착이 생길 수가 있다. 앞으로 6개월 동안의 흉터 관리가 필요하다. 흉터 부위를 압박하고 고정해주는 시트겔 타입의 흉터겔이나 색소침착을 막아주고 과증식성 흉터를 억제해주는 연고 등의 흉터 관리 제품이 있다. 의사와 상의하여 흉터 관리를 한다.

에 극심한 스트레스를 받아 뇌손상을 받고 이것이 지속될 경우 생명에도 지장이 생기는 상태로 향하고 있는 것을 말합니다. 진통이 진행되면 강한 자궁수축으로 인해 태반을 통한 혈액 공급이 줄어들게 돼요. 또한 태아 머리가 골반뼈 안으로 들어오게 되면 태아 머리 쪽으로도 눌리는 압박을 받게 됩니다. 여기에 탯줄을 통한 원활한 산소 공급이 이루어지지 않는다면 태아는 숨 막히는 상황에 처합니다. 이런 경우 심장박동이 정상에서 벗어나 점점 느려지고, 심장박동의 변동성이 감소하게 됩니다. 머리가 진통에 의해 눌리며 일시적으로 힘들어하는 경우 진통이 지나가고 나면 다시 심장박동이 정상으로 돌아옵니다. 일시적인 심박동의 저하와 다시 정상으로 돌아오는 심장박동은 분만 중에 흔하게 있을 수 있는 증상입니다. 그러나 계속적으로 심장박동이 저하되며 진통이 없는 상태에서도 회복이 잘 되지 않고 힘들어하는 듯 보이는 심장박동이 보인다면 태아가 많이 힘들어하고 뇌손상을 받고 있다는 뜻이에요. 이러한 경우 의료진의 권고사항에 따라 응급제왕절개술을 결정하게 됩니다.

분만 진행이 안 되는 경우

태아가 골반뼈로 들어오면 좁은 산도를 통과하기 위하여 적절하게 머리를 나사가 조여지듯이 회전을 해주어야 합니다. 머리와 몸의 적절한 방향과 회전이 산도를 통과하게 해주며 또한 이러한 과정에서 적절한 자궁수축력이 태아를 밑으로 점점 밀어내주어야 합니다. 하지만 태아의 머리 크기와 엄마의 골반뼈 크기가 잘 안 맞고 태아의 방향이 나사의 반대 방향으로 조여지듯이 놓여 있는 경우 다시 원래 위치를 찾거나 골반뼈 안으로 머리가 통과하기가 힘들어집니다. 이러한 경우 계속적인 자궁수축은 있으나 더 이상 태아가 내려오지 않아요. 또한 자궁경부도 더 이상 열리지 않게 돼요. 이러한 경우 일단 최대한 기다려보지만 정상적인 분만 곡선과 비교하여 너무 진행이 안 될 경우 다시 정상적으로 통과하여 진행될 확률이 낮아집니다. 그리고 이 시간이 길어지면 태아와 산모에게도 위험한 상황이 생길 수 있습니다. 따라서 안전한 범위 내에 진행 경과를 지켜보다가 수술이 필요하다 판단이 내려질 때에는 의료진의 권고사항에 따라서 응급제왕절개술을 결정합니다.

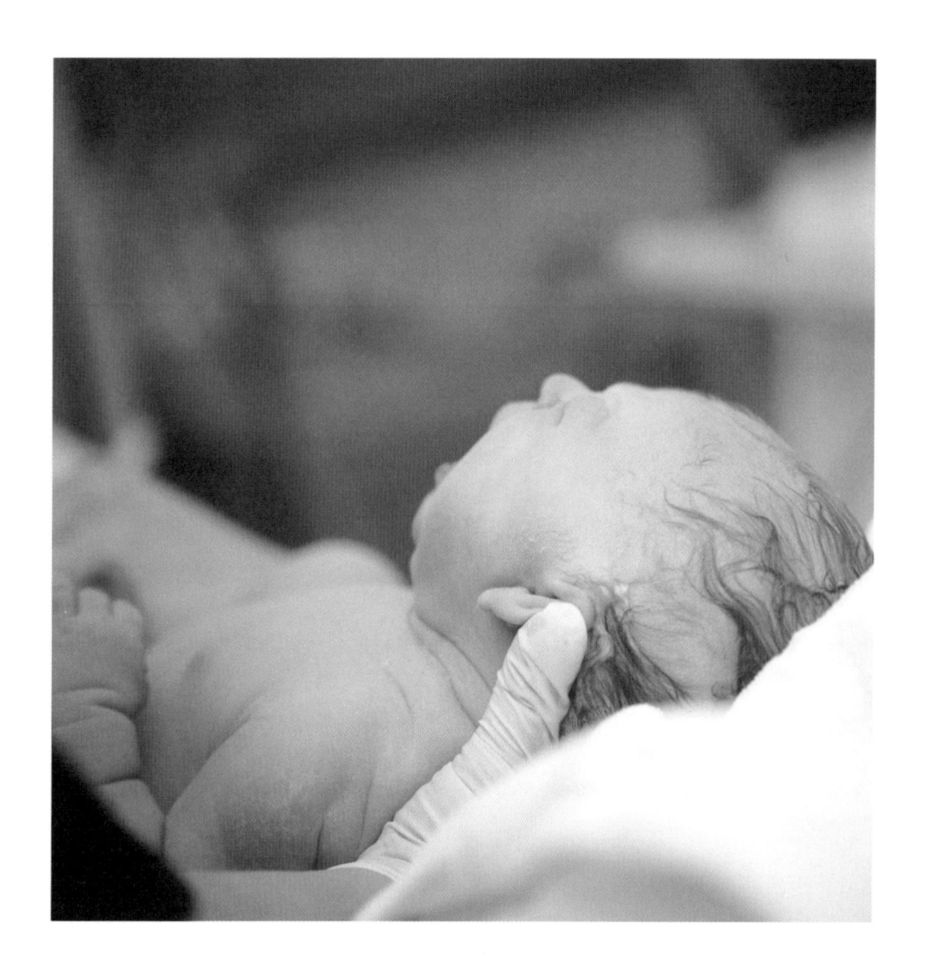

태변으로 양수가 심하게 착색된 경우

태아가 분만이 가까워지면 본인의 분변을 가지고 있습니다. 태아가 태내에서 변을 본다는 것은 편안한 상태가 아니라 장 운동이 항진되고 괄약근이 풀리는 불편한 상황을 이야기하는 것이에요. 많은 양의 태변은 태아 스스로 양수를 흡입하는 과정에서 태아 폐로 들어가 화학적 폐렴을 일으키기도 합니다. 살짝 태변이 비친 것은 분만 과정에 큰 영향을 미치지 않지만 짙은 태변 착색은 진통 과정 중 배 속에서 태아가 어떠한 불편한 상황으로 힘들어하고 있음을 이야기해요. 그리고 그 태변이 착색된 양수는 태아에게 태변흡입증후군을 일으킬 확률을 높다는 것을 의미합니다. 이런 경우 분만 진행 정도와 태아 심박동모니터 상태를 총체적으로 고려하여 의료진의 권고사항에 따라 응급제왕절개술을 결정하게 됩니다.

다태아인 경우

쌍둥이 이상의 다태아들이 머리가 모두 밑으로 향하고 있다면 어느 정도 자연 분만을 시도해볼 수도 있습니다. 그러나 한 명은 머리가 밑으로 가 있고 다른 한 명은 다른 위치에 있는 경우 자연분만을 결정하는 것은 많은 위험을 감수하게 됩니다. 일단, 머리가 밑으로 있는 아이가 나온 후, 머리가 위에 있던 아이가 머리를 밑으로 돌리는 경우가 종종 있을 수 있어요. 첫째 아이가 나오고 난 후 10분여 간 머리가 돌길 기다립니다. 하지만 그 이후에도 머리가 밑으로 내려오지 않는다면 그 상황에서 손을 이용하여 태아를 돌려볼 수 있습니다. 한 아이가 나

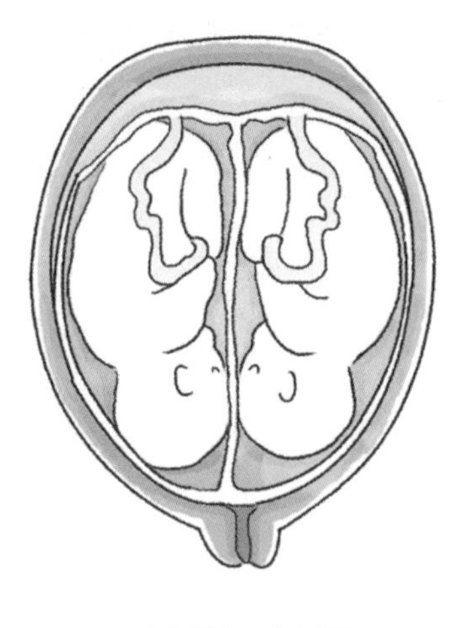

머리태위 & 머리태위

▼

질식 자연분만
고려할 수 있음

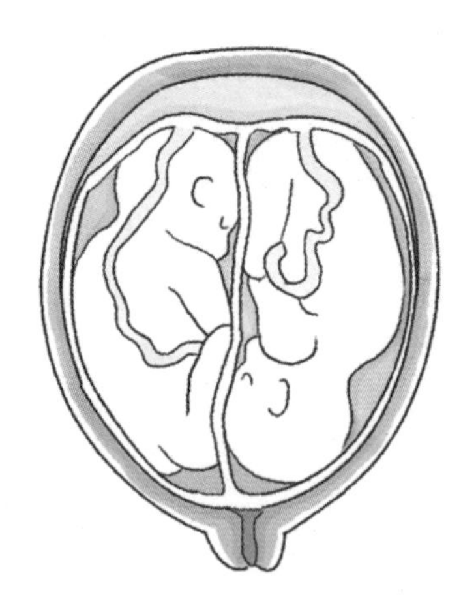

둔위 & 머리태위

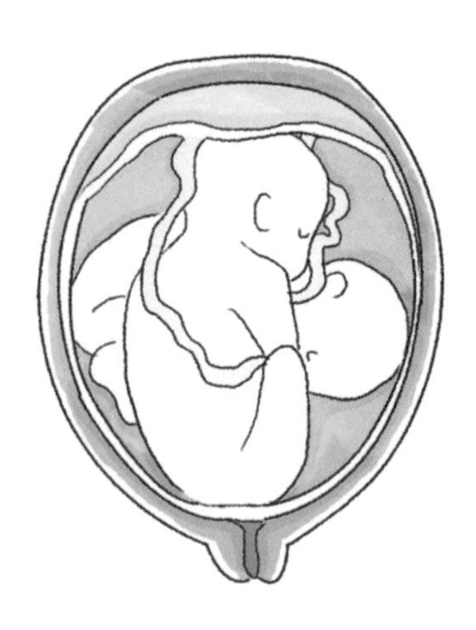

머리태위 & 횡위

오고 둘째 아이가 나오기까지 그 사이에 태반이 먼저 무너질 가능성이 있습니다. 이러한 경우 심각한 태아손상이 유발됩니다. 따라서 쌍둥이 임신의 경우 자연분만을 원한다면 태아의 위치, 태반의 위치, 엄마 산도 상태에 따라 의료진과 충분히 상의가 이루어져야 합니다. 분만 과정 중에 발생할 수 있는 문제점과 주의점에 대한 충분한 숙지가 이루어진 후 시행합니다.

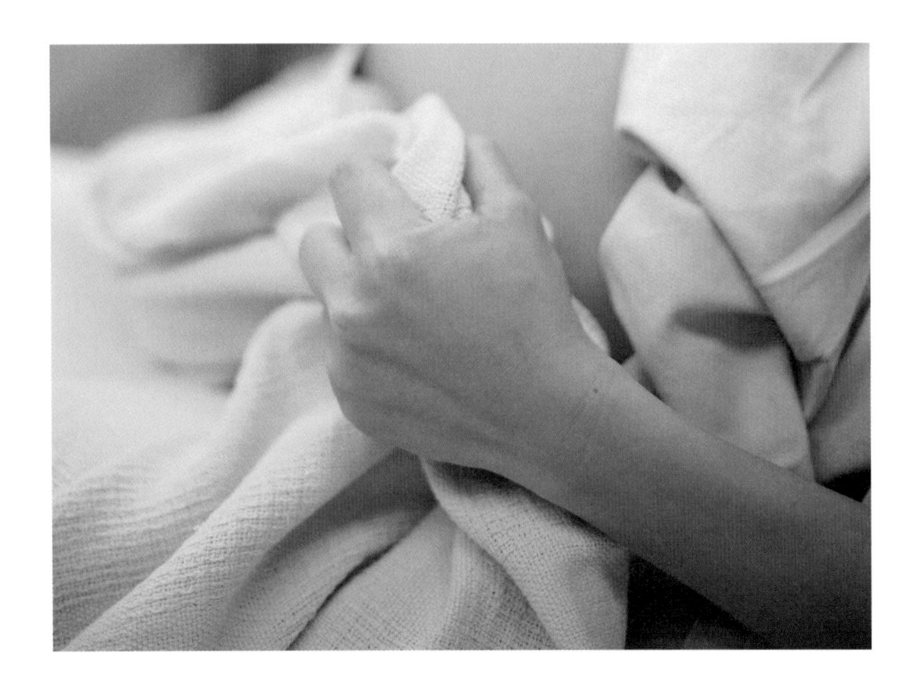

자연분만이 불가능한 질환을 산모가 앓고 있을 경우

자궁경부암인 산모의 경우 분만으로 인하여 경부에 상처가 나면서 암세포의 전이를 촉진시킬 수 있기 때문에 아주 초기의 자궁경부암이 아니면 자연분만이 불가능합니다. 활동성 헤르페스감염 산모도 헤르페스감염이 활동성인 경우 분만 과정에서 태아로 감염이 일어날 수 있으므로 피해야 합니다. 심각한 심장질환을 앓고 있는 산모 역시 분만으로 인한 급격한 혈역학적 변화와 스트레스를 견딜 만한 전신적인 컨디션이 되지 않기 때문에 계획하에 제왕절개술을 고려합니다.

제왕절개를 원해서 할 수 있을까?

아이를 낳고 키워보니 임신과 분만 당시에 겪게 되는 어려움과 통증은 육아의 고통에 비할 바가 아닙니다. 그래도 내 몸에 생기는 변화와 큰 이벤트는 꽤나 공포스럽고 궁금한 존재임에는 틀림없는 것 같습니다. 조심스레 고백하자면 학생 시절, 병원으로 실습을 돌 때 산부인과에서 실제 분만 장면을 본 뒤 어지럼증을 느끼며 반실신을 한 경험이 있습니다. 꽤나 충격적이었고 인간에 대한 그동안의 가치관이 다 깨지는 것과 같은 당황스러움이 밀려왔었죠. 그런 제가 산부인과 의사를 하고 있다니, 참 아이러니합니다. 사람도 포유류의 하나로, 자연스레 생식에 따른 출산 과정을 하는 것임에도 그런 자연의 섭리가 낯설고 불편합니다. 그리고 이러한 불편한 감정이 큰 공포로 다가오는 사람도 있습니다.

제게 내원했던 산모 중 자연분만을 충분히 할 수 있는 조건을 가진 분이 있었습니다. 키도 크고 아이 머리가 작아서 충분히 자연분만을 할 수 있었죠. 그 산모가 만삭이 되었을 때, 분만의 과정이 동물적이고 본인이 받아들이기 힘들 것 같다며 제왕절개를 하는 건 어떨지 문의를 했었습니다. 저는 자연분만이 잘 되면 산모의 회복이 훨씬 빠르고 덜 아프며, 게다가 자연분만 과정이 아이에게 좋은 면역력을 선물해줄 수 있다고 말씀드렸습니다. 이러한 설득의 효과인지 그분은 자연분만을 무사히 잘 마쳤습니다. 그러나 그 산모는 분만 뒤 큰 충격으로 계속 눈물을 흘렸습니다. '괜찮아요. 축하합니다. 잘 해냈어요'라는 위로에도 괴로워했죠.

그 괴로움은 다행히 잘 극복되었지만, 본인에게는 큰 트라우마가 되었다고 훗날 고백했습니다. 그리고 몇 년 뒤 둘째를 임신해 다시 만난 그 산모는 둘째 역시 자연분만할 수 있었음에도 제왕절개를 선택했습니다. 산모의 몸에서 일어나는 일인데, 단지 객관적인 지표가 좋다는 이유로 자연출산을 강요한 것에 대해 지금은 미안함을 느낍니다.

임신한 여성에게 자연분만과 제왕절개의 장단점, 그리고 그 과정에 대해 충분한 설명을 한 뒤, 선택할 수 있는 권리를 주어야 합니다. 남들이 다 하는 그런 평범한 일도 나한테는 끔찍하게 싫을 수 있는데, 하물며 고통을 견디고 상처가 남을 수도 있는 일을 본인이 선택할 수 없다는 건 말도 안 되는 가혹한 학대입니다. 자연분만과 제왕절개의 과정 및 그 이후의 회복 과정과 같은 출산 방법의 장단점에 대해 더 많은 정보가 제공되어야 할 것입니다.

제왕절개 분만의 장점

1. 회음부위에 상처가 없다.
2. 골반장기탈출증, 요실금, 치질과 같은 분만 시 발생하는 손상이 적다.
3. 태아임박가사 등 분만 중 예상하지 못한 태아손상 위험이 적다.

제왕절개 분만의 단점

1. 출혈량이 더 많다.
2. 회복 시간이 오래 걸리며 수술 후 통증이 더 심하다.
3. 수술 부위 상처가 배에 남는다.
4. 수술 중 비뇨기계 손상(방광, 요관 손상)을 입을 수 있다.

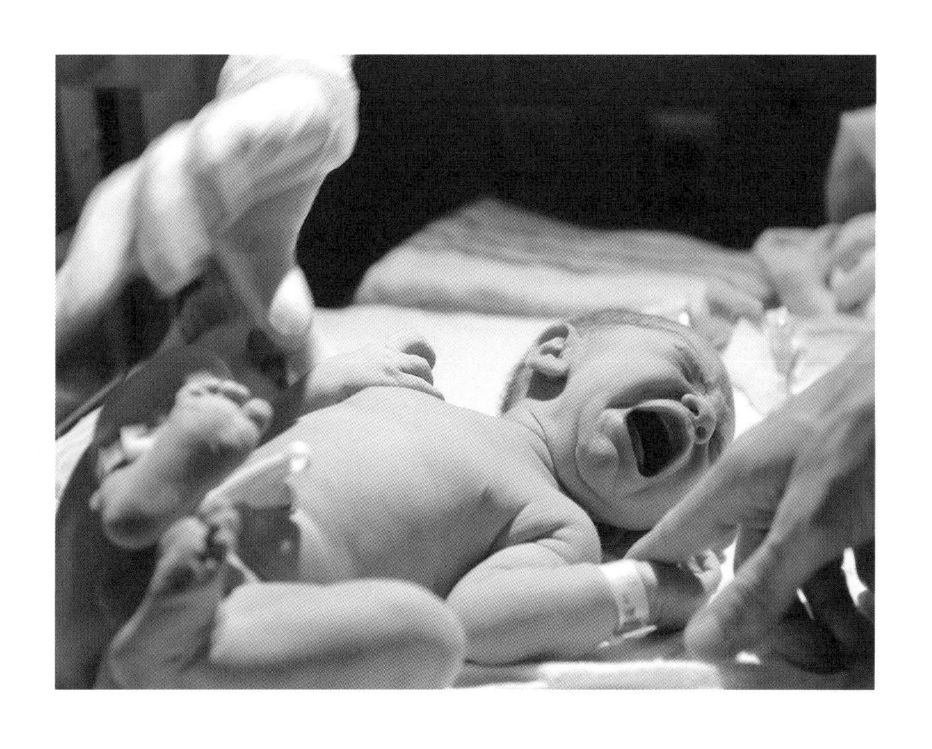

난산과 산도

난산

난산은 분만 과정 중 예기치 못한 여러 가지 상황에 따라 자연분만이 순조롭게 진행되지 못하는 것을 일컫는 포괄적인 말이다. 하지만 흔히 우리가 말하는 난산은 진행 중이던 자연분만의 진행이 멈추거나 너무 지연되는 것을 의미한다. 그렇다면 왜 자연분만 진행 과정 중 태아가 산도를 통과하지 못하는 것일까?

발생 시기

태아아두골반불균형은 주로 분만 1기의 2단계, 즉 활성기에서 많이 발생한다. 자궁 문이 3cm 열리고 나서 세상 밖으로 나오기까지 어떠한 과정에서 태아아두골반불균형이 발생하게 될까?
활성기에는 두 가지가 동시에 일어난다.

- 아이가 좁은 골반 안의 산도를 통과하며 내려오는 일
- 일 년 동안 자궁을 지지해주던 자궁 입구, 즉 자궁경부가 벌어지는 과정

아이를 막고 있던 입구가 넓어지면 넓어지는 만큼 아이는 점점 더 밑으로 내려올 수 있게 된다. 자궁 입구가 제대로 안 열리거나 혹은 입구는 열렸는데 아이가 산도 안에서 방향을 잘못 잡아 더 이상 내려오지 못한다면 자연분만은 실패하게 된다.

아이가 내려오는 길

아이가 내려오는 구조

너트와 볼트를 생각하면 된다. 엄마의 골반 안 구조는 좁은 소라 안 구조처럼 되어 있다. 딱딱한 뼈대가 그 길의 골격을 유지하며 그 사이로 기본 결합 조직과 지방이 붙어 있어 부드러운 통과 면을 만든다. 뼈대 구조가 비정상적으로 좁거나 지방 조직이 너무 많은 경우 아이가 통과하기에 힘든 길이 될 수 있다. 그렇다면 아이는 어떻게 좁은 길을 통과할까? 나사가 조여지듯 아이가 머리를 회전하며 끼워 맞춰가듯 들어가게 된다.

골반 입구에서의 아기

골반에는 입구가 있다. 이 입구는 비교적 넓어 대부분 아기들이 들어오기 쉬운 구조다. 간혹 진통이 없이도 저절로 머리가 이 입구까지 내려와 있는 아기들도 있다. 입구에서 아이는 이제 중간의 좁은 산도로 들어갈 준비를 한다.

산도(중간길)에서의 아기

비교적 수평선을 유지했던 배 속 공간과는 다르게 산도는 아래로 뚫려 있는 좁은 길이다. 아기는 이 좁은 길을 통과하기 위해 천천히 고개를 숙이며 밑을 향하게 된다. 고개를 숙여 좁은 통로에 고개를 넣고 그 길에서 조금 더 진행하기 위해서는 살짝 옆으로 회전을 해야 앞으로 진행을 할 수 있다. 이 과정에서 고개를 숙였는데 각도가 어긋나서 좁은 골반 안으로 진입을 못하거나 간혹 진입은 했는데 살짝 고개를 돌리며 좀 더 앞으로 내려오는 과정을 진행하지 못하는 아기가 있다. 이렇게 되면 아기는 좁은 골반 길 안에 끼어 있게 된다. 이런 경우 최대한 아기가 골반 안에서 자기 길에 맞는 머리의 회전 운동을 할 때까지 기다리지만 계속적으로 방향을 못 찾고 끼어 있는 상태가 지속된다면 태아의 머리가 다칠 수 있다. 이러한 경우 응급으로 제왕절개술을 시행해야 한다.

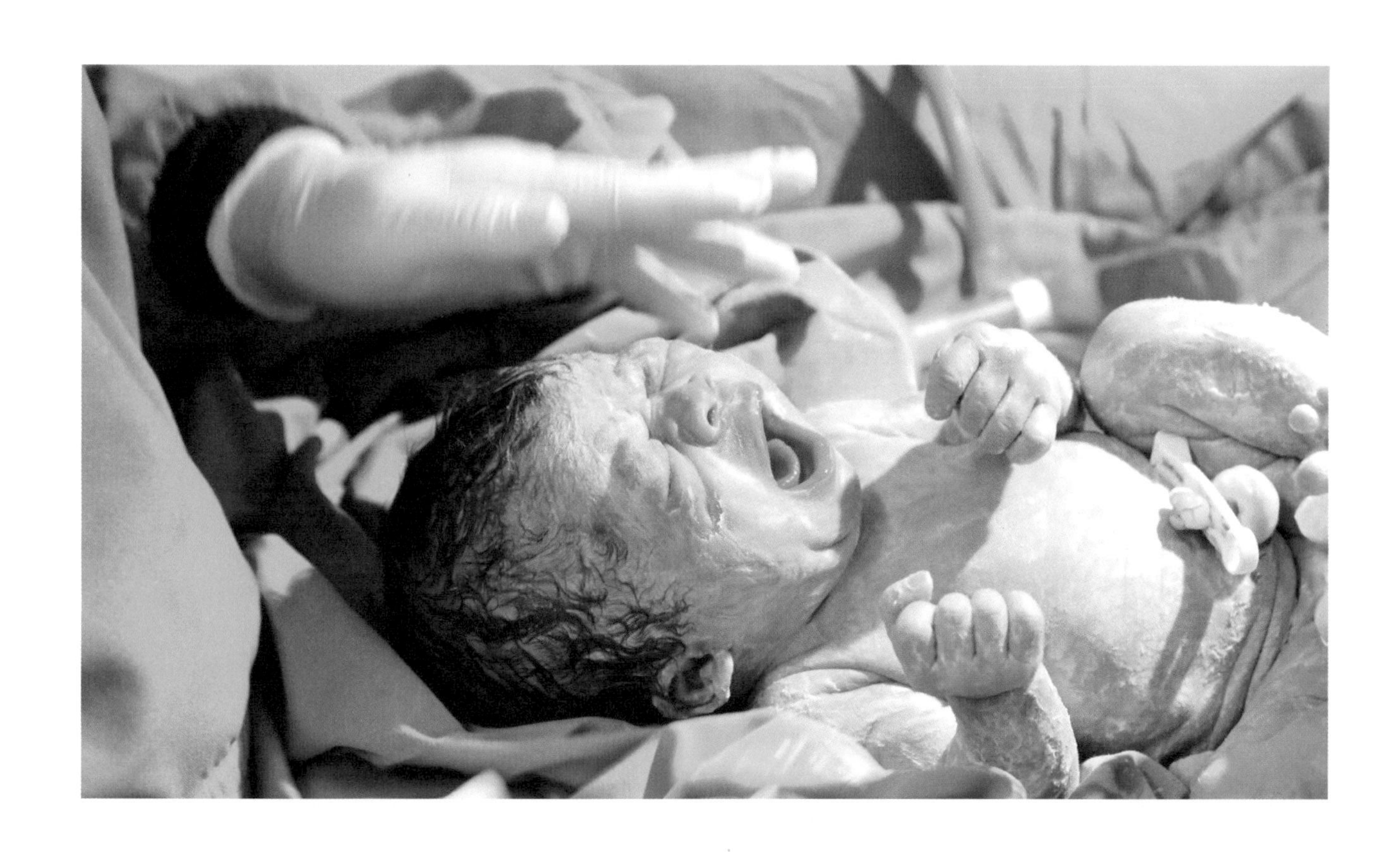

골반 출구에서의 아기

고개를 숙이고 살짝 옆으로 회전을 하며 골반 속 좁은 길로 쑥 진입한 아기는 이제 엄마 바깥쪽 골반 출구를 향하게 된다. 바깥쪽 출구는 다시 조금 위쪽으로 향해 있다. 즉 출구로 나가려면 내려와서 앞으로 향했던 좁은 길목에서 다시 앞으로 고개를 들어야 한다. 이때에는 뒤에서 밀어주는 힘이 필요하다. 고개를 쭉 들며 나오기 위해선 엉덩이를 힘차게 밀어주어야 하는데 그때 자궁이 수축하는 힘과 엄마가 배에 힘을 줘서 밀어주는 복압이 필요하다. 짧게 배에 힘을 주면 아기 엉덩이를 살살 밀어줄 뿐 결코 앞으로 전진시키지 못한다. 앞으로 쭉 나가며 고개를 들 수 있을 정도로 길고 세게 힘을 줘야 아기가 고개를 들고 세상 밖으로 나가게 된다. 이때 만약, 엄마의 복압이 약하거나 혹은 너무 지쳐서 효과적으로 아기 엉덩이를 못 미는 경우 아기가 마지막 바깥쪽 출입구를 통과하지 못하는 상황이 발생할 수 있다. 또한, 자궁수축력과 복압은 충분하지만 간혹 골반 바깥쪽 출입문이 너무 좁은 해부학적인 구조인 경우에도 계속적으로 마지막 단계를 통과 못하고 그 안에서 끼어 있을 수 있다. 이러한 경우도 태아에게 손상이 가지 않는 선까지 최대한 노력은 하지만 2~3시간 이상 이러한 상태로 지속된다면 태아 손상이 가해질 수 있으므로 응급제왕절개술을 고려한다.

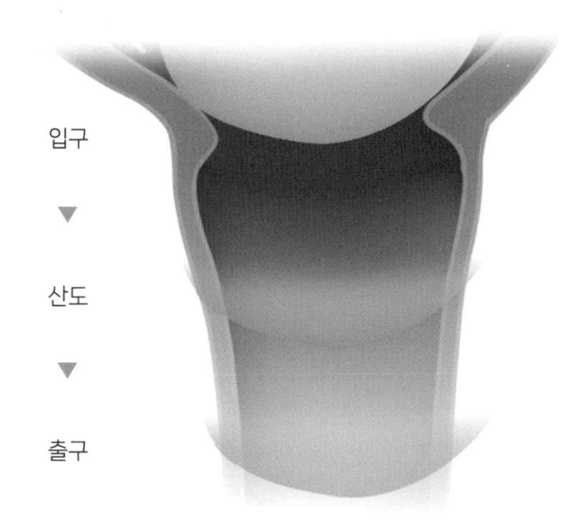

아이가 내려오는 길

05

다양한 분만법

Dr.류's Talk Talk

예전과 다르게 요즘에는 미디어의 영향으로 다양한 분만법이 소개되고 있어요.
그래서인지 산모들도 본인이 원하는 분만법을 선택하여 진행을 하곤 합니다.
하지만 기본적인 자연분만의 진행과정은 거의 비슷합니다.
여기에 조금씩 특징적인 면과 그에 대한 장점을 부각시켜 명명하기도 합니다.
많이 들어본 분만법도 있을 거예요. 과연 어떠한 것들이 있는지 알아봅시다.

르봐이예 분만법을 알아보아요

르봐이예 분만

프랑스에서 고안된 분만법으로 분만을 태아의 입장으로 바라보는 방법입니다. '과연 아기는 태어날 때 행복할까?' '갑작스런 환경변화가 아이 입장에서는 부담스럽거나 충격적이지 않을까?' 이러한 의문에서 시작된 분만법이라 할 수 있습니다. 그래서 아기의 시각, 청각, 촉각, 호흡, 감정을 존중해주는 분만 원칙을 가지고 자연분만을 진행합니다.

분만 원칙

1. 신생아의 시각을 배려하여 분만실의 조명을 최소화합니다.
2. 신생아의 청각에 대한 배려로 조용한 분만 환경을 조성합니다.
3. 신생아의 촉감에 대한 배려로 태어나는 즉시 엄마의 살결과 맞닿게 합니다. 아기에게 그동안 익숙했던 엄마의 심장소리와 함께 엄마 가슴의 촉감은 갑자기 외부 세계로 나온 태아에게 안정감과 편안함을 줍니다.
4. 호흡에 대한 배려로 분만 즉시 탯줄을 자르지 않고 5분여 동안 기다린 다음 천천히 탯줄을 자릅니다. 외부 세계에 나오자마자 폐호흡을 시작하는 아가는 처음에는 그 호흡이 조금 미숙할 수 있어요. 몇 분 동안 탯줄과 폐호흡을 병행할 수 있는 시간적 여유를 주어 갑작스런 호흡 스트레스를 덜어줍니다.
5. 환경에 대한 배려로 배 속과 마찬가지로 따뜻한 양수와 같은 물에서 아기를 놀게 해줍니다. 탯줄을 자르고 바로 딱딱한 침대로 보내지 않고 자유롭게 놀 수 있는 목욕물을 준비해주면 아기는 자신의 몸에 가해지는 중력의 부담에 대한 적응을 조금 더 할 수 있습니다.

자연주의 분만법을 알아보아요

자연주의 분만

자연주의 분만은 가정집 출산, 조산사 출산으로 불리기도 합니다. 최근 의료진이 주도하지 않고 산모가 주도하는 자연주의 분만에 대한 관심이 증가하고 있어요. 과거부터 자연스럽게 인간의 삶 속에서 이루어져왔던 분만을 다시 과거의 모습처럼 자연스럽게 분만하고자 하는 의도에서 시작된 새로운 분만법의 한 형태입니다. 조산사를 집으로 오게 해서 집에서 출산하는 가정 분만, 조산원에서 하게 되는 조산원 분만법 등이 있습니다.

분만 원칙

1. 진통 과정 중 계속적인 태아 모니터링을 하지 않고 자연스럽게 옆에서 엄마의 진통과정의 긴장을 완화시켜주며 기다립니다.
2. 엄마 몸의 자연스러운 진통으로 분만을 끝까지 진행시키고 마지막에 힘주고 나올 때에도 엄마가 스스로 힘을 줘서 끝까지 분만을 완성할 수 있게끔 지지해주며 회음절개를 하지 않습니다.

장단점

의료진이 주도가 되는 것이 아닌 엄마와 아빠가 주체가 된다는 점에서 성공적인 분만을 하는 경우 만족도가 높습니다. 하지만 모든 산모가 자연주의 분만을 할 수 있는 것은 아니에요. 자연주의 분만 중 발생할 수 있는 심각한 문제점에 대해서도 미리 알고 있어야 합니다. 100명 중 95명의 산모는 특별한 문제없이 잘 분만을 합니다. 하지만 골반이 좁거나 태아가 특별히 크거나 작은 경우, 분만 진행 과정 중 태아에게는 심각한 손상이 발생할 수 있어요. 계속적인 태아 모니터링이 이루어지지 않기 때문에 분만 과정 중 태아가사를 놓칠 수가 있습니다. 또한 태반이 떨어지고 나서 생기는 자궁근이완증에 대한 즉각적인 대처가 이루어지지 않아 심각한 후유증이나 결과를 가져올 수도 있습니다. 회음절개를 하지 않지만 질이나 회음부 열상은 발생하게 됩니다. 그것을 조산사가 잘 봉합해주지만 열상 정도가 깊은 경우 병원으로 이송해서 추가적인 치료를 받아야 할 수도 있습니다. 또한 자연열상으로 인해 직장 파열 같은 회음부위 상처가 발생하기도 합니다. 자연주의 분만은 궁극적으로 엄마와 아빠가 주체가 되는 분만을 말하는 것입니다. 그러기 위해선 분만에 대해 철저히 공부하고 분만 과정 중 발생하는 문제점에 대해 충분히 숙지하고 있어야 합니다. 그러한 노력 없이 자연주의 분만을 시도하는 것은 무리가 있습니다.

수중 분만법을 알아보아요

수중 분만

수중 분만은 말 그대로 분만을 물 속에서 하는 것으로 갓 태어난 신생아에게 자궁 내 양수와 비슷한 물 속 환경을 제공함으로써 신생아가 스트레스를 덜 느끼게 해주는 분만법입니다.

장점

좌식으로 앉아서 분만진통을 진행하기 때문에 골반이완이 좀 더 쉬우며 밑으로 아기를 내리는 힘을 좀 더 효

병원에서는 자연주의 분만을 못하나요?

병원에서는 의학적인 태아 모니터링을 하며 의료진의 의견이 개입이 될 수 있다. 하지만 엄마 아빠의 의견도 어느 정도 범위 내에서는 반영할 수 있다. 자연주의 출산의 근본적인 핵심은 의료진이 아닌 산모 스스로 습득한 지식과 방법을 바탕으로 출산에 성공한다는 것이다. 이는 아이와의 유대감은 물론이고 산모의 자부심과 자신감이 출산 후 양육에도 큰 에너지가 된다. 엄마 아빠가 분만 전 철저히 분만 과정에 대해 공부하고 이해하며 분만이 임박해져서 병원을 내원하였을 때, 분만 과정은 그것을 준비하지 않고 왔을 때와는 너무나도 다르다. 병원 시스템에 몸을 맡겨서 상황을 따라가는 것이 아니라, 내 몸 상태에 대해 의견을 교환하고 서로 힘을 합쳐 성공적인 분만을 이끌어가는 과정이 될 수 있고 여기에서의 주체는 엄마와 아빠가 되며 의료진은 혹시 모를 상황에 대한 배수진이 되는 것이다.

과적으로 줄 수 있어요. 그리고 물 속에서는 근육의 긴장이 좀 더 쉽게 이완됩니다. 그러므로 산모가 느끼는 긴장감도 감소됩니다.

단점

분만 진행 과정 중 충분한 태아 모니터링이 안 되며 산모로부터 배출되는 분비물 등으로 물이 오염되기 쉬워요. 오염된 물이 산모와 태아에게 오히려 감염을 일으킬 위험이 있습니다.

가족 분만법을 알아보아요

가족 분만

가족 분만은 분만 시 가족이 동참하는 시스템을 가진 분만법입니다. 최근에는 분만 인권의 개념이 강해지면서 과거의 공장 같던 분만실의 분위기가 많이 바뀌어가고 있어요. 산모와 그 가족이 들어가서 분만 과정을 지켜보고 도와줄 수 있는 가족분만실 시스템이 대중화되고 있어요.

라마즈 분만법을 알아보아요

라마즈 분만

프랑스 의사 라마즈가 고안한 하나의 분만법으로, 파블로의 개 조건반사 원리에서 착안하여 만들어낸 것입니다. 파블로의 '개의 조건반사 원리'란 개에게 매번 종을 울리고 먹이를 주자 종만 울려도 먹이를 줄 거라는 신경반사작용이 개의 몸에 일어나서 종소리만 들어도 개가 침을 흘리게 되는 것

을 말하지요. 이를 응용하여 분만 시 진통이라는 통증이 올 것에 대비하여 분만진통이라는 자극을 미리 연습하여 통증 조건반사의 연결 통로를 차단하는 원리의 분만법입니다.

방법

라마즈 분만을 하기 위해서는 임신 초기부터 꾸준한 연습과 노력이 필요합니다. 즉, 연상법이란 특정 자세를 취했을 때 항상 기분이 좋아지는 생각을 하는 연습을 통해 분만 중에도 그러한 자세를 취하며 기분 좋은 연상을 하게 함으로써 통증을 경감시켜주는 방법입니다. 이는 실제로 통증이 왔을 때 자세를 잡기가 어렵거나 혹은 자세를 잡았어도 실질적인 통증으로 좋은 연상이 잘 안 될 수도 있어요. 둘째로 이완법은 통증이 왔을 때 온몸의 근육이 경직되며 힘이 많이 들어가게 되는데 이를 대비하여 힘을 빼는 연습을 하는 것이에요. 이 역시도 개인의 꾸준한 노력이 필요하며 분만에 실제로 임했을 때 그 효과에는 개인마다 차이가 있을 수 있습니다. 하지만 라마즈 분만의 호흡법은 최근까지도 가장 많이 그리고 효과적으로 통증을 완화시켜

TIP **라마즈 호흡법 배우기**

라마즈 호흡법은 산소를 체내에 충분히 공급해 근육의 이완 및 정서적인 안정감을 증가시켜주고, 동시에 태아에게도 분만 중 효과적인 산소 공급을 해줄 수 있는 호흡법이다. 진통이 올 때마다 그에 따라 일정한 통증의 템포와 리듬에 맞춰 호흡함으로써 분만 중 긴장을 완화시키며 동시에 진통에만 집중하던 관심을 호흡쪽으로 분산시켜 통증을 덜 느끼게 하는 효과도 있다. 실제 출산 상황을 연상하며 남편과 함께 단계에 따라 호흡을 익혀보자.

1단계 : 자궁 문이 열리기 시작하는 단계

이때는 배가 주로 생리통처럼 서서히 아프다. 통증의 간격은 5분 내외가 되며 분만이 시작되는 단계로 아이는 아직 골반 안쪽으로 많이 내려가지 않은 상태다. 이때에는 평소보다 조금 천천히 숨을 쉰다. 보통 1분에 호흡을 20회 정도한다. 분만통증으로 배가 아파오기 시작하는 1단계에는 1분당 호흡수를 약 15회 정도로 할 수 있게 조금 더 천천히 숨을 쉰다. 숨은 코로 깊게 들이마시며 입으로 길게 내뱉는다. 마시고 내쉬는 비율은 1:3 정도다. 아이에게 산소를 줘야 할 것 같은데 너무 내쉰다고 생각하기 쉽다. 하지만 보통 진통이 심해지면 무의식적으로 과호흡, 즉 산소를 마시기만 하고 밖으로 내뱉어주질 않아 이산화탄소가 쌓이기만 하는 호흡을 하게 된다. 충분한 양의 산소를 마신 다음 길게 내뿜어주는 호흡은 다시 체내에서 나가주어야 하는 이산화탄소를 효과적으로 잘 배출하며 동시에 몸의 긴장을 이완시켜주는 효과가 있다. 아빠와 함께 천천히 코로 마시고 입으로 내뱉는 연습을 해보자.

2단계 : 아이가 골반 안으로 어느 정도 내려오기 시작했으며 자궁 문은 3cm 이상 열린 상태

곧 아이는 점점 더 밑으로 내려갈 것이며 자궁경부는 더 열리게 된다. 이때에는 아까와는 다른 통증이 시작된다. 진통 간격이 더 짧아져 3~5분 간격으로 오며 지속시간은 좀 더 길어지고 진통의 세기도 훨씬 세진다. 이때에는 아까의 호흡수보다 좀더 빠르게 한다. 진통 간격에 맞추어서 코로 마시고 바로 입으로 "후~" 내쉬며 마시는 것과 내쉬는 것의 비율이 1:1이 되게 한다.

3단계 : 마지막 7~8cm 이상 열리며 아이는 골반 끝까지 내려오는 상태

극심한 진통으로 호흡과 몸을 가다듬기 힘들다. 이때 아빠가 꼭 옆에서 엄마의 호흡을 도와주어야 한다. 진통은 약 2분 간격으로 굉장히 짧고 자주 오며 진통 시 통증은 더 심해진다. 이때에는 "히, 히, 후~"를 기억하자. 코로 짧게 짧게 마시며 "후~" 하고 입으로 뱉는 것은 똑같다. 너무 아파서 호흡을 하지만 충분히 뱉어내기가 힘들다. 충분히 뱉어내지 않으면 효과적인 호흡이 되지 않는다. 아빠는 같이 "히, 히, 후~"를 해주며 "후~"를 길게 할 수 있도록 유도한다. 뱉는 호흡은 통증을 완화시켜준다.

태아만출기

태아만출기에는 호흡법이 조금 달라진다. 이제는 단순히 아이가 골반을 잘 통과해서 나오기만을 기다리는 시기가 아니고 엄마가 직접 자궁수축과 함께 복근에 힘을 주어서 아이를 같이 밀어내주는 시기다. 이때에는 배에 힘을 주기 직전 크게 들이마시고 나서 배에 힘을 줄 때는 숨을 꾹 참고 힘을 준다. 마지막 태아만출기의 호흡법은 굳이 미리 연습 안 해도 된다. 하지만 분만이 임박한 32~34주부터는 위 1, 2, 3 단계별 호흡법을 아빠와 엄마가 미리 연습하는 것이 좋다.

주는 좋은 방법으로 통합니다.

소프롤로지 분만법을 알아보아요

소프롤로지 분만

라마즈 분만과 비슷한 분만으로 정신적으로 명상과 긍정적인 이미지를 생각하며 분만을 최대한 차분하고 이완된 상태에서 할 수 있게 하는 방법입니다. 서양의 근이완법과 동양의 요가적인 부분이 접목되어 있어요. 명상 음악을 통해 정신적으로 출산을 기쁨의 순간이자 숭고한 순간으로 만듭니다. 또 평온해지는 마인드컨트롤을 하며 팔다리의 근육을 이완시킵니다.

특징

분만 과정을 앉아서 한다는 특징이 있습니다. 책상 다리로 명상을 하며 진통을 스스로 컨트롤하고 계속적인 깊은 호흡을 할 수 있도록 노력을 합니다. 라마즈의 흉식 호흡과 다르게 깊은 복식 호흡을 유도합니다.

장점

자궁문이 다 열리고 난 뒤에 분만 시에도 30도 정도 상체를 세우고 분만하는 좌식분만의 형태를 가집니다. 좌식분만이기 때문에 분만 진행이 빠르고 산도의 이완이 더 효과적이어서 회음부 열상이나 출혈이 적은 장점이 있어요. 하지만 진통 중 이러한 명상과 이완이 실제로 시행하기 어려운 부분이 있기 때문에 출산 2~3개월 전부터 충분히 연습해야 합니다.

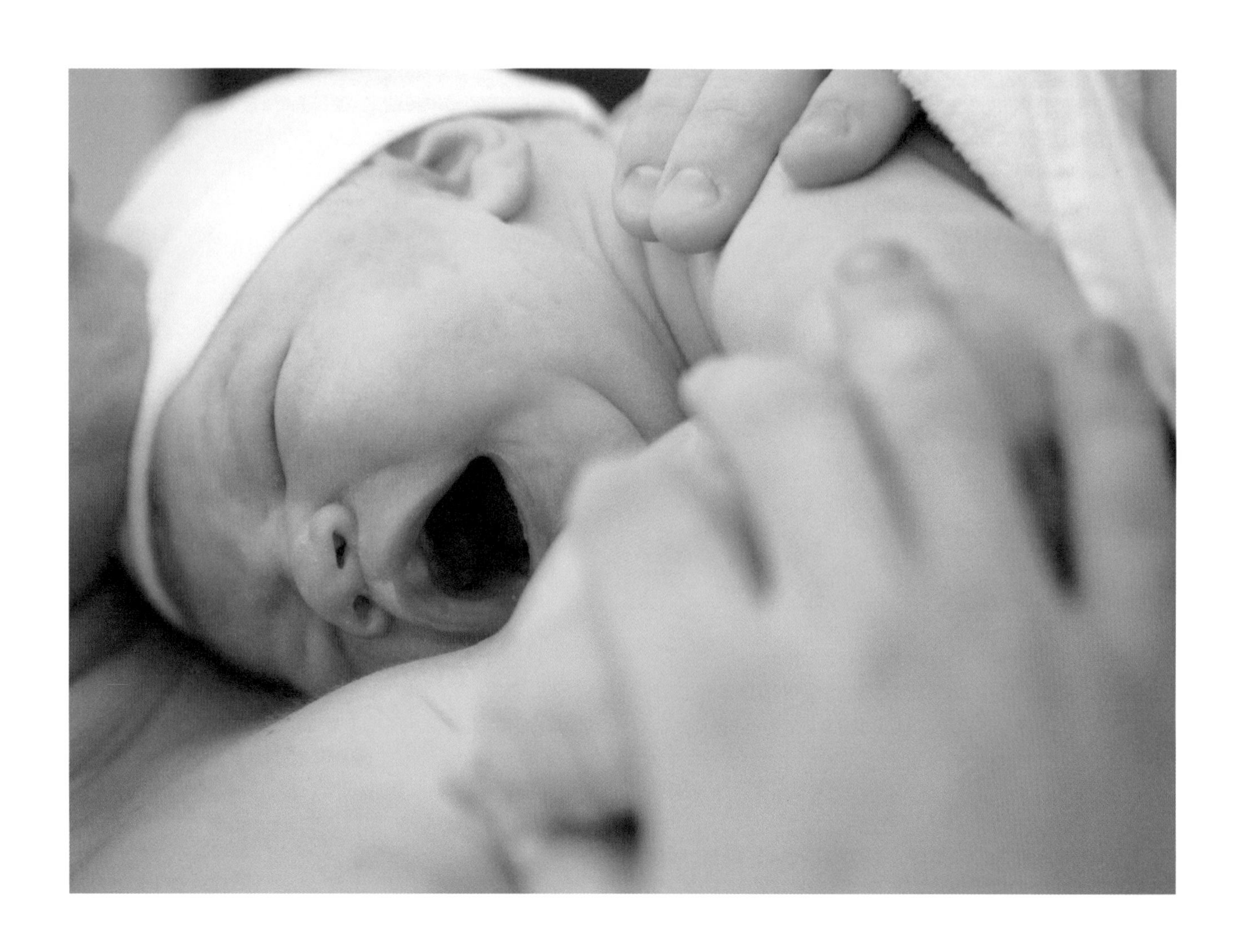

무통 분만법

무통 분만은 분만법 중 다른 하나가 아니며 분만 과정에서 무통 마취주사를 시행해서 분만을 진행하는 것을 말합니다. 분만 시 시행하게 되는 무통 마취에 대해 말하는 것이지요.

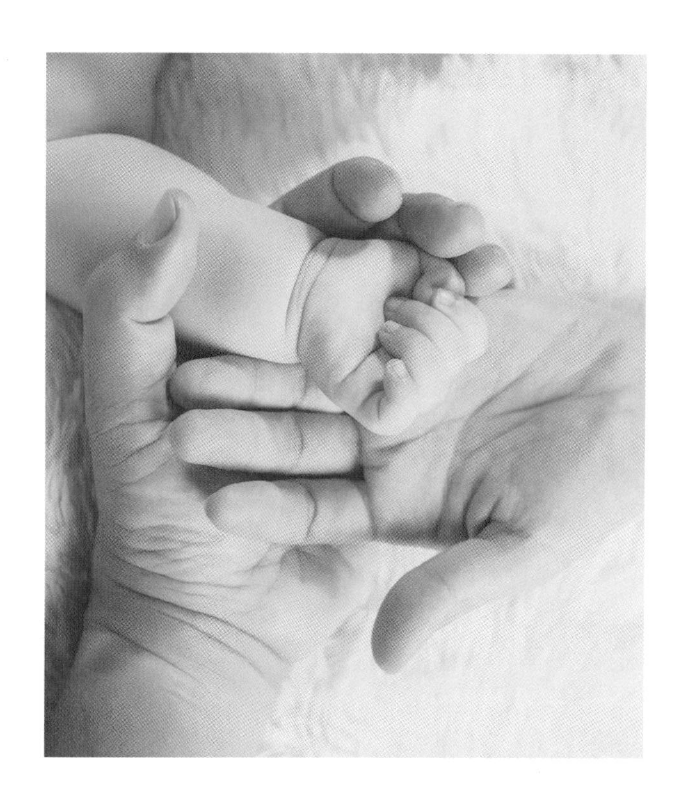

과정

초산모의 경우 자궁 문이 열리기 시작해서 10cm 다 열리기까지 개인차가 존재하지만 평균 5시간 이상 걸리게 됩니다. 자궁 문이 3cm 이상 열리고 나면 태아는 골반 안쪽으로 많이 밀려 내려오기 시작하고 자궁 문이 점점 열리는 것과 동시에 아이가 좁은 골반 통로를 돌고 돌아 통과합니다. 이 시기에는 효과적인 자궁수축만 있다면 엄마가 복근에 힘을 줘서 같이 밀어주는 힘과 노력이 크게 필요하지 않습니다. 즉, 나중에 자궁 문이 10cm 열리고 난 뒤 힘을 열심히 주는 것이 가장 중요하고 엄마는 이 시기에 몸을 이완시키며 힘을 비축해놓는 것이 좋습니다. 엄마의 특별한 노력이 필요 없는 이 시기, 무통 마취주사를 시행합니다. 엄마는 열심히 호흡을 하며 아기가 자궁 문을 열고 골반 통로를 통과하길 기다리면 됩니다. 통증을 줄여주고 엄마의 체력 고갈을 막아줄 수 있는 것이 무통 마취주사라 할 수 있습니다.

시술방법

자궁수축력을 감소시켜 분만 진행에 방해가 되면 안 되기 때문에 일정 부분으로 가는 신경 분지를 마취시켜야 합니다. 따라서 척추관 사이에 얇고 긴 바늘을 넣어서 마취약을 넣게 돼요. 척추 안 경막외라는 공간에 마취약을 넣습니다. 보통 몸을 C모양으로 구부린 후 허리 아래쪽에 바늘을 찔러 척추관 안의 경막외라는 공간에 약물을 주입하는 카테터를 삽입합니다. 간혹 이러한 약물 주입 카테터가 혈관으로 유입이 되거나, 바늘이 잘못 들어가 경막을 찌르거나 하는 부작용이 있을 수 있어요. 또한 바늘구멍을 통해 척수액이 누수되는 부작용도 있어요. 이런 경우 심한 두통이 나타납니다.

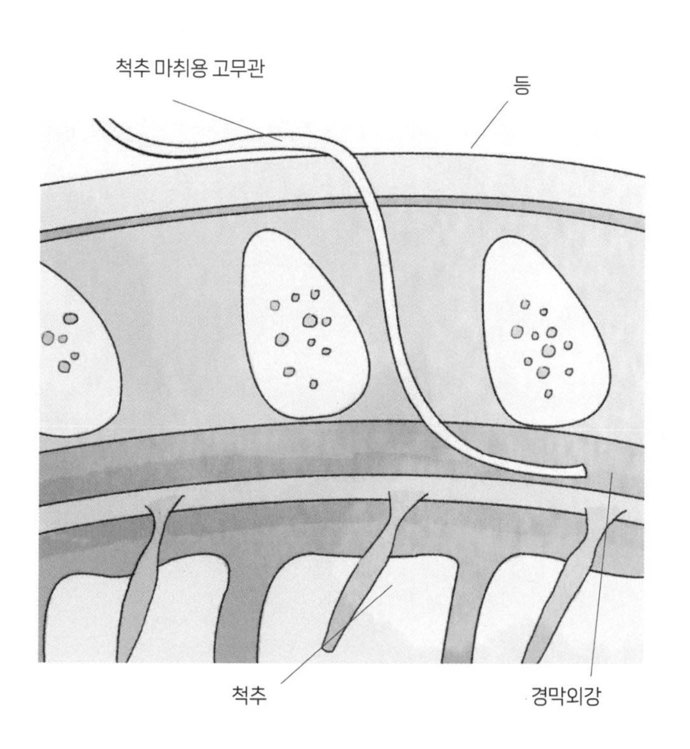

적용 가능한 시기

자궁경부가 적어도 3cm 이상 열리고 아기가 내려오기 시작하는 본격적인 분만 시기부터 약을 사용할 수 있습니다. 아직 자궁경부가 본격적으로 열리기도 전에 무통 마취주사를 맞게 되면 자궁수축력도 감소가 되고 몸의 반응이 더뎌져서 진행이 멈춰버릴 수도 있습니다. 반대로 자궁경부 문이 9cm 정도 열렸다면 어떨까요? 10cm가 열리면 아기는 골반 안 깊숙이 들어와 세상 밖으로 나올 수 있어요. 이때에는 자궁수축력과 함께 엄마가 복근에 힘을 주어 복압으로 아기 엉덩이를 밑으로 내려주는 것이 중요합니다. 무통마취를 하게 되면 아무래도 통증을 느끼는 데 더뎌지므로 이때 엄마의 힘주기가 약해질 수 있어요. 또한, 분만이 많이 진행된 상태에서는 점점 자궁수축의 빈도와 강도가 세지기 때문에 카테터를 삽입하기 위한 자세 설정이 어렵습니다. 이러한 경우 의료진과 상의해서 무통분만을 시행할 것인지 아니면 그냥 진행을 할 것인지 결정을 해야 합니다.

분만실 아빠의 역할

Dr.류's Talk Talk

둘만의 가정에서 이제 아이라는 새로운 가족 구성원이 탄생하는 날입니다.
부부가 서로 다른 두 명의 인격체가 만나 조화를 이루고 때로는 부딪히며
같이 살아가는 동반자의 관계라면, 아이는 이러한 부부에서 시작된 작은 생명체입니다.
이제 아내와 이전과는 조금 다른 결혼생활, 가정생활을 시작하게 됩니다.
인생의 큰 전환점이 될 분만, 아내 혼자만의 과정이 아니겠지요.
'나'에서 '아빠'로 탄생하는 순간을 아내와 함께하세요.

분만 시 아빠의 역할이 중요해요

마사지를 통해 긴장 풀기

분만진통이 시작되고 분만에 대한 불안감과 함께 통증이 올 때마다 엄청나게 몸에 힘이 들어가기 때문에 온몸의 근육이 긴장을 하게 됩니다. 분만 후반기에 접어들면 통증이 너무 심해져서 아빠의 마사지가 오히려 불편할 수 있습니다. 하지만 분만 초기, 진통이 심하지 않을 때에는 가볍게 손과 다리, 목과 어깨에 뭉친 근육을 마사지해주면서 긴장을 이완시켜줍니다.

혼자 텔레비전을 보지 않기

통증이 오고 힘든 시간을 아내와 함께 견뎌야겠지요. 상쾌하고 부드러운 음악을 틀어놓고 아내와 함께 대화할 수 있도록 텔레비전 시청을 자제합니다. 물론, 통증이 심하지 않아 아내가 텔레비전 시청을 원한다면 상관없지만 아내는 분만진통으로 힘들어 하는데 아빠가 옆에서 그 과정을 함께하는 것이 아닌 관찰자로서만 존재하며 다른 일을 하게 되면 오히려 아내의 통

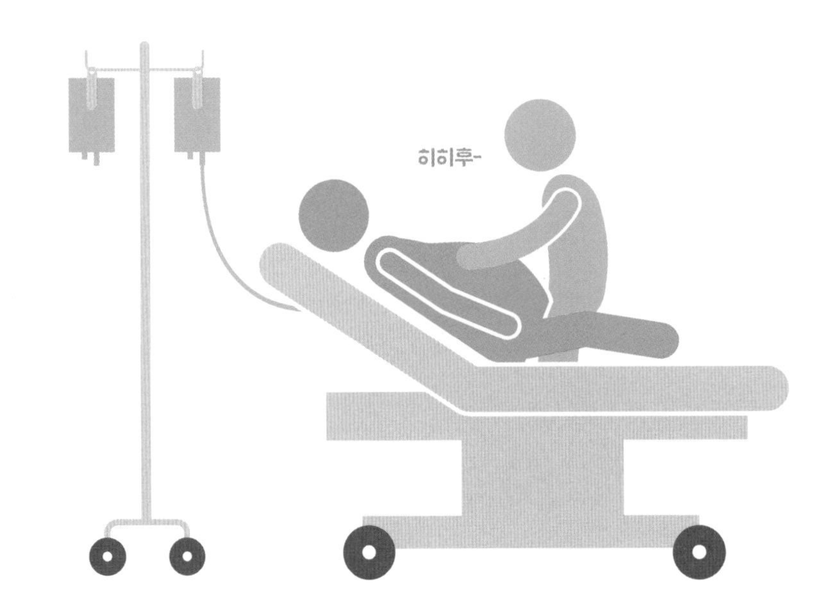

증은 더 커지게 된다는 보고도 있습니다. 분만실에서는 엄마와 아빠가 함께 분만을 하는 것이에요. 분만을 하는 아내를 옆에서 지켜만 보기 위해 있는 것이 아닙니다.

아내와 호흡을 함께 하기

분만 초기, 중기, 후기마다의 진통의 강도와 세기가 다르며 그때마다 할 수 있는 가능한 호흡법이 다릅니다. 분만 과정에서의 엄마의 호흡은 직접적으로 아이의 호흡과도 관련이 있어요. 엄마가 분만 과정 중에 숨을 잘 쉬어야 아이도 힘든 분만 과정 중에 산소를 잘 공급받을 수 있어요. 엄마와 아이가 충분히 호흡할 수 있도록 아빠가 옆에서 같이 호흡을 하며 잘 이끌어주세요. 특히 분만 중반기 이후 아빠의 역할이 매우 중요해집니다. 분만 후반기에 접어들기 시작하면 점점 통증이 심해져서 제대로 호흡하기 힘들어집니다. 마지막까지 엄마가 충분한 산소를 마시고 이산화탄소를 배출해야 배 속에 있는 태아도 건강하게 분만을 버텨낼 수 있습니다. 아내와 눈을 마주치고 손을 어깨에 얹은 상태로 호흡을 같이 해줘야 효과적이에요.

아내 곁을 지키기

아내가 자세를 바꿀 때나 화장실을 다녀 올 때 아빠가 옆에서 꼭 함께 해주세요. 사람이 없는 경우 간호사의 도움을 받을 수도 있지만 이런 순간에 아빠가 옆에서 꼼꼼이 챙겨준다면 분만을 혼자하는 게 아니라는 생각이 들 거예요.

격려와 위로의 말, 고마움을 표현하기

분만실에 오는 외국인 부부의 경우, 분만 도중에도 애정 표현을 많이 합니다. 이마에 키스하고 땀을 닦아주고 눈을 맞추며 사랑한다고도 말합니다. 분만은 엄마와 아빠가 아이를 가족으로 맞이하기 위한 굉장히 중요한 과정입니다. 엄마 혼자만 너무 큰 고통을 짊어지지 않도록 고마움과 사랑의 마음, 그리고 할 수 있다는 의지를 계속 해서 북돋아주세요.

· 2 ·

출산 후 1개월

01

생후 1개월 우리 아기

Dr.류's Talk Talk

출생 시 평균 50cm의 키에 몸무게는 3.2~3.9Kg 정도인데, 분만 직후 아기는 일시적인 몸무게 소실이 있을 수 있습니다. 이후 출산 1개월 후 뒤에는 평균적으로 5cm 정도 키가 자라며 몸무게는 1~1.5kg 정도 증가하게 됩니다. 첫 1개월 동안은 아기도 세상에 적응을 하느라 매우 고단하고 엄마도 산후조리하느라 힘든 시기입니다. 특히 밤낮 없이 먹고 자고 우는 아기 때문에 엄마들은 하루하루 녹초가 되기 일쑤지요.

아기의 발달을 알아보아요

아기 상태

생후 28일, 즉 생후 4주까지의 신생아는 부모님의 집중적인 관찰과 관심이 필요한 시기입니다. 이 시기에 아기는 엄마 배 속에서 밖으로 나와 세상과의 적응을 하면서 많은 변화를 겪어요. 따라서 우리 아기가 잘 적응해나가는지 엄마와 아빠가 세심하게 관찰하고 점검해주세요.

맥박

신생아의 맥박수는 어른보다 훨씬 많아 1분에 약 120회 전후이며, 활동을 할 때 이를 테면 우유를 먹거나 숨 가쁘게 울 때 어른보다 맥박 속도 증감 폭이 매우 커요. 아기가 몹시 흥분하였을 때는 순간적으로 분당 200회를 상회하는 경우도 있으니 너무 당황하지 말고 손목, 관자놀이, 귀밑, 목 부분 등에서 맥박을 잴 수 있도록 하며, 안정을 취하도록 환경을 조성해줍니다.

아기의 발달 상황

1. 생후 1주일을 전후해서 배꼽이 떨어진다.
2. 젖 먹는 시간 외 잠을 잔다(평균 18~22시간).
3. 청력은 출생 후 수일 내 예민해져 작은 소리에도 반응을 보인다.
4. 몸무게와 키가 쑥쑥 큰다(키 5cm, 체중 1~1.5kg).
5. 분만 시와 마찬가지로 한 달까지는 머리둘레가 가슴둘레보다 크다.
6. 입 주변에 물체가 닿으면 빨려고 한다.
7. 손바닥이나 발바닥을 자극하면 움직인다.
8. 반사반응에 의해 웃음을 짓거나 배가 고플 때 입술을 빤다.
9. 45도 정도 살짝 얼굴을 왔다 갔다 할 수 있다.
10. 시각이 발달하며 움직이는 물체를 쫓을 수 있다.

체온

신진대사가 왕성하여 신생아들은 체온이 어른보다 높습니다. 평균적으로 37도 전후로 유지되며, 주위 환경의 영향을 많이 받아 체온이 너무 높거나 낮을 수 있어요. 체온조절의 변화폭이 심한 경우 면역 기능의 이상을 초래하거나 신진대사에 영향을 줄 수 있으므로 옷, 침구 등을 적절히 이용해 포근한 온도를 유지해줍니다. 즉 방안이 너무 덥거나 꽁꽁 싸매면 태열이 올라올 수 있고, 방안 온도가 너무 낮으면 면역력 저하로 감기가 걸릴 수 있습니다. 방안 온도는 23~25도, 습도는 40~60%를 유지하세요.

체중

신생아의 무게는 보통 3.3kg 정도를 유지합니다. 출생 후 3~4일이 지나면 태변과 소변, 피부나 폐 등으로 증발하는 수분의 양이 많아져 체중이 약 250~300g 정도 줄어들게 돼요. 하지만 일주일 정도 지나고 수분 섭취가 충분히 이루어진 경우 다시 태어났을 때의 몸무게로 돌아오게 됩니다. 체중은 아기가 자라면서 하루에 30g 정도 체중 증가가 이루어져 3개월경 출생 시 2배인 6.6kg 정도가 됩니다.

대변과 소변

아이가 엄마 배 속에 있을 때 양수와 함께 조금씩 입 속으로 흘러들어간 세포나 태지 등이 장 속에 있다가 배출되면서 생후 5일간은 짙은 녹색의 태변을 봅니다. 태변은 점액 성분의 끈적끈적한 녹색변으로 젖을 먹기 시작하면서 나오게 되며 점차 노르스름하게 변합니다. 이러한 과정을 잘 살펴봄으로써 아기의 건강 상태를 간접적으로 확인할 수 있어요.

녹색변

신생아기에 종종 녹색변을 볼 수 있다. 아기가 잘 먹고 잘 놀고 있다면 큰 문제가 되지 않는다. 소화액인 담즙이 그대로 변으로 섞여 나와 나타나는 현상이기 때문이다. 신생아기에는 장운동 기능이 미성숙하므로 종종 일어난다. 하지만 물 같은 변을 보며 녹색변이 지속될 때는 가까운 소아과에 가서 진찰을 받아보는 것이 좋다.

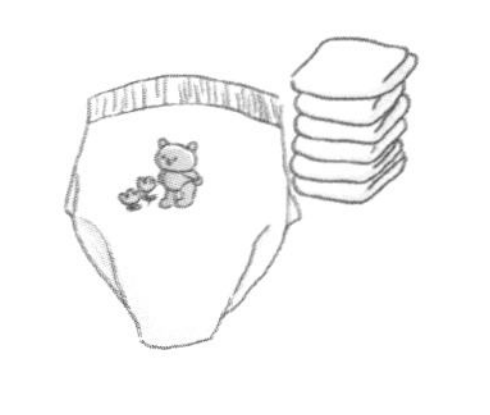

수면

신생아는 하루에 19~20시간씩, 거의 젖 먹는 시간을 제외하고는 수면을 취합니다. 수면 시간의 개인 차이가 있어 밤낮을 구별하지 못하고 수면을 취하는 아기도 있지만, 점차 수면의 리듬을 찾아가게 되고 백일 정도 지나면 규칙적인 수면 패턴을 보이게 됩니다.

수유

수유는 아이가 먹고 싶어 할 때 원하는 만큼 먹이면 돼요. 양과 횟수를 걱정하기보다는 원하는 때를 알고 주는 것이 중요해요. 그리고 체중 증가는 잘 먹고 있음을 의미하므로 아기의 몸무게를 규칙적으로 재서 수유의 효율을 간접적으로 보는 것도 놓치지 말아야 합니다. 혹여나 수유 간격이 길어지면서 아기가 저혈당에 빠지거나 배가 고픈 것은 아닌지 불안할 수가 있습니다. 또한 모유수유는 어느 정도의 양을 태아가 먹는 건지 직접적인 확인이 어려워 불안감이 커질 수 있어요. 생후 1개월은 대개 2~3시간 간격으로 수유를 하게 되며 혹 아기가 깊은 잠을 자느라 수유를 건너뛰는 것은 크게 문제가 되지 않습니다. 다만 8시간 이상 수유 간격이 길어지면 아기를 깨워서 수유를 시도해야 합니다. 하지만 큰 걱정은 안 해도 돼요. 엄마가 수유 시간을 2~3시간으로 체크 안 해도 아기는 본인이 필요하다 느낄 때, 혹은 배가 고플 때 정확하게 깨서 울 것입니다.

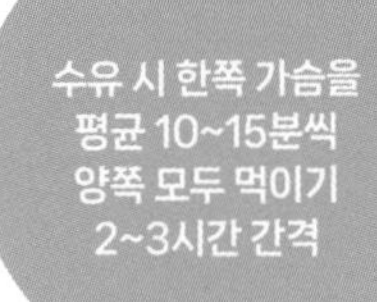

아기의 기본 관리를 알아보아요

배꼽 관리

10일 정도 지나면 저절로 탯줄이 배꼽에서 떨어집니다. 그때까지는 기저귀를 갈 때마다 솜에 알코올을 적셔서 배꼽에서 탯줄이 분리될 부위를 잘 소독해줘야 해요. 일명 빨간약이라고 불리는 머큐로크롬이나 베타딘은 가급적 사용하지 않는 게 좋아요. 이러한 약들은 휘발성이 아니라서 잘 건조되지 않고, 착색의 우려가 있어요. 배꼽 주위가 붉게 변하거나 염증 때문에 냄새가 나는 경우, 생후 3~4주가 되었는데 배꼽이 안 떨어지는 경우는 꼭 병원에 가서 진찰을 받아야 합니다.

황달 관리

황달은 몸에 있는 빌리루빈이라는 성분이 많아져 피부와 안구 등에 노란색으로 나타나게 되는 것을 말합니다. 이러한 빌리루빈은 적혈구, 즉 피를 운반하는 세포의 대사로부터 생성되는데, 신생아 때는 적혈구가 아직 온

TIP **황달**

Q. 신생아도 황달이 생기나요?

A. 갓 태어난 신생아에게도 어른처럼 황달이 나올 수 있다. 일단, 황달이라는 것은 간에서 빌리루빈이라는 물질이 분해가 되어 장으로 배출되는 과정이 원활하지 않아 몸 안에 빌리루빈 수치가 높아질 경우, 피부가 노랗게 변하는 것을 말한다. 살짝 피부를 눌렀을 대 누른 부분의 피부가 흰색으로 변하면 피부색이 노란 것이고 눌러도 계속 노란색을 띄면 현재 빌리루빈 수치의 상승으로 인한 황달을 겪고 있는 것이다. 보통 출생 2~3일째 황달이 오는데, 이는 대개 생리적인 황달, 즉 정상적인 범주에 속한다. 하지만 태어난 지 24시간 이내에 황달이 있는 경우 풍진, 톡소플라즈마증, 패혈증 등의 감염성질환 및 태아적아구증 등 심각한 질환과 관련이 있을 수 있다. 꼭 소아과 전문의와 상의한다.

Q. 황달은 아이에게 큰 문제없나요?

A. 신생아들은 몸의 모든 기능이 미성숙한 상태다. 뇌를 보호하고 있는 장벽도 약한 상태라서 높아져 있는 빌리루빈은 뇌를 공격할 수 있다. 핵황달이란 빌루리빈이 너무 높아져서 뇌세포를 공격하여 뇌성마비, 청각소실, 심하면 사망에도 이르게 할 수 있는 무서운 질병이다. 핵황달을 일으키는 절대적인 혈중 빌리루빈 수치는 없으며 미숙아이거나 건강 상태가 좋지 않을 때 똑같은 빌리루빈 수치에서도 좀 더 취약할 수 있다. 핵황달의 발생률은 10만 명 중에 1명으로 실질적으로 그렇게 높지 않다. 대개 그전에 병원에서 황달이 높은 것을 확인한 후 광선치료, 심하면 교환 수혈 등의 처치를 통해 아기 몸에 높아져 있는 빌리루빈 수치를 떨어뜨린다.

Q. 황달의 정도는 무엇을 보고 판단하나요?

A. 보통 혈중에 빌리루빈 수치가 높아지게 되면 머리부터 노란색으로 피부가 변하는데, 머리에서 가슴과 몸통으로 내려오게 된다. 몸통에서 이제 팔과 다리까지 노란색이 띌 수 있는데 노란끼가 배에서 팔다리로 진행이 되가면 병원에 데려가서 혈중 빌리루빈 수치를 확인받아야 한다.

Q. 모유황달인 경우에는 어떻게 하나요?

A. 모유황달은 모유수유량이 부족하기보다는 모유에 있는 한 성분이 간에서 빌리루빈을 제거하는 기능을 방해하기 때문에 생긴다고 이해하면 된다. 모유를 주면서 광선치료를 해도 되고, 그래도 황달이 호전이 안 되면 1~2일 정도 모유 대신 분유를 먹인다. 황달이 호전되면 다시 모유수유를 한다. 대개 이러한 모유황달은 생후 2주 후에는 잘 나타나지 않는다.

Q. 병원은 언제 가나요?

A1. **생후 24시간 이내에 황달이 있는 경우**
자연스러운 변화 과정이라 하기보다 부자연스러운 적혈구가 깨지는 상태로 용혈성질환(Rh-, 면역) 등으로 생각해볼 수 있다.

A2. **태어난 지 일주일 이내 황달이 너무 심한 경우**
황달이 배 아래에서 팔다리로 가려고 할 때는 병원을 찾는 게 좋다. 태어난 지 일주일 이내인 경우 아직 뇌가 성숙되지 않고 약한 상태이므로 황달로 인해 뇌손상이 있을 수 있기 때문에 가서 그 수치를 확인하고 필요하다면 황달 수치를 떨어뜨릴 보조적인 치료를 받는다.

A3. **100일 아기인데 황달을 앓는 경우**
세상 밖으로 나온 아기는 처음 적응과정에서 황달이라는 것을 경험하게 된다. 보통 생후 한 달 이내에 거의 다 좋아진다. 하지만 생후 3개월이 다 되는데도 계속적인 황달이 있을 때에는 간담도 계열의 질환이 있을 수 있다.

A4. **태어난 지 2~3주째 황달이 있는데 변이 하얀색일 경우**
간에서 빌리루빈을 제거하지 못하면, 노란 성분을 나타내는 빌리루빈은 혈중에 엄청나게 증가하게 된다. 또한 간에서 처리한 빌리루빈이 간담도계를 통해 밖으로 배출되는 경우에도 황달이 심해질 수 있다. 이러한 경우 변이 하얀색이다. 간담도계 이상을 의심해보자.

전치 못해요. 그래서 이러한 빌리루빈이 과생산되며 과생산된 빌리루빈을 간에서도 잘 처리하지 못해 황달이 생깁니다. 신생아 황달은 신생아에 가장 흔히 볼 수 있는 질환이지만 대부분이 잘 치료되는 편이에요. 그러나 심한 황달을 치료하지 않는 경우 신경계에 손상을 줄 수 있습니다. 생후 첫 주에 만삭아의 약 60%, 미숙아의 약 80%에서 황달이 관찰됩니다.

황달 발생 시기

황달은 원인에 따라 태어났을 때부터 어떠한 때에도 나타날 수 있지만 우리가 흔히 볼 수 있는 신생아의 '생리적 황달'은 주로 출생 후 2~3일 내에 나타나고 사라집니다. 생리적 황달의 경우 특별한 치료를 요하지는 않습니다. 빌리루빈 수치가 증가함에 따라 황달은 얼굴에서 시작하여 복부, 손바닥, 발바닥까지 진행됩니다. 이와 같은 황달은 대부분 모유 또는 혼유하는 아이에게서 일어나게 되는데, 그래서 모유황달이라는 말이 생겨난 것입니다. 모유에 함유된 특수한 효소가 간세포의 대사를 억제하기 때문이지요.

황달 발생 원인

황달은 원인이 매우 다양하므로 생후 2~3일에 나타나는 생리적 황달이 아닌 경우에는 반드시 전문의에게 진료를 받은 뒤 진단 및 치료해야 합니다. 기간이 일주일 이상 오래 지속되거나 생후 2~3일이 아닌 다른 시기에 나타난 황달은 간질환, 약물중독, 폐쇄성 질환 등 가능성이 있기 때문이에요. 특히 황달이 출생시 또는 첫 24시간 내에 나타나는 경우에는 주의를 기울여야 합니다.

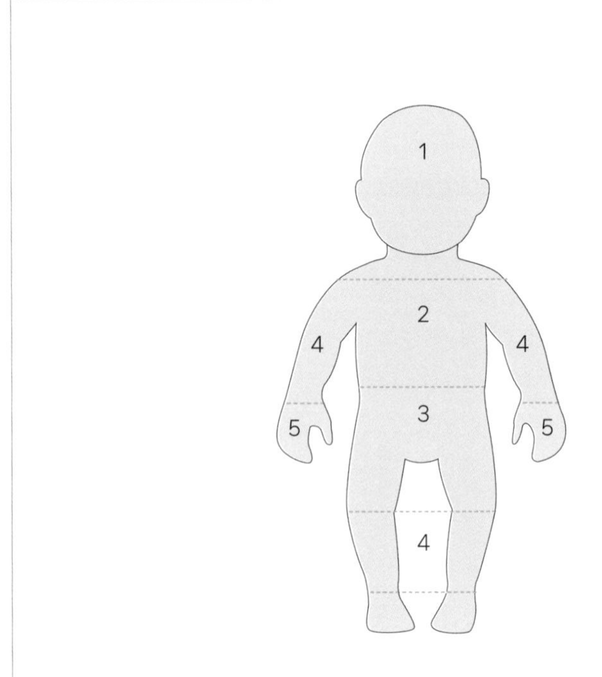

	황달의 분포	혈청 bilirubin(mg/dl)
1	얼굴과 목까지 와 있을 때	5 미만
2	동체의 배꼽까지 와 있을 때	5~12
3	동체의 하부, 대퇴까지 와 있을 때	12~15
4	동체의 하부, 대퇴까지 와 있을 때	15~18
5	손바닥, 발바닥까지 와 있을 때	20 이상

※ 병원이라면 빌리루빈 수치를 직접 검사하겠지만 집에 아기를 데리고 왔다면 황달 정도를 어떻게 체크하면 좋을까? 육안으로 확인하면 된다. 아기 얼굴에서 가슴 중간까지 내려오는 황달은 일단 좀 지켜봐도 된다. 하지만 배 아래쪽까지 노래지거나 노란기가 팔다리까지 번지는 양상이면 반드시 병원에 내원해서 황달수치를 확인해야 한다.

아기가 우는 이유는 무엇일까요?

배고픔 때문에 우는 경우

생후 1개월까지는 대부분 배고픔 때문에 신생아가 울게 됩니다. 배고픔을 호소할 때는 잠깐 시간을 두고 울음을 터트리기도 해요.

졸려서 우는 경우

많은 시간을 수면으로 보내는 신생아는 졸린데 때로는 포근하고 조용한 환경이 유지되지 않아 우는 경우가 많습니다. 자지러지게 울 때는 부드럽게 아기를 감싸 안고 살며시 흔들어주어 잘 수 있는 환경을 조성해줍니다.

기저귀가 젖어서 우는 경우

기저귀가 젖으면 쾌적하지 않기 때문에 아기가 웁니다. 아기는 기저귀를 갈 때 갈아 끼우는 과정에서 느끼는 불편에도 반응하여 울 수 있지만 습진이나 발진 등이 있어도 울 수 있어요.

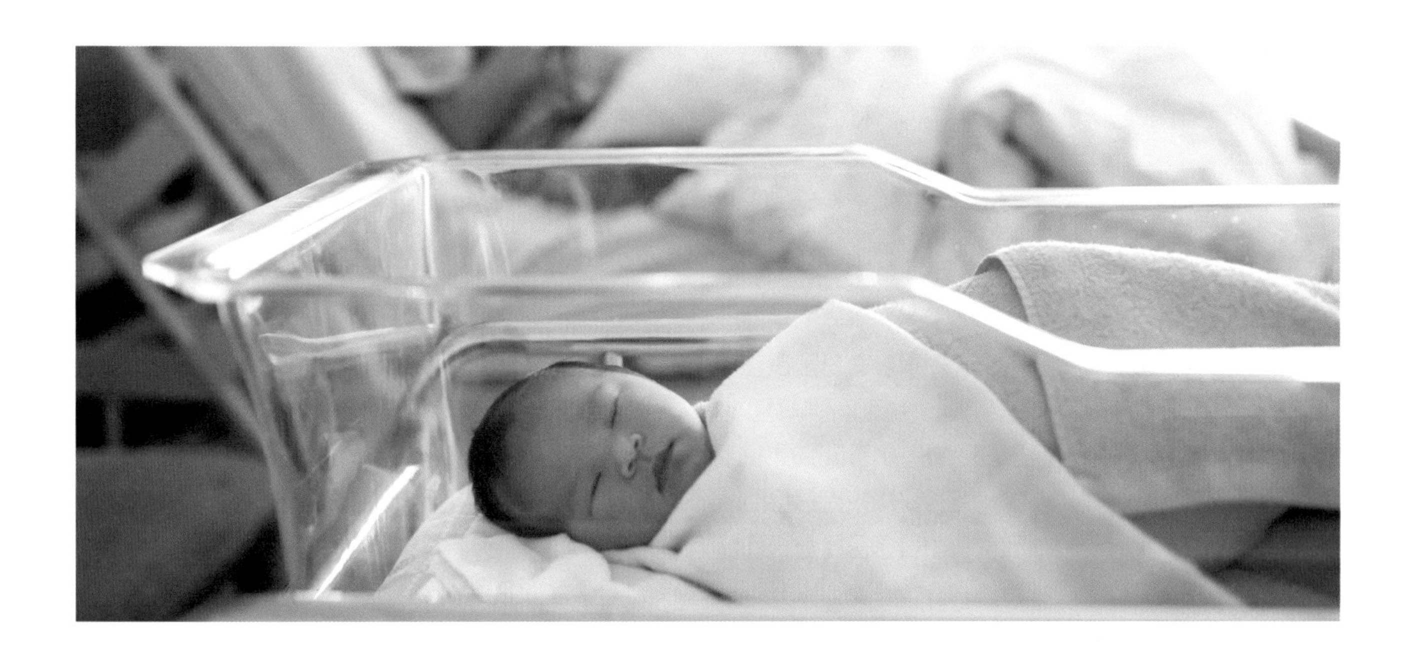

기저귀를 갈 때 보채듯이 울면 이러한 경우에 해당될 수 있으니 유의하며 관찰하며 기저귀를 교체해줍니다.

낯설어서 우는 경우

낯선 곳이나 어수선한 곳에 있게 된 경우 아기는 주변 상황에 대한 공포를 울음으로 표현합니다. 사람이 많은 곳을 피해 조용한 곳으로 아기를 안고 이동하여 따뜻한 부모님 품으로 공포를 달래주도록 하세요.

아파서 우는 경우

아기가 아파서 우는 경우에는 높은 소리의 울음을 많이 들려주지만 이것이 꼭 아프다는 것을 알리는 건 아니에요. 아기가 아픈 경우에는 고열이나 열성경련과 같은 객관적인 증상이 나타나는 경우가 많습니다. 고열이나 열성경련 등의 특이 증상은 없고 높은 소리로 많이 운다면 영아산통을 생각해볼 수 있습니다.

영아산통

급성 복통의 원인으로서 생후 3주에서 생후 100일 이내에 잘 발생한다. 발작적 복통으로 인한 것으로 갑자기 매우 크게 울며 쉽게 멈추지 않는다. 영아산통으로 우는 아기는 두 손을 꽉 쥐고, 두 다리를 배 위로 가까이 끌어당기는 양상을 보여주며 배에는 힘이 많이 들어가 있다. 얼굴은 붉어져 짧게는 몇 분, 길게는 몇 시간에 걸쳐 울기도 한다. 영아산통은 하루 중 어느 때든지 나올 수 있으나 주로 저녁 6시에서 10시 사이에 많이 보인다.

원인

현재까지 원인은 정확하게 밝혀지지 않고 있다. 다만 소화기능 미숙으로 인한 복부팽만감, 복통으로 인한 것으로 추정이 된다.

호전방법

영아산통을 호전시킬 수 있는 특별한 방법은 없다. 모유수유 중이라면 엄마가 카페인, 양파 등의 자극적인 음식을 피해보고 엄마가 정서적으로나 육체적으로 좀 더 편안하고 안정되면 아기의 영아산통이 자연스럽게 치료되기도 한다. 대체로 생후 100일 이후에 호전되므로 크게 걱정할 필요 없다.

출산 후 엄마 몸

Dr.류's Talk Talk

막상 출산을 하고 나면 더 당황스러운 일이 많을 거예요.
'낳았다'는 것이 전부가 아니라 그 뒤로 이어지는 일들이 매우 많습니다.
남산 만하던 배는 여전히 불룩합니다. 마치 수박 한 개가 들어가 있는 것처럼 보이지요.
오로가 나오는 것이나 훗배앓이도 하고 자연분만을 한 엄마들은
앉을 때마다 통증을 느끼고, 제왕절개를 한 엄마들은 수술 부위가 아픕니다.
세심하게 몸의 변화나 통증을 살펴주세요.

출산 후 엄마의 몸은 어떻게 변할까요?

오로

오로란 태반이 떨어지고 나서 자궁 내막에 남아 있는 태반조직 찌꺼기 등이 밖으로 배출되는 것을 말합니다. 보통 오로는 적혈구, 상피세포, 떨어진 자궁내막, 세균 등으로 구성되어 있어요. 첫 5일 이내에는 붉은색의 오로가 주를 이루고 점차 색이 옅어지기 시작합니다. 나중에는 백색 혹은 연노란색의 오로가 나오고 개인마다 차이가 조금씩 있는데 보통 4주 혹은 8주 이내에 이러한 오로는 없어져요. 가끔 수유를 마친 후 혹은 복부 마사지를 받은 후 붉은 오로가 다시 나오기도 하는데 양이 많지 않으면 정상이에요. 하지만 간혹 분만 2주가 지났는데 선홍색 피가 갑자기 많이 쏟아지듯 계속 나오는 경우가 있어요. 이렇게 질 출혈이 심하게 있을 경우 산부인과에 내원해서 상태를 점검받는 것이 좋습니다. 단순 오로라기보다는 자궁근이완과 관련된 질출혈일 수 있어요.

훗배앓이

말 그대로 아기를 낳고 앓는 훗배앓이는 자궁이 원래대로 수축하며 돌아가려는 강력한 작용에 따른 통증입니다.

만기 산후출혈

분만 후 2일 이후에서 12주 이내에 다시 질 출혈이 발생하는 경우를 분만 후 만기 산후출혈이라고 한다. 일반적인 오로와는 다르게, 선홍색의 출혈이 많은 양으로 나타난다. 대부분은 자궁수축이 풀리며 나오는 출혈이다. 간혹 태반이 덜 떨어지고 남아서 출혈을 일으키는 경우도 있다. 이러한 만기 산후출혈은 반드시 산부인과에 내원해서 적절한 치료를 받아야 한다. 개인 차이가 존재하지만 심할 경우 수혈을 받거나 입원 치료를 해야 할 수도 있다.

아기를 처음으로 출산한 산모들은 비교적 묵직하게 통증이 있지만 둘째부터는 좀 더 강하고 역동적으로 배가 뭉쳤다 풀렸다 하는 느낌이 듭니다. 아기를 많이 낳으면 낳을수록 훗배앓이는 심해져요. 하지만 훗배앓이는 자궁이 원래대로 돌아가려고 노력하는 처음 2~3일까지가 심하고 점점 호전되니까 참도록 합니다. 수유 시 아기가 젖꼭지를 자극하면 그에 대한 반응 호르몬이 나와 자궁수축이 더 강력해지고 훗배앓이가 더 심해집니다. 하지만 이러한 훗배앓이가 있어야 엄마가 건강하게 원래 상태로 돌아갈 수 있어요.

배

아이가 나오고 태반이 떨어지고 난 직후 자궁은 돌덩이처럼 둥글고 딱딱하게 수축합니다. 근육이 강하게 수축하며 근육 사이에 있던 혈관을 꾹 눌러주며 피가 밖으로 나가지 못하게 지혈하는 과정입니다. 분만 직후 자궁은 약 1kg 정도가 돼요. 이 자궁은 언제 다시 원상복귀가 될까요? 분만 후 약 2일 후부터 자궁은 자신의 본래 상태로 돌아가기 위한 노력을 시작합니다. 약 1주일 후에는 그 사이즈가 반 정도로 줄어서 500g 정도가 되며 약 2주 후에는 300g 정도가 되면서 골반뼈 안으로 들어갈 정도로 크기가 작아집니다. 그리고 한 달이 되는 약 4주 후에는 100g 정도로 원래 사이즈로 돌아가요. 자궁이 들어가면 복벽도 회복이 되긴 하지만 커진 자궁에 의해 탄력 없이 늘어진 듯한 배의 복벽은 회복하는 데 자궁보다 조금 더 오래 걸립니다. 운동을 해주면 좀 더 빠른 회복을 도울 수 있어요.

> **케겔운동**
>
> 케겔운동이라고 많이 알려져 있는 골반 근육 강화운동을 시작해보세요. 케겔운동은 말 그대로 운동입니다. 아무 때나 생각날 때 무심코 항문과 회음부 조이기를 하는 것이 아니라 일정한 시간과 간격을 정해놓고 꾸준히 해야 제대로 효과가 있습니다. 회음부에 힘을 주고 하나, 둘, 셋, 넷, 다섯까지 세면서 그 사이에 힘을 풀지 않습니다. 처음에는 생각보다 길게 조이고 있는 것이 잘 안 됩니다. 길게 꾸준히 일정한 힘 이상으로 조이는 것이 중요합니다. 이를 꾸준히 반복 연습하여 항문을 조이는 시간을 점차 늘려보세요. 하루에 10회 이상 꾸준히 하면 반드시 효과가 나타납니다.

부종

출산과 동시에 양수와 태반, 아기까지 몸에서 빠지고 나면 약 5~6kg의 체중 감소가 있습니다. 그러고 나서 소변량이 증가하며 그동안 몸속 곳곳에 부종을 만들고 있던 수분이 밖으로 빠지게 돼요. 분만 첫 1~2주에 2L 정도의 부종으로 인한 체액이 소변을 통해 밖으로 나가게 됩니다. 즉, 아기를 출산하자마자 5~6kg이 빠지고 1~2주 정도에 걸쳐 소변을 통해 부기가 빠지면서 체중이 2~3kg 정도 더 감소하게 돼요. 이후 모유수유와 본인의 식사조절 및 운동량에 따라 체중 감소량이 달라집니다. 분만으로 인해 증가된 체중은 출산 후 6개월 이내에 열심히 빼는 것이 좋아요. 분만 후 6개월 이후의 체중은 보통 체중의 기준점으로 고정이 되면서 그 상태로 쭉 가게 되는 경우가 많습니다.

소변이 새는 문제

10개월여의 압박으로 골반 근육은 많이 약해져 있습니다. 방광과 요도 사이의 괄약근을 지지해주는 근육도 약해지기 때문에 의도하지 않았을 때에도 종종 소변이 샐 수 있어요. 이렇게 소변이 새는 현상은 보통 3개월 내 자연스럽게 좋아집니다. 자연분만을 하게 되면 분만 시 골반저근육 손상이 있기 때문에 제왕절개 수술을 한 사람보다 분만 후 소변이 새는 증상이 좀 더 발생합니다. 하지만 결국 장기적으로 보았을 때에는 분만법이 끼치는 영향보다는 임신이라는 1년여 동안의 여정이 요실금을 발생시키는 데 결정적인 역할을 합니다. 아기를 낳고 소변이 샌다고 당황할 필요가 없어요. 근육이 약해져서 생긴 결과이므로 다시 약해진 근육을 강화시키는 운동을 하면 좀 더 빠르게 좋아질 수 있습니다.

출산 후 머리가 빠진다는데, 어떻게 해야 될까요?

머리카락은 모낭에서 올라온다

머리카락의 모낭은 혈관과 연결되어

있어 영양공급을 받습니다. 이 영양분을 통해 머리카락은 세포분열을 계속하며 점차 두꺼워지고 길이가 길어지게 됩니다. 이러한 성장은 약 2년에서 길게는 6년까지도 지속되다가 이후 모낭의 성장이 멈추고 퇴화되는 기간이 3~4주 정도 이어집니다. 그리고 이 시기가 지나면 모낭의 성장이 완전히 멈추고 피부에 겨우 붙어만 있는 휴지기가 시작이 되는데, 4~5개월 정도 유지되다가 자연스럽게 모발이 빠지게 됩니다. 그후 머리카락이 빠졌던 모낭에서 다시 새로운 머리카락이 자라는 것이죠.

그런데 임신을 하며 폭발적으로 증가한 에스트로겐은 머리카락에 영향을 주어 머리카락이 계속 성장기에 머물도록 하는 역할을 합니다. 그래서 퇴행기로 가야 할 머리카락들이 계속 성장기에 머물기 때문에 임신을 하면 머리숱이 평소보다 굵고 윤기 나며 더 풍성하게 느껴집니다. 실제로 평소 보통 50~80개의 머리카락이 빠진다면 임신 중에는 5~10개 정도만 빠질 정도로 머리카락이 잘 안 빠지는 것을 경험하게 됩니다. 즉 진즉에 나가 떨어져야 했던 머리카락들이 임신이라는 특수한 상황으로 인해 좀 더 오래 버티고 있었던 것이죠.

그러나 출산 후 에스트로겐 농도가 낮아지면 그동안 자기 능력보다 더 길게 버티고 있던 머리카락이 한꺼번에 다 같이 퇴행기와 휴지기를 맞이하게 됩니다. 거짓말처럼 출산 후 빠르면 두 달, 보통 백일 전후로 한꺼번에 많은 양의 머리카락이 빠지게 됩니다. 그리고 길게는 6개월까지 계속 머리가 빠지기만 하는 느낌이 드는데요. 새로 나오는 머리카락이 있지만 워낙 많은 양의 머리카락이 한꺼번에 빠지기 때문에 실감하기 어렵습니다. 그리고 6개월이 지나고 나면 다 같이 빠졌던 자리에서 우르르 많은 양의 새로운 머리가 올라오기 시작합니다. 그래서 출산 후 1년 정도가 될 때쯤이면 한꺼번에 빠졌던 머리카락 자리에서 새로 머리카락이 자라올라 약 2~3cm 길이의 잔머리가 많이 보이게 되죠. '아기가 돌 정도 되었구나' 알 정도로, 출산 후 돌을 맞이하게 될 때쯤이면 대부분의 산모가 잔머리 때문에 머리 정리가 쉽지 않게 됩니다.

그럼, 출산 후 탈모는 임신 출산에 따른 자연스러운 과정이므로 그냥 두면 되는 것일까요? 머리가 빠진 자리에는 새로운 모낭세포가 나올 준비를 하고 있습니다. 머리카락이 잘 올라오고 원활하게 성장할 수 있도록 신경 쓰고 노력하지 않으면, 빠진 만큼 다시 회복이 어려울 수도 있으니 주의바랍니다.

어떤 노력을 해야 하는 걸까?

첫째, 모낭에서 머리카락이 새로 나오기 위해서는 모낭에 적절한 혈액 공급이 원활하게 이루어져야 합니다. 즉, 두피 자체에 혈액순환이 원활하게 될 수 있도록 충분한 수면과 스트레스 조절을 해야 하는 것이죠.

둘째, 모낭이 새로 올라오는 모공이 막히지 않도록 두피 관리를 잘 해주어야 합니다. 두피 스케일링을 1~2주에 한 번씩 하면서 모공에 노폐물이 쌓이지 않도록 관리해주세요.

셋째, 동시에 머리카락을 만들 수 있는 충분한 에너지원이 있어야 합니다. 대표적인 에너지원은 바로 단백질과 비타민B7인 비오틴입니다. 출산 후 무리한 다이어트를 하면 머리카락이 다시 올라오는 것을 방해할 수 있습니다. 따라서, 갑작스러운 다이어트보다는 지속 가능한 다이어트를 해야 합니다.

유방은 극심한 변화를 겪어요

유방울혈

젖이 만들어질 때 혈액과 림프액도 유방으로 들어오게 됩니다. 젖의 양이 급격히 증가하는 데 비해 잘 배출되지 않을 때 이러한 체액이 울혈되어 심한 부종과 통증을 만들어요. 이것을 유방울혈이라고 합니다.

증상

보통 출산 직후 시작되어 서서히 양쪽에 나타나는 경우가 많고 전체적으로 가슴이 부풀며 통증이 발생합니다. 유방울혈은 보통 출산 후 3~5일째 가장 많이 생깁니다. 유방울혈은 심각한 열을 발생하기도 해요. 산욕열이라 불리는 것의 가장 흔한 원인으로 보통 열이 37.8~39도까지 상승되며 진통 소염제 복용 후 대개 4~16시간 이내에 호전됩니다.

치료

유방울혈이 온 경우 다른 균 감염은 없는지 확인하고, 수유를 더 열심히 합니다. 더 열심히 물리고 수유 후 남은 모유는 손으로 짜거나 유축기를 이용해 짜야 해요. 딱딱했던 유방도 수유를 하고 손으로 마사지를 하면 점차 부드럽게 풀립니다. 또한 유방울혈이 오면 수유용 브래지어를 착용해서 압박감을 줄여주고, 충분히 수유할 수 있도록 수유 전에 따듯한 수건으로 마사지를 하며 유방을 풀어줍니다. 유방 통증이 너무 심할 때에는 먹는 소염진통제를 먹습니다.

유선염

유선염은 유방에 모유가 축적되어 발생하는 통증인 유방울혈과는 조금 다릅니다. 말 그대로 유선에 염증이 생기는 것으로 아이 입속에 사는 세균이 상처 난 젖꼭지를 통해 유선으로 침투하여 감염을 일으킵니다.

증상

극심한 통증과 함께 유방에 염증이 있는 부분 중심으로 붉은색이 나타나며 많이 부어오르게 됩니다. 또한 체온이 38도 이상으로 높이 올라가며 감염으로 인한 전신적인 몸살 증상이 동반됩니다.

치료

이런 경우 항생제를 써서 유선에 생긴 감염을 치료해야 합니다. 10% 정도에서는 이러한 염증이 화농성 변화를 일으켜서 유방농양을 만들기도 합니다. 유선염이 있다고 해서 수유를 중단하게 되면 통증은 더 심해지고 유선염 치료도 지연이 됩니다. 엄마의 유선염이 아이에게는 아무런 해가 되지 않습니다. 유선염으로 수유 시 통증이 더 있을 수 있지만 아픈 쪽 가슴도 열심히 빨도록 해야 합니다. 유선염은 대개 양측 다 오기보다 한쪽만 오는 경우가 많습니다. 보통 유선염이 생긴 쪽으로 수유를 더 먼저 시행합니다. 또한 수유 후 차가운 수건이나 양배추 잎을 이용해 온도를 낮추어주는 것이 염증 해소에 좀 더 효과적입니다. 유선염은 꼭 산부인과에 내원하여 그 치료 경과를 점검받도록 합니다.

유방농양

유선염이 진행되어 고름이 만들어진 경우입니다. 손으로 촉진했을 때 고름이 만져지고 유선염 항생제 치료를 계속해도 열과 통증이 가라앉지 않지요. 유방농양이 일단 생기고 나면 수유를 잠시 정지하고 유방농양을 치료해야 합니다. 약물로 치료를 시도하지만 치료가 잘 안 될 경우 수술로 농양을 절개해서 배농하기도 합니다.

젖꼭지 칸디다증

유두 끝에 하얀 백태가 끼면서 굉장히 화끈거립니다. 대부분 아이 입에 있는 칸디다균이 엄마 유두에 감염을 일으켜서 발생합니다. 수유를 하고 나서 유두 끝에 항진균제 연고를 발라주고 동시에 아이 입에도 항진균제액을 발라주어서 엄마와 아기 동시에 치료를 시행합니다.

부유방

사람의 유방은 좌우 하나씩 남고 나머지는 모두 퇴화하게 됩니다. 완전히 퇴화하지 않고 남아 있던 유방의 일부가 수유를 하는 기간에 같이 자극을 받아 커지게 될 때가 있어요. 이를 과잉 유방, 혹은 부유방이라고 합니다. 평균 0.2~6% 정도의 유병률을 나타냅니다. 평소에 젖꼭지가 없는 경우 단순지방종이나 혹은 림프부종 등으로 오인하고 있다가 임신 중에 커지면서 확인되는 경우가 많습니다. 산부인과적 의미는 아무것도 없으며 단지 형태학적으로 부유방이 커지면서 불쾌감을 주는 단점이 있어요. 수유가 끝나고 나면 다시 저절로 가라앉습니다.

함몰 유두

원래 젖꼭지가 안쪽으로 들어가 있던 사람은 임신 중 커진 유방에 의해 유두가 더 들어가버리는 것처럼 보입니다. 들어가 있는 젖꼭지를 손가락을 이용해 튀어나오도록 해서 최대한 아기가 젖꼭지를 물고 빨 수 있게 노력해야 합니다. 처음에는 잘 안되더라도 계속적으로 노력하면 성공할 수 있습니다. 아기가 젖을 잘 물지 못하면 유축기를 이용하여 젖을 짜낼 수 있습니다.

03

건강한 산후조리법

Dr.류's Talk Talk

전통적으로 집안 어르신이나 주변 사람들은
산모에게 늘 몸조리를 잘하라는 말을 해왔습니다.
출산 후 여성의 몸과 마음이 회복되려면 100일이 소요되므로 이상적인
산후조리 기간은100일 정도입니다. 하지만 예전에는 생활이 궁핍하여 논밭으로 나가
일을 해야 했기 때문에대부분 삼칠일, 즉 21일을 산후조리 기간으로 했고,
3주가 지나서야 산모들은 문 밖에 나갈 수있었으며
3주 동안은 금줄을 씌워 외부인의 출입을 막았습니다.

올바른 산후조리는 무엇인가요?

산후조리의 필요성

예로부터 출산한 산모는 집안에서 보양식을 먹으며 보살핌 속에 산후조리를 해왔습니다. 3주간의 산후조리 기간에는 따뜻한 방바닥에 앉아 주로 미역국을 먹었으며, 목욕도 꺼려했고 더운 여름에도 긴소매 옷과 내복을 입어 몸을 따뜻하게 했어요. 이미 출산을 경험했던 분들은 산모가 찬바람을 쐬면 몸에 바람이 들어 뼈마디가 쑤시고 온몸이 아프다는 등 후유증으로 평생 고생을 한다고 말합니다. 그런데 서양의 경우는 어떨까요? 미국, 캐나다, 프랑스 등의 서구사회에서는 분만 후 특별한 음식이나 산후조리가 따로 없습니다. 보통 자연분만 후 24시간 이내에 가정으로 돌아가 일상생활을 시작하지요.

산후풍

산후풍이란 무엇이기에 왜 유독 우리나라 산모들에게만 나타나는 것일까요? 산후풍은 흔히 출산 후 약해져 있는 뼈와 관절 등에 바람이 드는 것을 말합니다. 뼈에 바람이 든다는 표현은 어디에서 기원한 것일까요? 이는 뼈 안에 있는 해면체의 골 조직이 많이 소실되어 스펀지처럼 구멍이 송송 나 있고 약해져 있는 상태를 말합니다. 아기를 낳고 직접적으로 찬바람을 쏘여서 뼈에 바람이 드는 걸까요? 아닙니다. 임신을 거쳐 수유를 하는 동안 엄마 몸의 여성 호르몬인 에스트로겐은 최저점을 찍어요. 에스트로겐은 뼈에서 칼슘이 빠져나가지 않도록 잡아주는 역할을 합니다. 따라서 수유 기간에 에스트로겐 농도가 낮아지면서 자연스레 뼈에 있던 칼슘이 혈중으로 많이 빠져나가게 되지요.

칼슘 부족의 산모

서양에 비해 동양, 특히 우리나라는 우유 등의 유제품이나 칼슘 섭취가 많이 부족합니다. 평균 섭취량은 일일 칼슘 권장량 1,000mg에 반에도 못 미치는 498mg 정도예요. 안 그래도 부족한 칼슘이 수유 중에는 더 많이 소실되어 뼈의 골밀도는 급격히 감소합니다. 즉 뼈 자체가 많이 약해지고 늘어나 있는 관절강의 손실도 커져요. 따라서 아기를 낳고 나면 손마디나 무릎 등의 관절이 매우 쑤시고 허리, 팔, 다리가 아프다고 호소하는 것입니다.

산후풍 예방

산후풍을 예방하기 위해 한여름에도 더운 이불을 꽁꽁 둘러싸고 있을 필요가 없습니다. 출산 직후 약해진 면역력으로 실제 감기 같은 질환에 쉽게 이환될 수는 있지만, 아주 춥거나 아주 강한 바람이 있지 않으면 크게 걱정하지 않아도 됩니다. 적절한 실내온도와 습도를 유지하는 것이 산후회복에 더 도움이 돼요. 산후에 필요한 철분, 칼슘, 비타민D 등을 잘 챙겨먹으며 적절한 영양 보충을 해서 산후풍을 예방합시다.

계절별 산후조리를 알아보아요

여름철 산후조리

우리 선조들은 아이를 낳은 직후 찬바람을 쐬면 산후풍이 걸릴 수 있으므로 최대한 몸이 따뜻한 상태를 유지하라고 권합니다. 그렇다면 가만히 앉아 있어도 땀이 나는 여름철 산후조리는 어떻게 해야 할까요? 결론은 '적당히'입니다. 너무 덥지도 않게, 그렇다고 너무 시원하지도 않게 평균 실내온도를 23~25도 정도로 살짝 따뜻하게 유지하며 습도는 40~60% 정도를 유지합니다. 직접적으로 찬바람을 쐬지 않게 하며, 아무리 더워도 잘 때 얇은 이불을 덮고 잡니다. 샤워 시 차가운 물이 아닌 미온수로 씻고 마른수건으로 물기를 잘 제거하세요. 덥다고 찬물을 벌컥벌컥 마시거나 찬 음식을 먹으면 치아손상과 위장관장애가 생길 수 있습니다.

겨울철 산후조리

실내의 보온과 습도 유지에 중점을 두어야 합니다. 방바닥뿐만 아니라 방안 공기 전체가 따뜻할 수 있도록 신경 써야 하지요. 너무 건조해지면 감기에 더 잘 걸린답니다. 가습기나 젖은 빨래 등을 널어 실내 습도를 60% 정도로 유지할 수 있게 합니다. 샤워 시 욕실 공기가 차가운 경우가 많은데 미리 따뜻한 물을 틀어놓거나 해서 욕실 안 공기를 조금 데운 다음 샤워하는 게 좋습니다.

빠른 회복을 위한 활동

Dr.류's Talk Talk

아이를 낳고 나면 대부분 조리원에 가거나 집에서 조리를 할 수 있도록
가족이나 전문가의 도움을 받곤 하지요. 산모들이 무리하지 않게 신경 써주며
절대 안정을 취하라고 꼼짝도 못하게 하는 분들도 많습니다.
앞으로의 길고 험난한 육아를 위해선 지금 이시기에 충분한 휴식과 노력으로
회복을 잘해야 하기 때문입니다.
빠른 회복을 위해서는 다음과 같은 내용을 참고하면 좋습니다.

어떻게 산후조리 기간을 보내면 될까요?

누워만 있지 않기

출산 직후와 첫째 날까지는 훗배앓이와 회음부 통증 혹은 수술 부위 상처 등으로 인해 걷는 것이 힘들 수 있어요. 하지만 그 다음날부터는 가족의 도움을 받아 자리에서 일어나서 활동을 시작하는 것이 좋습니다. 너무 힘들다고 계속 누워있기만 하면 오히려 회복이 느려져요. 조기 보행은 오로의 배출과 자궁수축을 도와 몸의 회복을 좀 더 빠르게 해줍니다.

샤워하기

첫날은 분만으로 인한 체력 고갈과 혈액 소실로 인해 혼자 서 있기가 매우 힘들어요. 보통 자연분만의 경우 분만 둘째 날부터는 자리에서 일어나는 것이 좀 더 수월해지는데 혼자 서 있는

TIP 임신과 릴랙신

릴랙신은 난소와 유방, 그리고 임신 중 태반과 자궁내막조직에서 분비가 되는 호르몬이다. 남자의 경우 전립샘에서 분비가 된다. 비임신 시 여성의 경우 난소에서 배란 시기에 증가하게 되며 평소 심혈관계에 작용하여 적절한 심박량과 혈관적응력을 유지하는 데 도움을 준다. 임신 중에는 태반과 자궁내막, 융모막 등에서도 릴랙신이 분비가 되기 때문에 임신 14주경 피크를 이루며 증가된 릴랙신은 분만 시까지 높게 유지가 된다. 임신 중 릴랙신은 심박출량을 증가시키고, 또 그에 따른 혈관 이완을 도와 원활한 혈액순환에 도움을 준다. 또한 막달에는 골반인대에 작용하여 커지는 자궁에 맞춰 골반이 잘 늘어나게 도와주고 분만시 치골의 이완이 잘 될 수 있게 해준다. 이러한 릴랙신의 분비량은 분만을 하고 나면 급격히 감소한다. 하지만 릴랙신의 영향은 개인차에 따라 5~6개월 정도까지 유지가 된다. 혹자는 12개월까지도 임신 중 늘어나 있던 릴랙신의 영향이 있을 수 있다고 이야기하기도 한다.

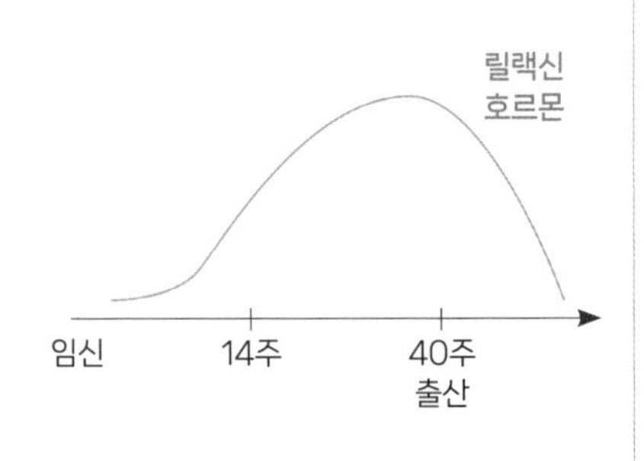

것이 많이 힘들지 않다면 따뜻한 물로 짧게 샤워를 하면 됩니다.
제왕절개 분만의 경우에는 수술 부위 상처 때문에 5일 이내에는 샤워를 피하는 것이 좋습니다. 수술 부위에 물이 들어가면 상처 부위에 작은 염증이 생기고 그 염증으로 인해 수술 부위가 벌어지거나 지저분하게 회복될 수도 있습니다.

관절 무리하지 않기

우리 몸에서 분만을 인식하게 되면 릴랙신이란 생체호르몬이 증가하게 되어 골반관절이 열립니다. 이때 릴랙신은 골반관절뿐 아니라 온몸 여기저기에 있는 모든 관절에 영향을 줍니다. 따라서 손목, 발목 등이 잘못된 자세나 압력에 쉽게 손상받을 수 있어요. 특히 수유할 때 팔목을 많이 다치게 됩니다. 미리 손목보호대를 준비해도 되고 수유 시 지속적으로 팔목에 힘이 가해지지 않도록 각별히 신경을 쓰세요.

화장실 가는 일을 두려워 말기

회음절개를 하고 나면 회음부와 항문 주변이 많이 아파요. 변이 마려워도 아픈 상처 부위에 자극이 갈까 두려워 변 보는 것조차 망설이는 산모들이 있습니다. 또한 힘을 주면 회음부 절개 부위가 터질 것 같은 불안감에 빠지기도 하지요. 하지만 회음부 절개 봉합 부위는 특별한 염증이나 문제가 없다면 힘을 준다고 해서 다시 벌어지지 않습니다.

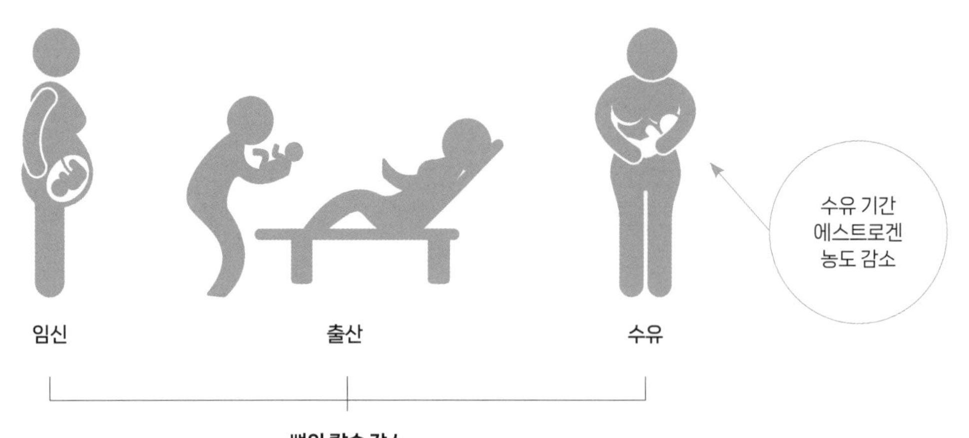

철분제 먹기

분만 과정에서는 피를 많이 흘립니다. 보통 자연분만이 600cc, 제왕절개술이 1000cc 정도의 출혈이 있지요. 아기를 건강하기 키우기 위해 임신 기간 내내 먹었던 철분을 이제 자신을 위해 다시 먹어야 합니다. 분만 과정에서 생긴 많은 혈액 소실량을 보충하기 위해서 보통 3개월 정도 철분제를 꾸준히 먹는 것이 좋아요. 빈혈이 해결되지 않으면 이상하게 기운이 없고 머리가 아프며 쉽게 피곤해집니다. 엄마가 건강해야 아이도 건강하게 보살필 수 있어요.

우유나 칼슘제를 꼭 챙기기

뼈가 약해지지 않게 우유나 칼슘제를 꼭 챙겨먹습니다. 동양 사람들은 서양 사람들에 비해 칼슘 섭취량이 현저히 떨어져요. 우유나 치즈 같은 유제품 섭취율이 급격히 떨어지기 때문입니다. 안 그래도 골밀도가 약한 편인 우리나라 여성들은 임신과 출산 그리고 수유를 하는 기간에 뼈의 칼슘이 급격히 감소하게 됩니다. 여성 호르몬인 에스트로겐이 뼈 손실을 막아주는 역할을 하는데, 수유 시 에스트로겐 농도가 급격히 감소하기 때문이에요. 이 시기에 적절한 칼슘의 섭취가 이뤄지지 않으면 뼈 손실이 큽니다. 당장은 표가 나지 않더라도 약해진 뼈는 관절염, 디스크, 골통 등을 유발할 수 있습니다.

고단백, 고지방 음식 적당히 먹기

수유를 하게 되면 임신 때보다 더 많은 열량이 필요합니다. 하루 평균 2,700Kcal를 권고하고 있어요. 이는 많다고 보면 많은 열량이지만 실질적으로 그렇게 큰 열량은 아니에요. 무턱대고 고단백, 고지방 음식을 과잉으로 섭취할 경우 오히려 비만으로 이어져 산모를 더 괴롭힐 수 있습니다. 그럼에도 주변에서는 곰국과 같은 고단백, 고지방 음식을 권하는데 왜일까요? 초유가 끝나고 성숙유가 되면 50%는 지방으로 채워집니다. 즉, 모유의 많은 부분을 구성하는 지방은 결국 엄마에게서 나오는 것이므로 엄마의 영양상태, 특히 전신적인 비만도가 직접적으로 많은 영향을 끼칩니다. 과거 영양상태가 매우 안 좋았던 시기, 살에 거죽밖에 없다고 표현할 정도로 대부분의 사람들이 말랐었고 체내 지방 분포도가 매우 낮았습니다. 그 시기의 산모는 건강한 수유를 위해 특별히 더 고단백, 그리고 고지방 음식을 많이 먹어야 했어요. 그래야만 충분한 수유가 이루어질 수 있었기 때문이지요. 하지만 산모의 영양상태가 매우 나쁘지 않다면 굳이 과도한 고지방 음식을 계속적으로 섭취할 필요는 없습니다. 하루 필요한 총 열량에 맞추어 적당히 고단백, 고지방의 음식을 먹으면 돼요.

미역국만 고집하지 않기

미역은 예로부터 대표적인 산후조리 음식이었습니다. 미역에는 철분과 칼슘, 요오드가 풍부합니다. 이는 조혈작용을 도와주고 피를 맑게 해줍니다. 따라서 산모의 몸 회복 과정에 좋은 음식이에요. 하지만 계속적으로 미역국만 먹을 필요는 없습니다. 이왕이면 철분과 칼슘의 보충이 잘 이루어질 수 있는 식사요법이면 좋지만 꼭 그 재료가 미역일 필요는 없어요.

부기 제거는 2주 후에 하기

막달이 되면서 우리 몸은 많이 붓습니다. 혈액순환이 잘 안되고 호르몬의 영향으로 손과 발, 다리가 퉁퉁 붓고 아이를 출산하고 나면 그동안 쌓여 있던 수분이 몸 밖으로 나가기 시작합니다. 보통 분만 2~3일 이후부터 급격히 소변양이 증가하면서 1~2L 정도의 물이 몸 밖으로 배출이 됩니다. 개인에 따라 부기가 조금 늦게 빠지는 경우가 있지만 대개 첫 1~2주 안에 많은 체액량의 변동과 함께 부기 제거가 이루어집니다. 호박이나 옥수수차같이 이뇨작용이 강한 음식은 이러한 자연스럽게 부기가 제거되고 난 뒤에 먹는 게 좋습니다. 그렇지 않아도 소변 등을 통한 체액 소실량이 큰 시기인데 여기에 이뇨작용이 강한 음식으로 체액이 갑자기 한꺼번에 몸 밖으로 배출되면 오히려 저혈압 증상으로 구토, 현기증, 두통 등이 생길 수 있습니다. 또한 모유의 양이 감소할 수도 있어요. 2주간은 저절로 부기가 빠지도록 기다리고 또 그만큼 밖으로 빠져나가는 수분량이 많은 시기이므로 물을 수시로 많이 마시면서 체액량이 부족하지 않도록 합니다.

아기와 병원 방문

Dr.류's Talk Talk

특별한 경우가 아니면 생후 1개월 이내에 아이를
따로 병원으로 데려갈 필요는 없습니다.
다만 신생아 때는 가정에서의 집중 관찰뿐 아니라
전문가의 집중 관찰이 요구되기 때문에 생후 1개월경 기본적으로
소아과에 내원해서 아기의 전반적인 상태를 점검받는 것이 좋습니다.
동시에 생후 1개월부터는 아기에게 예방접종이 시작되는 시기이기도 합니다.

우리 아기 예방접종을 알아보아요

예방접종 시기

1개월 때 병원에 내원하게 되면 보다 정확하고 전문적으로 검사를 시행하게 되고 동시에 예방접종을 시작합니다. 오른쪽 표는 질병별 권장되는 예방접종 시기입니다. 표에서처럼 1개월 때 소아과를 방문하게 되면 결핵 및 B형간염에 대한 백신을 접종합니다.

병원에서는 347쪽 아래 표처럼 각 시기에 필요한 예방접종을 안내하고 있어요. 향후 아이에게 필요한 백신접종은 잊지 말고 해야 합니다. 이러한 정보를 안내받기 위해서라도 꼭 이 시기에 소아과를 방문해요. 너무 걱정할 필요 없습니다. 최근에는 스마트폰 앱 중 '예방접종 도우미'와 같이 국가 기관이나 단체 등이 시기별 받아야 할 예방주사나 일정을 손쉽게 확인해볼 수 있도록 관리를 해줍니다.

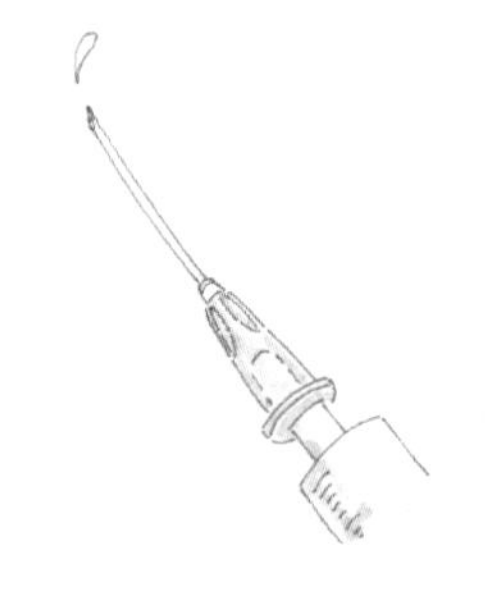

나이	예방접종 종류	참고사항
0~4주	결핵	생후 4주 이내 접종
0~6개월	B형간염	3회 접종 (0, 1, 6개월)
2개월~만12세	디프테리아, 파상풍, 백일해(dTP)	3회 접종 (2,4,6개월), 추가 접종 (15~18개월, 만4~6세, 만11~12세)
2개월~만6세	폴리오	3회 접종 (2,4,6개월), 추가 접종 (만4~6세)
12개월~만6세	홍역, 유행성이하선염, 풍진(MMR)	2회 접종 (12~15개월, 만4~6세)
12~15개월	수두	1회 접종 (12~15개월)
12개월~만12세	일본뇌염	3회 접종 (12~36개월), 추가 접종 (만6세, 만12세)
6개월~만12세	인플루엔자	우선 접종 권장대상자
24개월~만12세	장티푸스	고위험군에 한하여 접종

예방접종 전후 주의사항을 알아보아요

예방접종 전

전날 목욕을 시키기

목욕을 함으로서 청결도 유지할 수 있고 아기 몸을 자세히 살필 수 있기 때문이에요. 예방접종 당일 날은 목욕을 시키지 않는 것이 좋기 때문에 하루 전에 목욕시키는 것이 좋아요. 예방접종 당일에 목욕을 피하라는 것은 주사 부위에 물이 묻지 않게 하는 것이 아니라 아기를 힘들게 하지 않기 위해서입니다. 부득이 아기를 씻겨야 할 경우 접종 후 최소 한 시간 이후에 간단히 씻기고 주사 부위에 물이 묻지 않게 합니다.

몸에 열이 있는지를 반드시 체크

감기 기운이 있거나 유난히 보채거나 짜증을 낼 때는 아기 컨디션이 안 좋을 수 있어요.

예방접종은 오전에 하기

예방접종 후 아기 상태를 잘 관찰한 후 부작용이 발생할 경우 다시 병원에 갈 수 있게 오전에 접종합니다.

아기 수첩을 지참

아기의 몸무게, 키, 예방접종 종류와 날짜가 기록되어 있기 때문에 좋은 정보가 됩니다.

예방접종 후

병원에서 머물다가 귀가

예방접종 후 곧바로 집으로 돌아가지 말고 병원에서 20~30분간 아기를 관찰한 후 귀가합니다.

접종 후 열이 나면 병원 재방문

접종 후 3일 이내 열이 나거나 경련이 발생한다면 병원에 가서 진찰을 받아야 합니다. dTP 예방접종의 경우 주사를 맞고 나서 열이 조금 나는 경우가 있는데 그 다음날까지 열이 나면 병원을 찾습니다. 홍역 예방접종 후에는 7~12일 후에 열이 날 수 있어요. 낮에 열이 나면 해열제를 먹이지 말고 병원으로 가고 밤에 이런 증상이 보이면 해열제를 먹이고 아침에 병원으로 갑니다. 만약 고열이 심하면 한밤중에라도 병원 응급실을 방문하세요.

주사 부위 관찰

예방접종 후 주사 부위가 붓거나 빨개질 수 있는데 흔한 증상입니다. 걱정하지 말고 아이스팩을 대주면서 하루 정도 지켜보세요. 그런 후에도 주사 부위가 가라앉지 않고 염증 반응을 보이면 병원에 가서 진단을 받으세요. 접종 부위에 멍울이 생긴 경우는 문지르지 말고 그냥 두면 저절로 없어집니다.

기타 주의사항

1. 접종 부위를 예전에는 5분 내외로 문질러주었는데 요즘은 잠시만 눌러줍니다.
2. 예방접종 당일이나 다음날은 가급적 외출을 하지 않는 것이 좋아요.
3. 예방접종을 정확한 날짜에 접종하려고 무리하지 않아도 됩니다. 며칠 늦어도 괜찮으니 날씨가 나쁘거나 아기 상태가 좋지 않으면 연기해도 됩니다.

접종시기	접종명	접종시기	접종명
출생시	B형간염 - 1차	12~15개월	홍역, 볼거리, 풍진(MMR) - 1차
4주이내	결핵 (B.C.G)	18개월	디프테리아, 파상풍, 백일해 (dTP) - 추가
1개월	B형간염 - 2차	12~36개월	일본뇌염 - 1,2,3차
2개월	디프테리아, 파상풍, 백일해 (dTP) - 1차 2회 접종 (12~15개월, 만4~6세) 폴리오 - 1차	만4~6세	디프테리아, 파상풍, 백일해 (dTP) - 추가, 폴리오 - 추가, 홍역, 볼거리, 풍진 (MMR) - 2차
4개월	디프테리아, 파상풍, 백일해 (dTP) - 2차, 폴리오 - 2차	만6세	일본뇌염 - 추가
6개월	B형간염 - 3차, 디프테리아, 파상풍, 백일해(dTP) - 3차, 폴리오 - 3차	만12세	일본뇌염 - 추가

· 3 ·

본격적인 육아와 생활의 변화

01

모유수유 성공하기

Dr.류's Talk Talk

이 세상 모든 엄마들은 모유의 우수성이나 중요성에 대해서 너무나 잘 알고 있습니다. 모유는 아기가 태어나서 엄마로부터 받는 첫 선물이고 처음 맛보는 이 세상 최고의 음식입니다. 모유는 아기의 성장, 발달 및 면역에 필요한 영양소가 잘 배합 되어 있는 완전식품일 뿐만 아니라 엄마와의 신체적 접촉을 통하여 정서적 안정감을 키워주며 산모의 회복에도 도움을 줍니다. 모유는 출산 후 초기에 나오는 초유와 이후에 나오는 성유로 구분할 수 있습니다.

모유는 아기를 위한 최고의 음식이에요

초유

초유는 아기가 태어 난 후 2~3일 동안 나오는 누런색의 진한 젖인데 여러 가지 영양소가 집약되어 있어서 아기가 며칠 동안 먹을 수 있는 첫 음식이에요. 단백질, 지방, 면역체가 많고 칼로리가 높아 소량을 섭취해도 아기는 자신에게 필요한 영양분을 충분히 얻을 수 있게 됩니다. 태변 보는 것을 돕고 항체가 풍부하여 신생아의 건강을 지켜주는 역할을 하여 황달 등을 예방합니다.

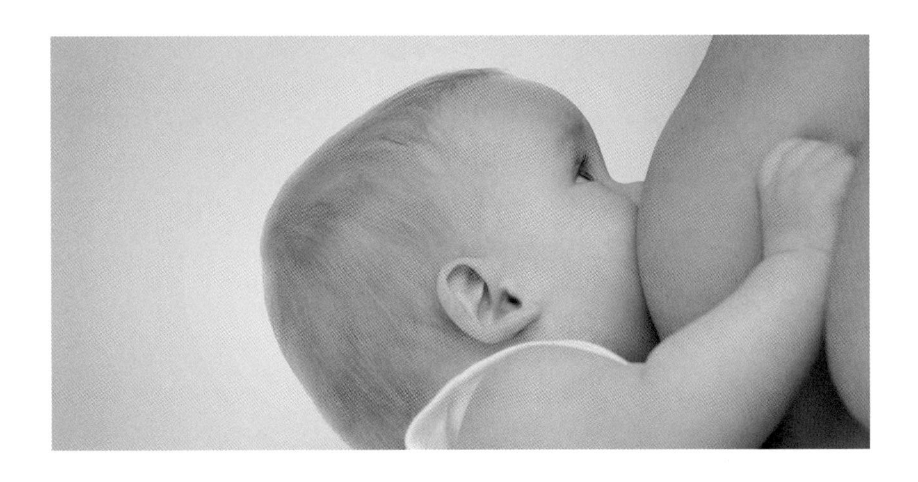

초유의 양

초유는 1회 수유 시 보통 2~10cc가 분비되는데, 2~3시간마다 젖을 물리게 됩니다. 모유는 처음에 자동으로 나오지만 아기가 젖을 빨아야 계속 잘 나와요. 그런데 아기가 처음에는 젖을 잘 안 빨 수 있어요. 하지만 포기하지 말고 계속해서 수유를 하다 보면 점점 빠는 힘이 강해지며, 수유를 충분히 하면 할수록 수유량은 더 늘어나게 됩니다.

성유

초유는 분만 후 3~6일 지나면서 서서히 단백질이 감소하고 유당의 농도와 지방함량이 증가한 성숙유로 변합니다. 아기에게 자주 젖을 물리게 되면 일찍 성유로 변화해요.

	항목	모유
수분		88
칼로리(kal/dl)		70
단백질(g/dl)		1.1
지질(g/dl)		4.5
유당(g/dl)		7.1
단백질	whey : 카제인 비	60/40
	락토페린(mg/dl)	27
지질	Ig A 면역글로불린	100
무기질	지방산(다포화:포화)	0.2/1
	나트륨(mEq/L)	7
	칼륨(mEq/L)	13
	염소(mEq/L)	11
	칼슘(mg/L)	2.4/1
	아연(mg/L)	1.2
	철(mg/L)	0.5

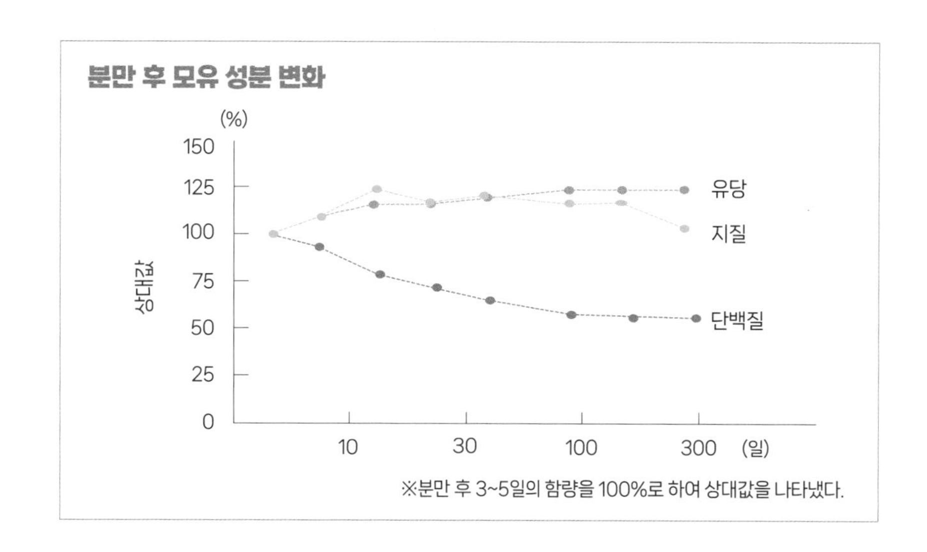

성유(이하, 모유)의 성분과 기능

모유는 가장 중심이 되는 성분으로 단백질, 지방, 탄수화물로 구성되어 있고 기타 무기질과 비타민으로 구성되어 있어요. 초유 때보다 단백질은 감소하고 지방과 탄수화물은 시간이 지남에 따라 서서히 늘어납니다. 아기가 성장 발달에 가장 알맞도록 균형을 맞추어 변화하는 것입니다.

TIP 모유에 관한 속설

Q. 두뇌 발달에 효과적인가요?
A. 일부 연구에서는 모유수유 아기가 분유수유 아기보다 지능지수가 2~5점 혹은 평균 8.3점이 높았다는 보고가 있다. 또 지능지수는 모유수유 기간과 비례한다는 보고도 있다.

Q. 감기에 잘 안 걸리나요?
A. 모유는 아기의 건강과 생명을 지켜주는 탁월한 효과가 있다. 모유 속의 면역 성분은 각종 세균 감염으로부터 아기를 보호하고 두뇌, 호흡기, 소화기관 등의 발달을 촉진시킨다.

Q. 말이 빠르고 치아 발달에 좋나요?
A. 아기가 엄마 젖을 빨 때는 분유를 먹을 때보다 60배의 힘을 더 필요로 한다. 또한 아기가 엄마 젖을 빨 때는 생존 본능에 의해 있는 힘을 다하여 얼굴이 붉어지도록 집중한다. 여기에서 운동의 효과가 생겨 얼굴 및 구강근육이 발달하고 이로 인해 치아의 발달이 촉진되고, 혀가 발달하여 말을 배울 때도 도움이 된다.

Q. 엄마와 좀 더 친근해지나요?
A. 엄마는 수유 중에 아기와 눈을 맞추고 신체 접촉을 함으로써 애정과 유대감을 강화시켜준다. 아기의 정서발달에 도움을 주고 감성지수 EQ도 높여준다. 모유수유 중 모성애를 유발하는 호르몬인 프로락틴이 생성되어 엄마의 모성애가 더 강해지며 더욱 더 아기와 강한 유대감을 갖게 된다.

Q. 엄마의 살이 빠지나요?
A. 수유 중 분비되는 옥시토신이라는 호르몬은 자궁이 원래대로 돌아가는 것을 돕고, 동시에 수유로 인한 많은 열량 소비는 엄마의 체중 감소에 큰 몫을 차지하게 된다.

Q. 자연 피임이 되나요?
A. 수유 중 증가되는 프로락틴이라는 호르몬은 배란을 억제하게 된다. 따라서 자연 피임의 효과도 있다.

모유의 성분

단백질의 기능

모유의 단백질 속에는 타우린이라는 성분이 있는데 두뇌 발달에 유익하며 훗날 어린이의 지능지수에 영향을 줍니다. 락토페린이라는 성분은 아기의 장내 대장균 증식을 막는 등 소화기 장애를 예방해요. 또한 풍부한 면역 글로불린은 아기들의 호흡기 질환을 예방합니다.

지방의 기능

모유의 지방 속에는 DHA와 EPA라는 성분은 오메가3 지방의 일종으로 뇌를 비롯한 중추신경계 발달에 중요한 역할을 하는 대표 성분이며 함께 붙어 다니는 EPA와 더불어 아기의 혈관계통 성장 발달에 큰 역할을 합니다.

탄수화물의 기능

모유 속의 탄수화물은 열량을 공급하는 중심 역할을 합니다. 탄수화물 속의 아밀라아제라는 효소는 아기의 소화기능을 도와주고 모유 속에 함유된 인, 칼슘 등의 무기질 흡수를 도와줍니다.

TIP 모유수유 워밍업

1. 정해져 있는 수유 시간은 없다. 아기가 원하면 언제든지 수유를 한다. 24시간에 8~12회 정도 수유한다. 한쪽 가슴 10~15분씩 양쪽 모두 빨게끔 한다.
2. 모유수유를 하는 아기에게 젖병을 빨게 하지 않는다. 모유에 비해 빠는 힘이 덜 드는 젖병에 익숙해지면 모유를 거부할 수 있다.
3. 산후 1주일 동안은 젖이 많이 나오지 않는다. 미리 속단하고 포기하지 않는다. 수유할 때마다 젖을 충분히 비워내면 우리 몸에서는 더 많이 필요하다는 것을 인지하고 젖 분비량을 증가시킨다. 수유할 때 충분히 물리고 아기가 잘 안 빨 경우에는 손으로 남은 젖을 최대한 짜준다.
4. 젖을 처음 물리면 유두에 심한 통증이 온다. 잘못된 젖 물리기 방법과 수유 자세 이상이 원인이다. 젖을 물리기 시작할 때 가장 아프고 시간이 지나면 괜찮아진다. 대개 이러한 유두통증은 3~5일이면 호전이 된다. 유두통증이 지속되거나 신생아가가 젖 빨기를 거부할 때에는 유두의 칸디다감염을 의심해볼 수 있다.
5. 반대편에 젖을 먹이거나 신생아가 우는 소리 등에 자극이 되어 젖이 저절로 흘러나오는 사출현상은 대부분 경험하게 되는 수유 초반 증상이다. 시간이 지나면 저절로 좋아진다.

올바른 모유수유 방법을 알아보아요

첫 수유 시도

처음 초유가 나오고 아기에게 먹이려고 해도 좀처럼 아기가 잘 빨지 않는 경우가 있습니다. 또한 제왕절개술을 통한 분만을 한 경우 초유가 2~3일 정도 후에 돌기 시작합니다. 아기가 젖을 조금밖에 못 빤다고 해서 포기하면 안 됩니다. 아기가 성장을 하면서 점점 빠는 힘이 좋아지게 됩니다. 젖병은 모유를 빠는 것보다 힘이 덜 들기 때문에 젖병을 너무 빨리 물리게 되면 아기는 모유수유를 잘 못하게 됩니다. 끝까지 포기하지 말고 수유를 시도하세요.

수유 과정

1. 아기의 머리가 닿을 부분에 부드러운 천이나 수건을 걸쳐놓아요.
2. 아기를 안고 젖꼭지를 아이 입에 대면 젖 냄새를 맡고 아이가 젖꼭지를 물게 됩니다. 젖을 한 방울 살짝 짜면 좀 더 효과적으로 아이가 젖을 찾을 수 있어요.
3. 아이가 젖을 물면 혀가 유륜을 충분히 감쌀 수 있도록 유두를 좀 더 깊게 밀어 넣습니다. 한 쪽당 10~15분 정도 충분히 물립니다.

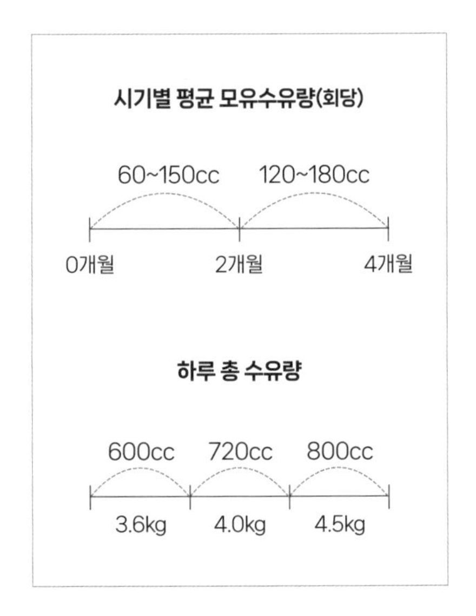

4. 억지로 무리해서 빼게 되면 유두에 상처가 날 수 있으므로 살살 손가락을 아기 입 가장자리 쪽으로 밀어 넣은 뒤 고개를 옆으로 돌려요.
5. 트림을 시킵니다. 모유수유를 하며 동시에 공기를 삼키기 때문에 똑바로 세워 안은 뒤 등을 가볍게 아래에서 위로 쓸어 올려주며 위장관에 있는 공기를 밖으로 빼줍니다.

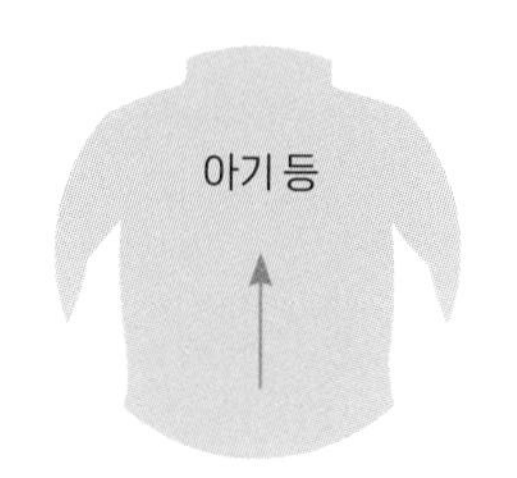

6. 남은 젖을 충분히 짜내세요. 수유 후 젖이 남으면 오히려 젖 생산량이 적어질 수 있고 또 고여 있는 젖은 유선염과 유방울혈을 일으킬 수 있어요.
7. 가슴을 미지근한 물로 닦고 물기가 남지 않도록 잘 말려줍니다.

모유수유량

모유수유량은 아기마다 차이가 많은데 0~2개월된 아기는 모유수유 시 보통 한쪽 가슴을 10~15분 정도, 따라서 30분 정도 수유를 하고 한 번의 수유로 보통 60~150cc의 모유를 먹게 됩니다. 생후 2개월이 넘어가면 아기가 먹는 모유량은 회당 120~180cc로 늘어나게 됩니다. 모유량이 부족하면 신생아가 울거나 처져 있고, 대소변을 잘 안 보며 출생 체중보다 7% 이상의 체중 감소를 보이기도 합니다. 또 체중으로 볼 때 3.6kg인 아기는 하루에 600cc, 4.0kg인 아기는 720cc, 4.5kg인 아기는 800cc 정도면 알맞게 먹고 있는 거예요.

알아두면 좋은 모유수유 팁

유두를 깊숙이 물게 한다

산모에 따라 개인차가 있지만 분만 3일 전후가 되면 젖이 돈다. 이때부터 젖이 본격적으로 모유수유가 시작되는데 고인 젖을 조금 짜낸 후 젖을 충분히 만지고 비벼서 젖이 골고루 섞이게 한다. 되도록 아기가 유두를 깊이 물 수 있도록 한다. 그리고 먹이고 남은 젖은 깨끗이 다 짜낸다.

쉽게 젖병을 주지 않는다

출산 후 약 3일 동안은 어느 산모나 그 상황이 비슷하다. 젖이 잘 안 나오기 때문에 엄마가 젖이 부족한 것으로 잘못 알고 있는 경우도 있고, 신생아는 입에 닿는 것은 무조건 빠는 행위 소위 반사적인 행동을 하는데 엄마들은 이것을 아기가 젖이 부족하여 배고파하는 것으로 알고 있는 경우가 많다. 마음이 약한 산모들은 젖병으로 줘야 하나 생각하고 주변의 어른들이 아기가 불쌍하다고 분유를 줄 것을 권하는 바람에 젖병을 찾는데 이렇게 되면 모유수유는 실패한다.

아기가 먹고 싶은 만큼 준다

산모가 강한 의지를 가지고 3일 동안 빈 젖이라도 계속 빨리면 3일쯤 지나면 젖이 돌기 시작한다. 빈 젖이라도 자주 물릴수록 젖은 빨리 돈다. 이때 시간을 정해놓지 말고 아기가 먹고 싶을 때는 언제든지 젖을 물리고 먹고 싶은 만큼 충분히 주어야 한다. 신생아는 젖 먹는 시간이 20~30분 정도 걸리고 횟수도 8~12회 정도가 되는데 백일이 지나면 수유 간격을 조금씩 길게 한다.

먹는 것을 주의한다

엄마가 가능한 수유 기간 중 약물 복용을 피하는 게 좋다. 부득이 한 경우는 의사의 처방을 받는 것이 안전하다. 엄마가 섭취하는 음식은 모유수유를 통해 20% 정도가 아기 몸으로 전달된다. 모유의 양과 질을 좋게 하려면 특별한 음식 섭취보다는 잘 먹고 균형 잡힌 식사를 해야 한다. 사골국이나 미역국 등에 치우치지 말자. 또한 너무 맵고 짠 음식은 아기의 위에 자극을 줄 수 있어 피하는 것이 좋다. 술과 담배의 니코틴은 모유량을 감소시키지만 일상적인 커피 1~2잔 정도의 카페인은 지장이 없다.

모유수유 후에도 트림을 시킨다

트림은 분유수유뿐만이 아니고 모유수유 후에도 트림을 시키면 좋다. 모유수유 아기는 분유수유 아기에 비해 공기가 덜 들어가기 때문에 토하지 않거나 불편해서 보채지 않는다면 트림을 억지로 꼭 해야 하는 것은 아니다. 아기를 세워서 가슴 높이 안고 등 쪽을 쓰다듬어 준다든가 톡톡 아래에서 위로 두드리면 트림이 나온다. 트림이 늦게 나오는 수도 있고 방귀로 대신하기도 한다.

유축을 해요

유축해서 수유하기

유축한 모유를 먹이는 것도 직접 모유수유할 때와 똑같이 모유의 좋은 성분이 아기에게 전달됩니다. 하지만 일부 엄마들은 직접수유가 가능함에도 신생아 시기에 산후조리 등을 이유로 모유를 짜서 젖병에 담아 먹이는 경우가 있습니다. 되도록 모유수유 자체가 어렵지 않다면 직접수유를 하는 게 좋습니다. 유축만으로 모유를 짜내면 점점 모유의 양이 줄어들기 때문이에요.

워킹맘들의 유축

워킹맘들은 직장에서 일을 하기 때문에 모유를 직접 먹일 수 없으므로 낮에 젖을 짜서 모아 냉장고에 보관했다가 퇴근 후에 곧바로 먹이곤 합니다. 하지만 직장에서 젖을 짜고 보관하는 데 시간과 장소 등의 제약이 있어 어쩔 수 없이 중도에 포기하는 경우가 있어요. 유축을 하기 전에 손과 기구 등을 깨끗이 씻는 일은 기본이고 안락한 분위기에서 아기에게 직접 수유한다는 마음으로 짜야 합니다. 그래서 아기 사진을 보거나 혹은 녹음된 아기 웃음소리를 들어가며 짜는 것도 좋은 방법입니다.

손으로 짜는 방법

유두에서 2~3센티미터 정도의 위쪽으로 엄지를 놓고 나머지 손가락으로 아래 부분을 닿게 한 다음, 가슴 안쪽 수직 방향으로 지긋이 힘을 주어 밀어내고 동시에 앞쪽으로 잡아당기듯이 짜냅니다. 손가락을 돌려가며 누르면서 짜세요. 젖이 비워질 때까지 유방을 돌아가며 잡고 이를 반복합니다. 이때 양손을 사용해야 좀 더 효과적이며 꼭 양쪽 유방을 다 짜내야 합니다.

유축기로 짜는 방법

유축기는 젖을 짜는 기계인데 제품 사용 설명서대로 하거나 의료진을 통하여 사용방법 등을 충분히 익힌 후에 사용하도록 합니다. 전자식, 수동식 유축기가 있는데 전자식 유축기가 가장 효과적입니다.

모유가 나오지 않아요

모유량이 적은 경우

가슴 크기와 모유의 양은 비례하지 않습니다. 수유를 시작한 지 이제 열흘이 다 되어가는데 아무래도 양이 너무 부족할 경우는 어떻게 해야 할까요? 아기가 젖을 빤 후 부족한 양 때문에 짜증을 많이 내고 보챈다면 어떤 방법을 쓰면 좋을까요?

우리 몸은 굉장히 예민하고 과학적인 시스템을 가지고 있습니다. 모유수유를 할 때 남김없이 충분히 다 비우면, 그만큼 많이 필요로 한다고 인지하고 부족하지 않게 하기 위해 더 많은 모유를 만들어냅니다. 따라서 모유가 부족하면 최대한 수유할 때 남은 젖이 없도록 해야 합니다. 아기가 중간에 잘 빨지 않는다면 수유 후 유축기나 손을 이용하여 남은 젖을 최대한 많이 제거해주세요.

모유량을 늘리는 방법

1. 수분 섭취

물을 많이 마신다. 모유를 이루는 70% 이상은 수분이다. 엄마 몸에 충분한 수분이 있어야 모유를 잘 만들 수 있다. 하루에 1.5L 이상의 물을 마신다.

2. 영양상태 체크

영양상태가 안 좋아도 모유량이 줄어들 수 있다. 단순당만으로 이루어진 음식보다는 고단백 음식이 필요하며 어느 정도 이상의 지방도 섭취를 해주어야 한다. 특히 임신 전후 몸무게가 적게 나갔던 경우, 수유를 위해선 고단백·고지방식이를 적절히 해주어야 한다.

3. 약 복용 고려

산부인과에서 모유수유를 늘리는 약 처방을 받습니다. 위장관계통의 약의 약리작용의 하나로 모유분비량이 늘어나도록 하는 것입니다. 하지만 이 약에 대한 효과는 개인마다 차이가 큽니다.

분유를 보충해주어요

분유 보충

모유의 양을 늘리기 위해 최대한 모유 수유를 시도해야 하는 것은 누구나 아는 사실입니다. 하지만 계속적인 모유 수유 시도에도 젖이 잘 차지 않고 아기가 힘들어한다면 분유로 보충을 해줘야 합니다. 분유보다는 모유가 더 좋지만 분유도 최대한 모유와 비슷한 조성으로 만들어지며 점점 개선되고 있습니다.

부득이하게 분유를 먹이게 되더라도 아기 건강이나 발달 상태를 걱정할 필요는 없습니다. 또한 어머니로서의 부족함이나 자책감을 느낄 필요가 없습니다. 아기는 모유를 먹느냐 분유를 먹느냐 하는 것보다는 계속적인 엄마의 따뜻한 정서적 지지를 가장 필요로 합니다.

분유 선택하기

원칙은 '먹이던 분유가 아기에게 큰 문제를 일으키지 않으면 일단 그 분유로 수유를 지속한다'입니다. 분유 회사마다 약간의 조성 차이를 가지고 있지만, 현재 시판되는 대부분의 분유 성분은 비슷하며 모두 훌륭합니다. 어느 회사의 분유를 꼭 먹여야 아기가 더 잘 큰다거나 아기가 더 건강해진다는 법은 없습니다. 아기가 현재 먹고 있는 분유에 구토, 설사 등의 문제를 일으킨다면 그때 분유 종류를 바꿔보는 것을 고려해봅니다.

TIP 분유수유 기본

1. 생후 2개월까지는 3~4시간 간격으로 하루 6~7회 먹이고 이후 2~4개월된 아기는 4시간 간격으로 5~6회 먹인다.

월령	체중	1회량(mL)	수유횟수
0~15일	3.3kg	80	7~8
15~30일	4.2kg	120	6~7
1~2개월	5.0kg	160	6
2~3개월	6.0kg	160	6

2. 보통 생후 한 달 동안에는 낮에 3시간마다 분유 수유하는 것을 아기들이 좋아한다. 아기가 정한 시간이 되기 전 배고파 할 때 먹여도 좋으나 아무 때나 불규칙적으로 먹이기보다는 반자의적으로 규칙적인 시간을 정해서 분유를 먹이는 것이 좋다.

3. 아이가 젖병에 우유를 많이 남기고 더 이상 빨지 않는다면 정해진 양을 먹이기 위해 억지로 먹이지 않는다.

4. 분유 조제시 각 분유 회사마다 스푼 크기가 다르므로 농도가 진하거나 연하게 되지 않도록 중희한다. 분유 사용 설명서를 잘 읽고 조제한다(13~14% 농도).

5. 이미 타 놓은 분유 혹은 개봉한 액상 분유는 냉장보관 48시간 이내에 먹여야 하며 그 이상이 되면 폐기한다.

6. 공기가 많이 들어가지 않도록 조심하고 수유 중간중간 그리고 끝에 트림을 꼭 시킨다.

7. 수유 시간은 5~25분이 적당하며 먹다 남은 분유는 반드시 버린다.

8. 분말형 조제 분유는 건조하고 서늘한 곳에 보관, 개봉 후 4주 이내 소비해야 한다.

9. 젖병의 젖꼭지 구멍은 개월수에 맞게끔 구멍 크기를 미리 확인한다.

10. 분유 수유 시 손으로 젖병을 잘 잡아줘야 한다. 손으로 받치지 않고 어딘가에 고정시켜놓고 방치해두면 흡인의 위험이 있다.

모유 보관

모유 보관 준비물

모유를 보관하는 기구로서는 모유전용 보관용기를 비롯한 비닐팩, 병, 컵 등이 있는데 사용하기 전 모두 잘 씻어서 공기 중에 말린 후 마른 용기로 사용해야 한다.

보관 팁

1. 비닐팩 사용 시 큰 사이즈팩 속에 작은 사이즈 팩을 넣어 두는 것이 좋다. 이때 각각의 팩 속에는 날짜와 양을 표시해둔다.

2. 환경호르몬이 나오지 않는 유리나 플라스틱 용기를 이용하며, 사용 후 뜨거운 비눗물로 철저히 세척, 소독 후 사용해야 한다.

3. 모유를 냉동시키려면 냉동 시 부피가 늘어난다는 것을 감안하여 용기 가득 채우지 말고 여유를 둔다.

4. 아기가 먹는 양에 따라 60~120cc씩 적당한 분량으로 냉동시키면 모유의 낭비를 막을 수 있다. 아기가 먹다 남은 모유는 아까워도 버리는 것이 안전하기 때문이다.

모유의 냉장 보관

아이스박스 온도인 섭씨 15도에서 24시간, 냉장 보관 시 최대 48시간이 가능하나 24시간 이내에 먹는 게 좋다. 상온(보통 20~25도)에서는 4시간을 넘기지 않으며 1시간 이내에 다 먹이는 것이 좋다.

모유의 냉동 보관

냉동실에서는 3~6개월 보관이 가능하지만 3개월 안에 먹이는 것이 안전하다. 냉동보관했다가 녹인 모유는 냉장고에서 24시간 정도 보관은 가능하나 냉장고 밖 실온에서는 보관하면 안 된다. 한 번 해동한 모유는 다시 냉동하지 않는다. 모유 속의 좋은 면역성분이나 비타민이 파괴되어 맹물과 다름없게 된다.

모유 해동

냉동 모유는 가열보다는 실온에서 녹이는 것이 좋다. 또 냉동 모유를 냉장실로 옮겨 녹여도 좋다. 수유하기 전날 저녁에 냉동고의 모유를 냉장실로 옮겨놓은 후 12시간 정도 지난 아침에 꺼내어 아기가 먹을 시간에 맞추어 따뜻한 물에 중탕시켜 먹이는 것을 추천한다. 부득이하게 시간이 없다면 전자레인지보다는 섭씨 37도 이하의 따뜻한 물로 중탕한다. 전자레인지는 단백질 등의 성분을 파괴하며 고르게 녹지 않는다. 중탕으로 녹이다 보면 지방 성분이 분리되어 위로 뜨게 되는데 이를 버리지 말고 밑에 부분과 잘 섞은 후 수유한다.

모유 보관 시간
상온(20~25도) 4시간 이내
냉장고 48시간 이내
아이스박스 섭씨 15도 24시간

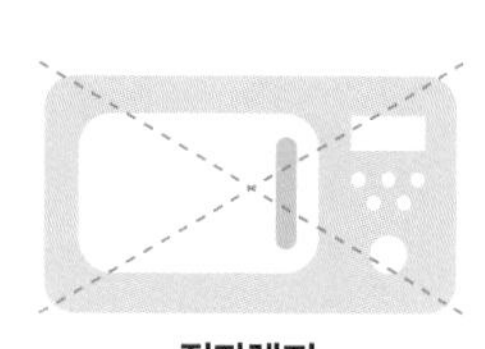

전자렌지

중탕하기

생후 2개월 우리 아기

Dr.류's Talk Talk

어느 정도 육아에 익숙해지지만 결코 편안한 하루가 지속되지는 않을 거예요.
아직도 아기는 세상과의 적응이 안 되었기 때문입니다.
생후 2개월이 되면 아기는 포동포동 살이 오르기 시작해요.
옹알이를 하고 방긋 웃는 등 매우 귀여워지지요.
아기가 어떤 상황인지, 생후 2개월에는 어떤 발달이 이루어지는지 살펴봅시다.

아기의 발달을 알아보아요

아기 상태

1개월 때보다 제법 살이 올라 통통해지고, 눈과 귀가 상당히 발달하는 시기입니다. 엄마 목소리를 알아듣고 목소리에 반응합니다. 그래서 울다가도 어르거나 달래면 조용해지고, 큰소리가 나면 놀라서 울기도 합니다. 시력도 발달하여 물체를 좌우 180도 각도에서도 바라볼 수 있습니다. 그래서 모빌 등을 이용하여 아이와 놀아주면 시력 향상 및 발달에 도움을 줄 수 있습니다. 그에 비해 아직 목을 가누지는 못하지만 목에 힘이 생겨 몇 초간은 머리를 들기도 하고 얼굴을 옆으로 돌리기도 합니다. 이렇게 세상과의 반응에 따라 점차 발달이 증폭되는 시기라 할 수 있습니다.

우리 아기 발달 상태

1. 포동포동 살이오르기 시작하여 귀여워집니다.
2. 반사반응이 사라지고 스스로 손발을 움직이고 주먹을 쥔 채로 입에 넣으려 해요.
3. 아기의 시력과 청력이 발달하는 시기입니다. 소리 나는 방향으로 고개를 돌리고 작은 소리에도 놀라고 엄마 소리에 관심을 가지기 시작합니다. 20~35cm 떨어진 모

	남아	여아
평균 키	59.2cm	58.1cm
평균 몸무게	5.90kg	5.50kg

빌 등의 물체를 봅니다.

4. 엄마를 빤히 쳐다보기도 하고 웃기도 합니다.
5. 잠자는 시간이 조금씩 줄어 젖을 먹은 후 30분 정도 깨어 있는데 엄마가 놀아주는 것이 좋아요.
6. 옹알이를 하고 소리 없이 혼자서 방긋 웃는 등 배냇짓을 합니다.

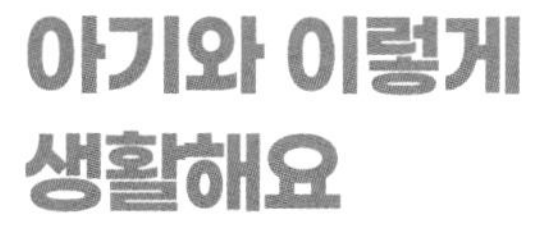

아기와 이렇게 생활해요

체온 변화에 신경 쓰기

이 시기 아이들은 체온의 변화에 아직 적응이 덜된 상태입니다. 그래서 너무 춥거나 너무 더운 환경은 좋지 않아요. 다행히 땀구멍이 발달하여 더우면 땀을 흘리지만 땀띠나 기저귀 습진, 발진 등이 잘 생깁니다. 평상시 옷을 얇게 입히고 온도 변화에 따라 한 겹 더 입히도록 하세요. 옷을 너무 둔하게 입히면 아기의 행동에도 제한이 생겨 운동능력을 저하시키는 요인이 될 수도 있습니다. 기저귀가 접하는 부위나 물과 자주 접촉하는 부위는 부드러운 가제수건 등으로 젖은 부분을 잘 닦은 뒤 말려서 건조해줍니다.

바깥 공기를 쐬기

집안 환기뿐만 아니라 하루에 몇 십분 정도 바깥 공기를 쐬도록 합니다. 햇볕이 자극적인 시간을 피해서 서늘한 날씨일 때 엄마와 같이 외출을 해서 호흡기나 피부의 저항력을 길러주세요. 외출 시 아직 아기가 목을 제대로 가누지 못하므로 유모차에 태울 때는 목을 받쳐주는 베개를 활용하거나 되도록 눕힙니다.

아기와 시선 맞추기

목을 제대로 가누지 못하지만 시야는 넓어진 상태입니다. 아기는 자신이 보고 싶은 물체를 스스로 따라가기 힘듭니다. 그래서 가끔 아기의 시야를 바꿔주는 것도 보채거나 울 때 달래줄 수 있는 방법이 됩니다.

소아청소년과에 방문하기

생후 2개월에는 반드시 검진이 필요한 것은 아닙니다. 하지만 디프테리아나 폴리오 등의 예방접종이 이루어져야 하므로 첫 달 소아청소년과 내원을 했다면 2개월째에도 내원해야 해요. 병원 내원 시 가급적이면 정확한 몸무게와 신장 등을 함께 체크하세요. 더불어 의사의 도움을 받아 정상적인 발달 과정으로 거치고 있는지 확인합니다. 특히 시각, 청각, 행동 등의 반응이 정상적인지 뒤떨어지거나 아픈 데는 없는지 꼼꼼하게 진료를 보세요.

출산 이후 엄마의 몸 관리

Dr.류's Talk Talk

임신으로 변했던 엄마의 몸이 돌아오기 시작합니다.
출산 후 회복되는 시기인 산욕기가 끝나는 시점이 대략 출산 후 6주 정도입니다.
이때는 임신으로 변해 있던 자궁내막이 다시 임신 전 상태로 돌아옵니다.
수유를 하지 않는다면 다시 생리가 시작할 수 있습니다.

엄마의 몸은 어떻게 변할까요?

엄마 몸의 변화

1. 부기가 거의 다 빠집니다.
2. 임신으로 잠잠했던 내 몸의 호르몬이 다시 활동을 재개합니다.
3. 호르몬 때문에 머리카락이 빠집니다.
4. 기분에 변화가 생깁니다. 별것 아닌 일에 예민해지고 우울해지기도 합니다.

산후 다이어트는 어떻게 하면 좋을까요?

꾸준히 하는 게 중요한 다이어트

언론이나 TV에 소개되는 모든 다이어트 방법이 나에게 맞는 건 아닙니다. 자신에게 맞는 다이어트 방법을 찾아야 합니다. 나이, 체력, 체질, 취향, 비만 정도 등을 고려하고 또 여기에 직장 여건이나 남편, 가족환경, 경제여건 등을 종합하여 프로그램을 만들어 꾸준히 실천해나가는 것이 최선이에요.

다이어트 시기

출산 후 비만이 고민되어 너무 일찍 다이어트를 시작하면 몸에 이상이 올 수 있어요. 다이어트 시작은 산모의 몸 회복 정도에 따라 다를 수 있지만 본격적인 다이어트는 골반과 신체의 모든 기능이 정상적으로 회복된 2개월 이후에 하는 것도 늦지 않습니다.

생활습관 바꾸기

출산 후 6주 후부터 본격적인 다이어트를 위한 워밍업을 시작하세요. 집 안에서 가벼운 스트레칭과 몸을 많이 쓰는 생활습관을 바꿉니다. 유산소 운동이나 근력 운동 같은 본격적인 운동은 2개월 후부터 하는 것이 좋아요.

모유수유 열심히 하기

출산 후 식이요법을 조절하기 힘든 이유가 바로 모유수유 때문이에요. 건강한 모유를 만들기 위해선 충분한 단백질이 필요합니다. 다이어트를 위해 갑자기 식사를 제한해버린다면 아이가 먹는 모유 또한 맹물처럼 영양가가 없는 상태가 됩니다. 모유수유 자체가 약 400kcal의 열량 소모가 있습니다. 따라서 다이어트를 원한다면 모유수유를 더 열심히 하세요. 3개월 이상 하는 모유수유는 산모의 체중감소에 큰 도움을 줍니다. 특히 복부에 저장되어 있던 체지방 제거에 모유수유가 매우 효과적입니다.

산부인과 검진 받기

산후 6주경 산욕기가 지나고 나면 자궁을 비롯한 주위 장기들이 정상적인 모습으로 돌아오게 된다. 즉 출산 전후 아기를 낳느라 고생했던 내 소중한 몸이 정상적인 모습으로 돌아왔는지 문제가 없는지 확인해야 한다. 보통 병원에 내원하게 되면 기본적으로 내진을 한다. 회음절개가 부위가 잘 아물었는지, 제왕절개 수술 부위가 잘 치유되었는지 염증이나 켈로이드는 없는지 확인한다. 특히 성생활을 할 수 있는지 여부와 함께 성관계시 통증, 요실금, 오로나 분비물 등의 문제가 있다면 상담을 하는 것이 좋다.
의사의 진료 외 검사실 검사로 빈혈 검사, 소변 검사, 골반초음파 검사, 자궁경부암 검사, 갑상선 검사, 골밀도 검사 등을 시행하게 된다. 철분이 부족한지, 방광에 세균이 감염되지는 않았는지 자궁이 정상적으로 수축되었는지, 출산 후 갑상선호르몬 이상은 없는지 등등 체크하여 건강 여부를 확인한다. 이러한 검사들을 바탕으로 자신의 몸을 소중하게 가꾼다.

물을 많이 마시기

모유수유 중에는 많은 수분이 모유를 통해 빠져나갑니다. 빠진 수분을 보충하고 또한 공복감을 최소화하며 몸의 신진대사를 촉발하고 노폐물 제거에 물 마시기는 효과적이에요. 하루에 1.5L의 물을 마셔봅시다.

부기는 제때 빼기

얼굴이나 손발의 부기는 출산 후 2~3주면 자연스럽게 가라앉습니다. 그대로 한 달 이상 남아 있는 부기가 제때 빠지지 않으면 그냥 살로 굳어져 비만으로 발전할 수 있어요. 부기를 빼기 위해서는 이뇨작용이 강한 늙은 호박이나 옥수수 수염 삶은 물을 마시는 것이 도움이 됩니다. 한 달 이상 부기가 호전이 되지 않는다면 병원에 가서 신장 기능에 이상이 없는지 확인해 보세요.

뱃살부터 빼기

출산 후 주로 뱃살, 허벅지, 옆구리, 팔뚝 등에 많은 살이 붙어 있어요. 여러 부위 중 다이어트의 시작은 뱃살빼기부터입니다. 뱃살을 빼는 다이어트를 열심히 하다 보면 옆구리, 허벅지 부분도 같이 빠지게 되어 일석이조의 효과를 볼 수 있어요. 뱃살빼기의 가장 좋은 방법은 유산소 운동입니다. 30분 이상의 유산소 운동으로 복부의 지방을 태우고 여기에 복근 운동 같은 근력 운동을 병행하면 늘어진 뱃살에 탱탱한 탄력을 더해줍니다.

식습관 개선하기

다이어트는 음식이 7할, 운동이 3할이라고 합니다. 출산 다이어트에 성공하려면 운동보다 식습관 개선에 더 집중해야 성공할 수 있어요. 다이어트를 위해서는 저칼로리 고단백 음식을 섭취하는 방향으로 식습관을 개선해야 합니다. 포만감을 느껴 식욕을 억제하고 살도 안 찌게 하는 칼로리가 낮은 단백질이나 섬유질이 풍부한 음식이 좋아요. 이러한 음식으로는 고구마, 감자, 현미밥, 잡곡밥, 각종 채소, 해조류 등이 있고 지방이 적고 단백질 성

분이 많은 두부, 콩류, 생선, 소고기 등도 좋아요.

저칼로리 고단백 식품 섭취

고구마, 달걀, 현미밥, 잡곡밥, 각종 채소, 해조류, 두부, 콩류, 생선, 소고기

생활 속 다이어트하기

일정한 운동이나 식습관 관리와는 별도로 육아와 가사를 돌보는 일상생활 속에서 다이어트를 시도해봅시다. 아파트 계단을 걸어서 올라가기, 백화점이나 시장까지 걸어서 가기, 줄넘기 1일 300회 등 생활주변에서 찾아보면 여러 가지 방법을 찾을 수 있어요. 이러한 소소한 생활습관의 변화가 체형을 바꾸어놓아요.

6개월 안에 임신 전으로 돌아가기

여성이 임신을 하면 개인별로 차이가 있지만 10~15kg 이내의 체중 증가분은 대개 출산 후 3개월여에 걸쳐서 거의 다 감소가 됩니다. 그 이상의 체중 증가분은 쉽게 빠지지 않는 경향이 있어요. 우리 몸은 항상성을 유지하려는 큰 원칙을 가지고 있습니다. 출산 6개월 이내에 체중 조절이 잘 이루어지지 않으면, 우리 몸은 그 체중을 내 몸의 기본 체중으로 인식을 하고 세팅을 다시 하게 됩니다. 출산 후 3개월부터 6개월까지 조금 힘들어도 체중을 원래대로 돌려놓아야 합니다.

TIP 산후 탈모

임신 중에는 에스트로겐의 영향으로 머리카락이 성장기에 있기 때문에 평소보다 풍성해진다. 하지만 출산 이후 급격한 에스트로겐의 감소는 머리카락을 휴지기와 퇴행기로 이동시킨다. 따라서 출산 3개월 전후에 머리카락이 급격히 빠지게 된다. 임신 중에는 빠지지 않던 머리가 출산 3개월부터 급격히 빠지기 시작하여 임신 5~6개월까지 탈모가 진행이 된다. 그후 다시 원래의 사이클을 찾아서 출산 후 1년이 되면 원래 임신 전과 비슷한 수준의 모발을 되찾게 된다.

Q. 탈모, 자연스러운 과정이니까 그냥 놔둬도 될까요?

A. 물론, 아무리 노력해도 어쩔 수 없는 부분이지만 조금 덜 빠지고 빨리 회복하기 위한 노력을 한다면 조금은 나아질 수 있다. 풍성하고 건강한 모발을 회복하기 위해서는 산후 2~3개월 동안 영양 보충에 신경을 잘 써야 한다. 모유수유로 인해 영양섭취가 중요하기도 한 이 시기에 충분한 영양보충이 되지 않으면 탈모 증상이 더욱 심해질 수 있다. 또한 자극이 적은 천연 샴푸를 사용해 두피를 청결하게 유지하는 것도 중요하며 두피의 혈액순환이 잘될 수 있도록 빗으로 머리를 두드리는 두피 마사지도 꾸준히 해주는 게 좋다.

주의할 사항

산욕기 동안에는 머리카락이 푸석푸석해지기 쉬우므로 파마나 염색은 피하고, 헤어 트리트먼트 등으로 모발에 충분한 영양을 공급해주도록 한다.

모발을 건강하게 만드는 음식

모발을 튼튼하게 하는 데 도움이 되는 음식에는 어떤 것들이 있을까? 탈모를 예방하기 위해서는 단백질, 요오드, 철분과 각종 비타민 등을 골고루 섭취해야 한다. 머리카락에 좋은 대표적인 식품으로는 검은콩, 검은깨, 호두, 다시마와 미역 등이 있다. 맵거나 짠 자극이 강한 음식, 인스턴트 음식은 피하는 게 좋다.

출산 후 부부생활

Dr.류's Talk Talk

아이를 낳고 나면 부부 중심에서 아기 중심으로 가족 분위기가 변합니다.
하지만 남편들은 엄마 옆에 붙어 있는 아기를 보며 상대적으로 소외감과 박탈감을
종종 느끼기도 합니다. 아기에게 엄마가 절대적으로 중요한 시기이지만
그래도 남편과 아내, 부부라는 관계도 중요합니다.
남편에게 관심을 주고 출산 전의 자연스러운 부부생활로
돌아가기 위한 스킨십을 노력해야 할 때입니다.

부부생활은 어떻게 하면 되나요?

출산 후 첫 관계

출산으로 약해진 질벽과 미세한 회음부 상처가 완전히 회복되는 시기는 적어도 출산 4~6주 이후로 보고 있습니다. 특히 자연분만의 경우 회음부 절개를 시행하거나 회음부 손상이 진행된 경우가 많기 때문에 조기에 가지는 부부관계가 세균이나 바이러스의 침투를 용이하게 해서 감염의 원인이 될 수 있어요.

무리한 행동은 금물

성관계 시 무리한 체위나 무리한 행동은 피하도록 합니다. 정상위가 가장 부드러운 부부관계를 유지할 수 있는 방법으로, 질벽의 손상을 최소화하기 위해 피스톤 운동도 천천히 완만하게 합니다. 물론 감염 예방을 위해 성관계 전후 청결에 유의해야 합니다.

부부 간의 대화가 중요

출산 뒤 여성의 신체에는 많은 변화가 일어납니다. 질벽이 느슨해져 예전보다 헐거운 느낌을 준다거나 살이 쪄서 관계를 피하게 되는 경우도 있어요. 질 분비액의 저하 및 긴장감 증가로 원활한 삽입이 어려울 수도 있습니다. 게다가 회복되지 않은 피곤한 몸에 관계를 하고 싶은 마음 자체가 안 생길 수도 있지요. 아이가 깰까봐 이러지도 저러지도 못하는 상황도 발생합니다. 이런 모든 문제는 부부 간의 대화와 자신감을 심어주는 말들로 충분히 극복이 가능합니다. 서로의 상태를 이해하고 배려할 수 있도록 관계를 가지기 전 많은 대화를 나눠보세요.

도움이 되는 케겔운동

질의 느슨함은 충분한 운동, 특히 케겔운동으로 극복이 가능하다. 회음부 근육을 강화하는 이 운동은 언제 어디서나 쉽게 할 수 있는 운동으로서 질 근육 강화뿐 아니라 자궁 골반 장기 탈출증 및 요실금에도 효과가 있다. 근육은 사용할수록 두꺼워지고 근력이 증가하게 되는데, 질벽은 아주 두터운 근육층으로 이루어져 있다. 따라서 운동을 통해 질벽을 강화할 수 있으며, 이런 방법을 통해 출산 전보다 한층 성숙되고 탄력 있는 질 수축을 만들어낼 수 있다(337쪽 참고).

산후 피임법을 알아보아요

수유와 피임

수유와 피임은 많은 관련이 있습니다. 수유 시 증가하는 프로락틴이란 호르몬은 배란을 억제해서 임신이 안 되게 막아주며 생리를 하지 않게 합니다. 즉, 수유를 하면 저절로 피임의 효과가 있어요.

피임 시기

모유수유를 하지 않는 경우에는 산후 3주(27일) 이후부터 배란이 시작될 수 있습니다. 따라서 수유를 하지 않는 경우, 출산 후 부부관계를 하게 될 때는 피임할 것을 권하고 있습니다. 수유를 하는 경우에는 대부분 5~6개월까지는 배란이 되지 않지만, 개인차에 따라 출산 10~12주 이후부터 배란이 되는 분들도 있습니다. 따라서 수유 시에도 3개월 이후부터는 적절한 피임을 해야 합니다.

피임 방법

남성이 하는 콘돔 외에 여자가 할 수 있는 자궁 내 피임기구(루프)는 분만 6주 이상이 되면 시술받을 수 있으며 경구피임약도 6주 후부터는 사용가능합니다. 하지만 경구피임약은 과거 혈전색전증의 위험과 모유 조성에 영향을 끼칠 수 있다는 이야기가 있어서 권고되지 않았습니다. 최근에는 경구피임약이 모유수유에 영향을 끼치지 않는다는 의견이 많이 제시되고 있습니다. 산부인과 전문의와 상의 하에 복용하도록 합니다. 난관결찰술을 여성이 시행할 수 있으나 복원 성공률이 낮으니 충분히 생각하고 고려한 후 결정해야 합니다.

생리의 시작

배란이 되고 임신이 되지 않으면 자궁내막이 무너져 내리며 나오는 현상을 흔히 월경, 생리라 합니다. 즉, 수유를 하지 않으면 보통 6~8주 후 다시 생리가 시작이 되며 수유를 하는 경우 3~4개월 후 생리가 시작됩니다. 단, 수유 중에는 프로락틴의 방해로 생리가 뒤죽박죽되기 쉬워요. 즉 생리주기가 굉장히 불규칙해지며, 분만 후 첫 생리를 하고 나서 다시 5~6개월 정도 생리를 안 하게 되는 경우도 있어요. 또한 수유 중 생리의 시작은 개인차가 크기 때문에 2개월부터 늦게는 18개월에 시작되는 경우도 있습니다.

워킹맘의 직장 복귀 준비

Dr.류's Talk Talk

출산 뒤 수주 간의 회복을 마치고 다시 직장으로의 복귀가 기다리고 있습니다.
아이와 떠나 다시 사회생활을 하기에는 많은 노력이 필요합니다.
무엇보다 집과 직장 사이, 아이와 일 사이에서 갈등하기 때문입니다.
나 대신 다른 사람이 아이를 돌봐줘야 하는 문제, 아이에게 왠지 모를 미안한 감정,
계속해서 직장을 다녀야 하는지에 대한 회의 등…….
아이의 육아는 엄마 혼자 몫이 아닌
온 가족들의 공통적인 협력이 필요하다는 것을 알고 도움을 받으세요.

직장 복귀를 준비해요

준비하기

출산휴가를 마치고 우는 아기를 집에 남겨두고 직장에 복귀해야 하는 워킹맘들은 마음이 불안하고 불편할 수밖에 없습니다. 직장에 출근해서 모유를 짜는 일부터 보관에 이르기까지 생각한 대로 잘 될지도 걱정이겠지요. 모유를 짤 만한 독립된 공간이 있는지 장소나 시간도 걱정이고요. 상황에 맞게 선택을 하세요. 모유수유가 좋지만 직장생활과 모유수유를 병행할 수 있는 여건이 안 된다면 무리하지 마세요. 육아는 본인의 상황에 맞게 해야 합니다. 주변의 이야기에 휩쓸리지 말고 스스로의 선택을 믿고 나가세요.

모유수유 유지하기

모유수유를 지속하기로 결심했다면 첫 한 달은 힘들다는 것을 인정하고 할 수 있다는 자신감을 가지고 당당히 해보도록 합니다. 열심히 일하는 워킹맘들이 직장에서 모유수유를 마음 놓고 할 수 있도록 국가적 차원의 배려 또한 시급합니다.

출근 준비는 2주일 전부터

모유를 끊을지 아니면 직장을 다니면서도 모유수유를 지속할지는 엄마의 선택입니다. 만약 모유수유를 지속하길 계획한다면 출근 2주 전부터는 젖병과 젖병에 부착시킬 인공 젖꼭지에 신경을 써서 아기가 잘 무는 젖꼭지를 구입해야 합니다. 물론 처음부터 젖병수유와 직접 모유수유를 병행했다면 문제가 없지만 간혹 젖병수유에 익숙하지 않은 아기들이 젖병을 거부하는 경우도 있습니다. 젖꼭지도 크기가 다르고 부드러움의 차이도 있으니 아기에게 시도해봐서 맞는 것을 고르세요.

아기돌보미와 친밀감 조성

출근 전 7~10일 정도 아기와 엄마, 돌보미와 함께 생활해가며 아기와 돌보미 사이에 유대를 강하게 하고 친밀감을 조성합니다. 이 기간 동안에 젖을 먹이고 기저귀를 갈아주고, 놀아주는

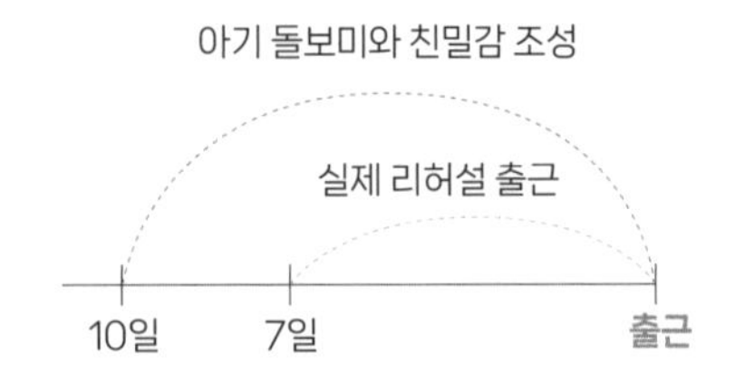

방법과 돌보는 기술에 대해 의견을 나누고 공유하도록 합니다.

직장의 실제 상황대로 연습

출근 전 1주일 정도 앞두고서는 직장의 출퇴근 시간과 일과 시간에 맞추어 실제 상황대로 연습을 해봅니다. 엄마는 시간에 맞추어 젖을 짜고 돌보미는 아기의 요구에 맞추어 젖병을 빨게 합니다.

첫 출근을 준비

첫 출근 준비물로 본인이 필요한 것만 가지고 출근하세요. 수유를 계획한다면 유축기, 유축팩이나 용기, 수유복 및 수유패드, 아기 사진, 아기 웃음소리를 녹음한 파일, 출퇴근용 작은 보온병, 얼음 주머니, 아이스박스, 간식 및 음료수, 손수건 몇 장 등을 챙겨야 합니다. 직장에서 손으로 짤 수도 있지만 현실적으로 유축기를 사용해야 시간을 단축할 수 있으므로 직장의 사용 환경을 감안하여 유축기를 선택 구입해야 합니다. 독립된 공간이 없다면 수동 유축기 중 핸들형 유축기가 좋으며 전원이 공급되는 곳이라면 소리가 조금 나지만 전동식 유축기가 현실적으로 편리합니다.

모유를 끊어야 할 경우

젖을 뗄 때는 젖을 먹일 때만큼 중요한 요령이 필요합니다. 특히, 아이의 정서에 해로운 영향을 최소화해야 합니다. 갑작스럽게 모유가 끊긴 아이는 욕구불만과 분리불안을 느낄 수 있어요. 따라서 젖 떼기는 몇 주에 걸쳐 점진적으로 이루어집니다. 동시에 아이에게 스킨십을 많이 해주면서 불안감을 해소시켜야 합니다. 이러한 방법으로 모유 끊기를 몇 주에 걸쳐 천천히 진행해야 갑자기 젖이 부어 생기는 고통(젖몸살)을 피할 수 있고, 유방의 피부가 늘어지는 것도 막을 수 있어요.

모유 끊는 방법

모유수유 횟수를 점점 줄여갑니다. 중간 중간 분유 수유를 하는 횟수를 늘려가면 대부분 자연스럽게 모유가 차오르는 시간이 길어지며 모유량도 적어집니다. 하지만 이 과정에서 오래 고여 있던 모유가 열을 발생시키는 유방울혈, 유선염 등이 합병되는 경우도 생길 수 있습니다. 이런 경우 꼭 병원에 내원하여 진찰을 받으세요. 유선염의 경우 항생제 치료를 적어도 2주간 해야 할 필요가 있습니다.

젖 말리기

혹시라도 빠른 시간 안에 젖을 말려야 한다면 산부인과에서 젖 말리는 약을 처방받아도 됩니다. 이 약은 젖을 나오게 하는 호르몬(프로락틴)을 억제하여 빠르면 2~3일, 길면 일주일 정도의 처방에 따라 복용하면 효과를 볼 수 있습니다.

출산 후 생길 수 있는 회사 문제와 해결 방안

육아휴직 2~3개월이 끝나갈 무렵이면 워킹맘들은 설레는 마음으로 직장 복귀를 준비하게 된다. 그러나 회사나 가정에서 예기치도 못했던 일들로 인하여 어려움을 겪는 수가 있다. 회사의 갑작스런 경영 악화나 조직 개편 등으로 인한 인사문제, 아기와 엄마의 건강이나 가정 내의 문제로 인하여 부득이 직장을 그만둘 수가 있다. 또 직장에 복귀해서 몇 개월 출근하다가 육아와 직장 일이 힘들어 더 이상 버티지 못하고 중간에 그만두는 경우도 있다. 직장을 그만둘 때 본인의 의사에 의한 퇴사는 아무런 문제가 남지 않지만 비자발적인 해고, 권고사직 등으로 직장을 떠날 때는 회사와 개인 사이에 법적인 문제가 발생할 수 있다.

가. 해고

해고는 사용자의 일방적 의사 표시에 의해 근로 계약을 해지하는 것을 말한다. 사업주가 근로자를 해고하지 말라는 것이 아니고 근로기준법에 의거 정당한 사유가 있으면 해고할 수 있다. 해고는 정당한 사유가 있을 때 하는 보통해고, 근로자의 귀책 사유 즉 근로자에게 잘못이 있을 때 하는 징계해고, 경영상 부득이 인원 감축을 필요로 한 경우에 하는 정리해고, 기간만료로 인한 해고 등이 있다. 근로기준법 26조는 사업주가 근로자를 해고하려면 30일 전에 예고를 해야 하며 통상 임금의 1개월분에 해당하는 해고 예고수당을 지급하도록 규정되어 있다. 해고 예고수당은 해고가 정당할 때만 해당되며 해고는 반드시 해고사유와 날짜를 기록한 서면으로 하도록 되어 있다. 해고사유가 사회통념상 객관성을 갖춘 정당한 사유인가, 그렇지 못한가를 놓고 사업주와 근로자 사이에 법률적 분쟁으로 비화되기도 한다. 해고는 정당한 사유뿐만이 아니고 절차나 징계 양정 등에서도 모두 정당성을 갖추어야 한다. 근로기준법 23조에는 해고를 제한하는 조항을 두고 있는데 근로자가 업무상 부상이나 질병 요양을 하는 기간과 그 이후 30일 이내, 출산휴가 기간 및 그 이후 30일 기간, 육아 휴직 기간은 해고를 하지 못하도록 해놓고 있다.

해고하지 못하는 기간

1. 근로자가 업무상 부상이나 질병 요양을 하는 기간과 그 이후 30일 이내
2. 출산휴가 기간 및 그 이후 30일 기간
3. 육아 휴직 기간

나. 부당해고

부당해고는 근로기준법에 의하여 결정되는 것으로 정당한 사유없이 사업주 일방의 의사표시로 근로자와의 계약관계를 해지하는 것을 말한다. 부당해고의 기준으로는 정당한 사유 없는 해고, 해고 사유와 날짜를 기입한 서면 대신 말로만 한 해고, 다른 근로자와의 형평성에 문제가 있는 해고 회사 자체 인사규정에서 정한 징계절차, 사유, 양정을 무시한 해고 등이 있다. 여기서 정당한 사유라는 것은 객관적으로 보아 더 이상 근로관계를 유지할 수 없는 중대한 귀책사유를 말한다.

부당해고 기준

1. 정당한 사유 없는 해고
2. 서면 대신 말로만 한 해고
3. 다른 근로자와의 형평성에 문제가 있는 해고
4. 회사 인사규정에서 정한 징계절차, 사유, 양정을 무시한 해고

근로자가 부당해고를 당했다고 판단되면 어떻게 대처해야 할까?

근로자가 해고되었다면 우선 해고된 사유를 파악해야 한다. 또 회사 내부 인사 규정에 정해져 있는 해고사유, 절차, 징계양정에 비춰보아 합당한 해고인가, 다른 근로자와의 형평성에 문제는 없는지, 해고할 수 없는 시기에 해고했는지 등을 알아보아야 한다. 해고를 구두로 했다면 회사를 그만두라는 뜻이 담긴 통화, 녹음, 문자, 이메일 등의 증거자료를 확보해야 한다. 사업주가 근로자 스스로가 그만둔 것이라고 주장한다면 이를 명확히 반박할 자료가 있어야 하기 때문이다. 정리해고의 경우도 실제로 경영상의 어려움이 존재했는지 여부나 정리해고 기피노력 여부 등 여러 가지 요건을 충족했는지를 확인해보아야 한다.

다. 부당해고 구제신청

근로자가 부당해고를 당했다면 지방노동 위원회에 부당해고 구제신청을 할 수 있으며 판정에 불복할 경우 10일 이내 중앙노동위원회에 재심을 청구할 수 있다. 승소해서 부당해고로 인정을 받으면 해고일부터 해고 판정일까지 해고기간 동안의 임금을 받게 되고 근로자가 원할 경우는 복직 발령을 받는다. 부당해고 구제신청은 근로자 5인 이상의 사업장에 해당되며 해고일로부터 3개월 이내에, 현 직장에서 3개월 이상 근무했어야 구제신청이 가능하다. 부당해고 구제신청 후 최종 판정까지는 보통 2~3개월이 소요되며 그 기간 동안 법적공방이 일어나고 증거자료를 수집 · 제출하는 일들이 발생하게 되는데 노동관계 전문가인 노무사의 도움을 받는 것이 승소하는 데 도움이 될 것으로 생각된다.

라. 권고사직

권고사직은 사업주의 권유와 근로자의 동의에 의한 당사자간의 근로 계약 해지인데 사업주의 일방적인 의사표시에 의해 근로 계약관계가 종료되는 해고와는 다르다. 근로자 입장에서 보면 해고나 권고사직이나 회사를 떠나는 것은 같지만 권고사직은 근로자가 동의하고 나가는 점에서 해고와 다르다. 권고사직은 당사자 합의에 의해 떠나는 것이므로 해고 예고수당

이나 부당해고 구제신청을 할 수 없다. 그렇지만 해고나 권고사직은 모두 실업급여 수당을 신청할 수 있다. 해고는 근로자가 수용하지 않더라도 효력이 발생하지만 권고사직은 근로자에게 나가라는 의사표시에 불과하므로 수용하지 않으면 근로관계는 그대로 유지되고 아무런 법적효력은 발생하지 않는다. 사직서의 작성이 회사의 강요에 의한 것이면 부당해고가 되는데 강요했다는 근거자료가 있어야 한다. 권고사직에 의한 위로금은 별도의 규정으로 정해져 있는 것이 아니고 업주와 근로자 사이에 협의에 의해 발생하고 합의금 이행 여부에 의한 분쟁은 지방노동위원회가 아닌 법원 소송을 통해 해결해야 한다.

마. 실업급여

실업급여란 고용보험 가입 근로자에게 실직이라는 보험사고가 발생하였을 때 실직자의 생활안정과 재취업 기회를 지원해주기 위하여 재취업 활동을 하는 기간에 급여를 지급하는 제도이다. 여기서 핵심은 회사를 다니다가 실직한 것과 재취업 활동이다. 실업급여는 실업에 대한 위로금이나 고용보험료 대가로 지급하는 것이 아니며 실직기간 동안 재취업하려고 적극적인 노력을 했을 때만 이를 확인하고 지급한다. 적극적인 노력을 한 실적이나 자료가 없을 때는 실업급여는 지급되지 않는다. 실직급여 수급기간은 퇴직한 다음 날로부터 12개월 이내이므로 퇴직 즉시 신청해야 한다.

지급대상 및 조건

지급대상은 고용보험에 가입된 사업장에서 180일 이상 근무했어야 하며 해고나 권고사직과 같이 비자발적 퇴직자에게 해당된다. 스스로 직장을 떠난 사람에게는 해당되지 않으나 자발적 이직자라도 회사 측의 부득이한 사정으로 더 이상 근무가 곤란하여 어쩔 수 없이 퇴직했을 경우 실업급여 대상이 된다. 퇴직금이나 퇴직 위로금이 1억 원 미만이어야 해당되며 또 실업급여 신청일이 전에 한 달 간 일용근무 이력이 없어야 신청할 수 있다. 실업급여 기간 중 구직활동을 적극적으로 하지도 않고 자의로 회사를 그만두고 실업급여 수당을 지급받았을 경우 부정수급으로 인정되어 수급액을 2배로 반환하고 형사처벌을 받게 된다.

지급절차

- 실업 상태인 근로자가 직접 국가에서 운영하는 워크넷(www.work.go.kr)에 들어가서 구직등록을 한다.
- 거주지 소재 고용센터를 방문하여 구직급여 수급대상자 자격 인정 여부를 신청한다.
- 신청 후 2주일 내에 수급 자격 인정 여부를 결정해 통지를 받게 된다. 인정된 경우 1~4주마다 지정된 날짜에 직접 고용센터에 출석하여 실업상태에서 적극적으로 재취업 활동을 한 사실을 신고하고 실업 인정을 받아야 구직급여를 받을 수 있다. 적극적인 재취업 활동을 하지 않으면 취업할 의사가 없는 것으로 보고 실업으로 인정받지 못한다. 또 고용센터로부터 인터넷 실업 인정 대상자로 지정을 받아 고용보험 홈페지에 접속하여 인터넷으로 실업급여 인정을 받을 수 있다. 이때는 본인임을 확인하는 공인인증서를 준비해야 한다.

지급액

퇴직 전 3개월 평균 임금의 80% 급여 일수인데 1일 상한선 6만 6천 원을 넘지 못하고 1일 최저액은 최저 임금법상 시간급 최저금액의 80%가 지급된다. 단 매년 최저 임금이 바뀌니 구직급여 금액 또한 변경 될 수 있어 꼭 확인해 봐야한다. (2024년 1월 이후 하한액은 63,104원) 실업급여 지급일수는 퇴직 당시 연령과 고용보험 가입기간에 따라 차등이 있는데 최소 90일에서 최대 240일이다.

바. 조기재취업수당

조기 재취업 수당이란 구직급여 수급자격자가 대기기간(수급자격 신청일로부터 7일간)이 지난 후 재취업을 한 날 전날을 기준으로 소정급여일수를 2분의 1이상 남기고 재취업을 하거나 자영업을 각각 12개월 이상 유지했을 경우 구직급여 2분의 1을 일시에 지급하는 제도이다. 이때, 50세 이상이거나 장애인은 3분의 2를 지급한다. 요약하면 실업급여 수당 만료 전에 6개월 이상 취업을 했거나 자영업을 하고 있을 경우 남은 금액의 반을 지급하는 제도이다.

절차

거주지 관할 고용센터에 필요한 서류 3가지(고용보험 조기재취업수당 청구서, 사업주 확인서, 근로계약서 복사본)제출하면 된다.

금액

구직(실업)급여액×잔여급여일수의 2분의 1(50세 이상, 장애인은 3분의 2일 적용)을 받는다.

신청조건

회사에서 퇴사한 후 고용지원센터에서 실업급여 인정 신청을 받고, 이후 7일 지나서 재취업이 되어 6개월 이후에 신청해야 한다. 구직급여를 받기 전 퇴사한 회사에 재고용되거나 그 회사와 관련된 사업주에게 재취업한 경우는 신청할 수 없다. 또 최근 2년 이내 조기 재취업 수당을 받은 적이 없어야 한다.

부록

2024 임신·출산 혜택

2024 임신 혜택

챙겨야 할 혜택이 많으므로 정부에서 운영하는 임신출산육아 포탈 '아이사랑https://www.childcare.go.kr' 사이트에서 지원금 일괄 조회 서비스를 이용하는 것이 좋습니다. 간단한 본인인증만으로 모든 지원금과 환급금 조회가 가능하니 꼭 사용하시기 바랍니다.

2024년 임신바우처

임신바우처는 임신 및 출산 관련 진료비(급여/비급여) 중 본인부담금을 국가에서 임신 1회당 100만원까지 지원하는 바우처 서비스입니다. 병원과 약국에서 사용할 수 있으며, 조리원은 사용할 수 없습니다.

- **지급대상** 임신, 출산(유산·사산 포함)이 확인된 건강보험 가입자 또는 피부양자
- **지원금액** 단태아 100만원, 다태아 140만원(분만 취약자 20만원 추가)
- **사용기간** 카드 수령 후 분만예정(출산, 유산 진단)일로부터 2년까지
- **임신바우처 신청방법**
  1. 산부인과 방문 후 임신, 출산 확인서 발급
  2. 국민건강보험공단지사 방문신청 또는 카드영업점 온라인 신청
  3. 건강보험 임신·출산 진료비지급신청서 제출
  4. '국민행복카드' 발급 후 지원금 입금

2024 출산 혜택

출산 혜택은 첫만남이용권, 영아수당, 아동수당, 양육수당, 의료비 지원사업 등 국가에서 시행하는 사업과 출산지원금, 교통비 할인, 임산부 농산물 꾸러미 등 지자체(시, 군, 구)에서 시행하는 사업으로 나뉩니다.

2024년 첫만남이용권

첫만남이용권은 2022년부터 출생한 모든 신생아를 대상으로 첫째는 200만원(쌍둥이 400만원), 둘째부터는 300만원을 지원하는 바우처 서비스입니다. 첫만남이용권도 국민행복카드를 통해 지급됩니다.

- **지급대상** 2022년 출생 아동부터 출생신고 후 주민등록번호를 부여받은 모든 신생아
- **지원금액** 신생아 1인당 200만원(쌍둥이 400만원), 둘째부터 300만원
- **사용기간** 출생신고일로부터 1년 이내
- **신청방법**
  - 아이의 주민등록상 주소지가 있는 행정복지센터(읍, 면, 동) 방문 후 신청
  - 아이의 부모가 '복지로' 또는 '정부24' 사이트에서 온라인 신청(우편, 팩스 가능)

2024년 부모급여(부모수당)

2024년부터 시행되는 부모급여(부모수당)는 기존 영아수당이 변경된 제도입니다. 만 0세부터 2세 미만의 영아를 키우는 가정에 지급됩니다. 소득과 재산조건이 없어 누구나 신청할 수 있습니다.

- **지급대상** 만 0세~2세 미만(0개월~23개월) 영아를 키우는 가정(부모 각각 아님)
- **지원금액** 0~11개월 100만원, 12개월~23개월 50만원
- **신청방법**
  1. 사회보장급여 신청(변경)서 또는 출산 서비스 통합처리 신청서와 아동 명의 또는 부모 등의 명의 통장 사본 준비
  2. 행정복지센터(읍, 면, 동) 방문 후 신청
  3. '복지로' 또는 '정부24' 사이트 온라인 신청

2024년 아동수당, 양육수당

출산 후 아이가 자라면서 순차적으로 영아수당, 아동수당, 양육수당을 받을 수 있습니다. 유아 1인당 매월 지급되고, 양육수당은 유아학비 또는 보육료로 대체될 수 있습니다.

- **아동수당(0개월~95개월)** 매달 10만원
- **양육수당(24개월~85개월)** 매달 10만원
- **아동수당, 양육수당 신청방법**
  - 각 서비스에 맞는 구비서류 준비('정부24' 사이트에서 확인)
  - 행정복지센터(읍, 면, 동) 방문 후 신청
  - '복지로' 온라인 신청

2024년 출산지원금, 출산축하선물

출산지원금(출산장려금, 출산축하금)과 출산축하선물은 국가가 아닌 지자체가 자체적으로 시행하는 지원사업이며, 보통 바우처가 아닌 현금으로 지급됩니다.

출산지원금은 지역별로 금액과 지급조건, 지급방식이 모두 다르므로 임신육아 종합 포탈인 '아이사랑'이나 우리지역 출산지원금 조회 및 신청 서비스를 이용하시기 바랍니다.

2024년 임산부 보건소 혜택

임산부 보건소 혜택은 보건소마다 다소 차이가 있으나, 임산부 산전 검사부터 엽산제 및 철분제 지급, 유축기 대여, 영양플러스 사업 등을 제공합니다. 보다 자세한 임산부 보건소 혜택은 관할 보건소로 문의하세요.

- **혜택 대상** 관할 보건소에 주민등록상 주소지가 있는 임산부
- **지원내용(지역별 상이)**
  - 엽산제 지급(최대 3개월 분량)
  - 철분제 지급(최대 5~9개월 분량)
  - 영양플러스사업(쌀, 야채, 달걀 등 식자재 패키지)
  - 모성검진(기형아 검사, 모성풍진 검사, 임신성당뇨 검사 등)

2024년 친환경 농산물 꾸러미

임산부 친환경 농산물 꾸러미 사업은 전년도 1월 1일 이후 출산한 산모를 대상으로 에코몰에서 판매하는 다양한 농산물을 연간 48만원 한도로 제공하는 사업입니다. 현재 개별 지자체별 운영 중이며, 소정의 자기부담금(20%)이 있습니다.

- **신청대상** 신청 시 임신 중이거나 당해 사업 전년도 1월 1일 이후 출산한 산모
- **신청시기** 매년 1월 중순 신청(지역별 추첨제)
- **지원내용** 월 1~4회(1회당 3~10만원, 주문금액 50% 이상 농산물 구매 필수)
- **지원품목** 유기농 농산물, 무농약 농산물, 유기 가공식품, 유기 축산물, 무항생제 축산물, 유기 수산물, 무농약원료 가공식품 등

출산가구 전기료 감면 할인혜택

출산일로부터 3년 미만의 영아가 있는 가정은 한전에서 전기료를 매월 30%까지 감면해 줍니다. 또는 3자녀 이상 다자녀 가구도 동일한 혜택을 받을 수 있으며, 중복신청은 불가합니다.

- **감면 대상** 출생일로부터 3년 미만 영아가 1인 이상 포함된 가구 또는 다자녀 가구
- **감면 금액** 매월 전기 요금 30% 할인(월 최대 16,000원 한도)
- **신청방법**
  - 한국전력 고객센터 전화 신청
  - 전기세가 관리비에 포함되는 아파트는 관리사무소에도 통보 필요

임신 중 내 몸과 마음은 배 속 아이에게 집중됩니다. 아이를 건강하게 출산하기까지 10여 개월간 내 몸에서 이루어지는 세심한 노력과 변화에, 당황스럽고 걱정스러울 때가 있지만 원리를 알고 나면 마음이 편해집니다. 하나하나 대처하다 보면 내 마음만큼 내 몸도 아이를 아주 소중히 아끼고 사랑하려고 노력하고 있다는 느낌이 듭니다.

엄마의 변화에 겁먹을 필요가 없어요

1. 코가 막혀요

임신 중 늘어난 에르트로겐은 조직세포 사이를 채우고 있는 히알루론산의 생성을 촉진해 조직 내 수분량이 증가하게 되고 따라서 점막이 평소보다 부은 상태가 됩니다. 또한 늘어난 혈액량의 영향으로 코 안쪽 혈류량도 증가해 평소보다 점막의 크기가 더 커지죠. 그래서 임신을 하면 평소보다 코가 막힌 느낌이 날 수 있습니다.
이외에도 코막힘, 재채기, 콧물, 눈 간지러움, 후비루 등을 주증상으로 하는 질환인 '임신성비염'이 종종 산모에게 발생합니다. 임신성비염은 수일에서 길게는 6주까지도 지속되고, 임신 중 어느 기간에도 발생할 수 있지만 주로 임신 초기에 많이 발생합니다. 거기에 일상생활 속에서 마주하게 되는 다양한 요인에 의해 알레르기 반응이 생길 수도 있습니다.
알레르기를 일으키는 요인을 명확하게 안다면, 피하는 것이 가장 좋은 방법입니다. 그러나 대부분 알레르기는 원인을 명확하게 알지 못하는데, 증상이 심할 때에는 코를 식염수로 세척해주는 방법이나 누울 때에 머리 쪽에 높은 베개를 이용하는 것이 증상 완화에 도움을 줍니다. 또한, 적절한 실내 습도 유지와 운동도 증상 완화에 도움을 줄 수 있습니다.
코막힘 등의 증상이 심해, 숨쉬기가 매우 불편하고 수면량이 너무 감소하게 되면 내원해서 항히스타민제를 처방받아 먹을 수 있습니다. 또한, 단기간으로 사용하는 코안에 분무하는 스프레이를 처방받을 수도 있습니다.

2. 환도서는 느낌, 등허리가 아파요

이제 겨우 배가 살짝 나오기 시작하는 초기 산모가 부자연스러운 걸음으로 걷거나 혹은 외래 의자에 앉을 때 불편해하며 겨우 앉는 경우가 생각보다 많습니다. 만삭이야 커진 자궁으로 인한 허리, 엉덩이 통증을 당연하게 받아들이지만, 왜 초기부터 허리, 특히 엉덩이 쪽에 통증이 생기는 걸까요? 혹자는 이런 증상을 '환도선다'라고 표현하기도 합니다. 환도란 한의학에서 말하는 엉덩이와 허벅지 사이의 혈자리로 요통을 완화시킬 수 있는 혈자리라고 하는데 거기에서 시작한 말인지 정확한 어원은 알기 어렵습니다. 특히 돌아누울 때 엉덩이에 통증이 생기는데, 한쪽 옆으로 눕기가 매우 불편하고 몸을 돌리기가 쉽지 않아 잠잘 때 허리 통증을 많이 유발하죠. 또한 바닥에 앉을 때 평소에 하던 양반다리가 잘 안되는 불편감이 생기기도 합니다. 이는, 넓은 의미로 천장관절증후군의 일종인데 천장관절은 골반과 척추를 연결하는 엉치뼈와 엉덩이뼈 사이에 있는 관절을 말합니다. 이 관절은 척추가 움직일 때 받는 충격을 흡수하는 역할을 합니다. 임신을 하면 관절을 자연스럽게 이완시켜 주는 '릴랙신'이란 호르몬이 평소보다 증가하게 되는데, 이러한 릴랙신의 영향으로 골반뼈가 이완되면서 천장관절도 영향을 받게 됩니다. 또한 골반 내 주먹만 한 크기로 살고 있던 자궁이 커지면서 천장관절 쪽을 압박하기 때문에 통증은 더욱 커지게 됩니다.
실제로 임산부가 호소하는 통증은 만삭보다 임신 초기 10주에서 20주 사이에 심하며, 대부분 중기 이후로 넘어가면 서서히 완화됩니다. 자궁이 위로 커지면서 상대적으로 천장관절을 압박하는 힘이 감소하기 때문이죠.
이러한 허리 통증은 커진 자궁으로 인한 자연스런 통증이기 때문에 효과적인 치료 방법이 없습니다. 다만, 움직일 때 갑작스럽게 자세를 바꾸지 말고 천천히 움직이면 이런 통증이 덜 생길 수 있습니다. 또한 엉덩이와 허리 쪽에 따뜻한 수건으로 온찜질을 해주는 것도 도움이 됩니다. 잠잘 때가 가장 많이 불편한데, 두 다리 사이에 쿠션을 끼워 옆으로 누운 자세에서도 골반이 덜 틀어지도록 해주는 것이 하나의 방법입니다.

3. 웃다가 소변이 셌어요

'내가 벌써 요실금인가?' 산모들이 당황해하며 조심스럽게 말을 꺼낼 때가 있습니다. '웃다가 혹은 재채기를 했는데, 팬티에 소변이 살짝 묻은 것 같다'라는 이야기입니다.
임신을 하면 자궁이 커지면서 방광을 누르는데, 이처럼 압력이 올라가 있는 상태에서 요도와 방광의 각도도 변하기 때문에 살짝만 복부에 힘을 줘도 쉽게 소변이 셀 수 있습니다. 또한, 호르몬 변화로 인한 요도조임근의 약화도 임신 중 요실금 증상에 기인하는 것으로 알려져 있죠.
종종 방광염과 같은 요로감염이 있을 때에도 요실금 증상이 나타나거나 심해질 수 있기 때문에 임신 중 요실금이 있을 때에는 다른 동반 증상이나, 요실금 정도가 일상생활을 많이 저해하지는 않는지 잘 살펴볼 필요가 있습니다. 증상이 갑작스럽게 악화되거나 일상생활에 있어 큰 불편을 초래한다면 병원의 도움이나 상담이 필요합니다.
일반적으로 심하지 않은 임신 중 요실금은 골반저근을 강화시키는 케겔 운동, 이뇨작용이 강한 음료 피하기, 변비를 피하기 위해 고섬유 식사를 하는 식의 보존적인 요법을 쓰면서 경과를 살핍니다.

4. 간지러워요

눈에 띄는 홍반이나 병변이 없어도 임신 중에는 전반적으로 피부 가려움이 많아집니다. 가볍게 증상이 나오는 경우가 대부분이지만 간혹 간지럼증이 심해, 피부를 긁다가 계속적으로 상처가 생기고 염증이 발생되는 경우도 있죠. 복부나 유방, 허벅지 등의 피부가 급격하게 늘어나면서 자연스럽게 이로 인한 간지러움이 동반되고, 상대적으로 건조해지는 피부로 인해 간지러움이 악화 될 수 있습니다. 때수건 사용과 같이 피부에 자극되는 행동은 삼가고 파라벤, 에탄올, 색소, 인공향 등 피부 자극을 줄 수 있는 성분을 피하는 것도 좋은 방법이 될 수 있습니다.
피부 보습을 위해 물을 많이 마시고 보습제를 충분히 바르는 것도 간지러움 증상 완화에 도움이 됩니다. 또한 피부 온도가 높아지면 상대적으로 간지러움 증상이 심해질 수 있습니다. 간지러움 증상이 심하게 올 때에는 방안의 온도를 평소보다 1~2도 낮추거나, 알로에 겔 등 차가운 보습제를 부드럽게 도포하며 마사지하는 것도 도움이 됩니다.
또한, 임신 중에는 늘어나 있는 에스트로겐이 간에서 담즙이 분비되는 것을 억제해 상대적으로 담즙이 담낭에 많이 축적된 상태로 있게 됩니다. 이렇게 늘어난 담즙이 혈액으로 흡수되어 피부에 도달하고, 간지러움 증상을 일으키기도 하죠. 가볍게 지나가는 경우 큰 문제가 되지 않지만 이러한 담즙 정체 증상이 심한 경우는 태아 조산과 관계될 수 있으므로 적절한 감시와 치료가 따라와 주어야 합니다. 보통 담즙 정체가 심한 경우에는 황달이 많이 동반되고, 복부 외에 손바닥, 발바닥 부위의 간지러움 정도가 매우 심합니다. 그러나 이러한 것은 혈액 검사로 쉽게 진단이 되기에 큰 걱정은 안 해도 됩니다. 또한 이러한 모든 증상은 아이를 출산하고 나면 수일 내 거짓말처럼 사라집니다.

5. 소변을 자주 봐요

임신을 하게 되면 장거리 여행이 부담스러워집니다. 오래 앉아 있어야 하는 불편함도 있지만, 화장실을 자주 가기 때문에 혹시라도 곤혹스러운 일을 경험하게 되지는 않을지 불안해서이죠. 임신 초기부터 평소보다 소변이 금방 마렵고 빨리 화장실을 가야 할 것 같은 요급 증상이 생기는데요. 방광을 자궁이 누른다고 하기에는 자궁이 크기가 아직은 그리 크지 않은 데에도 왜 이렇게 민감하게 방광이 반응하게 되는 것일까요?
임신 초기 소변을 자주 보는 증상은 임신으로 인해 증가된 황체호르몬progesterone과 임신융모막양호르몬HCG의 증가로 인한 것입니다. 두 호르몬은 배뇨 횟수를 늘리는 작용을 하기에 이론적으로는 수정이 되고 2주 후부터 소변을 자주 보는 증상이 동반될 수 있습니다. 임신 2분기에 이르러 임신융모막양호르몬의 수치가 감소하기 시작하면 이러한 요급 증상은 완화됩니다. 그러나 커진 자궁이 방광을 압박하기 시작하면서 다시 임신 중후반기가 되면 자연스럽게 소변을 자주 보게 됩니다.
이렇듯 소변을 자주 보는 것이 임신 중 자연스러운 증상이지만, 간혹 요로감염으로 인해 소변을 자주 볼 수도 있습니다. 대개 임신 중 소변 검사를 분기별로 하기 때문에 병원에서 정기적으로 요로감염을 확인하지만, 소변을 자주 보는 증상이 심해졌을 때에는 병원에 내원해서 혹시 요로감염이 있는 것은 아닌지 따로 문의해보는 것도 좋은 방법입니다.

6. 치질이 생겼어요

"치질은 임신 친구예요." 진료실에서 가장 많이 했던 말입니다. 변비가 심하지 않은데도 치질이라니, 왜 이런 걸까요? 치질은 항문 주위 점막이 충혈되거나 늘어나는 증상입니다. 해부학적으로 항문이 자궁 아래에 위치해 있기에 임신 중에는 자궁 아래쪽 부위가 전반적으로 많은 무게를 지탱하게 되죠. 그리고 그 무게로 인해 혈액순환도 상대적으로 더뎌지게 됩니다. 그로 인해 항문 주위에 있던 정맥의 울혈과 더불어 지속적으로 압박을 받던 점막이 약해져서 늘어나고, 그 압박을 버티지 못해 튀어나오게 됩니다. 크지 않은 치질이 대부분이지만, 항문 안으로 다시 들어가지 않을 정도로 치질이 심한 산모도 보입니다. 수술을 받고 싶어 했던 산모도 있었지만, 치핵의 원인인 자궁의 무게감이 지속되는 한 수술 후에도 임신 중 치질은 다시 생길 수밖에 없기에 항문외과에서도 연고 처방과 좌욕을 권하며 경과를 지켜보기로 한 적도 있습니다.
결국 분만 밖에 실질적인 해결법이 없는 것이지만 그래도 임신 중 치질을 최소화하기 위해서는 항문 쪽으로 들어가는 힘을 최소화해주는 게 가장 중요합니다. 변비가 있거나 딱딱한 배변은 항문으로 들어가는 힘이 커지므로 물을 많이 마시고 섬유질이 풍부한 식습관을 갖는 것이 매우 중요합니다. 또한, 변기에 앉아 있는 시간을 최소화하기 위해 노력하는 것도 필요하죠. 핸드폰이나 책을 보면서 배변 활동을 하지 말고, 배변 활동 자체에 집중하면 변기에 앉아 있는 시간을 단축시킬 수 있습니다.

7. 숨이 차요

"숨이 쉽게 차고, 숨쉬기가 힘들어요." 외래에서 종종 듣는 말 중 하나입니다. 임신을 하면 커진 자궁으로 횡격막이 평소보다 4cm 정도 올라가고 폐의 공간은 그만큼 협소해집니다. 공간이 작아지면서 보통은 숨을 내쉰 뒤에도 폐에는 공기가 남아 있는 잔여량이 있는데, 임신을 하게 되면 이 잔여량이 평소보다 10~25% 정도 감소하게 됩니다. 그럼 폐 잔여량이 줄어서 숨이 차는 것일까요? 아니면 폐 공간이 좁아져서 숨이 차는 것일까요.
산모가 실제 들이마시는 숨은 600ml로 비임산부 450ml보다 많습니다. 즉, 평소보다 숨이 덜 쉬어져서 숨 막히는 느낌이 드는 것이 아니라 요구되는 기준이 높아지면서 숨을 크게 들이마시면서도 높은 산에 올라간 느낌처럼 숨 막히는 느낌이 들고, 어떨 때는 숨 가쁜 느낌도 드는 것입니다.
임신을 하게 되면 우리 몸은 어떻게 하면 아이에게 충분한 산소를 줄지 고민하기 시작합니다. 게다가 임신 주수가 길어지면 커진 자궁으로 인해 폐의 저장소가 줄어드는 상태가 되는데 이러한 위기 상황에 어떻게 대비해야 할지, 늘어난 혈액량에 충분한 산소를 주어 그 혈액이 태반 넘어 아이에게 전달되는 긴 여정을 어떻게 유지해야 할지 본능적으로 생각하게 됩니다. 그때 황체호르몬인 프로게스테론이 우리 몸의 호흡을 조절하기 시작합니다. 임신 중 증가하는 프로게스테론은 우리 몸의 호흡중추를 자극해서 좀 더 열심히 호흡하는 것을 촉진합니다. 따라서 호흡수가 많아지며, 한

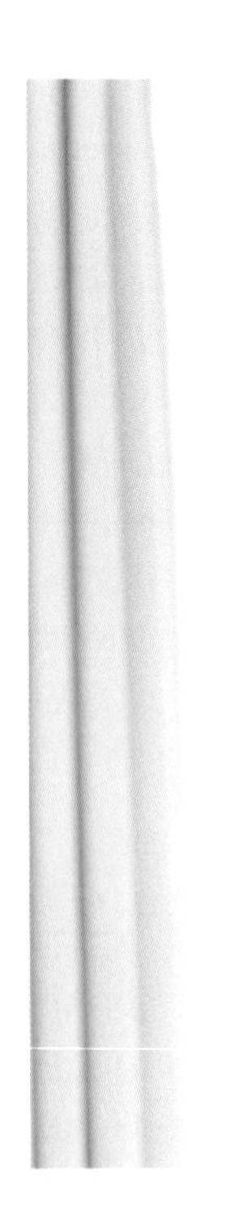

번에 숨 쉴 때 들어오는 호흡량이 증가하게 됩니다. 또한, 프로게스테론은 폐포에 가서 이산화탄소에 대한 민감도를 높이는데요. 우리 몸은 이로 인해 실제 이산화탄소의 양은 작지만 상대적으로 크게 축적이 되어있다고 착각을 하게 됩니다. 그리고 이를 해결하기 위해 더 많은 호흡을 유발해 몸 안에 있던 이산화탄소를 몸 밖으로 내보내게 됩니다. 자연스레 혈액 안에 있는 이산화탄소 농도가 감소하면서 몸이 알칼리화되고, 이를 보상하기 위해 적혈구에서 산소를 붙잡고 있는 힘이 강해지는 것입니다. 결과적으로 태아에게 보내는 피에는 이산화탄소량이 적고 산소를 많이 잡고 있는 적혈구가 이동하게 되어 효과적으로 아이에게 산소를 보내게 됩니다.
정교하게 짜여진 각본처럼 임산부의 혈액은 산소 효율을 최대한으로 늘리고, 줄어든 저장량에 대비해서 호흡량을 늘려서 안전하게 아이에게 산소를 운반해줍니다. "숨이 답답해서 죽을 것 같아요"라고 농담처럼 말하는 산모들이 있지만 "단언컨대 걱정하지 마세요. 사실 평소보다 더 열심히 숨 쉬고 더 잘 쉬고 있답니다"라고 말해줍니다. 평소보다 이유 없이 한숨이 늘어나는 것도 같은 맥락이니 너무 걱정하지 말기 바랍니다.

8. 기미도 생기고, 겨드랑이와 사타구니가 어두워졌어요

"아이 엄마임에도 불구하고 이쁘다"라는 말을 듣기도, 아니면 해본적도 있을 것입니다. 아기 엄마는 안 이쁘다는 전제가 있는 것인데, 출산을 하게 되면 당연히 예전에 비해 못생겨진다는 말인 걸까요? 물론 육아로 인해 예전에 비해 본인에게 투자하는 시간이 감소되는 외부적인 요인이 가장 큰 이유겠지만, 그 외에도 실제로 임신 출산을 거치고 나면 얼굴에 기미가 많이 생기긴 합니다. 바깥 활동을 더 한 것도 아닌데 임산부는 왜 얼굴에 기미가 잘 생길까요?
그리고 문득 샤워를 하다 짙어진 유두와 겨드랑이 옆구리, 사타구니를 보고 놀라기도 합니다. 배 가운데 짙게 드리운 임신선 외에도 여기저기, 심지어 몸까지 어두워집니다.
검은 색소를 배출하는 멜라닌세포는 사실 우리 피부의 보호층 중 일부입니다. 멜라닌세포는 햇빛의 자외선에 노출 시 피부를 지키기 위해 멜라닌 색소를 많이 분비합니다. 멜라닌색소는 자외선을 흡수하며 자외선이 피부 깊숙이 침투하는 것을 막아주는 역할을 하죠. 그런데, 임신을 하게 되면 멜라닌을 자극하는 알파 멜라노사이트자극호르몬melanocyte stimulating hormone이 증가하게 됩니다. 이에 대해 임신 중 늘어나는 에스트로겐과의 관계성이 제시되고 있습니다.
임신의 신비에 경외심을 가지고 있는 저는 이 부분을 이렇게 설명합니다. "임신이라는 특수한 상황에서 산모의 몸은 자연스럽게 스스로를 지키기 위한 시스템을 발동합니다. 그러한 시스템의 일원으로 피부에서도 피부를 보호하는 멜라닌세포가 많이 나오고 그래서 외부 자외선이나 염증, 마찰로부터 산모의 피부를 보호하는 것입니다"라고 말이죠.

이런 이유로 햇빛에 노출이 많은 광대뼈 부위에 기미가 많이 생기고, 많은 마찰로 피부 자극이 생기는 겨드랑이나 사타구니, 옆구리 쪽도 상대적으로 어두워지는 증상이 생깁니다. 이러한 현상은 임신이 끝나고 1년 정도 지나면 대부분 자연스럽게 호전됩니다. 짙어지는 피부를 예방할 수 있는 최선의 방법은 자외선 노출을 줄이고 피부를 긁거나, 비비는 등의 외부 자극을 최소화하는 것이니 유념하시기 바랍니다.

9. 면역샤워가 뭐예요?

유래 없는 전염병 및 알레르기 질환의 폭발적인 증가와 맞물려 개인의 면역력에 대한 관심이 최근 높아지고 있습니다. 그리고 그런 관심과 함께 분만법에 따른 면역력 차이에 관한 다양한 연구도 쏟아지고 있죠.

우리 몸에는 인간의 세포수 보다 많은 미생물이 존재한다고 합니다. 우리 몸에 살고 있는 다양한 미생물(세균, 바이러스, 곰팡이 등)의 집합체를 마이크로바이옴이라 부릅니다. 이는 외부 물질이 우리 몸 안으로 들어왔을 때 맞이하게 되는 부위인 피부, 입, 비뇨기계, 그리고 소화기계에 존재합니다.

마이크로바이옴의 기능은 참으로 방대하고 다양하며 점점 그 범위가 확대되고 있습니다. 소화기관에서 음식물의 분해와 소화흡수를 도와준다고 알려져 있는 것 외에도, 비타민의 합성에도 관여하고 있으며 당대사에도 영향을 주어 체중 조절이나 당뇨 등의 질환과도 밀접한 관계가 있음이 밝혀지고 있습니다.

또한 몸의 독소와 폐기물 제거 기능에도 영향을 주고, 무엇보다도 면역체계에 있어 기본적인 틀을 유지하고 감염병에 대한 저항력을 강하게 만들어줍니다. 거기에 자가질환에 대한 예방 기능도 가지고 있습니다. 최근에는 세로토닌 합성에도 영향을 주어 뇌의 기능 및 우울감 등의 감정 조절에도 영향을 줄 수 있다는 주장도 이어지고 있습니다.

이렇게 중요한 우리 몸의 마이크로바이옴은 건강한 균주가 우세한 균인 경우 우리를 더 건강하게 만들어주고, 건강한 균주가 우세하지 못한 경우에는 다양한 질병에 취약하게 됩니다. 근 10년간 급격하게 증가하게 된 유산균 제품만 보더라도, 내 몸에 있는 유산균이 얼마나 다양한 분야에 영향을 주는지 알 수 있죠.

그런데 아이의 첫 3년이 정서&사회성 발달에 참 중요하다는 이야기는 예전부터 있었지만, 내 몸 안에 자리를 잡게 되는 상재균 또한 생후 첫 3년이 가장 중요하다는 주장이 나오고 있습니다. 한 걸음 더 나가 분만 방법이 상재균의 분포에 큰 영향을 준다는 주장도 있습니다.

배 속 태아는 무균상태로 지내다 분만을 하면서 세상과 마주하게 되고, 그 짧은 시간에 우리 눈에는 보이지 않는 미생물이 아이에게 들어가서 자리를 잡게 된다는 주장입니다. 그리고 그들이 가장 먼저 자리를 잡은 우세균으로 큰 이변이 없으면 대부분 건강하게 자리매김한다는 이론입니다.

실제로 자연분만으로 태어난 아이의 상재균은 산모의 질에 존재하는 건강한 상재균을 많이 받아들이고 제왕절개로 태어난 아이의 상재균은 산모 배 피부에 존재하는 피부 상재균이 우세하게 자리 잡아 상대적으로 건강한 상재균의 비율이 적다는 연구가 발표되었습니다. 그리고 이러한 연구를 바탕으로, 제왕절개 예정인 산모들의 분변을 미리 받아 나쁜 균을 제거하고 좋은 균들을 가루로 만들어서 태어난 아이들에게 주었더니 그 아이들의 상재균이 자연분만을 한 아이처럼 건강한 균주가 되었다는 재미있는 연구 결과도 얼마 전 발표되었습니다.

물론, 이 아이들의 상재균을 확인한 시기는 태어난 지 겨우 3개월 이내에 불과합니다. 결국 그 이후에 모유수유를 통해 전달되는 엄마의 건강한 균과 식습관을 통해 형성되는 상재균, 그리고 항생제 사용 여부나 미세먼지 등의 환경적인 요인이 더 큰 영향을 끼쳤고, 그 기간은 3년이라는 짧지 않은 기간 동안 지속되는 것이죠.

3년 이후에도 내 몸에 존재하는 우세한 상재균이 절대적으로 바뀌지 않는 것은 아니고, 건강한 식습관과 생활 환경에 노출되는 것이 결국 그 사람의 면역력에 결정적인 역할을 한다는 것입니다.

상황이 된다면 좋은 면역을 선물해줄 수 있는 자연분만이 더 좋다는 이야기가 한 가지 더 추가된 셈입니다. 그러나 단지 면역력만을 위하여 위험한 상황에서 자연분만 방법을 고집할 필요는 없습니다. 면역력은 분만 방법 한 가지로만 결정되는 것은 아니기 때문에 얼마든지 다른 요인으로 건강한 면역력을 만들어줄 수 있습니다.

분만 방법은 아이와 산모의 안전이 가장 주요한 전제 조건입니다. 이를 능가하는 조건은 없으며, 분만 방법은 이에 따라 결정해야 합니다. 그리고 안전이라는 대전제 하에서 분만의 주체인 산모의 의견을 존중해야 합니다.

10. 제왕절개는 두 번만 할 수 있나요?

저출생 시대에, 이제 두 명의 아이만 있어도 다둥이 카드를 받을 수 있게 되었죠. 예전보다 한 명만 낳는 집도 많고, 두 명 정도면 이미 다둥이 가족이니 셋 이상의 자녀를 계획하는 경우는 많지 않게 되었습니다. 그래서 그런 이야기가 나온 것일까요?

산모들이 종종 하는 질문 중 하나가 바로 '제왕절개는 두 번까지만 가능하냐'는 것입니다. 대답해드리자면 그렇지 않습니다. 제왕절개술로 아이를 낳는 경우도 횟수 제한이 있는 것은 아닙니다.

과거 자궁절개를 세로로 했을 때에는 상대적으로 자궁의 상처가 크고 회복이 더뎌서, 제왕절개 횟수가 많아질 시 자궁파열과 합병증 위험이 컸습니다. 그러나 가로 절개로 제왕절개술을 하게 된 오늘날에는 그 횟수가 정해져 있지 않습니다.

다만, 제왕절개술로 아이를 낳고 둘째를 가질 때에는 회복을 충분히 할 수 있는 시간을 가진 다음 임신을 하는 것을 추천하고, 그 기간은 9개월로 봅니다. 물론 예상치 않게 둘째 임신이 조금 빨리 되었어도 조심스럽게 잘 관찰하면서 주의하면 건강한 임신과 출산을 할 수 있습니다.

신생아 응급 상황

처음 아이를 키우다 보면 다양한 상황을 마주하게 됩니다. 특히나 신생아 일 때는 상태 하나하나를 유심히 살펴봐야 합니다. 어쩌면 그냥 놓치고 지나갔던 작은 증상이 아기에게는 매우 위급한 상황일 수도 있기 때문이죠. 준비된 부모가 아이를 지킬 수 있어요. 병원에 가는 것이 당연 1순위지만, 가정에서 적절한 응급처치가 이루어지면 아이의 건강과 더불어 생명을 지키는 일에 분명히 도움을 줄 것입니다.

증상이 의심되면 병원부터 방문하세요

변비

신생아에게 변비는 흔하지 않습니다. 변비가 있는 경우 보통 복부팽만이나 구토가 동반되기 쉽습니다. 신생아에게 배변 문제가 있는 경우, 소화기관에 문제가 있는 것은 아닌지 의심해보아야 합니다.
변이 나오긴 하지만 딱딱하고, 배변 보기 힘들어하는 경우가 가장 흔한 형태의 신생아 변비입니다. 이런 경우 수유량을 늘려보고 부드럽게 자전거 타듯이 배 마사지를 시도해보는 것이 좋습니다. 간혹 면봉으로 항문을 자극하거나, 관장하듯이 변을 파내는 시도를 하는 경우가 있는데, 오히려 균 감염 가능성이 있어 위험합니다.
배변 횟수가 많이 줄고, 복부 팽만이 심하며, 아기가 변을 보기 많이 힘들어 한다면 소아과에 내원해서 상담을 받아보는 것이 좋습니다.

설사

대변량이 많고 질감이 묽어지면 설사를 의심해보아야 합니다. 때로는 갈색변이 동반되거나 심한 악취가 날 수도 있습니다. 신생아가 설사를 하게 되는 이유는 대부분 바이러스 감염으로 염증성질환이 있을 때인데요. 간혹 세균성감염이나 상기도감염, 요로감염이 있어도 설사가 동반될 수 있습니다. 분유를 바꾸었다는 등의 이벤트, 혹은 먹는 것과 관련된 설사도 나올 수 있습니다. 또한 항생제 사용 후 설사가 동반될 수 있습니다. 탈수를 예방하기 위해서 평소보다 수유량을 늘려주는 것이 좋으며, 수유 중간중간 끓여서 식힌 물을 줄 수도 있습니다. 아이가 처지거나 열이 동반되면 바로 병원에 가야 합니다. 신생아는 어른에 비해 체구가 작기 때문에 더 쉽게 탈진하고, 전해질 불균형의 발생비율이 상대적으로 높기 때문에 설사 증상을 각별히 조심해야 합니다. 보통 설사하는 양상은 일주일 이내에 좋아지지만 장기적으로 지속될 때에는 병원에 내원해보는 것이 좋습니다.

주의해야 하는 상황

- 구토가 동반되는 경우
- 냄새가 나는 변, 물 같은 변
- 열이 동반될 때
- 먹는 것을 거부하는 경우
- 아이가 처지는 경우

구토

분유 수유를 하는 경우 종종 먹은 분유를 바로 토해내는 양상을 보기도 합니다. 충분히 트림을 시키지 않으면 아이는 식도와 위 사이 조임근이 약하고 길이가 짧아서 쉽게 위로 쏟아낼 수 있습니다. 대부분 먹은 양 혹은 먹은 양보다 적게 줄줄 흘러내리는 양상으로 쏟아지듯이 흐릅니다.
그런데 만약 많은 양의 내용물이 뿜어내듯이 갑자기 동반될 때에는 구토를 의심할 수 있고, 이럴 때에는 주의 깊게 살펴보아야 합니다.
구토는 우유알레르기 반응으로 나올 수도 있고, 위장관계의 해부학적인 이상으로 인하여 동반되기도 하며, 설사처럼 세균이나 바이러스 감염이 있을 때도 동반될 수 있습니다.
아이에게 탈수가 오면 입술이 마르고 몸이 쳐지며 앞 대천문이 움푹 들어가고, 소변이 어둡고 진해지거나 거의 없어집니다. 이런 경우는 응급상황으로 병원에 가서 확인을 해보는 것이 좋습니다. 구토 양상에 따라 원인을 파악하기 위해 X-ray 등을 찍어 보기도 하고, 균 감염이 아닌지 확인 후 필요시 항생제를 써야 할 수도 있습니다.

주의해야 하는 상황

- 열이나 설사가 동반될 때
- 피가 동반될 때
- 많은 양을 뿜듯이 토할 때
- 구토가 지속되고 나쁜 냄새가 동반될 때

신생아 칸디다 입병

칸디다는 기저귀 발진을 일으키기도 합니다. 신생아가 칸디다 입병이 생기는 경우는 분만 시 엄마의 산도를 통과할 때 엄마에게 칸디다 감염이 있었고 이 칸디다가 아이에게 전달되는 경우가 많습니다.
증상으로는 아이의 혀나 입 안쪽에 하얀색 패치가 생기는데요. 먹을 때 힘들어하고 동시에 기저귀 발진이 생겨서 빨갛게 테두리가 부어오르고 도드라집니다. 아기의 칸디다 감염이 의심이 되면 입안에 바르는 칸디다 연고를 도포하고, 엄마가 수유 중이면 엄마 젖꼭지도 칸디다 치료를 받아야 합니다. 또한 매번 젖병이나 젖꼭지 소독을 해서 재감염을 예방해야 합니다.

신생아 CPR

생체 징후가 없이 축 늘어져 있으며, 외부 자극에도 반응이 없는 경우 아이가 숨을 쉬는지 확인해보고 호흡이 없다면 CPR을 시작해야 합니다. 우선 주변에 다른 사람이 있다면 119에 전화하도록 부탁하고, 그 사람이 전화하는 사이 신속하게 시행하세요.

1. 평평한 바닥에 아이를 눕힌다. 아이 턱을 너무 많이 젖히면 오히려 아기의 기도가 막힐 수 있으니 턱을 살짝만 들어준다.
2. 다시 한번 귀를 입과 코 주변으로 대어 숨 쉬는지 여부를 확인하고, 숨을 쉴 때 가슴이 올라오는지도 확인해본다.
3. 숨 쉬지 않는 것이 확실하다면, 아이에게 숨을 불어넣어 주어야 한다. 입으로 아이의 입과 코를 잘 막아 공기를 주입해주어야 하는데, 이때 공기가 새는 부분이 최소화될 수 있도록 하자. 한 번에 1~2초 정도로 두 번 숨을 불어넣어 준다. 단, 신생아 폐는 성인과 다르게 작고 약하기 때문에 너무 센 압력으로 불어넣으면 오히려 손상을 줄 수 있다. 따라서 부드럽게 살살 숨을 불어넣어 준다는 느낌으로 숨을 불어준다. 숨을 불어넣어 줄 때, 아기의 가슴이 위로 잘 올라오는지 눈으로 확인해본다.
4. 맥박을 확인해본다. 손목에서 잘 안 느껴지면 두 번째 손가락이나 세 번째 손가락으로 맥박을 확인해보거나 팔다리를 스스로 움직이는 등의 생체 징후가 있는지 확인해본다. 생체 징후가 없는 것 같다면 조심스럽게 가슴 압박을 시작한다. 손가락 두 개로 젖꼭지 사이를 누르는데, 너무 세게 누르면 안 되고 가볍게 1~2cm 들어갈 정도로 다섯 번 눌러준다. 가슴을 누르며 '하나, 둘, 셋, 넷, 다섯'이라고 말한다.
5. 그리고 다시 두 번 부드럽게 숨을 불어준다.
6. 구조대원이 올 때까지 5:2 패턴으로 심폐소생술을 하며 생체 징후가 돌아오는지 확인한다.

신생아 감기

신생아가 감기에 걸린다니? 아리송하겠지만 상기도감염은 면역력이 약한 신생아에게도 올 수 있으며 대부분 바이러스가 원인이 됩니다. 보통 감기는 약하게 지나가서 2~3일이면 호전되지만 간혹 수일 수 주 지속되기도 하며 귀감염이나 편도염 같은 합병증이 동반되기도 하죠. 사실 감기에 대한 특별한 치료법은 없으며 대부분 원인이 바이러스라 항생제 치료가 크게 도움 되지 않습니다. 하지만 2차적인 세균 합병이 의심되는 경우에는 항생제를 사용해야 합니다. 코가 막히면 아이는 젖을 빠는 것에 불편함을 느끼기 때문에 수유를 자주 해주어야 합니다. 또한 가습기를 틀어서 좀 더 편안하게 해주어야 합니다. 아기가 숨 쉬는 데 어려움이 있으면 병원에 내원해보는 것이 좋습니다.

주의해야 하는 상황

- 코가 막히거나 흐르지 않는지
- 콧물
- 재채기
- 눈이 빨갛게 충혈되지는 않았는지
- 열
- 식욕이 없지는 않은지

열

3개월 이하의 신생아가 38도 이상의 열이 난다면 무조건 병원에 가보는 것이 좋습니다. 왜냐하면 3개월 이하에서의 열은 대부분 엄마가 아이에게 전염시켰을 가능성이 있기 때문입니다. 특히나 3개월 이전은 면역력이 매우 약한 상태로 단순 감염으로도 큰 위험이 생길 수 있으니, 열이 난다면 바로 병원에 내원하세요.

빨리 병원에 가보아야 하는 상황 13

1. 얼굴이 창백해지거나 입술이 파래지는 경우
2. 38도 이상의 열
3. 몸이 뻣뻣하게 되거나 처지는 경우
4. 입에 화이트패치가 생기는 경우
5. 배꼽 주변이 빨개지거나 땅땅하게 부을 때
6. 눈이 충혈되거나 눈곱이 심하게 낄 때
7. 코가 심하게 막혀 숨 쉬기 힘들어하는 경우
8. 물 같은 설사를 하루에 6~8번 정도 하는 경우
9. 내뿜는 구토
10. 구토가 6시간 이상 지속되거나 열이나 설사와 동반될 때
11. 먹는 것을 거부할 때
12. 비정상적으로 길게 울 때
13. 피가 섞인 점액성 똥을 쌀 때

소아 신장 및 체중 성장 도표

이 표는 우리나라 국립질병관리청에서 유소아의 올바른 성장을 모니터하고, 추적하기 위하여 실행하는 성장지표 중 최신 업데이트된 2017년도 버전입니다. 2017년 소아성장도표는 만 3세 미만의 아이들 중 특이 소견이 없고 건강하게 자라는 모유수유아만을 포함하여 산출한, 그래서 성장도표 중 가장 표준에 가깝다고 평가 받고 있는 WHO Growth Standards를 적용하여 만들어진 표입니다.

개인에 따라 조금 크거나 우리 아이가 몇 퍼센트에 해당하는지 추적 관찰하면서 꾸준히 잘 성장이 이루어지는지 관찰할 수 있는 참고가 될 수 있는 표입니다. 가족력, 유전, 아이의 영양상태 등에 따라 퍼센트가 조금 낮거나 50보다 높게 나올 수 있지만 하위 10퍼센트와 상위 10퍼센트를 제외한 나머지에 속하는 경우는 모두 정상 범주입니다. 내 아이가 다른 아이보다 크다 작은지를 평가하기 위한 비교표가 아닌, 우리 아이가 정상 범주로 잘 자라고 있는지만을 평가하는 표로 활용하시기 바랍니다.

2017 소아 성장도표

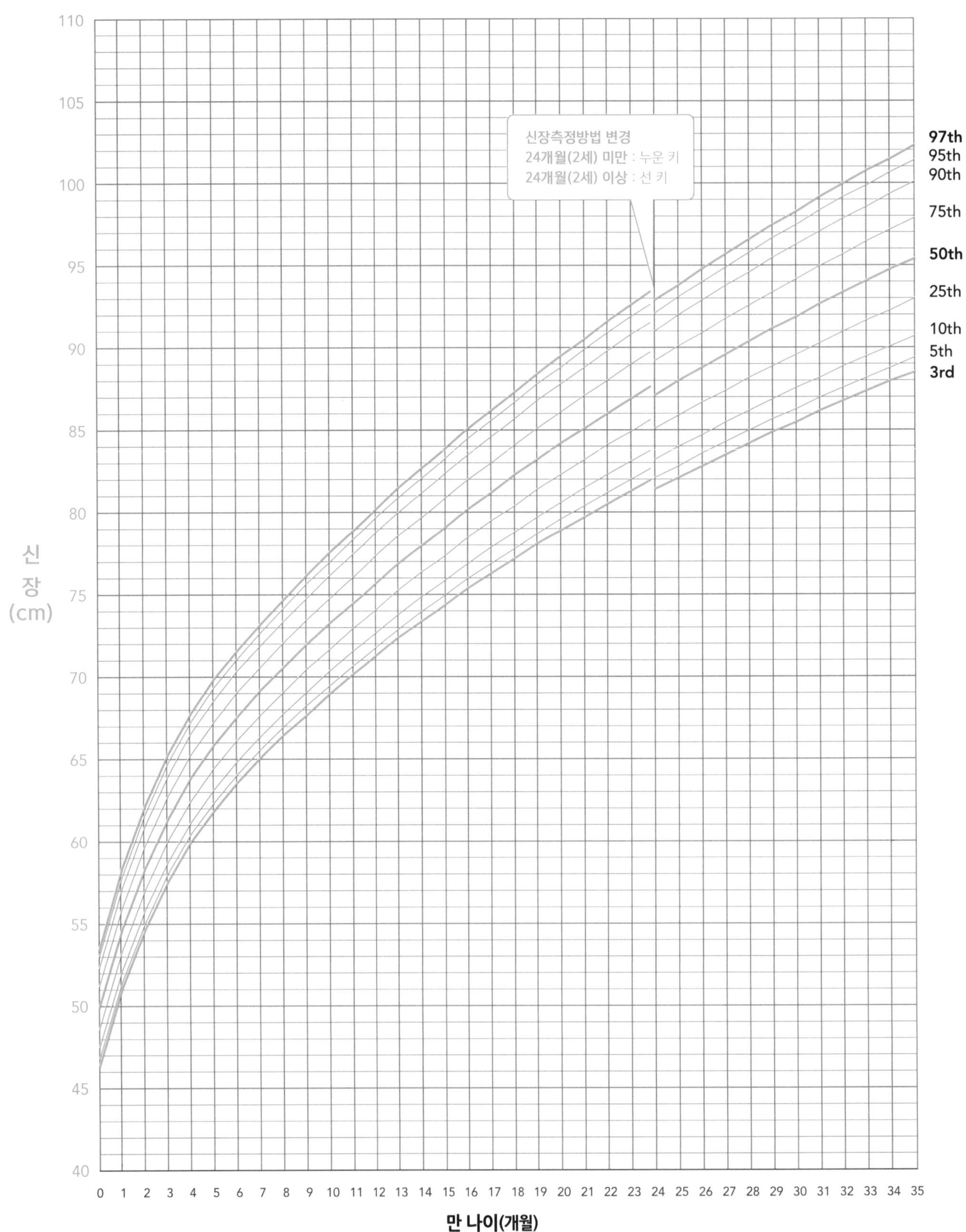

남자 0-35개월 신장 백분위수
신장측정방법 변경
24개월(2세) 미만 : 누운 키
24개월(2세) 이상 : 선 키
97th
95th
90th
75th
50th
25th
10th
5th
3rd
110
105
100
95
90
85
80
75
70
65
60
55
50
45
40
신장(cm)
0 1 2 3 4 5 6 7 8 9 10 11 12 13 14 15 16 17 18 19 20 21 22 23 24 25 26 27 28 29 30 31 32 33 34 35
만 나이(개월)

여자 0-35개월 신장 백분위수

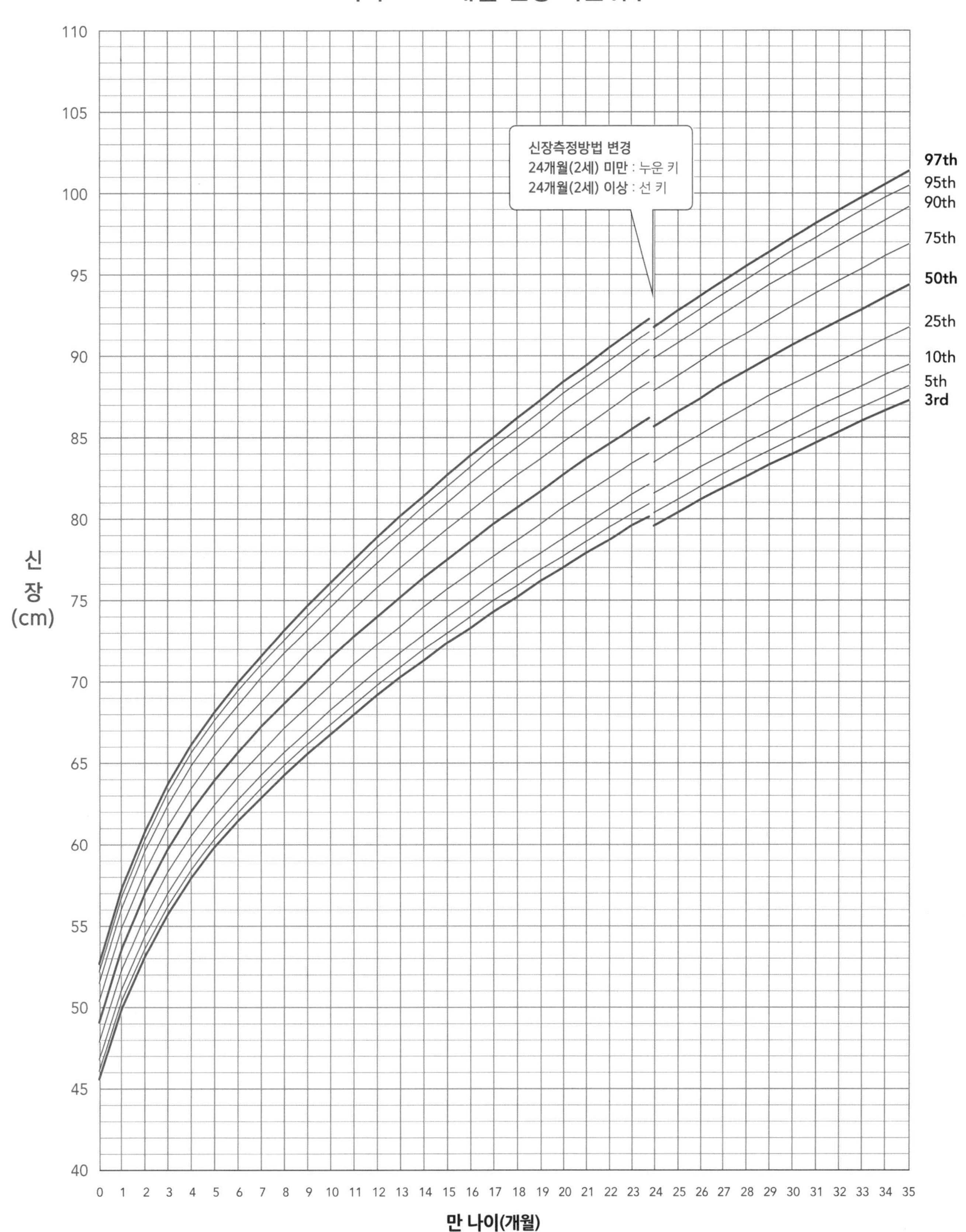

2017 소아 성장도표

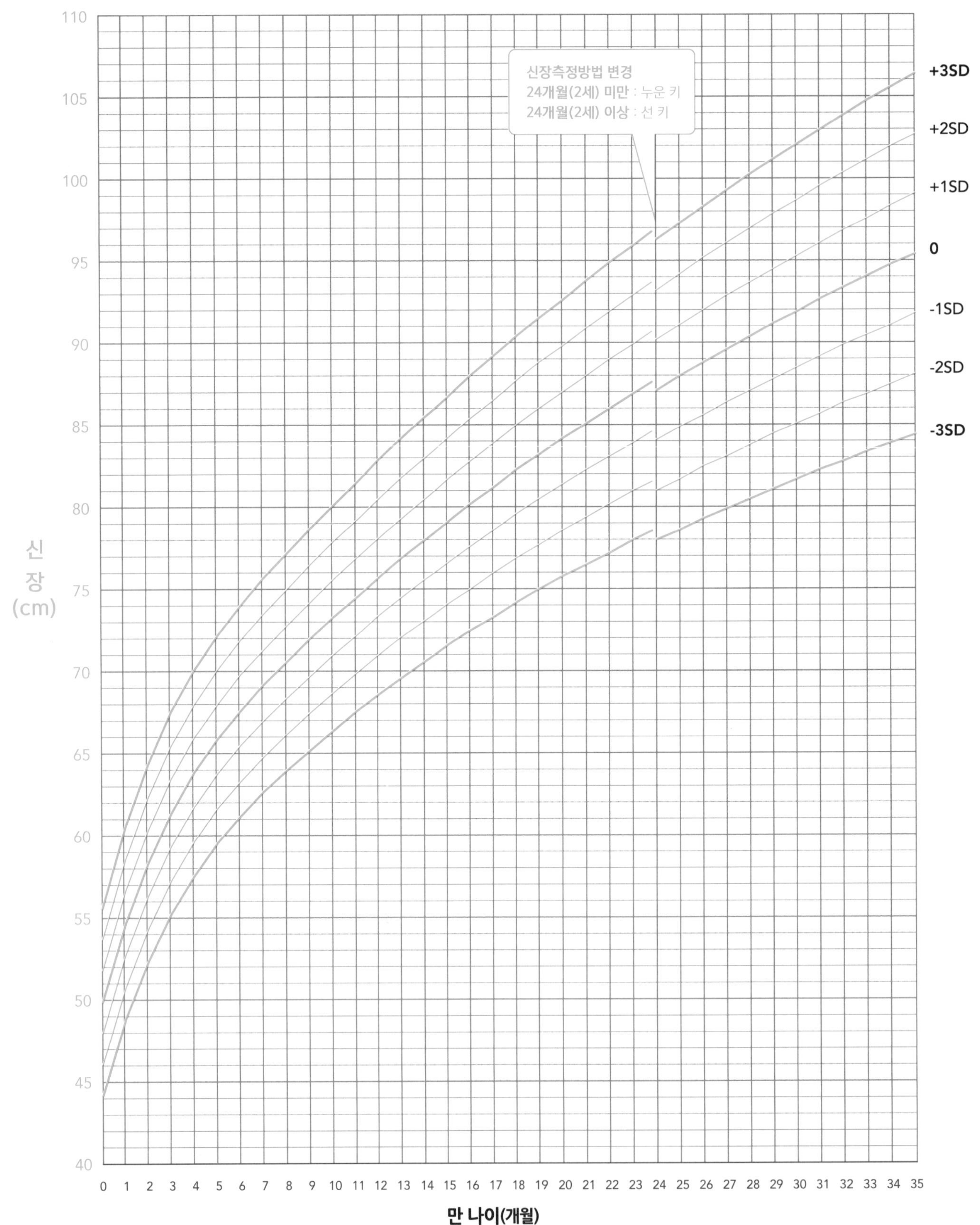

남자 0–35개월 신장 표준점수
신장측정방법 변경
24개월(2세) 미만 : 누운 키
24개월(2세) 이상 : 선 키
+3SD
+2SD
+1SD
0
-1SD
-2SD
-3SD
신장 (cm)
110
105
100
95
90
85
80
75
70
65
60
55
50
45
40
0 1 2 3 4 5 6 7 8 9 10 11 12 13 14 15 16 17 18 19 20 21 22 23 24 25 26 27 28 29 30 31 32 33 34 35
만 나이(개월)

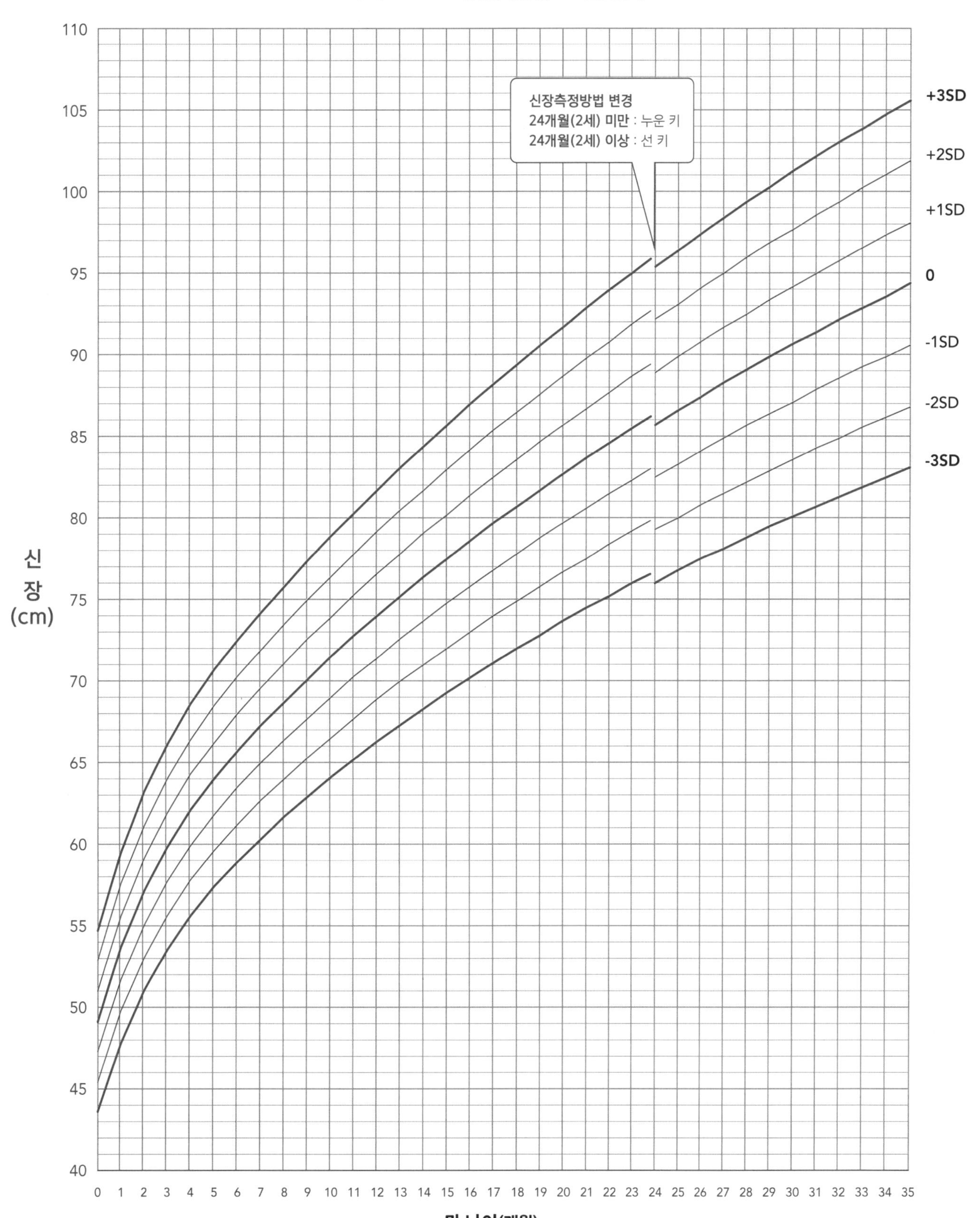
여자 0-35개월 신장 표준점수
신장측정방법 변경
24개월(2세) 미만 : 누운 키
24개월(2세) 이상 : 선 키
+3SD
+2SD
+1SD
0
-1SD
-2SD
-3SD
신장 (cm)
110
105
100
95
90
85
80
75
70
65
60
55
50
45
40
0 1 2 3 4 5 6 7 8 9 10 11 12 13 14 15 16 17 18 19 20 21 22 23 24 25 26 27 28 29 30 31 32 33 34 35
만 나이(개월)

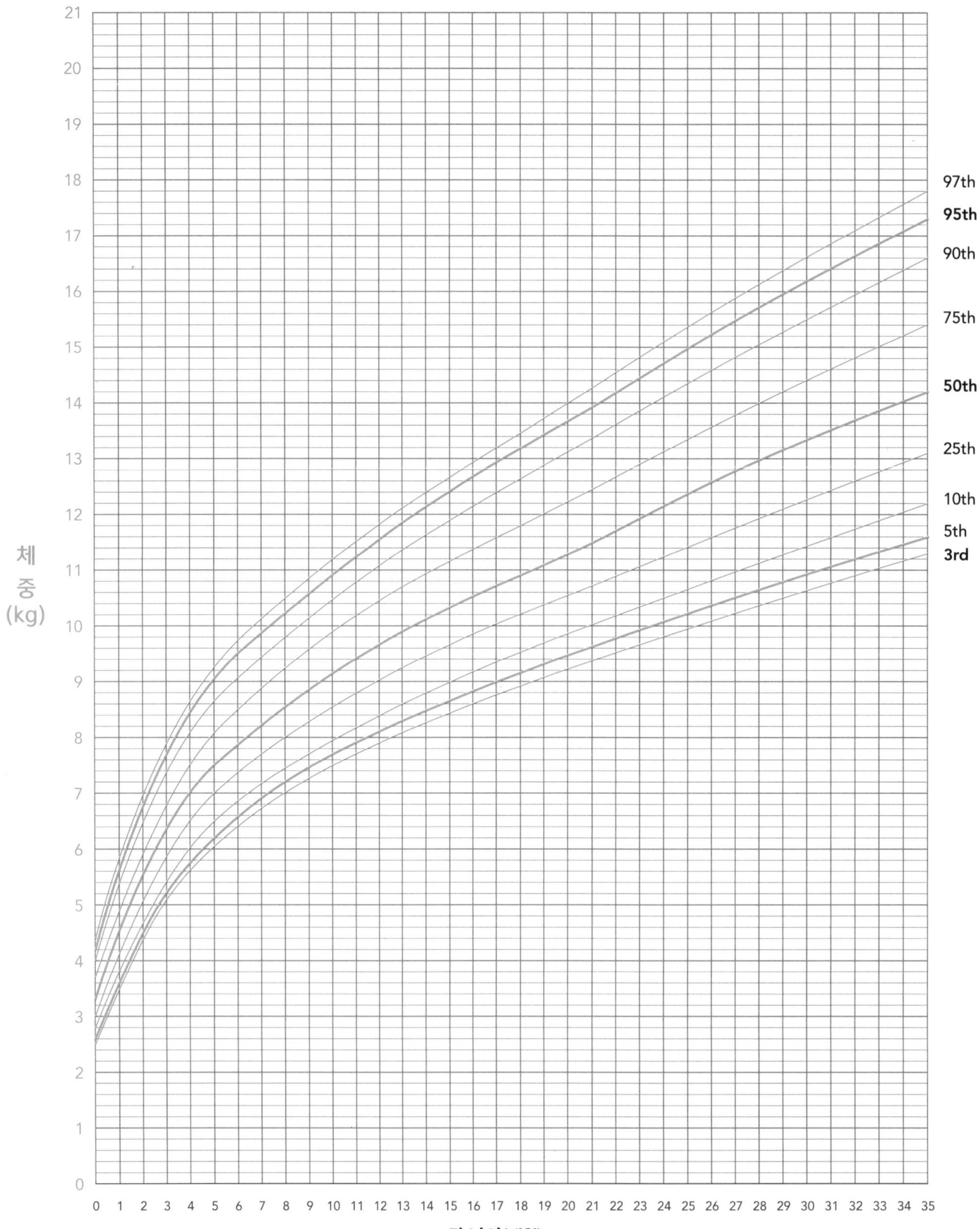
남자 0-35개월 체중 백분위수
체중 (kg)
0 1 2 3 4 5 6 7 8 9 10 11 12 13 14 15 16 17 18 19 20 21
97th
95th
90th
75th
50th
25th
10th
5th
3rd
0 1 2 3 4 5 6 7 8 9 10 11 12 13 14 15 16 17 18 19 20 21 22 23 24 25 26 27 28 29 30 31 32 33 34 35
만 나이(개월)

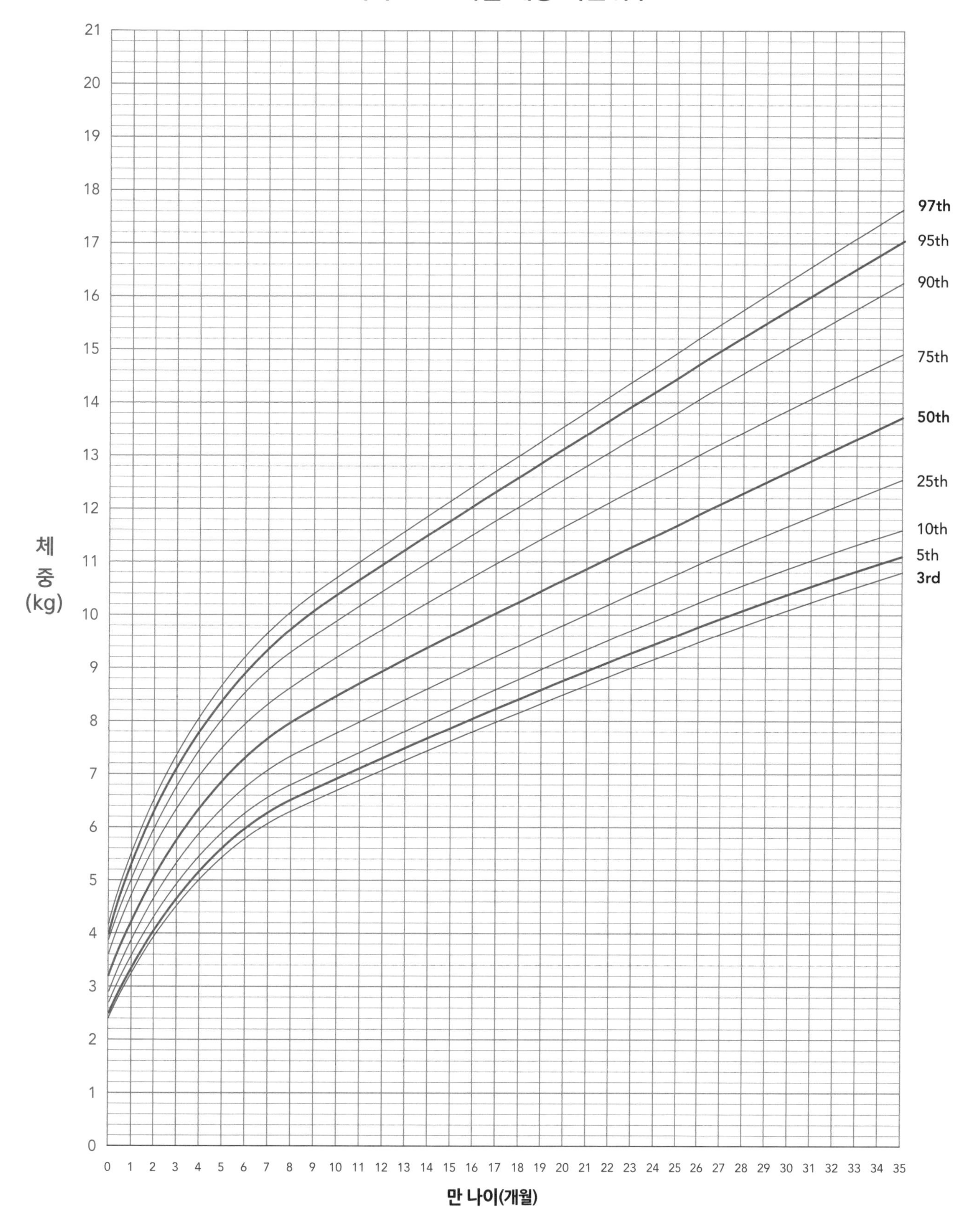
여자 0-35개월 체중 백분위수
체중 (kg)
0
1
2
3
4
5
6
7
8
9
10
11
12
13
14
15
16
17
18
19
20
21
0 1 2 3 4 5 6 7 8 9 10 11 12 13 14 15 16 17 18 19 20 21 22 23 24 25 26 27 28 29 30 31 32 33 34 35
만 나이(개월)
97th
95th
90th
75th
50th
25th
10th
5th
3rd

남자 0-35개월 체중 표준점수

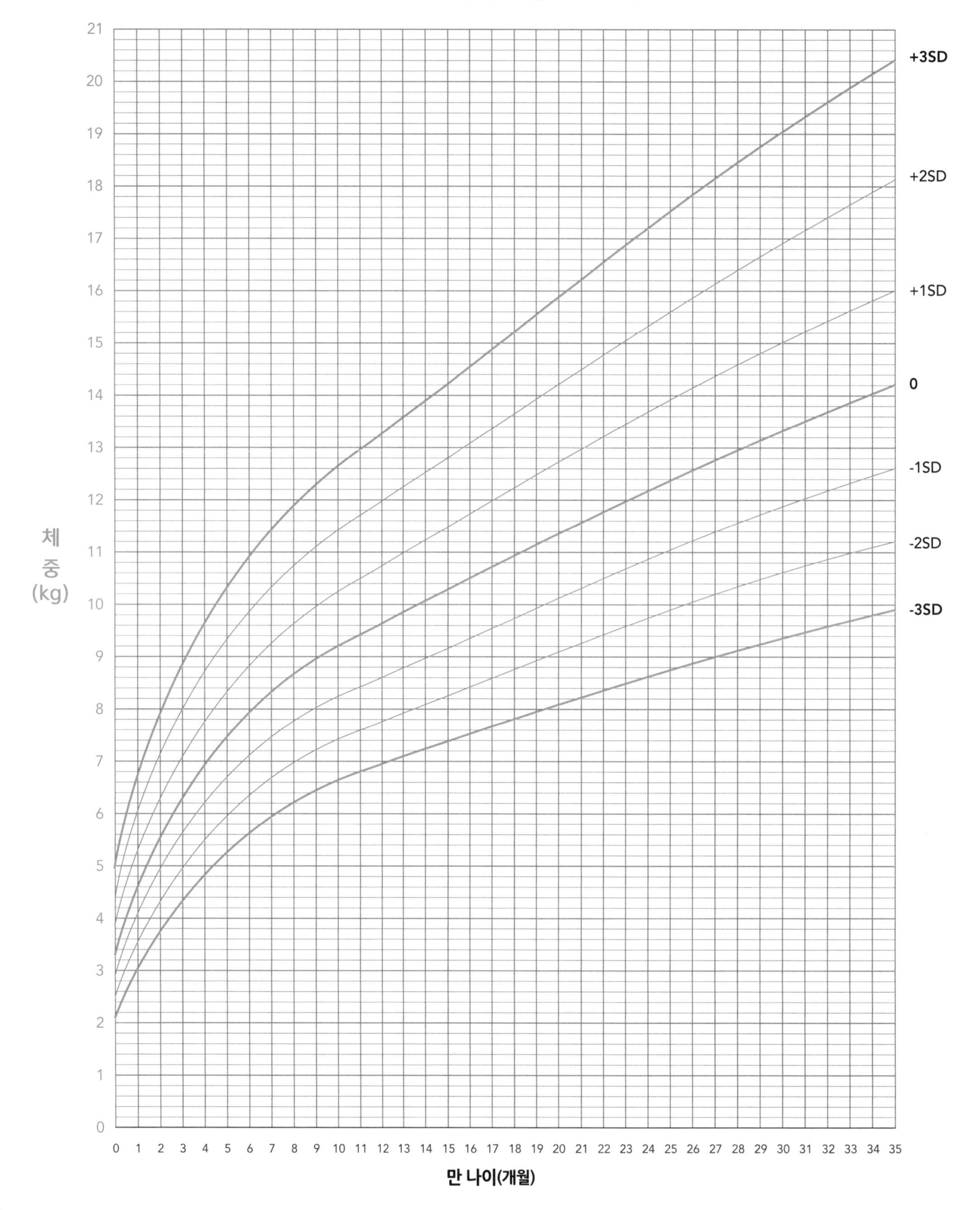

여자 0-35개월 체중 표준점수

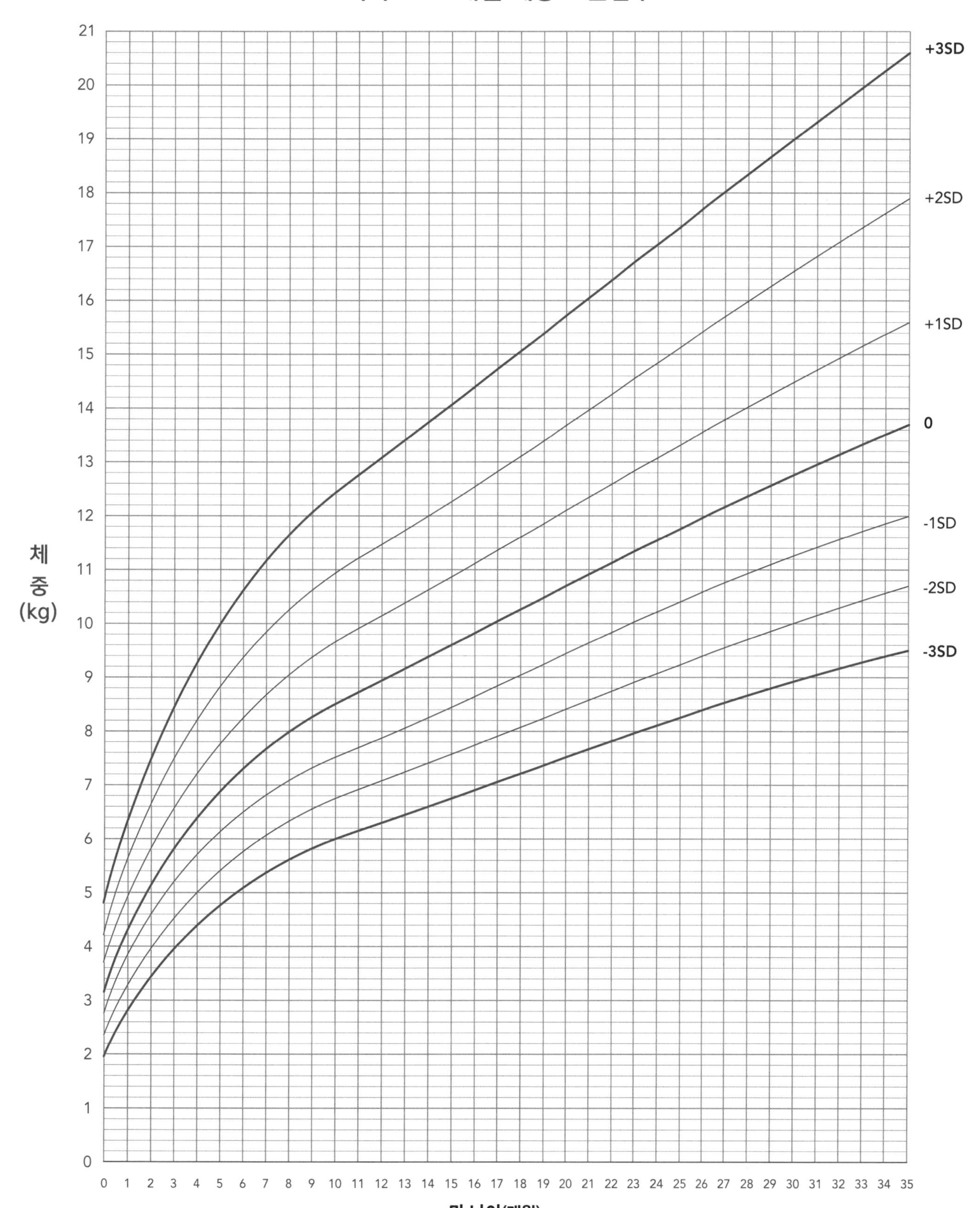

임신을 계획하기 전 저는 엄마가 될 자신이 없었습니다. '엄마'라는 이름에 부여되는 많은 책임과 헌신을 두려워하며 과연 내가 잘 해낼 수 있을까 걱정이 되었습니다. 또 외래에서 많은 산모들의 임신과 출산 과정을 지켜보면서 임신이라는 것 자체가 여성에게 어떤 부담을 주는지, 어떤 어려움을 불러오는지 너무나도 잘 알고 있었기에 임신하는 게 더 망설여졌습니다. 될 수 있으면 임신을 미루고 싶었지요. '여성에게 있어서 임신이란 어떤 의미일까?' '꼭 엄마가 되어야 하는 것일까?' 하는 의구심도 가지고 있었습니다.

아이가 있는 산모들에게 "안 힘드세요?"라고 질문을 하면 한결같이 다들 "말로 표현할 수 없는 기쁨과 감동이 있어요." "힘들지만 정말 행복하답니다." 혹은 "엄마가 될 수 있다는 건 굉장한 축복이고 정말 값진 일이에요"라는 말을 하더군요.
아직 가보지 않은 길이었지만 임신과 출산은 결국 이전의 나와는 다른 삶을 살아야 하는 인생의 큰 전환점이 될 거라고 느껴졌습니다. 누구나 저와 같은 두려움이 있었을 것입니다.

그리고 저는 엄마가 되었습니다.
엄마가 되어보고 알았습니다.

엄마가 될 수 있다는 것이 얼마나 큰 축복이고 감동인지, 그전과 다른 나의 삶이 얼마나 값진 것인지. 나라는 존재가 세상에 꼭 있어야만 하는 강력한 이유가 생겼습니다.

내가 건강해야 합니다.
내가 행복하고 즐거워야 합니다.
그래야 우리의 아가들이 행복합니다.
행복을 주는 사람이 행복해야 받는 사람도 행복할 수 있습니다.

임신을 하며 제 직업이 산부인과 의사라는 것에 많이 감사했습니다. 교과서를 통해 알고 있던 사실도 직접 경험해보니 느낌이 달랐습니다. 분명 괜찮다는 것을 알고 있지만 내 몸을 통해 증상이 나타나니 정말 괜찮은 것일까 불안하기도 했습니다. 이럴 때마다 오히려 외래에 오는 산모들이 저를 많이 격려해주고 용기를 복돋아 줬습니다. 다 알고 있는 이야기여도 그들의 경험에서 나오는 말 한마디와 격려 한마디가 정말 큰 힘이 되었지요.

독자분들이 책의 마지막 부분을 읽을 때쯤이면 이 책 역시 "힘들었죠? 괜찮아요. 힘내세요!" 이러한 따뜻한 위로가 되길, 기나긴 임신과 출산의 여정을 함께 다정하게 걷는 친구가 되길 바랍니다.

산부인과 박사 엄마가 직접 알려주는

ALL NEW 임신출산육아 대백과(개정판)

1판 1쇄 발행 2015년 6월 20일
개정판 1쇄 발행 2024년 8월 27일

지은이 류지원
펴낸이 고병욱

기획편집2실장 김순란 **책임편집** 권민성 **기획편집** 조상희 김지수
마케팅 이일권 함석영 황혜리 복다은 **디자인** 공희 백은주
제작 김기창 **관리** 주동은 **총무** 노재경 송민진 서대원

펴낸곳 청림출판(주)
등록 제2023-000081호

본사 04799 서울시 성동구 아차산로17길 49 1009, 1010호 청림출판(주)
제2사옥 10881 경기도 파주시 회동길 173 청림아트스페이스
전화 02-546-4341 **팩스** 02-546-8053

홈페이지 www.chungrim.com **이메일** life@chungrim.com
인스타그램 @ch_daily_mom **블로그** blog.naver.com/chungrimlife
페이스북 www.facebook.com/chungrimlife

일러스트 김홍 송진욱 김혜원

ISBN 979-11-93842-14-0 13590